Elektrische Hochleistungsübertragung auf weite Entfernung

Vorträge von
Prof. Dr.-Ing. R. Rüdenberg, Berlin · Dr. phil. K. Pohlhausen, Berlin
Dr.-Ing. A. Mandl, Berlin · Dr.-Ing. E. Friedländer, Berlin
Prof. A. Rachel, Dresden · Prof. Dr.-Ing. H. Piloty, Berlin
Prof. A. Matthias, Berlin

Veranstaltet durch den
Elektrotechnischen Verein, e. V. zu Berlin in Gemeinschaft
mit dem Außeninstitut der Technischen Hochschule zu Berlin

Herausgegeben von

Reinhold Rüdenberg
Prof. Dr.-Ing. u. Dr.-Ing. e. h.

Mit 240 Textabbildungen

Springer-Verlag Berlin Heidelberg GmbH
1932

Ursprünglich erschienen bei Julius Springer in Berlin 1932

ISBN 978-3-662-34907-6 ISBN 978-3-662-35241-0 (eBook)
DOI 10.1007/978-3-662-35241-0

Vorwort.

Die Elektrotechnik besitzt heute die Möglichkeit, große Leistungen im Betrage von vielen Hunderttausenden von Kilowatt über Tausende von Kilometern fortzuleiten und kann so die Energieverteilung und Energiebewirtschaftung ganzer Kontinente erschließen. Daher steht das Problem der Übertragung hoher elektrischer Leistung auf sehr weite Entfernung in letzter Zeit im Mittelpunkt des Interesses der Starkstromtechnik.

Die Entwicklung, die zur Lösung dieser Aufgabe führte, ist in allen elektrotechnisch arbeitenden Ländern relativ schnell vor sich gegangen und ist heute bis zu einem gewissen Abschluß gebracht. Dies kommt durch den Bau und Betrieb einer Reihe großer Fernübertragungsanlagen von sehr erheblicher Leistung deutlich zum Ausdruck. Obgleich die Teilaufgaben dieses weitreichenden Gebietes in zahlreichen Beiträgen der in- und ausländischen Fachliteratur niedergelegt sind, besteht bisher keine Zusammenfassung derjenigen technischen Entwicklungsgedanken, die gerade für unser Problem spezifisch sind.

Dies gab dem „Elektrotechnischen Verein zu Berlin" in Verbindung mit dem „Außeninstitut der Technischen Hochschule zu Berlin" Veranlassung, im Anfang des Jahres 1931 eine Vortragsreihe über dieses Thema zu veranstalten, die von über sechshundert Hörern besucht wurde. Es gelang, eine Reihe von maßgebenden Fachleuten für die Vorträge zu gewinnen, die selbst an der Entwicklung teilgenommen haben und daher die vielen Besonderheiten des Übertragungsproblems aus eigener Kenntnis darstellen konnten.

In dem vorliegenden Buch sind im Anschluß an diese Vorträge zunächst die Grundlagen der Wechselstromübertragung und die Theorie der langen Leitungen dargestellt mit den für die Fernübertragung wichtigen Eigentümlichkeiten. Dann wird das Verhalten der Maschinen und Transformatoren behandelt, sowie die Kompensierung der Blindleistung der Leitungen und ihre Regelung im Betrieb. Daran schließt sich die Regelung der Kraftwerke in zusammenarbeitenden Netzen und die Wirtschaftlichkeit der Übertragung, wobei auch Gleichstromfernleitungen mit berücksichtigt sind. Zum Schluß werden die schädlichsten Störungen der Fernübertragung durch Gewittererscheinungen und die Möglichkeit ihrer Beherrschung erläutert.

Durch diese Unterteilung wurde angestrebt, Überdeckungen des Inhalts nach Möglichkeit zu vermeiden. Nur dort, wo die Ansichten sich noch nicht zu einer einheitlichen Meinung verdichtet haben, hat jeder Mitarbeiter die Zusammenhänge unter seinem Gesichtswinkel dargestellt.

Von der Bedeutung, die man unserem Problem innerhalb der Elektrotechnik in den letzten Jahren zumißt, gibt das Literaturverzeichnis am Schluß des Buches einen Anhalt. In ihm wurde versucht, diejenigen Arbeiten aufzunehmen, die entweder neue Entwicklungsgedanken oder Zusammenfassungen von Teilgebieten enthalten, so daß dem Leser ein vertieftes Studium ermöglicht wird.

Berlin, im Dezember 1931.

R. Rüdenberg.

Inhaltsverzeichnis.

I. Grundlagen der Wechselstromübertragung.

Von **R. Rüdenberg**, Berlin.

A. Notwendigkeit des Energietransports.

1. Übertragung der Energie. Die räumlichen Gebiete auf der Erdoberfläche, an denen die Energie des Wassers, der Kohle oder des Öles in großer Menge anfällt, sind durch die Natur gegeben. Manchmal liegen

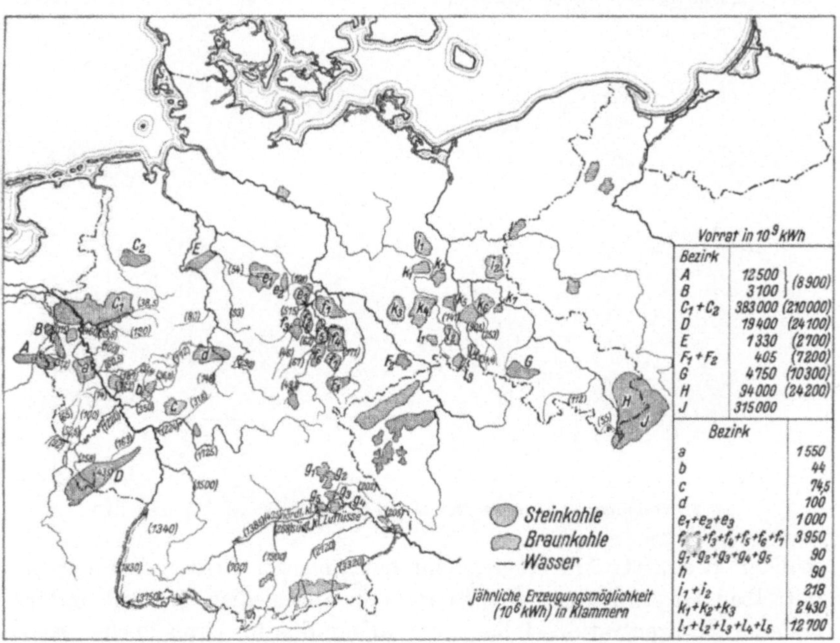

Abb. 1. Energievorräte von Steinkohle, Braunkohle und Wasserkräften in Deutschland in Milliarden kWh und Erzeugung in Millionen kWh pro Jahr.

sie in unwirtlichen Gegenden, wie z. B. bei großen Wasserkräften in den Bergen. Die Orte des Energieverbrauchs sind meistens von den Menschen frei gewählt und liegen häufig im Flachland, am Meer oder in anderen Gegenden mit guten Verkehrsmöglichkeiten.

Abb. 1 zeigt als Beispiel für das Gebiet des Deutschen Reichs die Energievorräte, die in Form von Steinkohle, Braunkohle oder

Wasserkraft verfügbar sind. Dabei sind die dem heutigen Stande entsprechenden jährlichen Erzeugungsmöglichkeiten einheitlich in Millionen Kilowattstunden angegeben. Man erkennt eine Häufung der Steinkohlenvorräte im Rheinland und Oberschlesien, eine Häufung der Braunkohlenvorräte in Mitteldeutschland und eine Häufung der Wasserkraftvorkommen in den Alpen. Im Gegensatz dazu stellt Abb. 2 den elektrischen Energieverbrauch innerhalb Deutschlands dar, wobei jeder der eingetragenen Punkte jährlich 25 Millionen Kilowattstunden bedeutet.

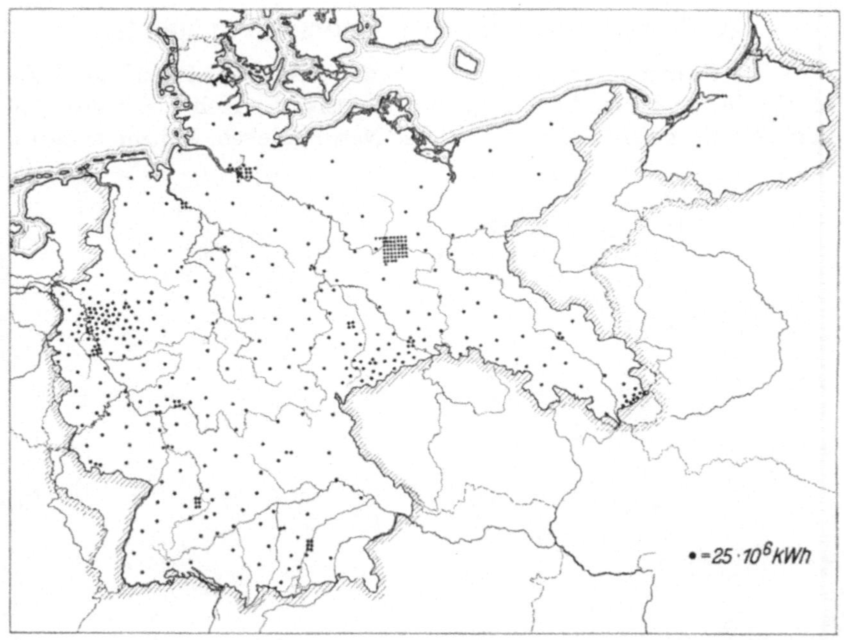

Abb. 2. Verteilung des Stromverbrauchs in Deutschland nach Millionen kWh.

Am Niederrhein hat sich der Stromverbrauch unmittelbar am Anfallorte der Steinkohle angesiedelt, jedoch sind die anderen Konzentrationsstellen, vor allem die in Groß-Berlin, schon merklich entfernt von den Bezirken des Energieanfalls.

Es ist daher nötig, die Energie vom Orte des Anfalls zum Orte des Verbrauchs zu transportieren. Dies kann in der potentiellen Form der Kohle oder des Öls durch Schiffe und Eisenbahnen erfolgen, oder in kinetischer, leicht und direkt verwertbarer Form durch elektrischen Strom, Druckluft, Gas oder ähnliche Agenzien. Aus Abb. 3 sieht man, daß beim mechanischen Energietransport die Kohle durch die Eisenbahn von der Grube dem Kraftwerk zugeführt wird, um dort in elektrische Energie verwandelt zu werden. Bei der

Fernleitung durch eine Hochspannungsleitung nach Abb. 4 steht das Kraftwerk dagegen auf der Grube und formt die Energie der Kohle dort unmittelbar in elektrische um, die ihrerseits in die Ferne übertragen wird.

Für die Kosten des mechanischen Energietransports ist der Gütertarif unserer Eisenbahnen maßgebend, dessen Zahlen in Abb. 3 für Steinkohle angegeben sind. Er ist mit Absicht so gestaffelt,

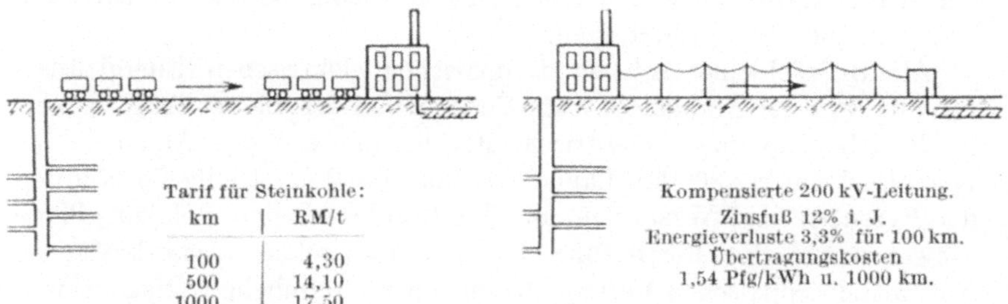

Abb. 3. Versandkosten der Energie bei Transport durch die Eisenbahn.

Abb. 4. Versandkosten der Energie bei Übertragung durch Hochspannungsleitung.

daß der Versand auf große Entfernungen verhältnismäßig billiger ist als auf geringe, um auch den entfernt von der Grube liegenden Landesteilen den Vorteil billiger Kohle zukommen zu lassen. Für die elektrische Energieübertragung ist ein Kraftwerk angenommen, das als Durchschnittswert bei 5000 Betriebsstunden im Jahre 0,75 kg Steinkohle pro Kilowattstunde verbraucht. Dieselbe koste an der Grube 1,25 Pfg/kWh, wozu noch für Verzinsung und Amortisation der Kraftwerkskosten 0,75 Pfg/kWh treten, so daß mit einem Erzeugungspreis von 2,0 Pfg/kWh gerechnet werden kann. Auf dieser relativ hohen Selbstkostenbasis für den Strom ergeben sich die in Abb. 4 angegebenen Übertragungskosten der 200 kV-Fernleitung von 1,54 Pfg/kWh und 1000 km.

In Tabelle 1 sind die Übertragungskosten für verschiedene Entfernungen zusammengestellt. Die elektrischen Transportkosten sind proportional der eben errechneten Zahl, die mechanischen Transportkosten ergeben sich aus dem vorher genannten Kohlenverbrauch für die Kilowattstunde und dem Gütertarif. Der Vergleich ergibt bis zu etwa 800 km Entfernung eine Überlegenheit des elektrischen Energietransportes. Von da ab wird der Eisenbahntransport der Steinkohle billiger, dies

Tabelle 1. Übertragungskosten der Energie.

Entfernung km	Transportkosten in Pfg/kWh mechanisch	elektrisch
100	0,32	0,15
500	1,05	0,77
1000	1,30	1,54

rührt jedoch nur von den oben erwähnten mehr sozialen als wirtschaftlichen Gründen des Zonentarifs her. Man kann auch den elektrischen Transport durch Anwendung höherer Spannung als 200 kV für große Entfernung noch weiter verbilligen.

Wenn der elektrische Energietransport im Vergleich zur Versendung der Steinkohle schon überlegen erscheint, so ist er es natürlich noch viel mehr bei Verwendung von Braunkohle. Die Energie der Wasserkräfte schließlich läßt sich heute lediglich durch elektrische Mittel in die Ferne übertragen.

Als Beispiel einer solchen europäischen elektrischen Energieübertragung von der Anfallstelle zum Verbraucher sei die vor längerer Zeit in Betrieb genommene elektrische Fernleitung von den Alpen bis ins Rheinland mit ca. 800 km Länge erwähnt. Im Bau ist eine Verbindung der Pyrenäen und Westalpen mit Nordfrankreich und Belgien. Pläne schweben für eine Fortleitung der skandinavischen Wasserkräfte zu den mitteleuropäischen Verbrauchszentren und ähnliche transkontinentale Fernleitungen der Größenordnung von 1000 km und mehr.

2. Ausgleich von Schwankungen. Ein verfeinerteres Problem als das der reinen Übertragung der Leistung ist die Aufgabe des Ausgleichs von Leistungsschwankungen durch elektrische Fernleitungen. Eine Staffelung der von der Ortszeit abhängigen Belastungskurven unserer Verbrauchszentren erfordert Ost-Westleitungen, die in unseren Breiten für jede Stunde Lastverschiebung eine Länge von 1000 km haben müssen, um eine ausgleichende Wirkung auf die Konstanthaltung der Leistung der Energieerzeuger auszuüben. Auch die Abhängigkeit der Helligkeitskurve an der Erdoberfläche von der geographischen Breite läßt einen nord-südlichen Ausgleich wünschenswert erscheinen, und schließlich können die unterschiedlichen Schmelzwasserzeiten der Wasserkräfte im Gebirge die Zweckmäßigkeit von Verbindungsleitungen, abhängig von der Lage der Gebirge, ergeben.

Derartige Ausgleichsleitungen müßten entweder zwischen den Verbrauchszentren oder den Erzeugungsstätten gezogen werden. Ein weitgehenderer zeitlicher Lastausgleich kann durch Speicherwerke geschaffen werden, die wegen der Benutzung natürlicher hydraulischer Becken meist an bestimmte geographische Lagen gebunden sind und daher ebenfalls häufig eine Leistungsübertragung über sehr große Entfernung erfordern. Die eben erwähnte große Nord-Süd-Leitung dem Rheine entlang mündet zu einem Teil in ein großes derartiges Speicherwerk, das die Tagesschwankungen der benachbarten Verbrauchsgebiete ausgleicht und dadurch eine gleichmäßige Ausnutzung der Fernleitung ermöglicht.

Alle diese Ausgleichsleitungen haben weiterhin noch einen außerordentlichen Nutzen hinsichtlich der Betriebsreserve. Beim Ausfall eines Maschinensatzes oder gar eines ganzen Kraftwerks springen alle anderen Werke mit ihrer Energie sofort in die Bresche, auch wenn sie weit entfernt vom Ausfallgebiet liegen. Man hat daher jederzeit eine verfügbare Reserve, die der vollen Summe der gesamten Kraftwerksleistungen entspricht, und kann sich in jedem einzelnen Kraftwerk mit einer geringeren Reservehaltung an Maschinen, Kesseln und anderen Betriebsmitteln begnügen.

Während früher vor allem die leichte Teilbarkeit der elektrischen Leistung und ihre einfache Umwandlung in andere Energieformen bestimmend für die Verwendung gerade des elektrischen Stromes als

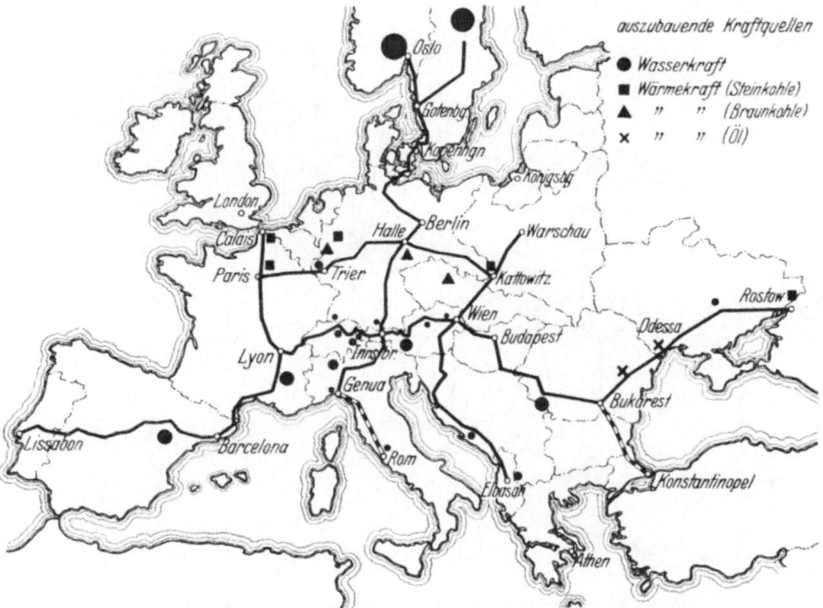

Abb. 5. Europäisches Großkraftnetz nach dem Vorschlag Oliven.

Energieträger war, treten in neuerer Zeit und in der Zukunft die ebengenannten Gesichtspunkte hinzu und lassen ein Energieausgleichsnetz über ganze Länder hinaus entstehen, das die Wohn- und Arbeitsstätten der Menschen unabhängig von den Anfallstätten der Energie macht, und das unabhängig von der Tages- oder Jahreszeit und von sonstigen Schwankungserscheinungen jederzeit die benötigte Energie über die lokalen Verteilungsnetze zu liefern gestattet.

Abb. 5 und 6 zeigen zwei derartige Vorschläge für ein europäisches Großkraftnetz. Im ersteren, das von O. Oliven stammt, sind die auszubauenden Kraftquellen, wie Steinkohle, Braunkohle, Öl und Wasserkraft mit eingetragen. Man erkennt ein starkes Überwiegen der Ost-

West- und der Nord-Süd-Leitungen aus den schon oben angegebenen Gründen. Der zweite Vorschlag, der von G. Viel stammt, ähnelt dem ersteren in vielen Richtungen, wenn er auch detaillierter im Einzelaufbau ist und Großbritannien mit einbezieht. Bei beiden Netzen zeigt die genauere Durcharbeitung, daß man durch Zusammenfassung und Ausgleich der Energiemengen über den ganzen europäischen Kontinent mit einer Erstreckung auf mehrere tausend Kilometer erhebliche wirtschaftliche und betriebliche Vorteile erzielen kann.

Im Gegensatz zu den örtlichen Stromverteilungsnetzen, deren Spannung aus Gründen der Stromwärmeverluste und der Leitungskosten

Abb. 6. Europäisches Großkraftnetz nach dem Vorschlag Viel.

schon bis zu 100 kV ansteigen kann, ist es bei den Entfernungen, über die sich solche großen transkontinentalen Ausgleichsnetze erstrecken, und bei den Energiemengen von etlichen hundert Megawatt, die hierfür in Frage kommen, erforderlich, Spannungen von 200, 300 oder 400 kV in Betracht zu ziehen. Dies ist allein schon aus den eben genannten wirtschaftlichen Gründen notwendig. Es treten aber bei den großen zu überbrückenden Entfernungen noch weitere elektrische Schwierigkeiten hinzu, die dadurch bedingt sind, daß wegen der hohen Spannung die kapazitiven Ladeströme, und wegen der hohen Stromstärken die induktiven Spannungsabfälle eine überwiegende Rolle spielen. Dies ist wenigstens bei Wechselstrombetrieb der Fall, der wegen der leichten Umformung großer Leistungen auf hohe Spannung und zurück hierbei heute noch allein in Betracht kommt. Die Blindleistung, die durch die Selbstinduktion und Kapazität der Fernleitung bedingt wird, kann dabei mit zunehmender Leitungslänge schließlich eine solche Rolle spielen, daß sie die zu übertragende Leistung völlig verdeckt.

B. Energieverluste auf den Leitungen.

1. Stromverdrängung. Wir sahen oben, daß die Energieverluste auf der Fernleitung ausschlaggebenden Einfluß auf ihre Wirtschaftlichkeit ausüben. Dies ist um so mehr der Fall, je höher die Belastung und je größer die Benutzungsdauer der Leitung ist, die man beide soweit als möglich zu steigern sucht. Die Verluste treten sowohl im Leitungswiderstand wie im Isolationswiderstand auf. Wir wollen hier nur die Besonderheiten betrachten, die unserem Problem der Übertragung großer Leistung mit hoher Spannung eigentümlich sind.

Da für die großen zu übertragenden Ströme erhebliche Querschnitte notwendig sind, kann durch das magnetische Innenfeld im Leiter eine starke Stromverdrängung und Widerstandsvermehrung auftreten. Für runde Leiter vom Radius r mit dem Gleichstromwiderstand R_0 ist die Widerstandszunahme für Wechselstrom

$$\frac{R}{R_0} = \Re e\left[\frac{kr}{2}\,\frac{J_0(kr)}{J_1(kr)}\right]. \tag{1}$$

Darin bedeuten J_0 und J_1 die Besselschen Funktionen nullter und erster Ordnung, für die Tabellen bekannt sind, und

$$k = \sqrt{4\pi j\frac{\omega}{\varrho}} \tag{2}$$

eine komplexe Größe im Argument der Besselschen Funktionen, die nur durch die Kreisfrequenz ω des Wechselstromes und den spezifischen Widerstand ϱ des Leitermaterials bestimmt ist. Für mäßig große Leiterdurchmesser, wie sie praktisch meist benutzt werden, läßt sich hieraus die Näherungsformel entwickeln

$$\frac{R}{R_0} = \frac{1}{4} + \sqrt[6]{\left(\frac{3}{4}\right)^6 + \left(r\sqrt{\frac{\pi\,\omega}{2\varrho}}\right)^6}. \tag{3}$$

Man erkennt aus ihr, daß mit wachsendem Leiterradius oder wachsender Frequenz die Stromverdrängung erst langsam, später aber sehr schnell zunimmt, und daß sie bei höherem spezifischen Widerstand z. B. bei Aluminium geringer ist als bei Kupfer. In Abb. 7 ist die Widerstandsvermehrung für die meist üblichen Kupfer- und Aluminiumleitungen aufgetragen, und zwar sowohl für volle Leiterquerschnitte als auch für praktisch übliche Seile, deren schlechtere Raumausnutzung entsprechend der Leitfähigkeit auch die Stromverdrängung vermindert. Der Durchmessermaßstab ist sowohl für 50 als für 16⅔ Per/sec eingetragen, um die Kurven für diese beiden üblichen Frequenzen direkt verwenden zu können.

Die Stromverdrängung kommt bei Wechselstrom von 50 Per/sec erst von 20 bis 30 mm Durchmesser ab zur Wirkung. Sie ist am größten für massive Kupferdrähte, geringer für Seile und noch kleiner für Aluminiumleiter, am schwächsten natürlich für Bahnstrom von 16⅔ Per/sec. Da ein Massivkupferleiter von beispielsweise 40 mm Durchmesser bereits 34% Widerstandsvermehrung besitzt, so sehen wir, daß diese Erscheinung bei Leitungen für große Leistungen wohl beachtet werden muß, wenn man eine unwirtschaftliche Ausnutzung des teuren Kupfermaterials vermeiden will.

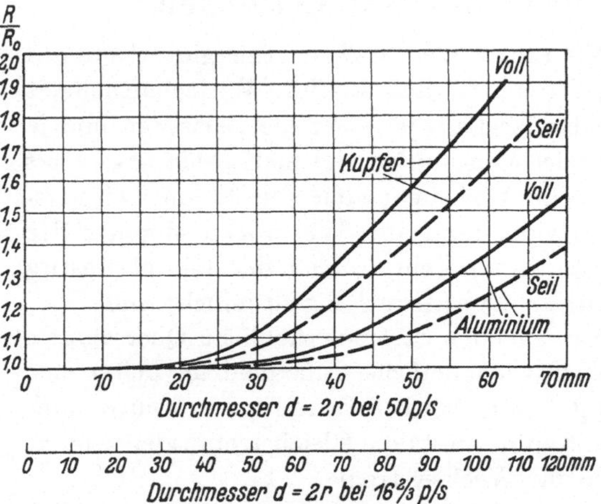

Abb. 7. Widerstandsvermehrung durch Stromverdrängung bei Wechselstromleitern.

2. Feldstärke an den Leitern. Bei hohen Übertragungsspannungen bildet sich an der Leiteroberfläche und in ihrer Umgebung ein starkes elektrisches Feld aus, das die Festigkeit der Luft durchbrechen kann. Die Stärke des elektrischen Feldes hängt außer von der angewandten Spannung sehr von der räumlichen Anordnung der Leiter ab.

Für einen einzelnen Leiter von kreisrundem Querschnitt mit dem Radius r nimmt die Feldstärke umgekehrt wie die Entfernung ϱ vom Leitermittelpunkte ab. Nennt man ihren Wert am Leiterrande $\mathfrak{E}_r$, so ist die Feldstärke im Abstand ϱ

$$\mathfrak{E} = \mathfrak{E}_r \frac{r}{\varrho}. \tag{4}$$

Diese Beziehung gilt in aller Strenge für konzentrische Leiter, wie man sie gemäß Abb. 8 häufig für Versuche aufbaut. Der zu messende Leiter vom Durchmesser d befindet sich in einem Hohlzylinder vom Durchmesser D, den man des leichteren Aufbaues wegen als Drahtkäfig herstellen kann. Der räumliche Verlauf der Feldstärke ist in Abb. 8 unter dem Querschnittsbilde aufgezeichnet.

Die Spannung zwischen Innen- und Außenleiter ergibt sich

durch Integration über die Feldstärke längs einer Kraftlinie zu

$$U = \int_r^R \mathfrak{E}\, d\varrho \,. \tag{5}$$

Setzt man hierin den Wert von Gl. (4), ein, so erhält man

$$U = \mathfrak{E}_r\, r \int_r^R \frac{d\varrho}{\varrho} = \mathfrak{E}_r\, r \ln \frac{R}{r} \,. \tag{6}$$

Da der Logarithmus mit zunehmendem Außenradius R bei geringer Überschreitung des Innenradius erheblich wächst, später aber nur sehr langsam zunimmt, so erkennt man, daß der Hauptteil der Spannung seinen Sitz in unmittelbarer Nachbarschaft des Innenleiters hat, und daß die räumlichen Bezirke in der Nähe des Außenleiters nur sehr wenig zur gesamten Spannung beitragen.

Wünscht man aus der gegebenen Spannung U die Randfeldstärke am Leiter zu errechnen, so entsteht durch Umkehrung der Gl. (6)

$$\mathfrak{E}_r = \frac{U}{r \ln \frac{R}{r}} = \frac{2\,U}{d \ln \frac{D}{d}} \,. \tag{7}$$

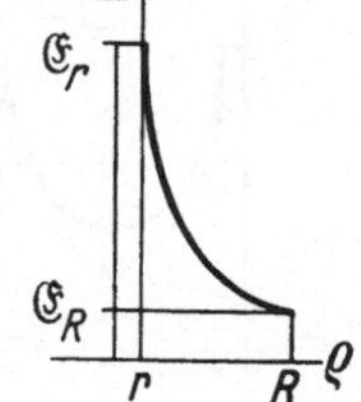

Abb. 8. Verteilung der Feldstärke bei konzentrischen Leitern.

Darin sind an Stelle der Radien auch die Durchmesser der Anordnung eingeführt, weil man mit diesen praktisch meistens rechnet. Da der Logarithmus im Nenner der Gl. (7) seinen Zahlenwert nur relativ langsam ändert, so erkennt man, daß die Randfeldstärke im wesentlichen der aufgedrückten Spannung proportional und dem Leiterdurchmesser umgekehrt proportional ist. Legt man beispielsweise einen Leiter von 25 mm Durchmesser in einen konzentrischen Käfig von 5 m Durchmesser und speist ihn mit 200 kV, so erhält man eine Randfeldstärke

$$\mathfrak{E}_r = \frac{2 \cdot 200}{2{,}5 \ln \frac{500}{2{,}5}} = 30{,}5\ \mathrm{kV/cm} \,.$$

Dieser elektrischen Beanspruchung würde die Luft schon nicht mehr standhalten können, der Leiter würde sprühen.

Für Doppelleitungen, wie sie praktisch für Einphasenstrom verwendet werden, und die in Abb. 9a dargestellt sind, entwickelt sich das stärkste Feld in der Mittellinie zwischen beiden Leitern. Da die Anordnung symmetrisch ist, so herrscht auf beiden Leitern die gleiche

Randfeldstärke $\mathfrak{E}_r$, und wenn der Leiterabstand s erheblich ist gegenüber dem Leiterradius r, so ist diese Randfeldstärke längs des Umfanges jedes Leiters nicht sehr stark veränderlich. In der Verbindungslinie zwischen den Leitern summieren sich die von beiden Leitern herrührenden Feldstärken zu dem Betrage

$$\mathfrak{E} = \mathfrak{E}_r \left(\frac{r}{\varrho} + \frac{r}{s - \varrho}\right), \tag{8}$$

wie es auch graphisch in Abb. 9b dargestellt ist. Die Spannung zwischen den Leitern ist daher

$$U = \int_r^{s-r} \mathfrak{E}\, d\varrho = \mathfrak{E}_r\, r \left(\ln \frac{s - r}{r} - \ln \frac{r}{s - r}\right), \tag{9}$$

und wenn man wieder berücksichtigt, daß r klein gegen s ist,

$$U = 2\,\mathfrak{E}_r\, r \ln \frac{s - r}{r} \cong 2\,\mathfrak{E}_r\, r \ln \frac{s}{r}. \tag{10}$$

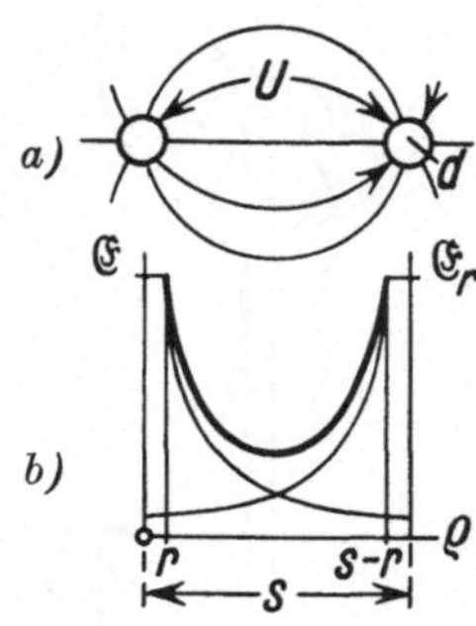

Abb. 9. Verteilung der Feldstärke bei Doppelleitern.

Bei gleicher Randfeldstärke, gleichem Leiterdurchmesser und gleichem Abstand der Leiter ist also die Spannung zwischen zwei gleichen Leitern nach Abb. 9 doppelt so groß wie die zwischen konzentrischen Leitern nach Abb. 8 gemäß Gl. (6). Dies rührt daher, daß die Feldstärken sich bei Doppelleitern zweimal konzentrieren, nämlich um jeden Leiter herum, und daß man daher zwei räumliche Bezirke erhält, in denen große Beträge von Spannung enthalten sind.

In Umkehrung von Gl. (10) erhält man zur Berechnung der Randfeldstärke aus der Spannung

$$\mathfrak{E}_r = \frac{U}{2\, r \ln \frac{s}{r}} = \frac{U}{d \ln \frac{2 s}{d}}. \tag{11}$$

Doppelleiter von 25 mm Durchmesser und 5 m Abstand, die einer Spannung von 200 kV unterworfen werden, besitzen daher an ihrem Rande eine Feldstärke von

$$\mathfrak{E}_r = \frac{200}{2{,}5 \ln \frac{2 \cdot 500}{2{,}5}} = 13{,}3\ \text{kV/cm}.$$

Bei gleicher Spannung und gleichem Leiterabstand beträgt die Feldstärke bei Doppelleitern nur die Hälfte des Wertes wie bei konzentrischen Leitern. Diese Tatsache ist für die Anordnung von Hochspannungs-Freileitungen und -Kabeln von größter Bedeutung.

Drehstromleitungen ordnet man häufig im gleichseitigen Dreieck an wie in Abb. 10. In der oberen Abb. 10a ist ein Augenblick der Spannungsverteilung herausgegriffen, in dem ein Leiter keine Spannung hat, während die beiden anderen volle Spannung gegeneinander besitzen. Dieser Fall ist identisch mit dem eben behandelten Fall der Doppelleitung und ergibt dieselbe Gl. (11) für die Randfeldstärke.

Es tritt aber beim Wechsel der Spannungen auch eine ungünstigere Phasenlage ein, die in der unteren Abb. 10b dargestellt ist, wenn nämlich ein Leiter die volle Sternspannung, die beiden anderen Leiter die entgegengesetzte halbe Sternspannung besitzen. Die Feldstärke längs der gezeichneten Verbindungslinie s ist dann

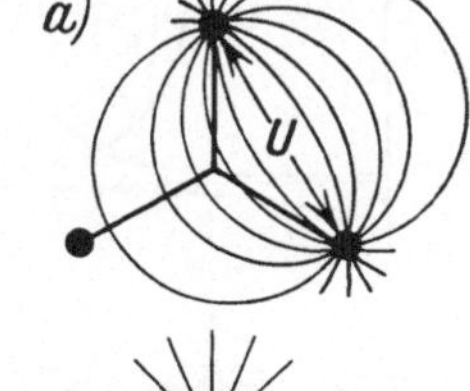

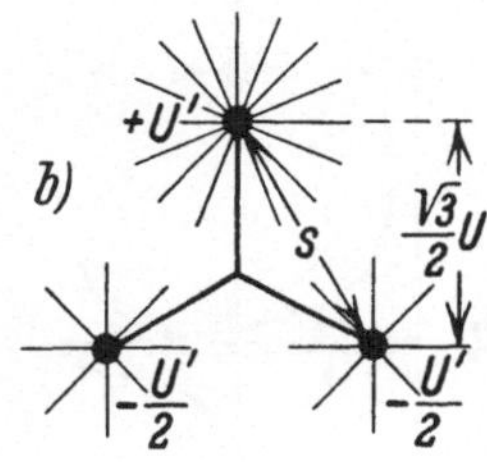

Abb. 10. Feldstärke bei Drehstromleitungen im Dreieck.

$$\mathfrak{E} = \mathfrak{E}_r \frac{r}{\varrho} + \frac{1}{2} \mathfrak{E}_r \frac{r}{s - \varrho}. \tag{12}$$

Sie hat ein volles Konzentrationsgebiet um den oberen Leiter und nur ein Konzentrationsgebiet von halber Stärke um den unteren Leiter. Der dritte Leiter liefert mit seinen Kraftlinien auf dieser Verbindungslinie insgesamt keinen Beitrag, weil er symmetrisch zu ihr liegt. Da für die betrachtete Phasenlage die Spannung zwischen dem oberen und unteren Leiter etwas geringer ist als die volle Dreieckspannung U, so ergibt die Integration der Feldstärken zwischen zwei Leitungen entgegengesetzter Polarität

$$\frac{\sqrt{3}}{2} U = \int_r^{s-r} \mathfrak{E}\, d\varrho = \mathfrak{E}_r r \left(\ln \frac{s}{r} + \frac{1}{2} \ln \frac{s}{r}\right). \tag{13}$$

Dabei ist wieder die Annahme gemacht, daß der Abstand groß gegen den Leiterdurchmesser ist.

Man erhält daraus für die verkettete Drehspannung

$$U = \sqrt{3}\, \mathfrak{E}_r r \ln \frac{s}{r} \tag{14}$$

und daher für die ungünstigste Randfeldstärke, die aufeinanderfolgend an allen Leitern auftritt wenn sie ihr Maximum der Spannung durchschreiten,

$$\mathfrak{E}_r = \frac{U}{\sqrt{3}\, r \ln \frac{s}{r}} = \frac{2}{\sqrt{3}} \frac{U}{d \ln \frac{2s}{d}}. \tag{15}$$

Durch Vergleich mit Gl. (11) erkennen wir, daß die Randfeldstärke bei Drehstromleitungen um 15% größer ist als die von einphasigen Doppelleitungen gleicher Anordnung und Spannung. Für das gleiche Zahlenbeispiel wie oben erhalten wir z. B.

$$\mathfrak{E}_r = \frac{2}{\sqrt{3}} \frac{200}{2{,}5 \ln \frac{2 \cdot 500}{2{,}5}} = 15{,}3 \text{ kV/cm}.$$

Noch ungünstiger werden die Verhältnisse für lineare Anordnung der Drehstromleitungen, wie es in Abb. 11 dargestellt ist. Es ist dabei gleichgültig, ob die Leiter wagerecht nebeneinander oder senkrecht untereinander liegen. Das stärkste Feld herrscht natürlich wieder auf der Verbindungslinie der drei Leiter. Sein Verlauf ist für die gleiche ungünstigste Phasenlage der Spannungen wie im letzten Beispiel in der Abbildung aufgetragen, und zwar in Abb. 11a für den Fall des Spannungsmaximums im Mittelleiter, in Abb. 11b für das Spannungsmaximum in einem Außenleiter.

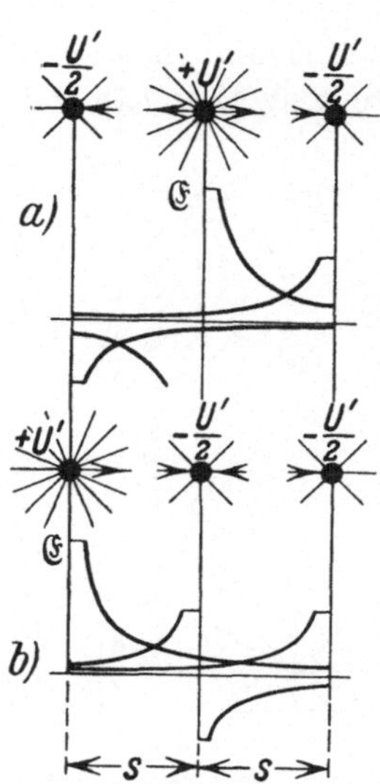

Abb. 11. Feldstärke bei linearen Drehstromleitungen.

Wie die Abbildung an den Kurven der Feldstärken zeigt, liefert jetzt auch der dritte Leiter für die Berechnung der Spannung zwischen zwei Leitern einen Beitrag, der je nach dem oben oder unten dargestellten Fall negativ oder positiv ist. Summiert man die Integrale der Feldstärken, die von den verschiedenen Leitern hervorgerufen werden, so erhält man jetzt

$$\int \mathfrak{E}\, d\varrho = \int_r^s \mathfrak{E}_r \frac{r}{\varrho} d\varrho + \int_r^s \frac{1}{2} \mathfrak{E}_r \frac{r}{\varrho} d\varrho \mp \int_s^{2s} \frac{1}{2} \mathfrak{E}_r \frac{r}{\varrho} d\varrho. \tag{16}$$

Für große Abstände gegenüber den Leiterabmessungen entsteht daraus

$$\frac{\sqrt{3}}{2} U = \mathfrak{E}_r r \left(\ln \frac{s}{r} + \frac{1}{2} \ln \frac{s}{r} \mp \frac{1}{2} \ln \frac{2s}{s}\right) = \frac{3}{2} \mathfrak{E}_r r \left(\ln \frac{s}{r} \mp \frac{\ln 2}{3}\right), \tag{17}$$

und daher berechnet sich die verkettete Spannung zu

$$U = \sqrt{3}\, \mathfrak{E}_r r \left(\ln \frac{s}{r} \mp 0{,}231\right). \tag{18}$$

Die Randfeldstärke jedes Leiters in Abhängigkeit von der Spannung und den Abmessungen wird nunmehr

$$\mathfrak{E}_r = \frac{U}{\sqrt{3}\, r \left(\ln \frac{s}{r} \mp 0{,}231\right)} = \frac{2}{\sqrt{3}} \frac{U}{d \left(\ln \frac{2s}{d} \mp 0{,}231\right)}. \tag{19}$$

Da das Minusvorzeichen für den Mittelleiter, das Pluszeichen für die Außenleiter gilt, so erkennt man, daß der Mittelleiter eine höhere, die Außenleiter eine geringere Randfeldstärke besitzen. Dies haben wir bei der Aufstellung der Gl. (16) nicht beachtet, wir könnten leicht eine Korrektur herleiten, die aber für praktische Verhältnisse nur sehr gering ist. Für Leiter von 25 mm Durchmesser mit 5 m Abstand erhält man zahlenmäßig

$$\ln\frac{2\cdot 500}{2,5} \mp 0,231 \cong 6\,(1 \mp 4\%)\,,$$

so daß also der Unterschied in der Beanspruchung $\pm$ 4% beträgt. Dieser Prozentsatz stellt gleichzeitig die Korrektur der Beanspruchung von linearen Drehstromleitungen gegenüber der Anordnung im Dreieck dar. Bei Beanspruchung mit 200 kV erhält daher der Innenleiter in unserem Beispiel eine Randfeldstärke von

$$15,3\cdot 1,04 = 15,9\,\text{kV/cm}.$$

Wir sehen nunmehr, daß von den verschiedenen Leiteranordnungen die Doppelleitung am günstigsten liegt hinsichtlich der Ausbildung niedriger elektrischer Randfeldstärken. Die Drehstromleitung im Dreieck besitzt 15%, die mit linearer Anordnung der Leitungen 20% höhere Feldstärke. Konzentrische Leiter schließlich besitzen die doppelte Feldstärke, sie eignen sich daher besonders gut zur experimentellen Untersuchung, da man hier mit mäßigen Spannungen hohe Feldstärken erzielen kann.

3. Koronaverluste. Überschreitet die Feldstärke einer Leitung die elektrische Festigkeit der Luft, so treten Elektronenströme aus dem Leiter in die Luft über, die die Atome der Luft zerspalten oder ionisieren. Das führt zunächst zu einer Glimmlicht- oder Koronahülle um die Leiter, und schließlich schießen bei immer mehr gesteigerter Spannung meterlange Stielbüschel aus der Leitung heraus. Da hiermit starke Energieverluste verknüpft sind, so muß der Leitungsdurchmesser für Hochspannungsleitungen mit großer Vorsicht gewählt werden.

Es liegen zahlreiche Untersuchungen über den Beginn des sichtbaren Glimmens an runden Leitern unter sauberen Verhältnissen vor. Sie ergeben, daß die Feldstärke für die Glimmgrenze $\mathfrak{E}_g$ stark vom Leiterdurchmesser abhängt. Sie beträgt bei großen Durchmessern reichlich 20 kV/cm und steigt bei kleinerem Durchmesser bis auf 50 kV/cm und noch weit darüber an. In Abb. 12 ist diese Grenzspannung mit ihrem Effektivwert und Maximalwert abhängig von den Leiterabmessungen dargestellt.

Das sichtbare Glimmen ist aber kein Maß für den Beginn der Ionisierung. Es tritt vielmehr schon vorher ein dunkler Vorstrom auf, der bereits erhebliche Energieverluste verursachen kann. Unter regulären Verhältnissen, wie glatte Oberfläche der runden Leiter, trockene

Luft von normalem Druck und normaler Temperatur um die Leiter, beginnen die Verluste bei einer Feldstärke, die 21 kV/cm beträgt und unabhängig vom Durchmesser der Leitung ist.

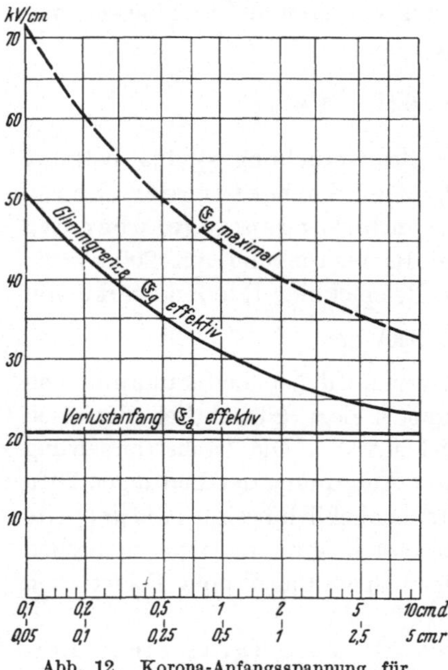

Abb. 12. Korona-Anfangsspannung für runde Leiter.

Nun sind aber bei wirklichen Drehstromleitungen der Praxis diese günstigen Verhältnisse nur selten gegeben. Sehr häufig ist die Kontur des Umfangs nicht völlig glatt. Die Oberfläche ist meistens rauh, sie verschmutzt und verwittert beträchtlich. Die Luft ist häufig nicht trocken, es kann Regen und Nebel auf der Leitungsstrecke herrschen. Die Temperatur kann, besonders in der Sonnenstrahlung, erheblich über den Normalwert von 20° steigen. Der Luftdruck zeigt die üblichen Barometerschwankungen und geht bei Leitungen in größerer Höhe überhaupt stark zurück. Tabelle 2 zeigt die verschiedenen ungünstigen Einflüsse mit dem Maß ihrer Wirkung auf den Koronaanfang. Da auch die Spannung auf der Leitung häufig zu schwanken pflegt und dabei die Nennspannung oft erheblich überschreitet, so ist auch dieser Einfluß in der Tabelle mit erfaßt.

Tabelle 2. Ungünstige Einflüsse auf den Verlustanfang.

Ursache	Wirkung %
1. Art des Metalls	0
2. Kontur des Umfangs	0—10
3. Rauhigkeit der Oberfläche	0—30
4. Verschmutzung u. Verwitterung	0—50
5. Feuchtigkeit, Nebel, Regen	0—30
6. Temperatur	0—10
7. Luftdruck	0— 5
8. Höhe ü. d. Meeresspiegel	0—30
9. Spannungserhöhung	10—15

Glücklicherweise treten die verschiedenen ungünstigen Umstände meistens nicht gleichzeitig auf, und wenn sie es tun, so doch nicht zu allen Zeiten des Betriebes, sondern nur kurzzeitig und auch meist nicht auf der ganzen Leitungsstrecke, sondern lokal begrenzt. Infolgedessen genügt es, die schädlichen Wirkungen für Leitungen, die nicht wesentlich über 500 m Seehöhe verlaufen, durch einen gesamten Sicherheitszuschlag von etwa 30% zu erfassen. Dann erhält man entsprechend Gl. (19) für Drehstromleitungen von 200 kV einen

Leiterdurchmesser von

$$d = \frac{2}{\sqrt{3}} 1{,}04 \cdot 1{,}30 \cdot \frac{200\,\text{kV}}{21\,\text{kV/cm} \cdot 6} = 2{,}47\,\text{cm},$$

was man praktisch auf 25 mm abrundet. Für andere normale Hochspannungen sind die ihnen unter den gleichen Umständen zugehörigen Leiterdurchmesser, ebenso wie die zweckmäßig zu wählenden Abstände in Tabelle 3 ausgerechnet.

Um die relativ geringe Sicherheit von 30% gegen den Verlustanfang zu rechtfertigen, muß man die tatsächliche Größe der Verluste

Tabelle 3. Normale Hochspannungsleitungen.

Nennspannung kV	Leiterabstand m	Seildurchmesser mm
100	3,0	12
150	3,8	18
200	4,6	25
300	6,3	36
400	8,0	50

berücksichtigen. Dieselben steigen gemäß Abb. 13 mit zunehmender Feldstärke stark an. Einige der ungünstigen Umstände, besonders die atmosphärischen Einflüsse, verschieben die Verlustkurve im ganzen auf niedrigere Feldstärken, andere Umstände, besonders die Einflüsse der Oberfläche der Leiter, bewirken vor allem ein Umbiegen der unteren Kurventeile auf geringere Feldstärke. Die dauernd vorhandenen Oberflächeneinflüsse verschieben also wohl die Anfangsspannung erheblich, sie vermehren aber die Verluste nur geringfügig. Dagegen sind die atmosphärischen Einwirkungen mit ihrem starken Einfluß auf die Verluste nicht dauernd, sondern nur zeitweise vorhanden. Da nun der Leiterdurchmesser mehr als alles andere die Kosten und daher die Wirtschaftlichkeit der Fernleitung bedingt, so pflegt man sich in Ansehung dieser Gesichtspunkte mit einer zahlenmäßigen Sicherheit von 30% zu begnügen.

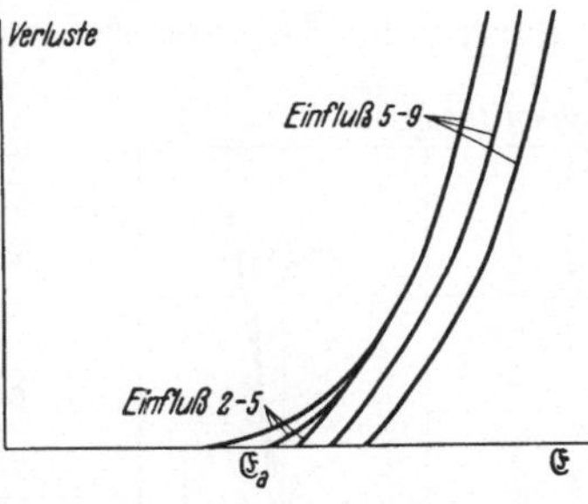

Abb. 13. Einfluß der Ursachen von Tabelle 2 auf die Koronaverluste.

In Abb. 14 sind einige Messungen über Koronaverluste wiedergegeben, die an einer Leitung von 42 mm Durchmesser im Käfig vorgenommen sind, einmal bei trockener Leitung mit mäßig rauher Oberfläche, das andere Mal bei sehr starker Beregnung mit einer Wassermenge von 1 mm/min, was praktisch allerdings wohl niemals vorkommen wird.

Die Umrechnung solcher Messungen auf die Drehstromleitung pflegt man auf Grund gleicher Randfeldstärke vorzunehmen, die, wie oben dargelegt, für alle einzelnen Drehstromleiter etwas verschieden sein kann. Man macht dabei die Annahme, daß die Verluste ihren Sitz nur in den Bezirken sehr hoher Feldstärken unmittelbar um die Leiter herum haben, und daß daher die verschiedenen Leiter unabhängig voneinander sind. Bei Dreiecksanordnung und gleichen Feldstärken genügt also eine Verdreifachung der Meßwerte.

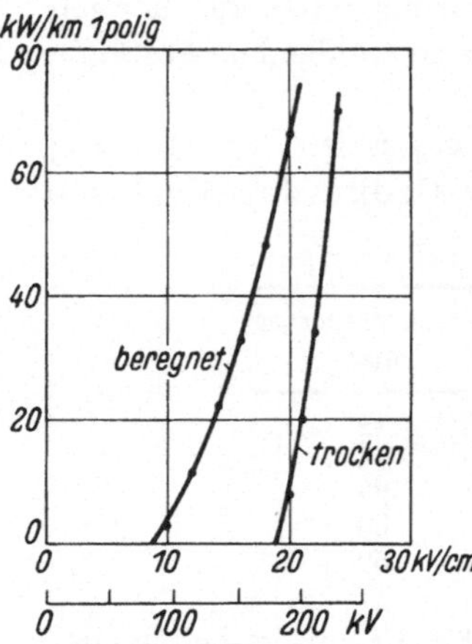

Abb. 14. Gemessene Koronaverluste einer Einzelleitung von 42 mm ⌀ im Käfig.

Auf Grund umfangreicher Versuche mit Leitern verschiedener Durchmesser, Abstände und Spannungen hat F. W. Peek die folgende Beziehung für die Verluste aufgestellt

$$V = 244\,(f + 25)\sqrt{\frac{d}{2s}}\,(U - U_a)^2 \cdot 10^{-5}, \quad (20)$$

wobei U_a die Verlustanfangsspannung und f die Frequenz in Per/sec bedeutet. Dieses quadratische Verlustgesetz ist in Abb. 15 für Leiter von 25 mm Durchmesser und 200 kV Betriebsspannung und schlechte atmosphärische Verhältnisse dargestellt. Die Verluste steigen mit dem Quadrat der Differenz der tatsächlichen Leitungsspannung gegenüber der Anfangsspannung. Von H. J. Ryan und von R. Holm ist ein etwas abweichendes Verlustgesetz aufgestellt

$$V = k\,U\,(U - U_a), \quad (21)$$

bei dem der Anstieg proportional der Spannungsdifferenz, multipliziert mit der Betriebsspannung, erfolgt. Dies ist ebenfalls in Abb. 15 dargestellt. Dies Gesetz läßt sich theoretisch etwas besser begründen, es schmiegt sich dem Charakter der experimentellen Untersuchung manchmal besser an. Beide Formeln zeigen jedenfalls, ganz entsprechend allen Messungen, ein rapides Ansteigen der Verluste bei Überschreitung einer bestimmten Spannungsgrenze.

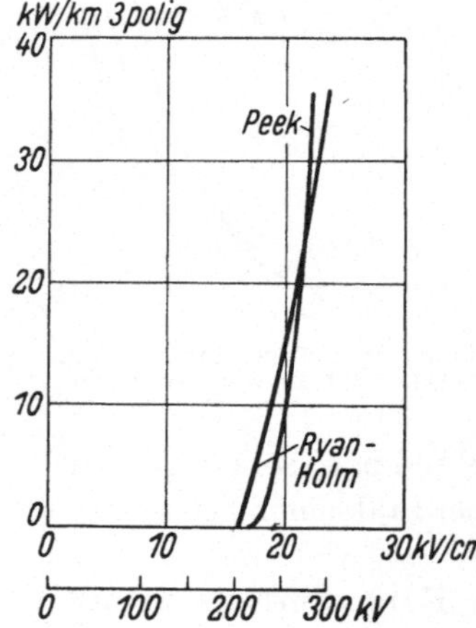

Abb. 15. Koronaverluste auf Drehstromleitungen von 25 mm ⌀ nach Berechnungsformeln.

Den besten Überblick über die wirtschaftliche Bedeutung der Koronaverluste erhält man durch Vergleich mit den Stromwärmeverlusten der Leitung. Dieselben berechnen sich für eine übliche 200 kV-Leitung mit 25 mm Leiterdurchmesser bei voller Belastung zu etwa 30 kW/km für alle 3 Leitungen. Man sieht daher aus Abb. 15, daß selbst bei kurzzeitigem Anwachsen der Spannung oder Absinken der Koronagrenze die tatsächlichen Koronaverluste die Größenordnung der Stromwärmeverluste kaum überschreiten werden.

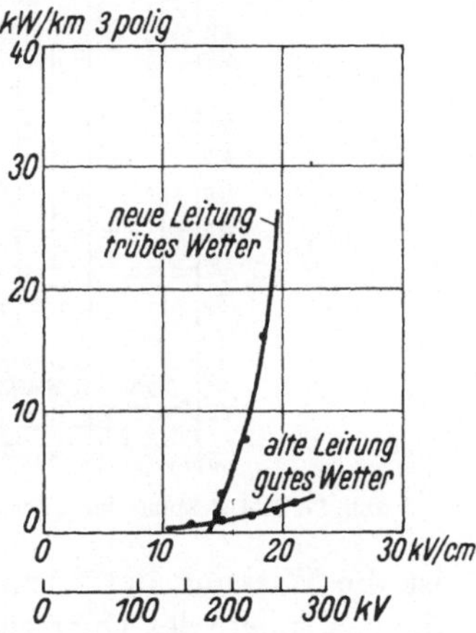

Abb. 16. Gemessene Koronaverluste einer Drehstromleitung von 25 mm ⌀ auf der Strecke.

Gegenüber den bisher genannten ungünstigen Einflüssen hat sich im praktischen Betrieb der Leitung auch eine günstige Erscheinung herausgestellt, indem die Oberfläche der Leitung sich unter der Wirkung der Spannung umbildet, so daß eine Alterung derselben eintritt, die den Austritt von Elektronen und damit die Stärke der Koronaverluste vermindert. Abb. 16 zeigt einige Vergleichsmessungen an einer 25 mm-Leitung kurz nach der Inbetriebsetzung und etwa ein Jahr später. Man wird den Unterschied der Verluste zwar zu einem Teil auf den Wetterunterschied bei den Messungen schieben müssen, jedoch bleibt ein erheblicher Rest auch für den günstigen Einfluß der Alterung übrig.

C. Aufbau der Fernleitungen.

1. Wirtschaftlicher Durchmesser. Zunächst wollen wir einen kurzen Blick auf die Entwicklung der Übertragungsleitungen werfen, um die verschiedenen Gesichtspunkte zu betrachten, nach denen sich der grundsätzliche Aufbau der Leitungen richtet.

Im Anfang der Starkstromtechnik verbrauchte man die elektrische Energie mit relativ geringer Spannung in der Nähe des Erzeugungsortes. In dem Maße, wie man erst geringere, später größere und größere Entfernungen überbrückte, benötigte man immer höhere Betriebsspannungen. Abb. 17 zeigt die historische Entwicklung in europäischen Anlagen, die mit der Laufen-Frankfurter Übertragung mit 10 kV ihren Anfang nahm und stufenweise über die Lauchhammer-Leitung mit 100 kV im Jahre 1911 schließlich bis zur RWE-Übertragung mit 200 kV im Jahre 1923 ansteigt.

Wir wollen nun die Strom- und Spannungsverhältnisse an einer Reihe fortlaufend wachsender Leitungsdurchmesser verfolgen, die in Tabelle 4 dargestellt sind. Dabei legen wir unseren Betrachtungen Freileitungen aus Kupfer zugrunde, um eine einfache Übersicht zu erhalten. In der ersten Spalte dieser Tabelle sind die Leitungsquerschnitte in Bild und Zahl dargestellt, die zu den Durchmessern von 2 mm bis 50 mm gehören. In der nächsten Spalte

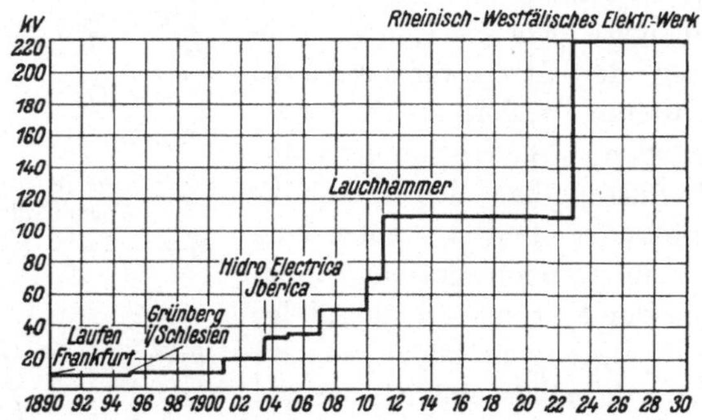

Abb. 17. Entwicklung der Übertragungsspannung europäischer Hochspannungsleitungen.

ist die Wirkung der Stromverdrängung in Prozenten eingetragen, die das Innere des Querschnittes von Strom befreit und ihn nach außen zu drängt. Die wirklich stromtragenden Querschnitte sind bildlich in

Tabelle 4. Freileitungsquerschnitte für hohe Spannungen.

Leiterstärke Ø mm / q mm²	Leiterstärke Bild	Stromverdrängung bei 50 Per/sec %	Stromverdrängung Bild	Stromstärke bei 1,7 A/mm² Stromdichte voll	Stromstärke wirksam	Spannung wegen Korona kV	Übertragbare Drehstr.-Leistung kVA	Abgeänderter Leiter Bild	Abgeänderter Leiter $\varnothing_{i,a}$ / q mm²	Drehstr.-Leistung kVA	Durchmesser bestimmt durch
2 / 2,5		0		4,25		15	110		4 / 10	440	mechanische Festigkeit
3,5 / 7,5		0		12,7		30	660		4 / 10	880	
7 / 30		0		51		60	5300				Energieverluste
12 / 90		0,5		153	152	100	26200				
18 / 200		1		340	336	150	87500				
25 / 385		6		655	616	200	215000		19,5 / 185	110000	elektrische Festigkeit
36 / 800		22		1360	1060	300	550000		30 / 320	280000	
50 / 1550		37		2640	1660	400	1150000		43 / 520	610000	

die Tabelle eingezeichnet. Von etwa 25 mm Durchmesser an wird die Stromverdrängung fühlbar und bewirkt, daß bei stärkeren Leitern nur der äußere Mantel stromführend ist.

In der dritten Spalte der Tabelle ist angegeben, mit welcher Stromstärke diese verschiedenen Leitungen in wirtschaftlicher Weise betrieben werden können. Sehr hohe Stromdichte erfordert zwar wenig Kupfer, ergibt aber hohe Jahreskosten durch Verluste. Sehr niedrige Stromdichte erfordert großen Kupferaufwand und daher hohe Jahreskosten zur Verzinsung. Man findet, daß die wirtschaftlichste Stromdichte bei den verschiedensten Umständen hinsichtlich Zinsfuß, Kupferpreis und Strompreis sich zwischen 1,5 bis 1,7 bis 2,0 A/mm² hält. Die Zahlen der Tabelle sind mit 1,7 A/mm² berechnet, was einen guten Mittelwert für übliche Anlagen darstellt.

Die höchste Spannung, mit der jede Leitung betrieben werden kann, ist durch die oben behandelte Koronaspannung gegeben. Sie ist in der vierten Spalte der Tabelle 4 eingetragen und variiert von 15 bis 400 kV.

Aus der so festgelegten Betriebsspannung und der wirtschaftlichen Stromstärke errechnet sich nunmehr sofort in Spalte 5 die der Leitung zukommende Übertragungsleistung bei Drehstrom. Bei den beiden unteren Durchmessern von 2 und 3,5 mm ist diese Leistung recht gering. Außerdem sind diese Leitungen so dünn, daß man ihnen keine ausreichende mechanische Festigkeit gegen Wind und Wetter und sonstige Störungserscheinungen zuerkennen kann. Man führt daher stets einen geringsten Querschnitt von 10 mm² aus, was 4 mm Durchmesser entspricht. Leitungen dieser Spannungen von 15 und 30 kV sind daher stets absolut koronafrei. Ihr Minimaldurchmesser bestimmt sich aus Gründen der mechanischen Festigkeit.

Bei den höheren Spannungen von 60, 100 und 150 kV ergeben sich untere Grenzen von Übertragungsleistungen, die den praktisch auftretenden Wünschen meistens gut entsprechen. Sollen größere Leistungen übertragen werden, so wählt man den Durchmesser größer und erhält die Leitungen koronasicherer als bei diesen Grenzwerten.

Betrachtet man nun aber die hohen Spannungen von 200, 300 und 400 kV, so erhält man wirtschaftlich zu übertragende minimale Leistungen, die weit höher sind als die Energiemengen, die man ihnen unter heutigen Verhältnissen meistens anvertrauen will. Man wird aus Gründen der Betriebssicherheit vielmehr vorziehen, eine Leistung von 200 bis 250000 kVA schon bei 200 kV nicht durch einen einzigen Leitungsstrang, sondern durch deren zwei zu übertragen. Dann braucht man aber die doppelte Kupfermenge wie bei der aus Koronagründen minimal möglichen Leitung von 25 mm Durchmesser, und dies wird natürlich sofort unwirtschaftlich. Noch krasser liegen die Verhältnisse bei den höheren Spannungen. Wie wir noch sehen werden, tritt außerdem bei der Übertragung dieser großen Leistungen ein enormer induktiver Spannungsabfall in den Leitungen auf, so daß an einen geordneten Betrieb nicht mehr zu denken ist.

2. Ausbildung des Querschnittes. Wir können die Aufgabe der wirtschaftlichen Leistungsübertragung bei derart hohen Spannungen jedoch sofort lösen, wenn wir den Querschnitt der Leitung vom Durchmesser unabhängig machen und die Leiter hohl ausführen, so wie es in der 6. Spalte der Tabelle 4 unten dargestellt ist. Wählt man eine Wandstärke des Kupfers von etwa 3 mm, so lassen sich derartige Hohlseile einerseits fabrikatorisch gut und sicher ausführen, andererseits erhält man Querschnitte und wirtschaftliche Mindestleistungen nach Spalte 7 der Tabelle für die Übertragung, die gerade im Rahmen dessen liegen, was bei so hohen Spannungen aus Sicherheitsgründen des Betriebes angemessen erscheint. Wir sehen also, daß man Kupferfreileitungen für 200 kV Spannung und darüber als Hohlseil ausführen muß, um die Durchmessergrenze, die die elektrische Festigkeit der Luft vorschreibt, bei wirtschaftlichem Kupferaufwand erreichen zu können. Bei Aluminiumleitungen mit ihrem geringeren Preis und ihrer geringeren Leitfähigkeit verschiebt sich diese Grenze um eine Stufe nach oben.

Diese Hohlseile müssen für den Transport, die Verlegung und den Betrieb eine ausreichende Biegsamkeit besitzen. Man kann sie daher nicht als vollwandige Rohre aufbauen. Zwar wird man im Interesse gleichmäßiger und geringer Feldstärke am Umfang eine glatte Oberfläche bevorzugen, man wird die Seile daher aus ringstückähnlichen Formdrähten aufbauen, wie es Abb. 18 zeigt. Damit dieselben aber eine genügende Festigkeit besitzen, sowohl auf der Verseilmaschine, auf der sie hergestellt werden, als auch unter den enormen Beanspruchungen des Betriebes am Mast, muß man ein Tragorgan anordnen, für das z. B. im Innern des Hohlseiles ausreichender Platz vorhanden ist. Man kann hierfür nach Abb. 19 ein spiralig verwundenes Wellband verwenden, das eine gute und feste Lagerung der Manteldrähte ergibt. Man kann auch nach Abb. 20 eine feste Drahtspirale am Innenumfang des Leiterquerschnitts benutzen, oder man profiliert nach Abb. 21 die Teilleiter etwas komplizierter und benutzt Nut und Feder zwischen denselben als Tragorgan für das Gewölbe. Abb. 22 stellt schließlich den Aufbau eines Hohlseiles aus Runddrähten dar. Meist

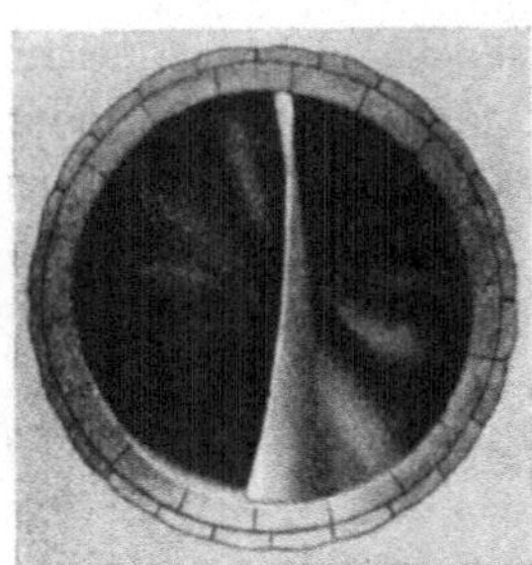

Abb. 18. Querschnittsbild eines Hohlseiles von 42 mm ⌀ bei 400 mm² nutzbarer Fläche.

wird der Querschnitt in zwei radial übereinanderliegende Lagen zerteilt, die auf der Verseilmaschine im Gegenschlag gefahren werden,

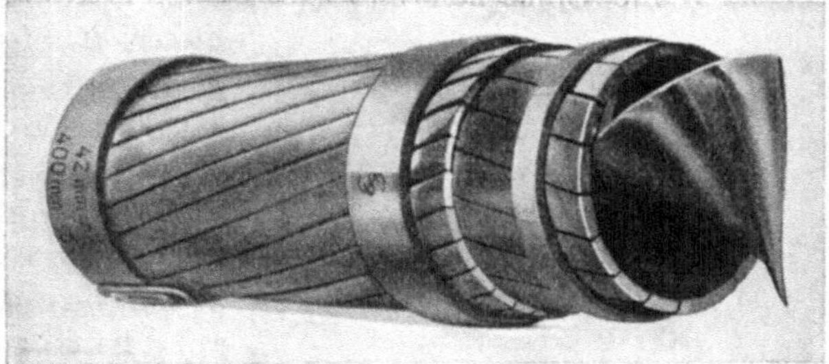

Abb. 19. Zweilagiges Hohlseil mit innerem Wellband als Tragorgan.

Abb. 20. Zweilagiges Hohlseil mit Spirale als Tragorgan.

Abb. 21. Einlagiges Hohlseil mit Nut und Feder im Gewölbe.

Abb. 22. Zweilagiges Hohlseil aus Rundleitern.

um Torsionsspannungen und ein Aufkorben des Seiles zu vermeiden. Abb. 23 und 24 zeigen eine fertige und eine im Bau befindliche Leitungsanlage mit den eben dargestellten Hohlseilen.

Sowohl wirtschaftlich wie technisch sind die Spannungsabfälle auf der Fernleitung von ausschlaggebender Bedeutung. Deshalb sind in Tabelle 5 die Ohmschen und induktiven Spannungen aller dieser Kupferleitungen für je 100 km Leitungslänge ausgerechnet. Man sieht ohne weiteres, daß man die niederen Spannungen von 15 und 30 kV nur auf kürzere Entfernung verwenden kann, weil sonst recht große Verluste bei voller Belastung auftreten würden. Dagegen kann man mit hohen Spannungen von 200 kV und darüber Übertragungen auf 1000 und mehr Kilometer durchführen, ohne daß die Ohmschen Spannungsabfälle oder die ihr zahlenmäßig gleichwertigen Energieverluste einen für diese Entfernung angemessenen Betrag überschreiten würden.

Abb. 23. 220 kV-Hohlseilfernleitung im Rheinland.

Die induktiven Spannungsabfälle sind bei niederen Betriebsspannungen mäßig, bei hohen Betriebsspannungen erreichen sie dagegen

Tabelle 5.
Spannungsabfall voll belasteter Drehstromleitungen bei 50 Per/sec.

Betriebsspannung	Drehstromleistung	Leiterquerschnitt	auf 100 km		$\frac{r}{\omega l}$
			Ohmsche Spannung	induktive Spannung	
kV	kVA	mm²	%	%	
15	440	10	35,0	7,85	4,45
30	880	10	17,5	3,92	4,45
60	5300	30	8,75	5,90	1,48
100	26200	90	5,25	10,5	0,50
150	87500	200	3,50	15,6	0,22
200	110000	185	2,63	11,0	0,24
300	280000	320	1,75	12,5	0,14
400	610000	520	1,32	15,3	0,086

solche Werte, daß man sie durch besondere Maßnahmen kompensieren muß. In der letzten Spalte der Tabelle ist das Verhältnis von Widerstand zu Induktanz angegeben, das für die späteren Betrachtungen eine große Rolle spielen wird. Es sinkt für die Betriebsspannungen, die für Großkraftübertragungen überhaupt in Frage kommen, von der Größenordnung $^1/_2$ bis auf $^1/_{10}$ und darunter herab.

D. Übertragung auf verlustfreien Leitungen.

1. Elektromagnetische Grundgesetze. Wenn wir erhebliche Energiemengen auf große Entfernungen übertragen wollen, wozu nach Tabelle 4 und 5 hohe Spannung erforderlich ist, so ist es nicht mehr zulässig, die Kapazität der Fernleitung zu vernachlässigen. Wir wissen nun, daß das gemeinsame Vorhandensein von Selbstinduktion und Kapazität der Leitungen bewirkt, daß sich gemäß Abb. 25 Wellen auf denselben ausbreiten können, die in Luft mit der Lichtgeschwindigkeit

$$v = \pm \frac{1}{\sqrt{l c}}, \qquad (22)$$

in dichteren Medien entsprechend langsamer verlaufen, wobei l und c die Selbstinduktion und Kapazität der Fernleitung für die Längeneinheit bezeichnen. Für Freileitungen ist diese Geschwindigkeit etwa 300000 km/sec, für Kabel etwa 150000 km/sec, in beiden Fällen also außerordentlich groß.

Abb. 24. Im Bau befindliche 220 kV-Hohlseilfernleitung in Mitteldeutschland.

Die räumliche Form der Wellen kann allgemein genommen sehr verschiedenartig sein. Da die Geschwindigkeit aller Wellenteile jedoch dieselbe ist, so stimmt der räumliche Verlauf eines bestimmten Wellensystems längs der Leitung stets genau mit dem zeitlichen Verlauf an irgend einem Punkt, z. B. am Anfang der Leitung, überein. Die Wellen können im Prinzip in jeder Richtung der Leitungserstreckung verlaufen, was durch die beiden Vorzeichen der Gl. (22) angedeutet ist. Für jede Laufrichtung ergibt sich aus den elektromagnetischen Grundgleichungen, daß Spannung u und Strom i an jeder Stelle und zu jeder Zeit einander proportional sind, und daß ihr Quotient ist

$$\frac{u}{i} = \pm \sqrt{\frac{l}{c}} = \pm Z. \tag{23}$$

Durch die Wurzel aus dem Verhältnis von Selbstinduktion und Kapazität der Leitung wird also eine feste Größe Z bestimmt, die man kurz als Wellenwiderstand der Fernleitung bezeichnet. Für oberirdische Leitungsschleifen liegt sein Wert in der Größenordnung von 750 Ω, für Kabel von 75 Ω. Der Betriebswellenwiderstand für Drehstromleitungen hat den halben Wert dieser Zahlen.

Welches Vorzeichen das Verhältnis von Spannung zu Strom nach Gl. (23) besitzt, hängt von der Laufrichtung der Wellen nach Gl. (22) ab. In Abb. 25b ist für je eine ganz willkürlich herausgegriffene vorwärtslaufende und rückwärtslaufende Wellenform auf der Fernleitung ein Augenblick herausgezeichnet. Da Strom und Spannung für die vorwärts- und rückwärtslaufenden Wellen je für sich stets proportional sind, so sind sie notwendig gleichphasig, das heißt, jede Welle überträgt lediglich Wirkleistung, deren Wert sich bestimmt zu

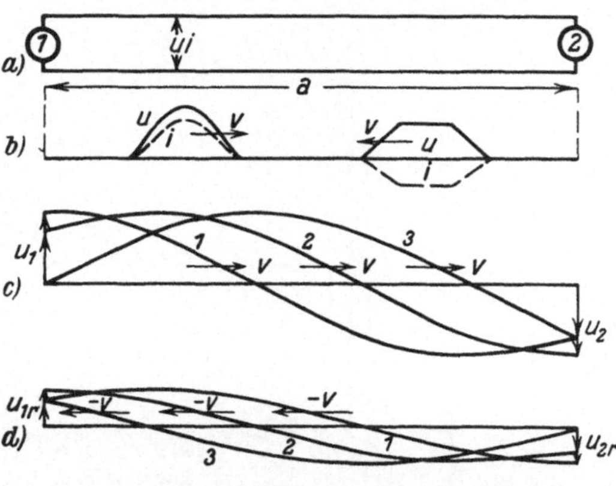

Abb. 25. Wellenausbreitung auf langen Fernleitungen.

$$N = u\,i = \pm\, i^2 Z = \pm \frac{u^2}{Z}. \tag{24}$$

Der Ohmsche Widerstand der Fernleitung bewirkt, daß jeder einzelne Punkt der Wellen während seines Laufes über die Leitungserstreckung x exponentiell gedämpft wird nach der Beziehung

$$\frac{u}{u_0} = \frac{i}{i_0} = \varepsilon^{-\frac{r}{2Z}x}, \tag{25}$$

also entsprechend dem Verhältnis des Leitungswiderstandes zum Wellenwiderstand. Dies ergibt bei einer 200 kV-Leitung mit 0,1 Ω/km Widerstand erst nach 1000 km Freileitung oder 100 km Kabellänge einen Spannungs- und Stromverlust von rund 13%. Wir wollen unsere folgenden Betrachtungen daher zunächst unter Vernachlässigung dieser Verluste durchführen und können die Wirkung des tatsächlich vorhandenen Widerstandes jederzeit durch eine Korrektur nach Gl. (25) berücksichtigen.

Wenn wir in Abb. 25 die Spannung an der Erzeugerstation 1 zeitlich sinusförmig variieren lassen, so pflanzt sich jeder augenblickliche Zustand mit Lichtgeschwindigkeit über die Leitung fort, so daß sich auf ihr räumliche Sinuswellen ausbilden, wie es in Abb. 25c für drei aufeinanderfolgende Momente dargestellt ist. Durch Übereinanderlagerung von vorwärts- und rückwärtslaufenden Strom-Spannungswellen können wir nun jeden beliebigen elektromagnetischen Zustand auf der Fernleitung darstellen. Wir können z. B. zu den vorwärtslaufenden Sinuswellen der Abb. 25c noch rückwärtslaufende Wellen nach Abb. 25d hinzufügen. Da die Spannungen und Ströme dieser verschiedenen Wellensysteme zwar alle sinusförmig, aber keineswegs untereinander gleichphasig sind, so können wir damit in jedem Punkt der Leitung beliebige Wirk- und Blindleistungen zur Darstellung bringen. Die gesamten Ströme und Spannungen setzen sich alsdann aus den Teilwerten aller vorwärts- und rückwärtslaufenden Wellen mit den Indizes v und r zusammen:

$$\left.\begin{aligned} u &= u_v + u_r\,, \\ i &= i_v + i_r\,. \end{aligned}\right\} \qquad (26)$$

Diese Beziehungen gelten ganz allgemein, gleichgültig ob es sich um Gleichstrom- oder Wechselstromübertragung, um nieder- oder hochfrequente Vorgänge, um sinusförmige oder unregelmäßig verlaufende elektrische Erscheinungen handelt.

2. Betrieb mit natürlicher Leistung. Da wir bei jeder Fernleitung eine bestimmte Leistung, und zwar im allgemeinen eine gewisse Wirkleistung, möglichst wirtschaftlich vom einen bis zum anderen Ende übertragen wollen, so sehen wir, daß es zweckmäßig ist, nur das vorwärtslaufende Wellensystem zwischen der energieerzeugenden Station 1 und der energieverbrauchenden Station 2 zu benutzen. Jedes außerdem vorhandene rücklaufende Wellensystem wird nach Gl. (26) einerseits die Ströme in der Leitung und damit die Ohmschen Stromwärmeverluste, andererseits die Spannung auf der Leitung und damit die Isolationsbeanspruchung ganz unnötig vergrößern. Da nun im vorwärtslaufenden sinusförmigen Wellensystem nach Abb. 25c Strom und Spannung über die ganze Leitungserstreckung und daher auch an den Endpunkten der Leitung genau in Phase sind, so sehen wir, daß die Forderung möglichst großer Wirtschaftlichkeit der Übertragung die Bedingung zur Folge hat, die Leistung nur als Wirkleistung, also mit dem Leistungsfaktor 1 zu übertragen. Wir müssen daher Strom und Spannung in den Endstationen so einregeln, daß sie dort in Phase sind. Dann vermeiden wir unnütze Reflexionen der Wellen an den Enden mit ihrer überflüssigen Beanspruchung der Leitung. Wie der Ohmsche Widerstand der Leitungen diese Regel abwandelt, werden wir später sehen.

Eine zweite Bedingung, die wir den Endstationen auferlegen müssen, besteht darin, daß sie das richtige Strom- und Spannungsverhältnis von Gl. (23) besitzen müssen, das für den einseitigen Verlauf der Wellen erforderlich ist. Schreiben wir dies jetzt in Effektivwerten U und J des sinusförmigen Stromes für vorwärtslaufende Leistungswellen nochmals an, so muß sowohl in den Endstationen als auch auf der ganzen Leitungserstreckung sein

$$\frac{U}{J} = Z = \sqrt{\frac{l}{c}}\,. \tag{27}$$

Die übertragene Leistung wird damit

$$N_n = J^2 Z = \frac{U^2}{Z}\,. \tag{28}$$

Wir wollen diesen Betrag die natürliche Leistung der Fernleitung nennen, weil hierbei die einfachsten und natürlichsten Verhältnisse hinsichtlich des Leistungsfaktors, der Fortpflanzungsrichtung, der Energie und der Wellenreflexion an den Enden vorliegen.

Da die Wellenwiderstände aller Freileitungen unter sich und aller Kabel unter sich nicht allzu sehr verschieden sind, so hängt diese natürliche Leistung fast nur von der Betriebsspannung ab. In Tabelle 6 ist für eine Reihe normaler Spannungen die natürliche Leistung von Freileitungen mit 750 Ω und Kabeln mit 75 Ω Wellenwiderstand auf Grund der Gl. (28) für Ein- und Dreiphasenstrom ausgerechnet.

Tabelle 6. Natürliche Leistungen von Fernleitungen in MW.

Spannung in kV	Freileitung		Kabel	
	1phasig	3phasig	1phasig	3phasig
15	0,3	0,6	3	6
30	1,2	2,4	12	24
60	4,8	9,6	48	96
100	14	27	140	270
150	30	60	300	600
200	55	110	550	1100
300	120	240		
400	210	430		

Da nur diese so berechneten Leistungen eine volle Ausnutzung des Leitungskupfers und der Leitungsisolation sehr langer Fernleitungen gewährleisten, so sieht man, daß zur Übertragung von größeren Leistungen, etwa von mehreren 100000 kW über einen Leitungsstrang, bei Freileitungen Spannungen von mehreren 100 kV erforderlich sind, während sich bei Kabeln die Spannung noch unter 100 kV hält. Dies ist ein offenbarer Vorteil von Kabelleitungen zur Fernübertragung.

Wenn man mit diesen natürlichen Leistungen der Kraftübertragung arbeitet, so bleiben die Strom- und Spannungswerte längs der Leitung konstant, wie es in Abb. 25c dargestellt ist. Die Empfangsstation 2 erhält Strom und Spannung mit demselben Betrage, den die Sendestation 1 in die Leitung hineinschickt. Kapazitive Ladeströme und induktive Spannungsabfälle vermögen den Zahlenwert der Ströme und Spannungen nicht zu ändern. Diese kommen nur um die Laufzeit auf der Leitung später am Leitungsende an, die sich berechnet als Quotient von Leitungslänge a und Laufgeschwindigkeit v. Wegen dieser Verzögerungszeit besitzen die Spannungen und Ströme am Leitungsende eine Phasenverzögerung ϑ gegenüber ihren Werten am Leitungsanfang, die in Abb. 26 dargestellt ist. Ihr Wert berechnet sich als Produkt von Kreisfrequenz ω und Verzögerungszeit zu

$$\vartheta = \frac{\omega a}{v}. \tag{29}$$

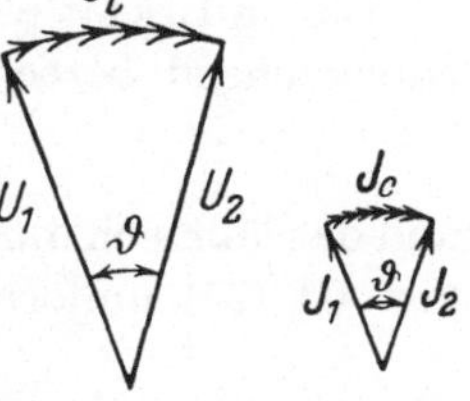

Abb. 26. Spannungs- und Stromdiagramm der Leitung bei natürlicher Belastung.

Dieser Phasenunterschied ist demnach direkt proportional der Länge a der Fernleitung, und außerdem abhängig von der Frequenz ω, die fast immer gegeben ist, und der Geschwindigkeit v, die nur für Kabel und Freileitungen unterschiedlich ist. In Tabelle 7 ist der Wert der Gl. (29) sowohl im Bogenmaß als auch in Winkelgraden für verschiedene Leitungslängen ausgerechnet.

Die allmähliche Drehung der Strom- und Spannungsvektoren längs der Leitung nach Abb. 26 wird durch die induktiven Spannungen U_l

Tabelle 7. Phasenwinkel, relative Ladeströme und induktive Spannungen für 50 Per/sec.

Freileitung $a =$	10	50	100	200	400	600	800	1000	km
Kabel $a =$	5	25	50	100	200	300	400	500	km
Entfernungsmaß $\frac{\omega a}{v} =$	0,01	0,05	0,105	0,21	0,42	0,63	0,84	1,05	
Phasenwinkel $\vartheta =$	0,6	3	6	12	24	36	48	60	Grad

und die kapazitiven Ströme J_c bewirkt. Dabei steht in jedem Punkt der Leitung, wie man aus dem Diagramm der Abb. 26 ersieht, der Ladestrom genau senkrecht auf dem dort herrschenden Leitungsstrom und die induktive Spannung genau senkrecht auf der dort herrschenden Leitungsspannung.

Die Größe des gesamten Ladestromes für die Leitungslänge a ist

$$J_c = \omega c a U . \qquad (30)$$

Ersetzt man die Spannung hierin durch ihren Wert aus Gl. (27) für die natürliche Leistungsübertragung und führt die Laufgeschwindigkeit nach Gl. (22) ein, so erhält man

$$J_{cn} = \omega c a J_n \sqrt{\frac{l}{c}} = \frac{\omega a}{v} J_n . \qquad (31)$$

Der totale Ladestrom der Fernleitung bei ihrer natürlichen Leistung läßt sich daher aus dem natürlichen Belastungsstrom durch Multiplikation mit dem schon bekannten Quotienten $\omega a/v$ berechnen. Wir sehen aus Tabelle 7, daß der Ladestrom für 50 Per/sec bei Freileitungen von 500 km bereits die Hälfte, bei solchen von 1000 km Länge den vollen Wert des natürlichen Belastungsstromes der Fernleitung ausmacht.

Die induktive Spannung längs der Leitung läßt sich ganz entsprechend berechnen zu

$$U_l = \omega l a J , \qquad (32)$$

und das läßt sich durch Einführen des Stromes der natürlichen Belastung von Gl. (27) umformen in

$$U_{ln} = \omega l a U_n \sqrt{\frac{c}{l}} = \frac{\omega a}{v} U_n . \qquad (33)$$

Das Verhältnis der induktiven Spannung bei natürlicher Belastung zur Betriebsspannung ist also wiederum durch das gleiche Verhältnis $\omega a/v$ gegeben. Die induktive Spannung beträgt bei 500 km Freileitung die Hälfte, bei 1000 km Länge den vollen Wert der Arbeitsspannung der Übertragung. Sie ist hier, genau wie oben der Ladestrom, längs des Kreisbogens im Diagramm der Abb. 26 summiert.

Wir sehen also, daß bei langen Fernleitungen sowohl die induktiven Spannungen wie die Kapazitätsströme ganz gewaltige Beträge im Vergleich zu den Werten der übertragenen Leistung ausmachen, daß sie jedoch im natürlichen Betrieb der Leitung weiter nicht schädlich sind und nur die Wirkung besitzen, daß die Phasenwinkel der Spannungen und Ströme am Leitungsende denen am Leitungsanfang um den Betrag ϑ nacheilen, der bei 500 km Freileitungslänge 30°, bei 1000 km 60° beträgt.

3. Überlastung, Unterlastung und Leerlauf. Wenn wir nun von der natürlichen Leistung dieser Fernleitung abweichen und beispielsweise bei gegebener Spannung am Erzeugerende den Strom über seinen natürlichen Wert steigern, so wird die induktive Spannung nach Gl. (32) erheblich vergrößert. Während sich bei der natürlichen Belastung die Wirkungen des Ladestromes und der induktiven Spannung gerade das Gleichgewicht hielten, überwiegt jetzt die letztere und bewirkt einen starken Abfall der Leitungsspannung gegen das Verbraucherende hin. In Abb. 27 sind diese Verhältnisse dargestellt. Bei Freileitungen von 500 km Länge würde bei doppelter natürlicher Belastung die induktive Spannung, die nach Tabelle 7 etwa 50% beträgt, verdoppelt, und bei 1000 km Leitungslänge würde sogar der volle Betrag der Betriebsspannung als Abfall auftreten, so daß kein Rest mehr übrig bliebe.

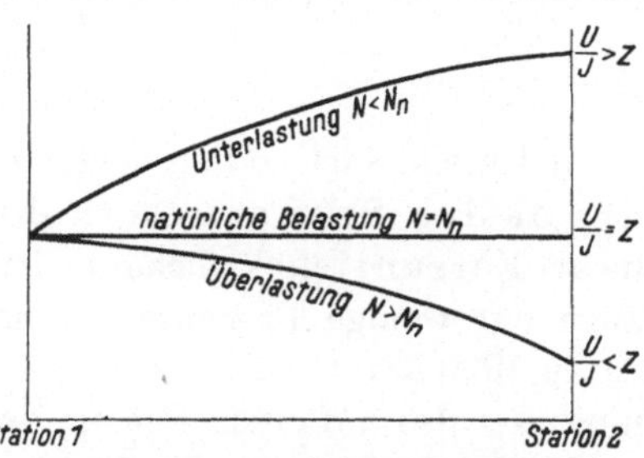

Abb. 27. Spannungsverlauf längs der Fernleitung bei Veränderung der Belastung.

Vermindert man andererseits die Belastung der Leitung erheblich unter die natürliche Leistung, so treten rücklaufende Strom- und Spannungswellen nach Abb. 25d auf, die das einfache Diagramm in Abb. 26 komplizierter gestalten. Die induktive Spannung nach Gl. (32) wird weitgehend vermindert, dagegen bleibt der kapazitive Ladestrom nach Gl. (30) bestehen und erzeugt in der Induktanz der Leitung eine erhebliche Spannungserhöhung.

Wir wollen die Verhältnisse der leerlaufenden Fernleitung genauer betrachten, weil dieser Betriebszustand durch zufällige Abschaltung der Leitung an einem Ende leicht einmal auftreten kann. In Abb. 28 ist der Verlauf von Strom und Spannung längs der Leitung dargestellt. Die vorwärtslaufenden Wellen werden am offenen Leitungsende voll reflektiert und geben zu einer stehenden Schwingung Anlaß, die an diesem Ende einen Stromknoten und einen Spannungsbauch besitzt. Die Strom- und Spannungsverteilung setzt sich über den Transformator bis in den speisenden Generator hinein fort, wobei der kapazitive Strom in deren Streuungen ebenfalls erhebliche Spannungssteigerungen verursacht.

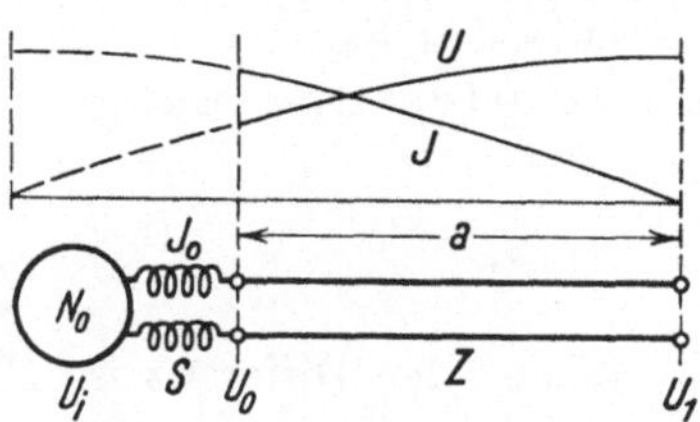

Abb. 28. Spannungssteigerung der Fernleitung bei Leerlauf.

Da Strom und Spannung auf der Fernleitung einen Teil einer stehenden harmonischen Welle bilden, so ist die Spannung an den Sammelschienen am Leitungsanfang mit Bezug auf Abb. 28

$$U_0 = U_1 \cos \frac{\omega a}{v} \tag{34}$$

und der Strom wird

$$J_0 = \frac{U_1}{Z} \sin \frac{\omega a}{v}, \tag{35}$$

wobei mit U_1 die Spannung am offenen Leitungsende bezeichnet ist. Durch Elimination dieser Größe erhält man den Ladestrom der Leitung in Bezug auf seine eigene Spannung zu

$$J_0 = \frac{U_0}{Z} \operatorname{tg} \frac{\omega a}{v}, \tag{36}$$

und daraus die kapazitive Reaktanz der leerlaufenden Leitung

$$\frac{1}{\omega C} = \frac{U_0}{J_0} = Z \operatorname{ctg} \frac{\omega a}{v}. \tag{37}$$

In Tabelle 8 ist zu den verschiedenen Freileitungs- und Kabellängen die relative Spannungserhöhung U_1/U_0 nach Gl. (34) zugeordnet, die als Ferrantieffekt bekannt ist. Sie beträgt bis zu 200 km Leitungslänge nur wenige Prozente und ist daher unerheblich, sie steigt aber bis zu 1000 km Freileitungslänge auf das Zweifache der Anfangsspannung an, also auf einen Betrag, der für den Betrieb ganz unzulässig ist.

Da der Ladestrom J_0 die Streureaktanzen ωS von Transformator und Generator durchfließt, so ruft er dort eine Spannung hervor, die die induzierte Spannung E_i im Generator kleiner hält als die Anfangsspannung U_0 an der Leitung. Sie ist

$$U_i = U_0 - \omega S J_0 = U_0 \left(1 - \frac{\omega S}{Z} \operatorname{tg} \frac{\omega a}{v}\right). \tag{38}$$

Führt man hierin den Wert von Gl. (34) ein, so erhält man als Verhältnis der Spannung am Leitungsende zu der im Generator induzierten Spannung

$$\frac{U_1}{U_i} = \frac{1}{\cos \frac{\omega a}{v} - \frac{\omega S}{Z} \sin \frac{\omega a}{v}}. \tag{39}$$

Wegen der Differenz im Nenner dieses Ausdrucks wird die Spannungssteigerung gegenüber der im Generator wirksamen Spannung noch viel größer. Sie ist in Tabelle 8 für Gleichheit von Streureaktanz und Wellenwiderstand eingetragen. Man erkennt, daß eine Steigerung auf das Zweifache jetzt schon bei 400 km Freileitungslänge vorhanden ist. In Abb. 29 sind die Spannungssteigerungskurven für einige weitere Werte der Kraftwerksreaktanz dargestellt, und es ist eine

Tabelle 8. Spannungssteigerung im Leerlauf bei 50 Per/sec.

Freileitung $a =$	10	50	100	200	400	600	800	1000	km
Kabel $a =$	5	25	50	100	200	300	400	500	km
$U_1/U_0 =$	1	1,0	1,01	1,02	1,09	1,24	1,48	2,0	
$U_1/U_i =$	1,01	1,06	1,12	1,30	1,97	4,52	—	—	$\frac{\omega S}{Z} = 1$

Entfernungsskala für Freileitungen von 50 Per/sec hinzugezeichnet. Für jedes Reaktanzverhältnis ergibt sich eine bestimmte Resonanzlänge der Fernleitung, die beim Streuungsverhältnis 1 nur 750 km, beim Streuungsverhältnis 2 gar nur 420 km ist. Bereits erheblich unter dieser Resonanzlänge können praktisch unzulässige Spannungssteigerungen auftreten.

Das charakteristische Reaktanzverhältnis im Nenner der Gl. (39) läßt sich auf eine übersichtliche Form bringen, wenn man es mit dem Normalstrom J des Generators erweitert und den Wellenwiderstand Z durch Spannung und natürlichen Strom nach Gl. (27) ausdrückt. Man erhält dann

$$\frac{\omega S}{Z} = \frac{\omega S J}{U} \frac{J_n}{J} = \frac{U_s/U}{J/J_n} = \frac{U_s/U}{N_0/N_n}, \tag{40}$$

also einen Wert, der nur durch die relative Streuspannung U_s/U, sowie durch die Nennleistung N_0 der Generatorstation im Verhältnis zur natürlichen Leistung N_n der Leitung bestimmt wird. Beispielsweise erhält man für eine 200 kV-Leitung mit der natürlichen Leistung von 110 MW bei einer Leistung des speisenden Generators von 25 MVA und 22% Streuung für die ganze Station

$$\frac{\omega S}{Z} = \frac{22\%}{\frac{25\,\text{MVA}}{110\,\text{MW}}} = 1.$$

Diese Verhältnisse geben nach Tab. 8 bereits derart starke Spannungssteigerungen, daß man besser tut, solche Fernleitungen schon von wenigen hundert Kilometer Länge an mit wesentlich größeren Generatoren zu speisen.

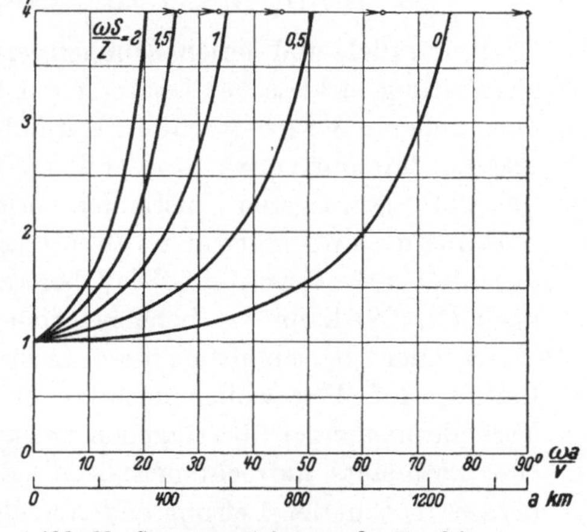

Abb. 29. Spannungssteigerung des Fernleitungsendes bei Leerlauf.

Diese Spannungserhöhungen treten praktisch bereits im ersten Augenblick nach Öffnen des Leitungsendes auf. Die magnetisierende Ankerrückwirkung des Ladestroms im Generator bewirkt eine allmähliche weitere Steigerung, wenn man dessen Feld nicht sofort schwächt. Andererseits bewirkt die Eisensättigung von Transformatoren, die mit der Leitung verbunden sind, eine wesentliche Einschränkung der gesamten Spannungssteigerung, da ihr Magnetisierungsstrom mit der Spannung stark anwächst und einen Teil des Ladestroms neutralisiert.

Die bei Überlastungen und Unterlastungen selbst im regulären Betriebe eintretenden Spannungserhöhungen und Spannungsabsenkungen gemäß Abb. 27 sind nach Tabelle 7 für größere Leitungslängen bereits so bedeutend, daß man diese nicht ohne besondere Hilfsmittel anwenden kann, wenn man auf einen Betrieb mit konstanter Spannung in den Endstationen Wert legt, auf den wir heute technisch eingespielt sind. Man wird daher über 100 bis 200 km Leitungslänge mit ihren 10 bis 20% induktiver Spannung und kapazitivem Strom nicht hinausgehen dürfen, wenn man die Spannungsschwankungen und Ladeströme stets in erträglichen Grenzen halten will. Wünscht man größere Entfernungen zu überbrücken, so muß man daher die Leitungen in einzelne Abschnitte von 100 bis 200 km Länge unterteilen und Zwischenstationen mit besonderen spannungshaltenden Einrichtungen vorsehen.

E. Kompensierung langer Fernleitungen.

1. Parallel- und Serien-Kompensierung. Man kann das Problem der Fernleitung elektrischer Leistung auf sehr große Entfernung noch von einer anderen Seite betrachten. Wir hatten gesehen, daß die Energieübertragung mit nur vorwärtslaufenden Wellen immer dann ohne Reflexion und unter günstigsten Umständen verläuft, wenn der Quotient aus Spannung und Strom nach Gl. (27) gleich dem Wellenwiderstand der Leitung ist. Die Übertragung dieser natürlichen Leistung nach Gl. (28) kann auf beliebig große Entfernungen erfolgen, nur bei Unter- oder Überschreitung dieser Leistung treten Schwierigkeiten auf der Leitung auf. Wir wollen deshalb die Forderung aufstellen, auch bei Veränderungen der übertragenen Leistung die Bedingungsgleichung (27) oder (28) stets aufrechtzuerhalten. Ein Weg hierfür wäre, das Verhältnis U/J an den Leitungsenden auch bei variabler Leistung konstant zu halten. Das führt aber zu einer Arbeitsweise mit veränderlicher Spannung, die dabei wie die Wurzel aus der Leistung variieren müßte, was für die heutige Form der elektrischen Kraftverteilung unzweckmäßig ist. Man wird vielmehr auch bei Großübertragungen zur Ersparnis unnötiger Zwischenmaschinen wünschen, die Spannung am Energieerzeuger und -verbraucher konstant zu halten. Bei dieser Forderung kann man die Bedingungsgleichung (28) bei variabler Größe der Leistung und konstanter Spannung nur dadurch erfüllen, daß man den Wellenwiderstand Z der Fernleitung verändert, und ihn stets der jeweils übertragenen Leistung anpaßt.

Man kann dafür einerseits zur Selbstinduktion l für die Längeneinheit der Leitung Zusatzreaktanzen in Serie hinzufügen, die nach Abb. 30a und b als Drosselspulen oder Kapazitäten, oder auch als

Blindstrommaschinen irgendwelcher Art ausgeführt sein können. Dann wird die Leitung eine totale Selbstinduktion

$$\Lambda = l + S \tag{41}$$

besitzen, die je nach der Art der Zusatzreaktanz S größer oder kleiner als die eigene Selbstinduktion l der Leitung sein kann. Andererseits kann man auch zur eigenen Kapazität c der Leitung Zusatzeinrichtungen in Parallele hinzufügen, die nach Abb. 30c und d aus Kapazitäten oder Drosselspulen oder auch aus maschinellen Blindstromerzeugern bestehen können. Die totale Kapazität der Leitung ist dann

$$K = c + P, \tag{42}$$

man kann sie größer oder kleiner als ihre Eigenkapazität c machen. Hiermit wird der resultierende Wellenwiderstand der gesamten Leitungsanordnung

$$Z = \frac{U}{J} = \frac{U^2}{N} = \sqrt{\frac{\Lambda}{K}}, \tag{43}$$

und es ist nunmehr möglich, bei veränderlicher Übertragungsleistung N entweder Λ oder K oder beide stets so einzustellen, daß diese Bedingungsgleichung befriedigt wird.

Eigentlich müßte man diese Kompensierungseinrichtungen S oder P stetig auf die Leitungslänge verteilen, jedoch genügt es praktisch, sie

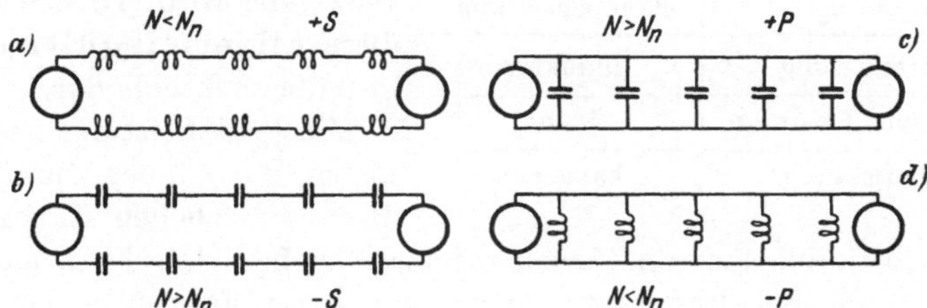

Abb. 30. Künstliche Kompensierung von Fernleitungen.

an einigen Punkten längs der Leitung zu konzentrieren. Diese dürfen aber nach Tabelle 7 keine allzu große Entfernung besitzen, wenn man nicht innerhalb der einzelnen Abschnitte bereits zu große Schwankungen und Abweichungen vom idealen Verhalten bekommen will.

Die Einstellung der Kompensierungsapparate muß nun folgendermaßen vorgenommen werden: Überträgt man die natürliche Leistung N_n nach Gl. (28) über die Fernleitung, so kann man von allen Zusatzapparaten S und P in Serie oder parallel zur Leitung absehen. Sinkt die Leistung N auf kleinere Werte herab, so muß man nach Gl. (43) die resultierende Selbstinduktion Λ vergrößern, z. B. durch Einschalten von Serien-Drosselspulen nach Abb. 30a, oder man muß die resultierende Kapazität K verkleinern, z. B. durch Einschalten von Parallel-Drosselspulen nach Abb. 30d. Im letzteren Falle schreibt man die Gl. (42) bequemer

$$K = c - \frac{1}{\omega^2 L}, \tag{44}$$

wobei L die zur Leitung parallel liegende Selbstinduktion für die Längeneinheit ist.

Umgekehrt muß man bei Steigerung der Leistung N über die natürliche Leistung der Fernleitung hinaus nach Gl. (43) entweder die resultierende Selbstinduktion Λ verkleinern, etwa durch Einschalten von Kapazitäten in Serie zur Leitung nach Abb. 30b. Man schreibt dann an Stelle von Gl. (41) bequemer

$$\Lambda = l - \frac{1}{\omega^2 C}, \tag{45}$$

worin C die zusätzliche Serienkapazität der Längeneinheit bezeichnet. Oder man muß die resultierende Kapazität K vergrößern, was nach Abb. 30c durch Parallelschaltung von Kapazitäten geschehen kann.

Wir erkennen hieraus, daß man unterhalb der natürlichen Leistung stets induktiv, oberhalb derselben stets kapazitiv kompensieren muß, unabhängig davon, welche spezielle Schaltung verwendet wird. Tabelle 9 stellt diese allgemeingültige Regel übersichtlich dar.

Tabelle 9. Kompensierungsregel.

Leistung	Kompensierung
Unterlastung	induktiv
natürliche Leistung	keine
Überlastung	kapazitiv

Um jeder Leistungsänderung folgen zu können, muß man diese zusätzlichen Kapazitäten oder Selbstinduktionen natürlich regelbar machen. Das kann man entweder durch Schaltapparate oder äquivalente Vorrichtungen direkt bewerkstelligen, oder aber man verwendet synchrone oder asynchrone Blindleistungsmaschinen, bei denen man die Regelung durch Einstellung der Erregung auf sehr bequeme Weise handhaben kann.

Man kann nach der energetischen Bedeutung dieser künstlichen Mittel fragen, durch die es gelingt, die gesamte Leistungsübertragung auch bei Abweichung von den natürlichen Verhältnissen der Leitung selbst wieder auf das einfache Schema der vorwärtslaufenden Strom- und Spannungswellen nach Abb. 25c zu bringen. Dazu schreiben wir unsere Hauptgleichung (43) in folgender Form

$$\omega K U^2 = \omega \Lambda J^2, \tag{46}$$

wobei wir auf beiden Seiten die Kreisfrequenz ω hinzufügen. Diese Beziehung sagt ganz allgemein aus, daß die von der Spannung U abhängige Blindleistung quer zur Leitung gleich der vom

Strom J abhängigen Blindleistung längs der Leitung ist. Diese beiden Blindleistungen halten sich also gerade das Gleichgewicht, die Leitung ist auf Blindleistung voll kompensiert.

Diese Bedingung stimmt vorzüglich überein mit der früher gefundenen, daß beim günstigsten Zustand der Kraftübertragung die vorwärtslaufenden Strom- und Spannungswellen nur Wirkleistung übertragen. Die Blindleistungen sind also lediglich im gesamten Leitungsgebilde aufgespeichert und kommen für die Sende- und Empfangsstationen der Energie nicht zur Wirkung. Bei Übertragung der natürlichen Leistung kompensieren sich die Blindleistungen der Selbstinduktion l und Kapazität c der Leitung gegenseitig von selbst, bei größeren oder kleineren Leistungen muß man nach Gl. (46) eine künstliche Kompensation der Blindleistungen eintreten lassen, wenn man gleich günstige Übertragungsverhältnisse erzielen will. Mit diesen Mitteln kann man im Prinzip elektrische Wechselstromleistung jeder gewünschten Größe auf jede beliebige Entfernung übertragen.

2. Regelung der Kompensierung. Es fragt sich nun, welche Größe und Leistungsfähigkeit die Kompensierungsmittel jeweils haben müssen, um diese vorteilhafte Wirkung auszuüben. Für die natürliche Leistung der Leitung ist nach Gl. (28)

$$N_n = U^2 \sqrt{\frac{c}{l}}. \tag{47}$$

Für die kompensierte Leitung ist die jeweilige Leistung nach Gl. (43)

$$N = U^2 \sqrt{\frac{K}{\Lambda}}. \tag{48}$$

Das Verhältnis beider ist also

$$\frac{N}{N_n} = \sqrt{\frac{l}{c}\,\frac{K}{\Lambda}}. \tag{49}$$

Betrachten wir zunächst die Parallelkompensation nach Abb. 30c und d, und setzen K aus Gl. (42) ein, während $\Lambda = l$ wird, so erhalten wir

$$1 + \frac{P}{c} = \left(\frac{N}{N_n}\right)^2. \tag{50}$$

Da wir mit konstanter Spannung arbeiten, so ist das Verhältnis der Zusatzkompensationsleistung N_P zur natürlichen Kompensationsleistung N_c direkt gegeben durch

$$\frac{N_P}{N_c} = \frac{P}{c}. \tag{51}$$

Diese Kapazitätsleistung N_c steht aber nach Gl. (31) in einem bestimmten Verhältnis zur übertragenen natürlichen Leistung, nämlich

$$\frac{N_c}{N_n} = \frac{J_c}{J_n} = \frac{\omega a}{v}, \tag{52}$$

und daher erhält man durch Kombination der letzten drei Gleichungen für die künstlich aufzuwendende Kompensationsleistung die Beziehung

$$\frac{N_P}{N_n} = \frac{\omega a}{v}\left[\left(\frac{N}{N_n}\right)^2 - 1\right]. \tag{53}$$

Da wir diese Leistung in Gl. (51) mit der Kapazitätsleistung verglichen haben, so stellt dieser letzte Ausdruck bei positivem Wert kapazitive, bei negativem Wert induktive Zusatzleistung dar. Wir sehen, daß dieselbe nur von zwei Faktoren abhängt, nämlich vom Quotienten $\omega a/v$, der der Leitungslänge proportional ist und in Tabelle 7 ausgewertet ist, und vom Quadrat der jeweils übertragenen Leistung N im Verhältnis zur natürlichen Leistung N_n. Dieses Klammerglied der Gl. (53) ist in Abb. 31 graphisch aufgetragen.

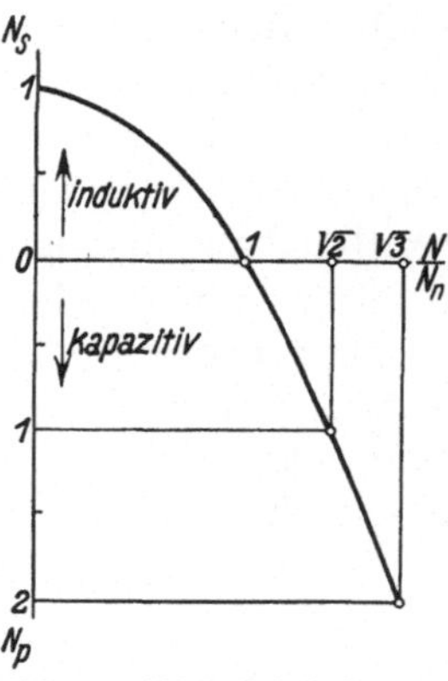

Abb. 31. Abhängigkeit der notwendigen Kompensierung von der Belastung der Leitung.

Ganz ähnlich können wir die Kompensationsleistung bei der Serienschaltung der Abb. 30a und b berechnen. Hierbei ist in Gl. (49) Λ nach Gl. (41) einzusetzen, während $K = c$ ist. Wir erhalten daher

$$\frac{1}{1 + \frac{S}{l}} = \left(\frac{N}{N_n}\right)^2. \tag{54}$$

und wenn wir diesen Ausdruck in ähnlicher Weise umformen, so entsteht für die Serienkompensationsleistung im Verhältnis zur natürlichen Leistung

$$\frac{N_S}{N_n} = \frac{\omega a}{v}\left[1 - \left(\frac{N}{N_n}\right)^2\right]. \tag{55}$$

Bei diesem Ausdruck entsprechen positive Werte der Zusatzkompensationsleistung N_S induktiver Blindleistung und daher ist der Verlauf dieser Größe identisch mit dem nach Gl. (53) oder Abb. 31.

Wir sehen hieraus, daß es für den Bedarf an Kompensationsleistung an sich gleichgültig ist, ob wir die Fernleitung durch Parallelschaltung oder Serienschaltung von Blindleistungseinrichtungen kompensieren, und dadurch zur Übertragung beliebiger Leistung befähigen. Beide Methoden haben jedoch anderweitige besondere Vorteile und Nachteile.

Aus den Beziehungen (53) und (55) und der Abb. 31 erkennen wir nun, daß man unabhängig vom speziellen Kompensierungssystem bei Leerlauf der Leitung stets induktiv kompensieren muß, mit einem Leistungsbetrage, der durch die natürliche Leistung N_n nach Tabelle 6 und den Quotienten $\omega a/v$ nach Tabelle 7 gegeben ist. Praktisch gesprochen müssen wir die Kapazitäts-Blindleistung der Leitung voll durch induktive Zusatzblindleistung kompensieren. Mit wachsender Leistungsübertragung muß die induktive Kompensationsleistung mehr und mehr vermindert werden, und beim Erreichen der natürlichen Leistungsübertragung den Nullwert durchschreiten. Beim weiteren Anwachsen der zu übertragenden Leistung muß die zusätzliche Kompensationsleistung stets kapazitiv sein und entsprechend dem parabolischen Verlauf der Kurve in Abb. 31 rapide anwachsen.

Wünscht man die übertragene Leistung nur auf das $\sqrt{2}$fache der natürlichen Leistung zu steigern, so braucht man schon eine gleich große Kapazitätsleistung, wie sie bei Leerlauf induktiv erforderlich war. Bei Steigerung der Leistung auf das $\sqrt{3}$fache der natürlichen Leistung benötigt man sogar das Zweifache des eben genannten Wertes, und will man das Doppelte der natürlichen Leistung auf der Leitung übertragen, so ist der dreifache Betrag der Leerlaufs-Kapazitätsleistung künstlich hinzuzufügen. Praktisch sind daher der Leistungsübertragung starke Grenzen gesetzt, wenn man keinen übermäßigen Aufwand an Kompensationsleistung treiben will.

Es ist wegen dieser Verhältnisse daher nicht durchführbar, bei gegebener Spannung über eine einzige Leitung beliebige Energiemengen auf große Entfernungen zu übertragen. Man kann vielmehr nur um etwa 50% über die natürlichen Leistungen nach Tabelle 6 hinausgehen. Wünscht man größere Leistungen zu übertragen, so muß man mehrere derartige Leitungen in Parallele benutzen.

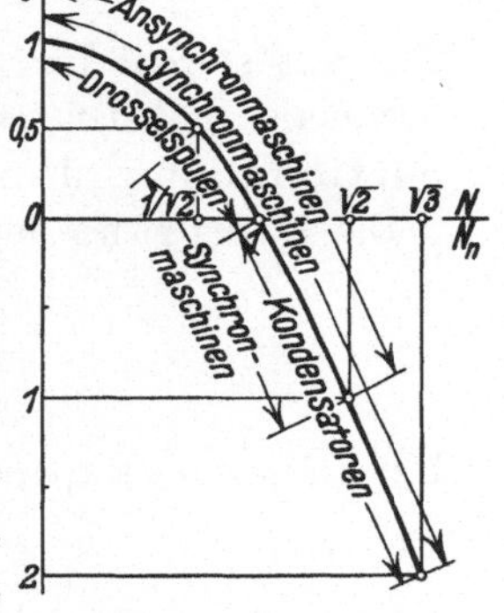

Abb. 32. Brauchbarkeit verschiedener Kompensierungsmittel für Fernleitungen.

Die verschiedenen Kompensationsmittel verhalten sich nun in ihrem Regelbereich sehr verschieden gegenüber der Regelcharakteristik von Abb. 31. In Abb. 32 sind ihre zweckmäßigen Anwendungsbereiche eingetragen. Drosselspulen sind natürlich nur zur induktiven Kompensierung, also unterhalb der natürlichen Leistungsübertragung brauchbar. Hier stellen sie jedoch das preiswerteste Mittel dar. Sie werden z. B. für die große 200 kV-Fernleitung vom Rheinland bis zu den Alpen angewandt, bei der die natürliche Leistung vorerst nicht überschritten wird. Statische Kondensatoren sind nur im kapazitiven Bereich, also zur Leistungsübertragung oberhalb des natürlichen Maßes verwendbar, sie sind, bezogen auf die Leistungseinheit, vorläufig noch teurer als Drosselspulen.

Synchronmaschinen sind sehr bequem im Erregerstromkreise

regelbar, und zwar sowohl nach der kapazitiven wie nach der induktiven Seite. Sie halten sich im Preise auf einer mittleren Linie. Damit sie in ihrem Magnetfelde durch Herabregeln der Erregung nicht zu schwank und instabil werden, kann man sie im allgemeinen bei induktivem Arbeiten nur halb so stark belasten wie bei kapazitivem. Will man sie daher bis zur Leerlaufregelung herab benutzen, so muß man ihre Modellgröße etwa gleich der doppelten Kapazitätsleistung des Netzes ausführen. Man kann dann aber auch eine zweifache kapazitive Kompensation erzielen und die Leistungsübertragung bis zum $\sqrt{3}$fachen Wert der natürlichen Leistung steigern. Führt man die Synchronmaschine nur mit einfacher Modelleistung aus, so genügt sie nach Abb. 32 zur Regelung zwischen den Kompensationsleistungen $+0{,}5$ und -1, man ergänzt sie dann für schwache Belastung zweckmäßigerweise durch zusätzliche Drosselspulen. Asynchrone Drehfeldmaschinen mit Kommutatorerregung können volle induktive und kapazitive Leistung abgeben und haben dabei den Vorteil, nicht zum Pendeln zu neigen.

3. Eigenschaften der kompensierten Leitung. Durch die künstliche Kompensierung der Leitung werden ihre Welleneigenschaften für die Energieübertragung zahlenmäßig verändert. Für den Wellenwiderstand können wir nach Gl. (43) allgemein schreiben

$$\overline{Z} = \sqrt{\frac{\overline{A}}{K}} = \frac{U^2}{N} = \frac{N_n}{N} Z\,. \tag{56}$$

Das gilt sowohl für Serien- wie für Parallelkompensation und zeigt nochmals, daß der resultierende Wellenwiderstand umgekehrt proportional der übertragenen Leistung N verändert wird.

Die Dämpfung der kompensierten Leitung ist analog Gl. (25)

$$\frac{u}{u_0} = \frac{i}{i_0} = \varepsilon^{-\frac{r}{2\overline{Z}}x} = \varepsilon^{-\overline{\delta}}. \tag{57}$$

Der Dämpfungsexponent wird daher mit Gl. (56)

$$\overline{\delta} = \frac{r\,x}{2\,Z}\,\frac{N}{N_n} = \delta\,\frac{N}{N_n}\,. \tag{58}$$

Das Absinken von Strom und Spannung durch den Leitungswiderstand wird beim Arbeiten unterhalb der natürlichen Leistung vermindert, oberhalb der natürlichen Leistung geht es wegen des exponentiellen Einflusses nach Gl. (57) und (58) in stark beschleunigtem Maße vor sich. Mit zunehmender Leistung nimmt daher der Wirkungsgrad der kompensierten Übertragung stark ab, ganz unabhängig davon, ob man Parallel- oder Serienkompensierung anwendet.

Die Wellengeschwindigkeit auf der kompensierten Leitung wird analog Gl. (22)

$$\bar{v} = \frac{1}{\sqrt{\Lambda K}}. \tag{59}$$

Dieser Wert stellt lediglich einen Mittelwert längs der ganzen Leitungsstrecke mitsamt ihren Zwischenstationen im Dauerzustand dar. Die wahre Ausbreitungsgeschwindigkeit längs der einzelnen Leitungsseile selbst erfolgt stets mit der Lichtgeschwindigkeit, jedoch kann die Wellengeschwindigkeit der Gesamtstrecke im stationären Zustand erheblich größer oder kleiner als diese universelle Konstante werden. Bei Parallelkompensation nach Abb. 30c und d erhalten wir mit Gl. (42) und (50)

$$\bar{v} = \frac{1}{\sqrt{l(c+P)}} = \frac{1}{\sqrt{l c}} \frac{1}{\sqrt{1+\frac{P}{c}}} = v\frac{N_n}{N}. \tag{60}$$

Die Wellengeschwindigkeit wird also mit zunehmender Leistung N immer geringer. Andererseits erhalten wir bei Serienkompensation mit Gl. (41) und (54)

$$\bar{v} = \frac{1}{\sqrt{(l+S)c}} = \frac{1}{\sqrt{l c}} \frac{1}{\sqrt{1+\frac{S}{l}}} = v\frac{N}{N_n}. \tag{61}$$

Die Wellengeschwindigkeit wächst hierbei mit zunehmender Leistung an. Die Wirkung der beiden Kompensationsarten auf die Wellengeschwindigkeit ist also entgegengesetzt. Die Übertragung wird einer Gleichstromübertragung um so ähnlicher, je größer die Wellengeschwindigkeit ist. Das tritt bei Parallelkompensation nach Gl. (60) für Leerlauf, bei Serienkompensation nach Gl. (61) für sehr große Belastungen oberhalb der natürlichen Leistung ein.

Noch deutlicher wird dieses Verhalten durch die Wellenlänge der Wechselströme ausgedrückt, die sich bei gewöhnlichen Fernleitungen nach Abb. 25 aus der Wechselfrequenz ω berechnet zu

$$\lambda = \frac{2\pi v}{\omega}. \tag{62}$$

Für die kompensierte Leitung bestimmt sie sich daher bei Parallelschaltung mit Gl. (60) zu

$$\bar{\lambda} = \frac{2\pi \bar{v}}{\omega} = \lambda\frac{N_n}{N}, \tag{63}$$

und bei Serienschaltung mit Gl. (61) zu

$$\bar{\lambda} = \frac{2\pi v}{\omega}\frac{N}{N_n} = \lambda\frac{N}{N_n}. \tag{64}$$

Um stets eine möglichst große Wellenlänge und daher gleichstromähnliches Verhalten der Leitung zu erzielen, müßte man daher unterhalb der natürlichen Leistung mit Parallelkompensierung, oberhalb derselben mit Serienkompensierung arbeiten. Wenn man für die induktive Kompensierung im unteren und für die kapazitive Kompensierung im oberen Bereich verschiedene Mittel anwendet, etwa Drosselspulen und Kondensatoren, so läßt sich eine solche unterschiedliche Regelung wohl durchführen.

Der Phasenwinkel zwischen den Enden der kompensierten Fernleitung ergibt sich ganz analog der Gl. (29) zu

$$\overline{\vartheta} = \frac{\omega a}{\overline{v}}. \tag{65}$$

Bei Parallelkompensierung wird er mit (Gl. 60)

$$\overline{\vartheta} = \frac{\omega a}{v} \frac{N}{N_n}. \tag{66}$$

Er nimmt also mit wachsender Belastung der Leitung proportional zu. Bei Serienkompensierung dagegen berechnet er sich nach Gl. (61) zu

$$\overline{\vartheta} = \frac{\omega a}{v} \frac{N_n}{N}. \tag{67}$$

Hier verkleinert er sich mit zunehmender Belastung mehr und mehr. In beiden Fällen ist der Phasenwinkel proportional der Gesamtlänge a der Fernleitung. Bei Parallelkompensierung verhält er sich dem Sinne nach wie bei einer Selbstinduktion, bei Serienkompensierung kehrt sich sein Verhalten dagegen um. Man kann diese Zusammenziehung des Phasenwinkels mit steigender Belastung unter Umständen zum Ausgleich einer Vergrößerung des Winkels an anderen Stellen der Übertragungsbahn, insbesondere in den Maschinen, verwenden.

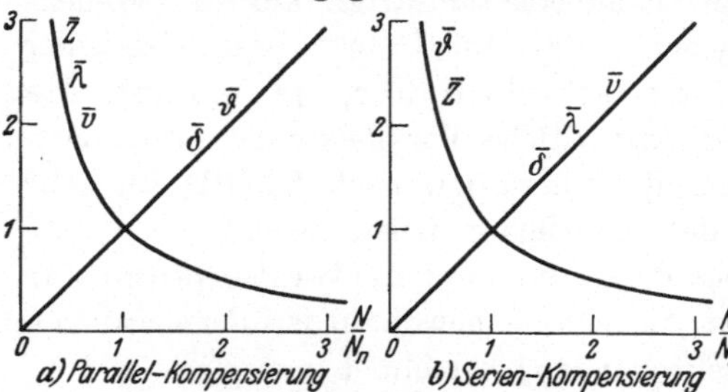

Abb. 33. Eigenschaften von kompensierten Leitungen abhängig von der Belastung.

In Abb. 33a und b ist der Verlauf des Wellenwiderstandes $\overline{Z}$, der Wellengeschwindigkeit $\overline{v}$, des Dämpfungsexponenten $\overline{\delta}$, der Wellenlänge $\overline{\lambda}$ und des Phasenwinkels $\overline{\vartheta}$ in Abhängigkeit von der Leistungsübertragung der Fernleitung für die beiden Fälle der Parallel- und der Serienkompensation graphisch dargestellt.

Eine besonders günstige Anordnung für lange Fernleitungen ergibt sich, wenn man Parallel- und Serienkompensation gemeinsam anwendet, und zwar derart, daß man durch feste Zusatzinduktanzen nach Gl. (44) die resultierende Querkapazität der Leitung vollständig zu Null macht, und gleichzeitig durch feste Serienkapazitäten nach

Gl. (45) die resultierende Längsinduktanz der Leitung vollständig zum Verschwinden bringt. Die Schaltung einer solchen Fernleitung ist in Abb. 34 dargestellt. Für die Betriebsfrequenz ω ist dann *für jede Belastung der Leitung sowohl der Ladestrom als auch die induktive Spannung vollständig kompensiert*, der Wellenwiderstand $\bar{Z}$ nach Gl. (43) wird 0/0, also unbestimmt, das Verhältnis E/J kann jeden beliebigen Wert annehmen, so daß die Fernleitung ohne künstliche Nachregelung in beliebigen Leistungsbereichen stets blindstromfrei bleibt. Alle der Wechselstromübertragung spezifischen schädlichen Nebenwirkungen sind kompensiert, sie verhält sich daher wie eine Gleichstromübertragung, deren Betriebseigenschaften lediglich durch den relativ geringen Ohmschen Widerstand bestimmt werden. Eine solche Leitung braucht natürlich doppelten Materialaufwand, nämlich volle Kompensationsleistung sowohl für die Quer- wie für die Längskompensierung. Dafür sind aber alle Stromstärken, Spannungen und Phasenwinkel bei dieser Leitung nivelliert. Wenn es gelingt, den Preis unserer Kondensatoren auf ein wirtschaftlich günstiges Maß zu reduzieren, so dürften solche *nivellierten Leitungen* für die Fernübertragung noch eine große Rolle zu spielen berufen sein.

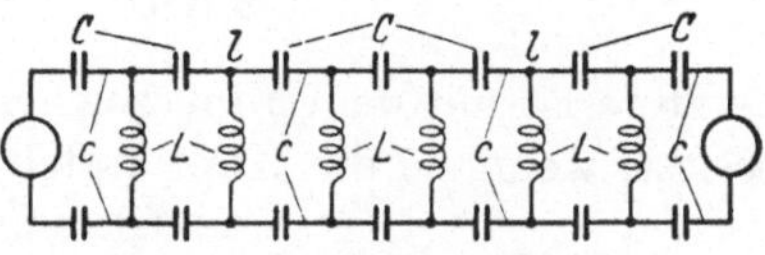

Abb. 34. Nivellierte Leitung ohne Regelung.

F. Anpassung von Station und Leitung.

1. Stationsblindleistung und ihr Indikator. Mit Ausnahme der zuletzt beschriebenen nivellierten Fernleitungen ist bei allen Kraftübertragungen eine *Regulierung der erforderlichen Blindleistung* notwendig, wenn reine Wirkleistung unter günstigen Verhältnissen übertragen werden soll. Wird lediglich zwischen der Anfangs- und Endstation einer langen Leitung Wirkleistung von veränderlicher Größe übertragen, dann muß die Regelung aller Zwischenstationen im gleichen Takte erfolgen. Wird jedoch *auch in den Zwischenstationen Energie aus der Fernleitung entnommen*, wie es praktisch meist der Fall ist, so muß man die Leitung abschnittsweise betrachten und erhält eine individuelle Regelung für alle Zwischenstationen.

Der an Hand der Gl. (46) berechnete Blindstrom kann der Leitung im praktischen Betrieb nicht stetig verteilt zugeführt werden. Man kann die erforderliche Blindleistung vielmehr nur in einzelnen Stationen erzeugen, die auf diskrete Punkte längs der Leitung verteilt sind. Wir wollen daher das *Blindleistungsgleichgewicht für die einzelnen Abschnitte der Leitung* etwas genauer betrachten, die den einzelnen Stationen zugeordnet sind. Wir wenden dafür unsere Hauptgleichung (46) auf den Leitungsabschnitt samt zugehöriger Station an, der in Abb. 35 dargestellt ist. Die Längsblindleistung ist lediglich durch die induktive Leistung der Leitung selbst gegeben zu

$$\omega \Lambda J^2 = \omega l a J^2 . \tag{68}$$

Die Querblindleistung besteht einerseits aus der Kapazitätsleistung der Leitung, andererseits aus der ebenfalls spannungsabhängigen Blindleistung der Station

$$\omega K U^2 = \omega c a U^2 - U J_b . \tag{69}$$

Letztere ist mit dem Minuszeichen angesetzt, so daß sie positiven Sinn besitzt, wenn sie die Kapziatätsleistung der Leitung kompensiert. Das Gleichgewicht der gesamten Blindleistungen erfordert nun nach Gl. (46) die Gleichheit der Ausdrücke (68) und (69). Die Bedingungsgleichung für vollständige Kompensierung der Leitung ist also die Zufuhr einer Stationsblindleistung

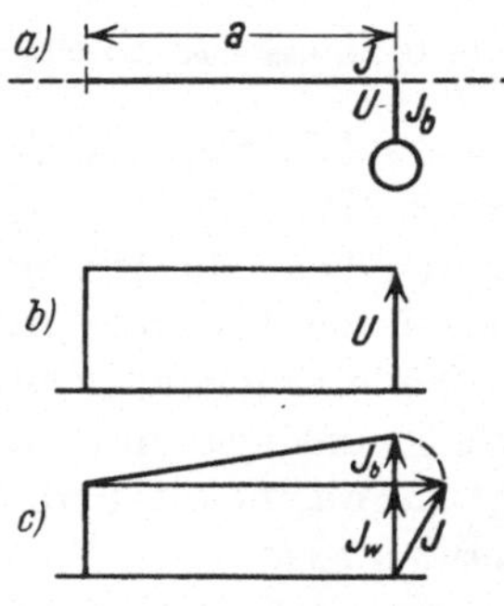

Abb. 35. Verteilung des Kompensierungsblindstromes längs der Leitung.

$$U J_b = \omega c a U^2 - \omega l a J^2 . \tag{70}$$

Wir haben in Gl. (68) die Längsblindleistung der Leitung proportional dem Quadrat des Gesamtstromes J gesetzt. In Wirklichkeit ist aber gemäß Abb. 35c nur der Wirkstrom der Leitung längs ihrer Erstreckung konstant, während der Blindstrom am Anfang des zu kompensierenden Leitungsabschnittes Null ist und entsprechend der allmählichen Zunahme der Blindleistung bis zum Leitungsende linear anwächst. Man müßte daher an Stelle von J^2 eigentlich genauer schreiben

$$J_w^2 + \tfrac{1}{3} J_b^2 = J^2 - \tfrac{2}{3} J_b^2 , \tag{71}$$

wobei der Zahlenwert $^1/_3$ dem quadratischen Mittelwert des Blindstromes, bezogen auf den Endwert, entspricht. Berechnet man diese Korrektur der Gl. (68), beispielsweise für Leerlauf der Leitung, wo sie einen Maximalwert besitzt, so erhält man sie mit Gl. (30) und (22) zu

$$\frac{2}{3} \omega l a J_c^2 = \frac{2}{3} \omega l a (\omega c a U)^2 = \frac{2}{3} \left(\frac{\omega a}{v}\right)^2 \cdot \omega c a U^2 . \tag{72}$$

Man kann sie also unmittelbar zu dem U^2-Glied der Gl. (70) hinzuschlagen. Ihr Zahlenwert ist aber für eine Leitungsstrecke von 100 km nur

$$\tfrac{2}{3} (0{,}1)^2 = \tfrac{2}{3} \%$$

des Hauptgliedes, also so gering, daß wir ihn für die Folge ruhig vernachlässigen dürfen.

Wollen wir von einer Station nicht nur einen, sondern mehrere Leitungsabschnitte von beliebiger Länge und beliebigen kapazitiven und induktiven Eigenschaften kompensieren, so müssen wir die Gl. (70) auf alle diese Abschnitte anwenden und die zuzuführenden Blindleistungen summieren. Wir erhalten dann für die gesamte Blindleistung, die wir von der Station in die zusammengeschlossenen Leitungsenden hineinführen müssen, den Ausdruck

$$U J_b = (\sum \omega c a) U^2 - \sum (\omega l a J^2) . \tag{73}$$

Hätten wir die Blindleistung allen Leitungsteilen stetig verteilt zugeführt, so würde auf der Leitung nur Wirkstrom fließen. Da wir sie praktisch nur in einzelnen Stationen zuführen können, so sammeln sich die erforderlichen Blindströme längs der Leitung an und werden von den Stationen an den Enden hineingespeist. Diese linear veränderlichen Blindströme treten gemäß dem Vektordiagramm der Abb. 35c zu den durchlaufenden Wirkströmen hinzu und modifizieren das einfache Bild der rein vorwärtslaufenden Wirkstromwellen ein wenig. Die bei konstanter Spannung übertragene Wirkleistung stellt jetzt nur den Grundtypus der Erscheinungen auf der langen Leitung dar, der im Mittel vorhanden ist. Darüber lagern sich noch die positiven und negativen Blindleistungen, die zur Kompensierung notwendig sind, und die, da sie nicht stetig verteilt über die ganze Leitungslänge zugeführt werden können, den lokalen Bezirken um die einzelnen Kompensierungsstationen zufließen.

Zum Anzeigen der richtigen Anpassung der Leitung und der Kompensierungsstationen an die jeweils übertragene Leistung kann man einen Indikator verwenden, der die einzelnen Glieder der Gl. (70) oder (73) mißt. Abb. 36 zeigt den Aufbau eines solchen Meßinstrumentes oder Relais, in dem von den Leitungsströmen J_1 und J_2 aus zwei J^2-Glieder, von der Leitungsspannung aus ein U^2-Glied, und von der Blindleistung der Station aus ein $U J \sin \varphi$-Glied beeinflußt wird. Die Drehmomente der verschiedenen auf eine Achse wirkenden Systeme, die in Abb. 36 als Ferrarisglieder dargestellt sind, werden dabei entsprechend den konstanten Faktoren der Gl. (70) oder (73) eingestellt, die für jede Station bekannt sind. Nur wenn die Leitung sich im Blindstromgleichgewicht befindet und daher in ihrem Sollzustand arbeitet, bleibt dieser Indikator in Ruhe. Andernfalls bewegt er sich bei Überkompensation nach der einen, bei Unterkompensation nach der anderen Seite, was

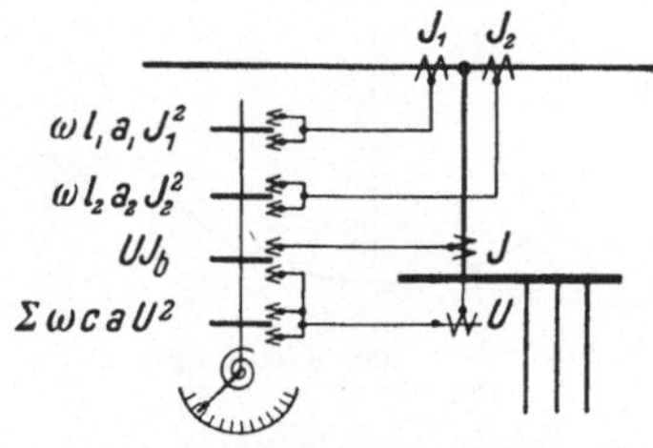

Abb. 36. Indikator zum Messen der Anpassung von Station und Leitung.

zum Einstellen der richtigen Stationsblindleistung benutzt werden kann.

2. Kreisdiagramm der Leitung. Man kann die Blindstrombedingung der Gl. (70) etwas übersichtlicher schreiben, wenn man die Blindleistung des Leitungsendes auf dessen natürliche Leistung bezieht. Man erhält dann

$$\frac{N_b}{N_n} = \omega c a \frac{U^2}{N_n} - \omega l a \left(\frac{J}{J_n}\right)^2 \frac{J_n^2}{N_n} = \frac{\omega a}{v} - \frac{\omega a}{v} \frac{J_w^2 + J_b^2}{J_n^2}, \tag{74}$$

wobei von den Gln. (28), (23) und (22) Gebrauch gemacht ist, und der gesamte Strom des Leitungsendes in Wirk- und Blindstrom zerspalten ist. Führt man auf der rechten Seite nunmehr statt der Ströme die Leistungen ein, so erhält man die Beziehung

$$\frac{N_b}{N_n} = \frac{\omega a}{v}\left[1 - \left(\frac{N_w^2}{N_n^2} + \frac{N_b^2}{N_n^2}\right)\right]. \tag{75}$$

In ihr kommt außer dem Verhältnis der Wirk- und Blindleistungen zur natürlichen Leistung nur noch das Längenmaß der Leitung $\omega a/v$ vor. Diese Form der normierten Gleichung stellt bekanntlich im Koordinatensystem der Wirk- und Blindleistungen einen Kreis dar, der in Abb. 37 gezeichnet ist. Es ist der Leistungskreis der verlustlosen Leitung. Wir sehen nunmehr, daß unser Indikator nach Abb. 35 dieses Kreisdiagramm der Fernleitung exakt abbildet.

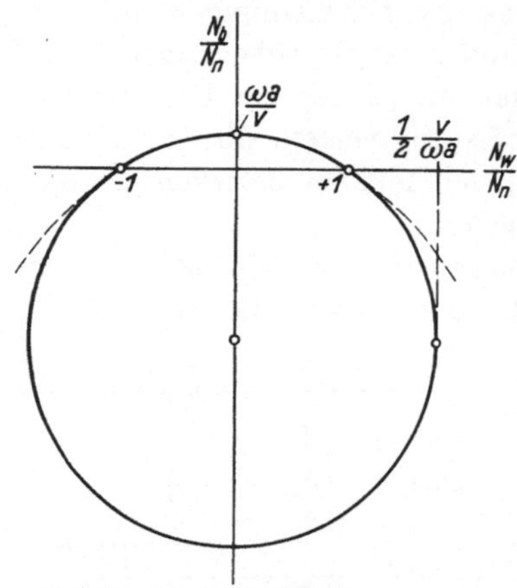

Abb. 37. Leistungs-Kreisdiagramm der verlustlosen Leitung.

In das Kreisdiagramm ist gestrichelt in richtigem Maßstab eine Parabel eingezeichnet, die identisch mit der Parabel nach Abb. 31 ist, die für stetig verteilte Blindleistungskompensierung galt. Der Unterschied ist darin begründet, daß bei stetig verteilter Kompensierung der gesamte Strom nur aus Wirkstrom besteht, während er bei stationsweiser Kompensierung nach Abb. 35 auch den Blindstrom mit enthält. Dadurch wird das letzte Glied in der Klammer der Gl. (75) verursacht, das die Kompensierungsparabel in einen Kompensierungskreis verwandelt.

Für Leerlauf der Leitung, also $N_w = 0$, ergibt sich in guter Annäherung eine maximale Blindleistung von

$$\left(\frac{N_b}{N_n}\right)_0 \simeq \frac{\omega a}{v} \tag{76}$$

ganz ebenso wie nach Gl. (53) oder (55). Für $a = 100$ km ergibt das z. B. 10% Blindleistung. Aus dem Kreisdiagramm ergibt sich aber weiterhin in ebenso guter Annäherung eine maximale Wirkleistung von

$$\left(\frac{N_w}{N_n}\right)_{\max} \simeq \frac{1}{2}\,\frac{v}{\omega a} \tag{77}$$

als Höchstmaß der überhaupt möglichen Leistungsübertragung über die Leitung. Während bei stetig verteilter Kompensierung im Prinzip beliebig große Leistungen übertragen werden können, ergibt sich hier bei konzentrierter Kompensierung ein Leistungsmaximum, dessen Größe umgekehrt proportional der Stationsentfernung ist. Für eine beiderseits durch Stationen kompensierte Leitung von der Länge $2\,a = 200$ km errechnet sich dieser Grenzwert zum fünffachen Betrag der natürlichen Leistung. Bei $2\,a = 1000$ km arbeitet man bei der natürlichen Leistung bereits am Maximalpunkt, mehr kann man also über eine so lange Fernleitungsstrecke nicht herüberbringen.

Schon vor Erreichung der maximalen Übertragungsleistung wird nach dem Kreisdiagramm von Abb. 37 die an den Leitungsenden von den Stationen aus zuzuführende Blindleistung außerordentlich groß. Man erkennt unmittelbar, daß sie für den Punkt der maximalen Wirkleistung selbst fast ebenso groß wie diese Wirkleistung wird. Wir sehen also, daß die Leistungsfähigkeit langer Fernleitungen auch in dieser Hinsicht außerordentlich begrenzt ist, und daß man praktisch kaum Stationsentfernungen über 200 km überschreiten kann.

Die Beziehung (77) kann man durch Einführung von Gl. (28), (23) und (22) auf die Form bringen

$$N_{w\,\max} = \frac{U^2}{Z}\cdot\frac{v}{2\,\omega a} = \frac{U^2}{2\,a\,\omega l} = \frac{U^2}{\omega L}, \tag{78}$$

worin unter ωL die Selbstinduktion der Leitung von der Länge $2a$ zwischen zwei Kompensierungsstationen verstanden ist. Da die Induktanz pro Längeneinheit bei allen Freileitungen praktisch den gleichen Wert von etwa 0,4 Ω/km besitzt, so erkennt man, daß der Absolutwert der maximal übertragbaren Wirkleistung sich bei gegebener Entfernung nur durch Erhöhung der Übertragungsspannung steigern läßt.

3. Spannungsänderung auf der Leitung. Wenn wir die der Fernleitung zugeführte Blindleistung gemäß Abb. 38a gleichmäßig verteilt zuführen, so wandert der Spannungsvektor auf der Leitung zwischen Anfangs- und Endstation längs eines Kreisbogens herum, wie es das Spannungsdiagramm Abb. 39a darstellt. Wenn wir die Blindleistung jedoch nach Abb. 38b auf einzelne Stationen konzentrieren, so werden zwar die Spannungen in den Stationen untereinander gleich gehalten, so wie es in Abb. 39b gezeichnet ist, jedoch wird die Spannung längs der Leitung zwischen den Stationen nicht exakt konstant bleiben.

Wir wollen diese Änderung zunächst für Leerlauf berechnen, wobei der Leitungsblindstrom J_b mit dem reinen Kapazitätsstrom J_c übereinstimmt. Da sich der Blindstrom jeder Station nach Abb. 38c rechts und links in den zugehörigen Leitungsteilen ausbreitet und bis

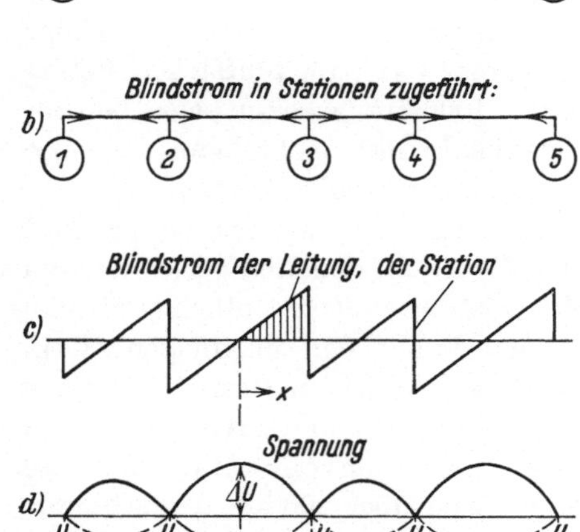

Abb. 38. Stetige und abschnittsweise Blindstromzufuhr einer Fernleitung.

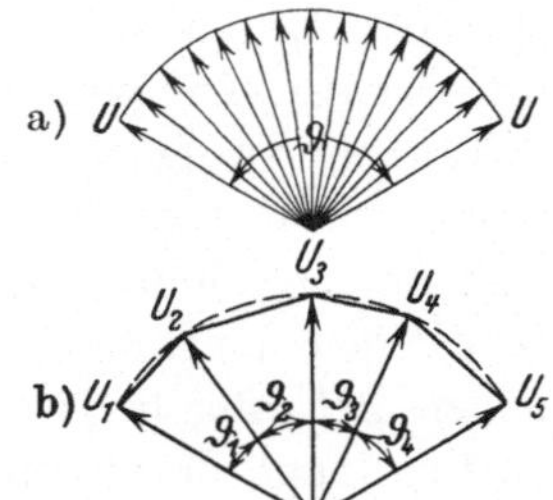

Abb. 39. Spannungsverlauf bei stetiger und abschnittsweiser Kompensierung.

zum Ende des Abschnittes linear bis auf Null abnimmt, so bestimmt sich seine Größe, z. B. für das schraffierte Dreieck, abhängig von der Leitungserstreckung x zu

$$J_c = \omega\, c\, x\, U\,. \tag{79}$$

Dieser Blindstrom in der Leitung erzeugt eine induktive Spannung, deren Verlauf in Abb. 38d dargestellt ist, und deren Größe sich berechnet zu

$$\Delta U_c = \int \omega\, l\, dx\, J_c\,. \tag{80}$$

Setzen wir hierin J_c nach Gl. (79) ein und integrieren über die Leitungslänge a, deren Kompensierung die Station übernimmt, so erhalten wir

$$\Delta U_c = \omega^2 c\, l\, U \int_0^a x\, dx = \frac{1}{2}\left(\frac{\omega\, a}{v}\right)^2 U\,. \tag{81}$$

Darin ist der Wert der Wellengeschwindigkeit v nach Gl. (22) eingeführt. Wir sehen, daß der Höchstwert der relativen Spannungsänderung bei Leerlauf nur durch das Quadrat des charakteristischen Längenmaßes $\omega a/v$ bestimmt ist. Für Stationsentfernungen von 200 km, denen eine halbe Länge a von 100 km entspricht, beträgt die Spannungsänderung nur

$$\Delta U_c = \tfrac{1}{2}(0{,}1)^2 = \tfrac{1}{2}\%\,.$$

Da sie dem Quadrat der Entfernung proportional ist, so wäre sie bei 400 km Entfernung auch nur 2%. Zwischen den Stationen verläuft die Spannung im übrigen parabolisch wie es in Abb. 38d dargestellt ist.

Bei Belastung variiert diese Spannungsänderung natürlich wie die zugeführte Blindleistung der Station. Sie ist also gemäß Gl. (75) bei beliebiger Belastung

$$\varDelta U = \varDelta U_c \left[1 - \left(\frac{N}{N_n}\right)^2\right]. \tag{82}$$

Die Spannungskuppen werden also bei zunehmender Belastung zunächst geringer und verschwinden bei Übertragung der natürlichen Leistung vollständig. Beim Betrieb über der natürlichen Leistung werden sie negativ, die Spannung sinkt auf der Leitung zwischen den Stationen. Es stellt sich dann ein Spannungsdiagramm entsprechend den gestrichelten Kurven von Abb. 38d ein. Bei doppelter natürlicher Leistung und 500 km Stationsabstand würde die Spannungssenkung in der Mitte der Strecke rund 10% betragen. Diese Verhältnisse führen ebenfalls dazu, wenn auch nicht derart zwingend wie andere, die Spannung längs sehr langer Leitungen vielfach zu stützen, indem man das erforderliche Maß von Blindstrom in Zwischenstationen zuführt.

G. Zusammenwirken von Kraftwerk und Leitung.

1. Wirkung von Selbstinduktion und Widerstand. Da alle unsere Überlegungen dazu führten, daß man sehr lange Fernleitungen wegen ihrer kapazitiven und induktiven Wirkungen nicht im ganzen betreiben kann, sondern daß man sie durch Zwischenstationen unterteilen muß, so wollen wir den Mechanismus der Energieübertragung zwischen diesen Stationen und der Leitung etwas genauer betrachten. Vor allem wollen wir die bisher vernachlässigte Wirkung des Ohmschen Widerstandes mit berücksichtigen. Die Stationen an den Enden dieser kürzeren Leitungsstrecken wollen wir dabei ganz beliebig annehmen. Sie können eigene Kraftwerke mit Blind- und Wirkleistungsmaschinen sowie auch mit Eigenbelastung besitzen. Sie können auf weitere Fernleitungen geschaltet sein oder auch Endstationen bilden.

Um den Einfluß des Leitungswiderstandes möglichst rein darzustellen, vernachlässigen wir jetzt zunächst die Wirkung der Leitungskapazität, die wir oben zur Genüge betrachtet haben, und stellen uns für eine solche Fernleitung nach Abb. 40 das Vektordiagramm der Spannungen in Abb. 41 dar. Um den Strom J mit seiner Wirk- und Blindkomponente J_w und J_b in der Leitung fließen zu lassen, ist eine vektorielle Spannungsdifferenz zwischen den Stationen 1 und 2 erforderlich, deren Größe sich nach der Ohmschen Spannung RJ in Phase mit dem Strom und nach der induktiven Spannung $\omega L J$ phasensenkrecht zum Strom richtet.

Für die Anschauung ist es bequem, mit der Spannungsdifferenz beider Kraftwerke nach Größe und Phase zu rechnen. Wie aus der Ähnlichkeit der rechtwinkligen Dreiecke in Abb. 41 hervorgeht, ist die Größendifferenz der Spannungen, gemessen in Richtung der Verbraucherspannung U_2

$$\Delta U = \omega L J_b - R J_w \tag{83}$$

und ihre Phasendifferenz, gemessen senkrecht zur Verbraucherspannung U_2,

$$\delta U = \omega L J_w + R J_b . \tag{84}$$

Zur Größendifferenz der Spannungen trägt also der Ohmsche Widerstand nur nach Maßgabe des Wirkstromes, die Induktanz nur nach

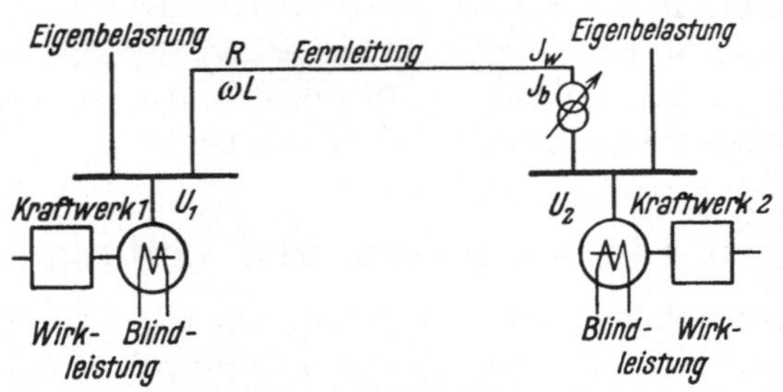

Abb. 40. Ausbildung von Wirk- und Blindströmen in Kupplungsleitungen von Kraftwerken.

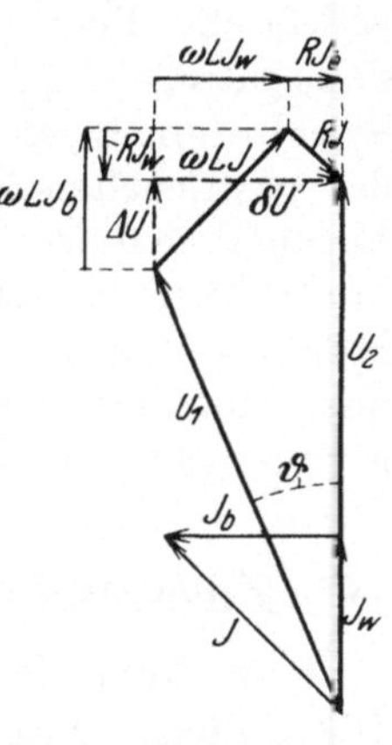

Abb. 41. Strom- und Spannungsdiagramm von Kupplungsleitungen.

Maßgabe des Blindstromes in der Übertragungsleitung bei, während die umgekehrten Verhältnisse für die Phasendifferenz zwischen den beiden Kraftwerksspannungen gelten. Man erkennt aus diesen Gleichungen, daß eine völlig unabhängige Regelung der Spannungen U_1 und U_2 der beiden Kraftwerke nach ihrem Zusammenschluß nicht mehr möglich ist, daß sich dabei vielmehr auch die Wirk- und Blindleistungen in der Übertragungsleitung gemäß Gl. (83) ändern, und dadurch weiterhin der Phasenwinkel zwischen den beiden Kraftwerken gemäß Gl. (84).

Sehr häufig wünscht man die Kraftwerksspannungen untereinander gleich zu halten. Sieht man von dem relativ geringen Unterschied der Spannung U_1 und ihrer Projektion auf die Richtung U_2 ab, so bedeutet dies, daß $\Delta U = 0$ ist. Daraus ergibt sich für die Fernleitung die Bedingung

$$J_b = \frac{R}{\omega L} J_w . \tag{85}$$

Man muß also zur Übertragung eines bestimmten Wirkstromes bei konstanter Spannung gleichzeitig auch einen voreilenden Blindstrom mit übertragen, der dem Wirkstrom proportional ist mit einem Faktor entsprechend dem Verhältnis von Widerstand zu Induktanz der Fernleitung. Dieses Verhältnis pflegt in Hochspannungsanlagen

$$\text{bei Freileitungen} \quad \frac{R}{\omega L} = 0{,}1 \text{ bis } 0{,}5 \text{ bis } 1,$$

$$\text{bei Kabeln} \quad \frac{R}{\omega L} = 1 \text{ bis } 5 \text{ bis } 10$$

zu betragen, wobei die kleineren Werte für starke, die größeren Werte für schwache Leitungen gelten. Während man daher bei Freileitungen mit einem mäßigen zusätzlichen Blindstrom in der Fernleitung auskommt, muß man bei Kabeln einen sehr starken Blindstrom zwischen den Stationen zirkulieren lassen, wenn man ihre Spannungsgleichheit aufrechterhalten will. In Abb. 42 sind diese unterschiedlichen Verhältnisse im Vektordiagramm dargestellt.

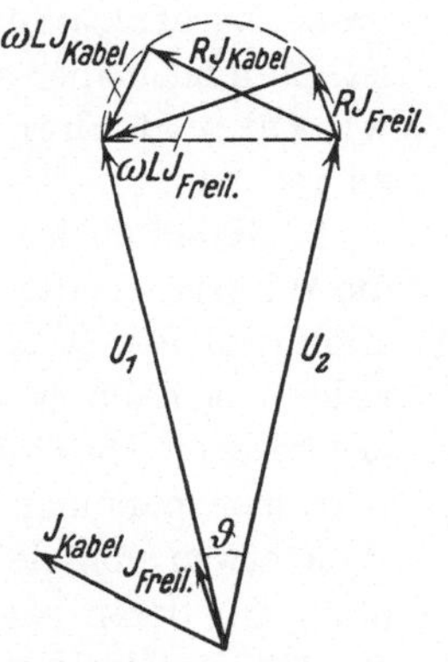

Abb. 42. Strom- und Spannungsdiagramm bei Verwendung von Kabeln oder Freileitungen.

Für den Fall der Spannungsgleichheit berechnet sich die Phasendifferenz der Spannungen durch Einsetzen von Gl. (85) in Gl. (84) zu

$$\delta U_{\Delta U = 0} = \omega L J_w \left[1 + \left(\frac{R}{\omega L}\right)^2\right]. \qquad (86)$$

Für Freileitungen ist der Phasenwinkel zwischen den Kraftwerken daher im wesentlichen durch das Produkt aus Wirkstrom und Induktanz der Leitung bestimmt. Für Kabel dagegen wird er durch den Einfluß des überwiegenden Ohmschen Widerstandes außerordentlich vergrößert und kann so beträchtlich werden, daß die Spannungen beider Kraftwerke ganz auseinanderklappen.

Wünscht man ein unnützes Zirkulieren von Blindleistung zwischen den beiden Kraftwerken zu vermeiden, so muß man entweder durch vorgeschaltete Drosselspulen oder durch Widerstandsverminderung mit mehreren parallelen Kabeln den Quotienten in der Klammer von Gl. (86) vermindern, oder man muß eine Verschiedenheit der Spannungsvektoren U_1 und U_2 an den Enden der Übertragungsleitung zulassen. Dann kann man auf eine Übertragung von Blindstrom ganz verzichten, so daß nur die ersten Glieder der Gl. (83) und (84) auftreten. Man schaltet zu diesem Zweck nach Abb. 40 einen regelbaren Zusatztransformator vor die Fernleitung, der die Differenzspannung liefert, und kann alsdann in allen Fällen unter Fortfall unnützer Blindströme die Spannungen der Kraftwerke unabhängig voneinander regeln und trotzdem stets die gewünschte Leistungsübertragung durch die Fernleitung erhalten.

Wenn man den Phasenwinkel zwischen den Stationen und damit die Spannung $\delta U = 0$ machen will, so muß man nach Gl. (84) den Blindstrom auf den Wert

$$J_b = -\frac{\omega L}{R} J_w \tag{87}$$

einregeln. Damit ist natürlich ein Größenunterschied der Spannungen verknüpft, der sich durch Einsetzen in Gl. (83) ergibt zu

$$\Delta U_{\delta U = 0} = R J_w \left[1 + \left(\frac{\omega L}{R}\right)^2\right]. \tag{88}$$

Für Freileitungen mit ihrer überwiegenden Induktanz würde dies sehr große Zusatzspannungen erfordern, was praktisch nicht durchführbar ist. Man hat daher hierbei immer mit einem erheblichen Phasenwinkel zwischen den zusammengeschlossenen Kraftwerken zu rechnen.

2. Stabilität der Kraftwerke. In den Kraftwerken selbst lassen sich die Wirkströme durch alleinige Verstellung der mechanischen Leistungszufuhr zu den Kraftmaschinen einstellen und regeln. Die Blindströme richten sich im wesentlichen nach der Einstellung der Erregung der elektrischen Maschinen. Da die erforderliche Erregung bei konstanter Klemmenspannung jedoch nicht nur von den Blindströmen, sondern auch etwas von den Wirkströmen abhängt, so ist die Vorausbestimmung für deren genaue Einstellung nur über die magnetische Charakteristik der Maschinen möglich.

Die von der Station 1 auf die Station 2 übertragene Wirkleistung ist

$$N_w = U_2 J_w = \frac{U_2}{\omega L} (\delta U - R J_b), \tag{89}$$

wobei der Wert des Wirkstromes aus Gl. (84) eingesetzt ist. Wir können nun den Winkel ϑ zwischen den Kraftwerksspannungen nach Abb. 41 einführen, entweder durch die Beziehung

$$\delta U = U_1 \sin\vartheta, \tag{90}$$

oder durch

$$\Delta U + U_2 = U_1 \cos\vartheta. \tag{91}$$

Setzen wir den Wert der Gl. (90) in (89) ein, und beschränken wir uns außerdem auf ungefähr größengleiche Kraftwerksspannungen, so daß wir Gl. (85) in (89) einsetzen dürfen, so erhalten wir für die auf Kraftwerk 2 übertragene Wirkleistung die Beziehung

$$N_w = \frac{U^2}{\omega L} \frac{\sin\vartheta}{1 + \left(\frac{R}{\omega L}\right)^2}. \tag{92}$$

Die Kupplungsleistung hängt also nicht nur von Widerstand und Induktanz der Leitung und vom Quadrat der Spannung ab, sondern sie ist auch dem Sinus des Phasenwinkels zwischen den Spannungsvektoren der beiden Stationen proportional. Erzwingen wir also durch entsprechende Einstellung der Leistungsregler an den Kraftmaschinen den Durchtritt einer bestimmten Leistung, so stellt sich je nach Widerstand, Induktanz und Spannungshöhe ein ganz bestimmtes Vektordiagramm entsprechend Abb. 42 ein, mit einem Winkel, der sich aus Gl. (92) nunmehr leicht berechnen läßt.

In Abb. 43 ist der Zusammenhang der übertragenen Wirkleistung mit diesem Winkel dargestellt. Dabei ist zu beachten, daß die Wirkleistung im allgemeinen die primäre Tatsache ist und der Winkel sich danach einstellt. Anfangs nimmt er proportional mit der Leistung zu, schließlich aber wächst er sehr viel schneller, und mehr als eine maximale Leistung

$$N_{w\,\max} = \frac{U^2}{\omega L\left[1+\left(\frac{R}{\omega L}\right)^2\right]} \tag{93}$$

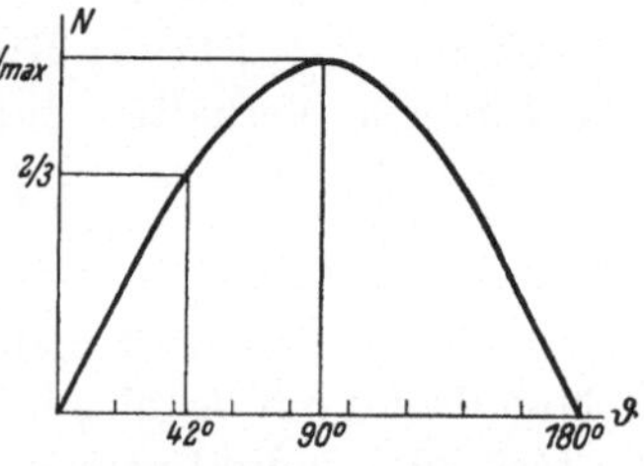

Abb. 43. Verlauf der Wirkleistung zwischen Kraftwerken in Abhängigkeit vom Phasenwinkel.

ist überhaupt nicht übertragbar. Diese Beziehung stimmt mit der für widerstandsfreie Fernleitungen früher hergeleiteten Formel (78) weitgehend überein. Man erkennt, daß die maximal übertragbare Leistung durch die Wirkung des Widerstandes noch weiter verkleinert wird. Der Winkel zwischen den Spannungsvektoren und damit auch zwischen den Maschinenpolrädern in den beiden Kraftwerken wächst bei Erreichung dieser Grenzlast rapide an, die Kraftwerke fallen außer Tritt und ihre Maschinen laufen mit ihren Spannungsphasen durcheinander hindurch.

Wenn wir uns auf widerstandsarme Leitungen beschränken, so können wir in Gl. (89) das letzte Glied in der Klammer vernachlässigen. Wir erhalten dann bei unterschiedlichen Werten der Spannung der Stationen durch Einsetzen der Gl. (90) als übertragene Wirkleistung

$$N_w = \frac{U_1 U_2}{\omega L} \sin\vartheta\,. \tag{94}$$

Der allgemeine Verlauf der übertragenen Leistung in Abhängigkeit vom Phasenwinkel zwischen den Spannungen bleibt hierbei der gleiche wie in Abb. 43. Der Zahlenwert der maximal übertragbaren Leistung berechnet sich nunmehr durch das Produkt der beiden Spannungen an den Leitungsenden.

Wir sehen, daß wir durch jede Leitung nur eine bestimmte maximale Leistung übertragen können, die bei Hochspannungsleitungen mit relativ geringem Widerstand in erster Linie vom Quadrat der Spannung und der Induktanz der Leitung abhängt. Je länger die Leitung ist, um so geringer ist die übertragbare Leistung, wenn man nicht die Spannung entsprechend erhöht. Man wird dabei praktisch natürlich nicht bis an den Grenzwert von Gl. (93) herangehen können, damit nicht bei jeder leisen Lastschwankung die Kraftwerke außer Tritt fallen. Rechnet man für den wirklichen Betrieb mit einem höchsten Winkel von $\vartheta = 42^0$, so erhält man ein $\sin\vartheta = 0{,}66$, so daß eine derartige Leitung nach Abb. 43 noch eine um 50% höhere Grenzleistung besitzt.

Unter Vernachlässigung des Widerstandsgliedes ergibt sich der zulässige induktive Spannungsabfall des Wirkstromes der Leitung im Verhältnis zur Netzspannung aus Gl. (92) zu

$$\frac{\omega L J_w}{U} = \frac{U^2 \sin\vartheta}{N_w} \frac{J_w}{U} = \sin\vartheta\,. \tag{95}$$

Im allgemeinen wird man einen Leistungsfaktor von 100% anstreben. Man darf dann bei einem Winkel von $\vartheta = 42^0$ mit nicht mehr als höchstens 66% induktivem Abfall arbeiten. Bedenkt man nun, daß gemäß Abb. 44 solche Fernleitungen an ihren Enden im allgemeinen Trans-

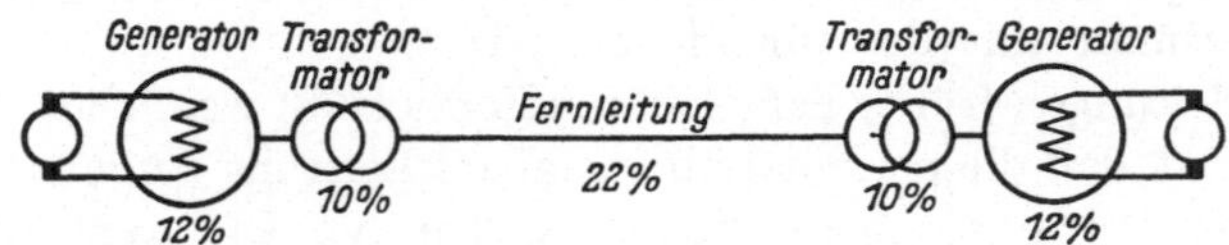

Abb. 44. Induktive Spannungen bei der Leistungsübertragung zwischen gekuppelten Kraftwerken.

formatoren mit erheblicher Streuspannung, vielleicht von je 10% besitzen, so kommt man auf einen Betrag für die Leitung allein von knapp 50%.

Nun ist es aber nicht möglich, die Spannung an den Sammelschienen derartiger Großleistungsübertragungen so schnell zu regeln, daß sie während starker Lastschwankungen oder Pendelungen absolut konstant bleibt. Ganz ohne Spannungsregelung würde das Erregerfeld der Generatoren konstant bleiben, so daß man die Ständerstreuung und Querfeldschwankung der Maschinen mit in die induktive Spannung hineinrechnen müßte. Da diese für jeden Generator weit mehr als 25% betragen, so bliebe für die Fernleitung fast nichts mehr übrig. Mit sehr guten heutigen Spannungsreglern kann man es aber erreichen, daß zwar nicht die Klemmenspannung der Maschinen, aber doch wenigstens ihr Luftspaltfeld einigermaßen konstant bleibt, so daß als schwankender Teil nur die Streuspannung der Statorwicklung zu betrachten ist, die eine Größe von etwa 12% besitzt. Berücksichtigt man dies, so bleibt für die Fernleitung noch ein zulässiger Rest von etwa 22% induktivem Spannungsabfall des Wirkstromes übrig. Dies entspricht einem Winkel ϑ, für die Leitung allein gerechnet, von nur etwa 12 bis 15°. Bei üblichen Drehstromleitungen mit einer Betriebsinduktivität von 0,4 Ω/km führt das nach Gl. (92) beispielsweise bei Übertragung von 100 MW Leistung mit 200 kV Spannung auf eine Leitungslänge von 220 km. Ohne besondere Hilfsmittel ist es daher nicht möglich, eine derartige elektrische Drehstromleistung über größere Entfernungen stabil zu übertragen. Für andere Spannungen und Entfernungen ist die maximale Leistung

Tabelle 10. Stabil übertragbare Leistungen in MW auf Drehstromleitungen mit 50 Per/sec.

Spannung in kV	Freileitungslänge in km 10	50	100	200	400	600	800	1000
15	12	—	—	—	—	—	—	—
30	50	10	—	—	—	—	—	—
60	200	40	20	10	—	—	—	—
100	550	110	55	28	14	—	—	—
150	1250	250	125	62	31	20	15	12
200	2200	440	220	110	55	38	28	22
300	5000	1000	500	250	125	83	62	50
400	8800	1750	880	440	220	145	110	88

für eine stabile Kraftübertragung in Tabelle 10 ausgerechnet, wobei für jede Station mit 22% Streuung von Generator und Transformator gerechnet ist.

Die Übertragungsgrenzen, auf die man große elektrische Leistungen stabil übertragen kann, sind also trotz Anwendung hoher Spannungen nur relativ gering. Man kann sie durch Anwendung mehrerer paralleler Leitungen natürlich erheblich steigern, jedoch ist dieses ein sehr kostspieliges Mittel. Hat man jedoch eine Reihe von Zwischenstationen nach Abb. 38b zur Verfügung, die man an die Fernleitung anschließen kann, oder ordnet man nach dem Vorschlag von F. S. Baum im Zuge einer sehr langen Leitung derartige Zwischenstationen künstlich in Entfernungen an, die etwa der Tabelle 9 entsprechen, und rüstet sie mit derart gut geregelten Maschinen aus, daß ihre Spannungsvektoren nach Abb. 39b ihre Größe auch unter ungünstigen Umständen möglichst aufrechterhalten, so zerteilt man hierdurch die gesamte induktive und Ohmsche Spannung längs der Leitung in zahlreiche Einzelteile, verringert dadurch den Winkel zwischen den unmittelbar parallel arbeitenden Stationen auf einen Bruchteil, und kann nunmehr die Energie auf jede beliebige Gesamtentfernung übertragen.

Während sich bei einer sehr langen Leitung ohne Zwischenstationen ein sehr großer Winkel ϑ ergeben würde, der völlig unstabil wäre, hat man jetzt zwischen je zwei benachbarten Stationen mit selbständig gehaltener Spannung die viel kleineren Winkel ϑ_1, ϑ_2, ϑ_3 usw., die man durch eine angemessen große Zahl von Zwischenstationen stets innerhalb der Stabilitätsgrenze halten kann. Die Leistungsfähigkeit der Maschinen oder Apparate in den Zwischenstationen braucht an sich nicht groß zu sein, sie müssen nur so starr gebaut sein und so schnell geregelt werden, daß sie die Spannung bei allen Wechselfällen unbedingt aufrechterhalten. Dazu genügt im allgemeinen eine Leistungsfähigkeit von ⅓ bis ½ der übertragenen Leistung in der Fernleitung. Wirkleistung brauchen diese Maschinen überhaupt nicht abzugeben, jedoch muß man sie oder ihre Äquivalente, wie Drosselspulen und Kondensatoren, Blindleistung aufnehmen oder abgeben lassen, um die mit wechselnder Belastung sich ändernden kapazitiven und induktiven Leistungen der Leitung zu kompensieren, und dadurch sowohl diese wie die Endstationen von Blindleistung zu entlasten.

3. Synchronisierende Kräfte. Wir haben früher die kompensierte lange Fernleitung als einheitliches Gebilde aufgefaßt, dessen charakteristische Konstanten gegenüber der natürlichen Leitung geändert waren. Dazu war es nötig, die zugeführte Blindleistung jeder Teilstrecke stets nach Maßgabe der übertragenen Leistung zu regeln. Diese einheitliche Darstellung ist natürlich nur dann möglich, wenn die Regelung so schnell erfolgt, daß sich die sonstigen Bedingungen des Systems, insbesondere die Größe der Spannungen an den Leitungsenden, inzwischen nicht wesentlich geändert haben. Die Größe der Spannung bleibt dann längs der ganzen Fernleitung konstant, ihre Phase verdreht sich längs der Leitung in Abhängigkeit von der Belastung. Das Spannungsdiagramm einer solchen kompensierten Fernleitung einschließlich der Maschinenstationen an ihren Enden wird durch Abb. 45 dargestellt.

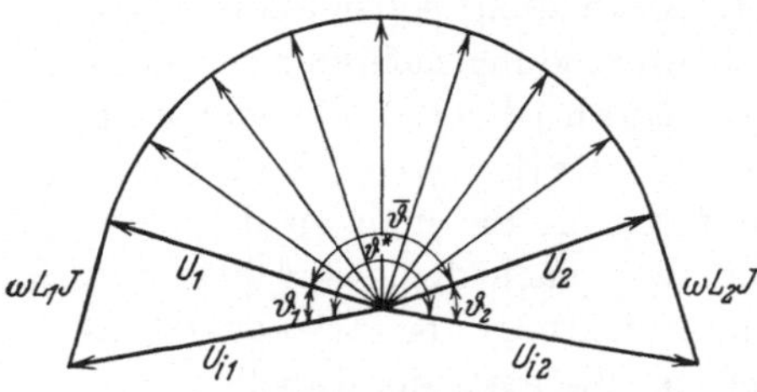

Abb. 45. Spannungsdiagramm der kompensierten Leitung mit Endstationen.

Die Leistung jeder der beiden Endstationen wird nach Gl. (94) in Abhängigkeit von den inneren Phasenwinkeln ϑ_1 und ϑ_2 durch ihre innere und äußere Spannung und ihre innere Selbstinduktion dargestellt durch

$$\left.\begin{aligned} N &= \frac{U_{i_1} U_1}{\omega L_1} \sin\vartheta_1 = N_{m_1} \sin\vartheta_1 , \\ N &= \frac{U_{i_2} U_2}{\omega L_2} \sin\vartheta_2 = N_{m_2} \sin\vartheta_2 , \end{aligned}\right\} \qquad (96)$$

wobei mit N_m die Maximalwerte bezeichnet sind. Dagegen ergibt sich für die Fernleitung die Abhängigkeit der übertragenen Leistung von ihrem Phasenwinkel z. B. bei Parallelkompensation nach Gl. (66) zu

$$N = \frac{v}{\omega a} N_n \overline{\vartheta}. \tag{97}$$

Während demnach die Kraftwerksleistungen in Abhängigkeit von ihren Phasenwinkeln eine Kippleistung N_{m_1} und N_{m_2} besitzen, wie sie in Abb. **43** dargestellt ist, kann die in der Fernleitung übertragene Leistung unbegrenzt ansteigen, wie es auch aus Abb. **33**a hervorgeht, wenn nur die Leitungskompensation stets richtig erfolgt. Die maximal im Gesamtsystem übertragbare Leistung wird daher durch die kompensierte Fernleitung nicht beeinflußt, sondern ist lediglich von den Kippleistungen der Kraftwerke an ihren Enden abhängig. Die inneren und äußeren Spannungen in den Kraftwerken sind nach Abb. **45** durch die Selbstinduktionsspannung elastisch verbunden wie durch eine Feder, die umschnappen kann, während die Endspannungen der kompensierten Leitung wie durch eine Feder verbunden sind, die sich beliebig weit ausdehnen kann.

Die Starrheit der elektromagnetischen, quasielastischen Kräfte des Systems ist durch die Änderung der Leistungen nach Gl. (96) und (97) mit dem gesamten Phasenwinkel

$$\vartheta^* = \vartheta_1 + \overline{\vartheta} + \vartheta_2 \tag{98}$$

gegeben. Man bezeichnet ihren Wert

$$N_s = \frac{dN}{d\vartheta^*} \tag{99}$$

als synchronisierende Leistung des Systems. Da die Leistungen in den Endstationen und in der Fernleitung beim verlustfreien System miteinander übereinstimmen, so differenzieren wir Gl. (96) und (97) am bequemsten nach dieser gemeinsamen Variablen und schreiben dazu gemäß Gl. (98)

$$\frac{d\vartheta^*}{dN} = \frac{d\vartheta_1}{dN} + \frac{d\overline{\vartheta}}{dN} + \frac{d\vartheta_2}{dN}. \tag{100}$$

Dann erhalten wir die synchronisierende Leistung des Gesamtsystems durch Umkehrung sofort zu

$$N_s = \frac{dN}{d\vartheta^*} = \frac{1}{\dfrac{1}{\dfrac{dN}{d\vartheta_1}} + \dfrac{1}{\dfrac{dN}{d\overline{\vartheta}}} + \dfrac{1}{\dfrac{dN}{d\vartheta_2}}}. \tag{101}$$

Die drei in Serie geschalteten Synchronkräfte ergeben also eine gemeinsame synchronisierende Kraft, die nur einen Bruchteil der Einzelkräfte darstellt.

Für die Kraftwerke sind die synchronisierenden Leistungen nach Gl. (96)

$$\left.\begin{aligned}\frac{dN}{d\vartheta_1} &= N_{m_1}\cos\vartheta_1 = k_{s_1} N_0\,,\\ \frac{dN}{d\vartheta_2} &= N_{m_2}\cos\vartheta_2 = k_{s_2} N_0\,,\end{aligned}\right\} \tag{102}$$

wobei N_0 die Normalleistung und k_s die Synchronisierziffer der Kraftwerke im Betriebszustande darstellt. Ihr Zahlenwert liegt meistens zwischen 1 und 3, und hält sich im Mittel etwa in der Höhe von 1,5. Für die parallelkompensierte Fernleitung ergibt sich aus Gl. (97) die synchronisierende Leistung zu

$$\frac{dN}{d\bar{\vartheta}} = \frac{v}{\omega a} N_n = \frac{v}{\omega a}\frac{N_n}{N_0} N_0\,, \tag{103}$$

wobei sie auch hier auf die zu übertragende Normalleistung N_0 bezogen ist. Die Synchronisierziffer dieser Fernleitung ist also

$$\bar{k}_s = \frac{v}{\omega a}\frac{N_n}{N_0}. \tag{104}$$

Sie wird mit zunehmender Leitungslänge und zunehmender Normalbelastung kleiner und kleiner, sie ist aber unabhängig von der jeweiligen Leistung.

Beispielsweise erhält man bei Übertragung der zweifachen natürlichen Leistung über eine Entfernung von 1000 km Leitungslänge

$$\bar{k}_s = \frac{1}{1{,}05}\,\frac{1}{2} = 0{,}48\,.$$

Die gesamte Synchronisierziffer einer derartigen kompensierten Fernleitungsübertragung ist daher nach Gl. (101)

$$k_s^* = \frac{1}{\frac{1}{1{,}5} + \frac{1}{0{,}48} + \frac{1}{1{,}5}} = 0{,}29\,,$$

während sie bei unmittelbarem Zusammenschluß der beiden Endkraftwerke ohne Fernleitung wäre

$$k_s = \frac{1}{2/1{,}5} = 0{,}75\,.$$

Die Kraftwerke arbeiten demgemäß über die Fernleitung sehr viel weicher zusammen, ihre Pendelungsfrequenz wird erheblich geringer, ohne daß jedoch dadurch die maximale zwischen den Kraftwerken übertragbare Leistung und damit ihre Stabilität vermindert wird.

Etwas verwickelter liegen die Verhältnisse bei Serienkompensation der Fernleitung. Aus Gl. (67) berechnet sich die synchronisierende Leistung der Leitung zu

$$\frac{dN}{d\vartheta} = -\frac{\omega a}{v}\frac{N_n}{\vartheta^2} = -\frac{v}{\omega a}\frac{N^2}{N_n}. \tag{105}$$

Sie sinkt zwar ebenfalls mit größer werdender Leitungslänge, wächst jedoch mit zunehmender übertragener Leistung stark an. Außerdem hat ihr Vorzeichen gewechselt, so daß die serienkompensierte Leitung für sich allein gar nicht stabil wäre. Ihre Synchronisierziffer ist

$$\bar{k}_s = -\frac{v}{\omega a}\frac{N}{N_0}\frac{N}{N_n}, \tag{106}$$

sie variiert jetzt auch mit der jeweiligen Leistung und beträgt bei Vollast mit denselben Zahlenwerten für die Entfernung und Leistung wie eben

$$\bar{k}_s = -\frac{1}{1{,}05}\cdot 1\cdot 2 = -1{,}9.$$

Im Zusammenwirken mit den Kraftwerken an den Leitungsenden ergibt sich damit nach Gl. (101) eine gesamte Synchronisierziffer von

$$k_s^* = \frac{1}{\frac{1}{1{,}5} - \frac{1}{1{,}9} + \frac{1}{1{,}5}} = 1{,}25.$$

Die Leistüngsübertragung arbeitet also nunmehr erheblich starrer als ohne die serienkompensierte Fernleitung. Die Kippleistung und die Stabilität des Systems wird auch hierdurch nicht geändert, sondern ist nur von den Kraftwerksverhältnissen selbst abhängig.

Da die Synchronisierleistung bei der Serienschaltung für sehr kleine Leistungen nach Gl. (106) einen geringen negativen Wert erhält, so kann ihr Beitrag maßgebend für den Nenner der Gl. (101) werden und die gesamte synchronisierende Leistung des Systems negativ machen. Alsdann wird das Gesamtsystem gegenüber kleinen Abweichungen vom Sollzustand instabil. Bei schwacher Leistungsübertragung ist die Serienkompensierung daher unzweckmäßig.

H. Fernleitung mit Teilstrecken.

1. Spannungsverlauf und Kreisdiagramm. Um zu einer vollständigen Übersicht der Verhältnisse auf kurzen Leitungen bis zu Streckenlängen von etwa 200 km zu kommen, wollen wir nunmehr die Gesichtspunkte, die wir früher zur Kompensierung der kapazitiven und induktiven Blindleistungen der Strecke aufgestellt haben, mit der Erkenntnis vereinigen, die wir über die Wirkung des Ohmschen Widerstandes gewonnen haben.

Wir erhalten auf einer Leitung von der Länge a nach Abb. 46 entsprechend Gl. (83) eine totale Spannungsdifferenz zwischen den Stationen

$$\Delta U = \omega l a J_b - r a J_w . \tag{107}$$

In Abb. 46b und c ist die räumliche Verteilung der Ströme und Spannungen auf der Strecke dargestellt. Wir können nun den Blindstrom J_b längs der Strecke in zwei Teilströme

$$J_b = J_b' + J_b'' \tag{108}$$

zerlegen. Ein linear von der Streckenmitte aus verlaufender Teil J_b' spiegelt den früher behandelten Strom wieder, der zur Kompensierung der induktiven Blindleistungen notwendig war, und der keine Einwirkung auf die Stationsspannungen besitzt, sondern nur eine positive oder negative Spannungskuppe auf der Leitung zwischen den Stationen erzeugt. Der zweite Teil J_b'', der in Abb. 46b gestrichelt gezeichnet ist, stellt einen Strom von konstanter Stärke dar, der durch die Leitungsstrecke hindurchläuft, und der für sich einen Spannungsunterschied zwischen den Stationen nach Maßgabe der Leitungsinduktanz hervorruft.

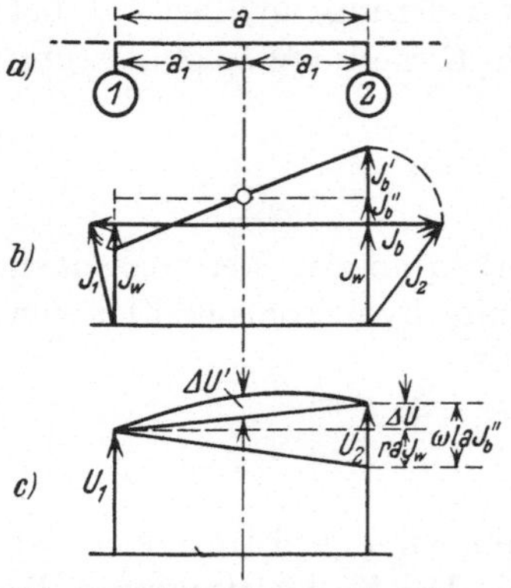

Abb. 46. Blindstromverlauf und Spannungsänderung auf der Fernleitung mit Widerstand.

Wünschen wir gleiche Stationsspannungen, also $\Delta U = 0$, so müssen wir nach Gl. (107) den zweiten Stromanteil

$$J_b'' = \frac{r}{\omega l} J_w \tag{109}$$

machen, damit der Ohmsche Abfall des Wirkstromes ausgeglichen wird. Diesen Strom müssen wir zusätzlich zu dem früher für widerstandsfreie Leitungen berechneten Blindstrom J_b' von der Station in die Leitung einführen, so daß die totale Blindleistung, die jedem Leitungsende zuzuführen ist, in Erweiterung von Gl. (70) wird

$$U J_b = U J_b' + U J_b'' = \omega c a U^2 - \omega l a J^2 + \frac{r}{\omega l} U J_w . \tag{110}$$

Die zuzuführende Blindleistung wird dadurch an der Verbraucherseite der Leitung vergrößert, an der Erzeugerseite um das gleiche Maß verkleinert. Für jede beliebige zu übertragende Wirkleistung kann man nach dieser Gl. (110) jederzeit die erforderliche Stationsblindleistung ausrechnen.

Es ist leicht, den früher besprochenen Indikator nach Abb. 36 dieser vervollständigten Gleichgewichtsbedingung anzupassen. Man braucht nur neben dem Blindleistungselement noch ein Wirkleistungselement anzubringen, das aber ein im Verhältnis $r/\omega l$ geschwächtes Drehmoment entwickelt. Man kann aber auch diese beiden Glieder zu einem einzigen zusammenfassen, indem man die Gleichgewichtsbedingung der Gl. (110) schreibt

$$\omega c a U^2 - \omega l a J^2 = U J_b - \frac{r}{\omega l} U J_w$$
$$= \sqrt{1 + \left(\frac{r}{\omega l}\right)^2} U J \sin\left(\varphi - \operatorname{arc\,tg} \frac{r}{\omega l}\right). \quad (111)$$

Man braucht also nur dem sowieso vorhandenen UJ sin φ-Element des Indikators eine geringe Phasenverschiebung entsprechend dem Widerstandsverhältnis zu erteilen, und den Maßstab für das Drehmoment entsprechend der Wurzel der Gl. (111) ein wenig zu vergrößern. Der Indikator kann dann seine Station stets derart regeln, daß nicht nur die natürlichen Blindleistungen der Fernleitung, sondern auch ihre Ohmschen Spannungsabfälle nach außen hin vollständig zum Verschwinden gebracht werden, und die Spannung in den Stationen bei beliebig geänderten Verhältnissen des Leistungsflusses auf den Leitungsabschnitten oder in den Stationen stets konstant bleibt. Es ist bemerkenswert, daß das Widerstandsmaß $r/\omega l$ eine absolute Konstante der Fernleitung ist und daß die Korrektur daher nur ein für alle Mal bestimmt zu werden braucht.

Man kann durch angemessene Verstärkung oder Schwächung dieses Faktors in der Bedingungsgleichung (110) oder (111) eine Über- oder Unterkompoundierung des Ohmschen Spannungsabfalles erzielen. Beispielsweise würde eine Steigerung auf $2r/\omega l$ an Stelle des natürlichen Ohmschen Spannungsabfalles eine Spannungssteigerung um das gleiche Maß in Richtung der durchfließenden Wirkleistung hervorrufen, was betriebliche Vorteile haben kann.

Wünscht man Spannungsunterschiede zwischen den Stationen zu bewirken, die nicht proportional der Leistung sind, sondern ein bestimmtes für jeden Leitungsabschnitt frei wählbares Maß ΔU besitzen, so muß man der Leitung nach Gl. (107) einen durchlaufenden Blindstrom

$$J_b'' = \frac{\Delta U}{\omega l a} + \frac{r}{\omega l} J_w \quad (112)$$

überlagern. Außer dem letzten, eben besprochenen Gliede muß man von der Station also noch eine weitere Blindleistung in die Leitung hineinspeisen, die sich aus dem ersten Gliede der rechten Seite berechnet zu

$$U \frac{\Delta U}{\omega l a} = \frac{\Delta U}{U} \frac{U^2}{\omega l a} = \omega c a U^2 \left[\frac{\Delta U}{U} \left(\frac{v}{\omega a}\right)^2\right]. \quad (113)$$

Man kann sie daher am einfachsten mit dem Spannungsgliede der

Gl. (110) oder (111) zusammenfassen und erhält für die Stationsblindleistung

$$U J_b = \omega c a U^2 \left[1 + \frac{\Delta U}{U}\left(\frac{v}{\omega a}\right)^2\right] - \omega l a J^2 + \frac{r}{\omega l} U J_w . \qquad (114)$$

Die Art der Abhängigkeit von Spannung und Strom bleibt die gleiche, nur der Zahlenfaktor des ersten Gliedes erhält einen anderen Wert.

Wünscht man z. B. auf 200 km Leitungslänge eine feste Steigerung oder einen festen Abfall der Spannung um 3% in Richtung der übertragenen Leistung, so wird der Betrag des Spannungsgliedes auf das

$$1 \pm \frac{3}{100}\frac{1}{0{,}2^2} = 1 \pm \frac{3}{4} = \begin{Bmatrix}1{,}75\\0{,}25\end{Bmatrix} \text{fache}$$

verändert. Um dieses Maß muß man also auch die Wirkung des Indikatorelementes für das Spannungsquadrat verstärken oder abschwächen, wenn dieses den gewünschten Zustand der Leitung anzeigen oder einstellen soll. Ein um das gleiche Maß veränderter Blindstrom fließt natürlich durch die Leitung und bewirkt in ihr entsprechende Stromwärmeverluste.

Dividiert man bei Einstellung konstanter Spannung in den Stationen die Gl. (110) durch die natürliche Leistung der Leitung, so erhält man ganz entsprechend Gl. (74) und (75) die Gleichgewichtsbedingung in normierter Form

$$\frac{N_b}{N_n} = \frac{\omega a}{v}\left\{1 - \left[\left(\frac{N_b}{N_n}\right)^2 + \left(\frac{N_w}{N_n}\right)^2\right]\right\} + \frac{r}{\omega l}\frac{N_w}{N_n} . \qquad (115)$$

Als Parameter tritt jetzt außer dem Längenmaß $\omega a/v$ der Leitung nur noch ihr Widerstandsmaß $r/\omega l$ auf. Die Gleichung stellt wieder ein Kreisdiagramm dar, das aber wegen des Widerstandsgliedes unsymmetrisch verschoben ist und in Abb. 47 dargestellt ist. Durch Vergleich mit dem gestrichelt eingetragenen früheren Kreisdiagramm der verlustfreien Leitung erkennt man, daß für die positive Wirkleistung des einen Leitungsendes seine Blindleistung vergrößert wird, während für die negative des anderen Leitungsendes die Blindleistung verkleinert wird. Bei Leitungen für 300 und 400 kV Betriebsspannung mit einem Wert $r/\omega l$ von etwa 0,1 ist die Verschiebung des Kreises nur geringfügig, bei Betriebsspannungen von 150 und 200 kV mit etwa $r/\omega l$ = etwa 0,25 ist der Unterschied schon merkbarer, die Abb. 47 stellt ihn für den extremen Fall von $r/\omega l = 0{,}4$ dar.

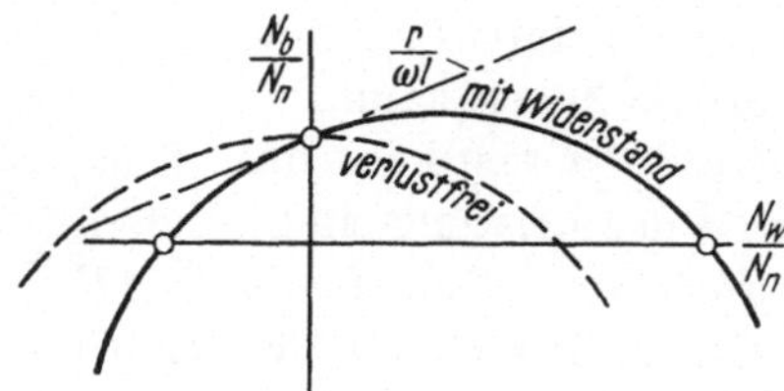

Abb. 47. Leistungs-Kreisdiagramm der Fernleitung mit Widerstand.

Auch für fest eingestellten Spannungsunterschied ΔU zwischen den Stationen ergibt sich aus Gl. (114) ein Kreisdiagramm für die Leitung. Es tritt dann nur an Stelle des Gliedes 1 in der rechten Klammer der Gl. (115) der Korrekturwert der eckigen Klammer von Gl. (114).

Zur zahlenmäßigen Berechnung der Blindleistungen, wie sie für die Projektierung der End- und Zwischenstationen von Fernleitungen mit ihren Blindleistungserzeugern erforderlich ist, zeichnet man sich entweder das Kreisdiagramm auf, oder aber man löst die quadratische Gl. (115) nach der Blindleistung N_b auf. Da bei dieser Zahlenrechnung aber kleine Differenzen von großen Zahlen auftreten, so ist es praktisch zweckmäßiger, daß man die Blindleistung direkt nach Gl. (115) in mehreren Schritten errechnet, indem man zunächst auf der rechten Seite ihr Quadrat gegenüber dem Wirkleistungsquadrat vernachlässigt und darauf eine erste und eventuell noch eine zweite Korrektur anbringt. Im allgemeinen genügt schon der erste Näherungsschritt.

2. Verluste auf der Leitung. Außer der Spannungsänderung bewirkt der Ohmsche Widerstand der Leitung auch beträchtliche Energieverluste. Ihre Größe ist

$$V = r a J^2 = \frac{r}{\omega l} \omega l a J^2. \tag{116}$$

Darin ist auf der rechten Seite mit ωl erweitert, um solche Faktoren zu erhalten, die in unseren Rechnungen immer wiederkehren. Führt man hierin statt des Stromes die jeweilige Leistung, und alsdann statt der Spannung die natürliche Leistung ein, also

$$J^2 = \frac{N^2}{U^2} = \frac{N^2}{Z N_n}, \tag{117}$$

so erhält man die Verluste auch in der Form

$$V = \frac{r a}{Z} \frac{N^2}{N_n} \tag{118}$$

oder unter Beachtung von Gl. (22) und (23) im Verhältnis zur jeweiligen Leistung

$$\frac{V}{N} = \frac{r}{\omega l} \frac{\omega a}{v} \frac{N}{N_n}. \tag{119}$$

Die Verluste verhalten sich also in jedem Leitungsstück zur durchfließenden Leistung wie die Leistung selbst zur natürlichen Leistung der Leitung multipliziert mit dem Widerstands- und Längenmaß.

Durch die Verluste wird eine Abnahme der Leistung mit zunehmender Übertragungslänge x bewirkt, so wie es in Abb. 48 dargestellt ist. Betrachtet man ein Längenelement dx der Leitung, so ist die Abnahme der Wirkleistung in ihm durch die Verluste bestimmt, die auf dieses Längenelement entfallen. Also ist

$$-dN_w = V_{dx} = V\frac{dx}{a}. \tag{120}$$

Setzt man hierin die Verluste nach Gl. (118) ein, so erhält man die Differentialgleichung

$$-dN_w = \frac{r\,dx}{Z N_n} N^2 = \frac{r\,dx}{Z N_n}[N_w^2 + N_b^2]$$

$$\cong \frac{r\,dx}{Z N_n}\left[1 + \left(\frac{r}{\omega l}\right)^2\right] N_w^2. \tag{121}$$

Darin ist das Verhältnis von Blindleistung zu Wirkleistung näherungsweise durch das Verhältnis des durchlaufenden Blindstromes J_b''/J_w nach Gl. (109) ersetzt, was für kurze Leitungen ausreichend genau ist.

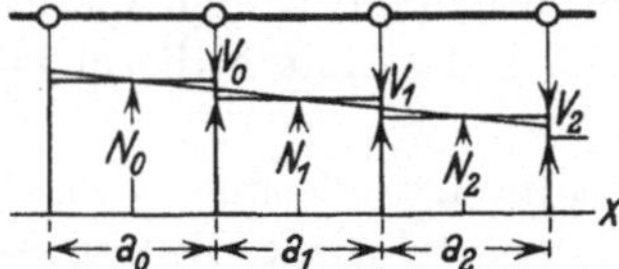

Abb. 48. Leistungsabnahme durch Verluste auf der Fernleitung.

Nehmen wir Betrieb mit konstanter Spannung auf allen Stationen der Leitung an, so ist dieser Ersatz vollständig richtig, und außerdem ist die natürliche Leistung N_n längs der Gesamtleitung konstant. Wir können daher Gl. (121) sofort integrieren, wenn wir ihre Variablen trennen und erhalten mit der Anfangsleistung N_0

$$-\int_{N_0}^{N_w} \frac{dN_w}{N_w^2} = \frac{r}{Z N_n}\left[1 + \left(\frac{r}{\omega l}\right)^2\right]\int_0^a dx \tag{122}$$

oder integriert

$$\left[\frac{1}{N_w}\right]_{N_0}^{N_w} = \frac{1}{N_w} - \frac{1}{N_0} = \frac{r a}{Z N_n}\left[1 + \left(\frac{r}{\omega l}\right)^2\right]. \tag{123}$$

Formen wir dies um, so wird das Verhältnis der Wirkleistung N_w nach Durchlaufen der Entfernung a zur Wirkleistung N_0 am Leitungsanfang

$$\frac{N_w}{N_0} = \frac{1}{1 + \frac{ra}{Z}\left[1 + \left(\frac{r}{\omega l}\right)^2\right]\frac{N_0}{N_n}} = \frac{1}{1 + \frac{r}{\omega l}\left[1 + \left(\frac{r}{\omega l}\right)^2\right]\frac{\omega a}{v}\frac{N_0}{N_n}}. \tag{124}$$

Wir sehen also, daß die Leistung längs der Leitung wegen ihrer Ohmschen Verluste nach einer Hyperbel absinkt. Die Dämpfung ist anfangs stark, insbesondere für Leistungen, die erheblich über der natürlichen Leistung liegen. Später, wenn die Leistung unter den natürlichen Wert gesunken ist, wird ihr weiterer Abfall relativ schwach.

Gl. (124) kann für ganz beliebige Leitungsstrecken angewandt werden, sowohl für eine lange Fernleitung mit zahlreichen Zwischenstationen als auch für einen Leitungsabschnitt zwischen zwei Stationen selbst. Sie stellt den **Wirkungsgrad der Leitung** über die betrachtete Entfernung a dar.

Für eine 200 kV-Leitung mit einem Widerstandsverhältnis von 0,25 und einer Anfangsleistung gleich dem 1,5fachen der natürlichen Leistung ergibt sich bei 1000 km Leitungslänge ein Wirkungsgrad von

$$\frac{N_w}{N_0} = \frac{1}{1 + 0{,}25\,[1 + 0{,}25^2]\,1{,}05 \cdot 1{,}5} = \frac{1}{1{,}416} = 0{,}706\,.$$

Die Leistung ist daher bis zum Leitungsende fast bis auf den Betrag der natürlichen Leistung gesunken. Fängt man jedoch nicht mit dem 1,5fachen, sondern nur mit dem 1,0fachen der natürlichen Leistung an, so wird der Wirkungsgrad demgegenüber

$$\frac{N_w}{N_0} = \frac{1}{1{,}277} = 0{,}783\,.$$

Die Leistung sinkt daher bis zum Ende der 1000 km nur relativ weniger. Der Wirkungsgrad ist demnach nicht nur vom Widerstandsverhältnis und vom Entfernungsmaß abhängig, sondern auch von der Höhe der Anfangsleistung im Verhältnis zur natürlichen Leistung.

Beim Anschluß zahlreicher selbständiger Kraftwerke in den Zwischenstationen der Fernleitung, und besonders auch bei wechselnder Energierichtung derselben, ist ein derartiges Arbeiten mit konstanter Spannung in allen Stationen für einen einfachen Betrieb erforderlich. Handelt es sich dagegen um eine **einseitige Fernübertragung** von Energie von einer Anfangs- bis zu einer Endstation, so ist die Konstanthaltung der Spannung nicht unbedingt notwendig. Man kann dann **die Spannung** mit wachsender Leitungslänge so **abfallen lassen**, wie es sich ohne überlagerten Blindstrom J_b'' von Gl. (109) ergibt. Der Wirkungsgrad einer derart betriebenen Leitung wird natürlich ein wenig anders, da in diesem Falle Spannung und Strom gleichmäßig absinken. Er kann größer oder kleiner erscheinen als beim Betrieb mit konstanter Spannung, je nachdem mit welcher Anfangs- oder Endleistung man die Arbeitsweisen vergleicht. Für Betrieb mit natürlicher Leistung ist der Wirkungsgrad nach Gl. (25)

$$\frac{N_w}{N_0} = \frac{u\,i}{u_0\,i_0} = \varepsilon^{-\frac{r\,a}{Z}} = \varepsilon^{-\frac{r}{\omega l}\frac{\omega a}{v}}\,. \tag{125}$$

Das ergibt für die gleichen Leitungsverhältnisse wie eben

$$\frac{N_w}{N_0} = \varepsilon^{-0{,}25 \cdot 1{,}05} = 0{,}770\,.$$

Dies liegt höher als bei gleicher Endleistung, jedoch etwas tiefer als bei gleicher Anfangsleistung des Betriebes mit konstanter Spannung.

3. Verfeinerte Bestimmung der Blindleistung. Wir können an unserer Gl. (110) für die Stationsblindleistung auf Grund der letzten Betrachtungen noch eine weitere Verbesserung anbringen. Wir haben dort im Korrekturglied den Wirkstrom J_w erhalten, den die Leitung in die Station hineinliefert oder ihr entnimmt. Außer dieser Stationswirkleistung werden der Leitung aber auch die Verluste entzogen und sofort in Wärme verwandelt. Wir können dieselben für jeden zur Station gehörigen Leitungsabschnitt gemäß Abb. 48 von der Stationswirkleistung abziehen und erhalten dann

$$U J_b = \omega c a U^2 - \omega l a J^2 + \frac{r}{\omega l}(U J_w - V). \qquad (126)$$

Führen wir darin die Verluste nach Gl. (116) ein, so erhalten wir als neues Korrekturglied

$$\frac{r}{\omega l} V = \left(\frac{r}{\omega l}\right)^2 \omega l a J^2. \qquad (127)$$

Da dasselbe nur mit dem Quadrat des Stromes veränderlich ist, so können wir es mit dem anderen Stromglied in Gl. (126) zusammenfassen und erhalten als endgültige Bedingung für die Bestimmung der Blindleistung an den Enden der Fernleitungsabschnitte

$$U J_b = \omega c a U^2 - \left[1 + \left(\frac{r}{\omega l}\right)^2\right] \omega l a J^2 + \frac{r}{\omega l} U J_w. \qquad (128)$$

Die Korrektur durch die Widerstandsverluste der Leitung bedingt also lediglich eine Änderung der Konstante im J^2-Glied. Sie ist jedoch sehr klein und beträgt für Leitungen von 150 bis 200 kV nur etwa 6% und von 300 bis 400 kV nur etwa 1%. Die Berechnung der Blindleistung wird hierdurch nicht erschwert. Zur Messung im Indikator braucht man nur eine kleine Maßstabsveränderung des J^2-Elementes vorzunehmen.

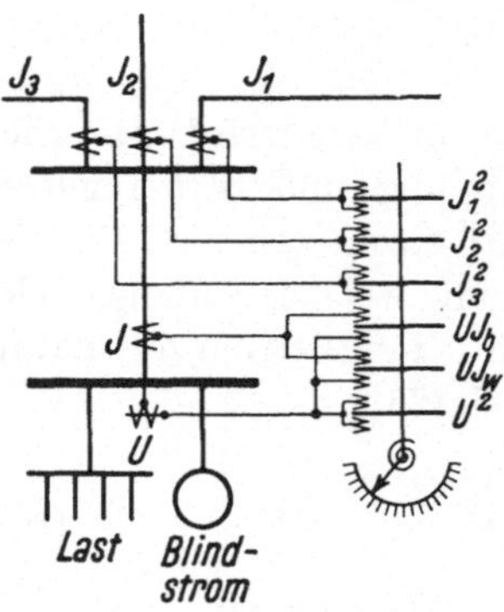

Abb. 49. Stationen mit Mehrfachfernleitungen und Blindstromindikator.

Will man durch einen Indikator eine Zwischenstation mit 2, 3 oder mehr Fernleitungen den Leitungen anpassen, so braucht man nur nach dem Schaltbild der Abb. 49 so viel Stromglieder aufzubringen, wie man Fernleitungen hat, während man das Spannungsglied und die Blind- und Wirkleistungsglieder nur einmal mit richtigen Maßstabsfaktoren entsprechend Gl. (128) aufzubringen braucht. Denn alle quadratischen Stromglieder in der Indikatorgleichung sind stets positiv und müssen daher einzeln für jede Leitung summiert werden. Alle im Strom linearen Glieder dagegen summieren sich additiv, man braucht sie daher nur für den Summenstrom aller Leitungen, d. h. für den Stationsstrom selbst zu bemessen, was einen sehr vereinfachten Aufbau der Meßanordnung gibt.

Bezieht man die Leistungen der Gl. (128) wieder auf die natürliche Leistung der Leitung, so erhält man ganz entsprechend der früheren

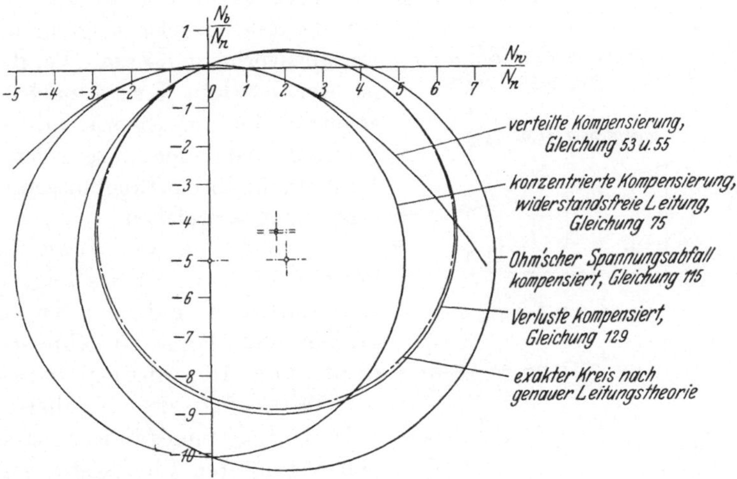

Abb. 50. Kreisdiagramme einer Fernleitung von 2 × 100 km Länge und $r/\omega l = 0{,}4$, berechnet mit verschiedenen Näherungsgraden.

Gl. (115) nunmehr die Kreisgleichung für die Blind- und Wirkleistungen

$$\frac{N_b}{N_n} = \frac{\omega a}{v}\left\{1 - \left[1 + \left(\frac{r}{\omega l}\right)^2\right]\left[\left(\frac{N_b}{N_n}\right)^2 + \left(\frac{N_w}{N_n}\right)^2\right]\right\} + \frac{r}{\omega l}\frac{N_w}{N_n}, \quad (129)$$

die nunmehr die vollständige Widerstandskorrektur für kürzere Leitungen enthält. Diese Indikator- oder Kreisdiagrammformel ergibt für Leitungen bis 200 oder 300 km Länge und Widerstandsverhältnisse bis 0,4 oder 0,5 Zahlenwerte, die von den exakten Rechnungen auf Grund der hyperbolischen Leitungstheorie des nächsten Abschnitts nur um Bruchteile von Prozenten abweichen. Dadurch wird eine sehr einfache Berechnung aller praktisch vorkommenden Fernleitungen ermöglicht. Besonders angenehm ist bei allen unseren Berechnungsformeln, daß sie im ganzen nur 4 verschiedene Kennwerte enthalten, nämlich die relativen Wirk- und Blindleistungen, die die Betriebsvariablen darstellen, und die Widerstands- und Entfernungsmaße, die Konstanten der Leitungen sind.

In Abb. 50 sind für einen Leitungsabschnitt von 200 km Länge, von dem 100 km zu jeder Endstation gehören, die verschiedenen hergeleiteten

Diagramme der Wirk- und Blindleistung dargestellt, und zwar für das extreme Widerstandsverhältnis von 0,4. Die einfache Parabel gilt für gleichmäßig verteilte Kompensation, der symmetrische Kreis für die an den Enden konzentrierte Kompensation der widerstandsfreien Leitung, der unsymmetrische Kreis für die Kompensierung des Ohmschen Spannungsabfalles, und der korrigierte Kreis für die Fernleitung mit Berücksichtigung ihrer Leitungsverluste. Zum Vergleich ist der exakte Kreis nach der strengen Leitungstheorie mit eingetragen, von der unsere letzten Formeln in ihren Ergebnissen nur sehr wenig abweichen.

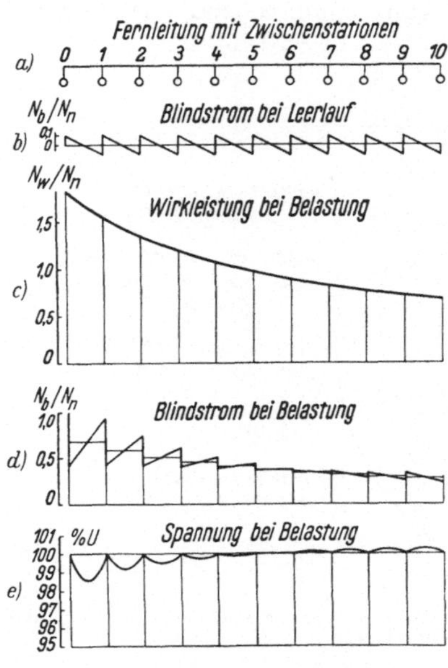

Abb. 51. Verlauf von Strom, Spannung und Leistung auf einer Fernleitung von 2000 km Länge mit dem Widerstandsmaß $r/\omega l = 0{,}4$ bei Kompensierung in 10 Abschnitten.

Da auch die strengen Leitungsgleichungen des folgenden Abschnittes II auf ein Kreisdiagramm und damit auf eine quadratische Beziehung zwischen der Wirk- und der Blindleistung jedes Leitungsendes führen, so können wir unseren Blindleistungsindikator nach Abb. 36 und 49 mit seinen Konstanten stets so einstellen, daß er ein exakt messendes Abbild der Verhältnisse auf der Leitung darstellt. Ein solcher Indikator ersetzt für den praktischen Betrieb vollständig einen Berechner, der für die verschiedenartigsten Betriebszustände der Leitungen und Stationen nach Spannung, Wirkstrom, Energierichtung, Phasenverschiebung usw. stets die notwendige Einstellung der Station auswertet.

Für ein bestimmtes Beispiel, nämlich eine Leitung von 2000 km Länge, die in 10 gleiche Abschnitte unterteilt ist, zeigt Abb. 51 den Verlauf der Wirkleistung, der Blindleistung und der Spannung längs der Leitung bei Leerlauf und Belastung. Dabei ist, um stark in die Augen fallende Unterschiede zu erhalten, wieder ein sehr hohes Widerstandsverhältnis $r/\omega l = 0{,}4$ zugrunde gelegt. Bei Leerlauf ist die Spannung konstant und besitzt nur die früher berechneten Buckel von ½ Höhe, sie ist daher nicht mit dargestellt. Der Blindstrom ist rein kapazitiv und verteilt sich linear in jedem Leitungsabschnitt, alle Stationen haben das gleiche Maß in die Leitung zu speisen.

Für belasteten Zustand ist eine Wirkleistung angesetzt, die in der Mitte der Leitung gleich der natürlichen Leistung ist. Wegen der hohen Leitungsverluste ist sie am Anfang der Leitung viel größer und fällt gegen das Ende erheblich ab. Dementsprechend ist auf der ganzen Leitung zur Konstanthaltung der Stationsspannungen ein starker durchlaufender Blindstrom erforderlich. Außerdem benötigt jeder hochbelastete Leitungsanfang erhebliche kapazitive Blindstromzufuhr, die schwachbelasteten Leitungsenden eine mäßige induktive Blindstromerzeugung in den Stationen. Diese haben daher auf der linken Leitungshälfte kapazitive Blindleistung, auf der rechten induktive Blindleistung in die Leitung zu liefern. Die Spannung ist in allen einzelnen Stationen die gleiche, sie sinkt in der Leitungsmitte der hochbelasteten Abschnitte um etwa 1,5%. Der Wirkungsgrad der ganzen Übertragung auf der 2000 km-Strecke ist nur 37%, dies rührt von dem großen Widerstandsverhältnis her, das etwa einer 100 kV-Leitung entspricht. Bei höheren Spannungen und ihnen angepaßten Leitungen ist der Wirkungsgrad gemäß unseren oben errechneten Zahlen natürlich wesentlich besser.

II. Theorie der langen Leitungen.

Von **K. Pohlhausen,** Berlin.

Die Leitung ist das Bindeglied zwischen Kraftwerk und Verbraucher. Ihre Bemessung hat so zu erfolgen, daß die vorgegebene Leistung bei wirtschaftlich tragbaren Verlusten übertragen wird und daß bei der Kupplung mehrerer Kraftwerke ein einwandfreier Parallelbetrieb zwischen ihnen möglich ist. Es soll daher in diesem Abschnitt die Theorie der Leitungen einheitlich dargestellt werden, soweit sie für die Projektierung und den Betrieb von Fernkraftübertragungen erforderlich ist.

A. Mathematische Grundlagen.

1. Ableitung der Grundgleichungen für Strom und Spannung längs einer Leitung. Jedes symmetrische Drehstromsystem läßt sich bei Annahme eines ideellen Nulleiters aus drei gleichen Einphasensystemen zusammensetzen. Es genügt daher für solche Systeme die Betrachtung der einphasigen Anordnung, wobei die elektrischen Größen pro Phasenleitung einzusetzen sind. Wir denken uns also nach Abb. 1 Erzeuger und Verbraucher durch eine Doppelleitung (Hin- und Rückleitung) miteinander verbunden. Als Betriebskonstanten pro Kilometer bezeichnen wir wie folgt mit

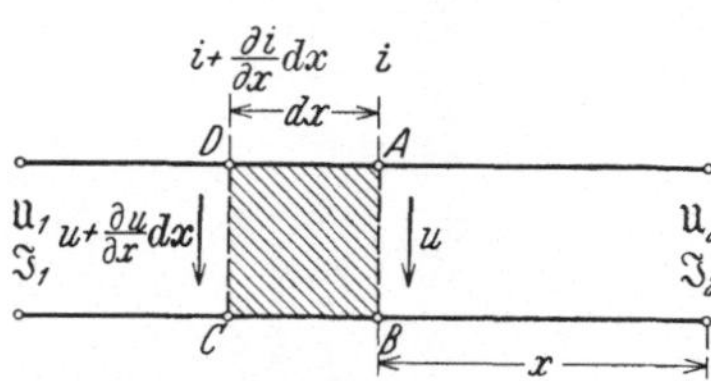

Abb. 1. Zur Ableitung der Strom- und Spannungsgleichung einer Freileitung.

r den Widerstand in Ohm/km,
l die Induktivität der Schleife in Henry/km,
c die Kapazität in Farad/km,
g die Ableitung (Korona- und Isolationsverluste) in Siemens/km.

Wir schneiden im Abstand x vom Leitungsende ein Element A, B, C, D von der Länge dx aus der Leitung heraus. Im Punkt A dieses Elementes sei die Spannung u und der Strom i, im Punkt D: $u + \frac{\partial u}{\partial x} dx$ bzw. $i + \frac{\partial i}{\partial x} dx$. Nach dem Induktionsgesetz ist das Linienintegral der elektrischen Feldstärke gleich der Abnahme des magnetischen Flusses. Es ist also

$$u + \frac{r}{2} i\,dx - \left(u + \frac{\partial u}{\partial x} dx\right) + \frac{r}{2} i\,dx = -\,l \frac{\partial i}{\partial t} dx \tag{1}$$

oder geordnet

$$\frac{\partial u}{\partial x} = r\,i + l \frac{\partial i}{\partial t}. \tag{2}$$

Eine weitere Gleichung liefert die Kontinuität des Leitungs- und Verschiebungsstromes im Längenelement dx:

$$i - \left(i + \frac{\partial i}{\partial x} dx\right) + g\,u\,dx + c \frac{\partial u}{\partial t} dx = 0 \tag{3}$$

oder

$$\frac{\partial i}{\partial x} = g u + c \frac{\partial u}{\partial t}. \tag{4}$$

Durch die Lösung der Gl. (2) und (4) ist der **zeitliche und örtliche Verlauf** von Strom und Spannung längs der Leitung bestimmt.

Wir betrachten von jetzt ab nur noch **stationäre Wechselströme und Spannungen** und setzen daher mit $j = \sqrt{-1}$, $\varepsilon = 2{,}718$ als Basis der natürlichen Logarithmen und ω als Kreisfrequenz[1]

$$u = \mathfrak{U} = U\,\varepsilon^{j\omega t}, \qquad i = \mathfrak{J} = J\,\varepsilon^{j\omega t}. \tag{5}$$

Bilden wir die zeitlichen Differentialquotienten und setzen sie in Gl. (2) und (4) ein, so wird

$$\frac{d\mathfrak{U}}{dx} = (r + j\,\omega\,l)\,\mathfrak{J}, \tag{6}$$

$$\frac{d\mathfrak{J}}{dx} = (g + j\,\omega\,c)\,\mathfrak{U}. \tag{7}$$

Man bezeichnet die hier auftretenden Ausdrücke $\mathfrak{x} = r + j\omega l$ als **Scheinwiderstand oder Impedanz** und $\mathfrak{y} = g + j\omega c$ als **Scheinleitwert oder Admittanz** der Leitung.

Eine zweite Ableitung nach x ergibt:

$$\frac{d^2\mathfrak{U}}{dx^2} = (r + j\,\omega\,l)\frac{d\mathfrak{J}}{dx}, \tag{8}$$

$$\frac{d^2\mathfrak{J}}{dx^2} = (g + j\,\omega\,c)\frac{d\mathfrak{U}}{dx}. \tag{9}$$

Durch Einsetzen von $\frac{d\mathfrak{U}}{dx}$ bzw. $\frac{d\mathfrak{J}}{dx}$ erhält man

$$\frac{d^2\mathfrak{U}}{dx^2} = (r + j\,\omega\,l)\,(g + j\,\omega\,c)\,\mathfrak{U} = \mathfrak{k}^2\,\mathfrak{U}, \tag{10}$$

$$\frac{d^2\mathfrak{J}}{dx^2} = (r + j\,\omega\,l)\,(g + j\,\omega\,c)\,\mathfrak{J} = \mathfrak{k}^2\,\mathfrak{J}, \tag{11}$$

---

[1] Dieser Ansatz ist so zu verstehen, daß von den rechtsstehenden komplexen Größen der Realteil den zeitlichen Verlauf der Spannung bzw. des Stromes angibt.

wobei

$$\mathfrak{k} = \pm \sqrt{(r + j\omega l)(g + j\omega c)} = \alpha + j\beta \tag{12}$$

als komplexe Wellenzahl oder Fortpflanzungskonstante bezeichnet wird. Trennt man durch algebraische Ausrechnung $\mathfrak{k}$ in den Realteil α und Imaginärteil $j\beta$, so erhält man die reellen Werte

$$\alpha = \sqrt{\frac{1}{2}\left[\sqrt{(r^2 + \omega^2 l^2)(g^2 + \omega^2 c^2)} + rg - \omega^2 lc\right]}, \tag{13}$$

$$\beta = \sqrt{\frac{1}{2}\left[\sqrt{(r^2 + \omega^2 l^2)(g^2 + \omega^2 c^2)} - rg + \omega^2 lc\right]}. \tag{14}$$

α wird als Dämpfungsmaß, β als Winkelmaß[1] bezeichnet. Für übliche Höchstspannungsfreileitungen ist $\frac{r}{\omega l} \leqq 0{,}4$ und g zu vernachlässigen. Man erhält dann, wenn man die Wurzeln binomisch entwickelt und nur die ersten beiden Glieder beibehält,

$$\alpha \cong \frac{r}{2\sqrt{\frac{l}{c}}} \tag{15}$$

und

$$\beta \cong \omega\sqrt{lc}\left(1 + \frac{r^2}{8\,\omega^2 l^2}\right). \tag{16}$$

Für Kabel muß ausführlich nach Gl. (13) und (14) gerechnet werden.

Die durch Gl. (10) gegebene Differentialgleichung für die Spannung hat die allgemeine Lösung:

$$\mathfrak{U} = A_1\,\varepsilon^{\mathfrak{k}x} + A_2\,\varepsilon^{-\mathfrak{k}x}, \tag{17}$$

wobei A_1 und A_2 Integrationskonstanten sind. Für den Strom erhalten wir aus Gl. (6)

$$\mathfrak{J} = \frac{1}{r + j\omega l}\,\frac{d\mathfrak{U}}{dx} = \frac{\mathfrak{k}}{r + j\omega l}\,(A_1\,\varepsilon^{\mathfrak{k}x} - A_2\,\varepsilon^{-\mathfrak{k}x}) \tag{18}$$

oder wenn $\mathfrak{k}$ eingesetzt wird:

$$\mathfrak{J} = \frac{1}{\sqrt{\frac{r + j\omega l}{g + j\omega c}}}\,(A_1\,\varepsilon^{\mathfrak{k}x} - A_2\,\varepsilon^{-\mathfrak{k}x}) = \frac{1}{\mathfrak{Z}}\,(A_1\,\varepsilon^{\mathfrak{k}x} - A_2\,\varepsilon^{-\mathfrak{k}x}). \tag{19}$$

Die komplexe Größe:

$$\mathfrak{Z} = \sqrt{\frac{r + j\omega l}{g + j\omega c}} \tag{20}$$

hat die Dimension eines Widerstandes, den wir als den komplexen Wellenwiderstand bezeichnen. Kann r und g vernachlässigt werden, so ist $Z = \sqrt{\frac{l}{c}}$ reell.

[1] In der Fernsprechtechnik ist es häufig üblich, das Dämpfungsmaß mit β zu bezeichnen.

Wir bestimmen nunmehr die Integrationskonstanten A_1 und A_2 aus den Grenzbedingungen: Am Leitungsende $x = 0$ sei Strom und Spannung zu $\mathfrak{J}_2$ und $\mathfrak{U}_2$ gegeben, mithin ist $\mathfrak{U}_2 = A_1 + A_2$ und $\mathfrak{Z}\mathfrak{J}_2 = A_1 - A_2$, also wird

$$A_1 = \frac{\mathfrak{U}_2 + \mathfrak{Z}\mathfrak{J}_2}{2}, \qquad A_2 = \frac{\mathfrak{U}_2 - \mathfrak{Z}\mathfrak{J}_2}{2}. \tag{21}$$

An einer beliebigen Stelle x, vom Leitungsende gerechnet, erhalten wir damit nach Gl. (17) und (19)

$$\left.\begin{aligned} \mathfrak{U}_x &= \mathfrak{U}_2 \frac{\varepsilon^{\mathfrak{k}x} + \varepsilon^{-\mathfrak{k}x}}{2} + \mathfrak{Z}\mathfrak{J}_2 \frac{\varepsilon^{\mathfrak{k}x} - \varepsilon^{-\mathfrak{k}x}}{2}, \\ \mathfrak{J}_x &= \mathfrak{J}_2 \frac{\varepsilon^{\mathfrak{k}x} + \varepsilon^{-\mathfrak{k}x}}{2} + \frac{\mathfrak{U}_2}{\mathfrak{Z}} \frac{\varepsilon^{\mathfrak{k}x} - \varepsilon^{-\mathfrak{k}x}}{2}. \end{aligned}\right\} \tag{22}$$

Führt man an Stelle der Exponentialfunktionen die Hyperbelfunktionen ein, die definiert sind zu

$$\mathfrak{Sin}\,\mathfrak{k}x = \frac{\varepsilon^{\mathfrak{k}x} - \varepsilon^{-\mathfrak{k}x}}{2}, \tag{23}$$

$$\mathfrak{Cof}\,\mathfrak{k}x = \frac{\varepsilon^{\mathfrak{k}x} + \varepsilon^{-\mathfrak{k}x}}{2}, \tag{24}$$

so erhält man die allgemeinen Leitungsgleichungen

$$\left.\begin{aligned} \mathfrak{U}_x &= \mathfrak{U}_2\,\mathfrak{Cof}\,\mathfrak{k}x + \mathfrak{Z}\mathfrak{J}_2\,\mathfrak{Sin}\,\mathfrak{k}x, \\ \mathfrak{J}_x &= \mathfrak{J}_2\,\mathfrak{Cof}\,\mathfrak{k}x + \frac{\mathfrak{U}_2}{\mathfrak{Z}}\,\mathfrak{Sin}\,\mathfrak{k}x. \end{aligned}\right\} \tag{25}$$

Ist a die Leitungslänge, so erhält man für $x = a$ Strom und Spannung am Leitungsanfang

$$\left.\begin{aligned} \mathfrak{U}_1 &= \mathfrak{U}_2\,\mathfrak{Cof}\,\mathfrak{k}a + \mathfrak{Z}\mathfrak{J}_2\,\mathfrak{Sin}\,\mathfrak{k}a, \\ \mathfrak{J}_1 &= \mathfrak{J}_2\,\mathfrak{Cof}\,\mathfrak{k}a + \frac{\mathfrak{U}_2}{\mathfrak{Z}}\,\mathfrak{Sin}\,\mathfrak{k}a. \end{aligned}\right\} \tag{26}$$

Zur Abkürzung schreibt man hierfür oft

$$\left.\begin{aligned} \mathfrak{U}_1 &= \mathfrak{A}\,\mathfrak{U}_2 + \mathfrak{B}\,\mathfrak{J}_2, \\ \mathfrak{J}_1 &= \mathfrak{D}\,\mathfrak{J}_2 + \mathfrak{C}\,\mathfrak{U}_2, \end{aligned}\right\} \tag{27}$$

wobei man die komplexen Größen $\mathfrak{A}$, $\mathfrak{B}$, $\mathfrak{C}$, $\mathfrak{D}$ als Leitungskonstanten bezeichnet. Es ist also

$$\left.\begin{aligned} \mathfrak{A} &= \mathfrak{D} = \mathfrak{Cof}\,\mathfrak{k}a, \\ \mathfrak{B} &= \mathfrak{Z}\,\mathfrak{Sin}\,\mathfrak{k}a \\ \text{und} \qquad \mathfrak{C} &= \frac{\mathfrak{Sin}\,\mathfrak{k}a}{\mathfrak{Z}}. \end{aligned}\right\} \tag{28}$$

Ist Strom und Spannung am Leitungsanfang gegeben und rechnet man x vom Leitungsanfang, so ergibt die analoge Durchführung der obigen Rechnung:

$$\left.\begin{aligned} \mathfrak{U}_x &= \mathfrak{U}_1 \mathfrak{Cof}\,\mathfrak{k}x - \mathfrak{Z}\,\mathfrak{J}_1 \mathfrak{Sin}\,\mathfrak{k}x, \\ \mathfrak{J}_x &= \mathfrak{J}_1 \mathfrak{Cof}\,\mathfrak{k}x - \frac{\mathfrak{U}_1}{\mathfrak{Z}} \mathfrak{Sin}\,\mathfrak{k}x. \end{aligned}\right\} \tag{29}$$

Man erhält also mit denselben Leitungskonstanten für $x = a$ Strom und Spannung am Leitungsende

$$\left.\begin{aligned} \mathfrak{U}_2 &= \mathfrak{A}\,\mathfrak{U}_1 - \mathfrak{B}\,\mathfrak{J}_1, \\ \mathfrak{J}_2 &= \mathfrak{D}\,\mathfrak{J}_1 - \mathfrak{C}\,\mathfrak{U}_1. \end{aligned}\right\} \tag{30}$$

Beim Leerlauf ist der Strom $\mathfrak{J}_2$ Null. Wir erhalten für die Spannung mit Gl. (25)

$$\mathfrak{U}_x = \mathfrak{U}_2 \mathfrak{Cof}\,\mathfrak{k}x \tag{31}$$

und für den Strom

$$\mathfrak{J}_x = \frac{\mathfrak{U}_2}{\mathfrak{Z}} \mathfrak{Sin}\,\mathfrak{k}x. \tag{32}$$

Beim Kurzschluß am Leitungsende ist $\mathfrak{U}_2 = 0$. Es wird

$$\mathfrak{U}_x = \mathfrak{Z}\,\mathfrak{J}_2 \mathfrak{Sin}\,\mathfrak{k}x; \qquad \mathfrak{J}_x = \mathfrak{J}_2 \mathfrak{Cof}\,\mathfrak{k}x. \tag{33}$$

Wird bei Leerlauf und Kurzschluß Strom und Spannung am Anfang und Ende der Leitung gemessen, so können aus Gl. (27) die Leitungskonstanten und hieraus die Betriebskonstanten experimentell ermittelt werden.

2. Sonderfälle der allgemeinen Leitungsgleichungen. a) Verlustfreie Leitung. Es sei der Ohmsche Widerstand und die Ableitung gleich Null. Dies wird man oft als erste Näherung für Freileitungen annehmen können. Dann folgt das Dämpfungsmaß $\alpha = 0$. Die Wellen laufen also ungedämpft über die Leitung. Für das Winkelmaß erhält man $\beta = \omega\sqrt{lc}$, und für den Wellenwiderstand den reellen Wert $Z = \sqrt{\frac{l}{c}}$. Die Wellenzahl wird rein imaginär $\mathfrak{k} = \alpha + j\beta = j\omega\sqrt{lc}$. Die Argumente der Hyperbelfunktionen sind also rein imaginär und man erhält trigonometrische Funktionen, da

$$\left.\begin{aligned} \mathfrak{Cof}\,\mathfrak{k}x &= \mathfrak{Cof}\,j\beta x = \cos\beta x, \\ \mathfrak{Sin}\,\mathfrak{k}x &= \mathfrak{Sin}\,j\beta x = j\sin\beta x. \end{aligned}\right\} \tag{34}$$

Mithin ergeben sich die Leitungsgleichungen, wenn man vom Leitungsende aus rechnet

$$\left.\begin{aligned} \mathfrak{U}_x &= \mathfrak{U}_2 \cos\beta x + j\mathfrak{J}_2 Z \sin\beta x, \\ \mathfrak{J}_x &= \mathfrak{J}_2 \cos\beta x + \frac{j\mathfrak{U}_2}{Z} \sin\beta x. \end{aligned}\right\} \tag{35}$$

Bei Leerlauf folgt mit $\mathfrak{J}_2 = 0$ für die Spannung am Ende

$$\mathfrak{U}_2 = \frac{\mathfrak{U}_1}{\cos\beta a}. \tag{36}$$

Es tritt also bei Leerlauf im allgemeinen eine Spannungserhöhung am Leitungsende ein, was als Ferrantieffekt kekannt ist. Für eine 200kV-Leitung von 750km Länge ergibt sich z.B. bei $\omega l = 0{,}40$ Ohm/km, $\omega c = 2{,}74 \cdot 10^{-6}$ S/km und 50 Per/s eine Erhöhung der Spannung von 200 kV am Leitungsanfang um 41,4% am Leitungsende.

b) Verzerrungsfreie Leitung. Nach Heaviside bezeichnet man eine Leitung als verzerrungsfrei, wenn für die Betriebskonstanten gilt:

$$r : l = g : c. \tag{37}$$

Hiermit wird der Wellenwiderstand nach Gl. (20) für alle Frequenzen reell

$$\mathfrak{Z} = Z = \sqrt{\frac{l}{c}}. \tag{38}$$

Für die Wellenzahl erhält man

$$\mathfrak{k} = (r + j\omega l)\sqrt{\frac{c}{l}} = (g + j\omega c)\sqrt{\frac{l}{c}}, \tag{39}$$

woraus folgt

$$\alpha = \frac{r}{\sqrt{\frac{l}{c}}} = g\sqrt{\frac{l}{c}} \qquad \text{und} \qquad \beta = \omega\sqrt{lc}. \tag{40}$$

Bei der verzerrungsfreien Leitung ergibt sich also auch das Dämpfungsmaß unabhängig von der Frequenz, so daß alle Schwingungen gleichmäßig gedämpft werden. Bei Starkstromleitungen tritt eine so hohe Ableitung, wie sie der Gl. (37) entspricht, praktisch nie auf.

3. Numerische Berechnung der komplexen Hyperbelfunktionen. Die in den Leitungsgleichungen auftretenden Hyperbelfunktionen haben, da die Wellenzahl komplex ist, ein komplexes Argument. Es existieren hierfür Tafeln, trotzdem ist es bei numerischen Rechnungen oft erwünscht, den Realteil vom Imaginärteil getrennt zu ermitteln. Es ist dafür

$$\mathfrak{Sin}\,\mathfrak{k}a = \mathfrak{Sin}\,(\alpha + j\beta)\,a = \mathfrak{Sin}\,\alpha a \cos\beta a + j\,\mathfrak{Cof}\,\alpha a \sin\beta a, \tag{41}$$

$$\mathfrak{Cof}\,\mathfrak{k}a = \mathfrak{Cof}\,(\alpha + j\beta)\,a = \mathfrak{Cof}\,\alpha a \cos\beta a + j\,\mathfrak{Sin}\,\alpha a \sin\beta a. \tag{42}$$

Näherungsformeln der Hyperbelfunktionen für kleine Werte des Ohmschen Widerstandes r und für kurze Leitungslängen a werden im Kapitel C abgeleitet werden (vgl. S. 84).

Man kann die Hyperbelfunktionen auch mit Hilfe von Reihen berechnen. Dabei bezeichnet man zweckmäßigerweise den für die ganze

Leitungslänge berechneten Scheinwiderstand mit

$$\mathfrak{X} = \mathfrak{x}a = (r + j\omega l)a \tag{43}$$

und den Scheinleitwert mit

$$\mathfrak{Y} = \mathfrak{y}a = (g + j\omega c)a, \tag{44}$$

so daß

$$\mathfrak{k}a = \sqrt{\mathfrak{X}\mathfrak{Y}} \quad \text{und} \quad \mathfrak{Z} = \sqrt{\frac{\mathfrak{X}}{\mathfrak{Y}}} \tag{45}$$

wird. Es ergeben sich dann mit Hilfe der bekannten Reihe der Exponentialfunktion

$$\varepsilon^{\pm x} = 1 \pm x + \frac{x^2}{2!} \pm \frac{x^3}{3!} + \frac{x^4}{4!} \pm \cdots \tag{46}$$

und mit den Definitionen der Hyperbelfunktionen nach Gl. (22) und (23) die folgenden Reihen für die in den Leitungsgleichungen auftretenden Größen

$$\mathfrak{A} = \mathfrak{D} = \mathfrak{Cof}\sqrt{\mathfrak{X}\mathfrak{Y}} = 1 + \frac{\mathfrak{X}\mathfrak{Y}}{2!} + \frac{(\mathfrak{X}\mathfrak{Y})^2}{4!} + \frac{(\mathfrak{X}\mathfrak{Y})^3}{6!} + \cdots, \tag{47}$$

$$\mathfrak{B} = \mathfrak{Z}\,\mathfrak{Sin}\sqrt{\mathfrak{X}\mathfrak{Y}} = \mathfrak{X}\left[1 + \frac{\mathfrak{X}\mathfrak{Y}}{3!} + \frac{(\mathfrak{X}\mathfrak{Y})^2}{5!} + \frac{(\mathfrak{X}\mathfrak{Y})^3}{7!} + \cdots\right], \tag{48}$$

$$\mathfrak{C} = \frac{1}{\mathfrak{Z}}\,\mathfrak{Sin}\sqrt{\mathfrak{X}\mathfrak{Y}} = \mathfrak{Y}\left[1 + \frac{\mathfrak{X}\mathfrak{Y}}{3!} + \frac{(\mathfrak{X}\mathfrak{Y})^2}{5!} + \frac{(\mathfrak{X}\mathfrak{Y})^3}{7!} + \cdots\right]. \tag{49}$$

Die höheren Potenzen der komplexen Größe $\mathfrak{X}\mathfrak{Y}$ berechnet man am einfachsten, indem man zunächst von rechtwinkligen Koordinaten der Scheinwerte zu Polarkoordinaten übergeht und hiermit die Potenzen bildet.

4. Symmetrische Komponenten. Wir haben in Kapitel 1 vorausgesetzt, daß das gegebene Drehstromsystem symmetrisch sei. In vielen Fällen, insbesondere beim Erdschluß oder Kurzschluß, wird diese Symmetrie gestört. Man kann jedoch jedes unsymmetrische Dreiphasensystem in symmetrische Komponenten zerlegen. Mit diesen symmetrischen Teilsystemen kann dann in üblicher Weise wie mit Einphasensystemen gerechnet werden.

Wir betrachten zunächst ein symmetrisches rechtsläufiges Dreiphasensystem nach Abb. 2. Bei ihm schließen die drei Vektoren $\mathfrak{V}_1$, $\mathfrak{V}_2$, $\mathfrak{V}_3$, die wir als gleich annehmen wollen, jeweils einen Winkel von 120^0 ein. Legen wir den Vektor $\mathfrak{V}_1$ in die reelle Achse, so erhält man $\mathfrak{V}_2$ durch eine Drehung um 240^0 im mathematisch positiven Sinne, also um $\varepsilon^{j240^0} = \varepsilon^{j\frac{4}{3}\pi}$. Die Richtung des Vektors $\mathfrak{V}_3$ ergibt sich durch Drehung um 120^0, d. h. um $\varepsilon^{j\frac{2}{3}\pi}$. Wir bezeichnen zur Abkürzung $\varepsilon^{j\frac{2}{3}\pi}$ mit η. Zerlegen wir η in rechtwinklige Koordinaten, so erhalten wir:

$$\eta = \varepsilon^{j\frac{2}{3}\pi} = -\frac{1}{2} + j\frac{\sqrt{3}}{2}. \tag{50}$$

Es ist

$$\eta^2 = \varepsilon^{j\frac{4}{3}\pi} = -\frac{1}{2} - j\frac{\sqrt{3}}{2} \tag{51}$$

und, wie man sich durch Ausrechnen überzeugt:

$$\left.\begin{aligned} 1 + \eta + \eta^2 &= 0, \\ \eta^3 &= 1, \\ \eta^4 &= \eta. \end{aligned}\right\} \tag{52}$$

Vertauscht man in dem System die Phasenfolge, so erhält man ein System nach Abb. 3, welches wir als **linksläufig** bezeichnen. Zu

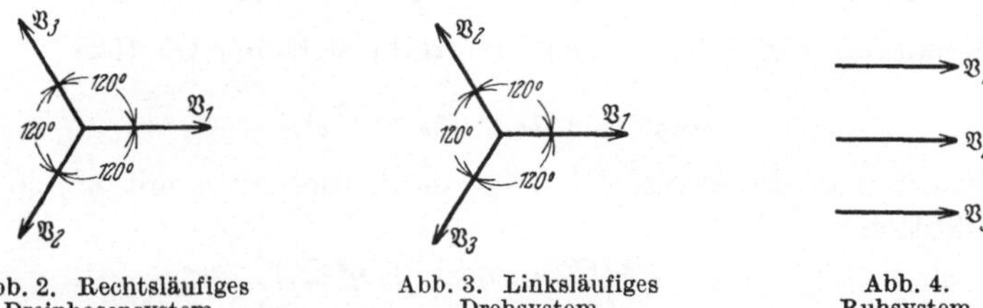

Abb. 2. Rechtsläufiges Dreiphasensystem. Abb. 3. Linksläufiges Drehsystem Abb. 4. Ruhsystem.

diesen beiden Dreiphasensystemen tritt im allgemeinen Fall noch ein System, bei dem alle drei Vektoren gleichphasig sind. Man bezeichnet es als **Ruhsystem** oder Nullsystem, Abb. 4.

Man kann nun **jedes beliebige unsymmetrische Dreiphasensystem in ein symmetrisches rechtsläufiges, ein symmetrisches linksläufiges System und in ein Ruhsystem zerlegen.** Diese Teilsysteme bestimmen sich wie folgt:

Gegeben sei das unsymmetrische System

$$\mathfrak{S}_a, \quad \mathfrak{S}_b, \quad \mathfrak{S}_c.$$

Wir bezeichnen die Vektoren des rechtsläufigen Teilsystems mit $\mathfrak{S}_{ar}$, $\mathfrak{S}_{br}$ und $\mathfrak{S}_{cr}$. Der Vektor $\mathfrak{S}_{br}$ liegt gegen $\mathfrak{S}_{ar}$ um 240° im positiven Sinne gedreht, also ist

$$\mathfrak{S}_{br} = \varepsilon^{j\frac{4}{3}\pi}\mathfrak{S}_{ar} = \eta^2\,\mathfrak{S}_{ar}, \tag{53}$$

während $\mathfrak{S}_{cr}$ durch eine Drehung um 120° im positiven Sinne hervorgeht:

$$\mathfrak{S}_{cr} = \varepsilon^{j\frac{2}{3}\pi}\mathfrak{S}_{ar} = \eta\,\mathfrak{S}_{ar}. \tag{54}$$

Für das linksläufige Drehsystem erhält man analog bei Beachtung des Drehsinnes:

$$\left.\begin{aligned} \mathfrak{S}_{bl} &= \eta\,\mathfrak{S}_{al}, \\ \mathfrak{S}_{cl} &= \eta^2\,\mathfrak{S}_{al}. \end{aligned}\right\} \tag{55}$$

Beim Ruhsystem endlich sind alle Vektoren gleichphasig

$$\mathfrak{S}_{a0} = \mathfrak{S}_{b0} = \mathfrak{S}_{c0}. \tag{56}$$

Damit nun durch diese Teilsysteme das unsymmetrische System dargestellt wird, müssen die geometrischen Summen der Vektoren der Teilsysteme die Vektoren des gegebenen unsymmetrischen Systems ergeben. Man erhält also folgende Bestimmungsgleichungen für $\mathfrak{S}_{ar}$, $\mathfrak{S}_{al}$ und $\mathfrak{S}_{a0}$:

$$\left.\begin{aligned} \mathfrak{S}_a &= & &= \mathfrak{S}_{ar} + \mathfrak{S}_{al} + \mathfrak{S}_{a0}, \\ \mathfrak{S}_b &= \mathfrak{S}_{br} + \mathfrak{S}_{bl} + \mathfrak{S}_{b0} & &= \eta^2 \mathfrak{S}_{ar} + \eta\, \mathfrak{S}_{al} + \mathfrak{S}_{a0}, \\ \mathfrak{S}_c &= \mathfrak{S}_{cr} + \mathfrak{S}_{cl} + \mathfrak{S}_{c0} & &= \eta\, \mathfrak{S}_{ar} + \eta^2 \mathfrak{S}_{al} + \mathfrak{S}_{a0}. \end{aligned}\right\} \tag{57}$$

Addiert man die drei Gleichungen, so ergibt sich mit Gl. (52)

$$\mathfrak{S}_{a0} = \tfrac{1}{3}(\mathfrak{S}_a + \mathfrak{S}_b + \mathfrak{S}_c). \tag{58}$$

Multipliziert man die zweite Gl. (57) mit η, die dritte mit η^2, so folgt nach Addition

$$\mathfrak{S}_{ar} = \tfrac{1}{3}(\mathfrak{S}_a + \eta\, \mathfrak{S}_b + \eta^2 \mathfrak{S}_c). \tag{59}$$

Und endlich folgt aus der Multiplikation der zweiten Gl. (65) mit η^2, der dritten mit η und Addition

$$\mathfrak{S}_{al} = \tfrac{1}{3}(\mathfrak{S}_a + \eta^2 \mathfrak{S}_b + \eta\, \mathfrak{S}_c). \tag{60}$$

Durch die Gln. (58), (59), (60) ist die Bestimmung der symmetrischen Teilsysteme eines unsymmetrischen Dreiphasensystems eindeutig gelöst.

Man kann die Teilsysteme auch durch geometrische Konstruktionen bestimmen. Das Ruhsystem erhält man nach Gl. (58) offenbar

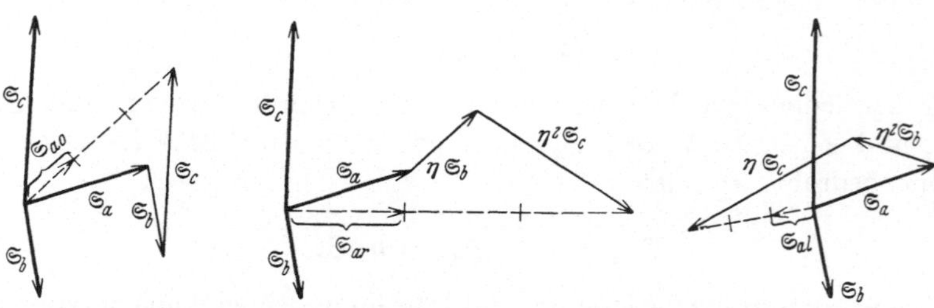

Abb. 5. Konstruktion des Ruhsystems eines unsymmetrischen Dreiphasensystems.

Abb. 6. Konstruktion des rechtsläufigen Teilsystems.

Abb. 7. Konstruktion des linksläufigen Teilsystems.

als dritten Teil der geometrischen Summe der Vektoren $\mathfrak{S}_a$, $\mathfrak{S}_b$ und $\mathfrak{S}_c$ in Abb. 5. Größe und Richtung des Vektors $\mathfrak{S}_{ar}$ des rechtsläufigen Teilsystems ergibt sich nach Gl. (59), indem man in Abb. 6 an $\mathfrak{S}_a$ den um 120° gedrehten Vektor $\mathfrak{S}_b$ und hieran den um 240° gedrehten Vektor $\mathfrak{S}_c$ anfügt. Der dritte Teil der Schlußlinie stellt dann $\mathfrak{S}_{ar}$ vor. Analog ergibt die Konstruktion von Gl. (60) den Vektor $\mathfrak{S}_{al}$ des linksläufigen Systems in Abb. 7.

Als Beispiel betrachten wir eine in Stern geschaltete Drehstromleitung nach Abb. 8. Die Spannungen $\mathfrak{U}_a$, $\mathfrak{U}_b$, $\mathfrak{U}_c$ können hierbei ganz beliebige Größe und Richtung haben, also ein rechtsläufiges, linksläufiges und ein Ruh-Spannungssystem enthalten. Notwendig muß hingegen die Summe der Ströme $\mathfrak{J}_a$, $\mathfrak{J}_b$, $\mathfrak{J}_c$ Null sein, diese können also nur ein rechts- und ein linksläufiges System enthalten. Erst bei Vorhandensein einer gemeinsamen Rückleitung, z. B. bei Erdschluß, kann auch ein Ruh-Stromsystem auftreten. Die als gleich groß vorausgesetzten Scheinwiderstände $\mathfrak{X}$ der Belastung stellen stets ein Ruhsystem dar. Weitere Anwendungen der Rechnung mit symmetrischen Komponenten erfolgen im Abschnitt III, S. 153ff.

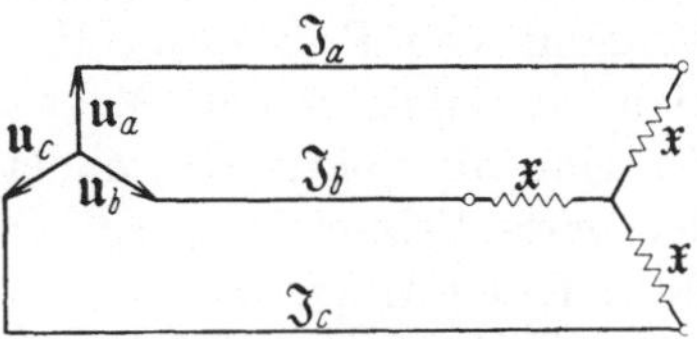

Abb. 8. In Stern geschaltete Drehstromleitung.

B. Leitungsdiagramme für Spannungs- und Stromverlauf.

1. Das Spiralendiagramm. Wir betrachten eine leerlaufende Leitung und rechnen Strom und Spannung vom Leitungsende. Dann ist nach Gl. (31) mit $\mathfrak{J}_2 = 0$ für die Spannung

$$\mathfrak{U}_x = \mathfrak{U}_2 \operatorname{Cos} \mathfrak{k} x = \mathfrak{U}_2 \operatorname{Cos} (\alpha + j\beta) x, \tag{61}$$

oder wenn wir wieder zur Exponentialfunktion zurückkehren

$$\mathfrak{U}_x = \frac{\mathfrak{U}_2}{2}\left\{\varepsilon^{(\alpha+j\beta)x} + \varepsilon^{-(\alpha+j\beta)x}\right\} = \frac{\mathfrak{U}_2}{2}\left\{\varepsilon^{\alpha x}\varepsilon^{j\beta x} + \varepsilon^{-\alpha x}\varepsilon^{-j\beta x}\right\}. \tag{62}$$

Die Größe βx läßt sich leicht veranschaulichen, denn für $\alpha = 0$ bilden sich auf der Leitung räumliche harmonische Wellen aus, welche sich nach Durchlaufen je einer Wellenlänge $\lambda = \frac{2\pi}{\beta}$ wiederholen. Infolgedessen rechnen wir zweckmäßig die Entfernung x vom Leitungsende in Bruchteilen der Wellenlänge $\lambda = \frac{2\pi}{\beta}$ und legen den Spannungsvektor $\mathfrak{U}_2$ in die positive Abszissenachse, wie in Abb. 9. Für einen bestimmten Wert von x stellt

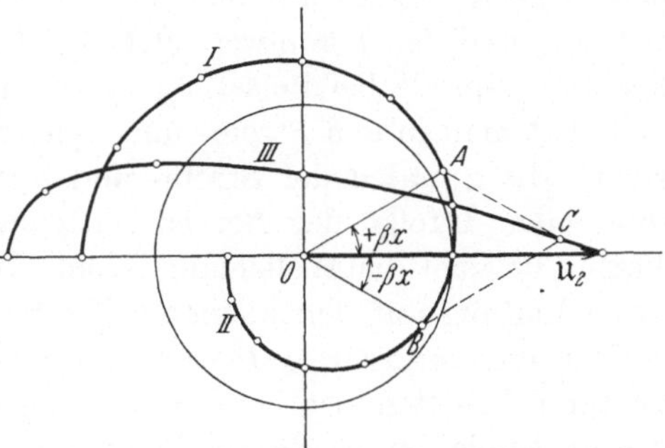

Abb. 9. Konstruktion des Spiralendiagrammes.

offenbar der erste Posten von Gl. (62) einen unter dem Winkel βx gegen die Abszissenachse gerichteten Vektor OA von der Größe $\frac{\mathfrak{U}_2}{2}\,\varepsilon^{\alpha x}$ dar, der zweite Posten einen Vektor OB von der Größe $\frac{\mathfrak{U}_2}{2}\,\varepsilon^{-\alpha x}$, der unter dem Winkel $-\beta x$ gegen $\mathfrak{U}_2$ gerichtet ist. Man erhält nun nach dem Vorgang von F. Breisig $\mathfrak{U}_x$ der Größe und Richtung nach, wenn man aus den beiden Vektoren OA und OB die geometrische Summe als Vektor OC bildet. Für laufende Werte von x dreht sich der erste Vektor im positiven Sinne, während er mit $\varepsilon^{\alpha x}$ anwächst. Sein Endpunkt beschreibt also die logarithmische Spirale *I*, während der Vektor OB im entgegengesetzten Sinne umläuft und dabei proportional $\varepsilon^{-\alpha x}$ abnimmt, so daß sein Endpunkt die Spirale *II* durchläuft. Aus beiden Spiralen ergibt die geometrische Addition die Spirale *III* für den Verlauf von $\mathfrak{U}_x$.

Um auch die Stromverteilung längs der Leitung graphisch darstellen zu können, bildet man aus Gl. (25) mit $\mathfrak{J}_2$ den Wert $\mathfrak{Z}\mathfrak{J}_x$. Wir stellen damit den Strom mit Hilfe des konstanten Wellenwiderstandes der Leitung im Spannungsmaßstab dar. Es ist

$$\mathfrak{Z}\mathfrak{J}_x = \frac{\mathfrak{U}_2}{2}\left\{\varepsilon^{\alpha x}\varepsilon^{j\beta x} - \varepsilon^{-\alpha x}\varepsilon^{-j\beta x}\right\}. \tag{63}$$

Die oben angeführte Konstruktion ist sinngemäß zu übertragen, und zwar hat man jetzt aus den Vektoren OA und OB die geometrische Differenz zu bilden.

In der geschilderten Weise lassen sich auch andere Belastungsfälle graphisch behandeln, indem man auch die anderen Glieder der Gl. (35) durch die Summe zweier Vektoren darstellt. Abb. 10 zeigt für das Beispiel einer 200 kV-Leitung mit $r = 0{,}094$ Ohm/km, $\omega l = 0{,}400$ Ohm/km, $\omega c = 2{,}74 \cdot 10^{-6}$ S/km und 50 Per/s das Spiralendiagramm für die Spannung $\mathfrak{U}_x$ und den Stromwert $\mathfrak{Z}\mathfrak{J}_x$ bei Leerlauf, sowie die Strom- und Spannungsspirale bei Belastung mit dem Wellenwiderstand. In diesem Falle hat man in den Strom- und Spannungsgleichungen $\mathfrak{U}_2 = \mathfrak{Z}\mathfrak{J}_2$ zu setzen, die Spiralen der Strom- und Spannungsverteilung fallen dann zusammen. Infolge der Berücksichtigung des Widerstandes sinkt bei diesem Beispiel die Wellenlänge vom Werte 6000 km bei der verlustfreien Leitung auf den kleineren Wert von 5940 km.

Für die verlustfreie Leitung ist das Dämpfungsmaß $\alpha = 0$. Die Vektoren behalten also bei der Drehung ihre Größe bei, und es ergeben sich an Stelle der resultierenden Spiralen Ellipsen.

2. Die Sinus- und Tangenskarte. Man kann die in den Leitungsgleichungen auftretenden Hyperbelfunktionen von Fall zu Fall numerisch berechnen. Es ist jedoch nach dem Vorgang von R. S. Brown und F. Emde auch möglich, die graphische Darstellung der

Sinus- und Tangensfunktion komplexen Argumentes in der Gaußschen Zahlenebene für die Leitungstheorie zu verwenden. Der wesentliche Vorteil besteht hierbei darin, daß die Leitung in diesen Karten durch ein Geradenstück abgebildet wird. Und zwar liefert die Tangenskarte den Anfangs- und Endpunkt dieses Geradenstückes für die Leitung bei gegebener Belastung. Überträgt man das Geradenstück in die Sinuskarte, so kann auf ihm die Strom- und Spannungsverteilung längs der Leitung direkt nach Art eines Nomogrammes abgelesen werden.

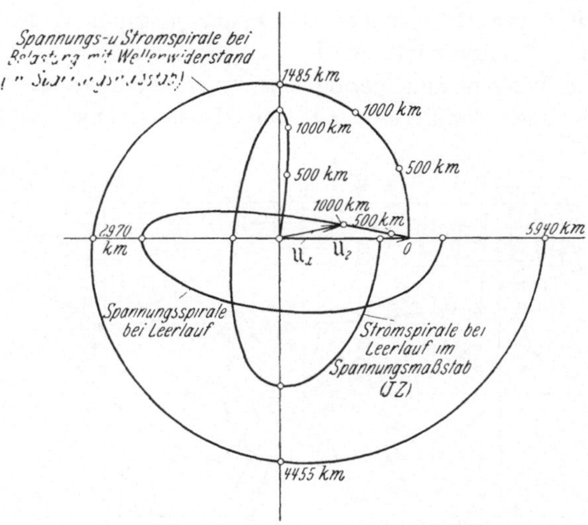

Abb. 10. Spiralendiagramme einer 200 kV-Freileitung.

Über den Aufbau der Sinus- und Tangenskarte ist folgendes zu sagen: Jede komplexe Zahl kann in rechtwinkligen und in Polarkoordinaten dargestellt werden. Dies gilt auch für den Sinus einer komplexen Zahl. Es ist

$$\sin(p + j\,q) = s\,\varepsilon^{j\sigma}\,, \tag{64}$$

wobei

$$s = \sqrt{\sin^2 p + \mathfrak{Sin}^2 q}, \qquad \operatorname{tg}\sigma = \frac{\mathfrak{Tg}\,q}{\operatorname{tg}p}\,. \tag{65}$$

Zeichnet man nun in der p, q-Ebene die Kurven mit konstantem Betrag ($s =$ konst.) und konstantem Argument ($\sigma =$ konst.), so erhält man zwei Kurvenscharen. Es läßt sich beweisen, daß beide orthogonal zueinander sind. Wir bezeichnen diese Kurvenscharen (Abb. 11) als **Sinuskarte**, oder nach **Emde** als **Sinusrelief**, indem man die Kurven $s =$ konst. als Höhenlinien und die Kurven $\sigma =$ konst. als Fallinien deutet. An Hand der Sinuskarte kann man nun zu jedem Wertepaar p, q den Wert $\sin(p + jq)$ in der Polardarstellung $s\varepsilon^{j\sigma}$ ablesen, wobei der

Wert p in Grad angegeben ist, damit man leichter zu nicht spitzen Winkeln übergehen kann. Für die Funktion $\operatorname{tg}(p + jq)$ ergibt sich sinngemäß die Tangenskarte (Abb. 12). Es sei

$$\operatorname{tg}(p + j\,q) = t\,\varepsilon^{j\tau} \tag{66}$$

mit

$$t = \sqrt{\frac{\mathfrak{Cof}\,2\,q - \cos 2\,p}{\mathfrak{Cof}\,2\,q + \cos 2\,p}}\,; \qquad \operatorname{tg}\tau = \frac{\mathfrak{Sin}\,2\,q}{\sin 2\,p}\,. \tag{67}$$

Auch hier liefern die Kurven $t =$ konst. und $\tau =$ konst. zwei orthogonale Scharen, mit deren Hilfe jedem Wertepaar p, q der Wert $\operatorname{tg}(p + jq)$ in der Form $t\,\varepsilon^{j\tau}$ zugeordnet wird.

Sinus und Tangens sind periodische Funktionen; es wiederholt sich also das Bild nach der Periode π in der Abszissenachse der Karte. Für

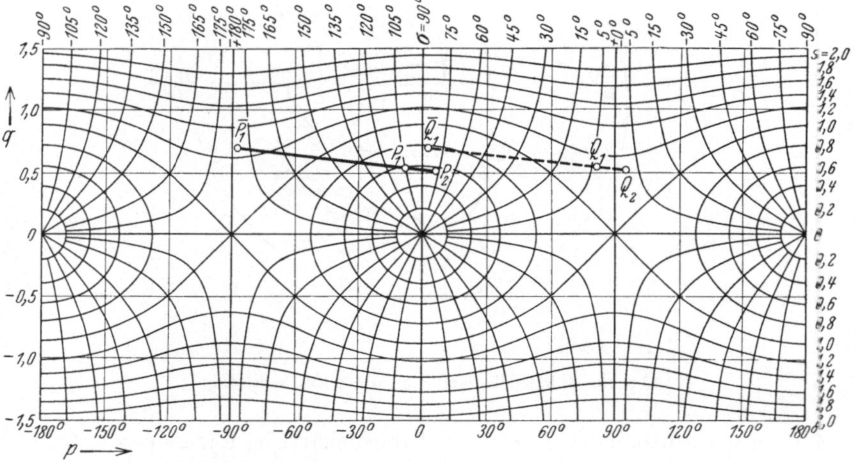

Abb. 11. Sinuskarte mit eingezeichneter Strom- und Spannungsgeraden.

die Funktionen $\cos(p + jq)$ und $\operatorname{cotg}(p + jq)$ ist die Aufstellung einer besonderen Karte nicht notwendig, da diese Funktionen sich durch Verschiebung um $\frac{\pi}{2}$ aus sinus und tangens ergeben.

Wir wollen nunmehr die Sinus- und Tangenskarte für die Theorie der Leitungen anwenden. Wir rechnen die Entfernung x vom Leitungsende, dann ist

$$\mathfrak{U}_x = \mathfrak{U}_2\,\mathfrak{Cof}\,\mathfrak{k}\,x + \mathfrak{Z}\,\mathfrak{J}_2\,\mathfrak{Sin}\,\mathfrak{k}\,x\,. \tag{68}$$

Hierfür schreiben wir

$$\mathfrak{U}_x = c_1 \cos\left[\mathfrak{m}(x + c_2)\right], \tag{69}$$

wobei $\mathfrak{m} = j\mathfrak{k} = j\alpha - \beta$ ist, und die Konstanten $c_1 c_2$ entweder direkt aus den Grenzbedingungen der Differentialgleichung oder wie folgt bestimmt werden. Es ist

$$\mathfrak{U}_x = c_1 \cos[\mathfrak{m}(x + c_2)] = c_1 \mathfrak{Cof}[\mathfrak{k}(x + c_2)]$$
$$= c_1 \mathfrak{Cof}\,\mathfrak{k}\,x \cos \mathfrak{m}\,c_2 - c_1 j\, \mathfrak{Sin}\,\mathfrak{k}\,x \sin \mathfrak{m}\,c_2\,. \qquad (70)$$

Man erhält durch Vergleich der Gln. (68) mit (70):

$$\mathfrak{U}_2 = c_1 \cos \mathfrak{m}\,c_2\,, \qquad (71)$$

$$\mathfrak{Z}\,\mathfrak{J}_2 = -c_1 j \sin \mathfrak{m}\,c_2\,, \qquad (72)$$

also

$$c_1 = \frac{\mathfrak{U}_2}{\cos \mathfrak{m}\,c_2} \qquad (73)$$

und

$$\operatorname{tg} \mathfrak{m}\,c_2 = j\,\frac{\mathfrak{Z}\,\mathfrak{J}_2}{\mathfrak{U}_2}\,. \qquad (74)$$

Mithin ergibt sich für die Spannung

$$\mathfrak{U}_x = \mathfrak{U}_2 \frac{\cos[\mathfrak{m}(x + c_2)]}{\cos \mathfrak{m}\,c_2}\,, \qquad (75)$$

während man für den Strom berechnet

$$\mathfrak{J}_x = \mathfrak{J}_2 \frac{\sin[\mathfrak{m}(x + c_2)]}{\sin \mathfrak{m}\,c_2}\,. \qquad (76)$$

Dividiert man Gl. (76) durch Gl. (75) und beachtet Gl. (74), so erhält man

$$\operatorname{tg}[\mathfrak{m}(x + c_2)] = j\,\frac{\mathfrak{J}_x\,\mathfrak{Z}}{\mathfrak{U}_x}\,. \qquad (77)$$

Auf der rechten Seite von Gl. (74) steht der Ausdruck $j\,\frac{\mathfrak{Z}\,\mathfrak{J}_2}{\mathfrak{U}_2}$, der sich auf das Leitungsende bezieht und daher bei gegebenen Betriebskonstanten, Spannung und Belastung berechnet und in der Form $t_2 \varepsilon^{j\tau_2}$ dargestellt werden kann. In der Tangenskarte wird durch $t_2 \varepsilon^{j\tau_2}$ ein Punkt P_2 bestimmt, der die Abbildung des Leitungsendes darstellt und dessen Koordinaten p_2, q_2 aus der Karte abgelesen werden können.

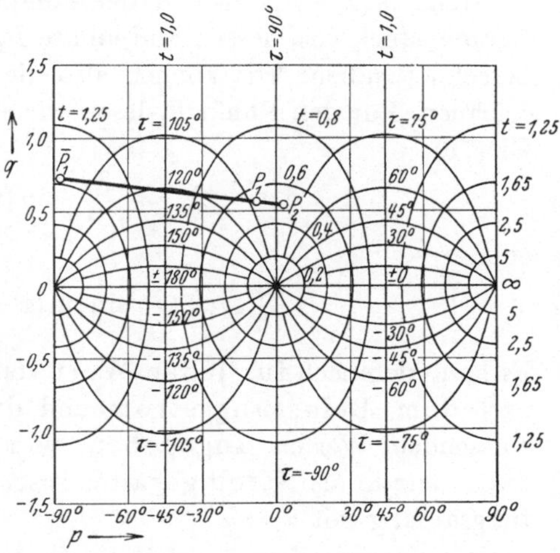

Abb. 12. Tangenskarte mit Leitungsgerade.

Wir betrachten nunmehr das Argument $\mathfrak{m}(x + c_2)$ der Kreisfunktionen. Es ist $\mathfrak{m} = j\alpha - \beta$ ein Vektor, während x als Abstand vom Leitungsende eine reelle Zahl ist. Multipliziert man einen Vektor mit einer reellen Zahl, so ändert sich seine Größe, seine Richtung bleibt jedoch ungeändert. Für laufende Werte x liegen also die Endpunkte des Vektors $\mathfrak{m}x$ auf einer Geraden, deren Anfangskoordinaten durch $\mathfrak{m}c_2$ gegeben sind und aus Gl. (74) zu $t_2\varepsilon^{j\tau_2}$ als Punkt P_2 als Abbildung des Leitungsendes in der Tangenskarte gefunden werden. Für die Abbildung $P_1(p_1, q_1)$ des Leitungsanfanges finden wir mit $x = a$

$$\begin{aligned} p_1 + j q_1 = \mathfrak{m}(a + c_2) = \mathfrak{m} a + \mathfrak{m} c_2 = j \alpha a - \beta a + p_2 + j q_2 \\ = p_2 - \beta a + j(q_2 + \alpha a)\,. \end{aligned} \tag{78}$$

Wir übertragen diese Koordinaten in die Tangenskarte als P_1 und lesen aus den t, τ-Kurven den dem Leitungsanfang zugeordneten Wert $j\,\frac{\mathfrak{Z}\mathfrak{J}_1}{\mathfrak{U}_1}$ in der Form $t_1\varepsilon^{j\tau_1}$ ab. Für laufende Werte von x ergeben nun die Punkte der Verbindungsgeraden P_2P_1 in der Tangenskarte die zugeordneten Verhältnisse von Strom und Spannung nach Größe und Phase multipliziert mit $j\mathfrak{Z}$.

Wir greifen jetzt auf die Gl. (76) für den Stromverlauf längs der Leitung zurück. Es war

$$\mathfrak{J}_x = \mathfrak{J}_2 \frac{\sin[\mathfrak{m}(x + c_2)]}{\sin \mathfrak{m} c_2}\,. \tag{79}$$

Für das Argument $\mathfrak{m}(x + c_2)$ gelten dieselben Überlegungen wie oben. Es stellt $\mathfrak{m}(x + c_2)$ also in der komplexen Sinusebene ebenfalls ein Geradenstück vor, dessen Endpunkte $P_1(p_1, q_1)$ und $P_2(p_2, q_2)$ wir oben berechnet haben. Wir können also die Gerade in die Sinuskarte einzeichnen. Für den Punkt P_2 lesen wir ab: $\sin \mathfrak{m} c_2 = s_2\varepsilon^{j\sigma_2}$, es wird mit Gl. (79)

$$\mathfrak{J}_x = \frac{\mathfrak{J}_2}{s_2\,\varepsilon^{j\sigma_2}} \sin[\mathfrak{m}(x + c_2)] \tag{80}$$

oder

$$\frac{\mathfrak{J}_x}{\mathfrak{J}_2}\, s_2\,\varepsilon^{j\sigma_2} = \sin[\mathfrak{m}(x + c_2)] = s_x\,\varepsilon^{j\sigma_x}. \tag{81}$$

Es kann demnach für jeden Wert von x der zugehörige Strom $\mathfrak{J}_x$ aus dem Belastungsstrom und den aus der Sinuskarte abzulesenden Werten angegeben werden. Man bezeichnet deshalb diese Gerade als Stromgerade. Insbesondere ist der Strom am Leitungsanfang mit $x = a$

$$\mathfrak{J}_1 = \mathfrak{J}_2 \frac{s_1}{s_2}\, \varepsilon^{j(\sigma_1 - \sigma_2)}. \tag{82}$$

Für die Spannung hatten wir gefunden Gl. (75)

$$\mathfrak{U}_x = \mathfrak{U}_2 \frac{\cos[\mathfrak{m}(x + c_2)]}{\cos \mathfrak{m} c_2} = \frac{\sin[\mathfrak{m}(x + c_2) + 90^0]}{\cos \mathfrak{m} c_2}\,. \tag{83}$$

Man braucht also die Stromgeraden in der Sinuskarte nur um 90^0 parallel zu verschieben, um die Spannungen auf der Leitung bestimmen zu können. In dieser Lage bezeichnet man die Gerade als Spannungsgerade. Die Koordinaten ihrer Endpunkte sind $Q_1(p_1 + 90^0, q_1)$ und $Q_2(p_2 + 90^0, q_2)$.

Ein Beispiel soll den Gang der Rechnung näher erläutern: Für eine 200 kV-Leitung erhält man mit den auf Seite 78 angegebenen Betriebskonstanten für den Wellenwiderstand

$$\mathfrak{Z} = \sqrt{\frac{0{,}094 + j\,0{,}400}{j\,2{,}74 \cdot 10^{-6}}} = 387\,\varepsilon^{-j\,6{,}6^0}\ \text{Ohm}$$

und für die Fortpflanzungskonstante

$$\mathfrak{k} = (0{,}123 + j\,1{,}057) \cdot 10^{-3}\,\frac{1}{\text{km}}\,.$$

Die Belastung betrage 50000 kW Drehstromwirklast. Der Strom am Leitungsende ist also

$$\mathfrak{J}_2 = \frac{50 \cdot 10^6}{\sqrt{3} \cdot 200 \cdot 10^3} = 144{,}5\ \text{A}$$

und der Absolutwert

$$\frac{U_2}{\mathfrak{Z}} = \frac{200 \cdot 10^3}{\sqrt{3} \cdot 387} = 299\ \text{A}\,.$$

Hiermit berechnet sich

$$\operatorname{tg} \mathfrak{m}\,c_2 = j\,\frac{\mathfrak{J}_2}{\frac{U_2}{\mathfrak{Z}}} = \frac{144.5 \cdot \varepsilon^{j\,90^0}}{299 \cdot \varepsilon^{j\,6{,}6^0}} = 0{,}483 \cdot \varepsilon^{j\,83{,}4^0}$$

oder aus der Tangenskarte

$$\mathfrak{m}\,c_2 = p_2 + j\,q_2 = 4{,}17^0 + j\,0{,}529\,.$$

Damit sind die Koordinaten des Bildpunktes $P_2(p_2, q_2)$ des Leitungsendes gefunden.

Wir berechnen nunmehr für eine Leitungslänge $a = 200$ km die komplexe Größe

$$\begin{aligned} a\,\mathfrak{m} = j\,a\,\mathfrak{k} &= 200\,(-\,1{,}057 + j\,0{,}123) \cdot 10^{-3} \\ &= -\,0{,}2114 + j\,0{,}0246 = -\,12{,}12^0 + j\,0{,}0246\,. \end{aligned}$$

Die Koordinaten p_1, q_1 des Bildpunktes P_1 des Leitungsanfanges sind dann nach Gl. (78)

$$\begin{aligned} p_1 + j\,q_1 = \mathfrak{m}\,a + \mathfrak{m}\,c_2 &= 4{,}17^0 + j\,0{,}529 - 12{,}12^0 + j\,0{,}0246 \\ &= -\,7{,}95^0 + j\,0{,}554\,. \end{aligned}$$

Hiermit ist die Stromgerade, und durch parallele Verschiebung um 90^0 auch die Spannungsgerade in der Sinuskarte von Abb. 11 festgelegt.

Beträgt die Leitungslänge $a = 1500$ km, so ist:

$$\begin{aligned} a\,\mathfrak{m} = j\,a\,\mathfrak{k} &= 1500\,(-\,1{,}057 + j\,0{,}123) \cdot 10^{-3} \\ &= -\,90{,}87^0 + j\,0{,}1845\,. \end{aligned}$$

Die Koordinaten von $\overline{P}_1$ sind dann

$$\bar{p}_1 + j\bar{q}_1 = \mathfrak{m}\, a + \mathfrak{m}\, c_2 = 4{,}17^0 + j\,0{,}529 - 90{,}87^0 + j\,0{,}1845$$
$$= -86{,}7^0 + j\,0{,}713\,.$$

Auch für diese Leitungslänge ist in Abb. 11 die Strom- und Spannungsgerade eingezeichnet. Man erkennt, daß die Verwendung der Sinus- und Tangenskarten für kurze Leitungsstrecken eine sehr feine Unterteilung der Kurvenscharen erfordert, so daß ihre praktische Anwendung vorwiegend für lange Leitungsabschnitte zweckmäßig erscheint.

C. Näherung für kurze Leitungen.

Im ersten Abschnitt dieses Buches wurde gezeigt, daß eine Fernkraftübertragung nicht in beliebiger Länge und in einem Zug betrieben werden kann. Es ist vielmehr zum technisch richtigen Arbeiten eine Unterteilung in einzelne Abschnitte notwendig, deren Länge bei Freileitungen für 50 Per/s maximal etwa 200 km beträgt. In der Regel wird eine solche Unterteilung schon durch Zwischenkraftwerke oder Abnehmer gegeben sein. Ist dieses nicht der Fall, so müssen künstliche Stützpunkte der Spannung entweder durch Phasenschieber oder durch Drosselspulen bzw. Kondensatoren geschaffen werden.

Für die Theorie der Leitungen folgt aus dieser wichtigen Erkenntnis über die maximal auftretenden Leitungslängen die Notwendigkeit, für solche kurzen Leitungsabschnitte Näherungsformeln zu entwickeln. Man erkennt sowohl aus dem Spiralendiagramm Abb. 9, wie auch aus der Abbildung einer Leitung in der Sinuskarte, daß für Längen von etwa 200 km eine wesentliche Vereinfachung der Formeln möglich sein muß.

Wir gehen bei der Ableitung dieser Näherungsformeln aus von den Reihenentwicklungen der Hyperbelfunktionen und betrachten das Argument dieser Funktionen. Es ist, wenn die Ableitung g vernachlässigt wird,

$$(\mathfrak{k}\, a)^2 = a^2 (r + j\,\omega\, l)\, j\,\omega\, c\,. \tag{84}$$

Wir formen diesen Ausdruck wie folgt um

$$(\mathfrak{k}\, a)^2 = a^2 \omega^2 l\, c \left(-1 + j\frac{r}{\omega\, l}\right) = \left(\frac{\omega\, a}{v}\right)^2 \left(-1 + j\frac{r}{\omega\, l}\right). \tag{85}$$

Dabei ist beachtet, daß für die Lichtgeschwindigkeit v bekanntlich gilt $v = \frac{1}{\sqrt{l\, c}}$. Wir bezeichnen nun die reellen, dimensionslosen Größen $\frac{\omega\, a}{v}$ mit λ und $\frac{r}{\omega\, l}$ mit ϱ und bezeichnen sie als Längenmaß und Widerstandsmaß der Leitung. Dann wird

$$(\mathfrak{k}\, a)^2 = \lambda^2 (-1 + j\,\varrho)\,. \tag{86}$$

Der weitere Verlauf der Untersuchung wird zeigen, daß die gesamte Leitungstheorie mit Hilfe dieser beiden dimensionslosen Zahlen und des Wellenwiderstandes aufgebaut werden kann.

Mit den bekannten Reihen der Hyperbelfunktionen erhalten wir, wenn wir nach dem zweiten Glied abbrechen, folgende Näherungswerte:

$$\mathfrak{Cof}\,\mathfrak{k}a \cong 1 + \frac{(\mathfrak{k}a)^2}{2!} = 1 + \frac{\lambda^2}{2}(-1 + j\varrho) = 1 - \frac{\lambda^2}{2} + j\frac{\varrho\lambda^2}{2}, \tag{87}$$

$$\frac{\mathfrak{Sin}\,\mathfrak{k}a}{\mathfrak{k}a} \cong 1 + \frac{(\mathfrak{k}a)^2}{3!} = 1 + \frac{\lambda^2}{6}(-1 + j\varrho) = 1 - \frac{\lambda^2}{6} + j\frac{\varrho\lambda^2}{6}, \tag{88}$$

$$\frac{\mathfrak{Tg}\,\mathfrak{k}a}{\mathfrak{k}a} \cong 1 - \frac{(\mathfrak{k}a)^2}{3} = 1 - \frac{\lambda^2}{3}(-1 + j\varrho) = 1 + \frac{\lambda^2}{3} - j\frac{\varrho\lambda^2}{3}. \tag{89}$$

Bei einer Leitungslänge von $a = 200$ km und bei 50 Per/s ergibt sich mit der Lichtgeschwindigkeit $v = 3 \cdot 10^5$ km/s

$$\lambda^2 = \left(\frac{\omega a}{v}\right)^2 = \left(\frac{314 \cdot 200}{3 \cdot 10^5}\right)^2 = 0{,}044,$$

weiter ist für Höchstspannungsleitungen ϱ stets kleiner als 1. Es wird also in den Gln. (87) bis (89) der Imaginärteil sehr klein gegenüber dem Realteil sein, so daß das Argument ein sehr kleiner Winkel ist. Wir können für ihn also schreiben, indem wir den tangens durch den Bogen ersetzen:

$$\operatorname{arc\,tg}\frac{\varrho\lambda^2}{n} \cong \frac{\varrho\lambda^2}{n}, \tag{90}$$

womit sich folgende Näherungsausdrücke in polarer Form ergeben:

$$\mathfrak{Cof}\,\mathfrak{k}a \cong \left(1 - \frac{\lambda^2}{2}\right)\varepsilon^{j\frac{\varrho\lambda^2}{2}}, \tag{91}$$

$$\frac{\mathfrak{Sin}\,\mathfrak{k}a}{\mathfrak{k}a} \cong \left(1 - \frac{\lambda^2}{6}\right)\varepsilon^{j\frac{\varrho\lambda^2}{6}}, \tag{92}$$

$$\frac{\mathfrak{Tg}\,\mathfrak{k}a}{\mathfrak{k}a} \cong \left(1 + \frac{\lambda^2}{3}\right)\varepsilon^{-j\frac{\varrho\lambda^2}{3}}. \tag{93}$$

Für den Wellenwiderstand gilt:

$$\mathfrak{Z} = \sqrt{\frac{r + j\omega l}{j\omega c}} = \sqrt{\frac{l}{c}}\sqrt[4]{1 + \varrho^2} \cdot \varepsilon^{-j\zeta} = Z h\,\varepsilon^{-j\zeta}, \tag{94}$$

wobei

$$h = \sqrt[4]{1 + \varrho^2} = \sqrt[4]{1 + \left(\frac{r}{\omega l}\right)^2}$$

und

$$\left.\zeta = \frac{1}{2}\operatorname{arc\,tg}\varrho = \frac{1}{2}\operatorname{arc\,tg}\frac{r}{\omega l},\right\} \tag{95}$$

und für das Argument der Hyperbelfunktionen wird:

$$\mathfrak{k}a = \lambda\sqrt{-1 + j\varrho} = \lambda\sqrt[4]{1 + \varrho^2} \cdot \varepsilon^{j\left(\frac{\pi}{2} - \zeta\right)} = \lambda h\,\varepsilon^{j\left(\frac{\pi}{2} - \zeta\right)}. \tag{96}$$

Es ergeben sich also folgende Näherungsformeln der komplexen Hyperbelfunktionen

$$\mathfrak{Cof}\,\mathfrak{k}a \cong \left(1 - \frac{\lambda^2}{2}\right) \varepsilon^{j\frac{\varrho\lambda^2}{2}}, \tag{97}$$

$$\mathfrak{Sin}\,\mathfrak{k}a \cong \lambda h \left(1 - \frac{\lambda^2}{6}\right) \varepsilon^{j\left(\frac{\pi}{2} - \zeta + \frac{\varrho\lambda^2}{6}\right)}, \tag{98}$$

$$\mathfrak{Tg}\,\mathfrak{k}a \cong \lambda h \left(1 + \frac{\lambda^2}{3}\right) \varepsilon^{j\left(\frac{\pi}{2} - \zeta - \frac{\varrho\lambda^2}{3}\right)}, \tag{99}$$

so daß man für die Leitungskonstanten der Strom- und Spannungsgleichungen erhält:

$$\mathfrak{A} = \mathfrak{D} = \left(1 - \frac{\lambda^2}{2}\right) \varepsilon^{j\frac{\varrho\lambda^2}{2}}, \tag{100}$$

$$\mathfrak{B} = \lambda h^2 Z \left(1 - \frac{\lambda^2}{6}\right) \varepsilon^{j\left(\frac{\pi}{2} - 2\zeta + \frac{\varrho\lambda^2}{6}\right)}, \tag{101}$$

$$\mathfrak{C} = \frac{\lambda}{Z} \left(1 - \frac{\lambda^2}{6}\right) \varepsilon^{j\left(\frac{\pi}{2} + \frac{\varrho\lambda^2}{6}\right)}. \tag{102}$$

Bei den ungünstigen Annahmen $\lambda = 0{,}2$ und $\varrho = 1$ ergeben sich für die Hyperbelfunktionen nach den Gln. (97), (98), (99) folgende Werte

$$\mathfrak{Cof}\,\mathfrak{k}\,a \cong 0{,}98000\ \varepsilon^{j\,1^0\,8'\,45''},$$

$$\mathfrak{Sin}\,\mathfrak{k}\,a \cong 0{,}23625\ \varepsilon^{j\,67^0\,52'\,55''},$$

$$\mathfrak{Tg}\,\mathfrak{k}\,a \cong 0{,}24101\ \varepsilon^{j\,66^0\,44'\,10''}.$$

während die genauen Formeln von Kapitel A 3 liefern

$$\mathfrak{Cof}\,\mathfrak{k}\,a = 0{,}98020\ \varepsilon^{j\,1^0\,9'\,41''},$$

$$\mathfrak{Sin}\,\mathfrak{k}\,a = 0{,}23626\ \varepsilon^{j\,67^0\,52'\,58''},$$

$$\mathfrak{Tg}\,\mathfrak{k}\,a = 0{,}24103\ \varepsilon^{j\,66^0\,43'\,17''},$$

Für praktische Rechnungen an Freileitungen genügen also die abgeleiteten Näherungen bei weitem.

D. Zusammengesetzte Leitungen.

1. Die *T*-Schaltung. Wir haben die Betriebskonstanten bei der Berechnung der Strom- und Spannungsverteilung gleichmäßig längs der Leitung verteilt angenommen. Für kurze Leitungen wird man jedoch offenbar in erster Näherung die Betriebskonstanten auch konzentriert voraussetzen dürfen und einfach die kilometrischen Werte mit der Leitungslänge multiplizieren. Es sollen nunmehr Ersatzschaltungen rechnerisch untersucht und die Bedingungen aufgestellt werden, unter denen sie *exakt eine Leitung mit verteilten Konstanten darstellen*. Diese Ersatzschaltungen bedeuten oft eine Vereinfachung der Rechnung und sind insbesondere für die Nachbildung von Leitungen in Form eines Netzmodelles zu experimenteller Bestimmung der Strom- oder Spannungsverteilung an den Leitungsenden wichtig.

Es haben sich hauptsächlich zwei Formen für die Praxis eingeführt, die nach ihrem Aufbau T- bzw. Π-Schaltung genannt werden. Wir bezeichnen wie früher den Scheinwiderstand mit $\mathfrak{x} = r + j\omega l$ und den Scheinleitwert mit $\mathfrak{y} = g + j\omega c$ pro Längeneinheit und unterscheiden hiervon die Konstanten der Ersatzleitung mit konzentrierten Werten durch große Buchstaben mit dem Index Null, also $\mathfrak{X}_0 = R_0 + j\omega L_0$ bzw. $\mathfrak{Y}_0 = G_0 + j\omega C_0$.

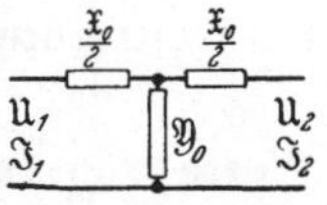

Abb. 13. T-Glied.

Der Aufbau der T-Schaltung wird durch Abb. 13 wiedergegeben. Strom und Spannung am Eingang der Schaltung seien $\mathfrak{J}_1$, $\mathfrak{U}_1$, am Ausgang $\mathfrak{J}_2$, $\mathfrak{U}_2$. Wir bilden in den beiden Maschen die Umlaufspannungen und erhalten die Gleichungen

$$\left.\begin{aligned} \mathfrak{U}_1 &= \frac{\mathfrak{J}_1 - \mathfrak{J}_2}{\mathfrak{Y}_0} + \frac{\mathfrak{J}_1 \mathfrak{X}_0}{2}, \\ \mathfrak{U}_2 &= \frac{\mathfrak{J}_1 - \mathfrak{J}_2}{\mathfrak{Y}_0} - \frac{\mathfrak{J}_2 \mathfrak{X}_0}{2}. \end{aligned}\right\} \qquad (103)$$

Hieraus berechnen sich Spannung und Strom am Eingang zu

$$\left.\begin{aligned} \mathfrak{U}_1 &= \mathfrak{U}_2\left(1 + \frac{\mathfrak{X}_0 \mathfrak{Y}_0}{2}\right) + \mathfrak{J}_2\left(\mathfrak{X}_0 + \frac{\mathfrak{Y}_0 \mathfrak{X}_0^2}{4}\right), \\ \mathfrak{J}_1 &= \mathfrak{J}_2\left(1 + \frac{\mathfrak{X}_0 \mathfrak{Y}_0}{2}\right) + \mathfrak{U}_2 \mathfrak{Y}_0. \end{aligned}\right\} \qquad (104)$$

Der Aufbau dieser Gleichungen *entspricht ganz dem der Gln. (26) und (27) für Strom und Spannung bei verteilt angenommenen Betriebskonstanten.*

Der Vergleich ergibt, daß folgende Bedingungen erfüllt sein müssen, damit die T-Schaltung eine exakte Ersatzschaltung der Leitung vorstellt

$$\left.\begin{aligned} \mathfrak{A} &= \mathfrak{D} = \mathfrak{Cof}\,\mathfrak{k}a = 1 + \frac{\mathfrak{X}_0 \mathfrak{Y}_0}{2}, \\ \mathfrak{B} &= \mathfrak{Z}\,\mathfrak{Sin}\,\mathfrak{k}a = \mathfrak{X}_0\left(1 + \frac{\mathfrak{X}_0 \mathfrak{Y}_0}{4}\right), \\ \mathfrak{C} &= \frac{1}{\mathfrak{Z}}\,\mathfrak{Sin}\,\mathfrak{k}a = \mathfrak{Y}_0. \end{aligned}\right\} \qquad (105)$$

Diese Bedingungen werden erfüllt durch

$$\left.\begin{aligned} \mathfrak{X}_0 &= 2\mathfrak{Z}\,\frac{\mathfrak{Cof}\,\mathfrak{k}a - 1}{\mathfrak{Sin}\,\mathfrak{k}a} = 2\mathfrak{Z}\,\mathfrak{Tg}\,\frac{\mathfrak{k}a}{2} \\ &\text{und} \\ \mathfrak{Y}_0 &= \frac{\mathfrak{Sin}\,\mathfrak{k}a}{\mathfrak{Z}}. \end{aligned}\right\} \qquad (106)$$

Beachtet man, daß nach Gl. (12) und (20) $\mathfrak{Z} = \sqrt{\frac{\mathfrak{x}}{\mathfrak{y}}}$ und $\mathfrak{k} = \sqrt{\mathfrak{x}\mathfrak{y}}$ ist, so wird aus der ersten Gl. (106), wenn man die rechte Seite mit $\mathfrak{k}a$ erweitert, der Scheinwiderstand

$$\mathfrak{X}_0 = \sqrt{\frac{\mathfrak{x}}{\mathfrak{y}}}\sqrt{\mathfrak{x}\mathfrak{y}}\cdot a \frac{\mathfrak{Tg}\frac{\mathfrak{k}a}{2}}{\frac{\mathfrak{k}a}{2}} = \mathfrak{x}a\frac{\mathfrak{Tg}\frac{\mathfrak{k}a}{2}}{\frac{\mathfrak{k}a}{2}}. \tag{107}$$

Hierbei ist jetzt $\mathfrak{x}a$ die Impedanz der ganzen Leitungslänge bei verteilten Konstanten und $\frac{\mathfrak{Tg}\frac{\mathfrak{k}a}{2}}{\frac{\mathfrak{k}a}{2}}$ ein komplexer Korrekturfaktor, der für kleine Werte von $\mathfrak{k}a$ entwickelt werden kann:

$$\frac{\mathfrak{Tg}\frac{\mathfrak{k}a}{2}}{\frac{\mathfrak{k}a}{2}} = 1 - \frac{\left(\frac{\mathfrak{k}a}{2}\right)^2}{3} + \frac{2\left(\frac{\mathfrak{k}a}{2}\right)^4}{15} \mp \cdots. \tag{108}$$

Für den Scheinleitwert erhält man aus der zweiten Gl. (106)

$$\mathfrak{Y}_0 = \sqrt{\frac{\mathfrak{y}}{\mathfrak{x}}}\sqrt{\mathfrak{x}\mathfrak{y}}\cdot a\frac{\mathfrak{Sin}\,\mathfrak{k}a}{\mathfrak{k}a} = \mathfrak{y}a\frac{\mathfrak{Sin}\,\mathfrak{k}a}{\mathfrak{k}a} = \mathfrak{y}a\left[1 + \frac{(\mathfrak{k}a)^2}{3!} + \frac{(\mathfrak{k}a)^4}{5!} + \cdots\right]. \tag{109}$$

Die Größe des Ohmschen Widerstandes und der Reaktanz der Ersatzschaltung ergibt sich, indem man mit $\mathfrak{k} = \alpha + j\beta$ nach Gl. (13) und (14) den Realteil vom Imaginärteil trennt. Es ist nach Gl. (107)

$$\mathfrak{X}_0 = R_0 + j\,\omega\,L_0 = 2(r + j\,\omega\,l)\,a\frac{\mathfrak{Tg}\frac{(\alpha + j\beta)\,a}{2}}{(\alpha + j\beta)\,a}. \tag{110}$$

Daraus erhält man in reeller Form

$$R_0 = 2\frac{(\alpha\,r + \beta\,\omega\,l)\,\mathfrak{Sin}\,\alpha\,a + (\beta\,r - \alpha\,\omega\,l)\sin\beta\,a}{(\alpha^2 + \beta^2)(\mathfrak{Cof}\,\alpha\,a + \cos\beta\,a)} \tag{111}$$

und

$$\omega\,L_0 = 2\frac{(\alpha\,r + \beta\,\omega\,l)\sin\beta\,a - (\beta\,r - \alpha\,\omega\,l)\,\mathfrak{Sin}\,\alpha\,a}{(\alpha^2 + \beta^2)(\mathfrak{Cof}\,\alpha\,a + \cos\beta\,a)}. \tag{112}$$

Analog erhält man aus Gl. (109) für die Ableitung

$$G_0 = \frac{1}{\alpha^2 + \beta^2}\{(\alpha g + \beta\omega c)\,\mathfrak{Sin}\,\alpha a\cos\beta a + (\beta g - \alpha\omega c)\,\mathfrak{Cof}\,\alpha a\sin\beta a\} \tag{113}$$

und für den kapazitiven Leitwert

$$\omega\,C_0 = \frac{1}{\alpha^2 + \beta^2}\{(\alpha g + \beta\omega c)\,\mathfrak{Cof}\,\alpha a\sin\beta a - (\beta g - \alpha\omega c)\,\mathfrak{Sin}\,\alpha a\cos\beta a\}. \tag{114}$$

Um zu Näherungsformeln für kurze Leitungen zu gelangen, greifen wir der Einfachheit halber auf die S. 84 eingeführten dimensionslosen

Größen $\varrho = \frac{r}{\omega l}$ und $\lambda = \frac{\omega a}{v}$ zurück und vernachlässigen die Ableitung g. Für $\varrho \leqq 0{,}4$ und $\lambda \leqq 0{,}2$ brechen wir die Reihe in Gl. (108) nach dem zweiten Glied ab und führen den Näherungsausdruck für $(\mathfrak{k}a)^2$ nach Gl. (86) ein. Dann wird aus Gl. (107)

$$\mathfrak{X}_0 = R_0 + j\,\omega\,L_0 \cong a\,(r + j\,\omega\,l)\left[1 + \frac{\lambda^2}{12}(1 - j\,\varrho)\right]. \tag{115}$$

Der Realteil hiervon ist

$$R_0 = a\,r\left(1 + \frac{\lambda^2}{12}\right) + a\,\frac{\varrho\,\omega\,l\,\lambda^2}{12}, \tag{116}$$

so daß sich für den Ersatzwiderstand der T-Schaltung ergibt

$$\frac{R_0}{a\,r} = 1 + \frac{\lambda^2}{6}. \tag{117}$$

Für den Imaginärteil wird

$$\omega\,L_0 = a\,\omega\,l\left(1 + \frac{\lambda^2}{12}\right) - \frac{a\,r\,\varrho\,\lambda^2}{12} = a\,\omega\,l\left[1 + \frac{\lambda^2}{12}(1 - \varrho^2)\right]. \tag{118}$$

Es ist also in dem oben angegebenen Bereich der Ersatz-Induktanz

$$\frac{\omega\,L_0}{\omega\,a\,l} = 1 + \frac{\lambda^2}{12}(1 - \varrho^2). \tag{119}$$

Für den Scheinleitwert ist mit Gl. (109), wenn die Ableitungen G_0 und g vernachlässigt werden

$$\mathfrak{Y}_0 = j\,\omega\,C_0 = a\,j\,\omega\,c\,\frac{\mathfrak{Sin}\,\mathfrak{k}\,a}{\mathfrak{k}\,a} \cong a\,j\,\omega\,c\left(1 - \frac{\lambda^2}{6} + j\,\frac{\varrho\,\lambda^2}{6}\right). \tag{120}$$

Man erhält daher für die Ersatzkapazität

$$\frac{\omega\,C_0}{a\,\omega\,c} = 1 - \frac{\lambda^2}{6}. \tag{121}$$

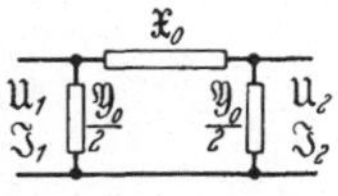

Abb. 14. Π-Glied.

2. Die Π-Schaltung. Ihr Aufbau ist in Abb. 14 dargestellt. Die erste Gleichung zur Berechnung von $\mathfrak{U}_1$ und $\mathfrak{J}_1$ liefert die Umlaufspannung

$$\mathfrak{U}_1 - \mathfrak{U}_2 = \left(\mathfrak{J}_2 + \frac{\mathfrak{U}_2\,\mathfrak{Y}_0}{2}\right)\mathfrak{X}_0. \tag{122}$$

Die zweite folgt aus dem Kirchhoffschen Satz

$$\mathfrak{J}_1 = \frac{\mathfrak{U}_1\,\mathfrak{Y}_0}{2} + \mathfrak{J}_2 + \frac{\mathfrak{U}_2\,\mathfrak{Y}_0}{2}. \tag{123}$$

Man erhält durch Auflösen:

$$\left.\begin{aligned} \mathfrak{U}_1 &= \mathfrak{U}_2\left(1 + \frac{\mathfrak{X}_0\,\mathfrak{Y}_0}{2}\right) + \mathfrak{J}_2\,\mathfrak{X}_0,\\ \mathfrak{J}_1 &= \mathfrak{J}_2\left(1 + \frac{\mathfrak{X}_0\,\mathfrak{Y}_0}{2}\right) + \mathfrak{U}_2\left(\mathfrak{Y}_0 + \frac{\mathfrak{X}_0\,\mathfrak{Y}_0^2}{4}\right). \end{aligned}\right\} \tag{124}$$

Aus dem Vergleich mit Gl. (26) und (27) folgt, daß die Π-Schaltung eine Ersatzschaltung darstellt, wenn

$$\left.\begin{aligned} \mathfrak{A} &= \mathfrak{D} = \operatorname{Cof} \mathfrak{k} a = 1 + \frac{\mathfrak{X}_0 \mathfrak{Y}_0}{2}, \\ \mathfrak{B} &= \mathfrak{Z} \operatorname{Sin} \mathfrak{k} a = \mathfrak{X}_0, \\ \mathfrak{C} &= \frac{1}{\mathfrak{Z}} \operatorname{Sin} \mathfrak{k} a = \mathfrak{Y}_0 \left(1 + \frac{\mathfrak{X}_0 \mathfrak{Y}_0}{4}\right). \end{aligned}\right\} \tag{125}$$

Es folgt daraus

$$\mathfrak{X}_0 = \mathfrak{Z} \operatorname{Sin} \mathfrak{k} a, \tag{126}$$

$$\mathfrak{Y}_0 = \frac{2}{\mathfrak{Z}} \frac{\operatorname{Cof} \mathfrak{k} a - 1}{\operatorname{Sin} \mathfrak{k} a} = \frac{2}{\mathfrak{Z}} \operatorname{Tg} \frac{\mathfrak{k} a}{2}. \tag{127}$$

Es ergeben sich also dieselben Hyperbelfunktionen als Korrekturglieder wie bei der T-Schaltung, nur sind sie in $\mathfrak{X}_0$ und $\mathfrak{Y}_0$ zu vertauschen. Demnach wird Scheinwiderstand und Scheinleitwert hier

$$\mathfrak{X}_0 = \mathfrak{x}\, a \frac{\operatorname{Sin} \mathfrak{k} a}{\mathfrak{k} a}, \qquad \mathfrak{Y}_0 = \mathfrak{y}\, a \frac{\operatorname{Tg} \frac{\mathfrak{k} a}{2}}{\frac{\mathfrak{k} a}{2}} \tag{128}$$

und für die Real- und Imaginärteile ergibt sich

$$R_0 = \frac{1}{\alpha^2 + \beta^2} \{(\alpha r + \beta \omega l) \operatorname{Sin} \alpha a \cos \beta a + (\beta r - \alpha \omega l) \operatorname{Cof} \alpha a \sin \beta a\}, \tag{129}$$

$$\omega L_0 = \frac{1}{\alpha^2 + \beta^2} \{(\alpha r + \beta \omega l) \operatorname{Cof} \alpha a \sin \beta a - (\beta r - \alpha \omega l) \operatorname{Sin} \alpha a \cos \beta a\}, \tag{130}$$

$$G_0 = 2 \frac{(\alpha g + \beta \omega c) \operatorname{Sin} \alpha a + (\beta g - \alpha \omega c) \sin \beta a}{(\alpha^2 + \beta^2)(\operatorname{Cof} \alpha a + \cos \beta a)}, \tag{131}$$

$$\omega C_0 = 2 \frac{(\alpha g + \beta \omega c) \sin \beta a - (\beta g - \alpha \omega c) \operatorname{Sin} \alpha a}{(\alpha^2 + \beta^2)(\operatorname{Cof} \alpha a + \cos \beta a)}. \tag{132}$$

Für kurze Leitungen mit $\varrho \leqq 0{,}4$ und $\lambda \leqq 0{,}2$ ergibt sich, wenn man die bereits bei der T-Schaltung angegebenen Näherungen berücksichtigt aus Gl. (128)

$$\begin{aligned} \mathfrak{X}_0 = R_0 + j \omega L_0 &= a (r + j \omega l) \frac{\operatorname{Sin} \mathfrak{k} a}{\mathfrak{k} a} \\ &\cong a (r + j \omega l) \left(1 - \frac{\lambda^2}{6} + j \frac{\varrho \lambda^2}{6}\right). \end{aligned} \tag{133}$$

Hieraus folgt der Ersatzwiderstand

$$\left.\begin{aligned} R_0 &= a r \left(1 - \frac{\lambda^2}{6}\right) - \frac{a \omega l \varrho \lambda^2}{6} = a r \left(1 - \frac{\lambda^2}{3}\right) \\ \text{oder} \quad \frac{R_0}{a r} &= 1 - \frac{\lambda^2}{3}. \end{aligned}\right\} \tag{134}$$

Ferner ergibt sich mit

$$\omega L_0 = a\,\omega\,l\left(1 - \frac{\lambda^2}{6}\right) + \frac{a\,r\,\varrho\,\lambda^2}{6} = a\,\omega\,l\left(1 - \frac{\lambda^2}{6} + \frac{\varrho^2\lambda^2}{6}\right) \qquad (135)$$

die Ersatzinduktanz

$$\frac{\omega L_0}{a\,\omega\,l} = 1 - \frac{\lambda^2}{6}(1 - \varrho^2)\,. \qquad (136)$$

Aus dem Scheinleitwert erhält man bei Vernachlässigung von G_0 und g:

$$\mathfrak{Y}_0 = j\,\omega\,C_0 = a\,j\,\omega\,c\,\frac{\mathfrak{Tg}\,\frac{\mathfrak{k}\,a}{2}}{\frac{\mathfrak{k}\,a}{2}} \cong a\,j\,\omega\,c\left(1 + \frac{\lambda^2}{12} - \frac{j\,\varrho\,\lambda^2}{12}\right) \qquad (137)$$

den Näherungsausdruck für die Ersatzkapazität

$$\frac{\omega C_0}{a\,\omega\,c} = 1 + \frac{\lambda^2}{12}\,. \qquad (138)$$

Dabei ist C_0 die Summe der beiden Kapazitäten $\frac{C_0}{2}$ in den beiden Admittanzen $\frac{\mathfrak{Y}_0}{2}$ der Abb. 14.

Für das Beispiel der 200 kV-Leitung Seite 78 sind in Abb. 15 und 16 die konzentrierten Betriebskonstanten nach den beiden Ersatzschaltungen für verschiedene Leitungslängen genau berechnet und als Verhältnis zu den verteilten Betriebskonstanten, mit der jeweiligen Leitungslänge

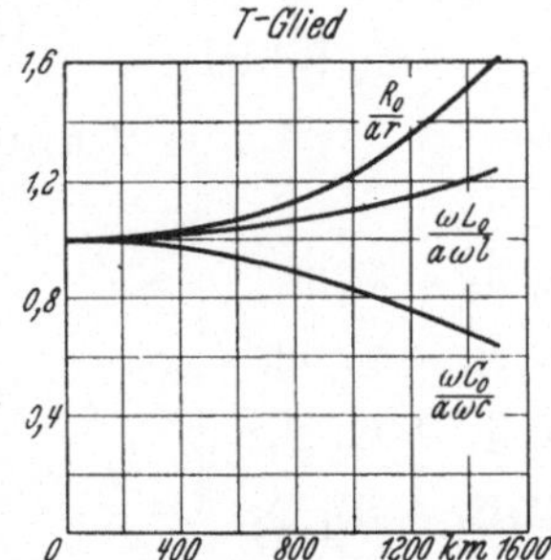

Abb. 15. Vergleich der gleichmäßig verteilten Leitungskonstanten mit der T-Schaltung.

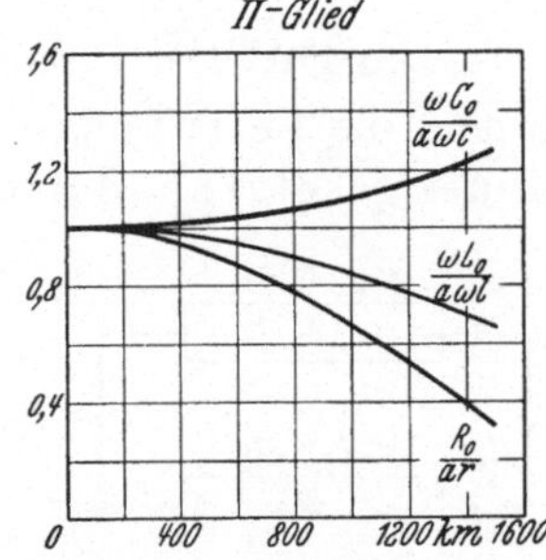

Abb. 16. Vergleich der gleichmäßig verteilten Leitungskonstanten mit der Π-Schaltung.

multipliziert, angegeben. Die Ableitung G ist dabei wegen ihres verschwindend kleinen Wertes bei Starkstromanlagen fortgelassen. Man erkennt, daß man bis zu Längen von 200 km für praktische Anwendungen meist noch ohne die Korrekturglieder der Gln. (107), (109) und (128) auskommt.

3. Reihen- und Parallelschaltung von Leitungen. Es war gezeigt worden, daß man Strom und Spannung am Anfang einer Leitung aus den Werten am Ende berechnen kann mit Hilfe der Gleichungen

$$\left.\begin{aligned}\mathfrak{U}_1 &= \mathfrak{A}\,\mathfrak{U}_2 + \mathfrak{B}\,\mathfrak{J}_2\,,\\ \mathfrak{J}_1 &= \mathfrak{D}\,\mathfrak{J}_2 + \mathfrak{C}\,\mathfrak{U}_2\,.\end{aligned}\right\}\tag{139}$$

Dabei sind die Leitungskonstanten $\mathfrak{A}$, $\mathfrak{B}$, $\mathfrak{C}$, $\mathfrak{D}$ komplexe Funktionen der Betriebskonstanten.

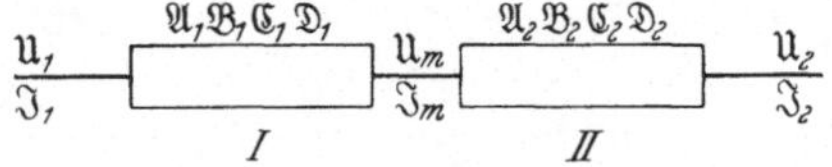

Abb. 17. Zwei hintereinander geschaltete Leitungen.

Wir wollen jetzt zwei Leitungen mit verschiedenen Betriebskonstanten und infolgedessen auch verschiedenen Leitungskonstanten hintereinanderschalten. Es gelten die Bezeichnungen nach Abb. 17. Dann ist, wenn Strom und Spannung am Ende der Leitung *II* gegeben sind, der Strom $\mathfrak{J}_m$ und die Spannung $\mathfrak{U}_m$ am Anfang dieser Leitung

$$\left.\begin{aligned}\mathfrak{U}_m &= \mathfrak{A}_2\,\mathfrak{U}_2 + \mathfrak{B}_2\,\mathfrak{J}_2\,,\\ \mathfrak{J}_m &= \mathfrak{D}_2\,\mathfrak{J}_2 + \mathfrak{C}_2\,\mathfrak{U}_2\,.\end{aligned}\right\}\tag{140}$$

$\mathfrak{U}_m$ und $\mathfrak{J}_m$ sind aber für Leitung *I* die Endwerte. Wir erhalten also für Leitung *I* die Gleichungen

$$\left.\begin{aligned}\mathfrak{U}_1 &= \mathfrak{A}_1\,\mathfrak{U}_m + \mathfrak{B}_1\,\mathfrak{J}_m\,,\\ \mathfrak{J}_1 &= \mathfrak{D}_1\,\mathfrak{J}_m + \mathfrak{C}_1\,\mathfrak{U}_m\,.\end{aligned}\right\}\tag{141}$$

Eliminiert man aus den Gln. (148) und (149) $\mathfrak{J}_m$ und $\mathfrak{U}_m$, so wird

$$\left.\begin{aligned}\mathfrak{U}_1 &= (\mathfrak{A}_1\,\mathfrak{A}_2 + \mathfrak{C}_2\,\mathfrak{B}_1)\,\mathfrak{U}_2 + (\mathfrak{B}_2\,\mathfrak{A}_1 + \mathfrak{D}_2\,\mathfrak{B}_1)\,\mathfrak{J}_2\,,\\ \mathfrak{J}_1 &= (\mathfrak{B}_2\,\mathfrak{C}_1 + \mathfrak{D}_1\,\mathfrak{D}_2)\,\mathfrak{J}_2 + (\mathfrak{A}_2\,\mathfrak{C}_1 + \mathfrak{C}_2\,\mathfrak{D}_1)\,\mathfrak{U}_2\,,\end{aligned}\right\}\tag{142}$$

mithin sind die Leitungskonstanten des ganzen aus *I* und *II* zusammengesetzten Seriensystems

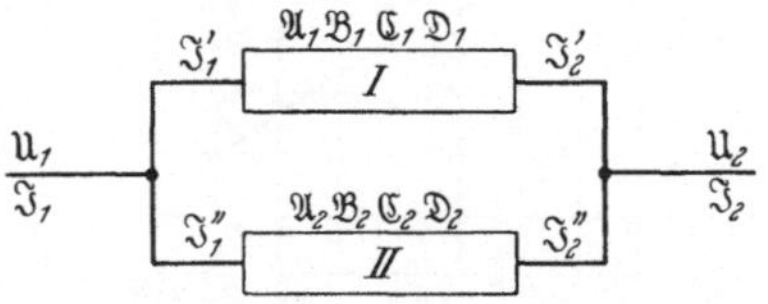

$$\left.\begin{aligned}\mathfrak{A}_0 &= \mathfrak{A}_1\,\mathfrak{A}_2 + \mathfrak{C}_2\,\mathfrak{B}_1\,,\\ \mathfrak{B}_0 &= \mathfrak{B}_2\,\mathfrak{A}_1 + \mathfrak{D}_2\,\mathfrak{B}_1\,,\\ \mathfrak{C}_0 &= \mathfrak{A}_2\,\mathfrak{C}_1 + \mathfrak{C}_2\,\mathfrak{D}_1\,,\\ \mathfrak{D}_0 &= \mathfrak{B}_2\,\mathfrak{C}_1 + \mathfrak{D}_1\,\mathfrak{D}_2\,.\end{aligned}\right\}\tag{143}$$

Abb. 18. Zwei parallel geschaltete Leitungen.

Für zwei parallel geschaltete Leitungen nach Abb. 18 bezeichnen wir die Ströme am Anfang bzw. Ende der Leitung *I* mit $\mathfrak{J}_1'$ bzw. $\mathfrak{J}_2'$ und die der Leitung *II* mit $\mathfrak{J}_1''$ und $\mathfrak{J}_2''$, dann ist

$$\left.\begin{aligned}\mathfrak{J}_1 &= \mathfrak{J}_1' + \mathfrak{J}_1''\,,\\ \mathfrak{J}_2 &= \mathfrak{J}_2' + \mathfrak{J}_2''\end{aligned}\right\}\tag{144}$$

und

$$\left.\begin{aligned}&\mathfrak{U}_1 = \mathfrak{A}_1\,\mathfrak{U}_2 + \mathfrak{B}_1\,\mathfrak{J}_2' = \mathfrak{A}_2\,\mathfrak{U}_2 + \mathfrak{B}_2\,\mathfrak{J}_2''\,,\\ &\mathfrak{J}_1' = \mathfrak{D}_1\,\mathfrak{J}_2' + \mathfrak{C}_1\,\mathfrak{U}_2\,; \qquad \mathfrak{J}_1'' = \mathfrak{D}_2\,\mathfrak{J}_2'' + \mathfrak{C}_2\,\mathfrak{U}_2\,.\end{aligned}\right\}\tag{145}$$

Aus diesen Gleichungen sind $\mathfrak{J}_1'$, $\mathfrak{J}_1''$, $\mathfrak{J}_2'$ und $\mathfrak{J}_2''$ zu eliminieren. Man erhält dann für die Leitungskonstanten des Parallelsystems:

$$\left.\begin{aligned} \mathfrak{A}_0 &= \frac{\mathfrak{A}_1 \mathfrak{B}_2 + \mathfrak{A}_2 \mathfrak{B}_1}{\mathfrak{B}_1 + \mathfrak{B}_2}, \\ \mathfrak{B}_0 &= \frac{\mathfrak{B}_1 \mathfrak{B}_2}{\mathfrak{B}_1 + \mathfrak{B}_2}, \\ \mathfrak{C}_0 &= \mathfrak{C}_1 + \mathfrak{C}_2 + \frac{(\mathfrak{A}_1 - \mathfrak{A}_2)(\mathfrak{D}_2 - \mathfrak{D}_1)}{\mathfrak{B}_1 + \mathfrak{B}_2}, \\ \mathfrak{D}_0 &= \frac{\mathfrak{B}_2 \mathfrak{D}_1 + \mathfrak{B}_1 \mathfrak{D}_2}{\mathfrak{B}_1 + \mathfrak{B}_2}. \end{aligned}\right\} \tag{146}$$

Bei der Ableitung dieser Beziehungen wurde vorausgesetzt, daß zwischen den beiden Leitungen keine gegenseitige Beeinflussung vorhanden ist. Die Formeln gelten also nicht für zwei Leitungen auf den gleichen Masten einer Freileitung, die parallel geschaltet werden. Solche parallelgeschaltete Doppelleitungen wird man durch Reduktion der Betriebskonstanten als Einfachleitungen berechnen, wobei eine Verminderung der Induktanz und Erhöhung der Kapazität auftritt.

4. Leitungsverzweigungen. Als weiteres Beispiel betrachten wir nach Abb. 19 eine Kraftübertragung von A nach B, bei der im Punkte M eine Stichleitung MC angeschlossen ist. Wir bezeichnen die Impedanz der einzelnen Leitungsabschnitte mit $\mathfrak{X}_n = R_n + j\omega L_n$ und vernachlässigen die Kapazität und Ableitung. Will man die Kapazität doch berücksichtigen, so wird man sie zweckmäßigerweise konzentriert in den Endpunkten ABC der Leitungsabschnitte annehmen.

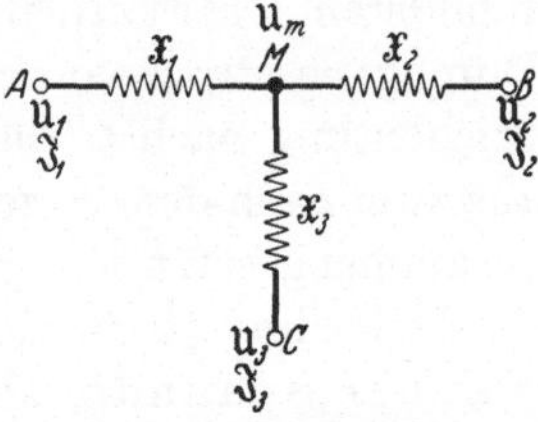

Abb. 19. Übertragungsleitung mit Stichleitung.

Mit den Bezeichnungen der Abb. 19 ist der Spannungsabfall in den einzelnen Leitungsabschnitten:

$$\left.\begin{aligned} \mathfrak{U}_1 - \mathfrak{U}_m &= \mathfrak{X}_1 \mathfrak{J}_1, \\ \mathfrak{U}_m - \mathfrak{U}_2 &= \mathfrak{X}_2 \mathfrak{J}_2, \\ \mathfrak{U}_m - \mathfrak{U}_3 &= \mathfrak{X}_3 \mathfrak{J}_3. \end{aligned}\right\} \tag{147}$$

Ferner muß im Knotenpunkt M die Summe der zu- und abfließenden Ströme Null sein:

$$\mathfrak{J}_1 = \mathfrak{J}_2 + \mathfrak{J}_3. \tag{148}$$

Wir eliminieren zunächst aus Gl. (147) die Spannung $\mathfrak{U}_m$ und erhalten

$$\left.\begin{aligned} \mathfrak{U}_1 - \mathfrak{U}_2 &= \mathfrak{X}_1 \mathfrak{J}_1 + \mathfrak{X}_2 \mathfrak{J}_2, \\ \mathfrak{U}_1 - \mathfrak{U}_3 &= \mathfrak{X}_1 \mathfrak{J}_1 + \mathfrak{X}_3 \mathfrak{J}_3. \end{aligned}\right\} \tag{149}$$

Setzen wir aus Gl. (148) $\mathfrak{J}_2 = \mathfrak{J}_1 - \mathfrak{J}_3$ in Gl. (149), so wird

$$\left.\begin{aligned} \mathfrak{U}_1 - \mathfrak{U}_2 &= (\mathfrak{X}_1 + \mathfrak{X}_2)\mathfrak{J}_1 - \mathfrak{X}_2 \mathfrak{J}_3, \\ \mathfrak{U}_1 - \mathfrak{U}_3 &= \mathfrak{X}_1 \mathfrak{J}_1 + \mathfrak{X}_3 \mathfrak{J}_3. \end{aligned}\right\} \tag{150}$$

Multipliziert man jetzt die erste Gl. (150) mit $\mathfrak{X}_3$ und die zweite mit $\mathfrak{X}_2$ und addiert, so erhält man

$$(\mathfrak{U}_1 - \mathfrak{U}_2)\,\mathfrak{X}_3 + (\mathfrak{U}_1 - \mathfrak{U}_3)\,\mathfrak{X}_2 = \mathfrak{J}_1\,(\mathfrak{X}_1\,\mathfrak{X}_2 + \mathfrak{X}_1\,\mathfrak{X}_3 + \mathfrak{X}_2\,\mathfrak{X}_3) \quad (151)$$

oder nach $\mathfrak{J}_1$ aufgelöst

$$\mathfrak{J}_1 = \frac{\mathfrak{U}_1 - \mathfrak{U}_2}{\mathfrak{X}_1 + \mathfrak{X}_2 + \frac{\mathfrak{X}_1\,\mathfrak{X}_2}{\mathfrak{X}_3}} + \frac{\mathfrak{U}_1 - \mathfrak{U}_3}{\mathfrak{X}_1 + \mathfrak{X}_3 + \frac{\mathfrak{X}_1\,\mathfrak{X}_3}{\mathfrak{X}_2}}\,. \quad (152)$$

Für die beiden anderen Ströme ergibt sich ebenso

$$\left.\begin{aligned} \mathfrak{J}_2 &= \frac{\mathfrak{U}_1 - \mathfrak{U}_2}{\mathfrak{X}_1 + \mathfrak{X}_2 + \frac{\mathfrak{X}_1\,\mathfrak{X}_2}{\mathfrak{X}_3}} + \frac{\mathfrak{U}_3 - \mathfrak{U}_2}{\mathfrak{X}_2 + \mathfrak{X}_3 + \frac{\mathfrak{X}_2\,\mathfrak{X}_3}{\mathfrak{X}_1}}\,, \\ \mathfrak{J}_3 &= \frac{\mathfrak{U}_1 - \mathfrak{U}_3}{\mathfrak{X}_1 + \mathfrak{X}_3 + \frac{\mathfrak{X}_1\,\mathfrak{X}_3}{\mathfrak{X}_2}} + \frac{\mathfrak{U}_2 - \mathfrak{U}_3}{\mathfrak{X}_2 + \mathfrak{X}_3 + \frac{\mathfrak{X}_2\,\mathfrak{X}_3}{\mathfrak{X}_1}}\,. \end{aligned}\right\} \quad (153)$$

Man erkennt, daß jeder dieser drei Ströme aus zwei Teilströmen zusammengesetzt ist, die ihrerseits durch den Quotienten der Differenz zweier Endspannungen und einer aus den Leitungsimpedanzen gebildeten Ersatzimpedanz gegeben sind. So besteht $\mathfrak{J}_1$ aus einem Durchgangsstrom von A nach B, während der zweite Teilstrom in die Stichleitung nach C fließt. Analog ist auch $\mathfrak{J}_2$ aufgebaut, während $\mathfrak{J}_3$ aus zwei nach dem Erzeuger und Verbraucher fließenden Komponenten zusammengesetzt ist.

Zwischen je zwei Netzpunkten fließen also Teilströme, die nur von der Spannungsdifferenz derselben und der Ersatzimpedanz zwischen ihnen abhängig sind. Die Summe aller Teilströme ergibt das gesamte Stromsystem im Netz. Dieser Satz gilt ganz allgemein.

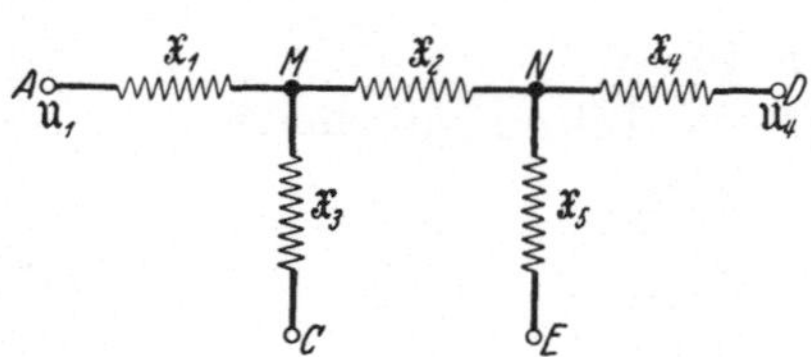

Abb. 20. Übertragungsleitung mit zwei Stichleitungen.

Mit Hilfe dieses Rechnungsverfahrens können auch Netze mit mehreren Stichleitungen untersucht werden. Soll z. B. für das in Abb. 20 dargestellte Netz mit zwei Stichleitungen die Ersatzimpedanz für den Durchgangsstrom von A nach D im Falle eines Kurzschlusses in C und E bestimmt werden, so teilt man das Netz im Knoten N in zwei Teile. Man berechnet die Ersatzimpedanzen $\mathfrak{X}_A$ und $\mathfrak{X}_C$ zwischen den Punkten A und N bez. C und N nach Gl. (153) zu

$$\mathfrak{X}_A = \mathfrak{X}_1 + \mathfrak{X}_2 + \frac{\mathfrak{X}_1\,\mathfrak{X}_2}{\mathfrak{X}_3}\,, \qquad \mathfrak{X}_C = \mathfrak{X}_2 + \mathfrak{X}_3 + \frac{\mathfrak{X}_2\,\mathfrak{X}_3}{\mathfrak{X}_1}\,. \quad (154)$$

$\mathfrak{X}_C$ parallel mit $\mathfrak{X}_5$ bildet nun einen resultierenden Querzweig, der mit

$\mathfrak{X}_A$ und $\mathfrak{X}_4$ das behandelte Schema ergibt, so daß für die gesamte Ersatzimpedanz für den Durchgangsstrom zwischen A und D folgt:

$$\left.\begin{aligned} \mathfrak{X}_D &= \mathfrak{X}_A + \mathfrak{X}_4 + \frac{\mathfrak{X}_A\,\mathfrak{X}_4}{\mathfrak{X}_C\,\mathfrak{X}_5/(\mathfrak{X}_C + \mathfrak{X}_5)} \\ &= \mathfrak{X}_1 + \mathfrak{X}_2 + \mathfrak{X}_4 + \frac{\mathfrak{X}_1(\mathfrak{X}_2 + \mathfrak{X}_4)}{\mathfrak{X}_3} + \frac{(\mathfrak{X}_1 + \mathfrak{X}_2)\,\mathfrak{X}_4}{\mathfrak{X}_5} + \frac{\mathfrak{X}_1\,\mathfrak{X}_2\,\mathfrak{X}_4}{\mathfrak{X}_3\,\mathfrak{X}_5}. \end{aligned}\right\} \tag{155}$$

Der Durchgangsstrom selbst ist also

$$\mathfrak{J}_D = \frac{\mathfrak{U}_1 - \mathfrak{U}_4}{\mathfrak{X}_D}. \tag{156}$$

Weitere Teilströme fließen den Netzpunkten C und E zu.

Auf diese Weise lassen sich Übertragungen mit beliebig vielen Stichleitungen in einfacher Weise behandeln.

5. Transformatoren an den Leitungsenden. Das eben durchgeführte Verfahren läßt sich auf beliebige Leitungsgebilde ausdehnen. Daher ist die Gültigkeit der Gl. (27) und (30) nicht nur auf einfache Leitungen beschränkt, sondern gilt ganz allgemein für jede aus Scheinwiderständen und -leitwerten aufgebaute Schaltung, sofern sie nur je zwei Eingangs- und Ausgangsklemmen besitzt. Wegen dieses Gesetzes war es auch nur möglich, für Leitungen mit verteilten Konstanten Ersatzschaltungen in der T- oder Π-Form zu berechnen. Nun läßt sich eine T-Schaltung nach Abb. 13 auch als Ersatzschaltung eines Transformators betrachten. Dabei entspricht $\mathfrak{X}_0$ der Kurzschlußimpedanz (Ohmscher Widerstand und Streureaktanz der Wicklung), während $\mathfrak{Y}_0$ die Quer- oder Leerlaufsadmittanz darstellt, die aus dem Leerlaufstrom berechnet wird.

Setzt man also z. B. bei der Reihenschaltung zweier Leitungen nach Abb. 17 für die „Leitung I" an Stelle der Leitungskonstanten $\mathfrak{A}_1\mathfrak{B}_1\mathfrak{C}_1\mathfrak{D}_1$ die auf Seite 86 abgeleiteten Konstanten der T-Ersatzschaltung eines Transformators ein, so gelingt es, für das aus einer Leitung und einem an ihrem Ende befindlichen Transformator zusammengesetzte System die Gesamt-Leitungskonstanten zu berechnen. Auch Transformatoren an beiden Leitungsenden kann man auf gleiche Weise berücksichtigen. Wir geben das Ergebnis aller dieser rein algebraischen Rechnungen in der folgenden Tabelle 1 (Seite 96 und 97). Dabei ist bei den Transformatoren die Leerlaufsadmittanz vernachlässigt.

E. Leistungsdiagramme.

1. Das Kreisdiagramm der Kraftübertragung. Wir haben uns bisher nur mit der Strom- und Spannungsverteilung längs einer Leitung befaßt und wenden uns jetzt der übertragbaren Leistung zu. Insbesondere wollen wir die Ortskurven für die Leistung an den Leitungsenden untersuchen.

Tabelle 1. Leitungskonstanten

	Art der Schaltung	Bestimmungsstücke
Leitung mit verteilten Betriebskonstanten	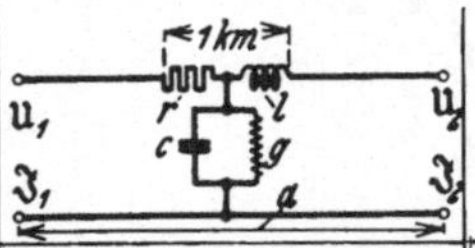 $\mathfrak{U}_1$, $\mathfrak{J}_1$, 1 km, r, l, c, g, a, $\mathfrak{U}_2$, $\mathfrak{J}_2$	$\mathfrak{k} = \sqrt{(r + j\omega l)(g + j\omega c)}$ $\mathfrak{Z} = \sqrt{\frac{r + j\omega l}{g + j\omega c}}$
Zwei Leitungen hintereinander geschaltet	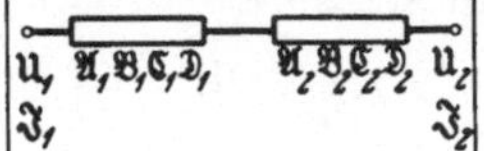 $\mathfrak{U}_1$, $\mathfrak{J}_1$, $\mathfrak{A}_1\mathfrak{B}_1\mathfrak{C}_1\mathfrak{D}_1$, $\mathfrak{A}_2\mathfrak{B}_2\mathfrak{C}_2\mathfrak{D}_2$, $\mathfrak{U}_2$, $\mathfrak{J}_2$	
Zwei Leitungen parallel geschaltet	 $\mathfrak{U}_1$, $\mathfrak{J}_1$, $\mathfrak{A}_1\mathfrak{B}_1\mathfrak{C}_1\mathfrak{D}_1$, $\mathfrak{A}_2\mathfrak{B}_2\mathfrak{C}_2\mathfrak{D}_2$, $\mathfrak{U}_2$, $\mathfrak{J}_2$	
T-Schaltung	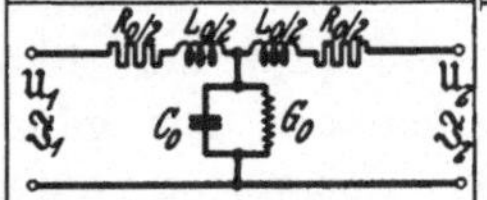 $\mathfrak{U}_1$, $\mathfrak{J}_1$, $R_0/2$, $L_0/2$, $L_0/2$, $R_0/2$, C_0, G_0, $\mathfrak{U}_2$, $\mathfrak{J}_2$	$\mathfrak{X}_0 = R_0 + j\omega L_0$ $\mathfrak{Y}_0 = G_0 + j\omega C_0$
Π-Schaltung	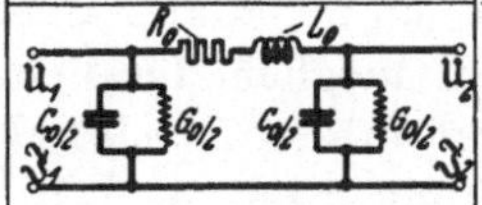 $\mathfrak{U}_1$, $\mathfrak{J}_1$, R_0, L_0, $C_0/2$, $G_0/2$, $C_0/2$, $G_0/2$, $\mathfrak{U}_2$, $\mathfrak{J}_2$	$\mathfrak{X}_0 = R_0 + j\omega L_0$ $\mathfrak{Y}_0 = G_0 + j\omega C_0$
Leitung mit Transformator am Anfang	 $\mathfrak{U}_1$, $\mathfrak{J}_1$, R_T, L_S, $\mathfrak{A}_1\mathfrak{B}_1\mathfrak{C}_1\mathfrak{D}_1$, $\mathfrak{U}_2$, $\mathfrak{J}_2$	$\mathfrak{X}_T = R_T + j\omega L_S$
Leitung mit Transformator am Ende	 $\mathfrak{U}_1$, $\mathfrak{J}_1$, $\mathfrak{A}_1\mathfrak{B}_1\mathfrak{C}_1\mathfrak{D}_1$, L_S, R_T, $\mathfrak{U}_2$, $\mathfrak{J}_2$	$\mathfrak{X}_T = R_T + j\omega L_S$
Leitung mit Transformatoren am Anfang und Ende	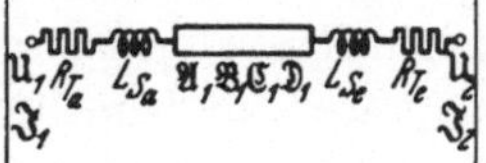 $\mathfrak{U}_1$, $\mathfrak{J}_1$, R_{Ta}, L_{Sa}, $\mathfrak{A}_1\mathfrak{B}_1\mathfrak{C}_1\mathfrak{D}_1$, L_{Se}, R_{Te}, $\mathfrak{U}_2$, $\mathfrak{J}_2$	$\mathfrak{X}_{Ta} = R_{Ta} + j\omega L_{Sa}$ $\mathfrak{X}_{Te} = R_{Te} + j\omega L_{Se}$

Wir hatten für Strom und Spannung am Leitungsanfang gefunden

$$\left.\begin{aligned} \mathfrak{U}_1 &= \mathfrak{U}_2 \operatorname{Cos} \mathfrak{k}\,a + \mathfrak{J}_2 \mathfrak{Z} \operatorname{Sin} \mathfrak{k}\,a, \\ \mathfrak{J}_1 &= \mathfrak{J}_2 \operatorname{Cos} \mathfrak{k}\,a + \frac{\mathfrak{U}_2}{\mathfrak{Z}} \operatorname{Sin} \mathfrak{k}\,a \end{aligned}\right\} \tag{157}$$

und am Leitungsende

$$\left.\begin{aligned} \mathfrak{U}_2 &= \mathfrak{U}_1 \operatorname{Cos} \mathfrak{k}\,a - \mathfrak{J}_1 \mathfrak{Z} \operatorname{Sin} \mathfrak{k}\,a, \\ \mathfrak{J}_2 &= \mathfrak{J}_1 \operatorname{Cos} \mathfrak{k}\,a - \frac{\mathfrak{U}_1}{\mathfrak{Z}} \operatorname{Sin} \mathfrak{k}\,a. \end{aligned}\right\} \tag{158}$$

für zusammengesetzte Leitungen.

$\mathfrak{A}_0$	$\mathfrak{B}_0$	$\mathfrak{C}_0$	$\mathfrak{D}_0$
$\mathfrak{Cof}\,\mathfrak{k}a$	$\mathfrak{Z}\,\mathfrak{Sin}\,\mathfrak{k}a$	$\dfrac{\mathfrak{Sin}\,\mathfrak{k}a}{\mathfrak{Z}}$	$\mathfrak{Cof}\,\mathfrak{k}a$
$\mathfrak{A}_1\mathfrak{A}_2+\mathfrak{B}_1\mathfrak{C}_2$	$\mathfrak{B}_2\mathfrak{A}_1+\mathfrak{D}_2\mathfrak{B}_1$	$\mathfrak{A}_2\mathfrak{C}_1+\mathfrak{C}_2\mathfrak{D}_1$	$\mathfrak{B}_2\mathfrak{C}_1+\mathfrak{D}_1\mathfrak{D}_2$
$\dfrac{\mathfrak{A}_1\mathfrak{B}_2+\mathfrak{B}_1\mathfrak{A}_2}{\mathfrak{B}_1+\mathfrak{B}_2}$	$\dfrac{\mathfrak{B}_1\mathfrak{B}_2}{\mathfrak{B}_1+\mathfrak{B}_2}$	$\mathfrak{C}_1+\mathfrak{C}_2+\dfrac{(\mathfrak{A}_1-\mathfrak{A}_2)(\mathfrak{D}_2-\mathfrak{D}_1)}{\mathfrak{B}_1+\mathfrak{B}_2}$	$\dfrac{\mathfrak{B}_1\mathfrak{D}_2+\mathfrak{D}_1\mathfrak{B}_2}{\mathfrak{B}_1+\mathfrak{B}_2}$
$1+\dfrac{\mathfrak{X}_0\mathfrak{Y}_0}{2}$	$\mathfrak{X}_0\left(1+\dfrac{\mathfrak{X}_0\mathfrak{Y}_0}{4}\right)$	$\mathfrak{Y}_0$	$1+\dfrac{\mathfrak{X}_0\mathfrak{Y}_0}{2}$
$1+\dfrac{\mathfrak{X}_0\mathfrak{Y}_0}{2}$	$\mathfrak{X}_0$	$\mathfrak{Y}_0\left(1+\dfrac{\mathfrak{X}_0\mathfrak{Y}_0}{4}\right)$	$1+\dfrac{\mathfrak{X}_0\mathfrak{Y}_0}{2}$
$\mathfrak{A}_1+\mathfrak{C}_1\mathfrak{X}_T$	$\mathfrak{B}_1+\mathfrak{D}_1\mathfrak{X}_T$	$\mathfrak{C}_1$	$\mathfrak{D}_1$
$\mathfrak{A}_1$	$\mathfrak{B}_1+\mathfrak{A}_1\mathfrak{X}_T$	$\mathfrak{C}_1$	$\mathfrak{D}_1+\mathfrak{C}_1\mathfrak{X}_T$
$\mathfrak{A}_1+\mathfrak{C}_1\mathfrak{X}_{Ta}$	$\mathfrak{B}_1+\mathfrak{D}_1\mathfrak{X}_{Ta}+\mathfrak{A}_1\mathfrak{X}_{Te}+\mathfrak{C}_1\mathfrak{X}_{Ta}\mathfrak{X}_{Te}$	$\mathfrak{C}_1$	$\mathfrak{D}_1+\mathfrak{C}_1\mathfrak{X}_{Te}$

Eliminiert man $\mathfrak{J}_2$ aus den Gln. (157) und $\mathfrak{J}_1$ aus (158), so erhält man

$$\left.\begin{aligned} \mathfrak{J}_1 &= \frac{1}{\mathfrak{Z}}\left(\frac{\mathfrak{U}_1}{\mathfrak{Tg}\,\mathfrak{k}a}-\frac{\mathfrak{U}_2}{\mathfrak{Sin}\,\mathfrak{k}a}\right), \\ \mathfrak{J}_2 &= \frac{1}{\mathfrak{Z}}\left(\frac{\mathfrak{U}_1}{\mathfrak{Sin}\,\mathfrak{k}a}-\frac{\mathfrak{U}_2}{\mathfrak{Tg}\,\mathfrak{k}a}\right). \end{aligned}\right\} \tag{159}$$

Man erhält nun bekanntlich die Scheinleistungen, indem man den Strom mit dem konjugiert komplexen Spannungsvektor multipliziert. Dabei versteht man unter dem zu $\mathfrak{U} = U\varepsilon^{j\alpha}$ konjugiert komplexen

Vektor den Vektor $\mathfrak{U}^* = U\varepsilon^{-j\alpha}$. Die Scheinleistung N ergibt mit ihrem Realteil die Wirkleistung N_w und ihrem Imaginärteil die Blindleistung N_b. Wir legen die Spannung $\mathfrak{U}_2$ in die reelle Achse der komplexen Ebene und bezeichnen mit ϑ den Voreilwinkel der Spannung U_1 gegen U_2. Es ist also

$$\left.\begin{aligned} \mathfrak{U}_2 &= U_2 \\ \text{und} \qquad \mathfrak{U}_1 &= U_1\varepsilon^{j\vartheta}. \end{aligned}\right\} \tag{160}$$

Der zu $U_1\varepsilon^{j\vartheta}$ konjugierte Spannungsvektor ist $\mathfrak{U}_1^* = U_1\varepsilon^{-j\vartheta}$, so daß sich mit Gl. (159) für die Scheinleistung am Leitungsanfang ergibt

$$\begin{aligned} N = N_{w_1} + jN_{b_1} = \mathfrak{J}_1\mathfrak{U}_1^* &= \frac{\mathfrak{U}_1\mathfrak{U}_1^*}{\mathfrak{Z}\,\mathfrak{Tg}\,\mathfrak{k}a} - \frac{\mathfrak{U}_2\mathfrak{U}_1^*}{\mathfrak{Z}\,\mathfrak{Sin}\,\mathfrak{k}a} \\ &= \frac{U_1\varepsilon^{j\vartheta}\cdot U_1\varepsilon^{-j\vartheta}}{\mathfrak{Z}\,\mathfrak{Tg}\,\mathfrak{k}a} - \frac{U_2U_1\varepsilon^{-j\vartheta}}{\mathfrak{Z}\,\mathfrak{Sin}\,\mathfrak{k}a}, \end{aligned} \tag{161}$$

oder wenn man den zweiten Posten mit U_1 erweitert:

$$N_{w_1} + jN_{b_1} = \frac{U_1^2}{\mathfrak{Z}\,\mathfrak{Tg}\,\mathfrak{k}a} - \frac{1}{\mathfrak{Z}\,\mathfrak{Sin}\,\mathfrak{k}a}\frac{U_2}{U_1}U_1^2\varepsilon^{-j\vartheta}. \tag{162}$$

Es ist zweckmäßig, die Leistung stets auf den im ersten Abschnitt eingeführten Begriff der „natürlichen Leistung“ N_n zu beziehen, d. h. auf diejenige Leistung, die über die verlustfreie Leitung ohne Reflexionen an den Enden übertragen werden kann (vgl. S. 26). Es war dort definiert worden

$$N_n = \frac{U^2}{Z}. \tag{163}$$

Wir erhalten also, wenn zur Abkürzung $\frac{N_w}{N_n} = w$ und $\frac{N_b}{N_n} = b$ gesetzt wird, aus Gl. (162) mit $\mathfrak{Z} = Zh\varepsilon^{-j\zeta}$ nach Gl. (94)

$$w_1 + jb_1 = \frac{\varepsilon^{j\zeta}}{h\,\mathfrak{Tg}\,\mathfrak{k}a} - \frac{\varepsilon^{j\zeta}}{h\,\mathfrak{Sin}\,\mathfrak{k}a}\frac{U_2}{U_1}\varepsilon^{-j\vartheta}. \tag{164}$$

Führen wir noch ein

$$\mathfrak{Tg}\,\mathfrak{k}a = t\varepsilon^{j\tau} \quad \text{und} \quad \mathfrak{Sin}\,\mathfrak{k}a = s\varepsilon^{j\sigma},$$

so wird

$$\left.\begin{aligned} w_1 + jb_1 &= \frac{\varepsilon^{-j(\tau-\zeta)}}{ht} - \frac{\varepsilon^{-j(\sigma-\zeta)}}{hs}\frac{U_2}{U_1}\varepsilon^{-j\vartheta}, \\ &\text{und sinngemäß ergibt sich für das Leitungsende} \\ w_2 + jb_2 &= -\frac{\varepsilon^{-j(\tau-\zeta)}}{ht} + \frac{\varepsilon^{-j(\sigma-\zeta)}}{hs}\frac{U_1}{U_2}\varepsilon^{j\vartheta}. \end{aligned}\right\} \tag{165}$$

Durch die Gln. (165) werden bei veränderlichem Phasenwinkel ϑ zwischen den Spannungen am Leitungsanfang und Ende und konstantem Spannungsverhältnis in der komplexen Ebene Kreise dargestellt, und zwar stellt die erste Gl. (165) als Kreis für den Leitungsanfang die gelieferte und die zweite Gl. (165) als Kreis für das Leitungsende die abgegebene Leistung, bezogen auf die natürliche Leistung, dar.

Wir konstruieren zunächst den Kreis für den Leitungsanfang, also für das Erzeugerende nach der ersten Gl. (165), Abb. 21. Den Mittelpunkt M' des Kreises finden wir, indem wir den Vektor vom Betrag $\frac{1}{h\,t}$ aus der reellen Achse heraus im negativen Sinn, also im Uhrzeigersinn um den Winkel $\tau - \zeta$ um den Koordinatenanfangspunkt drehen. Nunmehr zeichnen wir den Vektor vom Betrag $\frac{1}{h\,s}\,\frac{U_2}{U_1}$ in Richtung der negativen reellen Achse von M' beginnend und drehen ihn um den Winkel $\sigma - \zeta$ im Uhrzeigersinn. Sein Endpunkt A' fällt dabei praktisch in die Ordinatenachse. $M'A'$ stellt dann der Größe und Richtung nach den Vektor $\frac{1}{h\,s}\,\frac{U_2}{U_1}\,\varepsilon^{-j(\sigma-\zeta)}$ dar. Von ihm aus ist der Winkel ϑ im Uhrzeigersinn zu rechnen. Ändert sich beim Betrieb der Winkel ϑ, so dreht sich $M'A'$ um M', so daß der Endpunkt einen Kreis beschreibt.

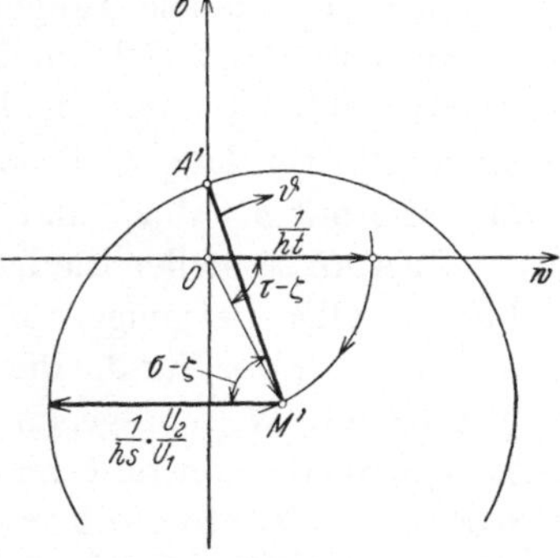

Abb. 21. Konstruktion des Kreises für das Erzeugerende der Leitung.

Die entsprechende Konstruktion kann man für das Verbraucherende unter Beachtung der Vorzeichen nach der zweiten Gl. (165) ausführen. Man erhält dann, wenn man beide Kreise in einem Koordinatensystem aufzeichnet, Abb. 22. Diese Abbildung stellt den Zusammenhang zwischen Wirk- und Blindleistung an den Enden einer Leitung dar, wobei die Spannungen an den Enden gleich groß gewählt wurden. Soll z. B. die Wirkleistung OB'' beim Verbraucher abgegeben werden, so bestimmt die Senkrechte in B'' mit ihrem Schnittpunkt P'' mit dem Verbraucherkreis, die zur Übertragung notwendige Blindleistung und den erforderlichen Winkel $A''M''P''$ zwischen den Spannungsvektoren am Leitungsanfang und Ende. Dieser Winkel ist im Erzeuger-

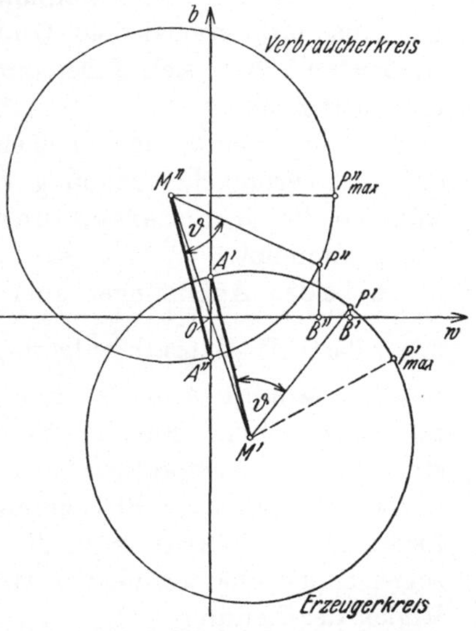

Abb. 22. Kreisdiagramm für Erzeuger- und Verbraucherende.

diagramm an $M'A'$ in M' anzutragen und liefert den Punkt P'. Mit $P'B'$ ist dann die Blindleistung beim Erzeuger, und mit OB' die erforderliche Wirkleistung am Leitungsanfang gegeben.

$B'B''$ gibt die Verluste bei der Übertragung an. Aus dem Kreisdiagramm kann man auch sofort die maximal übertragbare Leistung entnehmen, indem man an den Verbraucherkreis die zur Ordinatenachse parallele Tangente zeichnet.

In den Abb. 23, 24 und 25 ist mit Hilfe des Kreisdiagrammes der Zusammenhang zwischen der Wirk- und Blindleistung an den Enden einer 200 km langen Freileitung von 200 kV Betriebsspannung für 50 Per/s mit $\varrho = 0{,}25$ und $\lambda = 0{,}1$ wiedergegeben.

In Abb. 23 stellen die beiden starkausgezogenen Kreise die Ortskurven aller derjenigen Betriebszustände beim Erzeuger bzw. beim Verbraucher dar, für die die Spannungen an beiden Enden gleich groß sind. Wird dagegen angenommen, daß die Spannung nur am Erzeugerende konstant und gleich 100% der Nennspannung gehalten wird, beim Verbraucher dagegen verschiedene Werte annimmt, so entstehen die schwach ausgezogenen zwei Kreisscharen. Am Erzeugerende bleiben alle Kreise konzentrisch, wie aus der vorhin abgeleiteten Gleichung hervorgeht, und die Halbmesser ändern sich proportional der Verbraucherspannung. Für die Kreisschar beim Verbraucher dagegen ändert sich der Mittelpunktsabstand der einzelnen Kreise vom Ursprung proportional dem Quadrat der Verbraucherspannung. Die Radien verhalten sich dabei proportional der ersten Potenz der Verbraucherspannung.

In Abb. 24 ist das entsprechende Diagramm für den Fall entworfen, daß die Verbraucherspannung konstant gleich 100% gehalten wird, während die Erzeugerspannung verschiedene Werte von 70 bis 110% annimmt.

In beiden Abbildungen sind die Abszissen und die Ordinaten in demselben kW-Maßstab aufgetragen; als Einheit ist $\frac{U_{100\%}^2}{Z}$ in kW gewählt. Sowohl in Abb. 23 wie in Abb. 24 ist ein bestimmter Betriebsfall eingezeichnet. Für die Verbraucherwirkleistung gleich 1,3 Maßstabseinheiten, entsprechend dem Punkt B'', und gleich große Spannung an beiden Enden der Strecke ergibt sich die am Verbraucherende erforderliche Blindleistung zu $B''P''$. Aus dem Diagramm folgt ferner sogleich der Phasenwinkel ϑ zwischen den Spannungen an den zwei Enden der Leitung

$$\vartheta = \sphericalangle A'' M''_{100\%} P'',$$

wobei $M''A''$ derjenige Kreisradius ist, für den der Winkel ϑ gleich Null ist.

Zur Ermittlung der Verhältnisse am Erzeugerende führen wir die oben angegebene Konstruktion aus und tragen den Winkel ϑ in M' an

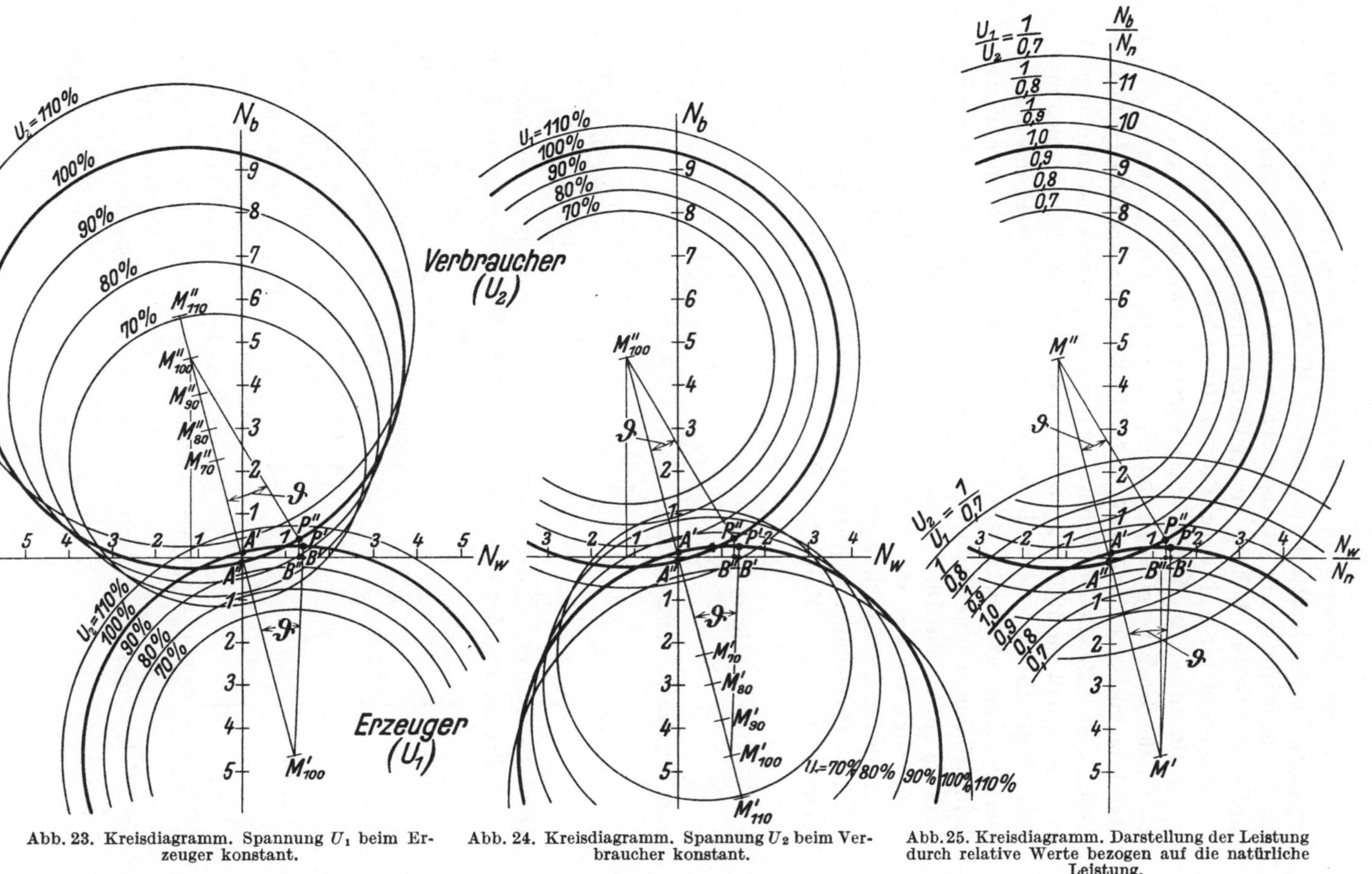

Abb. 23. Kreisdiagramm. Spannung U_1 beim Erzeuger konstant.

Abb. 24. Kreisdiagramm. Spannung U_2 beim Verbraucher konstant.

Abb. 25. Kreisdiagramm. Darstellung der Leistung durch relative Werte bezogen auf die natürliche Leistung.

$A'M'$ an und erhalten somit P'. Es ist dann $P'B'$ die am Erzeugerende erforderliche Blindleistung, während die Wirkleistung am Erzeugerende entsprechend dem Punkt B' abgelesen werden kann. Die Strecke $B'B''$ gibt in demselben Maßstab die Leitungsverluste an.

Eine verallgemeinerte Darstellung aller dieser Verhältnisse finden wir in Abb. 25. Als Parameter wurde hier genommen: U_2/U_1 für das Erzeugerende und U_1/U_2 für das Verbraucherende. Als Maßstabseinheit gilt nunmehr U_1^2/Z für das Erzeugerende und U_2^2/Z für das Verbraucherende. Bei der Benutzung dieses Diagrammes ist somit darauf zu achten, daß der Maßstab jeweils verschieden berechnet werden muß. Das Diagramm bietet jedoch den großen Vorteil, daß es nur Relativwerte enthält, es können also mit seiner Hilfe auch Betriebszustände bei Spannungen untersucht werden, die von den normalen Spannungen beliebig abweichen. Die beiden Kreisscharen für Verbraucher- und Erzeuger sind, wie aus Abb. 25 hervorgeht, jede für sich konzentrisch.

Auch für die Gleichungen der Kreisdiagramme können die in Abschnitt C abgeleiteten Näherungsformeln für die Hyperbelfunktionen angewandt werden. Man erhält für den Leitungsanfang

$$w_1 + j\,b_1 = \frac{\varepsilon^{-j\left(\frac{\pi}{2} - 2\zeta - \frac{\varrho\lambda^2}{3}\right)}}{h^2\lambda\left(1 + \frac{\lambda^2}{3}\right)} - \frac{\varepsilon^{-j\left(\frac{\pi}{2} - 2\zeta + \frac{\varrho\lambda^2}{6}\right)}}{h^2\lambda\left(1 - \frac{\lambda^2}{6}\right)}\,\frac{U_2}{U_1}\,\varepsilon^{-j\vartheta} \tag{166}$$

und für das Leitungsende:

$$w_2 + j\,b_2 = -\frac{\varepsilon^{-j\left(\frac{\pi}{2} - 2\zeta - \frac{\varrho\lambda^2}{3}\right)}}{h^2\lambda\left(1 + \frac{\lambda^2}{3}\right)} + \frac{\varepsilon^{-j\left(\frac{\pi}{2} - 2\zeta + \frac{\varrho\lambda^2}{6}\right)}}{h^2\lambda\left(1 - \frac{\lambda^2}{6}\right)}\,\frac{U_1}{U_2}\,\varepsilon^{+j\vartheta}. \tag{167}$$

Diese Beziehungen sind für kurze Leitungen numerisch bequemer.

2. Berechnung der Blindleistung. Für die Projektierung von Kraftübertragungen interessiert die zur Übertragung einer gegebenen Wirkleistung notwendige Blindleistung. Man findet diese Blindleistung aus der Konstruktion des Kreisdiagrammes. Es soll jedoch für kurze Leitungen auch eine Formel zu ihrer Berechnung abgeleitet werden.

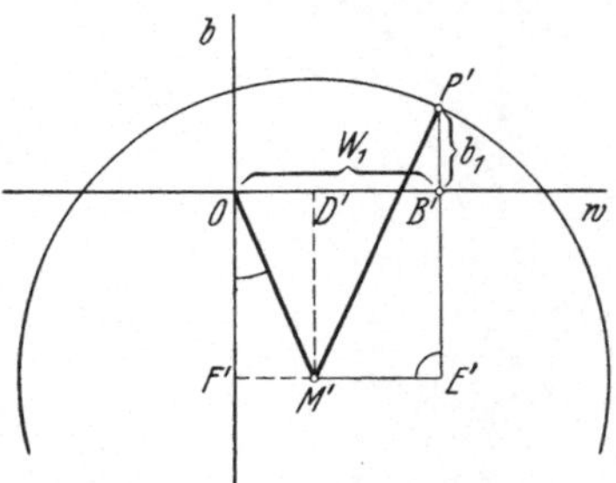

Abb. 26. Zur Ableitung der Beziehung zwischen Wirk- und Blindleistung.

Wir bestimmen die Blindleistung beim Erzeuger aus Gl. (166), wobei Abb. 26 das Diagramm des Erzeugerkreises zeigt. Der Mittelpunkt des Kreises M' hat vom Koordinatenanfangspunkt den Abstand

$$\overline{OM'} = \frac{1}{h^2\lambda\left(1 + \frac{\lambda^2}{3}\right)}. \tag{168}$$

$\overline{OM'}$ ist gegen die b-Achse unter dem Winkel $2\zeta + \frac{\varrho\lambda^2}{3}$ geneigt. Es ist also die Projektion von $\overline{OM}$ auf die b-Achse

$$\overline{OF'} = \frac{\cos\left(2\zeta + \frac{\varrho\lambda^2}{3}\right)}{h^2\lambda\left(1 + \frac{\lambda^2}{3}\right)} \tag{169}$$

und die Projektion auf die w-Achse

$$\overline{OD'} = \frac{\sin\left(2\zeta + \frac{\varrho\lambda^2}{3}\right)}{h^2\lambda\left(1 + \frac{\lambda^2}{3}\right)}. \tag{170}$$

Die zu übertragende Wirkleistung sei durch $\overline{OB'} = w_1$ vorgegeben. Die zu ermittelnde Blindleistung ist $\overline{B'P'} = b_1$, wobei P' auf dem Kreis um M' mit dem Radius

$$\overline{M'P'} = \frac{1}{h^2\lambda\left(1 - \frac{\lambda^2}{6}\right)} \frac{U_2}{U_1} \tag{171}$$

liegt.

Für das rechtwinklige Dreieck $M'E'P'$ gilt

$$\overline{M'P'}^2 = \overline{M'E'}^2 + \overline{P'E'}^2,$$

wobei

$$\overline{M'E'} = w_1 - \overline{M'F'}$$

und

$$\overline{P'E'} = b_1 + \overline{B'E'}$$

ist. Man erhält

$$\overline{M'P'}^2 = (w_1 - \overline{M'F'})^2 + (b_1 + \overline{B'E'})^2,$$

und damit

$$b_1 = -\overline{B'E'} \pm \sqrt{\overline{M'P'}^2 - (w_1 - \overline{M'F'})^2}.$$

Mit den Werten $\overline{B'E'}$, $\overline{M'P'}$ und $\overline{M'F'}$ ergibt sich daraus die am Leitungsanfang erforderliche Blindleistung

$$b_1 = +\sqrt{\left[\frac{U_2}{U_1}\frac{1}{h^2\lambda\left(1-\frac{\lambda^2}{6}\right)}\right]^2 - \left[w_1 - \frac{\sin\left(2\zeta+\frac{\varrho\lambda^2}{3}\right)}{h^2\lambda\left(1+\frac{\lambda^2}{3}\right)}\right]^2} - \frac{\cos\left(2\zeta+\frac{\varrho\lambda^2}{3}\right)}{h^2\lambda\left(1+\frac{\lambda^2}{3}\right)}. \tag{172}$$

Sinngemäß berechnet sich aus dem Diagramm des Verbraucherkreises die am Ende erforderliche Blindleistung

$$b_2 = -\sqrt{\left[\frac{U_1}{U_2}\frac{1}{h^2\lambda\left(1-\frac{\lambda^2}{6}\right)}\right]^2 - \left[w_2 + \frac{\sin\left(2\zeta+\frac{\varrho\lambda^2}{3}\right)}{h^2\lambda\left(1+\frac{\lambda^2}{3}\right)}\right]^2} + \frac{\cos\left(2\zeta+\frac{\varrho\lambda^2}{3}\right)}{h^2\lambda\left(1+\frac{\lambda^2}{3}\right)}. \tag{173}$$

3. Einfluß des Widerstandes. Wird der Ohmsche Widerstand vernachlässigt, so ergeben sich für die Kreisdiagramme besonders einfache Verhältnisse. Der Wellenwiderstand wird reell, so daß der Verzerrungswinkel $\zeta = 0$ ist, ferner folgt aus $r = 0$ auch $\varrho\,\lambda^2 = 0$. Man erhält für das Kreisdiagramm beim Erzeuger bzw. Verbraucher aus Gl. (166) und (167) für kurze Leitungen

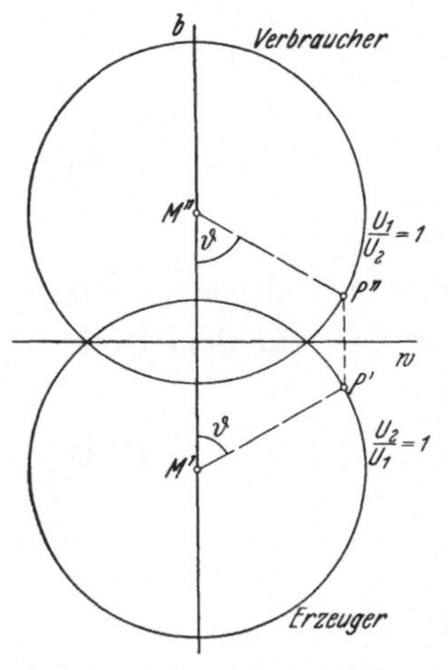

Abb. 27. Kreisdiagramm der verlustfreien Leitung.

$$\left.\begin{aligned} w_1 + j\,b_1 &= -\frac{j}{\lambda\left(1+\frac{\lambda^2}{3}\right)} + \frac{j}{\lambda\left(1-\frac{\lambda^2}{6}\right)}\,\frac{U_2}{U_1}\,\varepsilon^{-j\vartheta}, \\ w_2 + j\,b_2 &= \frac{j}{\lambda\left(1+\frac{\lambda^2}{3}\right)} - \frac{j}{\lambda\left(1-\frac{\lambda^2}{6}\right)}\,\frac{U_1}{U_2}\,\varepsilon^{+j\vartheta}. \end{aligned}\right\} \quad (174)$$

Die Mittelpunkte der Kreise liegen also jetzt, wie Abb. 27 zeigt, auf der imaginären Achse.

Wir vergleichen die Diagramme der verlustfreien Leitung nach Gl. (174) mit denen der Leitung mit Verlusten und setzen dabei h^2 vor die Klammer. Aus Gl. (166) und (167) wird mit $\varepsilon^{j\frac{\pi}{2}} = j$ und $\varepsilon^{-j\frac{\pi}{2}} = -j$

$$\left.\begin{aligned} w_1 + j b_1 &= \left[-\frac{j}{\lambda\left(1+\frac{\lambda^2}{3}\right)} + \frac{j}{\lambda\left(1-\frac{\lambda^2}{6}\right)}\,\frac{U_2}{U_1}\,\varepsilon^{-j\vartheta}\,\varepsilon^{-j\frac{\varrho\lambda^2}{2}}\right]\frac{\varepsilon^{j\left(2\zeta+\frac{\varrho\lambda^2}{3}\right)}}{h^2}, \\ w_2 + j b_2 &= \left[\frac{j}{\lambda\left(1+\frac{\lambda^2}{3}\right)} - \frac{j}{\lambda\left(1-\frac{\lambda^2}{6}\right)}\,\frac{U_1}{U_2}\,\varepsilon^{+j\vartheta}\,\varepsilon^{-j\frac{\varrho\lambda^2}{2}}\right]\frac{\varepsilon^{j\left(2\zeta+\frac{\varrho\lambda^2}{3}\right)}}{h^2}. \end{aligned}\right\} \quad (175)$$

Tabelle 2. Zusammenhang zwischen Kreisdiagrammen mit und ohne Berücksichtigung des Widerstandes.

$\varrho = \frac{r}{\omega l}$	$h^2 = \sqrt{1+\varrho^2}$	$\varrho\,\lambda^2/3$				$2\zeta = \text{arc tg}\,\varrho$
		$\lambda = 0{,}05$	0,10	0,15	0,20	
0,1	1,005	0° 0′ 17″	0° 1′ 9″	0° 2′ 35″	0° 4′ 35″	5° 42′ 38″
0,25	1,031	0° 0′ 43″	0° 2′ 52″	0° 6′ 27″	0° 11′ 28″	14° 2′ 15″
0,4	1,077	0° 1′ 9″	0° 4′ 35″	0° 10′ 19″	0° 18′ 20″	21° 48′ 5″
1,0	1,414	0° 2′ 52″	0° 11′ 27″	0° 25′ 47″	0° 45′ 50″	45° 0′ 0″

Man erkennt, daß die Berücksichtigung des Widerstandes sich geometrisch durch eine Drehstreckung der Kreisdiagramme wiedergeben läßt. Die Diagramme werden im Verhältnis $1:h^2$ verkleinert und um den Winkel $2\zeta + \frac{\varrho\lambda^2}{3}$ im positiven Sinne gedreht. Der Drehwinkel kann für gegebene Werte von ϱ und λ aus Tabelle 2 entnommen werden.

Für die zur Übertragung einer gegebenen Wirkleistung w_1 bzw. w_2 erforderliche Blindleistung ergeben die Gln. (172) und (173) für die verlustfreie Leitung

$$b_1 = +\sqrt{\left[\frac{U_2}{U_1}\,\frac{1}{\lambda\left(1-\frac{\lambda^2}{6}\right)}\right]^2 - w_1^2} - \frac{1}{\lambda\left(1+\frac{\lambda^2}{3}\right)}, \tag{176}$$

$$b_2 = -\sqrt{\left[\frac{U_1}{U_2}\,\frac{1}{\lambda\left(1-\frac{\lambda^2}{6}\right)}\right]^2 - w_2^2} + \frac{1}{\lambda\left(1+\frac{\lambda^2}{3}\right)}. \tag{177}$$

Bei der numerischen Berechnung von b_1 und b_2 nach Gl. (172), (173), (176) und (177) treten oft Differenzen nahezu gleicher Zahlen auf. Es muß daher die Rechnung mit einer genügenden Stellenzahl ausgeführt werden.

F. Bestimmungsstücke für den Betrieb.

1. Festlegung der Vorzeichen. In diesem Kapitel sollen für die Nachrechnung gegebener Betriebszustände und für die Bemessung neu zu errichtender Fernkraftübertragungen Näherungsformeln abgeleitet werden. Dabei wird vorausgesetzt, daß das Widerstandsmaß $\varrho \leqq 0{,}4$ und das Längenmaß $\lambda \leqq 0{,}2$ ist. Es werden jeweils nur die Formeln für das Verbraucherende (Index 2) angegeben. Die Formeln für das Erzeugerende (Index 1) erhält man, indem man für die relative Wirkleistung w_2 beim Verbraucher $-w_1$ und für die relative Blindleistung am Verbraucherende b_2 den Wert $-b_1$ einsetzt.

Die Vorzeichen der Wirk- und Blindleistung legen wir wie bisher so fest, daß ein am Verbraucher angeschlossener Ohmscher Widerstand einem positiven w_2 und eine beim Verbraucher angeschlossene Kapazität einem positiven b_2 entspricht. Induktive beim Verbraucher aufgenommene Leistung ist demnach negativ einzusetzen.

Beim Erzeuger setzen wir analog die in die Leitung abgegebene Wirkleistung w_1 positiv und die in die Leitung hineingespeiste kapazitive Blindleistung b_1 ebenfalls positiv an.

2. Der Phasenwinkel zwischen den Endspannungen. Wir gehen aus vom Kreisdiagramm für den Verbraucher nach Abb. 28. Für eine gegebene Wirkleistung $w_2 = \overline{OB''}$ erhält man den erforderlichen Winkel ϑ, indem man in B'' die Senkrechte errichtet und ihren Schnittpunkt P'' mit dem Kreismittelpunkt M'' verbindet. Dann ist $\vartheta = \sphericalangle P''M''A''$. Ferner ist

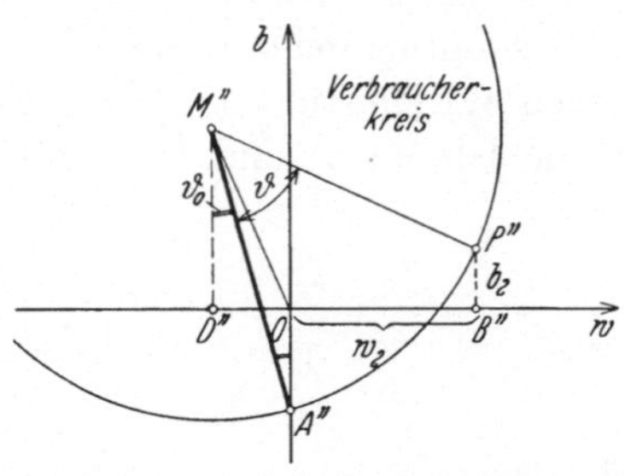

Abb. 28. Zur Berechnung des Winkels zwischen den Spannungen an den Leitungsenden.

$$\sphericalangle A''M''D'' = \vartheta_0 = 2\zeta + \frac{\varrho\lambda^2}{3} \quad (178)$$

und an Hand der Abbildung:

$$\operatorname{tg}(\vartheta_0 + \vartheta) = \frac{\overline{D''O} + w_2}{\overline{D''M''} - b_2}. \quad (179)$$

Wir setzen $\overline{D''O}$ nach Gl. (170) und $\overline{D''M''}$ nach Gl. (169) ein. Es wird

$$\operatorname{tg}(\vartheta_0 + \vartheta) = \frac{\dfrac{\sin\left(2\zeta + \frac{\varrho\lambda^2}{3}\right)}{h^2\lambda\left(1 + \frac{\lambda^2}{3}\right)} + w_2}{\dfrac{\cos\left(2\zeta + \frac{\varrho\lambda^2}{3}\right)}{h^2\lambda\left(1 + \frac{\lambda^2}{3}\right)} - b_2}. \quad (180)$$

Wir streichen $\frac{\varrho\lambda^2}{3}$ als klein gegenüber 2ζ und $\frac{\lambda^2}{3}$ gegenüber 1. Es folgt weiter auf Grund trigonometrischer Beziehungen aus $\operatorname{tg} 2\zeta = \varrho$:

$$\sin 2\zeta = \frac{\varrho}{\sqrt{1+\varrho^2}} = \frac{\varrho}{h^2} \quad \text{und} \quad \cos 2\zeta = \frac{1}{\sqrt{1+\varrho^2}} = \frac{1}{h^2}, \quad (181)$$

so daß

$$\operatorname{tg}(\vartheta_0 + \vartheta) = \frac{\varrho + w_2\lambda h^4}{1 - b_2\lambda h^4} = \frac{\varrho + w_2\lambda(1+\varrho^2)}{1 - b_2\lambda(1+\varrho^2)}. \quad (182)$$

Wir erhalten also für den Winkel zwischen den Spannungen in erster Näherung

$$\vartheta = \operatorname{arc\,tg}\frac{\varrho + w_2\lambda(1+\varrho^2)}{1 - b_2\lambda(1+\varrho^2)} - \operatorname{arc\,tg}\varrho. \quad (183)$$

Vereinigt man die beiden arcustangens, so folgt

$$\vartheta = \operatorname{arc\,tg}\frac{\lambda(w_2 + \varrho b_2)}{1 + \lambda(\varrho w_2 - b_2)}. \quad (184)$$

Eine zweite genauere Näherungsformel für den Phasenwinkel ergibt sich als Argument des auf Seite 107 in Gl. (192) abgeleiteten komplexen Ausdruckes für $\frac{\mathfrak{U}_1}{\mathfrak{U}_2}$. Es ist

$$\vartheta = \operatorname{arc\,tg}\frac{\lambda\left(1 - \frac{\lambda^2}{6}\right)(w_2 + \varrho b_2)}{1 + \lambda\left[\left(1 - \frac{\lambda^2}{6}\right)(\varrho w_2 - b_2) - \frac{\lambda}{2}\right]}. \quad (185)$$

3. Der Spannungsabfall längs der Leitung. Zwischen der Spannung am Anfang und Ende einer Leitung hatten wir in Gl. (26) gefunden

$$\mathfrak{U}_1 = \mathfrak{U}_2 \mathfrak{Cof}\,\mathfrak{k}\,a + \mathfrak{J}_2 \mathfrak{Z}\, \mathfrak{Sin}\,\mathfrak{k}\,a \tag{186}$$

oder, wenn man mit $\mathfrak{U}_2$ dividiert,

$$\frac{\mathfrak{U}_1}{\mathfrak{U}_2} = \mathfrak{Cof}\,\mathfrak{k}\,a + \frac{\mathfrak{J}_2 \mathfrak{Z}}{\mathfrak{U}_2} \mathfrak{Sin}\,\mathfrak{k}\,a\,. \tag{187}$$

Der Ausdruck $\frac{\mathfrak{J}_2 \mathfrak{Z}}{\mathfrak{U}_2}$ läßt sich schreiben mit $\mathfrak{Z} = Z\,h\,\varepsilon^{-j\zeta}$ nach Gl. (94)

$$\frac{\mathfrak{J}_2 \mathfrak{Z}}{\mathfrak{U}_2} = \frac{\mathfrak{J}_2 \mathfrak{U}_2}{\frac{\mathfrak{U}_2^2}{Z}}\, h\,\varepsilon^{-j\zeta} = \frac{N_{w_2} + j\,N_{b_2}}{N_n}\, h\,\varepsilon^{-j\zeta} = (w_2 + j\,b_2)\, h\,\varepsilon^{-j\zeta}\,. \tag{188}$$

Es folgt also

$$\frac{\mathfrak{U}_1}{\mathfrak{U}_2} = \mathfrak{Cof}\,\mathfrak{k}\,a + (w_2 + j\,b_2)\, h\,\varepsilon^{-j\zeta}\, \mathfrak{Sin}\,\mathfrak{k}\,a\,. \tag{189}$$

Führen wir für $\mathfrak{Cof}\,\mathfrak{k}\,a$ und $\mathfrak{Sin}\,\mathfrak{k}\,a$ die Näherungen der Gln. (97) und (98) ein, wobei der Winkel $\varrho\,\lambda^2$ vernachlässigt werden kann (vgl. Tabelle 2, S. 104), so wird:

$$\frac{\mathfrak{U}_1}{\mathfrak{U}_2} = 1 - \frac{\lambda^2}{2} + (w_2 + j\,b_2)\, h^2 \lambda \left(1 - \frac{\lambda^2}{6}\right) \varepsilon^{j\left(\frac{\pi}{2} - 2\zeta\right)}. \tag{190}$$

Nun ist $\varepsilon^{j\frac{\pi}{2}} = j$, und nach dem Moivreschen Satz

$$\varepsilon^{-j2\zeta} = \cos 2\,\zeta - j\,\sin 2\,\zeta\,.$$

Man erhält daraus mit Gl. (181)

$$j\,\varepsilon^{-j2\zeta} = j\,(\cos 2\,\zeta - j\,\sin 2\,\zeta) = \frac{1}{h^2}(\varrho + j)\,. \tag{191}$$

Für das Spannungsverhältnis ergibt sich also

$$\frac{\mathfrak{U}_1}{\mathfrak{U}_2} = 1 + \lambda\left[-\frac{\lambda}{2} + \left(1 - \frac{\lambda^2}{6}\right)(\varrho\,w_2 - b_2)\right] + j\,\lambda\left(1 - \frac{\lambda^2}{6}\right)(w_2 + \varrho\,b_2)\,. \tag{192}$$

Wir bezeichnen den Realteil der linken Seite der Gl. (176) vorübergehend mit α, den Imaginärteil mit β, so daß

$$\frac{\mathfrak{U}_1}{\mathfrak{U}_2} = \alpha + j\,\beta \tag{193}$$

und bilden den absoluten Betrag des Spannungsverhältnisses

$$\frac{U_1}{U_2} = \sqrt{\alpha^2 + \beta^2} = \alpha \sqrt{1 + \frac{\beta^2}{\alpha^2}} \simeq \alpha + \frac{\beta^2}{2\,\alpha}, \quad \text{da} \quad \frac{\beta}{\alpha} \ll 1\,. \tag{194}$$

Setzt man α und β in Gl. (194) ein, so wird

$$\frac{U_1}{U_2} = 1 + \lambda\left[-\frac{\lambda}{2} + \left(1 - \frac{\lambda^2}{6}\right)(\varrho\,w_2 - b_2)\right] + \frac{\left[\lambda\left(1 - \frac{\lambda^2}{6}\right)(w_2 + \varrho\,b_2)\right]^2}{2\left\{1 + \lambda\left[\left(1 - \frac{\lambda^2}{6}\right)(\varrho\,w_2 - b_2) - \frac{\lambda}{2}\right]\right\}}\,. \tag{195}$$

Wir vernachlässigen die Glieder, welche höhere Potenzen als λ^2 enthalten und vereinfachen den zweiten Posten, der proportional λ^2, und daher schon sehr klein ist, indem wir im Nenner

$$\lambda\left[\left(1-\frac{\lambda^2}{6}\right)(\varrho\, w_2 - b_2) - \frac{\lambda}{2}\right]$$

gegen 1 streichen. Es bleibt dann:

$$\frac{U_1}{U_2} = 1 + \lambda\left(\varrho\, w_2 - b_2 - \frac{\lambda}{2}\right) + \frac{\lambda^2}{2}(w_2 + \varrho\, b_2)^2. \tag{196}$$

D e r r e l a t i v e S p a n n u n g s a b f a l l l ä n g s d e r L e i t u n g ist damit

$$\Delta U = \frac{U_1 - U_2}{U_2} = \frac{U_1}{U_2} - 1 = \lambda\left\{\varrho\, w_2 - b_2 - \frac{\lambda}{2}\,[1 - (w_2 + \varrho\, b_2)^2]\right\}. \tag{197}$$

4. Die Ohmschen Leitungsverluste. Wir gehen aus von der Beziehung für die Stromverteilung längs einer Leitung nach Gl. (25). Im Abstand x vom Leitungsende ist:

$$\mathfrak{J}_x = \mathfrak{J}_2 \mathfrak{Cof}\,\mathfrak{k}\,x + \frac{\mathfrak{U}_2}{\mathfrak{Z}}\,\mathfrak{Sin}\,\mathfrak{k}\,x. \tag{198}$$

Den Spannungsvektor $\mathfrak{U}_2$ legen wir in die positive reelle Achse, so daß $\mathfrak{U}_2 = U_2$. Der Stromvektor am Leitungsende sei

$$\mathfrak{J}_2 = J_2\,\varepsilon^{j\varphi_2}. \tag{199}$$

Dann wird

$$\mathfrak{J}_x = J_2(\cos\varphi_2 + j\sin\varphi_2)\,\mathfrak{Cof}\,\mathfrak{k}\,x + \frac{U_2}{\mathfrak{Z}}\,\mathfrak{Sin}\,\mathfrak{k}\,x \tag{200}$$

oder mit den Näherungsformeln der Gl. (100) und (102) für $\mathfrak{Cof}\,\mathfrak{k}\,x$ und $\dfrac{\mathfrak{Sin}\,\mathfrak{k}\,x}{\mathfrak{Z}}$, wobei jetzt $\lambda = \dfrac{\omega\,x}{v}$ bezeichnet und $\varrho\,\lambda^2$ vernachlässigt wird:

$$\mathfrak{J}_\lambda = J_2(\cos\varphi_2 + j\sin\varphi_2)\left(1-\frac{\lambda^2}{2}\right) + j\,\frac{U_2}{\sqrt{\frac{l}{c}}}\,\lambda\left(1-\frac{\lambda^2}{6}\right) \tag{201}$$

oder geordnet

$$\mathfrak{J}_\lambda = J_2\left(1-\frac{\lambda^2}{2}\right)\cos\varphi_2 + j\left[J_2\left(1-\frac{\lambda^2}{2}\right)\sin\varphi_2 + \frac{U_2\,\lambda}{\sqrt{\frac{l}{c}}}\left(1-\frac{\lambda^2}{6}\right)\right]. \tag{202}$$

Die Verluste V auf der Leitung von der Länge a sind gegeben durch

$$V = r\int_0^a J_\lambda^2\,dx \tag{203}$$

oder da $x = \dfrac{v}{\omega}\,\lambda$ ist:

$$V = \frac{r\,v}{\omega}\int_0^\lambda J_\lambda^2\,d\lambda. \tag{204}$$

Wir bilden J_λ^2 und vernachlässigen die vierten Potenzen von λ. Man erhält aus Gl. (202)

$$J_\lambda^2 = J_2^2(1-\lambda^2) + \frac{U_2^2\lambda^2}{\frac{l}{c}} + \frac{2J_2U_2\lambda}{\sqrt{\frac{l}{c}}}\left(1-\frac{2\lambda^2}{3}\right)\sin\varphi_2. \tag{205}$$

Es wird also

$$V = \frac{rv}{\omega}\int_0^\lambda J_\lambda^2\,d\lambda = \frac{rv\lambda}{\omega}\left[J_2^2\left(1-\frac{\lambda^2}{3}\right) + \frac{U_2^2\lambda^2}{3\frac{l}{c}} + \frac{J_2U_2\lambda}{\sqrt{\frac{l}{c}}}\left(1-\frac{\lambda^2}{3}\right)\sin\varphi_2\right] \tag{206}$$

oder wenn man v durch $\frac{1}{\sqrt{lc}}$ ersetzt und $\sqrt{\frac{l}{c}}$ vor die Klammer setzt:

$$V = \varrho\lambda\left[\frac{J_2^2}{\sqrt{\frac{c}{l}}}\left(1-\frac{\lambda^2}{3}\right) + \frac{U_2^2}{\sqrt{\frac{l}{c}}}\frac{\lambda^2}{3} + J_2U_2\lambda\left(1-\frac{\lambda^2}{3}\right)\sin\varphi_2\right]. \tag{207}$$

Wir wollen nunmehr die Verluste auf die natürliche Leistung $N_{n_2} = \frac{U_2^2}{\sqrt{l/c}}$ beziehen und schreiben:

$$\frac{V}{N_{n_2}} = \varrho\lambda\left[\frac{J_2^2U_2^2}{N_{n_2}\frac{U_2^2}{\sqrt{l/c}}}\left(1-\frac{\lambda^2}{3}\right) + \frac{U_2^2}{N_{n_2}\sqrt{\frac{l}{c}}}\frac{\lambda^2}{3} + \frac{J_2U_2\sin\varphi_2}{N_{n_2}}\lambda\left(1-\frac{\lambda^2}{3}\right)\right]. \tag{208}$$

Dabei ist $J_2^2U_2^2 = N_{w_2}^2 + N_{b_2}^2$ das Quadrat der Scheinleistung am Leitungsende. Es wird also mit $\frac{N_{w_2}}{N_{n_2}} = w_2$ und $\frac{N_{b_2}}{N_{n_2}} = b_2$ für die relativen Ohmschen Leitungsverluste $\varDelta w$ gefunden:

$$\varDelta w = \frac{V}{N_{n_2}} = \varrho\lambda\left[(w_2^2+b_2^2)\left(1-\frac{\lambda^2}{3}\right) + \frac{\lambda^2}{3} + b_2\lambda\left(1-\frac{\lambda^2}{3}\right)\right], \tag{209}$$

oder, da man im letzten Posten $\frac{\lambda^2}{3}$ gegenüber 1 streichen kann:

$$\varDelta w = \varrho\lambda\left[\left(1-\frac{\lambda^2}{3}\right)(w_2^2+b_2^2) + b_2\lambda + \frac{\lambda^2}{3}\right]. \tag{210}$$

5. Die Blindleistungsänderung längs der Leitung. Hierunter verstehen wir die Differenz der kapazitiven und induktiven Blindleistungsaufnahme der Leitung selbst. Vom Erzeuger ist nämlich nicht nur die beim Verbraucher geforderte Blindleistung, sondern auch noch die von der Leitung selbst geforderte Blindleistung zu decken.

Wir berechnen zunächst die induktive Blindleistungsaufnahme $\varDelta b_i$. Es ist für die Leitungslänge a:

$$\varDelta b_i = \omega l\int_0^a J_\lambda^2\,dx. \tag{211}$$

Das Integral ist bereits in Gl. (203) und (206) berechnet worden. Man erhält mit Gl. (210):

$$\varDelta b_i = \frac{V/N_{n2}}{\varrho} = \frac{\varDelta w}{\varrho} = \lambda\left[\left(1 - \frac{\lambda^2}{3}\right)(w_2^2 + b_2^2) + b_2\lambda + \frac{\lambda^2}{3}\right]. \tag{212}$$

Die kapazitive Blindleistungsaufnahme beträgt für ein Leitungselement von der Länge dx:

$$dN_{bc} = U_x^2 \omega c\, dx\,, \tag{213}$$

oder, wenn man von der Veränderlichen x zum dimensionslosen Längenmaß $\lambda = \frac{\omega x}{v}$ übergeht und mit U_2^2 erweitert,

$$dN_{bc} = U_2^2 \omega c \left(\frac{U_x}{U_2}\right)^2 dx = U_2^2 c v \left(\frac{U_\lambda}{U_2}\right)^2 d\lambda\,. \tag{214}$$

Für das Spannungsverhältnis $\frac{U_\lambda}{U_2}$ können wir Gl. (196) einsetzen, indem wir an Stelle der Spannung U_1 am Leitungsanfang die Spannung U_λ an der Stelle λ setzen. Ferner ist $cv = \frac{1}{Z}$ wegen $v = \frac{1}{\sqrt{lc}}$. Man erhält, wenn man Glieder von höherer Ordnung als λ^2 streicht:

$$dN_{bc} = \frac{U_2^2}{Z}\{1 + 2\lambda(\varrho w_2 - b_2) - \lambda^2[1 - (1 + \varrho^2)(w_2^2 + b_2^2)]\}d\lambda\,. \tag{215}$$

Integriert man über die Leitungslänge, so folgt

$$\begin{aligned} N_{bc} &= \int_0^\lambda dN_{bc} \\ &= \frac{U_2^2}{Z}\lambda\left\{1 + \lambda(\varrho w_2 - b_2) - \frac{\lambda^2}{3}[1 - (1 + \varrho^2)(w_2^2 + b_2^2)]\right\}. \end{aligned} \tag{216}$$

Für die relative kapazitive Blindleistungsaufnahme $\varDelta b_c$ der Leitung ergibt sich also mit Einführung der natürlichen Leistung N_{n2}:

$$\varDelta b_c = \frac{N_{bc}}{N_{n2}} = \lambda\left\{1 + \lambda(\varrho w_2 - b_2) - \frac{\lambda^2}{3}[1 - (1 + \varrho^2)(w_2^2 + b_2^2)]\right\}. \tag{217}$$

Die gesamte relative Blindleistungsänderung $\varDelta b$ der Leitung beträgt als Differenz von Gl. (217) und (212):

$$\begin{aligned} \varDelta b &= \varDelta b_c - \varDelta b_i \\ &= \lambda\left\{1 - (w_2^2 + b_2^2) + \lambda(\varrho w_2 - 2b_2) - \frac{\lambda^2}{3}[2 - (2 + \varrho^2)(w_2^2 + b_2^2)]\right\}. \end{aligned} \tag{218}$$

6. Die Kompensationsblindleistung. Soll an den Enden einer Leitung ein vorgegebenes Spannungsverhältnis eingehalten werden, so ist hierfür die Zuführung von Blindleistung erforderlich, die man als Kompensationsblindleistung bezeichnet. Für den relativen Spannungsabfall hatten wir in Gl. (197) gefunden

$$\varDelta U = \lambda\left\{\varrho w_2 - b_2 - \frac{\lambda}{2}[1 - (w_2 + \varrho b_2)^2]\right\}. \tag{219}$$

Bei gegebener relativer Wirklast w_2 ist dies die Bestimmungsgleichung für b_2. Da jedoch die Auflösung dieser quadratischen Gleichung für b_2 oft zu Differenzen nahezu gleicher Zahlen führt, vernachlässigen wir das sehr kleine Glied $\frac{\lambda}{2}\,\varrho^2\, b_2^2$. Es folgt dann

$$\Delta U = \lambda\left[\varrho\, w_2 - b_2(1 - \lambda\,\varrho\, w_2) - \frac{\lambda}{2}(1 - w_2^2)\right], \tag{220}$$

so daß sich als Näherung für die Kompensationsblindleistung ergibt

$$b_2 = \frac{\varrho\, w_2 - \frac{\lambda}{2}(1 - w_2^2) - \frac{\Delta U}{\lambda}}{1 - \lambda\,\varrho\, w_2}. \tag{221}$$

Soll die Spannung an den Leitungsenden gleich groß gehalten werden, so ist $\Delta U = 0$, und man erhält

$$b_2 = \frac{\varrho\, w_2 - \frac{\lambda}{2}(1 - w_2^2)}{1 - \lambda\,\varrho\, w_2}. \tag{222}$$

Dieser Näherungswert für b_2 kann verbessert werden, indem man ihn in die eckige Klammer von Gl. (219) einführt und diese Gleichung nach b_2 auflöst. Es empfiehlt sich jedoch, diese Rechnung nur numerisch auszuführen.

Durch die hier aus den strengen Leitungsgleichungen entwickelten Näherungsformeln wird man praktisch auf fast die gleichen Zahlenwerte geführt, wie sie auf Grund elementarer Überlegungen am Schlusse des Abschnitts I entwickelt wurden.

7. Zahlenbeispiel. Mit den abgeleiteten Näherungsformeln soll die in Abb. 29 wiedergegebene Fernkraftübertragung untersucht werden.

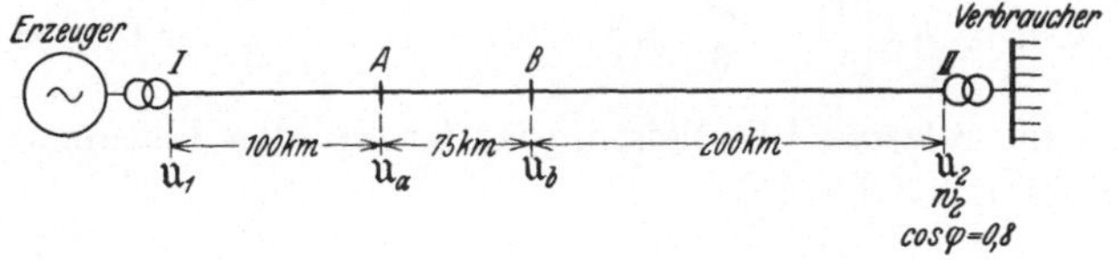

Abb. 29. Beispiel einer Übertragungsleitung.

Sie besteht aus drei Abschnitten von 200, 75 und 100 km Länge. Die Erzeugerstation bezeichnen wir mit *I*, den Verbraucher mit *II* und die beiden Zwischenstationen mit *A* und *B*. Die Leitung sei als Kupfer-Hohlseilleitung von 25 mm Seildurchmesser ausgeführt. Die Betriebskonstanten sind bei 50 Per/s

Ohmscher Widerstand $r = 0{,}094$ Ohm/km,
Induktanz $\omega l = 0{,}400$ Ohm/km,
kapazitiver Leitwert $\omega c = 2{,}74 \cdot 10^{-6}$ S/km.

Wir berechnen zunächst das Widerstandsmaß

$$\varrho = \frac{r}{\omega l} = 0{,}235 \tag{223}$$

und das Längenmaß für den Leitungsabschnitt B—II

$$\lambda = \frac{\omega a}{v} = 0{,}209\,. \tag{224}$$

Der Wellenwiderstand ist

$$Z = \sqrt{\frac{l}{c}} = 382\,\text{Ohm}\,, \tag{225}$$

und für die natürliche Leistung bei 200 kV folgt hiermit

$$N_{n\,2} = \frac{U_2^2}{Z} = 104{,}7\,\text{MW}\,. \tag{226}$$

Beim Verbraucher werde die Spannung $U_2 = 200$ kV vorgegeben. Die Wirkleistung beim Verbraucher sei für ein erstes Beispiel gleich der natürlichen Leistung, also $w_2 = 1$ bei $\cos\varphi = 0{,}8$ induktiv, so daß $b_2 = -0{,}75\,w_2 = -0{,}75$ ist.

Wir führen nun die Rechnung für den Leitungsabschnitt B—II durch: Es ist gegeben die relative Wirklast $w_2 = 1$ und Blindlast $b_2 = -0{,}75$ am Leitungsende. Somit beträgt nach Gl. (196) das Verhältnis der Spannungen in Station B und Station II:

$$\frac{U_b}{U_2} = 1 + \lambda\left[\varrho\,w_2 - b_2 - \frac{\lambda}{2}\right] + \frac{\lambda^2}{2}(w_2 + \varrho\,b_2)^2 = 1{,}20\,. \tag{227}$$

Es tritt also auf diesem Leitungsabschnitt eine Spannungserhöhung um 20% ein. Für die relativen Ohmschen Verluste erhält man mit Gl. (210)

$$\Delta w = \varrho\,\lambda\left[\left(1 - \frac{\lambda^2}{3}\right)(w_2^2 + b_2^2) + b_2\,\lambda + \frac{\lambda^2}{3}\right] = 0{,}0688\,, \tag{228}$$

und für die relative Blindleistungsänderung des Leitungsabschnittes B—II folgt aus Gl. (218)

$$\Delta b = \lambda\Big[1 - (w_2^2 + b_2^2) + \lambda\,(\varrho\,w_2 - 2\,b_2) - \frac{\lambda^2}{3}[2 - (2 + \varrho^2)(w_2^2 + b_2^2)]\Big] = -0{,}0377\,. \tag{229}$$

In der Station B beträgt nunmehr die relative Wirkleistung $\overline{w}_b$ bezogen auf $\frac{U_2^2}{Z}$

$$\overline{w}_b = w_2 + \Delta w = 1{,}069 \tag{230}$$

und die relative Blindleistung $\overline{b}_b$ ebenfalls auf $\frac{U_2^2}{Z}$ bezogen

$$\overline{b}_b = b_2 + \Delta b = -0{,}788\,. \tag{231}$$

Rechnen wir diese Leistungen auf die Spannung U_b um, so wird

$$\left.\begin{aligned} w_b &= \bar{w}_b \left(\frac{U_2}{U_b}\right)^2 = 0{,}743\,, \\ b_b &= \bar{b}_b \left(\frac{U_2}{U_b}\right)^2 = -0{,}547\,. \end{aligned}\right\} \qquad (232)$$

Endlich berechnen wir noch den Phasenwinkel zwischen den Spannungen in *II* und *B* nach Gl. (184) und erhalten

$$\vartheta = \operatorname{arc\,tg} \frac{\lambda (w_2 + \varrho b_2)}{1 + \lambda (w_2 \varrho - b_2)} = 8{,}15^0. \qquad (233)$$

Damit ist die Berechnung des Abschnittes *B—II* beendet.

Die relative Wirkleistung w_b und die relative Blindleistung b_b sind nunmehr als die Werte am Leitungsende des Abschnittes *A—B* anzusehen, für den die Rechnung in der oben angegebenen Weise mit dem der Leitungslänge von 75 km entsprechenden Wert von λ zu wiederholen ist. Alsdann ist die gleiche Rechnung auch für den Abschnitt *I—A* durchzuführen.

Wenn in den Zwischenstationen Wirk- und Blindleistung aus der Leitung entnommen wird, so sind ihre Beträge vor der Weiterrechnung den Ergebnissen nach Gl. (232) hinzuzuschlagen.

Die Rechnung wurde nicht nur für den Fall durchgeführt, daß beim Verbraucher die einfache, sondern auch die doppelte natürliche Leistung aufgenommen wird, also $w_2 = 2$, ebenfalls mit $\cos\varphi = 0{,}8$. Wir stellen die Ergebnisse in den Tabellen 3 und 4 zusammen.

Tabelle 3. Spannungsverhältnis, Verluste und Phasenwinkel der Leitungsabschnitte.

Leitungsabschnitt	Länge km	ϱ	λ	$w_2 = 1$				$w_2 = 2$			
				$\frac{U_1}{U_2}$	Δw	Δb	ϑ	$\frac{U_1}{U_2}$	Δw	Δb	ϑ
II-B	200	0,235	0,209	1,20	0,0688	−0,0377	8,15⁰	1,45	0,285	−0,915	13,7 ⁰
B-A	75	0,235	0,0785	1,055	0,0149	+0,0194	2,62⁰	1,11	0,0445	−0,102	3,30⁰
A-I	100	0,235	0,1045	1,065	0,0158	+0,0448	3,20⁰	1,13	0,0433	−0,066	3,57⁰

Tabelle 4. Spannungen und Leistungen der Leitung in den Stationen.

Station	$w_2 = 1$					$w_2 = 2$				
	U kV	w	N_w MW	b	N_b MVA	U kV	w	N_w MW	b	N_b MVA
II (Verbraucher)	200	1	104,7	−0,750	−78,6	200	2	209	−1,50	−157
B	240	0,743	112	−0,547	−82,5	290	1,085	239	−1,15	−253
A	253	0,680	114	−0,474	−79,5	322	0,914	248	−1,02	−276
I (Erzeuger) . .	269	0,613	116	−0,378	−71,7	364	0,749	260	−0,850	−295

Als ein zweites Beispiel für die Anwendung der Näherungsformeln wollen wir bei der durch Abb. 29 gegebenen Kraftübertragung die Spannung in allen Stationen konstant halten und die Größe der dann in den Stationen erforderlichen Phasenschieber berechnen. Gegeben sei, daß beim Verbraucher die doppelte natürliche Leistung geliefert werden soll, also $w_2 = 2$, die als reine Wirkleistung den Abnehmern zugeführt wird.

Wir berechnen zunächst mit Gl. (222) die beim Verbraucher in *II* notwendige Blindleistung b_2 mit $w_2 = 2$:

$$b_2 = \frac{\varrho\, w_2 - \frac{\lambda}{2}(1 - w_2^2)}{1 - \lambda\, \varrho\, w_2} = 0{,}870. \tag{234}$$

Beim Verbraucher ist also ein Phasenschieber aufzustellen, der 87% der natürlichen Leistung als induktive Blindleistung in die Leitung zu liefern hat.

Für die Ohmschen Verluste des Leitungsabschnittes *B—II* ergibt Gl. (210)

$$\Delta w = \varrho\, \lambda \left[\left(1 - \frac{\lambda^2}{3}\right)(w_2^2 + b_2^2) + b_2\, \lambda + \frac{\lambda^2}{3}\right] = 0{,}24\,, \tag{235}$$

so daß für die relative Wirkleistung in Station B folgt:

$$w_b = w_2 + \Delta w = 2{,}24\,. \tag{236}$$

Die Blindleistung in der Station B setzt sich aus zwei Teilen b_b' und b_b'' zusammen. Der erste Teil b_b' rührt von der Leitungsstrecke *B—II* her. Er kann berechnet werden mit Hilfe der Blindleistungsänderung Δb längs dieses Leitungsstückes, so daß $b_b' = b_2 + \Delta b$ ist. Einfacher ist er aber aus Gl. (222) zu ermitteln. Diese Gleichung gibt die Kompensationsblindleistung am Ende einer Leitung, wenn die Wirkleistung am Ende gegeben ist. Ersetzen wir nun b_2 durch $-b_b'$ und w_2 durch $-w_b$, so erhalten wir die Kompensationsblindleistung am Anfang des Leitungsstückes bei gegebener Wirkleistung am Leitungsanfang. Es ist also mit dem Längenmaß λ des Abschnittes *B—II* zu berechnen

$$b_b' = \frac{\varrho\, w_b + \frac{\lambda}{2}(1 - w_b^2)}{1 + \lambda\, \varrho\, w_b} = 0{,}0955\,. \tag{237}$$

Der zweite Anteil b_b'' der Blindleistung wird durch w_b am Ende des Leitungsabschnittes $A\,B$ erforderlich. Es ist nach Gl. (222)

$$b_b'' = \frac{\varrho\, w_b - \frac{\lambda}{2}(1 - w_b^2)}{1 - \lambda\, \varrho\, w_b} = 0{,}713, \tag{238}$$

wobei jetzt λ das Längenmaß des Abschnittes A—B ist. Die relative Leistung b_b des Phasenschiebers in Station B ist nun

$$b_b = b_b'' - b_b' = 0{,}713 - 0{,}096 = 0{,}617\,. \tag{239}$$

Führt man die Rechnung weiter, so ergeben sich für die Fernkraftübertragung bei konstanter Spannung die Werte der Tabelle 5 für die relativen und absoluten Wirk- und Blindleistungen in den einzelnen Stationen.

Tabelle 5. Wirk- und Blindleistungen bei konstanter Spannung in den Stationen und $w_2 = 2$ beim Verbraucher.

Station	Übertragene Leistung		Phasenschieberleistung	
	w	MW	relativ	MVA
II (Verbraucher)	2,00	209	$b_2 = 0{,}870$	91,1
B	2,24	235	$b_b = b_b'' - b_b' = 0{,}713 - 0{,}096 = 0{,}617$	64,6
A	2,34	245	$b_a = b_a'' - b_a' = 0{,}830 - 0{,}359 = 0{,}471$	49,4
I (Erzeuger) . .	2,49	261	$b_1 = 0{,}334$	35,0

Wie man durch Vergleich mit den Wirkleistungen der Tabelle 4 erkennt, bleibt deren Zunahme, und daher der Wirkungsgrad der Übertragung, fast gleich. Jedoch arbeitet diese Anlage durch die Wirkung der Phasenschieber mit konstanter Spannung, während jene vom Verbraucher bis zum Erzeuger einen Spannungsanstieg von 82% besitzt.

III. Verhalten der Maschinen und Transformatoren.

Von **A. Mandl**, Berlin.

A. Statische Stabilität.

1. Maschine an großem Netz; Leerlauf und Kurzschluß. Bei der Übertragung großer Energiemengen auf große Entfernungen ist es von Wichtigkeit, die stromliefernden Generatoren so zu bauen, daß ihre Eigenschaften die Stabilität des Netzes erhöhen, also dazu beitragen, die Stromversorgung zu einer möglichst ununterbrochenen zu gestalten. Wir unterscheiden statische und dynamische Stabilität. Die statische Stabilität ist charakterisiert durch die Fähigkeit des Netzes, bei ruhiger Last im Gleichgewicht zu bleiben; die dynamische Stabilität durch die Fähigkeit des Netzes, nach einer Störung einen neuen Gleichgewichtszustand zu erreichen, ohne daß die Stromlieferung unterbrochen wird. Die hier benutzte Unterscheidung statisch oder dynamisch hat also mit der bei mechanischen Vorgängen oder Vorstellungen üblichen nichts zu tun. Sie soll lediglich die Geschwindigkeit kennzeichnen, mit welcher Änderungen im Netz auftreten. Es ist tatsächlich möglich — und es werden solche Fälle besprochen —, daß auch bei langsamen „statischen" Veränderungen die in den Maschinen ausgelösten Schwingungsvorgänge zur Beurteilung der statischen Stabilität herangezogen werden müssen, indem untersucht wird, wann die durch sehr kleine Veränderungen hervorgerufenen Pendelungen gedämpft verlaufen. Im Gebiet der dynamischen Stabilität interessieren vor allem sprunghafte Änderungen der Last, z. B. Laststöße, und sprunghafte Änderungen in der Übertragungsleitung durch Schaltvorgänge, Kurzschlüsse oder Unterbrechungen.

Wir stellen uns die Aufgabe, zu untersuchen, auf welche charakteristischen Eigenschaften der Maschinen es ankommt und wie diese Eigenschaften beim Entwurf in zweckentsprechender Weise beeinflußt werden können. Wir werden sehen, daß durch das Netz selbst und besonders durch abnormale Vorgänge in ihm die Fähigkeit der Maschine, mit anderen Maschinen in Tritt zu bleiben, herabgemindert wird. Es werden dadurch verschiedene schalttechnische Maßnahmen auch bei einer richtig dimensionierten Maschine notwendig, um sie in Störungsfällen in Tritt zu halten.

Wir beginnen mit einem sehr einfachen Fall. In Abb. 1a hänge ein Generator G über einer Leitung an einem großen Netz konstanter Spannung. Die Maschine mit ihren Klemmen AB sei charakterisiert durch ihre synchrone Reaktanz

$$S = \frac{U_n}{J_{0n}} \text{ Ohm je Phase,} \tag{1}$$

dabei ist U_n die Nennspannung je Phase und J_{0n} der dreiphasige Dauerkurzschlußstrom für die Luftspalterregung bei Nennspannung U_n. Die Sättigung der Maschine ist also vernachlässigt.

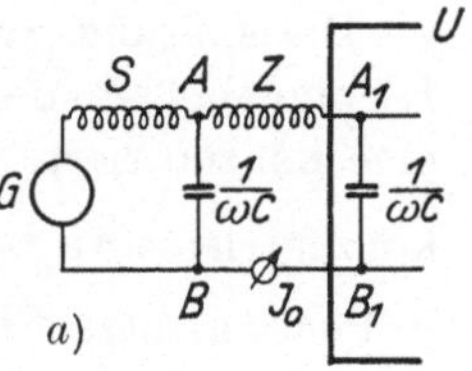

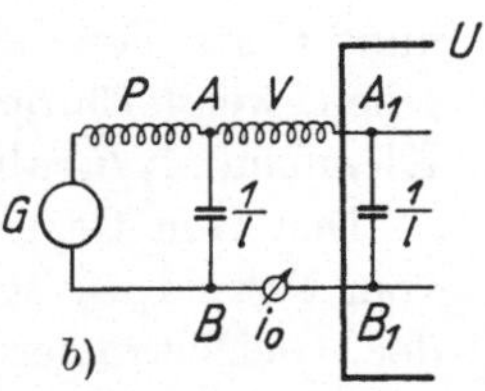

Abb. 1. Synchronmaschine über langer Leitung an großem Netz, Leerlauf. a) Alle Widerstände in Ohm je Phase, b) Alle Widerstände prozentual.

Bezeichnen wir den der Nennlast der Maschine entsprechenden Scheinwiderstand

$$B = \frac{U_n}{J_n} \text{ Ohm je Phase,} \tag{2}$$

wobei J_n der Nennstrom ist, so ist die prozentuale synchrone Reaktanz

$$P = \frac{S}{B} = \frac{J_n}{J_{0n}} \tag{3}$$

oder

$$P = \frac{J_n S}{J_{0n} S} = \frac{J_n S}{U_n} \tag{4}$$

ist der verhältnismäßige Spannungsverbrauch des Nennstromes J_n an der synchronen Reaktanz S bezogen auf die Nennspannung U_n.

Der reziproke Wert

$$\frac{1}{P} = \frac{J_{0n}}{J_n} \tag{5}$$

ist die prozentuale Ladeleistungsfähigkeit bis zur Selbsterregungsgrenze.

Abb. 2. Synchronmaschine, Leerlauf und Dauerkurzschluß. Abszissen: Induktorstrom J_e in gleichwertigen Stator-A. Ordinaten: Klemmenspannung U.

In Abb. 2 ist als Abszisse der Erregergleichstrom J_e im Induktor in gleichwertigen Stator-Ampere aufgetragen. Ströme sind gleichwertig, wenn sie dieselbe Feldgrundwelle im Luftspalt erzeugen. Als Ordinate ist die Klemmenspannung U aufgetragen. Die Gerade K ist die Leerlaufcharakteristik der ungesättigten Maschine, die Luftspaltcharakteristik. Das Potiersche Dreieck OAB für den Dauerkurzschluß mit Nennstrom J_n ist eingezeichnet, ebenso die Ermittlung des Dauerkurzschlußstromes J_{0n} entsprechend der Luftspalterregung J_{0l} für Nennspannung U_n. Die prozentuale Ladeleistungsfähigkeit $\frac{1}{P} = \frac{J_{0n}}{J_n}$ ist mit dem Kurzschlußverhältnis $\frac{J_{0l}}{J_{kn}}$ identisch, wenn von dem Einfluß der Sättigung abgesehen wird. J_{kn} ist dabei die Erregung im Dauerkurzschluß für Nennstrom J_n.

Die Leitung zwischen den Klemmen AB der Maschine und den Klemmen $A_1 B_1$ des sehr großen Netzes wird in bekannter Weise durch eine konzentrierte Induktivität von Z Ohm je Phase und durch zwei konzentrierte Kapazitäten je mit dem kapazitiven Widerstand $\frac{1}{\omega C}$ Ohm je Phase ersetzt. Siehe Abb. 1. Der an den Netzklemmen $A_1 B_1$ liegende Anteil werde zu dem unendlich großen Netz gerechnet, dessen Spannung U sei. Von der Fiktion des unendlich großen Netzes kann man absehen, wenn Einrichtungen vorhanden sind, welche die Spannung der Klemmen $A_1 B_1$ absolut konstant halten.

Den vom Generator G gelieferten Strom kann man sich durch den vom Netz $A_1 B_1$ zufließenden Leerlaufstrom J_0 und durch den von der Gleichstromerregung des Induktors getriebenen Kurzschlußstrom J_k zusammengesetzt denken.

Für den vom Netz zufließenden Leerlaufstrom J_0 betrachten wir den Generator als vollkommen unerregt wie eine Drosselspule mit der synchronen Reaktanz S der Maschine. Wenn die konstante Spannung des Netzes U ist, so beträgt die Klemmenspannung der Maschine $U - J_0 Z$ und der von den Netzklemmen $A_1 B_1$ zu den Generatorklemmen AB fließende Leerlaufstrom

$$J_0 = \frac{U - J_0 Z}{S} - (U - J_0 Z)\,\omega C \tag{6}$$

oder

$$J_0 = U \frac{1 - \omega C S}{S + Z - S Z \omega C}. \tag{7}$$

Wir setzen für $Z = V \frac{U_n}{J_n}$, d. h. wenn der Normalstrom J_n den vorgeschalteten induktiven Widerstand Z durchfließt, verbraucht er

V Prozent der Nennspannung U_n, wobei V als Dezimalbruch ausgedrückt ist.

Ferner ist

$S = P \frac{U_n}{J_n}$, wobei P die prozentuale synchrone Reaktanz ist,

$\omega C = l \frac{J_n}{U_n}$, dabei ist l das Verhältnis des Ladestromes $\omega C U_n$ der Ersatzkapazität an dem Leitungsende AB zum Normalstrom J_n,

$i_0 = \frac{J_0}{J_n}$ der verhältnismäßige vom Netz zufließende Leerlaufstrom,

$u = \frac{U}{U_n}$ die verhältnismäßige Netzspannung.

Damit wird

$$i_0 = u \frac{1 - Pl}{P + V - PVl}. \tag{8}$$

Dieses Ergebnis hätten wir nach dem reduzierten Schema von Abb. 1b sofort anschreiben können. Der reziproke Wert obigen Bruches ist nichts anderes als der resultierende Scheinwiderstand des Generatorstromkreises von den Netzklemmen $A_1 B_1$ an gerechnet.

Für $Pl = 1$ wird $i_0 = 0$. Maschine und Kondensator sind in Stromresonanz. Es fließt überhaupt kein Leerlaufstrom vom Netz aus zu. Die ungesättigte Maschine ist gerade an der Grenze der Selbsterregung. Es muß also immer $Pl < 1$ sein.

Ein für große Maschinen sehr vernünftiger Mittelwert für die prozentuale synchrone Reaktanz ist $P = 1$. Damit wird

$$i_0 = u \frac{1 - l}{1 + V(1 - l)}. \tag{9}$$

l muß jetzt kleiner als 1 sein. Es ergibt sich für $u = 1$ und

	$l = 0{,}5$	0,7	0,9
mit $V = 0{,}3$	$i_0 = 0{,}435$	0,275	0,097
0,6	$i_0 = 0{,}385$	0,254	0,0945
1,0	$i_0 = 0{,}333$	0,230	0,091

Für $V = 0$ und $l = 0$ wird nach Gl. (8) $i_0 = \frac{u}{P}$, und mit $P = 1$ und $u = 1$ wird $i_0 = 1$.

Der vom Netz zufließende Leerlaufstrom ist also sehr stark verringert. Die unerregte Maschine stellt eine Drosselspule dar, deren Induktivität bei gegebener Ständerwindungszahl durch die zur Überwindung des Luftspaltes erforderlichen AW bestimmt wird. Bei normaler Spannung und bei normalem Kraftfluß sind im Luftspalt Amperewindungen aufgespeichert, die im Falle einer Spannungsabsenkung freigemacht und durch eine entsprechende entmagnetisierende Wirkung von der Netzseite her kompensiert werden. Dies entspricht im untererregten Betrieb einer Verringerung, im übererregten Betrieb einer Vergrößerung des Ständerstromes. Es ist bekannt, daß die unmittelbar ans Netz angeschlossene Maschine bei einem Rückgang der Netzspannung um x% ihre Blindstromabgabe um $x \cdot 1/P$% steigert. Die Maschine nach Abb. 1 steigert ihre Blindstromabgabe nur um

$$x \frac{1 - Pl}{P + V - PVl} \%.$$

Der vom Generator G ins Netz fließende K u r z s c h l u ß s t r o m ergibt sich nach dem reduzierten Schema von Abb. 3. Die Netzklemmen $A_1 B_1$ sind jetzt als kurzgeschlossen zu betrachten. Der Generator sei so erregt, daß im Leerlauf bei Vernachlässigung der Sättigung die Spannung E

an den Klemmen entstehen würde. Wir werden E die fiktive Polradspannung nennen. Der resultierende Scheinwiderstand des kurzgeschlossenen Stromkreises von den vor der synchronen Reaktanz P liegenden „inneren Spannungsfestpunkten“ $A_0 B_0$ gemessen ergibt sich mit

$$\frac{P + V - P V l}{1 - V l}.$$

P ist dabei die prozentuale synchrone Reaktanz,

V ist der verhältnismäßige Spannungsverbrauch an der vorgeschalteten Induktivität,

l ist der verhältnismäßige Ladestrom der Ersatzkapazität an dem Leitungsende $A B$.

Der Generator stellt mit seinen Wicklungen eine Kombination von Induktivitäten vor mit einer durch die Gleichstromerregung eingeprägten EMK. Irgendwo im Zuge dieser Induktivitäten, an den „inneren Spannungsfestpunkten“ der Maschine wird konstante Spannung herrschen. Die Bezeichnung „innere Spannungsfestpunkte“ soll kennzeichnen, daß sie der unmittelbaren Messung tatsächlich nicht zugänglich sind. Wenn wie im vorliegenden Falle die Gleichstromerregung und damit die fiktive Polradspannung E konstant gehalten wird, liegen sie vor der synchronen Reaktanz P. Dies ist die ungünstigste, am weitesten innen, zum Sternpunkt zu, mögliche Lage der inneren Spannungsfestpunkte. Man kann durch Regeleinrichtungen, von welchen noch die Rede sein wird, einen Teil der Induktivitäten kompensieren, so daß der Ständerstrom in diesem Teil keine Spannung verbraucht. Es ist so, als ob dieser Teil kurzgeschlossen wäre. Die inneren Spannungsfestpunkte liegen dann weiter weg vom Sternpunkt und näher zu den äußeren wirklichen Klemmen.

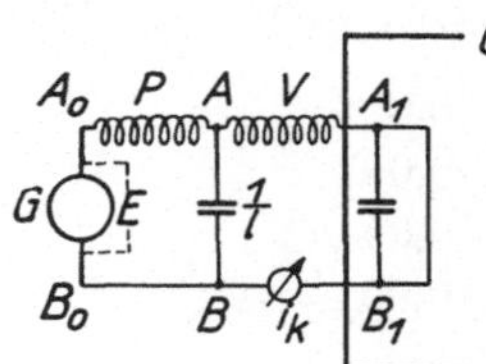

Abb. 3. Synchronmaschine über langer Leitung an großem Netz, Kurzschluß. Alle Widerstände prozentual.

Setzt man für $\frac{E}{U_n} = e$ die verhältnismäßige Induktorerregung,

$\frac{J_k}{J_n} = i_k$ den verhältnismäßigen Kurzschlußstrom,

wobei J_k der Kurzschlußstrom ist,

und berücksichtigt in Abb. 3 die Stromverzweigung von den Generatorklemmen $A B$ ab, so findet man

$$i_k = \frac{e}{P + V - P V l}. \tag{10}$$

Mit der synchronen Reaktanz $P = 1$ wird

$$i_k = \frac{e}{1 + V(1 - l)}. \tag{11}$$

Es ergibt sich für $e = 1$ und

	$l = 0{,}5$	0,7	0,9
mit $V = 0{,}3$	$i_k = 0{,}87$	0,916	0,97
0,6	$i_k = 0{,}77$	0,845	0,94
1,0	$i_k = 0{,}666$	0,77	0,91

Für $l = 0$ und $V = 0$ wird der Klemmenkurzschlußstrom für $P = 1$ nach Gl. (11) $i_k = e$ und mit $e = 1$ wird $i_k = 1$.

Es sei nochmals besonders betont, daß Leerlauf- und Kurzschlußstrom unmittelbar vor den Klemmen konstanter Spannung $A_1 B_1$ gemessen sind.

Die Zusammensetzung von i_0 und i_k zu dem ins Netz fließenden resultierenden Strom i_N ist in Abb. 4 dargestellt. φ ist die äußere, ψ die innere Phasenverschiebung, an den Netzklemmen $A_1 B_1$ gemessen. Die maximale ins Netz fließende Leistung ist dem Produkt $u \cdot i_k$ proportional.

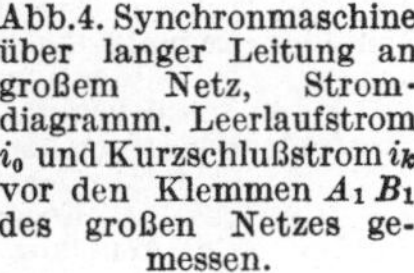

Abb. 4. Synchronmaschine über langer Leitung an großem Netz, Stromdiagramm. Leerlaufstrom i_0 und Kurzschlußstrom i_k vor den Klemmen $A_1 B_1$ des großen Netzes gemessen.

Es wurde bisher stillschweigend die synchrone Reaktanz der Maschine als konstant und unabhängig von der Polradstellung betrachtet. Dies trifft bei Turbogeneratoren zu, nicht jedoch bei Schenkelpolmaschinen. Es wird der Einfachheit halber weiter mit konstanter synchroner Reaktanz gerechnet. Für die synchrone Reaktanz in der Längs- und in der Querfeldstellung kann man bei den Schenkelpolmaschinen setzen

$$S_l = S_0(1 + \tau_1)\,, \tag{12}$$

$$S_{qu} = \frac{S_0}{\lambda} + S_0 \tau_1\,. \tag{13}$$

Dabei ist λ das Verhältnis der magnetischen Längsfeld- zur Querfeldleitfähigkeit für das Luftspaltfeld. Bei Maschinen mit normaler Polbedeckung von etwa 0,72 ist λ etwa 1,5. S_0 ist der auf das Luftspaltfeld entfallende Teil der synchronen Reaktanz, die Hauptfeldreaktanz, und τ_1 die Streuung der Ständerwicklung, für die mit vorgeschaltetem Transformator im Mittel 0,25 gesetzt werden kann. Damit wird

$$S_l = 1{,}25\, S_0, \tag{14}$$

$$S_{qu} = 0{,}92\, S_0\,. \tag{15}$$

Der zur Wirkung kommende Unterschied wird durch die vorgeschaltete Induktivität Z noch verringert.

2. Spannungsdiagramm der Synchronmaschine für langsam- und raschveränderliche Vorgänge; Lage der inneren Spannungsfestpunkte. Das Spannungs- oder AW-Diagramm der Synchronmaschine stimmt mit der vereinfachenden Annahme konstanter synchroner Reaktanz mit dem Diagramm Abb. 5 überein. Es bedeuten

OA den Spannungsverbrauch des Stromes J in der synchronen Reaktanz S,

AB die fiktive Polradspannung E,

OB die Klemmenspannung U der Maschine.

Für alle langsamen Vorgänge im Netz, wie sie z. B. bei stetiger, langsamer Veränderung der Belastung eintreten, sind übereinander zu lagern der Leerlaufstrom, den das Netz in die Maschine schickt, und der Kurzschlußstrom, der von der Maschine ins Netz gesandt wird. In beiden Fällen kommt die Maschine mit ihrer synchronen Reaktanz zur Wirkung. Es ist jetzt jedoch zu beachten, daß das Netz nicht mehr unendlich groß ist und demnach Klemmen konstanter Spannung nicht mehr existieren. Sind n Maschinen vorhanden, so wird der Leerlaufstrom ermittelt, der von den $n - 1$ anderen erregten Maschinen in die betrachtete unerregte Maschine getrieben wird. Beim Kurzschlußversuch hingegen ist nur die betrachtete Maschine erregt und alle anderen Maschinen sind unerregt und wirken mit ihrer synchronen Reaktanz als Drosselspulen. Bei unveränderter Gleichstromerregung ist die fiktive Polradspannung E konstant, da bei diesen langsamen Veränderungen kein zusätzlicher Strom in der Induktorwicklung induziert wird. Die inneren Spannungsfestpunkte der Maschine, an welchen die konstante, fiktive Spannung E herrscht, sind also vor der synchronen Reaktanz zu denken.

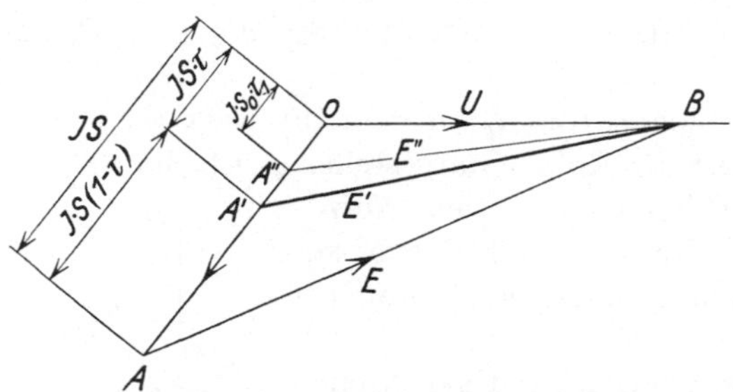

Abb. 5. Spannungsdiagramm der Synchronmaschine.
OAB für langsam veränderliche Vorgänge. Polradspannung E (Induktorerregung) konstant. Innere Spannungsfestpunkte vor der synchronen Reaktanz S.
$OA'B$ für rasch veränderliche Vorgänge. Fiktive Spannung E' (Induktorverkettung) konstant. Innere Spannungsfestpunkte vor der resultierenden Streureaktanz $S \cdot \tau$.
$OA''B$ für rasch veränderliche Vorgänge. Fiktive Spannung E'' (Luftspaltfeld) konstant. Innere Spannungsfestpunkte vor der Streureaktanz $S_0 \tau_1$ der Ständerwicklung.

Für den anderen Extremfall sehr rasch veränderlicher Vorgänge, z. B. plötzliche Spannungsänderung an den Klemmen der Maschine, ist in Abb. 5 das Spannungsdiagramm $OA'B$ dargestellt. Das Induktorfeld kann als ein vollkommen kurzgeschlossener Kreis betrachtet werden, der seine gesamte Verkettungszahl aufrechterhalten will. Dies gilt mindestens in einem Zeitintervall, das klein ist im Verhältnis zur Kurzschlußzeitkonstante der Induktorwicklung. Bekanntlich darf man — solange nur die resultierende Streuung konstant bleibt — für alle Wirkungen nach außen hin Stator- und Rotorstreuung beliebig auf beide Stromkreise verteilen. Wir wollen annehmen, daß der nun widerstandslos gedachte Induktorstromkreis streuungsfrei mit der Statorwicklung verkettet ist und daß dem Stator die resultierende Streureaktanz $S \cdot \tau$ vorgeschaltet ist. Dabei ist die resultierende Streuung τ

$$\tau = 1 - \frac{1}{(1+\tau_1)(1+\tau_2)}, \tag{16}$$

wenn τ_1 die Statorstreuung, τ_2 die Rotorstreuung bedeuten.

Die Dämpferwicklung bleibt in diesem Zusammenhang außer Betracht, da die in ihr induzierten Ströme sehr rasch abklingen.

Die inneren Spannungsfestpunkte der Maschine, an welchen die konstante Spannung E' herrscht, sind jetzt vor der resultierenden Streureaktanz $S \cdot \tau$ zu denken, die für solche Vorgänge zum äußeren Belastungskreis zählt. In dem Spannungsdiagramm zerfällt die Spannung $J \cdot S$ in zwei Teile, die dem Spannungsverbrauch an der inneren streuungsfreien synchronen Reaktanz $S\,(1 - \tau)$ und an der äußeren resultierenden Streureaktanz $S \cdot \tau$ entsprechen. Die inneren Spannungsfestpunkte liegen vor der resultierenden Streuung.

Auch diese Vorstellung mit der Absonderung der resultierenden Streuung ist nur eine Näherung, da die Induktorwicklung nur einachsig ist und infolgedessen nur Wirbelströme in Richtung dieser Achse ausbilden kann. Nach jedem Kurzschlußvorgang entstehen Wirbelströme in der Längs- und Querfelddämpferwicklung. Die Querfeldkomponente klingt wegen des großen Widerstandes der Dämpferwicklung sehr rasch ab. Die Längsfeldkomponente geht jedoch auf die mit der Längsfelddämpferwicklung verhältnismäßig gut verkettete Induktorwicklung über, deren Widerstand sehr klein bzw. deren Zeitkonstante sehr groß sein soll. Durch diesen nun geschilderten Vorgang hat sich die Magnetisierungsachse der im Rotor fließenden Abwehrströme gedreht. Dadurch kommt die Maschine in einen Zwangszustand: erzeugte und verbrauchte Drehmomente werden nicht mehr einander gleich sein. Der Drehmomentenüberschuß erzeugt eine Schwingung.

Eine andere mögliche und günstigere Annahme besteht darin, daß man voraussetzt, daß das Luftspaltfeld der Maschine konstant bleibt. In diesem Falle liegt nur die Statorstreuung der Maschine $S_0\tau_1$ außerhalb der Spannungsfestpunkte, an welchen man sich die konstante Spannung E'' denken kann. Hierfür gilt das Spannungsdiagramm $OA''B$ der Abb. 5. Von dem Schnellregler wird dabei vorausgesetzt, daß er das Luftspaltfeld der Maschine tatsächlich konstant zu halten in der Lage ist. Dies gilt besonders für größere Zeitintervalle, die in die Nähe der Kurzschlußzeitkonstante der Induktorwicklung kommen, oder noch darüber hinausgehen, während welcher also der Regler Zeit findet, nachzukommen.

Bisher wurde die Maschine betrachtet, wie sie sich an einem Netz konstanter Spannung verhält, wobei vorausgesetzt wurde, daß die polradgebundene durch die Gleichstromerregung des Induktors gegebene Spannung konstant ist. Es liegen dann die Spannungsfestpunkte der Maschine vor der synchronen Reaktanz. Dieser Fall ist gegeben, wenn die Änderung im Netz langsam erfolgt, im Verhältnis zu dem Abklingvorgang des in der Induktorwicklung induzierten Stromes. Wie groß ist die für den Abklingvorgang maßgebende, also zur Wirkung kommende Induktivität? Man findet durch eine einfache Überlegung, wenn man sich die Statorwicklung über einen vorgeschalteten induktiven Widerstand $Z = V \frac{U_n}{J_n}$ kurzgeschlossen denkt, für die zur Wirkung kommende Induktivität

$$L_w = L_2 \frac{\tau + \frac{V}{P}}{1 + \frac{V}{P}}, \tag{17}$$

L_2 ist die Selbstinduktion der Induktorwicklung in Henry, τ ist wieder die resultierende Streuung und P die prozentuale synchrone Reaktanz. Für $V = \infty$ — vollkommen offener Statorkreis — ist dies die Leerlaufinduktivität L_2, für $V = 0$ — vollkommener Kurzschluß der Statorwicklung — die Kurzschlußinduktivität $L_2 \tau$. Die zur Wirkung kommende Induktivität L_w wird also dazwischen liegen. Wir rechnen vorsichtig, wenn wir dem Abklingvorgang die Kurzschlußzeitkonstante zugrunde legen. Der Abklingvorgang wird sicher langsamer erfolgen.

3. Zwei Maschinen an beliebigem Netz. Es werde nun ein irgendwie gestaltetes Netz betrachtet, von dem nur vorausgesetzt ist, daß es aus konstanten Scheinwiderständen besteht. An zwei Knotenpunkte dieses Netzes seien Maschinen oder Zentralen angeschlossen. Als konstante Spannungen in diesem Netz gelten nur die fiktiven Polradspannungen. Die Spannungsfestpunkte liegen vor der synchronen Reaktanz der Maschinen. Die synchronen Reaktanzen zählen mit zu den konstanten Scheinwiderständen des Netzes. Die Fragestellung lautet konkret so: die zwischen beiden Maschinen übertragene Leistung wird allmählich und langsam gesteigert. Bei welcher Belastung erreichen die Maschinen die Stabilitätsgrenze, drohen sie außer Tritt zu fallen?

Man muß sich vorstellen, daß nach jedem unendlich kleinen Zuwachs der übertragenen Leistung ein Schwingungsvorgang der beiden Maschinen gegeneinander einsetzt. Nachdem diese Schwingung abgeklungen ist, tritt wieder eine kleine Vermehrung der übertragenen Leistung ein. Dies geht so lange, bis die Maschinen an eine Grenzlast kommen, bei welcher sie, auch wenn der Leistungszuwachs nur unendlich klein ist, außer Tritt fallen. Diese Aufgabe kann durch die schon dargestellte

Übereinanderlagerung von Leerlauf und Kurzschluß gelöst werden. Abb. 6 zeigt das Spannungs- und Stromdiagramm der Übertragung. E_a und E_b sind die konstanten Polradspannungen, ϑ ist der Winkel, den sie und auch die Pole miteinander einschließen. Für den Leerlauf der Maschine A denken wir uns die im Rotor unerregte Maschine A vom Netz erregt. Das Netz wird durch die Maschine B gebildet, die mit ihrer Polradspannung E_b erregt ist. Der von B nach A fließende Strom ist

$$J_{ba} = \frac{E_b}{Z}. \tag{18}$$

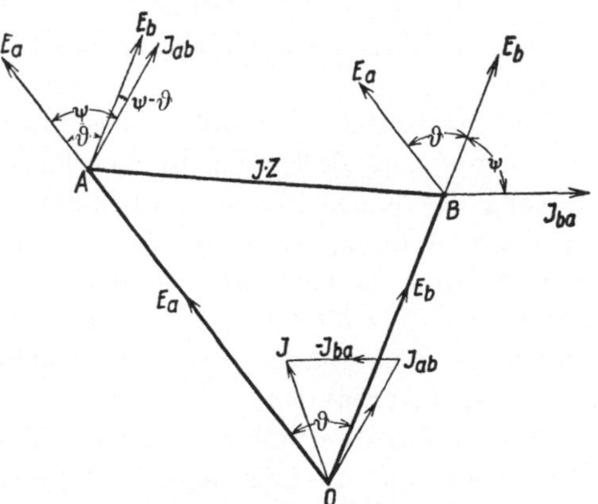

Abb. 6. Statische Stabilität. Zwei Zentralen mit den Polradspannungen E_a, E_b, beliebiges Netz mit Durchgangsimpedanz Z.

Z ist der zur Wirkung kommende Widerstand, die Durchgangsimpedanz. Die synchrone Reaktanz der beiden Maschinen zählt, wie bereits erwähnt, dabei mit. Wir halten also fest: Die Durchgangsimpedanz Z wird gemessen, indem man eine der beiden Maschinen erregt und den Strom mißt, den die andere unerregte Maschine aufnimmt.

Der Strom J_{ba} eilt der Spannung E_b um den Winkel ψ nach. Wenn im Netz nur verlustfreie Widerstände vorhanden wären, so wäre $\psi = 90^0$. Im allgemeinen ist dies nicht der Fall. In Abb. 6 ist $\psi < 90^0$.

Für den Kurzschluß der mit ihrer Polradspannung E_a erregten Maschine muß man sich die Maschine B über das dazwischengeschaltete Netz unerregt angeschlossen denken. Ein Teil des Kurzschlußstromes der Maschine A ist der nach B fließende Strom

$$J_{ab} = \frac{E_a}{Z}. \tag{19}$$

Er eilt der Spannung E_a um den Winkel ψ nach.

Bei der Zusammensetzung der Ströme ist zu beachten, daß der Strom J_{ba} von B nach A und der Strom J_{ab} von A nach B gezählt wurde. Der Strom J, der aus der Zusammensetzung von J_{ba} und J_{ab} hervorgeht, ist im allgemeinen ein fiktiver Strom, der an der Durchgangsimpedanz Z den Spannungsabfall zwischen A und B erzeugt. Nur wenn A und B durch einen einzigen Widerstand Z miteinander verbunden sind, und nicht, wie hier vorausgesetzt, Knotenpunkte eines beliebig vermaschten, aus konstanten Scheinwiderständen bestehenden Netzes bilden, ist der Strom J der wirkliche von A nach B fließende Strom.

Ferner ist zu bedenken, daß der Leerlaufversuch der Maschine A in vorliegendem Falle, in welchem es sich nur um 2 Maschinen handelt, mit dem Kurzschlußversuch der Maschine B identisch ist und umgekehrt. Für Z und ψ gilt in beiden Richtungen von A nach B und von B nach A derselbe Wert, obwohl das Netz zwischen A und B ganz beliebig, also auch sehr kompliziert gestaltet sein konnte. Aus der allgemeinen Theorie von Netzen mit konstanten Scheinwiderständen läßt sich dies tatsächlich beweisen.

Die Leistung jeder Maschine besteht aus 2 Teilen entsprechend der vorgenommenen Zerlegung in Leerlauf- und Kurzschlußstrom. Die Leistung des Kurzschlußstromes hängt, wie man leicht überlegt, von der Polradstellung der beiden Maschinen, also von der Lage der Vektoren E_a und E_b nicht ab, wenn die Voraussetzung: konstante synchrone Reaktanz unabhängig von der Polradstellung, beibehalten wird. Eine solche Leistung ist, wenn das Übertragungsnetz nicht verlustfrei ist, wirklich vorhanden.

Da es auf das Verhalten der beiden Maschinen zueinander ankommt, interessieren nur die Leistungsanteile, die von dem Winkel ϑ zwischen den Polrädern E_a und E_b abhängen. Diese Leistungsanteile sind

für die Maschine A:

$$N_a = -J_{ba} E_a \cos(\psi + \vartheta) = -\frac{E_b}{Z} E_a \cos(\psi + \vartheta), \tag{20}$$

für die Maschine B:

$$N_b = -J_{ab} E_b \cos(\psi - \vartheta) = -\frac{E_a}{Z} E_b \cos(\psi - \vartheta). \tag{21}$$

Es trete nun durch eine Änderung im Netz eine kleine Änderung dieses Winkels ϑ um den Betrag $\varDelta\vartheta$ ein. Dann ändern sich obige Leistungen um

$$\varDelta N_a = +\frac{E_a E_b}{Z} \sin(\psi + \vartheta)\,\varDelta\vartheta, \tag{22}$$

$$\varDelta N_b = -\frac{E_a E_b}{Z} \sin(\psi - \vartheta)\,\varDelta\vartheta. \tag{23}$$

Die Leistungen N_a bzw. N_b werden durch das Antriebsmoment bzw. Lastmoment ausbalanciert, so daß nur die Leistungsänderungen $\varDelta N_a$ bzw. $\varDelta N_b$ zur Beschleunigung der umlaufenden Massen verwendet werden.

Die von einem Überschußmoment erzeugte mechanische Winkelbeschleunigung des Polrades ist

$$\alpha_m = \frac{D}{\theta}, \tag{24}$$

wobei D das Überschußmoment und θ das polare Trägheitsmoment ist. Die mechanische Winkelgeschwindigkeit sei ω_m. Die mechanische Winkelbeschleunigung ist dann

$$\alpha_m = \frac{D\,\omega_m^2}{2\,\frac{1}{2}\,\omega_m^2\,\theta} = \frac{\omega_m}{2K}\cdot\Delta N\,. \tag{25}$$

Dabei ist ΔN der Leistungsüberschuß und

$$K = \tfrac{1}{2}\,\omega_m^2\,\theta \tag{26}$$

der Energieinhalt oder die lebendige Kraft der rotierenden Massen.

Für die elektrische Winkelbeschleunigung ergibt sich

$$\alpha = \frac{\omega}{2K}\,\Delta N \tag{27}$$

mit

$$\omega = 2\pi f \tag{28}$$

als Kreisfrequenz. ΔN und K sind in Watt und Joule bzw. in mkg/sec und mkg zu messen.

Es beträgt nun die elektrische Winkelbeschleunigung der Maschine A nach Gl. (22) und (27)

$$\alpha_a = \frac{\omega}{2K_a}\left[-\frac{E_a E_b}{Z}\sin(\psi+\vartheta)\cdot\Delta\vartheta\right] \tag{29}$$

der Maschine B nach Gl. (23) und (27)

$$\alpha_b = \frac{\omega}{2K_b}\left[+\frac{E_a E_b}{Z}\sin(\psi-\vartheta)\cdot\Delta\vartheta\right] \tag{30}$$

und die elektrische Winkelbeschleunigung der Schwingung der beiden Polräder gegeneinander

$$\begin{aligned}\alpha = \alpha_a - \alpha_b &= \frac{d^2\Delta\vartheta}{dt^2}\\ &= \frac{\omega}{2}\,\frac{E_a E_b}{Z}\left[-\frac{1}{K_a}\sin(\psi+\vartheta) - \frac{1}{K_b}\sin(\psi-\vartheta)\right]\Delta\vartheta\end{aligned} \tag{31}$$

oder

$$\begin{aligned}\frac{d^2\Delta\vartheta}{dt^2} = -\frac{\omega}{2}\,\frac{E_a E_b}{Z}&\left[\left(\frac{1}{K_a}+\frac{1}{K_b}\right)\sin\psi\cos\vartheta\right.\\ &\left.+\left(\frac{1}{K_a}-\frac{1}{K_b}\right)\cos\psi\sin\vartheta\right]\Delta\vartheta\,.\end{aligned} \tag{32}$$

Das ist eine harmonische, ungedämpfte Schwingung, wenn der Ausdruck in der eckigen Klammer positiv ist. Es gilt somit als Stabilitätsbedingung:

$$(K_a+K_b)\sin\psi\cos\vartheta - (K_a-K_b)\cos\psi\sin\vartheta > 0 \tag{33}$$

oder

$$\operatorname{tg}\vartheta < \frac{K_a+K_b}{K_a-K_b}\operatorname{tg}\psi\,. \tag{34}$$

Es ist bemerkenswert, daß die Schwungmomente darin vorkommen; denn K_a, K_b ist ja die lebendige Kraft der umlaufenden Massen der Maschinen A und B. Wenn $K_a = K_b$ ist, lautet die Stabilitätsbedingung

$\vartheta < 90^0$, wenn das Generatorschwungmoment $K_a = \infty$ ist, $\vartheta < \psi$ und wenn das Motorschwungmoment $K_b = \infty$ ist, $\vartheta < 180^0 - \psi$.

Die physikalische Erklärung der erstaunlichen Tatsache, daß auch die statische Stabilitätsgrenze von den Schwungmomenten abhängt, sei an Hand von Abb. 7 gegeben. Als Abszisse ist der Winkel ϑ zwischen den beiden Polrädern, als Ordinate der vom Winkel ϑ abhängige Wirkleistungsanteil N_a bzw. N_b nach Gl. (20) und (21) aufgetragen. Der Winkel ψ ist mit 70^0 angenommen. Solange ϑ kleiner als ψ ist, z. B. 50^0, ist der Betrieb auf jeden Fall ein stabiler. Bei einer Zunahme des Winkels ϑ wachsen Generator- und Motorleistung. Der Generator wird stärker belastet, sein Polrad will dabei zurückbleiben; dem Motor wird eine größere Leistung zugeführt, er will voreilen. Beides wirkt im Sinne einer Verringerung von ϑ, also im Sinne einer Wiederherstellung des ursprünglichen Gleichgewichtszustandes. Nun werde $\vartheta = \psi$, also in vorliegendem Falle 70^0. Bei einer Vergrößerung des Winkels ϑ steigt die vom Generator abgegebene elektrische Leistung, das Generatorpolrad wird also verzögert; die dem Motor zugeführte elektrische Leistung nimmt jedoch ab, das Motorpolrad will ebenfalls zurückbleiben. Das Maß dieser Verzögerungen hängt von den Schwungmomenten der beiden Maschinen ab. Wenn sich der Generator stärker verzögert als der Motor, so ist die Tendenz weiter vorhanden, den ursprünglichen Gleichgewichtszustand wiederherzustellen, d. h. der Betrieb ist stabil. Im Extremfall sei das Motorschwungmoment K_b unendlich, dann kann das Motorpolrad überhaupt nicht zurückbleiben, und der Betrieb ist bis zum Generatorkipppunkt $\vartheta = 180^0 - \psi = 110^0$ stabil.

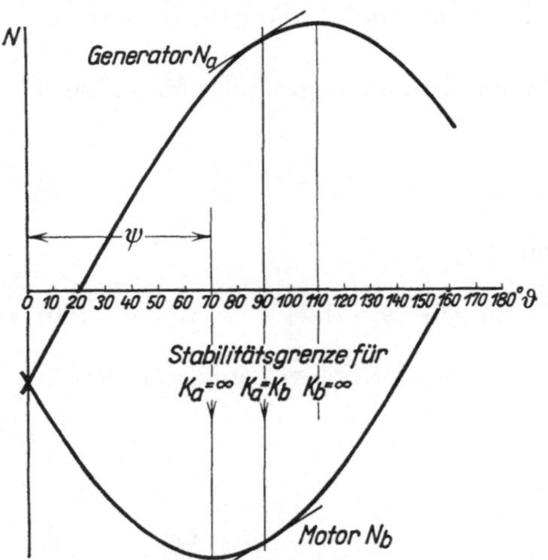

Abb. 7. Statische Stabilität. Zwei Zentralen, beliebiges Netz. Abszissen: Winkel ϑ zwischen den Polrädern. Ordinaten: Vom Winkel ϑ abhängige Wirkleistungsanteile. $(90^0 - \psi)$ Verlustwinkel der Durchgangsimpedanz; K_a, K_b lebendige Kraft der Stationen A, B.

Der Fall K_b sehr groß wird verwirklicht durch einen kleinen Generator, der in ein sehr großes Netz speist. Wenn der Winkel ϑ den Wert ψ überschreitet, so nimmt die vom Netz empfangene Leistung, die Motorleistung, tatsächlich ab. Dies wird jedoch bis zu einem Winkel $\vartheta = 180^0 - \psi$ durch die Verluste in der Zuleitung mehr als aufgewogen, so daß bis zu diesem Winkel die Generatorleistung ansteigt und der Betrieb ein stabiler ist. Im anderen Extremfall ist das Generatorschwungmoment K_a unendlich, dann kann sich das Generatorpolrad nicht verzögern, und der Motor fällt schon bei seiner maximalen Leistung bei $\vartheta = \psi = 70^0$ außer Tritt. Dieser Fall wird verwirklicht durch einen kleinen Motor, der an einem großen Netz liegt. Wenn zwei gleiche Maschinen mit gleichem Schwungmoment aufeinander arbeiten, ist die Stabilitätsbedingung unabhängig vom Winkel ψ und lautet $\vartheta < 90^0$. In dem Bereich zwischen ψ und 90^0 würden sich beide Maschinen bei einer Vergrößerung des Winkels ϑ verzögern, der Generator jedoch mehr als der Motor, wodurch der Betrieb stabil bleibt. Wenn der Kraftmaschinenregler des Generators sehr empfindlich ist und bei dieser Verzögerung die Kraftstoffzufuhr steigert, so würden dadurch die beiden Maschinen außer Tritt geworfen werden, so daß bei zwei gleich großen Maschinen der Betrieb in dem Bereich des Winkels ϑ von ψ bis 90^0 praktisch nicht in Frage kommt.

Wir wollen das Beispiel nochmals mit Verwendung der Rechenregeln für komplexe Größen durchrechnen.

Der Strom, den die Maschine A ins Netz schickt, ist

$$\mathfrak{J}_a = \mathfrak{Y}_{aa}\mathfrak{E}_a - \mathfrak{Y}_{ab}\mathfrak{E}_b\,. \tag{35}$$

Der Strom, den die Maschine B ins Netz schickt, ist

$$\mathfrak{J}_b = -\mathfrak{Y}_{ab}\mathfrak{E}_a + \mathfrak{Y}_{bb}\mathfrak{E}_b\,. \tag{36}$$

Die physikalische Bedeutung der im allgemeinen komplexen Leitfähigkeiten $\mathfrak{Y}$ ist jetzt klar. $\mathfrak{Y}_{aa}$ ist die Leitfähigkeit, die sich dem erregten Generator A darbietet, wenn die andere Maschine unerregt ist, und $\mathfrak{Y}_{ab}$ ist die Leitfähigkeit für den erregten Generator A im Statorstromkreis der unerregten Maschine B gemessen. Es wurde schon früher erwähnt, daß für jedes aus konstanten Scheinwiderständen bestehende Netz ganz allgemein $\mathfrak{Y}_{ab} = \mathfrak{Y}_{ba}$ ist. Das Minuszeichen der Glieder mit $\mathfrak{Y}_{ab}$ erklärt sich dadurch, daß nun alle Ströme positiv zählen, die von der Maschine ins Netz fließen.

Wir bilden die komplexe aus Wirk- und Blindleistung zusammengesetzte Leistung jeder Maschine, indem wir ihre Spannung mit dem k o n j u g i e r t k o m p l e x e n Vektor des Stromes multiplizieren, der durch den hochgestellten Index k gekennzeichnet sei. Es werden so wie früher nur die Glieder angeschrieben, die von $\mathfrak{Y}_{ab}$ und damit von dem Winkel ϑ zwischen den beiden Polrädern abhängen.

$$N_a + j\,Q_a = -\mathfrak{Y}_{ab}^k\mathfrak{E}_a\mathfrak{E}_b^k\,, \tag{37}$$

$$N_b + j\,Q_b = -\mathfrak{Y}_{ab}^k\mathfrak{E}_a^k\mathfrak{E}_b\,. \tag{38}$$

N und Q sind die vom Winkel ϑ abhängigen Wirk- und Blindleistungsanteile.

Setzt man in bekannter Weise

$$\mathfrak{E}_a = A\,\varepsilon^{j\alpha}, \tag{39}$$

$$\mathfrak{E}_b = B\,\varepsilon^{j\beta}, \tag{40}$$

$$\mathfrak{Y}_{ab} = Y\,\varepsilon^{j\Phi} \tag{41}$$

und

$$\alpha - \beta = \vartheta, \tag{42}$$

so werden die Wirkleistungen

$$N_a = -\,Y A B \cos(\vartheta - \Phi), \tag{43}$$

$$N_b = -\,Y A B \cos(\vartheta + \Phi). \tag{44}$$

Diese Ausdrücke sind mit den Gln. (20) und (21) identisch, wenn beachtet wird, daß $Y = \frac{1}{Z}$ und $\Phi = -\psi$ ist.

Wir wollen die bisherigen Ergebnisse auf ein Beispiel anwenden. In Abb. 8 arbeiten 2 Generatoren A und B über Transformatoren Tr und eine Einfachleitung aufeinander. Es bedeuten:

Z_g den Scheinwiderstand jedes Generators, in der bisherigen Betrachtungsweise die synchrone Reaktanz,

Z_t den Streuwiderstand des Transformators, der bei 220 kV mit 14% angenommen wird,

Z_L und Z_K sind induktive und kapazitive Ersatzwiderstände der Π-Schaltung für die Übertragungsleitung.

Es wird so reguliert, daß die Spannung auf der Hochvoltseite der Transformatoren, also in den Punkten F_1 und F_2 konstant gehalten wird (U_{F_1}, U_{F_2}). Dies widerspricht scheinbar der bisherigen Annahme,

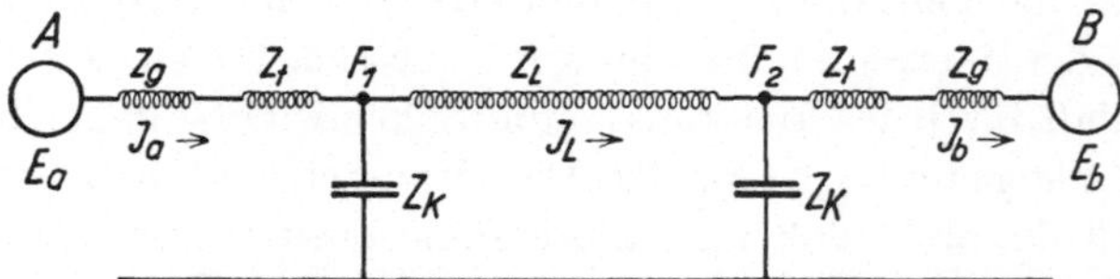

Abb. 8. Kleinstzulässiges Kurzschlußverhältnis für statische Stabilitätsgrenze. Zwei Stationen A und B (Z_g) über Transformatoren (Z_t) und Einfachleitung ($Z_K - Z_L - Z_K$).

daß nur die Polradspannungen in den beiden Zentralen A und B konstant sind. Man muß sich vorstellen, daß in den beiden Stationen A und B entweder von Hand aus oder durch sehr langsam wirkende Regler — z. B. motorisch betätigte Nebenschlußregler der Erregermaschinen — für die Konstanz dieser beiden Spannungen gesorgt wird. Die Nachregulierung ist jedoch so träge, daß sie für den Schwingungsvorgang, der durch eine sehr kleine Änderung der übertragenen Leistung ausgelöst wird, nicht in Betracht kommt. Hingegen wird nach Ablauf dieser Schwingung wieder nachreguliert. Für den Schwingungsvorgang selbst ist also die synchrone Reaktanz der beiden Maschinen voll einzurechnen. Als Stabilitätsgrenze wurde $\vartheta = 90^0$ für die Polradspannungen der beiden Generatoren angenommen.

Die Konstruktion des Spannungsdiagrammes ist in Abb. 9 dargestellt. Sie wurde durchgeführt für eine Spannung von 220 kV für die aus Abb. 10 ersichtlichen Daten der Freileitung. Alle Verluste wurden vernachlässigt.

Im gestrichelt gezeichneten Stromdiagramm bedeuten:

J_L den Strom auf der Leitung,
J_{C_1}, J_{C_2} die kapazitiven Ableitungsströme in den Punkten F_1 und F_2,
J_{μ_1}, J_{μ_2} die Magnetisierungsströme der Transformatoren,
J_a, J_b die Ströme in den Stationen A und B.

Die kapazitiven Ableitungsströme J_{C_1}, J_{C_2} und die Magnetisierungsströme der Transformatoren J_{μ_1}, J_{μ_2} stehen senkrecht auf den sie treibenden Spannungen U_{F_1} bzw. U_{F_2}.

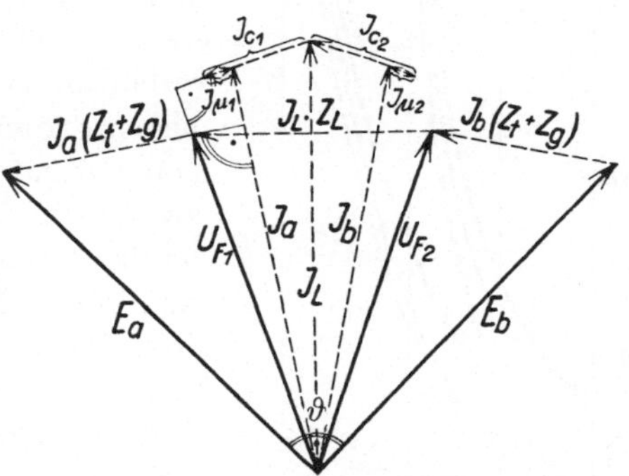

Abb. 9. Kleinstzulässiges Kurzschlußverhältnis für statische Stabilitätsgrenze. Spannungs- und Stromdiagramm zu Abb. 8.

Im Spannungsdiagramm bedeuten:

$J_L Z_L$ den Spannungabfall längs der Leitung zwischen den Punkten F_1 und F_2,

$J_a(Z_t + Z_g)$ und $J_b(Z_t + Z_g)$ den Spannungsabfall im Streuwiderstand Z_t des Transformators und in der synchronen Reaktanz Z_g des Generators A bzw. B.

Die prozentuale synchrone Reaktanz der Maschinen beträgt, auf die konstante Spannung U_{F_1} bzw. U_{F_2} bezogen:

$$P = \frac{J_a Z_g}{U_{F_1}} = \frac{J_a(Z_t + Z_g)}{U_{F_1}} - \frac{J_a Z_t}{U_{F_1}} = \frac{J_a(Z_t + Z_g)}{U_{F_1}} - 0{,}14 \tag{45}$$

und das Kurzschlußverhältnis der Maschinen A und B bei Vernachlässigung der Sättigung

$$\frac{1}{P} = \frac{1}{\frac{J_a(Z_t + Z_g)}{U_{F_1}} - 0{,}14}. \tag{46}$$

Der Einfluß der Sättigung ist nicht groß. Der Fehler, den man macht, wenn man die Luftspaltcharakteristik, also die Tangente an die Leerlaufcharakteristik verwendet, beträgt etwa 5 bis 10%, um die man zu ungünstig rechnet. Wegen des Wirkungsgrades und besonders wegen der Zusatzverluste kann man mit der Sättigung bei großen Generatoren nicht über eine gewisse Grenze gehen.

In Abb. 10 wurde als Abszisse die übertragene Wirkleistung in MW, als Ordinate das kleinste Kurzschlußverhältnis aufgetragen, mit welchem die Übertragung gerade an die Stabilitätsgrenze herankommt. Die natürliche Leistung der Leitung — 136 MW — ist eingezeichnet. Als normal erreichbare Werte für das Kurzschlußverhältnis ist für Schenkelpolläufer der Bereich von 0,7 bis 1,1, bei Turbogeneratoren von 0,6 bis 0,9 zu betrachten. Man sieht aus Abb. 10, daß mit Maschinen, deren Polradspannung konstant gehalten wird, eine Leistungsübertragung nur dann möglich ist, wenn man das Kurzschlußverhältnis viel größer als 1 wählt. Das erklärt sich dadurch, daß das Kurzschlußverhältnis auf den der Maschine entnommenen Strom bezogen wurde. Wenn von der Transformatorstreuung zunächst abgesehen wird, so erregt beim Kurzschlußverhältnis *1* der in die Leitung fließende Ladestrom gerade die volle Spannung in der Maschine; sie wäre an der Selbsterregungsgrenze, das Polrad vollkommen unerregt.

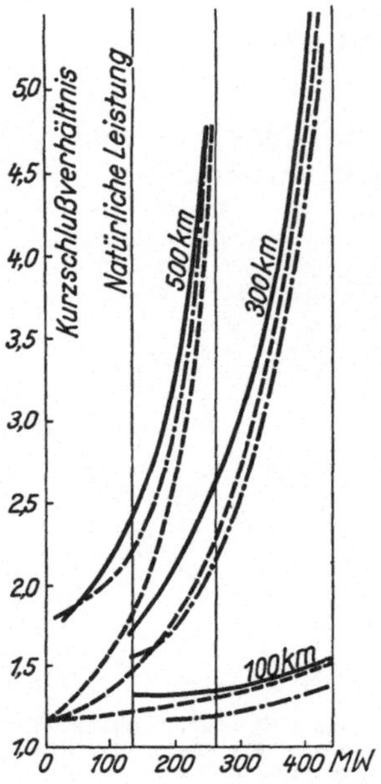

Abb. 10. Kleinstzulässiges Kurzschlußverhältnis für statische Stabilitätsgrenze. Zwei Stationen über Transformatoren und Einfachleitung nach Abb. 8. Spannungen U_{F_1} und U_{F_2} in den Punkten F_1 und F_2 konstant 220 kV. Einfachleitung: 220 kV, mittlerer Leiterabstand 500 cm, Leiteraußendurchmesser 2,8 cm, Leitungslänge 100—300—500 km. Transformatorstreuung 14%, Transformatorleerlaufstrom 10%. Abszissen: übertragene Leistung in MW. Ordinaten: kleinstes Kurzschlußverhältnis bis zur Erreichung der statischen Stabilitätsgrenze.
—·—·—·— Kapazität der Leitungen und Leerlaufstrom der Transformatoren berücksichtigt.
———— Kapazität der Leitung berücksichtigt, Leerlaufstrom der Transformatoren vernachlässigt.
- - - - - - - Kapazität der Leitung und Leerlaufstrom der Transformatoren vernachlässigt.

Das kleinste Kurzschlußverhältnis ergibt sich für den Leerlauf der Leitung. Dann ist

$$J_L = 0 \tag{47}$$

und

$$E_a = E_b = 0 \tag{48}$$

und damit

$$J_a (Z_t + Z_g) = U_{F_1} \tag{49}$$

und nach Gl. (46)

$$\frac{1}{P} = \frac{1}{1 - 0{,}14} = 1{,}16\,. \tag{50}$$

Die strichpunktiert gezeichneten Kurven berücksichtigen die Kapazität der Leitung und den Leerlaufstrom der Transformatoren, bei den voll ausgezogenen Kurven ist der Leerlaufstrom vernachlässigt, bei den strichliert gezeichneten sind Leerlaufstrom und Kapazität vernachlässigt. Es zeigt sich, daß bei Kurzschlußverhältnissen, die größer als 3 sind, die Vernachlässigung von Kapazität und Leerlaufstrom keinen großen Fehler ergibt. Mit Rücksicht auf die dynamische Stabilität werden die wirklich übertragbaren Leistungen viel kleiner sein.

Abb. 10 gibt auch einen ersten Einblick in die außerordentliche Wichtigkeit des Regulierproblems. Dafür betrachten wir verschiedene Einzelfälle:

a) Für die prozentuale synchrone Reaktanz $P = 0$ (Kurzschlußverhältnis $\frac{1}{P} = \infty$) ergibt sich eine maximale Leistung mit Rücksicht auf Übertragungsleitung und Transformator. Es müßte ein Schnellregler vorhanden sein, welcher die einmal eingestellte Klemmenspannung der Generatoren A und B absolut konstant hält, dessen Regelzeit also unendlich klein ist im Verhältnis zur Eigenschwingungsdauer der Maschine, die in der Nähe von 1 sec liegt.

b) Der Wert $P = 0{,}15$ $\left(\frac{1}{P} = 6{,}67\right)$ entspricht der Statorstreuung der Synchronmaschine. Es muß eine Regeleinrichtung vorhanden sein, welche das Luftspaltfeld der Maschine konstant hält, so daß nur ihre Statorstreuung zur Wirkung kommt. Die sich damit ergebenden Leistungen weichen von den nach a) bestimmten wenig ab.

c) Der Wert $P = 0{,}25$ $\left(\frac{1}{P} = 4{,}0\right)$ entspricht der resultierenden Streuung der Synchronmaschine, also Stator- und Rotorstreuung. Es muß eine Regeleinrichtung vorhanden sein, welche das Induktorfeld konstant hält, so daß nur die resultierende Streuung zur Wirkung kommt.

Man sieht aus Abb. 10, wieviel von dem Vorhandensein einer schnellwirkenden Regeleinrichtung abhängt. In den Fällen b) und c), die praktisch zu verwirklichen sind, spielt die Transformatorstreuung eine große Rolle, da sie von gleicher Größenordnung wie die Statorstreuung der Maschine ist.

Wenn von den Verlusten abgesehen wird, ist der Winkel Φ in Gl. (43) $= 90^0$ und die Leistung zwischen den Stationen A und B

$$N_a = Y E_a E_b \sin\vartheta = \frac{E_a E_b}{Z} \sin\vartheta = -N_b. \tag{51}$$

Abb. 11 stellt nochmals die beiden Stationen A und B dar in einem beliebig vermaschten, verlustfreien Netz. Die Stationen A und B sind also die einzigen Punkte im Netz, in welchen Energie erzeugt oder verbraucht wird. M sei ein Punkt in diesem Netz, dessen Spannung durch eine Regeleinrichtung auf den konstanten Wert $OM = U_m$ gehalten wird. Die Regeleinrichtung erzeugt oder verbraucht ausschließlich Blindstrom. Sie kann ein induktiver oder kapazitiver Widerstand oder eine Blindstrommaschine sein. $J_a Z_a$ ist der Spannungsverbrauch von A nach M, $J_b Z_b$ von M nach B. Der von der Regeleinrichtung gelieferte Blindstrom ist in dem gestrichelten Stromdiagramm durch die Strecke *1—2* senkrecht zur Spannung OM gegeben.

Die von A nach B übertragene Leistung

$$N_a = \frac{E_a U_m}{Z_a} \sin \vartheta_1 = \frac{E_b U_m}{Z_b} \sin \vartheta_2 = -N_b \tag{52}$$

ist der Fläche $OAMBO$ proportional. Wenn die Blindstromlieferung der Regeleinrichtung von $1—2$ auf $1'—2'$ gesteigert wird, so steigt die Spannung $OM = U_m$ auf $OM' = U'_m$ und in gleichem Verhältnis mit ihr die übertragene Leistung von der Fläche $OAMBO$ auf $OAM'BO$ an.

Wenn nach Abb. 12 in den Punkten $P_1 P_2 P_3 \ldots P_n$ eines verlustfreien Netzes die Spannung durch Blindstrom liefernde Regeleinrich-

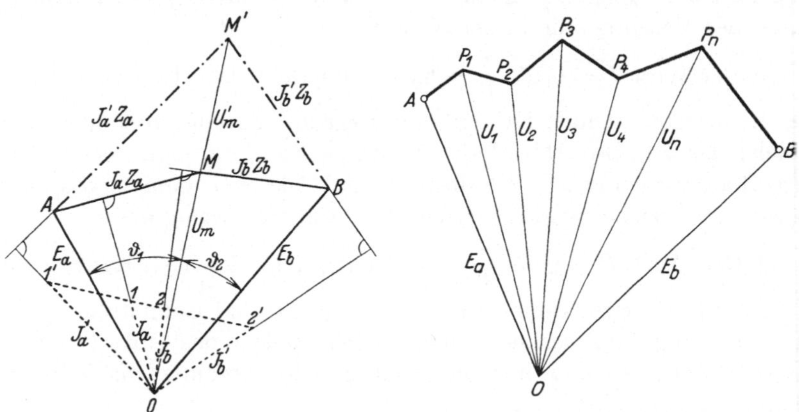

Abb. 11. Zwei Zentralen A und B in verlustfreiem Netz. Die Spannung $OM = U_m (OM' = U'_m)$ wird durch Regeleinrichtung konstant gehalten, welche Blindstrom $1—2$ $(1'—2')$ liefert. Die von A nach B übertragene Leistung ist der Fläche $OAMBO$ $(OAM'BO)$ proportional.

Abb. 12. Statische Stabilität, zwei Zentralen A und B in verlustfreiem Netz. Die Spannungen $U_1 U_2 U_3 \ldots U_n$ in den Punkten $P_1 P_2 P_3 \ldots P_n$ werden durch blindstromliefernde Regeleinrichtungen konstant gehalten. Die von A nach B übertragene Leistung ist der Fläche $OAP_1P_2P_3 \ldots P_nBO$ proportional.

tungen auf die Werte $U_1 U_2 U_3 \ldots U_n$ gebracht wird, so ist die von A nach B übertragene Leistung dem Flächeninhalt von $OAP_1P_2P_3 \ldots P_nBO$ proportional.

4. Zwei Stationen und Phasenschieber. Als nächste Aufgabe werde folgender wichtiger Fall behandelt. Es arbeiten nach Abb. 13 zwei Zentralen A und B aufeinander. In der Mitte M' der Freileitung ist ein Phasenschieber M angeschlossen. Welchen Einfluß hat der Phasenschieber auf die statische Stabilität der Übertragung?

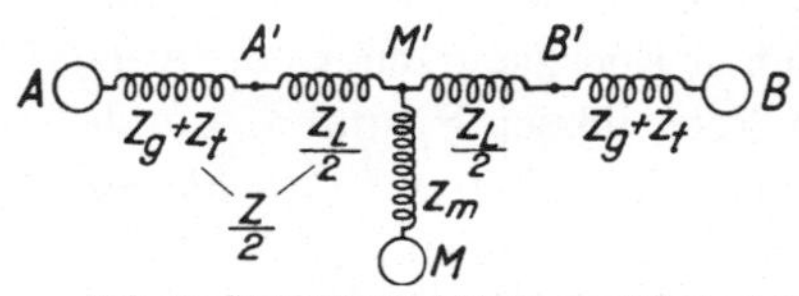

Abb. 13. Statische Stabilität, zwei Zentralen A und B und Phasenschieber M. Spannung in den Punkten $A'-M'-B'$ konstant.

$Z_g + Z_t$ ist die Summe der zur Wirkung kommenden Reaktanz der Maschine Z_g und des Transformatorstreuwiderstandes Z_t in Ohm je Phase. Es sind zwei gleiche, gleich stark erregte Zentralen A und B

angenommen, d. h. die zur Wirkung kommende Reaktanz $Z_g + Z_t$, die lebendige Kraft oder das Schwungmoment und die Erregung oder fiktive Polradspannung E sind gleich. Z_L ist der induktive Widerstand der Leitung von A' nach B' in Ohm je Phase.

Die Kapazität der Leitungen, der Magnetisierungsstrom der Transformatoren und alle Verluste sind vernachlässigt.

$$Z = 2(Z_g + Z_t) + Z_L \tag{53}$$

ist die Durchgangsreaktanz zwischen den Stationen A und B ohne Phasenschieber.

Z_m ist die zur Wirkung kommende Reaktanz des Phasenschiebers einschließlich Streuwiderstand des vorgeschalteten Transformators.

Für die von den 3 Stationen A, B und M gelieferten Ströme gelten die Gleichungen:

$$\mathfrak{J}_a = +\mathfrak{Y}_{aa}\mathfrak{E}_a - \mathfrak{Y}_{am}\mathfrak{E}_m - \mathfrak{Y}_{ab}\mathfrak{E}_b, \tag{54}$$

$$\mathfrak{J}_m = -\mathfrak{Y}_{am}\mathfrak{E}_a + \mathfrak{Y}_{mm}\mathfrak{E}_m - \mathfrak{Y}_{bm}\mathfrak{E}_b, \tag{55}$$

$$\mathfrak{J}_b = -\mathfrak{Y}_{ab}\mathfrak{E}_a - \mathfrak{Y}_{bm}\mathfrak{E}_m + \mathfrak{Y}_{bb}\mathfrak{E}_b. \tag{56}$$

Die physikalische Bedeutung der Leitwerte $\mathfrak{Y}$ ist bereits bekannt. Der Übertragungskreis ist in bezug auf die Mitte der Freileitung M' vollkommen symmetrisch, so daß

$$\mathfrak{Y}_{am} = \mathfrak{Y}_{bm} = \mathfrak{Y}_1. \tag{57}$$

Der Phasenschieber M sei erregt mit $\mathfrak{E}_m$, A und B seien unerregt. Dann ist

$$\left(\mathfrak{Z}_m + \frac{\mathfrak{Z}}{4}\right)\mathfrak{J}_m = \mathfrak{E}_m, \tag{58}$$

$$\mathfrak{J}_m = \frac{\mathfrak{E}_m}{\mathfrak{Z}_m + \frac{\mathfrak{Z}}{4}}. \tag{59}$$

Der einseitig fließende Strom ist

$$\mathfrak{J}_{ma} = \frac{1}{2}\mathfrak{J}_m = \frac{\mathfrak{E}_m}{2\left(\mathfrak{Z}_m + \frac{\mathfrak{Z}}{4}\right)} \tag{60}$$

und sein Leitwert

$$\mathfrak{Y}_{am} = \mathfrak{Y}_{bm} = \mathfrak{Y}_1 = \frac{\mathfrak{J}_{ma}}{\mathfrak{E}_m} = \frac{1}{2\left(\mathfrak{Z}_m + \frac{\mathfrak{Z}}{4}\right)}. \tag{61}$$

Durch eine ähnliche Rechnung ergibt sich für

$$\mathfrak{Y}_{ab} = \mathfrak{Y}_{ba} = \mathfrak{Y}_2, \tag{62}$$

indem z. B. der Generator B mit der Spannung $\mathfrak{E}_b$ erregt wird, M und A unerregt sind, und der Strom in A gemessen wird:

$$\mathfrak{Y}_2 = \frac{\mathfrak{Z}_m}{\mathfrak{Z}\left(\mathfrak{Z}_m + \frac{\mathfrak{Z}}{4}\right)}. \tag{63}$$

Wir bilden nun wieder die Leistung jeder Maschine durch Multiplikation ihrer Spannung mit dem konjugiert komplexen Wert des Stromes, wobei gesetzt wird für

$$\mathfrak{E}_a = E\,\varepsilon^{j\alpha}, \quad (64) \qquad \text{und} \qquad \mathfrak{Y}_1 = Y_1\,\varepsilon^{-j\frac{\pi}{2}}, \quad (67)$$

$$\mathfrak{E}_m = M\,\varepsilon^{j\mu}, \quad (65) \qquad \mathfrak{Y}_2 = Y_2\,\varepsilon^{-j\frac{\pi}{2}}. \quad (68)$$

$$\mathfrak{E}_b = E\,\varepsilon^{j\beta}, \quad (66)$$

Der Winkel zwischen den Polrädern von A und M ist

$$\alpha - \mu = \vartheta_1, \tag{69}$$

der Winkel zwischen den Polrädern von M und B

$$\mu - \beta = \vartheta_2. \tag{70}$$

Wegen der vorausgesetzten Symmetrie der Anordnung und wegen der gleichen Erregung E in A und B ist

$$\vartheta_1 = \vartheta_2 = \vartheta, \tag{71}$$

d. h. das Polrad des Phasenschiebers halbiert den Winkel $2\,\vartheta$ zwischen den Polrädern von A und B.

Durch eine ähnliche Rechnung, wie früher bei 2 Maschinen durchgeführt, ergeben sich die Wirkleistungen:

$$N_a = \quad Y_1 E\,M \sin\vartheta + Y_2 E^2 \sin 2\vartheta, \tag{72}$$

$$N_m = -\,Y_1 E\,M \sin\vartheta + Y_1 E\,M \sin\vartheta = 0, \tag{73}$$

$$N_b = -\,Y_2 E^2 \sin 2\vartheta - Y_1 E\,M \sin\vartheta. \tag{74}$$

Diese Gleichungen sind ohne jede Rechnung aus dem Spannungsdiagramm Abb. 14 abzulesen. Die Wirkleistung des Phasenschiebers bleibt dauernd Null, so daß

$$N_a = -\,N_b. \tag{75}$$

Bei einer kleinen Änderung des Winkels ϑ um $\Delta\vartheta$ ändern sich N_a und N_b um

$$\Delta N_a = (Y_1 E\,M \cos\vartheta + 2\,Y_2 E^2 \cos 2\,\vartheta)\cdot\Delta\vartheta = -\,\Delta N_b \tag{76}$$

und die Beschleunigungen der Polräder betragen:

$$\alpha_a = -\frac{\omega}{2K}\,\Delta N_a, \tag{77}$$

$$\alpha_m = 0, \tag{78}$$

$$\alpha_b = -\frac{\omega}{2K}\,\Delta N_b = +\frac{\omega}{2K}\,\Delta N_a. \tag{79}$$

Die Polräder A und B schwingen in Gegenphase zueinander, wogegen das Polrad des Phasenschiebers in der Mitte zwischen ihnen in

Ruhe bleibt. Der Winkel zwischen den Polrädern A und B beträgt 2ϑ. Für die Schwingung der beiden Polräder gegeneinander ergibt sich

$$2\frac{d^2 \Delta\vartheta}{dt^2} = \alpha_a - \alpha_b = -\frac{\omega}{K}\Delta N_a\,. \tag{80}$$

Es entsteht eine in Wirklichkeit gedämpfte Schwingung, wenn der Ausdruck in der Klammer von ΔN_a in Gl. (76) positiv ist. Dafür kann auch geschrieben werden

$$\cos^2\vartheta + C\cos\vartheta - \tfrac{1}{2} > 0 \tag{81}$$

mit

$$C = \frac{M}{4E}\,\frac{Y_1}{Y_2} = \frac{M}{4E}\cdot\frac{Z}{2Z_m}. \tag{82}$$

Der Phasenschieber werde so reguliert, daß seine Klemmenspannung auf der Hochvoltseite des Transformators, also im Punkte M', auf den konstanten Wert U_m gehalten wird.

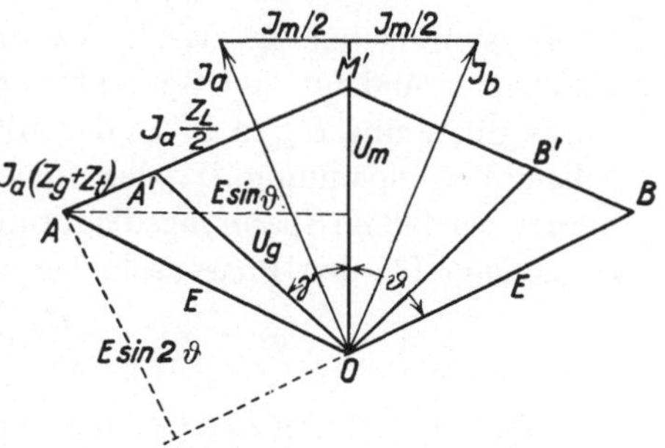

Abb. 14. Statische Stabilität. Zwei Zentralen A und B und Phasenschieber M. Spannung in den Punkten A'—M'—B' konstant. Spannungs- und Stromdiagramm zu Abb. 13.

Aus dem Diagramm Abb. 14 folgt für den vom Phasenschieber gelieferten Blindstrom

$$J_m = 2\,\frac{U_m - E\cos\vartheta}{Z/2} \tag{83}$$

und damit für seine Polradspannung M

$$M = U_m + Z_m\cdot 2\cdot\frac{U_m - E\cos\vartheta}{Z/2}\,. \tag{84}$$

Dieser Wert von M ist in Gl. (82) einzusetzen:

$$C = \frac{Z}{2Z_m}\cdot\frac{1}{4E}\left(U_m + 2Z_m\,\frac{U_m - E\cos\vartheta}{Z/2}\right). \tag{85}$$

Damit wird aus Gl. (81) als Stabilitätsbedingung:

$$\cos^2\vartheta + \frac{U_m}{E}\left(1 + \frac{Z}{4Z_m}\right)\cos\vartheta - 1 > 0\,. \tag{86}$$

Wenn der Phasenschieber unendlich groß ist, wird $Z_m = 0$ und $\vartheta < 90^0$. Die maximale Leistung beträgt dann $\frac{2EU_m}{Z}$. Dabei ist Z die gesamte Durchgangsreaktanz zwischen A und B ohne Phasenschieber. Wenn der Phasenschieber und sein Transformator mit einem induktiven Widerstand Z_m zur Wirkung kommen, geht die maximale Leistung auf $\frac{2EU_m}{Z}\sin\vartheta$ zurück. Dies ist aus dem Spannungsdiagramm Abb. 14 unmittelbar abzulesen. Die Verschlechterung durch die Reaktanz Z_m ist demnach durch $\sin\vartheta$ gegeben. Ohne Phasenschieber würde die maximale Leistung E^2/Z betragen. Die Erhöhung der maximalen Leistung durch den Phasenschieber erfolgt im Verhältnis $\frac{2\,U_m}{E}\sin\vartheta$.

Die Stabilitätsbedingung Gl. (86) kann auch geschrieben werden:

$$\frac{Z}{4\,Z_m} > \frac{\sin^2\vartheta}{\cos\vartheta}\cdot\frac{E}{U_m} - 1\,. \tag{87}$$

Es ist zweckmäßig, das Kurzschlußverhältnis für den Phasenschieber: p und für den Generator: g einzuführen. Ferner soll die konstante Spannung U_m in M' in der Mitte der Freileitung gleich der hochvoltseitigen Spannung U_g der Generatorstationen A und B gewählt werden, so daß im Spannungsdiagramm Abb. 14 $OA' = OM' = OB' = U_m$. Dann folgt für den Phasenschieberstrom J_m aus Abb. 14

$$J_m = 2\,\frac{U_m(1-\cos\gamma)}{Z_L/2}\,. \tag{88}$$

Hätte der Phasenschieber das Kurzschlußverhältnis $p = 1$, so wäre sein Dauerkurzschlußstrom für Luftspalterregung bei Nennspannung gleich diesem Vollaststrom und seine synchrone Reaktanz

$$Z_m = \frac{U_m}{J_m} = \frac{Z_L}{4(1-\cos\gamma)}\,. \tag{89}$$

Der dem Phasenschieber vorgeschaltete Transformator ist dabei mit inbegriffen. Allgemein ist das Kurzschlußverhältnis des Phasenschiebers mit Transformator p und seine synchrone Reaktanz

$$Z_m = \frac{Z_L}{4\,p\,(1-\cos\gamma)}\,. \tag{90}$$

Wenn das Kurzschlußverhältnis des Generators einschließlich zugehörigem Transformator g ist, so ist seine synchrone Reaktanz

$$Z_g + Z_t = \frac{U_m}{g\cdot J_a} \tag{91}$$

und der innere Spannungsverbrauch bis zu den Generatorklemmen A' bzw. B'

$$J_a(Z_g + Z_t) = \frac{U_m}{g}\,. \tag{92}$$

Es sei ein Zahlenbeispiel durchgerechnet entsprechend Abb. 15. Die Leitungslänge zwischen den Stationen A und B der Abb. 13 betrage 500 km, die Spannung 220 kV und der Generatorstrom 1000 A. Der induktive Widerstand der Leitung sei 0,384 Ohm/km. Es ist dann

$$Z_L = 0{,}384\cdot 500 = 192 \text{ Ohm/Phase}\,.$$

$$J_a\,\frac{Z_L}{2} = 1000\cdot 96\cdot\sqrt{3} = 166{,}5 \text{ kV} \quad \text{verkettet.}$$

$$\sin\frac{\gamma}{2} = \frac{\frac{1}{2}\cdot 166{,}5}{220} = 0{,}378\,.$$

Nach Gl. (90) ist

$$Z_m = \frac{Z_L}{4\,p\,(1-\cos\gamma)} = \frac{192}{4\,p\cdot 0{,}286} = \frac{168}{p}\ \text{Ohm/Phase}\,.$$

Nach Gl. (91) ist

$$Z_g + Z_t = \frac{U_m}{g\,J_a} = \frac{220\,000}{\sqrt{3}}\ \frac{1}{0{,}9\cdot 1000} = 141\ \text{Ohm/Phase}\,.$$

Das Kurzschlußverhältnis des Generators ist dabei mit Einbeziehung der Transformatorstreuung zu 0,9 angenommen. Ferner ist

$$J_a(Z_g + Z_t) = \frac{U_m}{g} = \frac{220}{0{,}9} = 245\ \text{kV verkettet}$$

und

$$Z = 2(Z_g + Z_t) + Z_L = 2\cdot 141 + 192 = 474\ \text{Ohm/Phase}\,.$$

Aus dem Spannungsdiagramm Abb. 15 ist abzulesen für den Winkel ϑ

$$\cos\vartheta = 0{,}166 \quad \text{und} \quad \sin^2\vartheta = 0{,}972$$

und als fiktive Polradspannung der Generatoren $E = 386$ kV.

Damit wird aus Gl. (87)

$$\frac{474}{4\cdot 168}\,p > \frac{0{,}972}{0{,}166}\cdot\frac{386}{220} - 1 = 9{,}3$$

und somit das notwendige Kurzschlußverhältnis des Phasenschiebers

$$p > 13{,}2.$$

Der Phasenschieberstrom beträgt nach Gl. (88)

$$J_m = 2\cdot\frac{220\,000}{\sqrt{3}}\cdot\frac{0{,}286}{96} = 755\ \text{A}\,.$$

Wenn das Kurzschlußverhältnis des Phasenschiebers $p = \infty$ ist, wird $\vartheta = 90^0$ und die übertragene maximale Leistung steigt bei gleichem Leitungs- und Phasenschieberstrom um 41%. Das Kurzschlußverhältnis von Generator und Transformator kann dann statt 0,9 nur 0,53 betragen. Für einen Generatorstrom von 800 A ergibt dieselbe Rechnung ein erforderliches Kurzschlußverhältnis für den Phasenschieber von $p > 8{,}56$ und einen Phasenschieberstrom von 486 A.

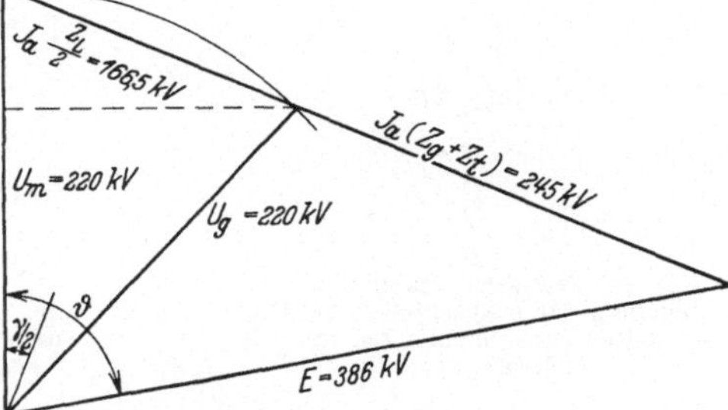

Abb. 15. Statische Stabilität. Zwei Zentralen und Phasenschieber, Beispiel. Einfachleitung 220 kV, 500 km von A nach B. Leitungsstrom 1000 A. Synchrone Reaktanz für Generator und Transformator 90%.

Wenn man annimmt, daß die Generatoren mit **Schnellreglern** ausgestattet sind, so daß die resultierende Reaktanz, die den inneren Spannungsfestpunkten vorgeschaltet zu denken ist, nur mehr 30% beträgt, so ist für das zur Wirkung kommende Kurzschlußverhältnis von Generator und Transformator 3,33 zu setzen. Mit diesem Wert und mit 1000 A Generatorstrom ergibt die Rechnung für den Phasenschieber ein kleinstes Kurzschlußverhältnis von 1,57. Auch dieser Wert ist noch außerordentlich hoch, namentlich dann, wenn man bedenkt, daß man bis an die statische Stabilitätsgrenze nicht herangehen darf. Es muß also auch der Phasenschieber eine automatische Spannungsregeleinrichtung bekommen, die den größten Teil seiner synchronen Reaktanz wegregelt.

Die Leitungskapazität wurde in vorstehendem Beispiel vernachlässigt. Ist das zulässig? Die 250 km langen Leitungsabschnitte zu beiden Seiten des Phasenschieberanschlusses von A nach M' und von M' nach B können nach der Π-Schaltung durch je einen konzentrierten induktiven Widerstand und durch je 2 kapazitive Ableitungen an den Enden der Abschnitte ersetzt werden. Für jede der 4 kapazitiven Ableitungen ergibt sich für die der Abb. 10 zugrunde liegende 220 kV-Einfachleitung ein kapazitiver Widerstand von

$$\frac{1}{\omega C} = 2700\ \Omega/\text{Phase}\,.$$

Im Punkte M' sind demnach insgesamt 1350 Ω kapazitiv angeschlossen zu denken, an jeden Generator 2700 Ω. Diese Widerstände sind so groß, daß sie in obigem Beispiel vernachlässigt werden können. Es liegen eben die Stromstärken von 800 und 1000 A weit über der Stromstärke von 355 A, die der natürlichen Leistung der Leitung entspricht. Dadurch erklären sich auch die sehr großen Blindleistungen, die von der Phasenschieberstation M zur Verfügung gestellt werden müssen.

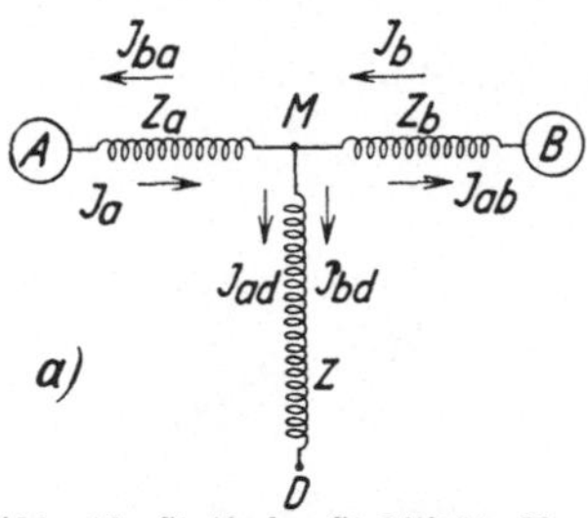

Abb. 16. Statische Stabilität. Verringerung durch Anschluß einer nicht geregelten Drosselspule. Zentralen A, B, Drosselspule D.

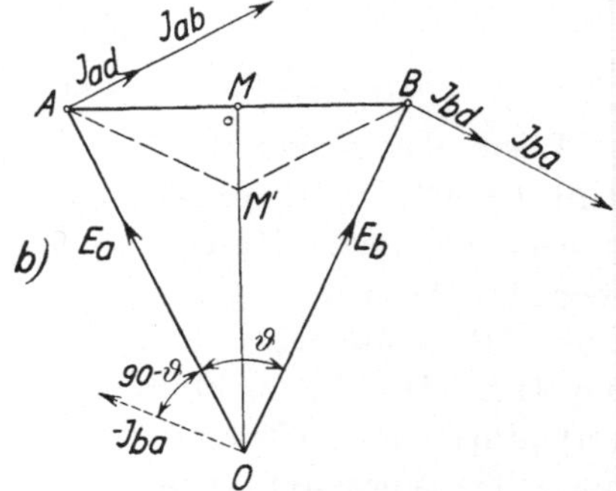

Abb. 17. Statische Stabilität. Verringerung durch Anschluß einer nicht geregelten Drosselspule. Spannungs- und Stromdiagramm zu Abb. 16.

5. Zwei Stationen mit Anschluß einer Drosselspule. Ein weiterer sehr wichtiger Fall ist in den Abb. 16 und 17 dargestellt. Zwei Zentralen A und B arbeiten über eine Leitung aufeinander. In einem beliebigen

Punkt M auf der Leitung werde eine nicht geregelte Drosselspule vom konstanten induktiven Widerstand Z angeschlossen. Die induktiven Widerstände von Maschine, Transformator und Leitung bis zum Punkte M seien Z_a und Z_b. Welchen Einfluß hat die in M angeschlossene Drosselspule auf die Leistungsübertragung? Auch diese Aufgabe kann nach dem bisher benützten Superpositionsprinzip gelöst werden:

Wenn nur die Zentrale A erregt ist, liefert sie den Strom J_{ad} nach der Drosselspule D und den Strom J_{ab} nach der unerregten Zentrale B

$$J_a = J_{ad} + J_{ab}\,. \tag{93}$$

Darüber lagert sich der von der erregten Maschine B gelieferte Strom:

$$J_b = J_{bd} + J_{ba}\,. \tag{94}$$

Wenn die Leitungen und die Drosselspule verlustfrei sind, stehen die Ströme senkrecht auf den sie treibenden Spannungen. Die Wirkleistung jeder Zentrale kann dann nur vom Strom der anderen Zentrale herrühren. Dieser Strom ist für die Zentrale A

$$J_{ba} = J_b \frac{Z}{Z + Z_a} \tag{95}$$

und die Wirkleistung der Maschine A:

$$N_a = -J_{ba} E_a \cos(90 + \vartheta) = J_{ba} E_a \sin\vartheta\,. \tag{96}$$

Nun ist

$$J_b = \frac{E_b}{Z_b + \frac{Z Z_a}{Z + Z_a}} \tag{97}$$

und daher nach Gl. (95)

$$J_{ba} = \frac{E_b}{Z_a + Z_b + \frac{Z_a Z_b}{Z}}\,. \tag{98}$$

Die **Durchgangsreaktanz** hat sich somit von $Z_a + Z_b$ auf $Z_a + Z_b + \frac{Z_a Z_b}{Z}$ **vergrößert**. Die übertragene Leistung ist demnach nach Gl. (96)

$$N_a = \frac{E_a E_b \sin\vartheta}{Z_a + Z_b + \frac{Z_a Z_b}{Z}}\,. \tag{99}$$

Durch die angeschlossene Drosselspule tritt somit eine Verringerung der zu übertragenden Leistung im Verhältnis von

$$\frac{N_a}{N_{ab}} = \frac{Z_a + Z_b}{Z_a + Z_b + \frac{Z_a Z_b}{Z}} \tag{100}$$

ein.

Dieser Leistungsverminderung muß eine Spannungsabsenkung im Punkte M der Leitung entsprechen. Die Rechnung ergibt, daß die Spannung mit angeschlossener Drosselspule (OM' nach Abb. 17) in demselben Verhältnis gegenüber OM verringert ist. Dieses Verhältnis ist mit dem Verhältnis der Flächen $OAM'BO$ zu $OAMBO$ identisch.

Wenn in M eine Kapazität konstanter Größe in Form einer nicht geregelten Kondensatorbatterie angeschlossen ist, wird Z negativ. In M tritt eine Spannungserhöhung auf, die übertragene Leistung wird größer.

Es wird im Abschnitt B bei der Betrachtung der dynamischen Stabilität erklärt, daß verschiedene Störungen auf der Leitung durch den Anschluß einer Drosselspule ersetzt werden können. Deshalb wurden hier ungeregelte Drosselspulen und Kondensatoren betrachtet. Durch die Möglichkeit ihrer Regelung kann, wie im nächsten Abschnitt 6 gezeigt wird, die statische Stabilität günstig beeinflußt werden.

6. Vergleich von Phasenschieber und Kondensator. Wir wollen die bisherigen Ergebnisse zusammenfassen, wobei wieder der Einfachheit halber Leitungswiderstand und Kapazität vernachlässigt werden (siehe Abb. 18).

Die maximale Leistung zwischen 2 Zentralen, deren Polradspannung konstant gehalten wird, beträgt $\frac{E^2}{Z}$. In Abb. 18a ist das die Fläche $OAMBO$. Durch den Anschluß eines unendlich großen Phasenschiebers in der Mitte der Leitung, der die Spannung auf $U'_m = E$ konstant hält, steigt diese Leistung auf das Doppelte, auf $\frac{2\,E^2}{Z}$. In Abb. 18a ist das die Fläche $OA'M'B'O$.

Es wird jedoch immer so geregelt, daß die Spannung auf der Hochvoltseite der Transformatoren in den Punkten F_1 und F_2 konstant bleibt. Dadurch wird $U < E$, und die maximale Leistung beträgt $\frac{2\,U\,E}{Z}$ entsprechend Abb. 18b.

Was passiert, wenn in M statt eines Phasenschiebers ein Kondensator angeschlossen wird? Seine Kapazität sei zunächst nicht geregelt und werde durch Zu- und Abschalten so eingestellt, daß die Spannung in M konstant gleich der Generatorklemmenspannung bleibt. Dafür gilt in Abb. 18c die Fläche $OAMBO$. Der größte Winkel zwischen E_a und E_b muß jetzt kleiner als 90° bleiben. Die Zunahme der Leistung ist nicht mehr von Belang, wie ein Vergleich der Flächen $OAMBO$ und $OA_0M_0B_0O$ ergibt. Für den geregelten Kondensator darf der Winkel zwischen E_a und E_b größer als 90° werden, womit die zu übertragende Leistung anwächst. Der Unterschied zwischen nicht geregeltem und geregeltem Synchron-Phasenschieber und Kondensator beruht auf dem sehr verschiedenen Verhalten dieser Einrichtungen bei Spannungsänderungen. Abb. 19 zeigt die **Stromänderungscharakteristik.** Als Ordinate ist die Klemmenspannung, in vorliegendem Falle die Spannung U_m im Punkte M, als Abszisse der gelieferte Strom J_m, beides im Verhältnis zu den normalen Werten aufgetragen. Die Gerade *1* ist die Stromänderungscharakteristik des normalen nicht geregelten Phasenschiebers mit der prozentualen synchronen Reaktanz

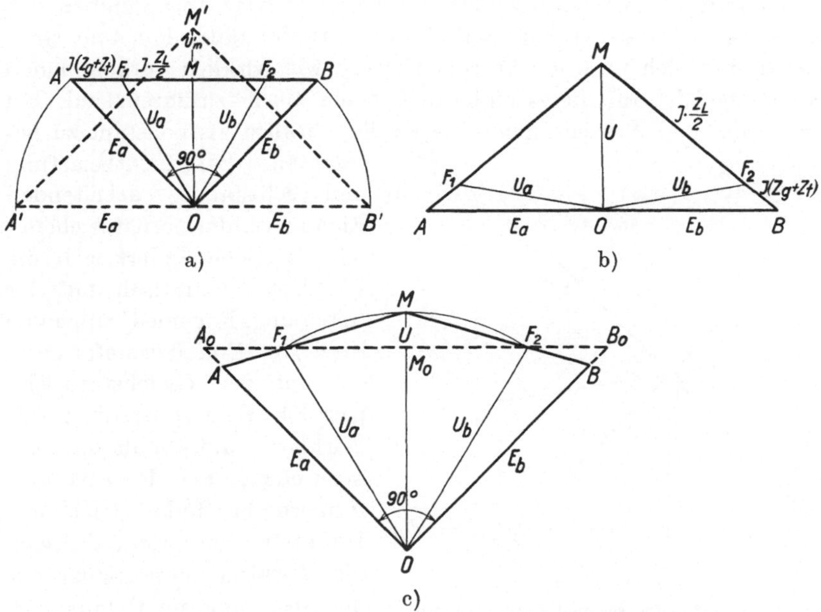

Abb. 18. Statische Stabilität, zwei Zentralen. Spannungsdiagramm.
a) $OAMBO$: Konstante Polradspannung, ohne Phasenschieber.
$OA'M'BO$: Konstante Polradspannung, in der Mitte unendlich großer Phasenschieber mit $U'_m = E_a = E_b$.
b) Unendlich großer Phasenschieber in der Mitte. Spannung an den Phasenschieber- und Generatorklemmen $OM = OF_1 = OF_2 = U$.
c) $OAMBO$: ungeregelte Kondensatorbatterie in der Mitte, so daß Spannung in M und an den Generatorklemmen $OM = OF_1 = OF_2 = U$.
$OA_0M_0B_0O$: Ohne Kondensatoren.

$P = 1$ oder mit dem Kurzschlußverhältnis $\frac{1}{P} = 1$. Die Gerade *2* ist die Stromänderungscharakteristik einer Maschine mit sehr großem Kurzschlußverhältnis. Es wurde bereits erwähnt, daß dieses Kurzschlußverhältnis bei einer normalen Maschine wirksam gemacht werden kann, indem man den größten Teil der synchronen Reaktanz bis auf die resultierende Streuung, oder gar bis auf die Statorstreuung wegregelt. Die Gerade *3* endlich ist die Stromänderungscharakteristik der nicht geregelten Kondensatorbatterie. Der nicht geregelte synchrone Phasenschieber verhält sich viel günstiger als der nicht geregelte Kondensator. Der geregelte synchrone Phasenschieber stellt im Moment der Spannungsabsenkung sehr große Blindströme zur Verfügung und hilft damit in hervorragendem Maße mit, die Spannung hoch zu halten.

Diese sehr günstige Stromänderungscharakteristik *2* der mit Schnellregler ausgestatteten Synchronmaschine ist bei Anwendung geeigneter, wenn auch komplizierterer Regelorgane auch bei Kondensatoren zu erreichen, für welche im ungeregelten Zustand die Charakeristik *3* gilt.

Es wurde bisher ein irgendwie vermaschtes Netz angenommen mit der einzigen Voraussetzung, daß alle Scheinwiderstände konstant sind. Es erübrigt sich noch ein kurzer Hinweis, wie wirklich vorkommende Belastungsfälle auf dieses einfache Schema zurückzuführen sind. Bei Synchron- und Asynchronmotoren ist die Wirklast als konstant zu betrachten. Bei Lichtbelastung und selbständig arbeitenden Einankerumformern für chemische Betriebe ändert sich die Wirklast quadratisch mit der Spannung. Für eine Gruppe von Zwei- und Einankerumformern, die auf der Gleichstromseite parallel arbeiten, ist die totale Wirklast praktisch als konstant anzusehen. Bei Einankerumformern im Bahnbetrieb mit Hauptstrommotoren ändert sich die Wirklast proportional mit der Spannung, im Bahnbetrieb mit Nebenschlußmotoren etwa mit der Quadratwurzel aus dem Spannungsverhältnis.

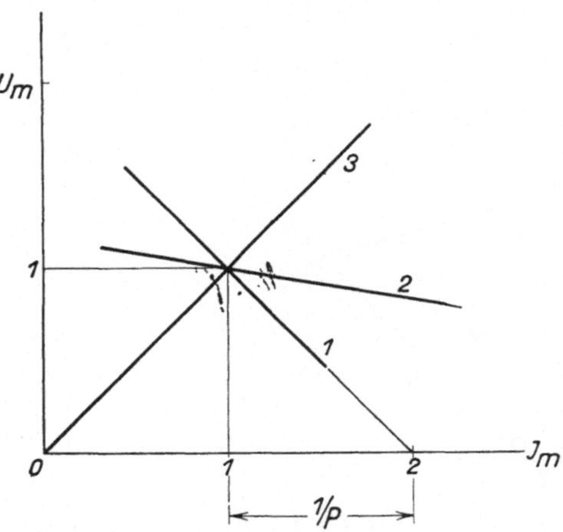

Abb. 19. Stromänderungscharakteristik. Abszissen: Strom J_m, Ordinaten: Spannung U_m. Normale Werte 1.
Gerade *1*: Phasenschieber mit Kurzschlußverhältnis $\frac{1}{P} = 1$ (ungeregelt)
Gerade *2*: Phasenschieber mit sehr großem Kurzschlußverhältnis (geregelt).
Gerade *3*: Statische ungeregelte Kondensatoren.

Die kapazitive Blindleistung von übererregten Synchronmotoren nimmt mit zunehmender Spannung entsprechend ihrem Kurzschlußverhältnis ab und umgekehrt. Die induktive Blindleistung von Asynchronmotoren und Transformatoren nimmt mit steigender Spannung wegen der Sättigung stärker als proportional zu. Der Einankerumformer verhält sich durch seine Sättigung in bezug auf seine Blindlast wie eine leerlaufende Synchronmaschine, deren Kurzschlußverhältnis etwa 0,4 bis 0,5 ist. Man wird für die an einem Punkt des Netzes angeschlossenen Belastungen durch Addition eine resultierende Wirk- und Blindleistungskurve in Abhängigkeit von der Spannung aufstellen und versuchen, durch einen konstanten Wirk- und einen konstanten Blindwiderstand die vorhandene Belastung nachzuahmen.

B. Dynamische Stabilität.

1. Stoßweise Belastung. Wir kommen nun zu einem zweiten sehr wichtigen Teil unserer Betrachtung, zum Gebiet der dynamischen Stabilität. Es sei als erster Fall überlegt, wie sich eine Synchronmaschine verhält, deren Last nicht allmählich, sondern plötzlich gesteigert wird. Die Maschine hänge an einem Netz konstanter Spannung. Ihre Leistung sei

$$N = U \frac{E}{Z} \sin \vartheta . \tag{101}$$

U ist die konstante Spannung des Netzes, E ist die Polradspannung oder die Erregung des Polrades, Z ist die synchrone Reaktanz bis zu dem Netz konstanter Spannung.

Abb. 20 zeigt den Verlauf der Maschinenleistung oder des Drehmomentes in synchronen Watt. N_0 ist die Leistung vor dem Laststoß, N_m die maximale Kippleistung für $\vartheta = 90^0$. Das Drehmoment steige nun plötzlich von N_0 auf N_1 durch den Laststoß $\Delta N = N_1 - N_0$. Dadurch tritt ein Schwingungsvorgang ein. Der Rotor verläßt seine ursprüngliche Gleichgewichtslage, wobei die Differenz zwischen N_1 und der Sinuskurve als Überschußmoment beschleunigend wirkt. Der maximale Ausschlag der Schwingung ist, wenn keine Dämpfung vorhanden ist, durch die Gleichheit der beiden schraffierten Flächen I und II gegeben und damit auch die maximale Stoßlast. Abb. 21 zeigt die maximal mögliche Stoßlast $\frac{\Delta N}{N_m}$ abhängig von der Vorbelastung $\frac{N_0}{N_m}$.

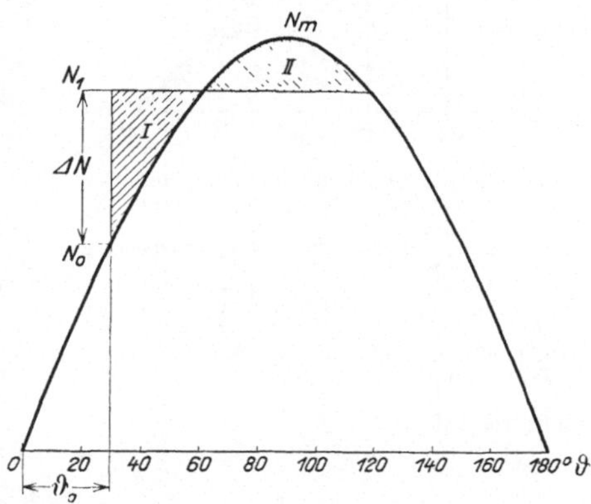

Abb. 20. Stoßweise Belastung einer Maschine an einem Netz konstanter Spannung. Abszissen: Winkel ϑ zwischen Polradspannung E und Klemmenspannung U. Ordinaten: Drehmoment in synchronen Watt. N_0 Vorbelastungsdrehmoment in synchronen Watt. ΔN Laststoß in synchronen Watt. N_m Kippmoment in synchronen Watt.

Für den Schwingungsvorgang gilt die Gleichung

$$\frac{d^2 \vartheta}{d t^2} = \frac{\omega}{2 K} \left[N_1 - N_m \sin \vartheta - \frac{N}{s \omega} \frac{d \vartheta}{d t} \right] \tag{102}$$

mit der Anfangsbedingung: für $t = 0$, $\vartheta = \vartheta_0$ entsprechend der Vorbelastung $N_0 = N_m \sin \vartheta_0$.

Darin bedeuten:

ϑ den Winkel zwischen Polradspannung und Klemmenspannung im Bogenmaß gemessen,

$\omega = 2 \pi f$ die elektrische Winkelgeschwindigkeit,

K den Energieinhalt oder die lebendige Kraft der rotierenden Massen in Joule,

N_0 das Lastmoment vor dem Stoß, also die Vorbelastung in synchronen Watt,

N_1 das Lastmoment nach dem Stoß in synchronen Watt,

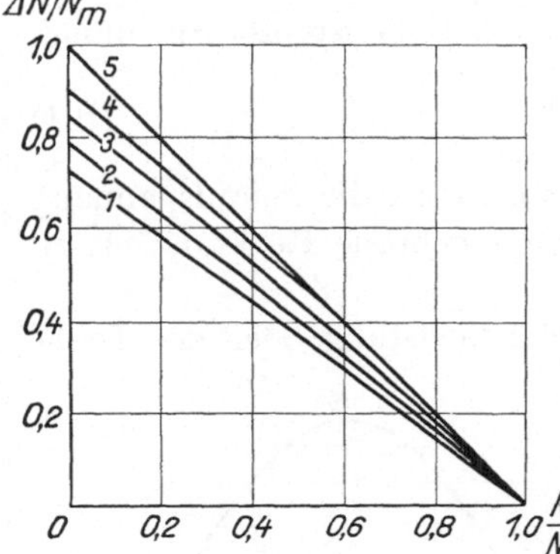

Abb. 21. Stoßweise Belastung einer Maschine an einem Netz konstanter Spannung. Maximaler Laststoß $\frac{\varDelta N}{N_m}$ abhängig von der Vorbelastung $\frac{N_0}{N_m}$. Dämpfungsfaktor $k = \frac{1}{s}\sqrt{\frac{N/N_m}{T_a \cdot \omega}}$ nach Gl. (108). Kurve *1* $k = 0$, Kurve *2* 0,15, Kurve *3* 0,30, Kurve *4* 0,45, Kurve *5* ∞.

N_m das Kippmoment in synchronen Watt,

N die Nennleistung in Watt,

s den Schlupf bei dem normalen Drehmoment N, also

$$s = \frac{\omega - \omega'}{\omega}, \tag{103}$$

ω' die elektrische Winkelgeschwindigkeit des asynchron laufenden Rotors bei dem Lastmoment N.

Wird statt der Zeit t eine andere Zeit τ eingeführt, so daß

$$\tau = t\sqrt{\frac{N_m\,\omega}{2\,K}}, \tag{104}$$

dann wird Gl. (102)

$$\frac{d^2\vartheta}{d\tau^2} + \sin\vartheta + k\frac{d\vartheta}{d\tau} = \frac{N_1}{N_m}. \tag{105}$$

Darin ist

$$k = \frac{N/s}{\sqrt{2\,K\,\omega\,N_m}}. \tag{106}$$

Mit der Anlaufzeitkonstante

$$T_a = \frac{2\,K}{N} \text{ in sec} \tag{107}$$

wird der Dämpfungsfaktor

$$k = \frac{1}{s}\sqrt{\frac{N/N_m}{T_a\,\omega}}. \tag{108}$$

Gl. (105) ist in geschlossener Form nicht lösbar; es sind jedoch Näherungslösungen bekannt, und genaue Lösungen in Form von Kurvenscharen sowohl mit als auch ohne Berücksichtigung der Dämpfung. Die maximale Stoßlast $\frac{\varDelta N}{N_m}$ ist für verschiedene Werte des Dämpfungsfaktors k in Abb. 21 eingetragen. Die Dämpfung bewirkt nicht nur eine Vergrößerung der maximal zulässigen Stoßlast, sie verlangsamt die Schwingung, es dauert länger, bis der maximale Ausschlag erreicht wird.

Bei großen Wasserkraftgeneratoren mit Dämpferwicklung kann man annehmen $s = 0{,}04$, $N/N_m = 0{,}5$, $T_a = 10$ sec; damit wird $k = 0{,}32$.

In Gl. (105) wurde das Drehmoment der Dämpferwicklung proportional mit $\frac{d\vartheta}{dt}$ angenommen. Dieser Annahme lag die Voraussetzung zugrunde, daß der Ohmsche Widerstand der Dämpferwicklung weit größer ist als ihr induktiver Streuwiderstand, oder anders gesprochen, daß ihre auf die Statorwicklung bezogene Kurzschlußzeitkonstante sehr klein ist im Verhältnis zu den Zeitintervallen, die für den Schwingungsvorgang von Belang sind. Für die Dämpferwicklung ist diese Voraussetzung wegen des kleinen Kupfergewichtes wohl immer erfüllt. Dies ist jedoch keineswegs selbstverständlich für die Induktorwicklung, die einen wesentlichen Teil der Längsfelddämpfung bildet. In der Regel ist bei großen Maschinen die Kurzschlußzeitkonstante der Induktorwicklung von gleicher Größenordnung wie die aus Gl. (105) zu berechnende Eigenschwingungsdauer.

Wir kommen am schnellsten zu einem Urteil, wie sich die große Kurzschlußzeitkonstante auf den Schwingungsvorgang auswirkt, wenn wir einen zweiten Extremfall betrachten. Die Induktorwicklung sei vollkommen widerstandslos, ihre Kurzschlußzeitkonstante demnach unendlich groß. Oder anders gesprochen: Die Untersuchung wird auf Zeiten beschränkt, die klein sind im Verhältnis zur Kurzschlußzeitkonstante. Diese Betrachtungsweise hat auch großen praktischen Wert. Die zur Wirkung kommende Abklingzeitkonstante der Induktorwicklung liegt nach Gl. (17) zwischen der Leerlauf- und Kurzschlußzeitkonstante, da sich der Punkt „konstanter Spannung" nicht an den Klemmen der Maschine, sondern irgendwo im Netz befindet. Man wird deshalb mit einer Zeitkonstanten von 2 bis 3 sec zu rechnen haben. Diese Zeit ist so groß, daß man in einem dazu kleinen Zeitintervall nach der Störung durch Schaltvorgänge im Netz oder im Erregerkreis der Maschine die Situation so verändern kann, daß sich die weiteren Vorgänge unter veränderten und günstigeren Bedingungen abspielen.

Wir betrachten zuerst k l e i n e Pendelungen. Vor Eintritt der Pendelung ist der Induktor mit einem Teil des Luftspaltkraftflusses verkettet, der gegeben ist durch

$$\Phi = \frac{J_{0l}}{1+\tau_1} M \cos\vartheta . \tag{109}$$

J_{0l} ist der Magnetisierungsstrom im Rotor für die ungesättigte Maschine bei Nennspannung, ausgedrückt in gleichwertigen Stator-Amp.

M ist der Koeffizient der gegenseitigen Induktion zwischen Stator und Rotor.

τ_1 ist die Streuung des Statorstromkreises einschließlich Transformator.

Wenn sich der Induktor um den Winkel $\Delta\vartheta$ dreht, würde sich diese

Verkettungszahl um den Betrag

$$\Delta\Phi = \frac{J_{0l}}{1+\tau_1} M \sin\vartheta \cdot \Delta\vartheta \tag{110}$$

ändern. Die widerstandslos gedachte Induktorwicklung widersetzt sich dieser Änderung durch den Ausgleichstrom A

$$\frac{J_{0l}}{1+\tau_1} M \sin\vartheta \cdot \Delta\vartheta = A \cdot L_2 \tau, \tag{111}$$

wobei L_2 die Selbstinduktion der Induktorwicklung ist, während

$$\tau = 1 - \frac{1}{(1+\tau_1)(1+\tau_2)} \tag{112}$$

die resultierende Streuung zwischen Stator und Induktor ist und τ_2 die Streuung der Induktorwicklung.

Damit wird

$$A = J_{0l} \sin\vartheta \frac{1-\tau}{\tau} \cdot \Delta\vartheta. \tag{113}$$

Dieser Ausgleichstrom A wird im Ständer durch einen Strom von der Größe

$$\frac{A}{1+\tau_1} = J_{0n} \sin\vartheta \frac{1-\tau}{\tau} \Delta\vartheta \tag{114}$$

kompensiert, wobei J_{0n} durch Gl. (1) bestimmt ist. Die Wirkkomponente dieses Stromes beträgt

$$\frac{A}{1+\tau_1} \sin\vartheta = J_{0n} \sin^2\vartheta \frac{1-\tau}{\tau} \Delta\vartheta. \tag{115}$$

Es wird also durch die Ausgleichs- oder Wirbelstrombildung in der Induktorwicklung ein zusätzliches synchronisierendes Moment erzeugt. Es soll W i r b e l s t r o m d r e h m o m e n t genannt werden, weil es von dem in der Induktorwicklung induzierten Wechselstrom herrührt, im Gegensatz zum normalen Drehmoment der konstanten Gleichstromerregung.

Wenn man in Gl. (115) $J_{0n} = \frac{U}{S}$ setzt, wobei

U die Klemmenspannung je Phase,

S die synchrone Reaktanz in Ohm je Phase mit Einbeziehung aller vorgeschalteten Induktivitäten, z. B. Transformatorstreuung ist,

und durch Multiplikation mit U den Wirkstrom in eine Wirkleistung verwandelt, so wird die synchronisierende Kraft des W i r b e l s t r o m d r e h m o m e n t e s

$$\sigma_w = U^2 \sin^2\vartheta \frac{1-\tau}{S\tau} \text{ Watt/elektrische Winkeleinheit.} \tag{116}$$

Das normale, von der Gleichstromerregung herrührende, synchronisierende Moment der Synchronmaschine beträgt

$$\sigma_g = U \frac{E}{S} \cos\vartheta \text{ Watt/elektrische Winkeleinheit.} \tag{117}$$

Der Maximalwert der synchronisierenden Kraft des Wirbelstromdrehmomentes verhält sich zum Maximalwert der normalen synchronisierenden Kraft wie

$$\bar{\sigma}_w : \bar{\sigma}_g = U^2 \frac{1-\tau}{S\tau} : U \frac{E}{S}. \tag{118}$$

Dieses Verhältnis ist

$$\frac{\bar{\sigma}_w}{\bar{\sigma}_g} = \frac{U}{E} \cdot \frac{1-\tau}{\tau}. \tag{119}$$

Setzt man z. B. $E = 1{,}5\, U$ und $\tau = 0{,}3$ (Maschine und Transformator), so wird dieses Verhältnis

$$\frac{1}{1{,}5} \cdot \frac{0{,}7}{0{,}3} = 1{,}56.$$

Der Verlauf der synchronisierenden Kraft abhängig vom Winkel ϑ ist in Abb. 22 dargestellt. Kurve *1* ist die synchronisierende Kraft der konstanten Gleichstromerregung $\frac{UE}{S} \cos\vartheta$, Kurve *2* die synchronisierende Kraft der im Induktor erzeugten Wirbelströme $U^2 \sin^2\vartheta \frac{1-\tau}{S\tau}$.

Die Betrachtung zeigt, daß bei großen Generatoren durch die in der Induktorwicklung induzierten Ströme große zusätzliche takthaltende Kräfte geweckt werden. Nur im Leerlauf der Maschine ist dies nicht der Fall, weil die Verkettungszahl der Induktorwicklung dann ihren Maximalwert hat und sich bei kleinen Ausschlägen des Polrades nicht ändert.

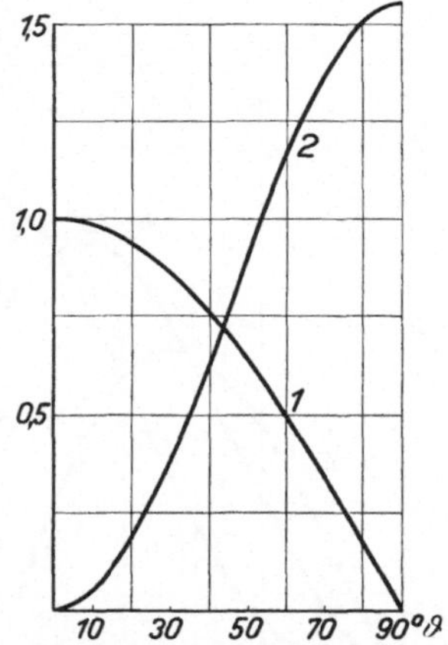

Abb. 22. Synchronisierendes Moment durch Gleichstrom und durch Wirbelströme bei kleinem Pendelausschlag. Abszissen: Winkel ϑ zwischen Polradspannung E und Klemmenspannung U. Ordinaten: Synchronisierendes Moment. Kurve *1* durch Gleichstrom, Höchstwert 1 gesetzt, Kurve *2* durch Wirbelströme, Höchstwert 1,56 für $E = 1{,}5\, U$ und $\tau = 0{,}3$.

Wenn das Polrad **große** Ausschläge macht, in einer Zeit, die klein ist im Verhältnis zur Abklingzeitkonstante der Induktorwicklung, so lassen sich die zusätzlichen rückführenden Drehmomente, die durch die Wirbelströme der Induktorwicklung geweckt werden, ähnlich berechnen. Die Induktorwicklung war vor der Pendelung mit einem Teil des Hauptkraftflusses verkettet

$$\Phi_0 = \frac{J_{0\,l}}{1+\tau_1} M \cos\vartheta_0. \tag{120}$$

Wenn der Vorbelastungswinkel ϑ_0 sich bis zu dem Wert ϑ_1 verändert, so würde die Induktorverkettungszahl bei unverändertem Induktorstrom nur mehr betragen

$$\Phi_1 = \frac{J_{0\,l}}{1+\tau_1} M \cos\vartheta_1. \tag{121}$$

Der Ausgleichstrom A im Induktor berechnet sich wie früher

$$\frac{J_{0i}}{1+\tau_1} M(\cos\vartheta_0 - \cos\vartheta_1) = A L_2 \tau \,. \tag{122}$$

Der Ausgleichstrom in der Statorwicklung wird

$$\frac{A}{1+\tau_1} = J_{0n} \frac{1-\tau}{\tau} (\cos\vartheta_0 - \cos\vartheta_1) \tag{123}$$

und die Wirkkomponente dieses Stromes

$$\frac{A}{1+\tau_1} \sin\vartheta_1 = J_{0n} \frac{1-\tau}{\tau} (\cos\vartheta_0 - \cos\vartheta_1) \sin\vartheta_1 \,. \tag{124}$$

Beachtet man, daß die prozentuale synchrone Reaktanz P mit Einbeziehung aller vorgeschalteten Induktivitäten $P = J_n/J_{0n}$ ist, so wird das Verhältnis des Wirbelstromdrehmomentes zum Normalmoment

$$\frac{W}{N} = \frac{1-\tau}{P\tau} (\cos\vartheta_0 - \cos\vartheta_1) \sin\vartheta_1 \,. \tag{125}$$

In Abb. 23 ist der Verlauf des Wirbelstromdrehmomentes für die synchrone Reaktanz $P = 1{,}1$, entsprechend einem Kurzschlußverhältnis 0,91, einschließlich Transformator, und $\tau = 0{,}3$ für $\vartheta_0 = 0^0$, 30^0 und 60^0 abhängig vom Pendelausschlag $\vartheta_1 - \vartheta_0$ dargestellt. Es überlagert sich dem von der Gleichstromerregung herrührenden stationären Drehmoment. Die durch das Wirbelstrommoment bedingte synchronisierende Kraft ist durch die Tangente an die Drehmomentenkurve gegeben.

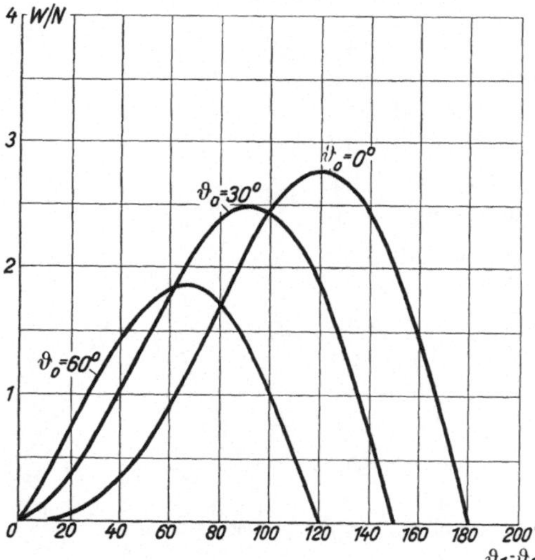

Abb. 23. Wirbelstromdrehmoment bei großem Pendelausschlag. Abszissen: Pendelausschlag $\vartheta_1 - \vartheta_0$. Ordinaten: $\frac{W}{N}$ = Verhältnis von Wirbelstrommoment zu Normalmoment. $P = 1{,}1$, $\tau = 0{,}3$, $\vartheta_0 = 0 - 30 - 60^0$.

Der Fall, mit dem wir uns weiter beschäftigen werden, sieht folgendermaßen aus. Ein Punkt konstanter Spannung ist nicht mehr vorhanden. Es arbeiten z. B. 2 Maschinen in das irgendwie vermaschte Netz. Jede der beiden Maschinen sei mit einer Regeleinrichtung versehen, die das Induktorfeld konstant hält. Es wurde bereits erklärt, daß dies einer Induktorwicklung mit unendlich kleinem Widerstand gleichkommt und daß dann die inneren Spannungsfestpunkte vor der resultierenden Streureaktanz $S\tau$ zu denken sind, die zum äußeren Belastungskreis zählt. Es ist derselbe Übertragungskreis, der schon ausführlich betrachtet wurde, nur tritt an die Stelle der synchronen Reaktanz S die resultierende Streureaktanz $S\tau$, wogegen $S(1-\tau)$ hinter den inneren Spannungsfestpunkten, also innerhalb der Maschine liegt. τ ist die resultierende Streuung zwischen Stator- und Induktorwicklung nach Gl. (16).

Die übertragene Leistung zwischen den beiden Zentralen ist bei Vernachlässigung der Verluste im Übertragungskreis entsprechend Gl. (51) gegeben durch

$$N_{ab} = \frac{E'_a \cdot E'_b}{Z} \cdot \sin\vartheta\,. \tag{126}$$

ϑ ist der Winkel, den die fiktiven Spannungen E'_a, E'_b miteinander einschließen. E'_a, E'_b sind nicht die wirklichen Klemmenspannungen U_a, U_b der Maschine, sondern fiktive Spannungen, die an den inneren Spannungsfestpunkten, also vor der resultierenden Streuung auftreten. Es ist demnach

$$E'_a = U_a - J_a S\tau\,, \tag{127}$$

wobei die Subtraktion geometrisch, also in richtiger Phasenlage vorzunehmen ist, siehe Abb. 5, Dreieck $OA'B$. In die Durchgangsreaktanz Z zwischen den Stationen A und B ist die Summe der resultierenden Streureaktanzen der Maschinen und Transformatoren mit einzubeziehen.

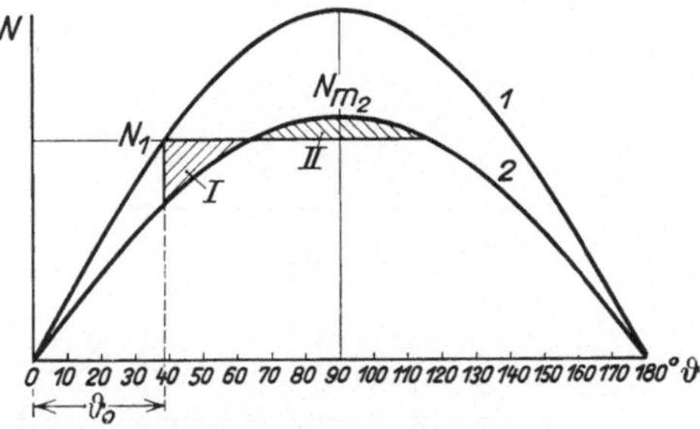

Abb. 24. Laststoß durch Vergrößerung der Durchgangsimpedanz. Zwei Zentralen. Abszissen: Winkel ϑ zwischen den inneren Spannungen E'_a, E'_b. Ordinaten: Wirkleistung N.

Die übertragene Leistung nach Gl. (126) wird für $\vartheta = 90^0$ ein Maximum. ϑ ist jetzt jedoch der Winkel, den die fiktiven konstanten inneren Spannungen E'_a und E'_b miteinander einschließen. Der Winkel der Polradspannungen oder Polräder gegeneinander ist dabei größer als 90^0, die Maschinen arbeiten im Gebiet der dynamischen Stabilität.

Welcher Art sind die Störungen und wie wirken sie sich auf die Maschine aus? Laststöße können auftreten durch Ausfall einer Zentrale, durch das plötzliche Ausschalten einer großen Last, oder durch das Ausschalten einer von mehreren parallelgeschalteten Übertragungsleitungen, indem sich die Durchgangsimpedanz Z ändert. Es werde der letztere Fall nach Abb. 24 betrachtet. Es arbeiten 2 Stationen aufeinander. Durch die Vergrößerung der Durchgangsimpedanz Z geht die Kurve der übertragenen Leistung von *1* nach *2* über. Es entsteht eine

Pendelung, für die bei Vernachlässigung der Dämpfung die Gleichung gilt:

$$\frac{d^2\vartheta}{dt^2} = \frac{\omega}{2K}(N_1 - N_{m_2}\sin\vartheta). \tag{128}$$

ϑ ist der Winkel zwischen den beiden inneren Spannungen E'_a und E'_b, N_{m_2} die Kippleistung unmittelbar nach Eintritt der Störung und N_1 die Wirkleistung vor der Störung,

$$K = \frac{K_1 K_2}{K_1 + K_2} \tag{129}$$

die zur Wirkung kommende lebendige Kraft der beiden Polräder.

Es wurde bereits früher im Abschnitt A 1 erwähnt, daß die Vorstellung mit der Absonderung der resultierenden Streuung $S\tau$ nur eine Näherung ist. Nach dieser Vorstellung wird die magnetisierende Wirkung des Statorstrombelages im Luftspalt entsprechend der Strecke $A'A = JS(1-\tau)$ in Abb. 5 durch eine mit der Ständerwicklung streuungsfrei verkettete Kompensationwicklung im Läufer aufgehoben, so daß vom Läufer nur die EMK E' aufzubringen ist. Dabei ist entweder vorausgesetzt, daß diese Kompensationswicklung eine sehr große Zeitkonstante hat, so daß die Ströme in ihr nicht abklingen, oder daß dieselbe Wirkung durch entsprechend schnellarbeitende Regeleinrichtungen erzielt wird. Es würde dann der Induktor das Feld, welches E' erzeugt, in konstanter Größe und Richtung mit sich herumführen. Nun ist aber die Kompensationswirkung im Induktor nur eine unvollkommene. Die Kompensationsströme, die in der Querfelddämpferwicklung abklingen, werden durch den Schnellregler nicht beeinflußt. Es trifft deshalb weder in Strenge zu, daß die innere Spannung E' konstant ist, noch daß das entsprechende Feld sich relativ zum Läufer nicht bewegt. Gl. (128) gilt deshalb nur näherungsweise.

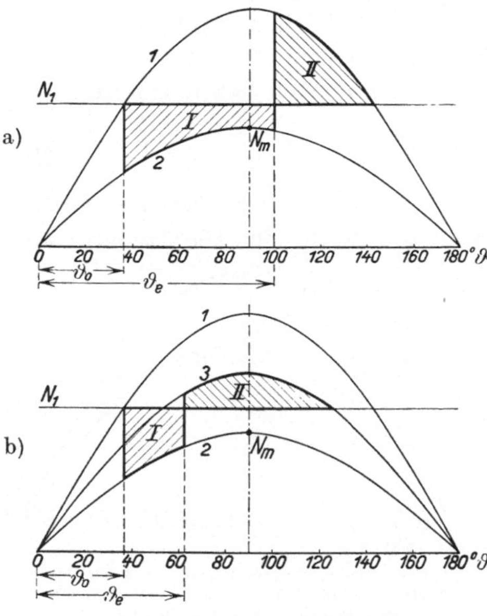

Abb. 25. Abschalten der Störung.
a) Nach dem Abschalten wird die ursprüngliche Durchgangsimpedanz wiederhergestellt. b) Nach dem Abschalten ist die Durchgangsimpedanz noch immer vergrößert.

Die Bedingung für die maximal zulässige Vergrößerung der wirksamen Durchgangsimpedanz Z, bei welcher die Stabilitätsgrenze gerade erreicht wird, ist nun gegeben: Es müssen die Flächen *I* und *II* in Abb. 24 einander gleich werden. Alle anderen Störungen, die noch in Betracht kommen, sind in ihrer Bedeutung ebenfalls einer Vergrößerung der Durchgangsimpedanz Z gleichzusetzen.

Was passiert, wenn die Störung abgeschaltet wird? Dies ist in zweierlei Weise möglich. Es kann nach Aufhebung der Störung der ursprüngliche Wert von Z wieder hergestellt werden, wie dies Abb. 25a zeigt. Wenn die Beseitigung der Störung im Punkte ϑ_e erfolgt, bleibt das Gleichgewicht erhalten, solange Fläche *I* nicht größer als *II* ist. Wenn der Fehler später abgeschaltet wird, fallen die beiden Zentralen außer Tritt. Eine andere Möglichkeit ist die, daß nach dem Abschalten des Fehlers der ursprüngliche Wert der Durchgangsimpedanz Z nicht mehr vorhanden ist, sondern irgendein anderer im allgemeinen größerer, wie dies Abb. 25b andeutet. Für diesen größeren Wert gilt dann die Kurve *3*. Als Stabilitätsbedingung gilt auch hier, daß die Fläche *I* kleiner als die Fläche *II* bleiben muß.

2. Kurzschluß und Unterbrechung auf der Leitung. Wir kommen damit zu einer anderen Gruppe von Störungen: Kurzschluß und Leitungsunterbrechung.

a) Zweipoliger Kurzschluß bei nicht geerdetem Sternpunkt, z. B. zwischen den Phasen b und c, s. Abb. 26a. Das an der Kurzschlußstelle vorhandene Spannungs- und Stromsystem kann in bekannter Weise in ein rechtläufiges System (Index 1) und in ein gegenläufiges System (Index 2) zerlegt werden. Der Generator erzeuge in den 3 Phasen a, b, c ein symmetrisches Spannungssystem U_a, U_b, U_c. Die Spannungen an der Kurzschlußstelle sind K_{a_1}, K_{b_1}, K_{c_1} für das rechtläufige und K_{a_2}, K_{b_2}, K_{c_2} für das gegenläufige System. Wie aus Abb. 26b hervorgeht, sind die beiden Spannungssysteme an der Kurzschlußstelle gleich groß und in der gesunden Phase a gleichgerichtet, also $K_{a_1} = K_{a_2}$. Man überzeugt sich davon leicht durch Zusammensetzung.

Die Zerlegung des Stromsystems ist in Abb. 26c dargestellt. Die beiden Stromsysteme sind gleich groß und $J_{a_1} = -J_{a_2}$. Die Probe auf die Richtigkeit der Zerlegung ist wieder durch Zusammensetzung der Ströme gegeben. Der Strom in der gesunden Phase a muß 0 sein und die Ströme in den Phasen b und c: $J_b = -J_c$. Aus dieser Zerlegung folgt:

$$K_{a_1} = U_a - J_{a_1} Z_1 , \tag{130}$$

$$K_{a_2} = 0 - J_{a_2} Z_2 , \tag{131}$$

denn in der Maschine wird das rechtläufige Spannungssystem U_a und das gegenläufige Spannungssystem 0 erzeugt. Z_1 ist der Widerstand von Generator, Transformator und Leitung bis zur Kurzschlußstelle für das rechtläufige und Z_2 für das gegenläufige Stromsystem. Nun ist $K_{a_1} = K_{a_2}$ und $J_{a_1} = -J_{a_2}$. Somit wird

$$U_a = J_{a_1}(Z_1 + Z_2)\,. \tag{132}$$

Das rechtläufige Stromsystem

$$J_{a_1} = \frac{U_a}{Z_1 + Z_2} \tag{133}$$

kommt allein für die Leistungsübertragung zwischen den Stationen A

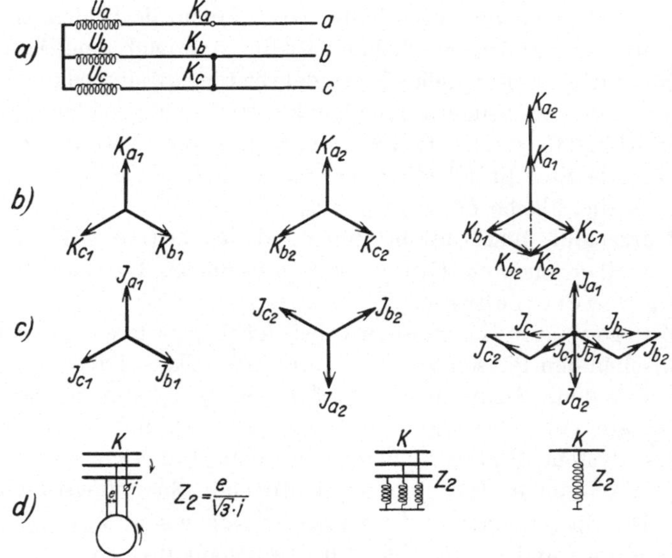

Abb. 26. Zweipoliger Kurzschluß bei ungeerdetem Netz.
a) Generatorstation und Leitung. b) Spannungssysteme an der Kurzschlußstelle recht- und gegenläufig und Zusammensetzung. c) Stromsysteme an der Kurzschlußstelle recht- und gegenläufig und Zusammensetzung. d) Experimentelle Ermittlung der Gegenfeldreaktanz Z_2 und Ersatz des Kurzschlusses durch den dreipoligen symmetrischen Widerstand Z_2 (drei- und einpolig gezeichnet).

und B in Frage. Es ist also ebenso groß wie ein Stromsystem, das dadurch zustande kommt, daß man bei gesunden Leitungen an der Kurzschlußstelle den dreiphasigen symmetrischen induktiven Widerstand Z_2 anschließt (s. Abb. 26d). Dieser Widerstand Z_2 kann experimentell ermittelt werden, indem man an der Kurzschlußstelle an die gesunde Leitung einen Generator anlegt, der ein gegenläufiges aber symmetrisches Spannungssystem erzeugt. Man mißt Spannung und Strom und erhält aus dem Quotienten den Widerstand Z_2. Ebenso hat man sich bei einem beliebig vermaschten Netz mit beliebig vielen Generatoren zu verhalten, die in bezug auf die Kurzschlußstelle als parallel geschaltet zu denken sind. Wie sich die Stabilität durch Parallelschalten eines induktiven Widerstandes verschlechtert, wurde im Abschnitt A 5 untersucht.

Das gegenläufige Spannungs- und Stromsystem erzeugt Verluste und damit Bremsmomente an allen Maschinen. Wie kann der Widerstand des Netzes für ein gegenläufiges, an die Kurzschlußstelle angeschlossenes Spannungssystem rechnerisch ermittelt werden? (Die Amerikaner nennen diesen Widerstand „negative phase sequence reactance".) Mit Gl. (133) ist eine einfache Methode gefunden, den zweiphasigen Kurzschluß in einem beliebigen Netz durch den Anschluß einer symmetrischen dreiphasigen Drosselspule darzustellen.

Für die Leitung selbst und für die Transformatoren ist der Widerstand Z_2 mit dem Widerstand Z_1 für das rechtläufige Spannungssystem identisch. Die Synchronmaschine hat im allgemeinen 3 Wicklungen, die Statorwicklung *1*, die Induktorwicklung *2* und die Dämpferwicklung *3*. Wir unterscheiden zwei Werte der resultierenden Streuung für das rechtläufige System. Den Anfangswert τ_W, bei welchem die Dämpferwicklung mitberücksichtigt ist und der für die Amplitude des Wechselstromgliedes im Schaltmoment wirksam ist. Dieser Wert wird aus dem Oszillogramm ermittelt, indem man die Einhüllenden des Stoßkurzschlußstromes bis zum Schaltmoment nach rückwärts verlängert. Dieses Wechselstromglied würde dauernd in gleicher Stärke bestehen bleiben, wenn Dämpfer- und Induktorwicklung den Widerstand Null hätten. Tatsächlich klingt es sehr rasch ab. Der Abwehrstrom geht auf die Induktorwicklung über, so daß wenige Perioden nach dem Kurzschlußmoment nur mehr die Streuung zwischen Stator und Induktor mit dem Endwert der resultierenden Streuung τ nach Gl. (16) zur Wirkung kommt. Bei Schenkelpolläufern wird der Anfangswert der resultierenden Streuung durch die Dämpferwicklung etwa auf das 0,7fache, bei Turbogeneratoren etwa auf das 0,6fache des Endwertes verringert. Bei Schenkelpolläufern mit Dämpferwicklung und bei Turbogeneratoren entspricht der Wert Z_2 ziemlich genau dem Anfangswert der resultierenden Streuung. Das erklärt sich dadurch, daß die Abwehrströme im Rotor die doppelte Frequenz also 100 Per/sec haben, so daß der Ohmsche Widerstand der Induktor- und Dämpferwicklung gegenüber dem induktiven keine Rolle mehr spielt.

Bei Maschinen ohne jede zusätzliche Dämpfung, also mit ganz lamelliertem Eisenkreis, wirkt nur die Induktorwicklung in ihrer Achse abdämpfend. Eine Schätzung des Widerstandes Z_2 ergibt sich bei Vernachlässigung aller Wirkwiderstände (Verluste) durch folgende Überlegung: Wir betrachten nach Abb. 27 das der Maschine zufließende Stromsystem von Grundfrequenz und von dreifacher Frequenz J_1 und J_3, J_1 gegenlaufend, J_3 mitlaufend, auf die zu untersuchende Maschine bezogen. In bezug auf den speisenden Generator ist es umgekehrt. Wir nehmen an, daß der speisende Generator so groß sei, und eine so gute Dämpferwicklung habe, daß er für J_3 einen vollen Kurzschluß bildet. Wir ersetzen jedes dieser beiden Drehstromsysteme durch je 2 am Rotor haftende Wechselstromsysteme doppelter Frequenz, die räumlich und zeitlich 90⁰ gegeneinander phasenverschoben sind. Jedes dieser beiden Wechselstromsysteme zerlegen wir wieder in 2 Drehstromsysteme mit- und gegenlaufend. Wir erhalten so statt der Drehstromsysteme J_1 und J_3 8 Drehstromsysteme, von welchen die mit ○ bezeichneten in der Rotorlängsachse, die mit × bezeichneten in der Rotorquerachse magnetisieren. Für die in der Rotorlängsachse fließenden

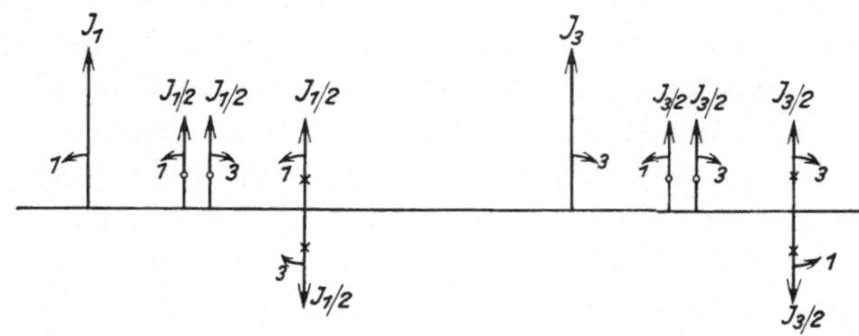

Abb. 27. Maschine ohne Dämpferwicklung an gegenläufiger Spannung. Ersatz der gegenläufigen Drehstromdurchflutung J_1 und mitläufigen Drehstromdurchflutung J_3 durch Drehstromdurchflutungen, die eine konstante magnetische Leitfähigkeit vorfinden. Für die mit ○ bezeichneten Drehstromsysteme Leitfähigkeit in der Polachse (Längsfeld), für die mit × bezeichneten Drehstromsysteme Leitfähigkeit im Polzwischenraum (Querfeld). Die Pfeile bedeuten die Umlaufrichtung, die Zahlen bei den Pfeilen die Umlaufgeschwindigkeit im Verhältnis zur synchronen.

Ströme ist der Widerstand durch die resultierende Streureaktanz $S\tau$ gegeben. Dafür sei die prozentuale resultierende Streuung $P\tau$ eingeführt:

$$P\tau = \frac{J_n S \cdot \tau}{U_n}. \tag{134}$$

P ist die prozentuale synchrone Reaktanz nach Gl. (3), τ ist die resultierende Streuung nach Gl. (16) (die Maschine hat keine Dämpferwicklung) und S die synchrone Reaktanz in Ohm je Phase nach Gl. (1).

Die in der Rotorquerachse fließenden Ströme finden den prozentualen Widerstand P/λ' vor, wobei λ' das Verhältnis der Längsfeld- zur Querfeldleitfähigkeit mit Einbeziehung der Statorstreuung ist. In Abb. 27 bedeuten die Zahlen bei den Pfeilen der einzelnen Stromsysteme die Umlaufgeschwindigkeit im Verhältnis zur synchronen und die Pfeile die Umlaufrichtung. Für die Stromsysteme mit dreifacher Geschwindigkeit gilt die Gleichung:

$$\frac{J_1}{2}\left(P\tau - \frac{P}{\lambda'}\right) + \frac{J_3}{2}\left(P\tau + \frac{P}{\lambda'}\right) = 0, \tag{135}$$

für das Stromsystem, das mit Grundfrequenz gegenlaufend ist,

$$\frac{J_1}{2}\left(P\tau + \frac{P}{\lambda'}\right) + \frac{J_3}{2}\left(P\tau - \frac{P}{\lambda'}\right) = J_1 X_2, \tag{136}$$

wobei X_2 die gesuchte prozentuale Reaktanz des gegenläufigen Drehstromsystems für den zufließenden Strom von Grundfrequenz ist. Es ist dieselbe Größe wie Z_2, nur nicht in Ohm, sondern prozentual ausgedrückt:

$$X_2 = \frac{J_n Z_2}{U_n}. \tag{137}$$

Man findet

$$X_2 = \frac{1}{2}\left[\frac{P}{\lambda'} + P\tau - \frac{\left(\frac{P}{\lambda'} - P\tau\right)^2}{\frac{P}{\lambda'} + P\tau}\right]. \tag{138}$$

Ist z. B. $P\tau = 0{,}2$ und $\frac{P}{\lambda'} = \frac{1}{1{,}5} = 0{,}67$, so ist $X_2 = 0{,}31$, also erheblich größer als $P\tau$. Mit Dämpferwicklung würde sich für X_2 ein Wert von etwa $0{,}7 \cdot 0{,}2 = 0{,}14$ ergeben. Es scheint also die Maschine

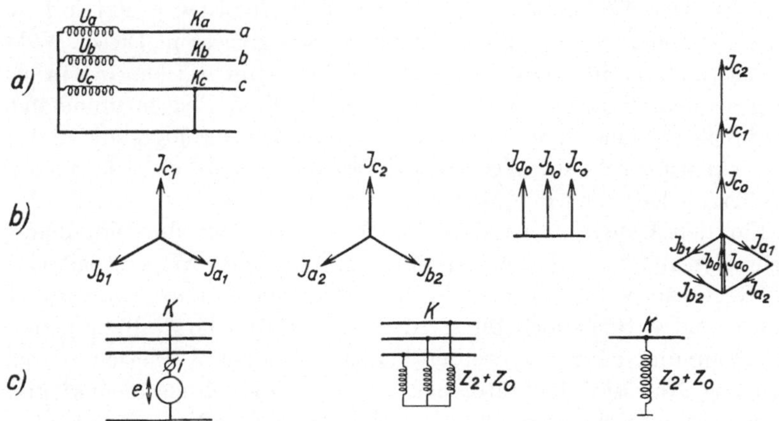

Abb. 28. Einpoliger Kurzschluß bei geerdetem Netz.
a) Generatorstation und Leitung. b) Stromsysteme an der Kurzschlußstelle, recht- und gegenläufig und Nullkomponente und Zusammensetzung. c) Experimentelle Ermittlung des Nullpunktwiderstandes Z_0 und Ersatz des Kurzschlusses durch den dreipoligen symmetrischen Widerstand $Z_2 + Z_0$ (drei- und einpolig gezeichnet).

ohne Dämpferwicklung im zweipoligen Kurzschluß in bezug auf die Stabilität im Vorteil zu sein. Wir kommen auf diesen Punkt noch zurück.

b) Einpoliger Erdschluß eines Netzes mit geerdetem Sternpunkt, z. B. der Phase c nach Abb. 28a.

Die Zerlegung des Stromsystemes an der Kurzschlußstelle K ist in Abb. 28b durchgeführt in ein rechtläufiges System J_{a_1}, J_{b_1}, J_{c_1} in ein gegenläufiges System J_{a_2}, J_{b_2}, J_{c_2} und in ein Nullsystem $J_{a_0} = J_{b_0} = J_{c_0}$. Bekanntlich kann man jedes Drehstromsystem aus diesen 3 Systemen zusammensetzen. Nach Abb. 28b ist $J_{c_1} = J_{c_2} = J_{c_0}$. Davon überzeugt man sich leicht durch Zusammensetzung der Ströme, die für J_c den Wert $J_c = J_{c_1} + J_{c_2} + J_{c_0}$ und für $J_a = J_b$ den Wert Null ergibt.

Für die Spannungen an der Kurzschlußstelle ergibt sich

$$K_{c_1} = U_c - J_{c_1} Z_1 , \tag{139}$$

$$K_{c_2} = 0 \quad - J_{c_2} Z_2 , \tag{140}$$

$$K_{c_0} = 0 \quad - J_{c_0} Z_0 \tag{141}$$

und die Summe

$$K_c = K_{c_1} + K_{c_2} + K_{c_0} = 0 = U_c - J_{c_1}(Z_1 + Z_2 + Z_0) , \tag{142}$$

so daß

$$J_{c_1} = \frac{U_c}{Z_1 + Z_2 + Z_0} . \tag{143}$$

Man kann also das zur Kurzschlußstelle K fließende rechtläufige System zur Darstellung bringen, wenn man statt des einpoligen Kurzschlusses an der Kurzschlußstelle den Widerstand $Z_2 + Z_0$ anschließt. Der Widerstand Z_0 ist der Nullpunktwiderstand des ganzen Systems von der Kurzschlußstelle aus gemessen. Dieser Widerstand kann experimentell nach Abb. 28c bestimmt werden, indem man bei gesundem Netz an der Kurzschlußstelle die 3 Phasen miteinander verbindet und eine Spannung zwischen diese Verbindungsstelle und die Erdrückleitung schaltet. Wenn man diese Spannung durch $^1/_3$ des Stromes dividiert, erhält man den Widerstand Z_0 pro Phase.

Für den Generator ist dies der Widerstand der drei miteinander verbundenen Phasen gegen den Sternpunkt. Dieser Widerstand ist in der Regel noch viel kleiner ($^1/_6$ bis $^1/_2$) als der Anfangswert τ_W der resultierenden Streuung. Die Ströme, die durch die Nullkomponente der Spannung getrieben werden, haben in allen 3 Phasen dieselbe Richtung. Nun wird die Statorwicklung sehr oft als Zweischichtwicklung mit Schrittverkürzung ausgeführt, so daß ein Teil der Nuten von Strömen entgegengesetzter Richtung durchflossen wird. Dadurch werden die Nutenstreuung und das über den Luftspalt sich schließende Streufeld von dreifacher Polzahl sehr verkleinert. Das Minimum ergibt sich für eine Spulenweite gleich $^2/_3$ Polteilung.

Der Fall des einpoligen Erdschlusses hat für uns weniger Interesse, da unsere Netze im Gegensatz zu den amerikanischen mit Erdschlußkompensation ausgestattet sind.

Die Messung der Gegenfeldreaktanz Z_2 und der Nullpunktreaktanz Z_0 an einem kleinen Drehstromgenerator für 375 Umdr./min, 65 kVA und 230 V zeigt Abb. 29. Der Generator hatte massive Pole, jedoch keine Querfelddämpfung. Oszillogramm a stellt die Stromaufnahme der im Rotor unerregten Maschine bei sehr kleinem Schlupf zur Messung von λ' vor. Oszillogramm b zeigt die Stromaufnahme des mit synchroner Geschwindigkeit gegenläufigen Generators bei Speisung mit 120 V verkettet zur Bestimmung von Z_2. Oszillogramm c stellt die Stromaufnahme des mit synchroner Geschwindigkeit laufenden Generators dar, wobei alle 3 Phasen parallel geschaltet und zur Bestimmung von Z_0 an dieselbe Spannung von 8,9 V gelegt wurden. Die Induktor-

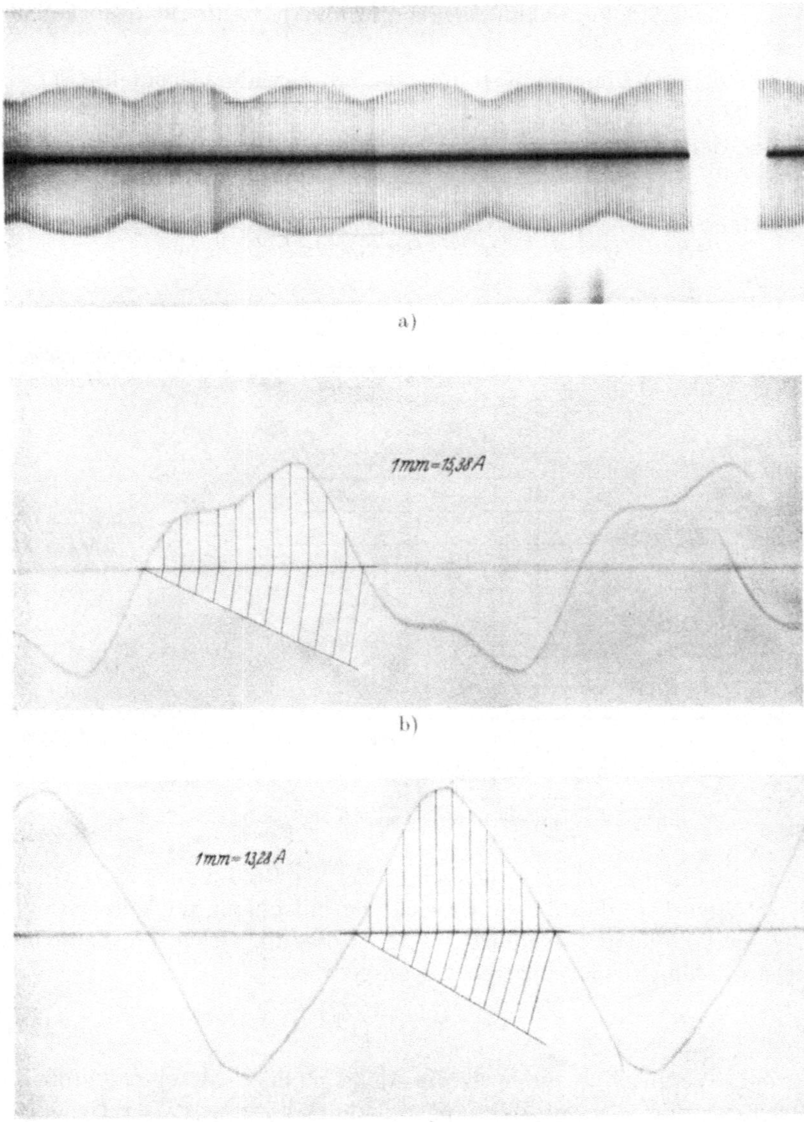

Abb. 29. Messung der Gegenfeldreaktanz Z_2 und der Nullpunktreaktanz Z_0. Generator mit massiven Polen ohne Dämpferwicklung. 65 kVA, 230 V, 375 Umdr./min.
Oszillogramm a) im Rotor unerregte Maschine mit sehr kleinem Schlupf zur Bestimmung von λ'. Oszillogramm b) Stromaufnahme der synchron laufenden Maschine bei Speisung mit gegenläufigem Spannungssystem (120 V verkettet) zur Bestimmung von Z_2. Oszillogramm c) Stromaufnahme der synchron laufenden Maschine, die drei Statorphasen parallelgeschaltet, mit 8,9 V gespeist, zur Bestimmung von Z_0.

wicklung war in beiden Fällen kurzgeschlossen. Das speisende Netz war sehr groß im Verhältnis zu dem Generator. Die Messung ergab

aus dem Stoßkurzschlußversuch für die prozentuale resultierende Streuung $P\tau = 0{,}48$,

aus dem Oszillogramm b für die prozentuale Gegenfeldreaktanz $X_2 = 0{,}65$,

aus dem Oszillogramm c für die prozentuale Nullpunktreaktanz $X_0 = 0{,}2$.

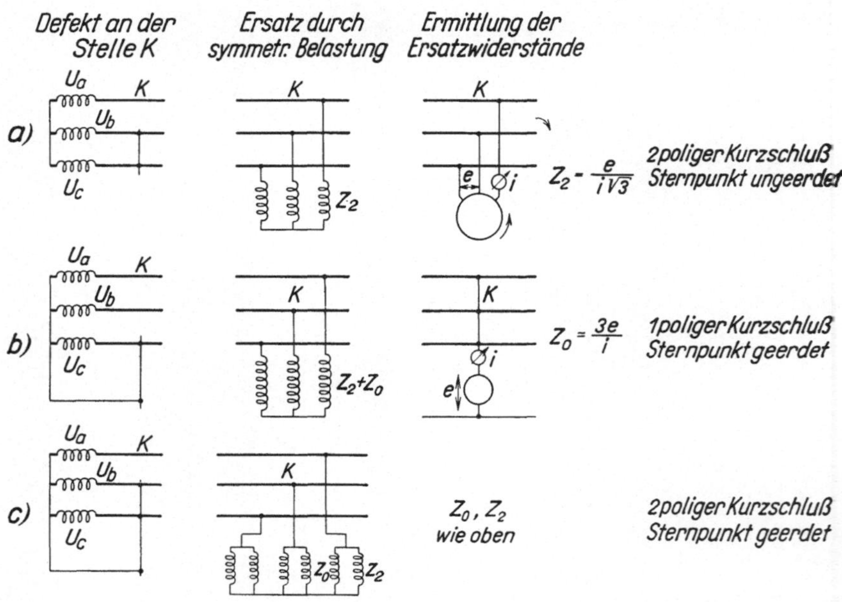

Abb. 30. Ersatz eines Leitungsdefektes durch symmetrische Belastung. Kurzschluß.

X_2 ist also tatsächlich erheblich größer als $P\tau$. Zu dem Wert von X_0 ist zu bemerken, daß die Statorwicklung mit einem Wickelschritt von 0,89 der Polteilung ausgeführt ist. X_0 ist dieselbe Größe wie Z_0, jedoch nicht in Ohm, sondern prozentual ausgedrückt:

$$X_0 = \frac{J_n Z_0}{U_n}. \tag{144}$$

Zum Vergleich seien noch die Meßergebnisse an einem größeren Generator mit sehr guter Dämpferwicklung mitgeteilt. Der Generator hatte lamellierte Polschuhe, in welchen Dämpferstäbe lagen, die durch umlaufende geschlossene Ringe für die Längs- und Querfelddämpfung wirksam gemacht wurden. Die Nenndaten waren: 12500 kVA, 10500 V, 300 Umdr./min, 50 Per/sec Wickelschritt in der Ständerwicklung 0,785 der Polteilung. Die Messung ergab:

prozentuale synchrone Reaktanz $P = 1{,}0$
prozentuale resultierende Streuung als Anfangswert $P\tau_w = 0{,}224$
prozentuale resultierende Streuung als Endwert $P\tau = 0{,}328$
prozentuale Gegenfeldreaktanz $X_2 = 0{,}216$
prozentuale Nullpunktreaktanz $X_0 = 0{,}083$

Es stimmt also, wie zu erwarten, X_2 mit $P\tau_w$ überein. X_0 beträgt 37% von $P\tau_w$.

c) Der Vollständigkeit halber sind in Abb. 30 und 31 die bereits besprochenen und noch möglichen Fälle von Kurzschlüssen und Leitungsunterbrechungen und ihr Ersatz durch dreiphasige symmetrische Widerstände dargestellt.

Abb. 30c zeigt den Doppelerdschluß, den zweipoligen Kurzschluß, bei geerdetem Sternpunkt. Er kann ersetzt werden, indem man an die Kurzschlußstelle eine dreiphasige Drosselspule, die aus der Parallelschaltung der Widerstände Z_2 und Z_0 besteht, anschließt. Z_2 und Z_0

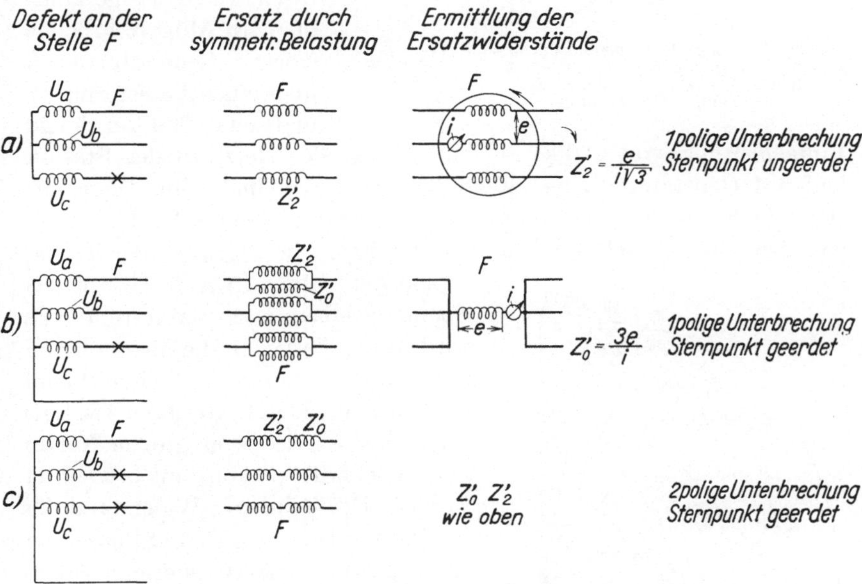

Abb. 31. Ersatz eines Leitungsdefektes durch symmetrische Belastung. Unterbrechung.

sind, wie früher erwähnt, definiert. Abgesehen vom dreiphasigen Kurzschluß ist dies der ungünstigste Fall für die Maschine.

Abb. 31a zeigt die einpolige Unterbrechung bei nicht geerdetem Sternpunkt und ihren Ersatz durch Serienschaltung des induktiven dreiphasigen symmetrischen Widerstandes Z_2' an der Fehlerstelle F. Dieser Widerstand wird ermittelt, indem man die Leitung an der defekten Stelle in allen drei Phasen aufschneidet und über die

3 Phasen eines Drehstromgenerators schließt, der gegenläufige Drehstromspannungen von Grundfrequenz liefert.

Abb. 31 b zeigt die einpolige Unterbrechung bei geerdetem Sternpunkt. Als Ersatz ist die Serienschaltung einer Widerstandskombination, bestehend aus der Parallelschaltung von Z_2' und Z_0' an der Fehlerstelle vorzunehmen. Z_0' wird ermittelt, indem man die Leitung an der Fehlerstelle in allen 3 Phasen aufschneidet und über 3 gleichgerichtete und gleich große Spannungen (Nullkomponente) schließt.

Abb. 31 c zeigt die zweipolige Unterbrechung bei geerdetem Sternpunkt. Als Ersatz ist die Serienschaltung mit dem Widerstand $Z_2' + Z_0'$ an der Fehlerstelle vorzunehmen.

3. Zweipoliger Kurzschluß; Zahlenbeispiel. Als Abschluß dieses Abschnittes soll ein Beispiel durchgerechnet werden, um auch zahlenmäßig zu zeigen, welche Abschaltzeiten für den Ölschalter in Frage kommen. In Abb. 32 arbeitet eine Generatorstation über einen Transformator und eine 300 km lange Einfachleitung von 220 kV in ein sehr großes Netz. In der Station laufen 4 Generatoren zu je 40000 kVA und 300 Umdr/min. Die resultierende Streuung der Generatoren — der sogenannte Endwert — zwischen Stator und Induktor betrage 18%, die Streuung der Transformatoren 10%. In Abb. 33 ist das Spannungsdiagramm dargestellt. Es wird so reguliert, daß die Spannung U_a an den Transformator-Hochvoltklemmen der Station A konstant ist. Die Spannung U_b des sehr großen Netzes kann ebenfalls als konstant betrachtet werden. Der induktive Widerstand der Freileitung betrage 115,2 Ω/Phase, der Leitungsstrom 420 A und der Spannungsverlust längs der Leitung demnach $420 \cdot 115{,}2 \cdot \sqrt{3} = 84$ kV verkettet. Auf Maschine und Transformator entfallen 28% von 220 kV, das sind 61,6 kV verkettet. Der Widerstand von Maschinen und Transformatoren beträgt somit $\frac{61600}{\sqrt{3} \cdot 420} = 84{,}6$ Ohm je Phase; davon entfallen 54,4 Ohm auf die Maschinen und 30,2 Ohm auf die Transformatoren. Der Wert $\sin \vartheta_0$

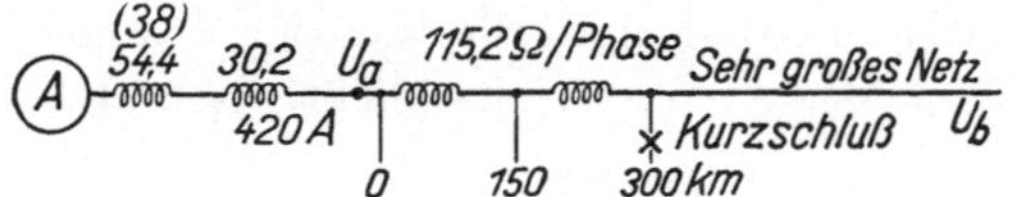

Abb. 32. Zweipoliger Kurzschluß. Zahlenbeispiel. 4 Generatoren à 40000 kVA speisen über 300 km — 220 kV in großes Netz. Anordnung: Generator (54,4 Ohm) — Transformator (30,2 Ohm) — Leitung (115,2 Ohm) — Großes Netz.

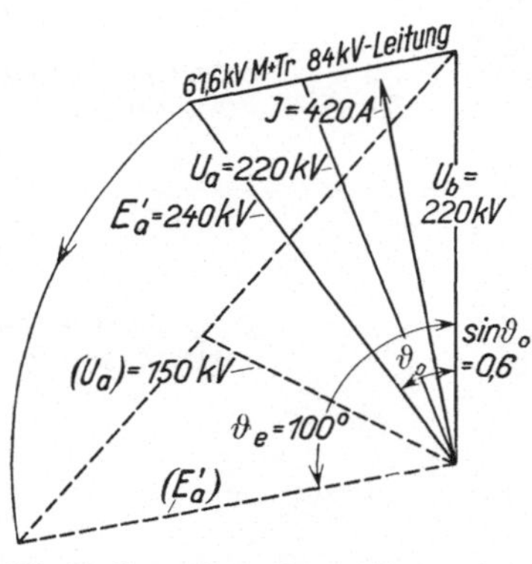

Abb. 33. Zweipoliger Kurzschluß, Zahlenbeispiel. Spannungsdiagramm zu Abb. 32. Voll ausgezogen: Im stationären Betrieb. Gestrichelt: Im Abschaltmoment nach zweipoligem Kurzschluß.

ergibt sich mit 0,6, die Maschinen sind 40% unter der dynamischen Stabilitätsgrenze. Es wurde bei der Ermittlung des Winkels ϑ_0 nur die resultierende Streuung in Betracht gezogen und damit vorausgesetzt, daß der Regler während des Pendelvorganges die Induktorverkettungszahl konstant hält.

Auf der Leitung passiere nun ein zweipoliger Kurzschluß entweder an der Stelle 0 oder 150 oder 300 km. Die Maschinen haben Dämpferwicklung, so daß ihre Reaktanz Z_2 für das gegenläufige Spannungssystem gleich dem Anfangswert der resultierenden Streuung, also mit etwa 70% von 54,4 Ohm, d. s. 38 Ohm je Phase angenommen werden kann. Dieser Wert ist in Abb. 32 in Klammern eingetragen. Man berechnet nun für

$$\text{Stelle } 0: Z_2 = \frac{68{,}2 \cdot 115{,}2}{183{,}4} = 42{,}9, \quad Z_a = 84{,}6, \quad Z_b = 115{,}2, \quad \frac{Z_a Z_b}{Z_2} = 228$$

$$\text{„Summe"} = 428,$$

$$150\text{ km}: Z_2 = \frac{125{,}8 \cdot 57{,}6}{183{,}4} = 39{,}5, \quad Z_a = 142{,}2, \quad Z_b = 57{,}6, \quad \frac{Z_a Z_b}{Z_2} = 208$$

$$\text{„Summe"} = 408,$$

$$300\text{ km}: Z_2 = \frac{183{,}4 \cdot 0}{183{,}4} = 0, \quad Z_a = 200, \quad Z_b = 0, \quad \frac{Z_a Z_b}{Z_2} = 200$$

$$\text{„Summe"} = 400.$$

Hierbei sind zunächst die Werte für Z_2 ausgerechnet. Zur Bestimmung dieses Widerstandes ist die Leitung an der defekten Stelle mit einer gegenläufigen Spannung gespeist zu denken, so daß alles, was rechts und links von der defekten Stelle liegt, als parallelgeschaltet zu betrachten ist. Z_a und Z_b sind die Widerstände links und rechts von der Fehlerstelle vor der Störung und $\frac{Z_a Z_b}{Z_2}$ ist die Vergrößerung der Durchgangsreaktanz nach den Gln. (133) und (98). Mit der „Summe" ist endlich die Summe von $Z_a + Z_b + \frac{Z_a Z_b}{Z_2}$, die neue Durchgangsreaktanz angeschrieben, die in diesem Falle nur wenig von der Lage der Kurzschlußstelle abhängig ist. Vor der Störung betrug die Durchgangsreaktanz 200 Ohm. Sie hat sich also durch den zweipoligen Kurzschluß verdoppelt.

Die kapazitiven Ableitungen der 300 km langen 220-kV-Leitung im Ersatzbild der Π-Schaltung haben einen Widerstand von je 2240 Ohm/Phase. Diese Widerstände sind im Verhältnis zu den oben ausgerechneten Werten von Z_2 so groß, daß sie vernachlässigt werden können.

Abb. 34 zeigt die auftretenden Drehmomente in synchronen Watt. N_1 ist das konstante Drehmoment der Wasserturbinen. Die Störung muß spätestens abgeschaltet werden, wenn der Winkel ϑ sich von seinem stationären Anfangswert $\vartheta_0 = 37^0$ auf $\vartheta_e = 100^0$ vergrößert hat. Dann sind die Flächen *I* und *II* einander gleich. Die günstige Wirkung der Dämpferwicklung ist dabei nicht berücksichtigt. Aus der Schwingungsgleichung (105) ergibt sich bei Vernachlässigung der Dämpfung hierfür eine Zeit $\tau = 1{,}8$. Nun ist nach Gl. (104) $\tau = t\sqrt{\frac{N_m \omega}{2K}}$.

N_m ist die Kippleistung während der Störung $= 33000$ kW je Generator, $\omega = 314$ und $K = 187500$ kJ entsprechend einem Schwungmoment von 1520 tm² für jeden der 300tourigen Generatoren. Damit wird $t = \frac{1{,}8}{5{,}26} = 0{,}34$ sec.

Wenn man annimmt, daß nach dem Abschalten des Kurzschlusses, die vor der Störung vorhandene Durchgangsreaktanz nicht mehr wieder erreicht wird, sondern ein größerer Wert verbleibt, wie dies häufig der Fall ist, so ist für t eine noch kleinere Zeit zu erwarten.

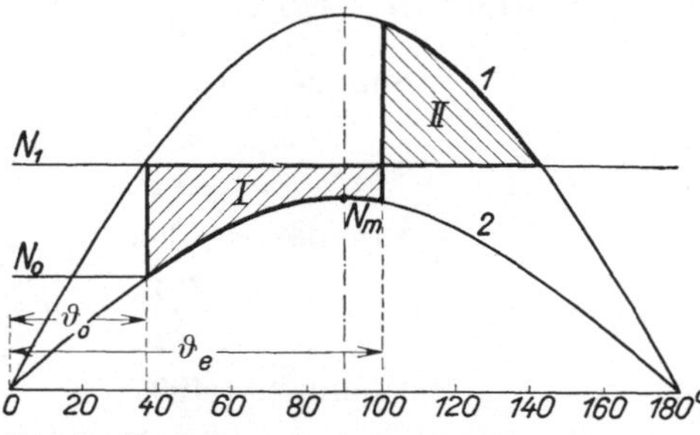

Abb. 34. Zweipoliger Kurzschluß, Zahlenbeispiel. Anordnung nach Abb. 32. Übertragene Leistung vor und nach Eintritt der Störung (Kurven *1* und *2*).

Die Erreichung so kurzer Abschaltzeiten setzt einen anderen Aufbau des Netzbildes voraus als er zur Zeit in Europa üblich ist. Die hier in Betracht kommenden Relais-Typen sind durch die Gegenüberstellung von Distanzrelais und Balancerelais gekennzeichnet.

In Abb. 33 ist auch das Spannungsdiagramm für den Maximalausschlag $\vartheta_e = 100^0$ gestrichelt eingetragen. Die Werte von U_a und E'_a sind in Klammern gesetzt. Die Spannung U_a an den Generatorklemmen ist von 220 auf 150 kV zurückgegangen und hat sich gleichzeitig um den Winkel von 40 elektrischen Graden gedreht. Der Spannungsrückgang an den Generatorklemmen veranlaßt den Spannungsregler einzugreifen. Wir haben angenommen, daß er während des Pendelvorganges die „innere" Spannung $E'_a = 220$ kV vor der resultierenden Streuung konstant hält. Die Drehung des Klemmenspannungsvektors U_a um 40 elektrische Grade in 0,35 Sekunden bedeutet einen Frequenzanstieg an den Generatorklemmen von $\frac{40}{18000 \cdot 0{,}35} = 0{,}63\%$ je sec, d. i. etwa ⅓ Per/sec². Bei Vorhandensein einer starken Dämpferwicklung wird dieser Wert kleiner sein, vielleicht die Hälfte.

Man könnte daran denken, die während der Störung konstatierte Frequenzänderung zur Beeinflussung des Kraftmaschinenreglers zu verwenden.

C. Entwurf der Maschine mit Rücksicht auf Stabilität.

1. Kurzschlußverhältnis; resultierende Streuung. Wie kann man beim Entwurf der Maschine auf die Stabilität der Übertragung Rücksicht nehmen? Für die statische Stabilität war die prozentuale synchrone Reaktanz P, für die dynamische Stabilität die prozentuale resultierende Streuung $P\tau$ maßgebend. Der reziproke Wert der prozentualen synchronen Reaktanz P war das Kurzschlußverhältnis $1/P$. Die Maschine erfährt jede Änderung im Netz letzten Endes durch die Änderung der Spannung an ihren Klemmen. Im ersten Moment nach einer solchen Störung ändert sich der von der Maschine gelieferte Blindstrom, so daß die auftretende Spannungsdifferenz durch den zusätzlichen Blindstrom im resultierenden Streuwiderstand aufgezehrt wird, und zwar ist hierfür der Endwert der resultierenden Streuung ohne Einbeziehung der Dämpferwicklung maßgebend. Dieser sehr erwünschte Ausgleichstrom hat nun die Tendenz, abzuklingen auf einen Wert, welcher durch die synchrone Reaktanz bestimmt ist. Man wird aus diesem Grunde für große Maschinen ein Kurzschlußverhältnis anstreben, das bei Schenkelpolläufern in der Nähe von 1, bei Turbogeneratoren in der Nähe von 0,8 liegt. In die Nähe dieser Werte kommt man von selbst, wenn man die Maschinen für ein Optimum des Wirkungsgrades auslegt. Damit erledigt sich auch die Frage der Steifheit der Generatoren. Man erreicht mit solchen Maschinen eine Spannungsänderung von etwa 30% bei Vollast und $\cos\varphi = 0{,}8$. Daß die Wahl solcher Kurzschlußverhältnisse auch vom wirtschaftlichen Standpunkt zu rechtfertigen ist, zeigt die Durchrechnung eines Generators von 25000 kVA, 500 Umdr/min, 11 kV für verschiedene Kurzschlußverhältnisse. Wenn man das Kurzschlußverhältnis von 1 auf 1,5 vergrößert, so steigen Preis und Verluste um 8 bzw. $6^1/_2$%; wenn man das Kurzschlußverhältnis von 1 auf 0,7 verringert, fallen sie um 5 bzw. 4%.

Für die dynamische Stabilität war die resultierende Streureaktanz $S\tau$ oder die prozentuale resultierende Streuung $P\tau$ nach Gl. (134) maßgebend. Es ist nach Gl. (1) die synchrone Reaktanz

$$S = \frac{U_n}{J_{0n}}. \tag{145}$$

Für die resultierende Streuung τ nach Gl. (16) zwischen Ständer- und Induktorwicklung kann gesetzt werden:

$$\tau = \frac{\Lambda(J_{0n} W_1)}{\Phi}, \tag{146}$$

dabei ist

U_n die Nennspannung je Phase,

J_{0n} der Dauerkurzschlußstrom bei Luftspalterregung für Nennspannung,

Λ die resultierende Streuleitfähigkeit,
W_1 die Ständerwindungszahl,
Φ der Luftspaltkraftfluß.

Mit den Gln. (145) und (146) wird die resultierende Streureaktanz

$$S\tau = \frac{U_n}{J_{0n}} \frac{\Lambda (J_{0n} W_1)}{\Phi} = U_n \Lambda \frac{W_1}{\Phi} \tag{147}$$

und die prozentuale resultierende Streuung nach Gl. (134)

$$P\tau = \frac{J_n S \tau}{U_n} = J_n \Lambda \frac{W_1}{\Phi} \tag{148}$$

oder

$$P\tau = \left(\frac{J_n}{J_{0n}}\right)\left(J_{0n} \Lambda \frac{W_1}{\Phi}\right). \tag{149}$$

In Gl. (149) sind die Ausdrücke für P nach Gl. (3) und τ nach Gl. (146) je für sich in der Klammer angeschrieben.

Die Streuleitfähigkeit Λ hängt von der gegenseitigen Lage der beiden Wicklungssysteme Stator- und Induktorwicklung ab. Bei gegebener Statorwindungszahl W_1 ist der Luftspaltkraftfluß Φ bestimmt. Als einzige Variable bleibt in Gl. (147) noch die Streuleitfähigkeit Λ. Sie kann in engen Grenzen durch Änderung der Luftspaltinduktion (z. B. Eisenbreite) verändert werden. Wenn man die aus anderen Gründen gewählte Eisenbreite unverändert läßt, so ist eine Beeinflussung der Streuleitfähigkeit Λ nur in sehr geringem Maße möglich. Man kann sie wohl willkürlich vergrößern durch Streunuten, durch besonders lange Wickelköpfe, es ist jedoch außerordentlich schwierig, sie ihrem normalen Wert gegenüber zu verkleinern. Die Größe des Luftspaltes hat auf Λ wenig Einfluß.

Eine sehr wirksame Beeinflussung der resultierenden Streureaktanz $S\tau$ ist möglich durch Veränderung der Statorwindungszahl W_1 und damit der synchronen Reaktanz S mit J_{0n} in Gl. (145). So werden z. B. durch eine Verringerung der Statorwindungszahl W_1 die resultierende Streureaktanz $S\tau$ nach Gl. (147) und die prozentuale resultierende Streuung $P\tau$ nach Gl. (148) etwa im quadratischen Verhältnis verringert. Man kommt also auch hier zu Maschinen mit großem Kurzschlußverhältnis $1/P$. Und zwar muß dieses große Kurzschlußverhältnis erreicht werden durch kleinen Strombelag $J_n W_1$ im Verhältnis zum Kraftfluß Φ. Die Vergrößerung des Kurzschlußverhältnisses $1/P$ durch Wahl eines großen Luftspaltes und ein auf solche Art erreichter großer Wert von J_{0n} haben, wie man aus Gl. (149) sieht, keinen Erfolg. Das Kurzschlußverhältnis an sich ist deshalb kein Maß für die dynamische Stabilität der Maschine, wohl gilt das aber von der prozentualen resultierenden Streuung $P\tau$ nach Gl. (148) oder (149).

Die Transformatorstreuung kommt bei Spannungen von 100 bis 220 kV gegenüber der resultierenden Streuung der Maschinen sehr in Betracht. Man wird versuchen müssen, die Transformatoren so zu bauen, daß ihre Streuung auch bei 220 kV auf 8 bis 12% beschränkt bleibt. Es ist zu beachten, daß durch alle diese Maßnahmen der ins Netz fließende Kurzschlußstrom vergrößert wird.

2. Abklingzeitkonstante der Induktorwicklung. Es hat sich als vorteilhaft gezeigt, die Abklingzeitkonstante möglichst groß, das Induktorfeld also träge zu gestalten. Die Abklingzeitkonstante ist durch den Ausdruck $T = \frac{L_2 \tau}{R}$ sec gegeben. τ ist dabei der Endwert der resultierenden Streuung nach Gl. (16), L_2 und R sind Selbstinduktion und Ohmscher Widerstand des Induktorkreises. Dies ist schon der kleinste Wert der Abklingzeitkonstante bei Klemmenkurzschluß. Für den Wert $L_2 \tau$ tritt ein anderer größerer Wert nach Gl. (17), wenn der Kurzschluß irgendwo im Netz liegt. Eine Beeinflussung dieser Zeitkonstante ist auf zweierlei Weise möglich. Man kann einmal sehr viel Kupfer in das Induktorfeld einbauen und damit R verkleinern. Jedoch kommt man da sehr bald an eine Grenze aus konstruktiven und preislichen Gründen. Eine zweite Möglichkeit besteht darin, die Haupterregermaschine mit einer Kompoundwicklung zu versehen, die wie ein negativer Widerstand wirkt. Bei einer vollständig ungesättigten Maschine erreicht man z. B. durch eine 40proz. Kompoundierung, d. h. wenn man 40% der gesamten Erreger-AW durch die Kompoundwicklung aufbringt, eine Verringerung des wirksamen Widerstandes R auf das 0,6fache, und damit eine Vergrößerung der Zeitkonstante auf das 1,67fache.

Die Wirkung der Kompoundwicklung ist jedoch mit der Verkleinerung des Induktorwiderstandes nicht vollkommen gleichwertig. Dies gilt wohl für alle Vorgänge, die vom Netz über das Hauptfeld der Maschine in der Induktorwicklung induziert werden. Nun werde auf der Gleichstromseite im Erregerkreis der Haupterregermaschine reguliert und dadurch eine zusätzliche Haupterregerspannung ΔE erzeugt. Dann gilt im ersten Moment:

$$L \frac{d J_z}{dt} = \Delta E , \tag{150}$$

wobei L die zur Wirkung kommende Selbstinduktion des Induktorkreises, J_z der durch den Reguliervorgang entstehende zusätzliche Induktorstrom, und ΔE der am Anker der Haupterregermaschine durch den Reguliervorgang entstehende Spannungsüberschuß im ersten Moment ist. Die magnetische Trägheit der Haupterregermaschine ist dabei vernachlässigt. Es ergibt sich also ein Stromanstieg im ersten Moment

$$\frac{d J_z}{dt} = \frac{\Delta E}{L} \tag{151}$$

oder
$$\frac{dJ_z}{dt} R = \frac{\Delta E}{T_0}, \tag{152}$$
wobei T_0 die Zeitkonstante des Induktorkreises bei nichtkompoundierter Haupterregermaschine ist.

Der Anstieg findet somit, wenn durch eine bestimmte zusätzliche Erregung im Feld der Haupterregermaschine an deren Anker ein bestimmter Spannungsüberschuß ΔE dargeboten wird, im ersten Moment mit derselben Geschwindigkeit statt, gleichgültig ob die Haupterregermaschine kompoundiert ist oder nicht. Die Erklärung hierfür ist damit gegeben, daß durch das Vorhandensein der Kompoundwicklung der bei ungesättigter Haupterregermaschine sich ergebende Endwert der Haupterregerspannung im selben Verhältnis vergrößert ist wie die Zeitkonstante des Induktorkreises. Wenn man also bei der kompoundierten Maschine stärker überreguliert, d. h. also denselben zusätzlichen Feldstrom oder dieselbe Spannung ΔE am Anfang des Reguliervorganges einstellt, so verzichtet man damit auf die Entlastung des Schnellreglers durch die Kompoundwicklung und kommt auf dieselbe Stromanstieggeschwindigkeit bei Reguliervorgängen auf der Gleichstromseite. Trotzdem hat man den Vorteil der größeren Abklingzeitkonstante vom Statorkreis her.

3. Dämpferwicklung. Die Frage, ob man große Generatoren aus Stabilitätsgründen mit einer Dämpferwicklung ausstatten soll, ist zu bejahen. Als Nachteil haben wir erkannt, daß die Dämpferwicklung den Widerstand der Maschine für das gegenläufige Spannungssystem verringert, wodurch sich bei Störungen im Netz eine stärkere Vergrößerung der Durchgangsreaktanz ergibt. Dem ist jedoch entgegenzuhalten, daß die Dämpferwicklung die Pendelungen verlangsamt und ein größeres Überschwingen erlaubt, also für die Abschaltung mehr Zeit läßt.

Für Pendelungen in der Nähe des Kipp-Punktes kommt es dabei auf eine kräftige Gegenfelddämpfung an, also auf den Teil der Dämpferwicklung, der mit der Induktorwicklung gleichachsig ist. Wenn dieser Teil mit großem Querschnitt und in seiner Lage sehr günstig angeordnet wird, kann er trotz des im Verhältnis zur Induktorwicklung kleinen Kupfergewichtes durch seine geringere Streuung das Wirbelstromdrehmoment beträchtlich vergrößern. Eine besonders günstige Anordnung ergibt sich durch außenliegende kräftige Randstäbe, die im Verein mit den Dämpferringen die volle Polschuhoberfläche umspannen.

Als weiterer Vorteil für die Dämpferwicklung ist anzuführen, daß sie bei allen Laststößen wie ein Puffer wirkt, da sie mit der Statorwicklung viel besser verkettet ist als die Induktorwicklung. Ferner kommt in Betracht, daß die Dämpferwicklung — es handelt sich dabei besonders um eine kräftige Querfelddämpfung — die beim einphasigen Kurzschluß entstehenden höheren Harmonischen in der Spannung zwischen den gesunden Klemmen praktisch ganz beseitigt. Damit wird auch die Gefahr irgendeiner Resonanz mit der Eigenschwingungszahl eines Netzteiles vermieden.

Man könnte auch daran denken, die Dämpferwicklung wie bei einem Stromverdrängungsanker aus 2 Käfigen übereinander aufzubauen. Solche Vorschläge sind auch tatsächlich schon gemacht worden. Der tiefer liegende Käfig aus Kupfer mit großer Streuung kommt für die langsamen Pendelungen der Maschine in Betracht, die mit 1 bis 2 Per/sec stattfinden, der der Bohrung zunächstliegende Käfig mit hohem Ohmschen Widerstand und kleiner Streuung für das gegenläufige Stromsystem, das in ihm Ströme mit 100 Per/sec erzeugt. Eine solche Dämpferwicklung hätte auch den Vorteil, daß das gegenläufige Stromsystem ein großes Bremsmoment erzeugt und dadurch wie eine im Störungsmoment plötzlich betätigte Bremseinrichtung mithilft, den Leistungsüberschuß aufzunehmen. Als Nachteil ist die komplizierte und teure Bauart einer solchen doppelten Dämpferwicklung anzuführen.

Aus allen angegebenen Gründen empfiehlt sich bei großen Generatoren und Phasenschiebern die Anordnung einer einfachen kräftigen Längs- und Querfelddämpferwicklung aus Kupfer.

4. Ausführung der Erregermaschine; Stoßerregung. Es hat sich als vorteilhaft gezeigt, die magnetische Trägheit des Induktorkreises, so weit sie sich auf Vorgänge bezieht, die von der Drehstromseite her vom Netz eingeleitet werden, zu vergrößern. Wir wollen diese magnetische Trägheit die Hauptfeldträgheit nennen. Davon zu unterscheiden ist die Erregerfeldträgheit, die sich Änderungen des Induktorstromes von der Gleichstromseite her darbietet. Diese Trägheit soll selbstverständlich so klein als möglich sein, oder anders gesprochen, die Erregeranordnung selbst soll die magnetische Trägheit des Induktorkreises so wenig als möglich vergrößern. Dies wird in erster Linie erreicht durch Regulierung im fremderregten Kreis. In den Fällen, in welchen man bei Störungen im Netz mit der Maschine in die Nähe der dynamischen Stabilität kommt, wird man ferner verlangen, daß die Haupterregermaschine bis zu einer Spannung, die etwa 100% über dem normalen Vollastwert liegt, ziemlich ungesättigt ist. Das bedingt eine Vergrößerung der Haupterregermaschine. Die kompoundierte Haupterregermaschine wird man zur Erhöhung ihrer Überschlagsgrenze mit verteilter Kompensationswicklung ausführen. Das ist wichtig, weil ja auch der Stoßkurzschlußstrom durch die Kompoundwicklung hindurch muß. Die Forderung, daß die magnetische Trägheit des Erregerkreises im Verhältnis zu der des Induktorkreises keine Rolle spielen soll, wird im allgemeinen bei 220 V Haupterregerspannung bei einer Anstieggeschwindigkeit von 200 V/sec erfüllt sein. Diese Anstieggeschwindigkeit erreicht man bei normaler Auslegung der Haupterregermaschine am einfachsten durch Vorschalten eines festen großen Widerstandes vor ihr Feld. Dadurch wird nur die Hilfserregermaschine vergrößert.

Wenn man während des Schwingungsvorganges, also unmittelbar nach Eintritt der Störung, die Erregung des Induktors außerordentlich in die Höhe treibt, mit einer Geschwindigkeit, die weit über dieses Maß hinausgeht, so spricht man von Stoßerregung. Man kann damit erreichen, daß die innere Spannung E' vor der resultierenden Streuung, die bisher konstant angenommen wurde, sogar ansteigt. Daß dieser Anstieg ein sehr erwünschter ist und die Stabilität wesentlich erhöht, zeigt schematisch Abb. 35. Der strichpunktierte Drehmomentenverlauf gilt für das Eingreifen der Stoßerregung. Man sieht, daß die Fläche I, welche das Polrad beschleunigt, kleiner und die Fläche II, welche das Polrad abbremst, größer geworden ist. Es ist dadurch möglich, mit der stationären Vorbelastung N_0 näher an die Kippgrenze heranzugehen. Zu beachten ist, daß bei Anwendung der Stoßerregung die Kurzschlußströme im Netz und damit die Abschaltleistung der Ölschalter sehr in die Höhe getrieben werden.

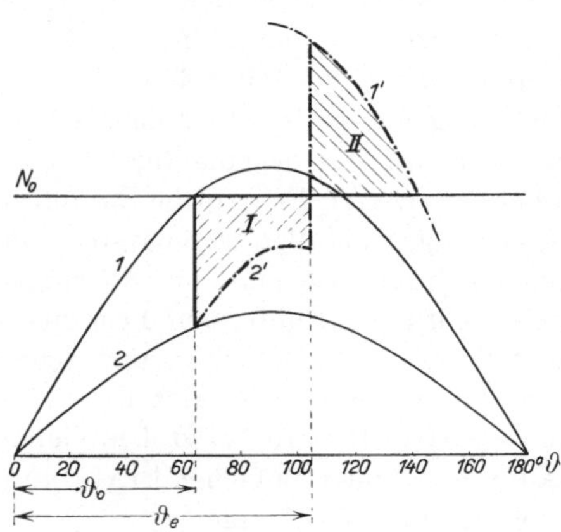

Abb. 35. Abschalten der Störung nach Eingreifen der Stoßerregung.
1—2 Drehmomentenverlauf vor und nach der Störung ohne Stoßerregung. *2'* unmittelbar nach der Störung, mit Stoßerregung. *1'* nach Abschalten der Störung, mit Stoßerregung.

D. Erregeranordnungen.

Es sollen nun die Erregerschaltungen selbst besprochen werden. Der Entwicklungsgang dieser Schaltungen war so, daß man die normale Regulierung, wie sie für den ungestörten Betrieb ausreichend ist, von der besonderen Regulierung im Falle einer Störung getrennt hat. Diese Trennung hat den Vorteil, daß man für den Normalbetrieb mit normalen Regeleinrichtungen auskommt und die Stoßerregung besonderen Regelorganen überläßt, die diesen besonderen Beanspruchungen, die allerdings nur selten auftreten, gewachsen sind. Es entsteht jedoch die Schwierigkeit, das Spannungsänderungsintervall festzulegen, in welchem die Stoßerregung ein- bzw. auszuschalten ist und das größte Zeitintervall, das man sie wirken lassen wird, wenn sich trotz des Eingriffes die Netzspannung nicht erholt.

Als Beispiel für diesen Entwicklungsgang sei in Abb. 36 eine ausgeführte Stoßerregungseinrichtung für einen 30000 kVA Phasenschieber gezeigt. Der Tirrillregler *Tr* arbeitet hier noch im Feldkreis der selbsterregten Hilfserregermaschine, also sehr träge. Es ist ein Stoßerregungsschütz *S* vorhanden, das einen großen Widerstand *W* im fremderregten Feldkreis der Haupterregermaschine bei einer abnormal großen Spannungsabsenkung von 15% kurzschließt, wodurch die Haupterregerspannung in einem Tempo von etwa 600 V/sec ansteigt. Das Stoßerregungsschütz wird von einem Tirrill-Hauptsystem gesteuert, das mit einer Strombegrenzung für den Höchstwert des Induktorstromes ausgestattet ist. Ferner ist eine Einrichtung vorhanden, die den Phasenschieber vom Netz abschaltet, falls die Stoßerregung durch etwa 15 Sek. hindurch die normale Netzspannung nicht wieder herstellen konnte. Die normale

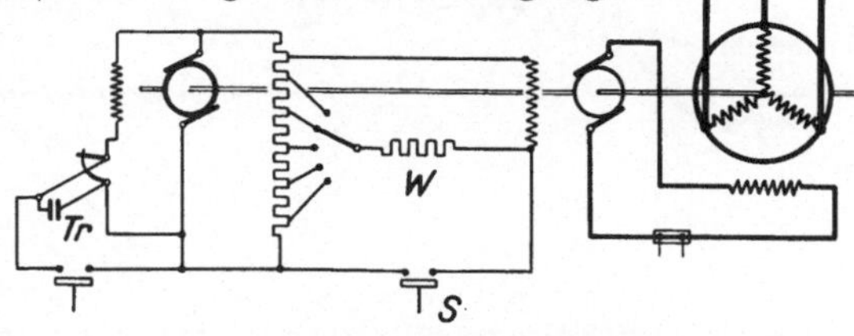

Abb. 36. Stoßerregung mit Schütz.
Tr Tirrillregler, *S* Stoßerregungsschütz, *W* Stoßerregungwiderstand.

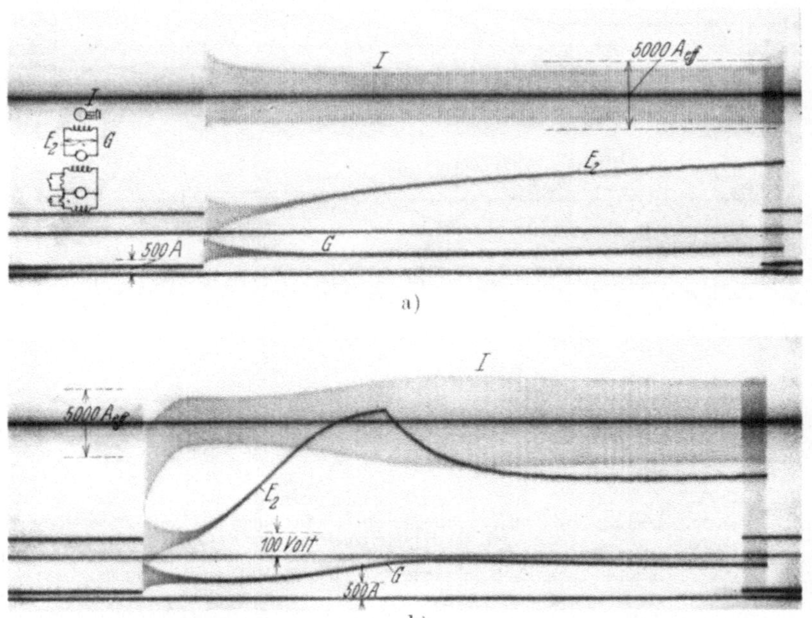

Abb. 37. Stoßkurzschluß und Schnellregulierung. Schaltung nach Abb. 36.
a) Stoßkurzschluß mit Tirrillregler allein. b) Stoßkurzschluß mit Ansprechen der Stoßerregung im Kurzschlußmoment. Induktorstrom wird begrenzt. *J* Ständerstrom, E_2 Haupterregerspannung, *G* Induktorstrom.

Haupterregerspannung beträgt 250 V, bis zu einer Spannung von 550 V ist die Haupterregermaschine wenig gesättigt. Oszillogramm Abb. 37a stellt zunächst den normalen Stoßkurzschlußversuch dar.

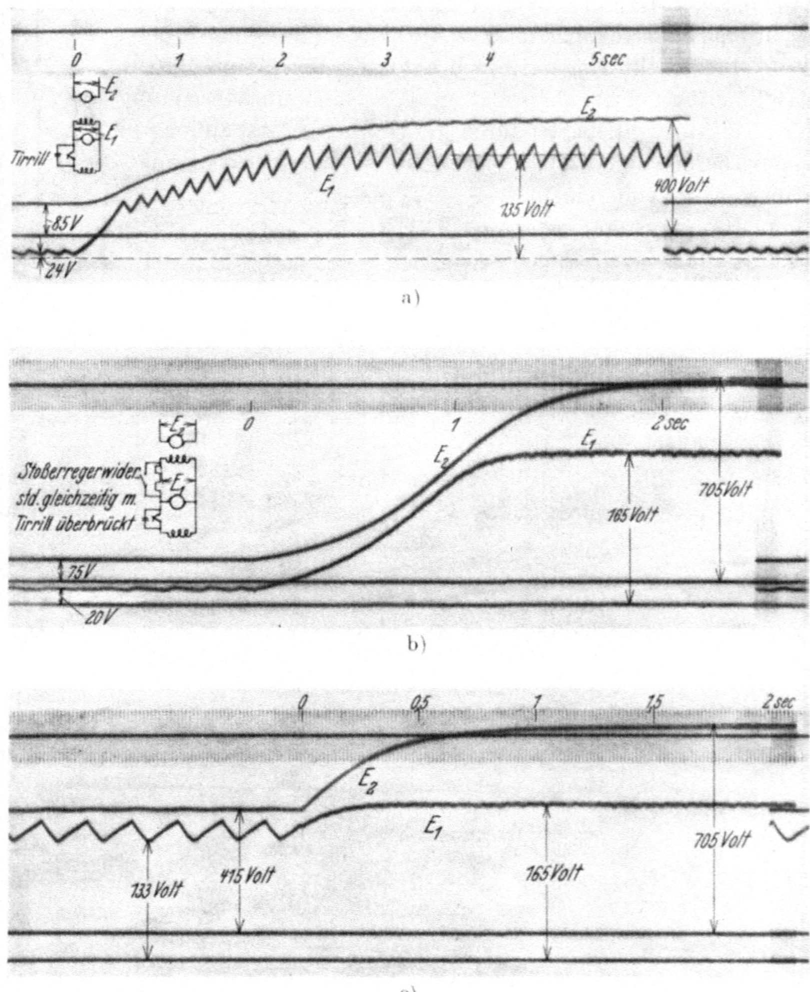

Abb. 38. Stoßerregung. Schaltung nach Abb. 36.

a) Netzspannungsänderung wird vom Tirrillregler allein ausreguliert. b) Ansprechen der Stoßerregung, ausgehend vom Leerlaufwert der Haupterregerspannung E_2. c) Ansprechen der Stoßerregung, ausgehend von der höchsten Haupterregerspannung E_2, welche der Tirrillregler allein noch einstellen kann. E_2 Haupterregerspannung, E_1 Hilfserregerspannung.

In Abb. 37b wurde die vollerregte leerlaufende Maschine kurz geschlossen und gleichzeitig das Stoßerregungsschütz von Hand eingeschaltet. Der Vergleich zeigt, daß die Stoßerregung auf den Höchstwert des

Stoßkurzschlußstromes keinen Einfluß hat. Sie kommt erst zur Wirkung, wenn der Stoßkurzschlußstrom entsprechend abgeklungen ist, so daß sie nur den verbleibenden Dauerkurzschlußstrom vergrößert. Abb. 38a zeigt die Regelung der Haupterregerspannung durch den Tirrillregler im Feldkreis der Hilfserregermaschine, Oszillogramm 38b und 38c das Ansprechen der Stoßerregung, ausgehend vom Leerlaufwert der Haupterregerspannung bzw. vom höchsten Wert, den der Tirrillregler im Feldkreis der Hilfserregermaschine betriebsmäßig einstellen kann.

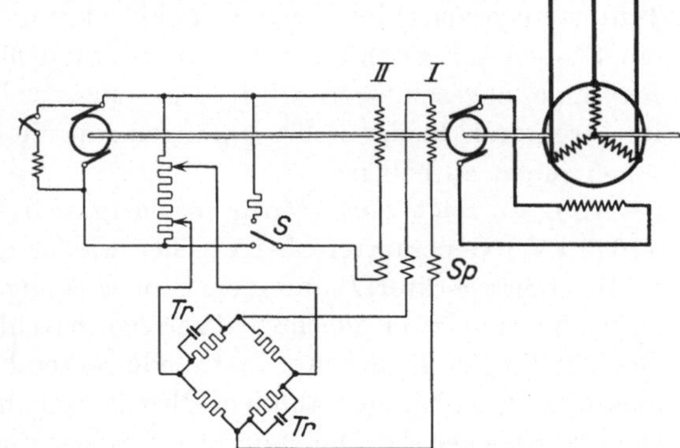

Abb. 39. Stoßerregung mit 2. Hauptfeldwicklung. *Tr* Tirrillregler, *I* Hauptfeldwicklung für Normalbetrieb, *II* Hauptfeldwicklung für Stoßerregung, *S* Stoßerregungsschütz, *Sp* Transformator zur Aufhebung der Kopplung zwischen *I* und *II*.

Abb. 39 zeigt eine andere Art der Stoßerregung, wie sie für 500tourige 30000 kVA Generatoren ausgeführt wurde. Es arbeiten 6 solcher Generatoren über eine 500 km lange Freileitung mit 220 kV. Der Tirrillregler *Tr* liegt im fremderregten Kreis *I* der Haupterregermaschine in einer aus 4 Widerständen gebildeten Brücke. An einer Diagonalen liegt die

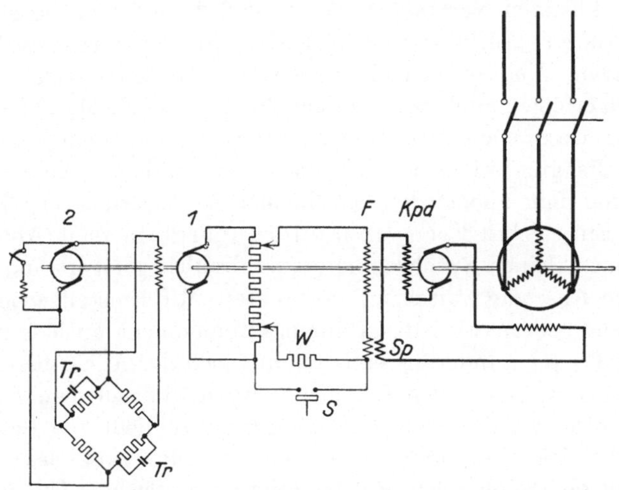

Abb. 40. Stoßerregung mit Schütz. Tirrillregler an fremderregter Hilfserregermaschine. *F* Fremderregtes Feld der Haupterregermaschine, *Kpd* Kompoundwicklung der Haupterregermaschine, *Sp* Transformator zur Aufhebung der Kopplung zwischen *F* und *Kpd*, *1—2* Hilfserregermaschinen, *Tr* Tirrillregler, *W* Stoßerregungswiderstand, *S* Stoßerregungsschütz.

Hilfserregerspannung, an der anderen das Feld *I* der Haupterregermaschine. Zwei einander gegenüberliegende Widerstände werden durch den Tirrillregler *Tr* gesteuert. Die Brückenschaltung hat den Vorteil, daß beim Öffnen der Kontakte der Haupterregerstrom vollständig bis auf den Wert 0 zurückgeht. Man kann die Widerstände auch so bemessen, daß der Strom seine Richtung umkehrt. Zur Entlastung des Tirrillreglers ist eine zweite auf denselben Polen der Haupterregermaschine liegende Feldwicklung *II* vorhanden, die durch ein Stoßerregungsschütz *S* nur in Störungsfällen an die Hilfserregermaschine angeschlossen wird. Der eingezeichnete Transformator *Sp* im Stromkreis beider Feldwicklungen soll die induktive Kopplung zwischen ihnen aufheben.

Abb. 40 zeigt eine Stoßerregungseinrichtung für 214tourige 40000 kVA-Generatoren, bei welcher wieder ein großer Widerstand *W* im Haupterregerkreis *F* durch ein Stoßerregungsschütz *S* kurzgeschlossen wird. Es sind zwei gleiche Hilfserregermaschinen *1* und *2* vorgesehen. Der Tirrillregler *Tr* arbeitet im fremderregten Feldkreis der Hilfserregermaschine *1*, wobei eine ähnliche Brückenschaltung, wie bereits besprochen, vorgesehen ist. Die Haupterregermaschine ist mit etwa 50% kompoundiert.

E. Leistungs- und Spannungsregler.

1. Beeinflussung des Kraftmaschinenreglers. Wir haben früher erfahren, daß jede Störung mit einer Änderung der Frequenz an den Generatorklemmen verbunden ist und daß diese Änderung groß genug ist, um sie zur Auslösung einer Änderung der Kraftstoffzufuhr auszunützen. Wir dürfen nicht vergessen, daß diese Änderung jedoch sehr rasch erfolgen muß. Beträgt doch die Zeit, die die Maschine braucht, um ihren maximalen Ausschlag zu erreichen, nur wenige zehntel Sekunden. Es gibt schon Einrichtungen, mit welchen diese Frequenzänderungen mit außerordentlich kleiner Verzögerung erfaßt werden können. Ein solches Frequenzänderungsrelais zeigt Abb. 41. Der Stator eines kleinen Synchronmotors ist drehbar gelagert und schwingt mit einem Anschlag zwischen 2 Kontakten. Mit Einstellgewichten und den beiden Federn wird das Reibungsdrehmoment ausbalanciert. Sobald eine Frequenzänderung eintritt, muß sich der Anker beschleunigen oder verzögern. Durch den Beschleunigungsrückdruck bewegt sich das Gehäuse zu einem der beiden Anschläge und schließt den Betätigungsstromkreis. Die Empfindlichkeit kann durch Wahl des Schwungmomentes des rotierenden Ankers sehr groß werden. Die jetzt noch verbleibende Aufgabe, die rasche Beeinflussung der Kraftstoffzufuhr durchzuführen, ist die weitaus schwierigere. Bei der Dampfturbine sind erfolgversprechende Verluste in dieser Richtung angestellt worden.

Daß die Beeinflussung des Maschinenreglers in Störungsfällen, wenn sie rasch genug erfolgt, ein wertvolles Hilfsmittel zur Aufrechterhaltung der Stabilität ist, zeigt Abb. 42. Es ist angenommen, daß die Durchgangsreaktanz nach Abschalten der Störung (ϑ_e) ihren ursprünglichen Wert erreicht. Der späteste Abschaltmoment ist wieder durch die Gleichheit der beiden Flächen *I* und *II* gegeben. Wenn es nun gelingt, das dem Generator zugeführte Drehmoment N_1 sofort nach Eintritt der Störung abzusenken, so entsteht der in Abb. 42 dargestellte Verlauf von N_1, bei dem angenommen ist, daß die zugeführte Leistung nach dem Abschalten der Störung wieder ansteigt. Die Abschaltung darf jetzt erheblich später erfolgen, weil die Beschleunigungsleistung verringert und die Verzögerungsleistung vergrößert wird.

Abb. 41. Frequenzänderungsrelais.

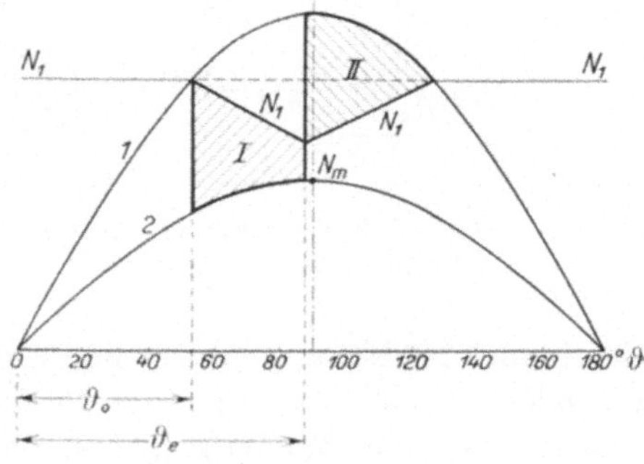

Abb. 42. Eingriff des Kraftmaschinenreglers nach Eintritt der Störung.
N_1 Verlauf des Antriebsdrehmomentes.

2. Rechtläufiger Anschluß des Spannungsreglers. Bei den Spannungsreglern ist zu beachten, daß für die Leistungsübertragung nur das rechtläufige Spannungssystem an den Generatorklemmen in Betracht kommt. Es ist deshalb wichtig, dafür zu sorgen, daß der Spannungsregler nur von der Größe des rechtläufigen Spannungssystems abhängt. Bei den bisher gebräuchlichen Anschlußarten der Spannungsregler ist dies nicht der Fall, man hat sich damit begnügt, die Spannungsspule über einen Transformator an eine der 3 verketteten Spannungen anzuschließen. Bei diesem Anschluß kann es im ein- oder zweipoligen Kurzschluß passieren, daß die für den Anschluß benutzte Spannung ansteigt, so daß der Regler verkehrt reguliert und die Erregung schwächt. Mit Rücksicht auf die beim zweipoligen Kurzschluß bei schwacher Querfelddämpfung vorliegenden Verhältnisse wird man auch bei Netzen mit ungeerdetem Nullpunkt dafür sorgen, daß dem Spannungsregler nur das rechtläufige Spannungssystem zugeführt wird.

Beispiele für solche Spannungsregler mit rechtläufigem Anschluß (positive phase sequence) zeigen die folgenden Abbildungen.

In Abb. 43 stellt TM den „Torque-Motor" der General Electric Co. (GEC) dar, welcher an Stelle der Wechselstromspannungsspule im Spannungsregler tritt. Er besteht aus einem kleinen Asynchronmotor mit Kurzschlußanker, welcher an die 3 Phasen des zu regulierenden Netzes angeschlossen ist. Das Drehmoment dieses Torque-Motors ist im Gegensatz zu der sonst üblichen Reglerspule der vom Spannungsdreieck umschlossenen Fläche und damit der Differenz der Quadrate vom rechtläufigen und gegenläufigen Spannungssystem proportional. Das Drehmoment wird durch Federn aufgenommen. Wenn eine Abweichung im Spannungswert eintritt, wird der Kontakt $K\,1$ oder $K\,2$ betätigt und die Erregung des Generators beeinflußt.

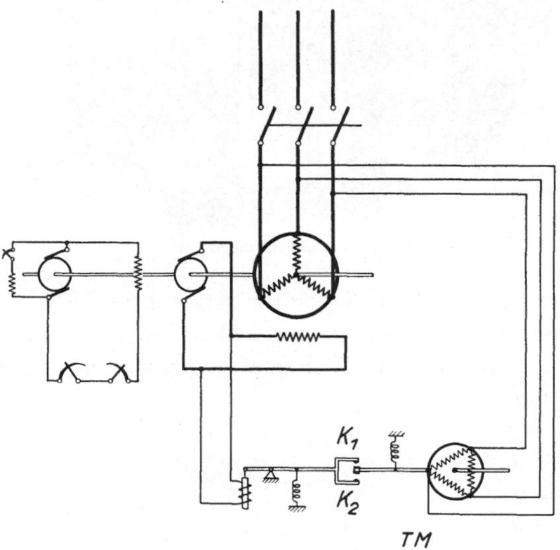

Abb. 43. Torque-Motor der GEC. TM Torque-Motor. K_1 K_2 Kontakte.

Eine von der Westinghouse Co. entwickelte Schaltung zeigt Abb. 44. Die Reglerspule R ist in der bisher üblichen Form verwendet. Ihr Anschluß an das Drehstromnetz des Generators erfolgt über einen Drehfeldscheider E, welcher der Reglerspule R Ströme zuführt, die dem rechtläufigen Spannungssystem des Drehstromnetzes entsprechen. Die Reglerspule R wird an einen Spannungswert angeschlossen, der dadurch erhalten wird, daß der eine Vektor V des Spannungssystems umgeklappt und daß mit Hilfe von Drosselspulen und Ohmschen Widerständen der Anschluß so gelegt wird, wie in der Abb. 44 links unten gezeigt.

Bei einer von der AEG entwickelten Schaltung erfolgt der Anschluß der normalen Reglerspule R gemäß Abb. 45 zwischen zwei kleinen, miteinander gekuppelten Kurzschlußankermotoren K. Die Ständer der beiden Motoren sind in Reihe geschaltet, und zwar so, daß sie,

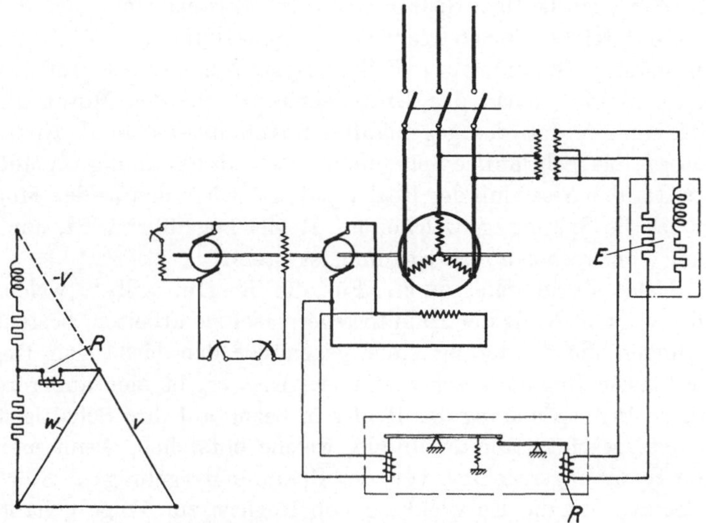

Abb. 44. Rechtläufiger Regleranschluß der Westinghouse Co.
R Reglerspule, E Einrichtung für rechtläufigen Anschluß.

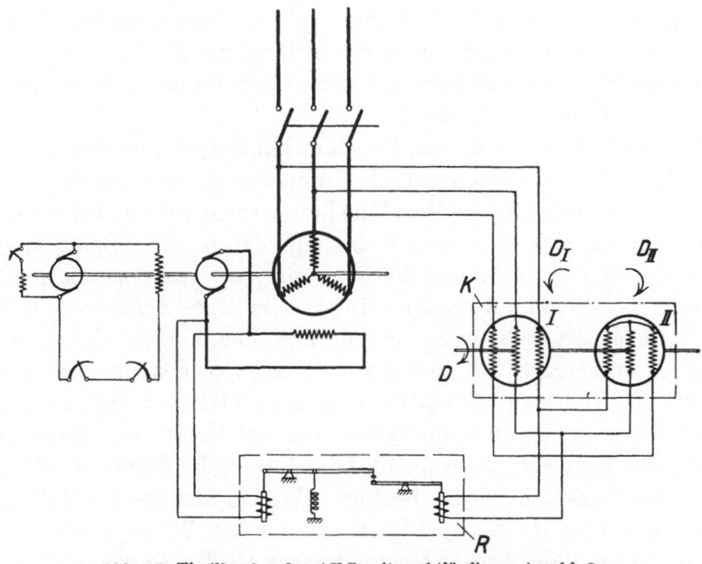

Abb. 45. Tirrillregler der AEG mit rechtläufigem Anschluß.
K zwei miteinander gekuppelte Kz-Anker-Motoren I und II, D mechanische Umlaufrichtung, D_I D_{II} Drehfeldumlaufrichtung, R Reglerspule.

von Drehstrom durchflossen, Durchflutungen entgegengesetzter Drehrichtung erzeugen. Die Drehrichtung des kleinen Motorensatzes ist mit D, die Drehfeldrichtung der beiden Kurzschlußankermotoren mit D_{I} und D_{II} bezeichnet. Die Schaltung beruht auf folgender Überlegung:

Für das rechtläufige Spannungs- und Stromsystem kommt der Motor I mit seiner kleinen Kurzschluß-Induktivität zur Wirkung, für das gegenläufige Spannungs- und Stromsystem mit seiner großen Leerlauf-Induktivität. Genau das Umgekehrte gilt für den Motor II. Die Folge davon ist, daß das gegenläufige Spannungssystem als Spannung am Motor I, das rechtläufige Spannungssystem als Spannung am Motor II auftritt. Da der Anschluß der Reglerspule zwischen den beiden Motoren erfolgt, ist die Spannung, welche dem Regler zugeführt wird, nur noch abhängig vom rechtläufigen Spannungssystem.

3. Ideales Regulierdiagramm. Für die Regler selbst, welche im fremderregten Kreis der Haupterregermaschine arbeiten, besteht vor allen Dingen die Forderung einer gegenüber den bisherigen Reglern stark erhöhten Reguliergeschwindigkeit. Dies ergibt eine außerordentlich starke Beanspruchung der Regler in bezug auf ihre Schaltleistung. Die bereits geschilderten Nachteile, welche entstehen, wenn man die normale Spannungsregelung von der Spannungsregelung in Störungsfällen trennt, hat die Entwicklung von Reglern zur Folge gehabt, bei welchen beide Aufgaben durch ein und dasselbe System gelöst werden. Stoßerregungsvorgänge schließen sich kontinuierlich an normale Regelvorgänge an und umgekehrt. Hierher gehören die sogenannten Schützregler, deren Wirkungsweise den Tirrillreglern ähnlich ist, und die sehr schnell wirkenden Röhrenregler mit Gasentladungsröhren, die aber noch im Versuchsstadium sind.

Für das stabile Verhalten der Maschine hat sich als Forderung ergeben, daß der Regler imstande sein soll, die Induktorverkettungszahl oder noch besser das Luftspaltfeld der Maschine konstant zu halten. Im ersten Fall lag die resultierende Streuung außerhalb der inneren Spannungsfestpunkte, im zweiten Fall nur die Streuung der Ständerwicklung. Wie sieht nun das ideale Regulierdiagramm eines Schnellreglers aus?

In Abb. 46 ist abhängig von der Zeit der Verlauf des Induktorstromes J_e aufgetragen. J_{en} sei der normale Erregerstrom bei ungestörtem Betrieb. Nun trete im Zeitpunkt t_0 ein plötzlicher Spannungsabfall ein. Dadurch steigt der Induktorstrom stoßartig auf einen neuen Wert J_{e_1} an, Punkt P_0 in Abb. 46. Dieser Wert ist durch die Konstanz der Induktorverkettungszahl bedingt. Der erwünschte zusätzliche Induktorstrom $J_z = J_{e_1} - J_{en}$ klingt mit der zur Wirkung kommenden Zeitkonstanten T des Induktorstromkreises ab. Im Zeitpunkt t_0 spricht auch der Regler an. Die Schleifringe des Drehstromgenerators erfahren dies um das Zeitintervall Δt_1 verspätet. Dieses Zeitintervall besteht aus zwei Teilen: Aus der Eigenzeit des Reglers, d. i. die Zeit, die der Regler braucht, um seine Kontakte zu schließen, und aus der durch die magnetische Trägheit der Haupterregermaschine bedingten Zeitverzögerung. Innerhalb dieser Zeit Δt_1 ist der Induktorstrom von J_{e_1} nach J_{e_2} gefallen und steigt nun wieder an. Er würde, wenn die Reglerkontakte dauernd geschlossen blieben, bis auf den Maximalwert $J_{e\,\max}$ ansteigen. Zur Wiederherstellung der normalen Generatorklemmenspannung sei bei dem vorliegenden Netzbild der Induktorstrom J_{e_3} erforderlich, der nach Ablauf eines weiteren Zeitintervalles Δt_2 erreicht wird. Das Zeitintervall

$$\Delta t_2 = T \frac{J_{e_3} - J_{e_2}}{J_{e\,\max} - J_{e_2}} \tag{153}$$

hängt von der Stärke der Überregulierung ab. Für den idealen Regler sollte der Reguliervorgang nach der Zeit $\Delta t_1 + \Delta t_2$ im Punkte P_2 beendet sein, womit sich der stark ausgezogene Verlauf des Induktorstromes ergeben würde. Wenn die Zeit $\Delta t_1 + \Delta t_2$ auch nur wenige zehntel Sekunden beträgt, kommt die Aufwärtsregulierung für die erste halbe Schwingung des Polrades nicht mehr zur Wirkung, und man muß für alle Betrachtungen der dynamischen Stabilität mit der vollen resultierenden Streuung der Maschine rechnen.

In Wirklichkeit ist der Reguliervorgang im Punkte P_2 nicht beendet. Der Regler spricht im Punkte P'_2, also schon vor Erreichen des Sollwertes, wieder an, die Induktorschleifringe erfahren dies verspätet im Punkte P''_2, der Induktorstrom fällt nach P'_3, steigt wieder nach P'_4 an usw. Diese Art der Regulierung hätte den Nachteil, daß der Stoßerregungsregler nie zur Ruhe kommt. Das ist unerwünscht, da seine Schaltleistung sehr groß ist und da im normalen ungestörten Betrieb ein so starkes Überregulieren nicht erforderlich ist. Der Stoßerregungsregler kann nach Wiederherstellen normaler Verhältnisse außer Tätigkeit gesetzt werden, wenn man dafür sorgt, daß ein langsam wirkender Regler während der Ansprechzeit des Stoßerregungsreglers nachreguliert und damit im Feldkreis der Haupterregermaschine allmählich den Ohmschen Widerstand einstellt, der bei eingeschaltetem Stoßerregungswiderstand für den Strom J_{e_3} erforderlich ist. In der Darstellung von Abb. 46

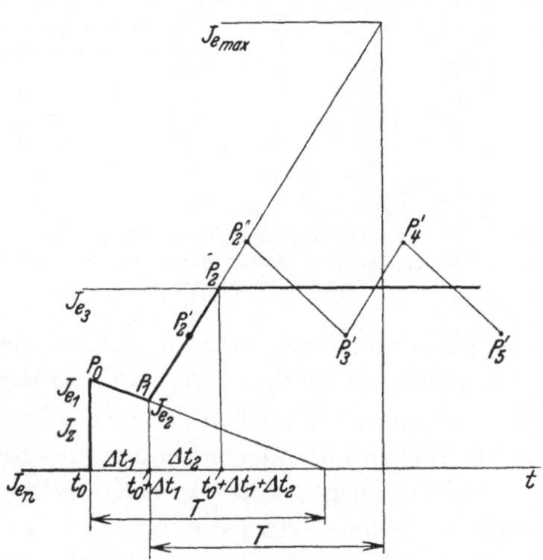

Abb. 46. Ideales Regulierdiagramm. Abszissen Zeit t, Ordinaten Induktorstrom J_e.

bedeutet dies, daß durch den langsam wirkenden Regler die Basis J_{e_n}, zu welcher der Induktorstrom bei jedesmaligem Öffnen der Stoßerregungskontakte abfallen will, allmählich gehoben wird, bis sie schließlich den Sollwert J_{e_3} erreicht.

4. Schützregler. Als Beispiel zeigt Abb. 47 einen Westinghouse-Schützregler. Die Wirkungsweise ist die folgende: Im Feldkreis der Haupterregermaschine sind 2 Widerstände W_1 und W_2 angeordnet, von welchen der eine W_1 mit einem motorischen Fernantrieb M ausgestattet ist. Weicht die Generatorspannung vom Sollwert nach unten ab, dann erfolgt die Kontaktgabe am Spannungselement K und das Schütz S_1 spricht an. Es treten dadurch 3 Wirkungen ein:

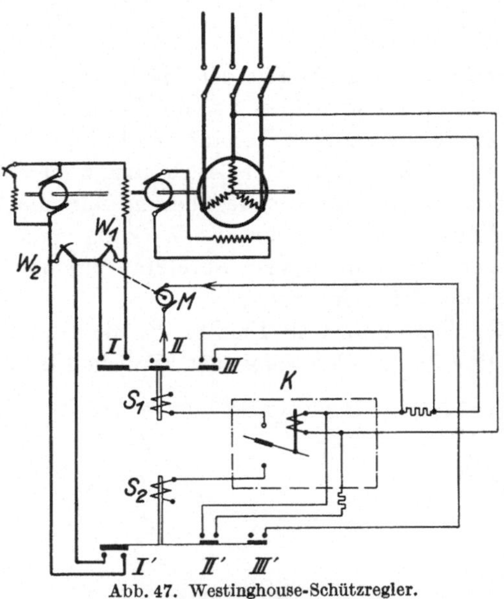

Abb. 47. Westinghouse-Schützregler.
$W_1 W_2$ Widerstände, M Motorischer Fernantrieb, K Spannungselement, $S_1 S_2$ Schütze.

1. Durch den Hauptkontakt I wird der Widerstand W_1 im Feldkreis kurzgeschlossen und damit die Erregung rasch gesteigert.

2. Der Kontakt II des Schützes setzt den motorischen Antrieb M des Widerstandes W_1 im Sinne einer Widerstandsverringerung in Bewegung.

3. Der Kontakt III schließt einen Widerstand im Stromkreis des Spannungselementes kurz und täuscht diesem dadurch eine höhere Spannung vor, mit der Wirkung, daß der Regulierkontakt schon vor Erreichen der vollen Netzspannung öffnet, um ein Überregulieren und damit ein Pendeln des Reglers sicher zu vermeiden.

Bei der entgegengesetzten Kontaktgabe des Spannungselementes im Falle zu hoher Netzspannung wird das Schütz S_2 betätigt, wodurch

1. durch den Kontakt I' ein Widerstand W_2 in den Erregerkreis der Haupterregermaschine eingeschaltet wird zur Verringerung der Erregung;

2. durch den Kontakt II' die Spule des Spannungselementes über einen Widerstand kurzgeschlossen wird, um der Spule eine verringerte Netzspannung vorzutäuschen;

3. durch den Kontakt III' der Motorantrieb M im Sinne einer Widerstandsvergrößerung gesteuert wird.

Als zweites Beispiel zeigt Abb. 48 den Schützregler der GEC.

Seine Wirkungsweise ist die folgende: Der bereits vorher erwähnte Torque-Motor T ist mit einer Kontakteinrichtung K versehen, deren Kontakte K_I auf den Motorantrieb M des Nebenschlußreglers N wirken, und deren Kontakte K_{II} die Betätigung der Schütze S_1 und S_2 vornehmen. Die Kontaktwalzen W werden von einem kleinen Synchronmotor mit gleichbleibender Umdrehungszahl angetrieben. Weicht die Netzspannung von ihrem Sollwert ab, dann legt sich die Feder K_I auf das Kontaktzahnrad auf, wodurch der Regler M ruckweise im Sinne der Wiederherstellung der normalen Spannung betätigt wird. Bei jedesmaligem Auflaufen eines Zahnes gegen die Kontaktfeder K_I wird durch diese Federkraft eine Rückstellkraft ausgeübt, welche in ähnlicher Weise wie im vorhergehenden Beispiel durch das Kurzschließen des der Reglerstufe vorgeschalteten Widerstandes eine höhere Spannung vortäuscht, damit die Regulierung beendet wird, bevor die Spannung ihren Sollwert erreicht hat. Im vorliegenden Falle wird derselbe Effekt dadurch erzielt, daß bei jeder Kontaktgabe die Gegenfeder K_I durchgebogen wird und eine entsprechende Gegenkraft ausübt. Handelt es sich um kleine Spannungsschwankungen, dann ist der Ausschlag, der vom Torque-Motor gesteuerten Kontaktanordnung so gering, daß nur die Feder K_I zur Kontaktgabe kommt. Bei größeren Spannungsabweichungen erfolgt auch eine Kontaktgabe an den Federn K_{II}, wodurch das entsprechende Schütz S anspricht.

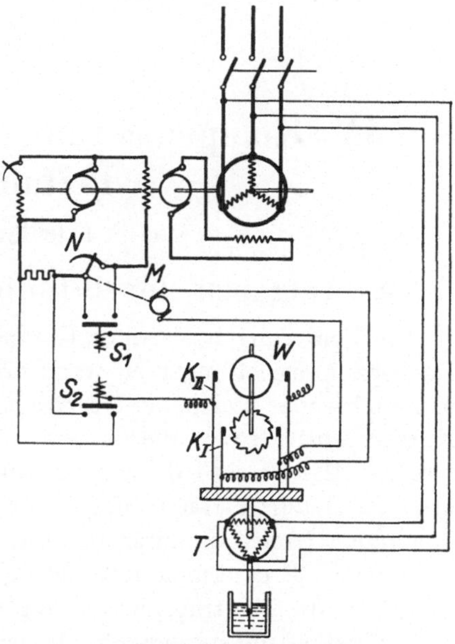

Abb. 48. Schützregler der GEC. T Torque-Motor, K_I K_{II} Kontakteinrichtung, W Kontaktwalzen, N Nebenschlußregler, M Motorantrieb von N, S_1 S_2 Schütze.

Der Regler ist also vollkommen in Ruhe, solange die Netzspannung ihren Sollwert aufweist. Bei einer verhältnismäßig geringen Abweichung der Netzspannung vom Sollwert erfolgt eine Kontaktgabe nur an dem Kontakt K_I und somit nur eine Betätigung des motorischen Nebenschlußreglerantriebes. Überschreiten die Spannungsschwankungen eine bestimmte Größe nicht, dann tritt demnach als einziges Regulierorgan der motorische Antrieb des Nebenschlußreglers in Tätigkeit. Nur wenn es sich um größere Abweichungen der Netzspannung von ihrem Sollwert handelt, erfolgt eine Kontaktgabe an der Feder K_{II} und damit das Ansprechen des Schützes S.

IV. Kompensierung und Regelung der Leitungen.

Von **E. Friedländer**, Berlin.

A. Aufgaben der Blindleistungskompensation.

Die Forderung nach einer Kompensierung des Ladestromes langer Hochspannungsleitungen entstand ursprünglich aus dem Bestreben, die mit wachsender Länge und Übertragungsspannung schnell zunehmenden Kupferverluste sowie die kapazitive Belastung der Maschinen zu vermeiden. Man dachte demgemäß zunächst nur an einen festen Ausgleich, z. B. durch ständig eingeschaltete Drosselspulen. Bei einer solchen dauernden Ladestromunterdrückung erhält die Leitung den Charakter einer reinen Drosselspule mit mehr oder weniger großem Verlustwinkel. Je größer die übertragene Leistung wird, um so höher wird aber auch der Blindleistungsverbrauch dieser vom Laststrom durchflossenen „Drosselspule". Infolgedessen würde bei „fester Kompensation" die für die Leitung bei höherer Last nötige induktive Blindleistung ganz unnötig von den Generatoren aufgebracht werden müssen, während man die kapazitive Ladeleistung zwecklos vernichtet.

Ein zweites Bedenken gegen die dauernde Kompensation der Ladeblindleistung kommt aus der Erfahrung, daß unsere Maschinen heute fast überall noch vorwiegend induktiv durch die angeschlossenen Verbrauchernetze belastet werden, d. h. daß im Grunde ein Bedürfnis nach Abgabe kapazitiver Blindleistung besteht. Man würde also auch hierbei u. U. an einer Stelle des Netzes unnötig kapazitive Blindleistung vergeuden, die man an anderer Stelle wieder erzeugen muß.

Die dritte Schwierigkeit, die die „feste" Ladestromkompensation mit sich bringen würde, besteht in der hierbei unvermeidlichen Ungleichheit der Leitungsspannung an verschiedenen Stellen. Wir sind unter den heute üblichen Betriebsverhältnissen aber immer an bestimmte Betriebsspannungen mit Rücksicht auf Materialbeanspruchungen, Stromlieferungsverträge u. ä. in allen Anlageteilen gebunden. Es ist die gleiche Schwierigkeit, die auch — man denke nur an die im Abschnitt II gezeigten Spiraldiagramme — der gänzlich unbeeinflußten „natürlichen"

Leitung anhaftet. Die Erfüllung der Forderung nach örtlich konstanter Spannung schließt andererseits zugleich die Vermeidung unnötiger Blindbelastung der Maschinen in sich. Man sieht das leicht daran, daß ja ein jeder Spannungsunterschied zwischen vorwiegend durch Blindwiderstände gekuppelten Netzteilen einen Blindstrom voraussetzt. Je geringer also die vorkommenden Spannungsunterschiede in einem Netz sind, um so weniger findet eine unnötige Blindleistungsübertragung längs der Leitung und auf die Maschinen statt. Daher dürfen wir die Gleichförmigkeit der Spannung im wesentlichen zugleich als Kennzeichen auch wirtschaftlich richtiger Blindleistungskompensation ansehen. Schließlich vermindern fest angeschaltete Drosseln auch die stabil übertragbare Leistung. Diese Gesichtspunkte führen alle auf den Weg zur geregelten Blindleistungskompensation.

B. Verhalten der kompensierten Leitung im Betriebe.

1. Blindleistungsbilanz. Welche Bedingungen mittels der einer Leitung zu- oder abzuführenden Blindleistung erfüllt werden müssen, wenn die Spannung längs der Strecke konstant sein soll, ist bereits im ersten Abschnitt angegeben worden. Wir wollen uns aber an dieser Stelle noch einmal auf einem etwas anderen Wege klarmachen, wie die rechnerische Behandlung unserer Aufgabe durch Ansatz einer übersichtlichen Bilanzgleichung möglich ist. Abb. 1 zeigt hierzu eine Leitung zwischen den Stationen S_1 und S_2, die durch eine Zwischenstation unterteilt sei. Alle 3 Stationen S_1, S und S_2 sollen mit gleicher Spannung U betrieben werden. Demgemäß werden die Vektoren, die in dem unter dem Streckenbild aufgezeichneten Diagramm die Spannungen der einzelnen Leitungspunkte wiedergeben, zum mindesten an den Stationspunkten auf einem Kreise liegen. Wir fragen danach, welche

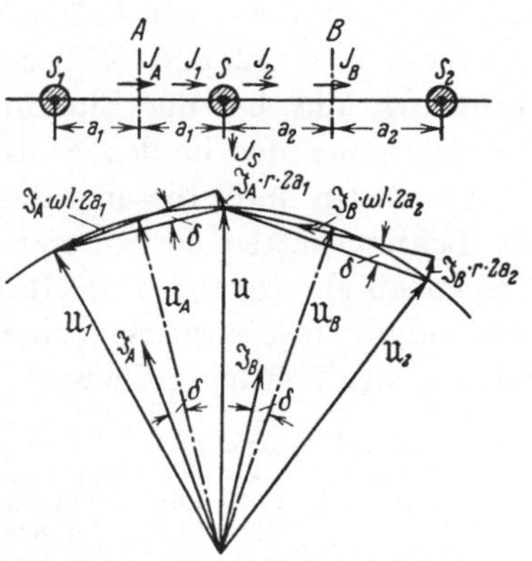

Abb. 1. Spannungsdiagramm einer kompensierten Leitung mit einer Zwischenstation.

Blindleistung in der Station S zu- oder abgeführt werden muß, damit die Spannungsbedingung dort erfüllt wird, wenn S_1 und S_2 bereits irgendwie auf gleicher Spannung gehalten werden. Zur Beantwortung betrachten wir zunächst die Leitungsmitte jedes Streckenabschnittes. Da Strom und Spannung sich längs der Strecke zwischen zwei Stationen in erster Näherung linear ändern, so dürfen wir die hier herrschende (mittlere) Spannung als die Quelle des Ladestromes für den Streckenabschnitt einführen. Entsprechend stellt der hier fließende (mittlere) Leitungsstrom die Quelle des Spannungsunterschiedes zwischen den beiden Enden des betrachteten Streckenabschnittes dar.

Das Diagramm zeigt nun, daß die mittlere Spannung und der mittlere Strom miteinander einen Winkel einschließen, der unter unserer Voraussetzung $U_s = \text{konst}$ gleich dem Verlustwinkel der Leitung $\delta = \operatorname{arc\,tg} r/\omega l$ sein muß. Das bedeutet, daß in der Mitte eines jeden Streckenabschnittes eine der übertragenen Wirkleistung proportionale Blindleistung fließen muß. Der Proportionalitätsfaktor ist die Leitungskonstante $\varrho = r/\omega l$. Wir nennen diesen Betrag der Blindleistung die begleitende Blindleistung, da sie, wie wir sehen werden, überall in Begleitung der übertragenen Wirkleistung auftritt, mit dieser in die Leitung eintritt und die Leitung auch mit ihr wieder verläßt. Alle weiteren Blindleistungsbeträge pulsieren innerhalb der durch die Leitungsmitten gekennzeichneten Grenzen, solange die Spannung je zweier Stationen den gleichen Wert hat. Da nach Abschnitt I, S. 46 bei den gebräuchlichen Teilstreckenlängen in der Größenordnung von 200 km der Unterschied zwischen der Spannung der Leitungsenden und der der Leitungsmitte nur in der Größenordnung von etwa ½% liegt, so dürfen wir in Abb. 1 die Spannungen U_A und U_B angenähert gleich U setzen. Können andererseits die durch den Ladestrom im einzelnen Streckenabschnitt entstehenden Stromwärmeverluste, wie bereits in Abschnitt I, S. 42 und 65 gezeigt wurde, vernachlässigt werden, so dürfen wir uns bei der Einführung der Kupferverluste auf die Berücksichtigung der in den Stationen meßbaren Ströme beschränken.

Wir stellen unter diesen vereinfachenden Voraussetzungen zwischen den Leitungsmitten der unserer betrachteten Station S benachbarten Streckenabschnitte die Wirkleistungsbilanz auf und finden unter Verwendung des positiven Vorzeichens für Leistungen, die auf den Punkt S der Leitung zufließen

$$\underbrace{U J_A \cos\delta}_{\text{von } A} - \underbrace{J_1^2 r a_1}_{\substack{\approx \text{Verluste} \\ \text{Strecke } AS}} + \underbrace{U J_s \cos\varphi_s}_{\substack{\text{Stations-} \\ \text{Abgabe}}} - \underbrace{J_2^2 r a_2}_{\substack{\approx \text{Verluste} \\ \text{Strecke } SB}} - \underbrace{U J_B \cos\delta}_{\text{nach } B} = 0. \qquad (1)$$

Ganz analog schreiben wir die Blindleistungsbilanz des gleichen Abschnittes

$$-\underbrace{U J_A \sin\delta}_{\text{von } A} + \underbrace{\underbrace{U^2 \omega c a_1}_{\substack{\text{Leitungs-} \\ \text{Kapazität}}} - \underbrace{J_1^2 \omega l a_1}_{\substack{\text{Leitungs-} \\ \text{Induktivität}}}}_{\text{Strecke } AS} - \underbrace{U J_s \sin\varphi_s}_{\substack{\text{Stations-} \\ \text{Blind-} \\ \text{leistung}}} - \underbrace{\underbrace{J_2^2 \omega l a_2}_{\substack{\text{Leitungs-} \\ \text{Induktivität}}} + \underbrace{U^2 \omega c a_2}_{\substack{\text{Leitungs-} \\ \text{Kapazität}}}}_{\text{Strecke } SB} + \underbrace{U J_B \sin\delta}_{\text{nach } B} = 0. \qquad (2)$$

Die Stationsblindleistung ist hierin für Drosselbelastung positiv zu setzen. Wenn wir Gl. (1) mit $\operatorname{tg}\delta = r/\omega l$ erweitern und dann zu Gl. (2) hinzufügen, so erhalten wir die uns bereits bekannte Bilanzgleichung

[Abschnitt I, Gl. (128)]

$$\underbrace{\underbrace{U^2\,\omega\,c\,(a_1+a_2)}_{\text{Ladeleistung}} - \underbrace{(J_1^2\,a_1 + J_2^2\,a_2)\,\omega\,l\left[1+\left(\frac{r}{\omega\,l}\right)^2\right]}_{\text{Induktive Blindleistung}}}_{\text{der Leitung}} + \underbrace{U\,J_s\cos\varphi_s\,\frac{r}{\omega\,l}}_{\text{Begleitende Blindleistung}} = \underbrace{U J_s\sin\varphi_s}_{\text{Erforderliche Zusatzblindleistung}}. \quad (3)$$

Man sieht, daß die „begleitende Blindleistung“, sowie das quantitativ unwesentliche Korrekturglied im Klammerausdruck der induktiven Blindleistung die Bedingungen angeben, die zum Ausgleich des Ohmschen Spannungsabfalles durch die Blindleistungskompensation zu erfüllen sind. Die erforderliche Zusatzblindleistung wird nur in denjenigen Stationen durch einen „begleitenden“ Blindleistungsbetrag vermehrt oder vermindert, in denen Wirkleistung der Leitung zugeführt oder entzogen wird.

2. Graphische Bestimmung der Kompensationsleistung. Wir wollen Gl. (3) nun benutzen, um die erforderliche Blindleistung durch ein einfaches graphisches Verfahren zu ermitteln. Zu diesem Zweck zerlegen wir zunächst unsere Bilanzgleichung wieder in Teilgleichungen, die nur für den halben Streckenabschnitt einer angrenzenden Leitungsstrecke gelten. Wir erhalten für den Streckenabschnitt a_1 die Bedingung:

$$[\underbrace{\omega\,c\,U^2}_{K} - \underbrace{(1+\varrho^2)\,\omega\,l\,J_1^2}_{\sim p\,N_{w_1}^2}]\cdot a_1 + \underbrace{\varrho U\,J_1\cos\varphi_1}_{\varrho\,N_{w_1}} = \underbrace{U\,J_1\sin\varphi_1}_{N_{b_1}} \quad (4)$$

oder mit den in Gl. (4) eingetragenen Abkürzungen

$$K\cdot a_1 + \varrho\,N_{w_1} - p\,N_{w_1}^2\cdot a_1 = N_{b_1}. \quad (5)$$

Unter Voraussetzung einer festen Leitungsspannung U zeigt damit unsere Gleichung zwei von der Streckenlänge abhängige und zwei unabhängige Glieder. Wir tragen nun die von der Leitungslänge unabhängigen Glieder als senkrechte Strecken, die von der Streckenlänge abhängigen dagegen als schräge Geraden auf (Abb. 2). Der Anstiegswinkel dieser Geraden ist durch die von der Streckenlänge unabhängigen Faktoren $\operatorname{tg}\alpha = \omega c\,U^2$, $\operatorname{tg}\beta = p\,N_w^2$ gegeben. Gehen wir z. B. von der Leitungsmitte aus und zeichnen einerseits die Leistungsgerade n unter dem Winkel β, andererseits um den Betrag $\varrho\,N_w$ verschoben die Kapazitätsgerade k unter dem Winkel α, so ist der Abstand dieser beiden Geraden in der nächsten Station ein

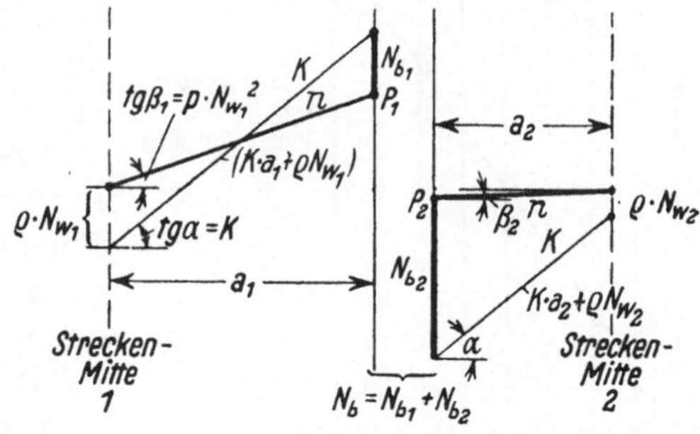

Abb. 2. Graphische Darstellung der Blindleistungsbilanz einzelner Streckenabschnitte.

Maß für den erforderlichen Blindleistungsbetrag. Diese Konstruktion kann für jeden Streckenabschnitt gesondert ausgeführt werden, wie es in Abb. 2 gezeigt ist. Man zieht die Einzelbilder nun so zusammen, daß die Leistungsgeraden (n) anschließender Streckenabschnitte einen gebrochenen Leistungslinienzug über die ganze Leitung ergeben und zeichnet andererseits die untereinander parallelen Kapazitätsgeraden so ein, daß sie die Leitungsmitten zwischen je zwei Stationen um den Betrag ϱN_w gegen die Leistungslinie verschoben kreuzen. Der Abstand je zweier benachbarter Kapazitätsgeraden gibt uns dann stets den erforderlichen Blindleistungsbetrag der Zwischenstation an (Abb. 3).

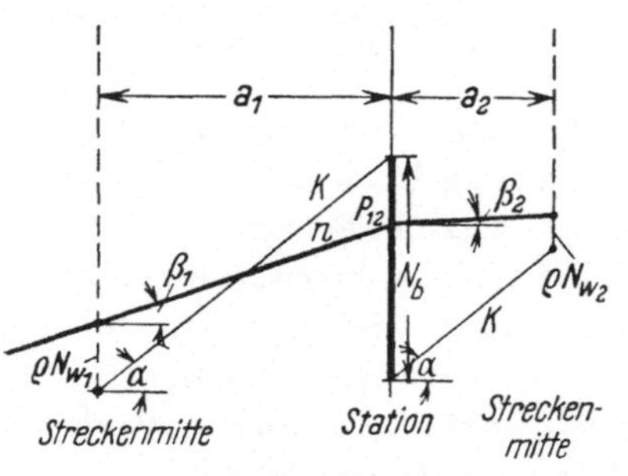

Abb. 3. Graphische Ermittlung der in einer Zwischenstation zuzuführenden Blindleistung.

Führen wir diese Konstruktion zunächst einmal für ein paar einfache Sonderfälle bei durchgehender Leistung auf einer gleichmäßig unterteilten Leitung durch, so erhalten wir zugleich ein anschauliches Bild von den charakteristischen Eigenschaften der langen kompensierten Hochspannungsleitung. In Abb. 4 ist oben der Fall des Leerlaufes ($N = 0$) dargestellt: die Leistungslinie läuft hier parallel zur Abszissenachse, die Kapazitätsgeraden schneiden die Leistungslinie genau in der Leitungsmitte.

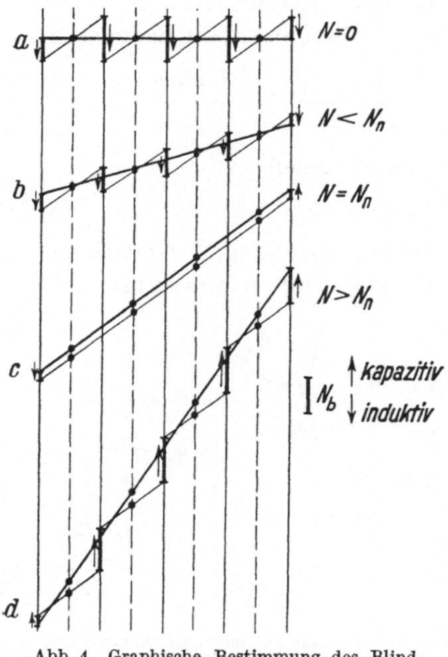

Abb. 4. Graphische Bestimmung des Blindlastbedarfes einer gleichmäßig unterteilten Leitung bei durchgehender Leistung.

Steigern wir nun die Leistung, so verringert sich entsprechend dem Blindleistungsbedarf der Strecke (dem Anstieg der Leistungslinie) der in den Stationen abzuführende Blindleistungsbetrag (Fall b).

Die natürliche Leistung der Leitung ($N = N_n$) stellt sich in diesem Diagramm (Fall c) dadurch dar, daß die Leistungslinie im Abstande ϱN_n parallel zur Kapazitätsgeraden verläuft. Man sieht dadurch besonders deutlich den Weg der „begleitenden“ Blindleistung, die am Anfang der Leitung als induktive Generatorbelastung auftritt, am Ende der Leitung als einzuführende kapazitive Blindleistung zu erkennen ist, während die Zwischenstationen in diesem Falle an der Blindleistungslieferung in keiner Weise beteiligt sind. Dieses Diagramm stellt aber insofern eine der Wirklichkeit nicht ganz gerecht werdende Vereinfachung dar, als infolge der Verluste auf der Leitung die Leistungslinie gegen Ende der Leitung ein wenig ihren Anstieg verlieren müßte, so daß kleine zusätzliche Blindleistungsbeträge bei sehr langer Leitung zu berücksichtigen wären.

Übersteigt die Leistung die natürliche, so ersieht man auch aus dieser Darstellung die Notwendigkeit kapazitiver Zusatzblindleistungen (Fall d) in den Zwischenstationen.

Während Abb. 4 die Anwendung unseres graphischen Verfahrens auf die Darstellung der charakteristischen Betriebssonderfälle der Leitung brachte, zeigt Abb. 5 einen Fall beliebig ungleichmäßiger Streckenbelastung bei willkürlich verschiedenen Streckenlängen. Zum bequemeren Verständnis sind die in dem Beispiel vorausgesetzten Leistungsflüsse in Form eines Sankey-Diagrammes in Abb. 5 oben dargestellt und darunter noch einmal in dem üblichen Streckenleistungsdiagramm wiederholt. Zur Konstruktion der Leistungslinie beginnen wir nach erfolgter Wahl der positiven Streckenrichtung von A nach F in Station A und erhalten einen dauernd, infolge des quadratischen Charakters des Anstiegskoeffizienten auch bei entgegengesetzter Leistungsrichtung (wie auf der Strecke CD) ansteigenden Kurvenzug. Der Unterschied in der Leistungsrichtung kommt lediglich im Vorzeichen der in der jeweiligen Leitungsmitte eingeführten Verschiebung der Kapazitätsgeraden gegenüber der Leistungslinie zum Ausdruck. Wir sehen, daß wir im vorliegenden Beispiel in den Stationen A, D und E induktive, in B, C und F kapazitive Blindleistung zuführen müssen.

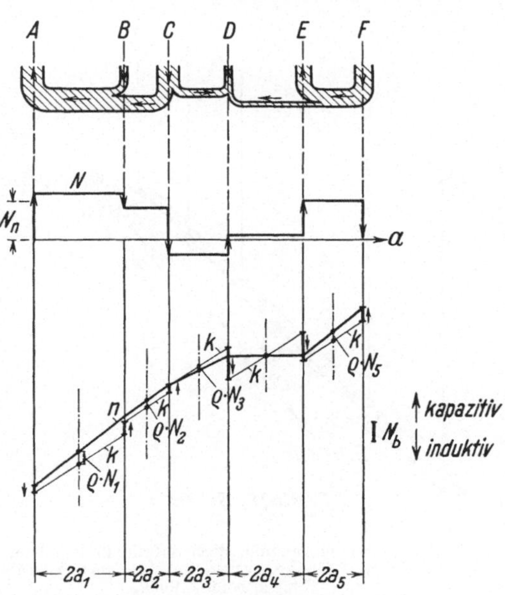

Abb. 5. Blindlastbedarf einer Leitung mit beliebig ungleichmäßiger Belastung und Streckenlänge der Teilleitungen.

3. Räumliche Strom- und Spannungsverteilung. Eine sehr anschauliche Vorstellung von den verschiedenen Betriebsbedingungen, die auf einer kompensierten Hochspannungsleitung auftreten können, kann man sich dadurch verschaffen, daß man sich das Vektordiagramm der Spannungen und Ströme für die einzelnen Stationen bzw. Zwischenpunkte der Leitung räumlich über die Strecke verteilt aufgezeichnet vorstellt, und da hierzu eine Darstellung in einer dritten Dimension erforderlich ist, sich von dem Ganzen ein perspektivisches Bild entwirft. Man stellt sich demgemäß die Vektorpfeile in den einzelnen Stationen und längs der Strecke wie aufgestellte Stangen vor, die Strom und Spannung nach Größe und Phasenlage anzeigen und denkt sich das Bild und den Beobachter so groß, daß die ganze Leitung von ihm übersehen wird. Abb. 6 zeigt in einer solchen Darstellung links eine leerlaufende, in 5 gleiche Teilabschnitte zerlegte 1000-km-Leitung. Gehen wir von dem Blindstrom, der auf der Verbraucherseite entnommen werden muß, aus und verfolgen die Pfeilspitzen der Stromvektoren zwischen je 2 Stationen, so sehen wir ihre lineare Verschiebung längs der Leitung durch die Hypotenuse je eines der schraffierten Dreiecke beschrieben. Diese Grenzlinie ist wieder in ihrer Lage bei richtiger Kompensation durch die Betriebsbedingungen in der Leitungsmitte festgelegt — sie entspricht den Kapazitätsgeraden in Abb. 4 —, ihre Neigung gegen die Parallele zur Leitungsrichtung ist mit der Betriebsspannung und der Leitungskapazität, d. h. mit dem Ladestromzuwachs pro Streckeneinheit gegeben. Infolgedessen kehren die schraffierten Dreiecke auch in allen anderen Belastungsfällen wieder, nur ihre Lage gegeneinander ändert sich mit der übertragenen Leistung. Der Abstand der Hypotenusen je zweier aufeinander folgender Ladestromdreiecke in einer Zwischenstation zeigt wieder den von der Station her in die Leitung eingeführten Blindstrom. In Abb. 7 ist der gleiche Betriebsfall in die gebräuchliche Darstellung eines Streckendiagrammes mit Angabe der Spannungs- und Blindstromverteilung längs der Strecke übersetzt.

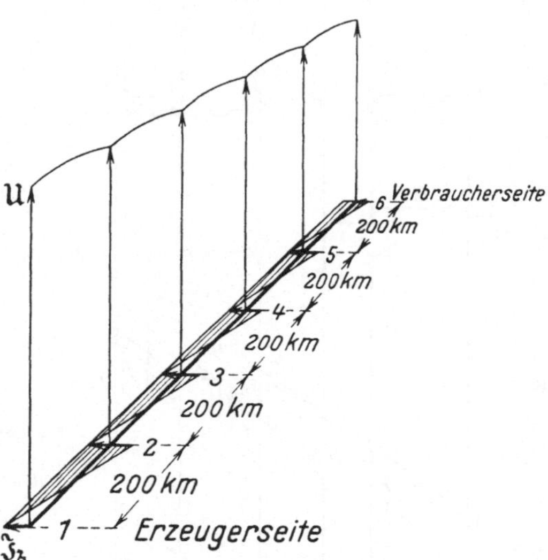

Abb. 6. Spannungs- und Stromverteilung einer kompensierten 1000-km-Leitung im Leerlauf: Vektor-Perspektivdarstellung.

Sobald wir einen Leistungstransport voraussetzen, so führt weder ein Streckendiagramm wie in Abb. 7 noch das in Abb. 8 wiedergegebene Vektordiagramm (für eine Leistungsübertragung von etwa 70% der natürlichen Leistung) zu einer wirklich anschaulichen Vorstellung von dem Strom- und Spannungsverlauf längs der Leitung. Demgegenüber zeigt Abb. 9 deutlich, wie der Laststrom längs der Strecke eine Verdrehung des Spannungsvektors bewirkt, der das Stromdiagramm zum Folgen um den mittleren Winkel δ (für $\frac{r}{\omega l} = 0{,}1$; $\delta = 6^0$) verschoben, gewaltsam gezwungen werden muß. Denn die Winkeldrehung des Stromvektors von einer Station bis zur nächsten, die durch das konstant bleibende Ladestromdreieck bedingt ist, führt, je mehr wir uns der Erzeugerstation nähern, zu übertriebenem Voreilen des Stromes gegenüber der Spannung, so daß von Station zu Station eine Rückdrehung erforderlich ist, damit in der Leitungsmitte der Winkel δ wiederkehrt.

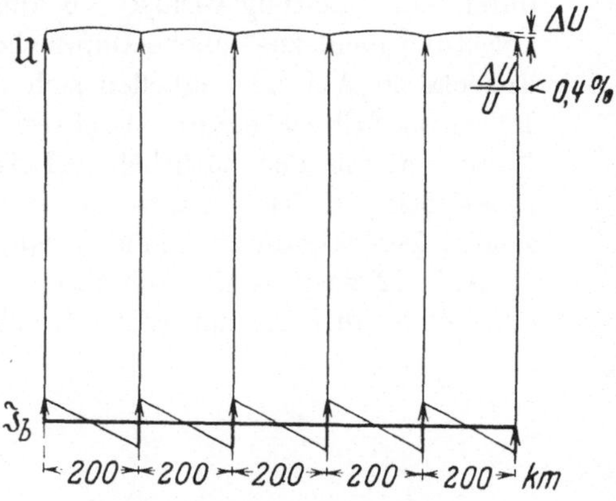

Abb. 7. Streckendiagramm zu Abb. 6.

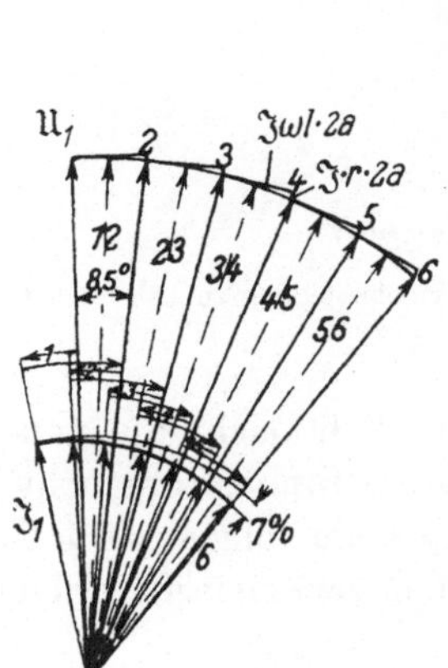

Abb. 8. Vektordiagramm der kompensierten 1000-km-Leitung $r/\omega l = 0{,}1$, $\delta = 6^0$ bei 70% der natürlichen Leistung.

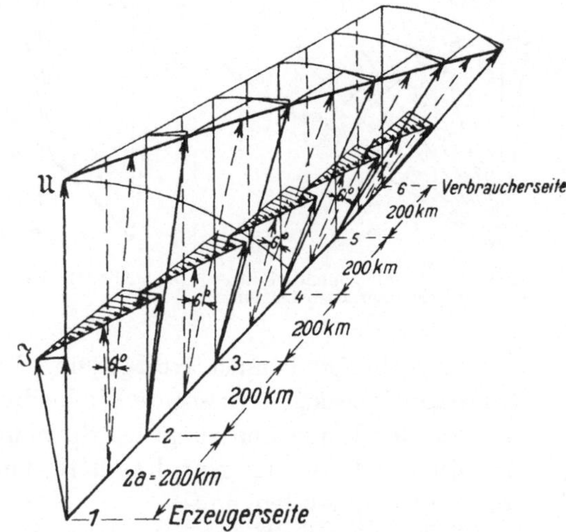

Abb. 9. Vektor-Perspektivdarstellung zu Abb. 8 mit $N = 0{,}7\, N_n$.

Steigt die Belastung der Leitung auf den Wert der natürlichen

Leistung, so sehen wir im Vektordiagramm Abb. 10 eine übereinstimmende Winkeldrehung zwischen Spannung und Strom, solange die durch die Leitungsverluste bedingte Verringerung der Streckenbelastung nicht zusätzliche Blindbelastungen erfordert. Die Ladestromdreiecke in Abb. 11 schließen sich mit ihren Hypotenusen in diesem Belastungsfall zu einer stetigen Linie zusammen. Hier ist unter Voraussetzung der natürlichen Leistung am Erzeugerende eine Berücksichtigung der Verluste mit wachsender Entfernung von der speisenden Zentrale durch kleine Zusatzblindströme angedeutet.

Abb. 12 zeigt schließlich das Vektordiagramm einer Leitung, die etwa 40% über die natürliche Leistung hinaus belastet wird, Abb. 13

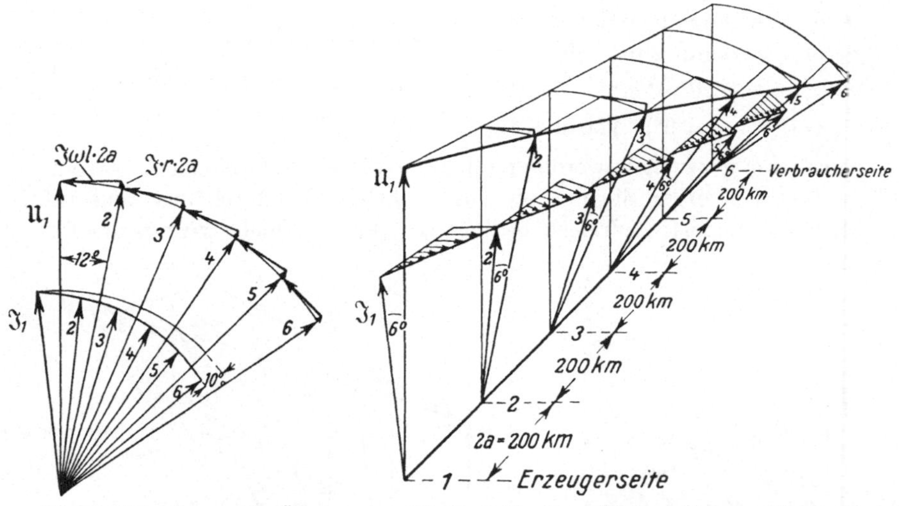

Abb. 10. Vektordiagramm bei Übertragung der natürlichen Leistung.

Abb. 11. Vektor-Perspektivdarstellung zu Abb. 10 mit $N = N_n$.

das dazugehörige Perspektivdiagramm. In diesem Fall reicht die von den Stromdreiecken verursachte Winkeldrehung des Stromvektors nicht aus, um der Winkeländerung des Spannungsvektors zu folgen, so daß eine Zusatzdrehung gleicher Richtung in den Zwischenstationen vorgenommen werden muß.

Ein technischer Wert kann solchen Darstellungen naturgemäß nicht zukommen, sie können jedoch das Eindringen der manchmal etwas verwickelt scheinenden vektoriellen Beziehungen auf langen Leitungen in unser Vorstellungsvermögen erleichtern. Die Möglichkeit, sich ein plastisches Bild zu machen, ist besonders aber auch dann vorteilhaft, wenn es darauf ankommt, aus den Angaben der Betriebsmeßinstrumente schnell ein Urteil über den Betriebszustand einer Leitung zu gewinnen.

4. Einfluß der Transformatoren. Während die bisher betrachteten Blindleistungsbedürfnisse der Leitung ohne Berücksichtigung der Frage, woher die Blindleistung stammt, und wie wir sie auf die Leitung bringen, angegeben worden sind, wollen wir jetzt von der Leitung ausgehend

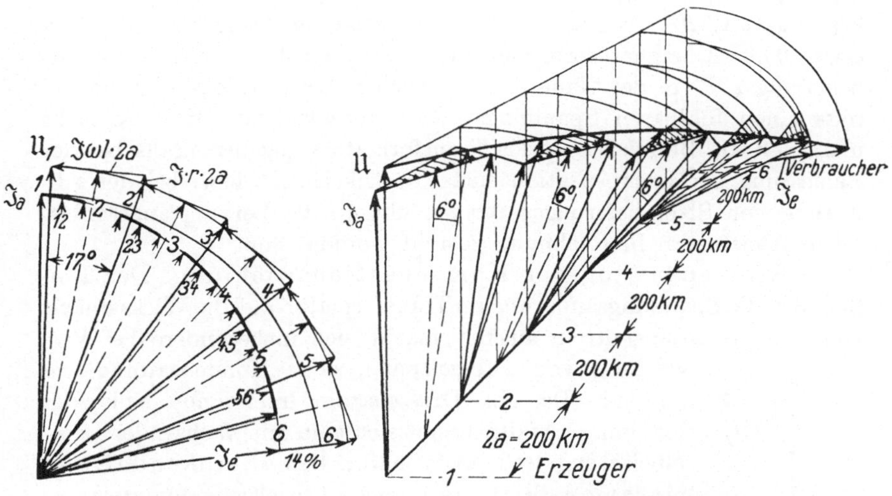

Abb. 12. Vektordiagramm bei etwa 40% Überschreitung der natürlichen Leistung.

Abb. 13. Vektor-Perspektivdarstellung zu Abb. 12 mit $N = 1{,}4\,N_n$.

rückwärts den Weg der Blindleistung, die wir der Leitung zuführen, verfolgen. Da die Transformatoren für sehr hohe Spannungen allein infolge der notwendigen Isolationsabstände der Wicklungen voneinander stets eine verhältnismäßig große Streuung aufweisen, so ist der daher rührende Einfluß auf die Kompensierung u.U. beträchtlich. Einerseits ist das Kompensationsvermögen angeschlossener Blindstromapparate vom Streuspannungsabfall abhängig, andererseits verursacht die Streuinduktivität eine zusätzliche Blindbelastung selbst bei reiner Widerstandsbelastung der Transformatoren.

a) Streublindleistung und Magnetisierungsstrom. Betrachten wir zunächst das Vektordiagramm des Transformators nach Abb. 14, so können wir diesem unschwer entnehmen, daß eine zusätzliche Blindbelastung N_{bz} durch jeden Transformator verursacht wird:

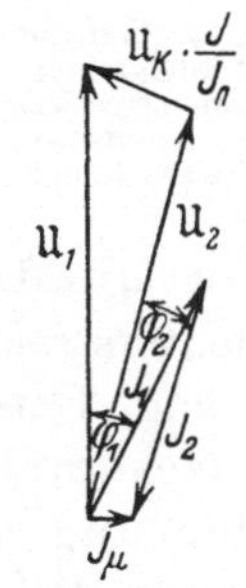

Abb. 14. Transformatordiagramm: Blindverbrauch der Arbeitswicklung.

$$N_{bz} \cong \frac{U_K}{U_n} N_n \left(\frac{J}{J_n}\right)^2 + N_\mu, \tag{6}$$

die sich aus dem für die Streuinduktivität zu deckenden Betrage und der Magnetisierungsleistung N_μ zusammensetzt. In Gl. (6) bedeutet $\frac{U_K}{U_n}$

die relative Kurzschlußspannung der Arbeitswicklungen, N_n die Nennleistung und $\frac{J}{J_n}$ die relative Belastung des Transformators. Rechnet man z. B. für einen 200 kV-Transformator von 60000 kVA mit $U_K / U_n = 0{,}12$, so ergibt sich bei Nennbelastung eine zusätzliche Blindleistung von 7200 kVA für die Streublindleistung. Dazu kommen noch etwa 800 kVA Magnetisierungsleistung. Da eine solche induktive Blindbelastung z. B. in der Nähe der natürlichen Leistung der Leitung bereits einen fühlbaren Spannungsverlust verursachen würde, so sieht man, daß die Blindleistung des Transformators gegebenenfalls bei der Bemessung der Kompensationsmittel berücksichtigt bzw. bei der Abfassung von Stromlieferungsverträgen mit an die Leitung angeschlossenen Abnehmern in Rechnung gestellt werden muß.

b) Streuspannung der Kompensationswicklung. Der Einfluß, den die Spannungsänderung im Transformator auf die Wirksamkeit von Kompensationsmitteln ausübt, macht sich insbesondere bei Verwendung von Drosselspulen oder Kondensatoren bemerkbar. Da der Drosselstrom linear mit sinkender Spannung abfällt, ergibt sich eine mit wachsender Drosselbelastung des Transformators linear sinkende Kompensationsleistung für jede Einzelstufe, und zwar erhalten wir entsprechend der Diagrammdarstellung in Abb. 15 eine wirksame Kompensationsblindleistung

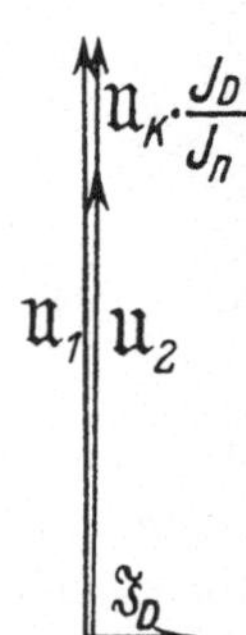

Abb. 15. Transformatordiagramm: Spannungsverlust der Kompensationswicklung.

$$N_b \cong N_D \left(1 - \frac{U_K}{U_n} \frac{I_b}{I_{bN}}\right). \tag{7}$$

Hierin ist N_D die Nennleistung der eingeschalteten Kompensationsdrosseln und $\frac{I_b}{I_{bN}}$ die relative Blindbelastung der Kompensationswicklung des Transformators. Dabei sinkt die Leistung der Drosselspulen selbst quadratisch ab, an ihrer Stelle übernimmt aber die Transformatorstreuung einen Teil der erwünschten induktiven Blindleistung. Entsprechend nimmt bei kapazitiver Kompensationsleistung die Gesamtblindleistung linear zu, während die Kondensatorbelastung quadratisch wegen der sekundären Spannungserhöhung ansteigt. Bei 8% auf die Nennleistung der Kompensationswicklung bezogener Streuung ist das gesamte Blindleistungsvermögen der die Kompensationswicklung gerade voll belastenden Drosselspulen also um 8% kleiner als ihrem Nennwert entspricht.

5. Einfluß der Anschlußnetzcharakteristik. a) Regelvorgänge. Wir berücksichtigen jetzt, daß die Transformatoren, die längs der Leitung angeschlossen sind, um einen Energieaustausch zwischen der Fernleitung und Mittelspannungsverteilungsnetzen oder anderen Großkraftnetzen zu ermöglichen, sekundär mit Systemen in Verbindung stehen, die je nach ihrer Zusammensetzung ihre eigene Blindleistungscharakteristik (Spannung der Übergabestelle abhängig vom durchfließenden Blindstrom) besitzen werden. Denn die meist in kleineren Kraft- und Umformerwerken vorhandenen Synchronmaschinen verleihen auch den Verteilungsnetzen eine eigene innere EMK und einen dementsprechend mit der Spannung veränderlichen Blindleistungsbedarf. Ebenso wie die Freileitung mit wachsender induktiver Blindbelastung ein Absinken der Spannung erfährt, wird daher auch eine induktive Blindbelastung der Abnehmerleitungen deren Spannung drücken. Nun ist aber *induktive Blindbelastung der Fernleitungen durch den Abnehmer identisch mit kapazitiver Belastung der Abnehmerleitungen.* Wenn wir

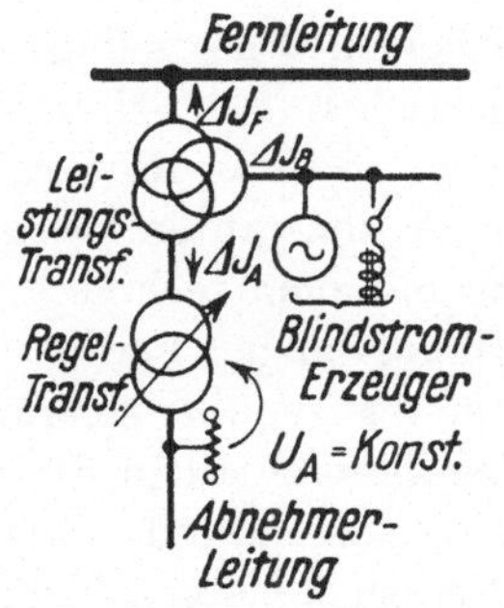

Abb. 16. Prinzipschaltung einer Zwischenstation mit Anschluß an ein Abnehmernetz.

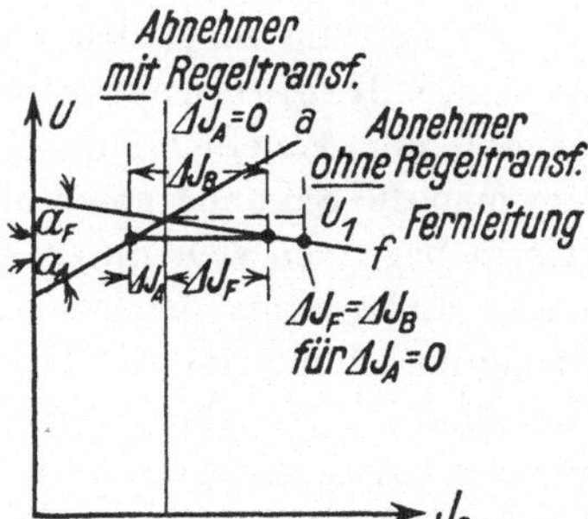

Abb. 17. Blindstromcharakteristik von Fern- und Abnehmerleitung.

uns also die Anschaltung des Abnehmers und der Blindleistungskompensationseinrichtungen an die Fernleitungen so vorstellen, wie es in Abb. 16 dargestellt ist, aber zunächst unter Vernachlässigung des eingezeichneten Regeltransformators, so finden wir z. B. für den Fall, daß wir keinen Blindstrom künstlich zu- oder abführen, daß die Gleichgewichtsbedingung zwischen der Charakteristik der Fernleitung (f) und der Abnehmerleitung (a) in Abb. 17 an der Stelle erfüllt ist, wo sich beide bei der gemeinsamen Spannung U_1 schneiden.

Versuchen wir jetzt die Leitungsspannung durch Einführung von Blindleistung zu heben oder zu senken, so sehen wir, daß uns nicht die gesamte zugeführte Blindleistung für die Leitung wirklich zur Verfügung steht, sondern daß ein Teil ΔJ_a zum Abnehmer abfließt und nur der Betrag ΔJ_F zur Erfüllung unserer Kompensationsbedingungen dient. Wir würden also je nach der relativen Steifigkeit der Fernleitung, die durch den Anstieg ihrer Charakteristik $\left(\operatorname{tg} \alpha_F = \frac{\Delta J_F}{\Delta U}\right)$ dargestellt wird, zur Steifigkeit des Abnehmers $\left(\operatorname{tg} \alpha_A = \frac{\Delta J_A}{\Delta U}\right)$ einen Teil unserer Blindleistung verlieren, so daß diese nur im Verhältnis

$$\frac{\varDelta J_F}{\varDelta J_B} = \frac{1}{1 + \frac{\operatorname{tg} \alpha_A}{\operatorname{tg} \alpha_F}} \tag{8}$$

ausgenutzt wird. Der Anstieg der Netzcharakteristik $\operatorname{tg} \alpha$ ist dabei so zu ermitteln, daß man sich alle starr regulierten Spannungsquellen im Netz kurzgeschlossen vorstellt und dann den resultierenden Widerstand $X = \frac{1}{\operatorname{tg} \alpha}$ von der Kompensationseinrichtung der Fernleitung her gesehen bildet. Dieser Größe kommt eine weitere Bedeutung durch ihren Einfluß auf die Grenzleistung der Fernleitung zu, auf den wir noch zurückkommen werden.

Man wird versuchen, den Einfluß des Abnehmers auf die Regelvorgänge der Leitung möglichst zu unterdrücken. Dies gelingt durch Einfügen eines Regeltransformators zwischen den Haupttransformator und die Abnehmerleitung, so wie es in Abb. 16 dargestellt ist, indem man die Sekundärspannung auf einen konstanten Wert übersetzt. Hierin begegnen sich unsere Wünsche mit dem technisch meist vorliegenden Erfordernis beim Zusammenschluß langer Fernleitungen mit örtlichen Verteilungsnetzen. Denn diese sind gegenüber Spannungsschwankungen, wie sie ohne zusätzliche Regulierung allein durch die Streuung der Leistungstransformatoren und die wechselnde Belastung bedingt wären, häufig sehr empfindlich. Da bei konstant bleibender Anschlußnetzspannung und -belastung der Blindleistungsaustausch zwischen Abnehmerleitung und Fernleitung der gleiche bleibt, so verschwindet hier der Einfluß auf die Regelvorgänge, sofern die Regelgeschwindigkeiten richtig gewählt werden, d. h. die resultierende Anschlußnetzsteifigkeit $\operatorname{tg} \alpha_A$ wird 0, und damit wird $\frac{\varDelta J_F}{\varDelta J_B} = 1$.

b) Stationäre Blindbelastung. Von der Beseitigung des Abnehmereinflusses auf die Regelvorgänge mit Hilfe von Regeltransformatoren ist die Frage des Blindleistungsbedarfes im stationären Zustand zu trennen. Der Wunsch des Abnehmers, seine Spannung auf einem bestimmten Wert zu halten, ist meist mit einer Anforderung an Blindleistungsbezug oder -abgabe an die Leitung verbunden. Ob dieser Betrag von der Leitung mit ihren Regeleinrichtungen gedeckt werden kann, bedarf einer unabhängigen Prüfung. Eine Leitung, die bis zu ihrer natürlichen Leistung ausgenutzt werden soll und keine Kompensationsmittel für Lieferung von voreilendem Blindstrom besitzt, darf überhaupt keine induktive Blindbelastung erfahren. Infolgedessen muß hier das Anschlußnetz noch die oben erwähnte Blindleistung zur Überwindung der Transformatorstreuung selbst decken. Aber auch bei verhältnismäßig schwach belasteter Leitung wird das Ausgleichsvermögen der Leitung schnell erreicht, wenn ihre Blindbelastung nicht bewußt klein gehalten wird. Zwei Zahlenbeispiele lassen die Größenverhältnisse schnell übersehen. Die Abgabe einer Leistung von 25000 kVA mit $\cos\varphi = 0{,}8$ induktiv verzehrt bei $\frac{r}{\omega l} = 0{,}25$ bereits die Ladeleistung eines 200 kV-Streckenabschnittes von etwa 180 km Länge. Die gleiche Blindleistung ist für die Abgabe von 60000 kVA mit $\cos\varphi = 1$ an den abnehmerseitigen Klemmen des Transformators bereits erforderlich, wenn man den Blindleistungsbedarf des Transformators bei 12% Streuung und die begleitende Blindleistung berücksichtigt.

6. Verhalten bei plötzlicher Entlastung. Kompensiert man den Ladestrom einer Leitung ausschließlich mit Drosselspulen, so kann, falls keine Anschlüsse an größere Zwischenkraftwerke vorhanden sind, bei plötzlicher Entlastung ein sehr gefährlicher Betriebszustand eintreten. Hat die ganze Strecke z. B. nahezu mit der natürlichen Leistung unter Last gestanden, so ist in diesem Zustand die Leitung völlig von Drosselspulen entblößt. Ein plötzlicher Wechsel zwischen Last und Leerlauf bedeutet also, daß in der Zeit bis zur Einschaltung der erforderlichen Drosselleistung die

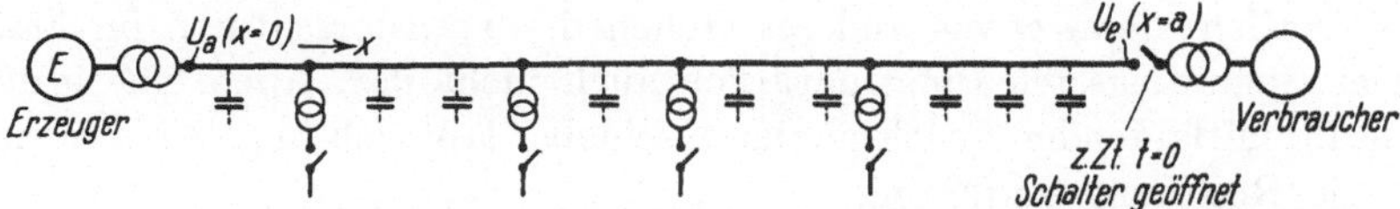

Abb. 18. Ungünstigster Belastungsfall und Schaltvorgang für eine lange Leitung mit Drosselkompensierung. Schalterauslösung beim Übertragen einer größeren Leistung.

sprunghaft freiwerdende Kapazitätsblindleistung sich auf die Maschinen und Transformatoren stürzt und die Spannung dadurch gewaltig in die Höhe treibt. Abb. 18 soll einen solchen Betriebszustand andeuten.

a) Leitung ohne Transformatoren. Wären längs der Strecke keine Transformatoren an die Leitung angeschaltet, so wäre bei den praktisch interessierenden Maschinenleistungen und Streckenlängen keine noch so schnelle Drosselzuschaltung in der Lage, eine äußerste Gefährdung des Übertragungssystems zu verhüten. Überschlagen wir z. B. die Verhältnisse, die im ersten Augenblick nach dem Abschalten der Belastung bei 120 MVA Maschinenleistung, 35% Gesamtstreuung für Maschinen und Transformatoren sowie 600 km Leitungslänge bei 220 kV zu erwarten wären. Unter Annahme eines Ladestromes am Anfang der leerlaufenden Leitung $J_a = \frac{U_a}{Z} \operatorname{tg} 2\pi \cdot \frac{600}{6000}$ und gleichbleibender Vollast-EMK E_0 der Maschine finden wir bei Vernachlässigung aller Verluste mit einem auf 220 kV bezogenen Streuwiderstand $\omega S = 140$ Ohm und einem Wellenwiderstand der Leitung von $Z = 380$ Ohm gemäß Abschnitt I Gl. (38) $U_a = \dfrac{E}{1 - \frac{\omega S}{Z} \operatorname{tg} 0{,}2\pi} = 1{,}37\,E.$

Nimmt man $E = 1{,}2\,U_n$ (Nennspannung) an, so würde die Spannung am Anfang der Leitung $U_a = 1{,}65\,U_n$ werden, am Ende mit $U_c = \frac{U_a}{\cos 0{,}2\,\pi} = 2{,}04\,U_n$, also schon im ersten Augenblick die Prüfspannung der Anlage erreichen.

Von der nachfolgenden kapazitiven Selbsterregung der Maschine ist dabei noch abgesehen. Diese bewirkt selbst bei sofortigem Eingriff der Regler oder anderer etwas verzögert wirkender Schutzanordnungen noch stets eine weitere unvermeidliche Steigerung der Spannung.

b) Berücksichtigung der Transformatoren. Glücklicherweise wird die ärgste Gefahr, die hier von der Grundwelle her drohen könnte, im allgemeinen durch die Magnetisierungsströme gesättigter Transformatoren bereits abgewendet. Wir verfolgen daher im weiteren die tatsächlich zu erwartende Spannungssteigerung unter Berücksichtigung einer angemessenen Magnetisierungsleistung leerlaufender Transformatoren. Die sich hierbei ergebenden Zusammenhänge haben nebenbei auch ein weitergehendes Interesse, da sie uns einen Einblick in die Wirkungsweise einer Kompensation mit eisengesättigten Drosselspulen verschaffen, denn etwas anderes stellen die Transformatoren im Falle einer Spannungssteigerung natürlich auch nicht dar. Auch eine große Anzahl mitlaufender Synchronphasenschieber läßt sich in gleicher Weise in die Rechnung einführen.

Die Bestimmung der Vorgänge bei plötzlicher Entlastung der Leitung setzt — wenn wir von den elektrischen Ausgleichsvorgängen innerhalb der ersten Perioden nach dem Schaltvorgang absehen — zunächst die Ermittlung der für die Leitung unter den veränderten Bedingungen gültigen Gesetzmäßigkeiten voraus. Diese liefern die Spannungsverteilung längs der Strecke sowie die „Netzcharakteristik", d. h. den Zusammenhang zwischen Strom und Spannung am Anfang der Leitung, den wir kennen müssen, um die zweite Aufgabe lösen zu können, bei der nach dem Verhalten der Maschinen zu fragen ist. Die Antwort hierauf liefert uns dann die Anfangsspannung der Leitung sowie den zeitlichen Vorgang der nachfolgenden Auferregung der Maschinen.

α) *Die Gleichungen der Leitung mit Streckentransformatoren im Sättigungsbereich.* Wir vereinfachen unsere Aufgabe dadurch, daß wir uns einerseits die Transformatoren auf die Strecke stetig verteilt denken, uns also zur Berücksichtigung ihres Blindleistungsbedarfs nur eine spannungsabhängige Veränderung der Leitungskapazität vorstellen, und ferner beschränken wir die Rechnung auf denjenigen Spannungsbereich, in dem die Transformatoren bereits so weit gesättigt sind, daß wir wieder einen linearen Zusammenhang zwischen Spannung und Blindstrom voraussetzen dürfen.

Wir schreiben demgemäß die Gleichungen für ein Leitungselement unter Annahme rein sinusförmiger und für die entlastete verlustlose Leitung auch phasengleicher Vorgänge

$$\frac{\partial U}{\partial x} = \omega\, l\, J\,, \tag{9}$$

$$\frac{\partial J}{\partial x} = q\,(U - U_s)\,. \tag{10}$$

Darin ist q eine Konstante, die die resultierende Neigung der kilometrischen Blindstromcharakteristik im Sättigungsbereich wiedergibt und U_s die „Selbstkompensationsspannung“, d. h. derjenige Spannungswert, bei dem die pro Kilometer frei werdende kapazitive Blindleistung gerade durch den auf die Streckeneinheit bezogenen Magnetisierungsstrom der Transformatoren $\frac{J_\mu}{a}$ aufgezehrt wird. Die Zusammenhänge zwischen Ladestrom pro Kilometer $U\omega c$, $\frac{J_\mu}{a}$ und der resultierenden Blindstromcharakteristik, sowie die Bedeutung von q und U_s sind aus Abb. 19 zu übersehen. In der Nachbarschaft von U_s ergibt sich damit die Spannungsverteilung längs der leerlaufenden langen Leitung analog den im II. Abschnitt angegebenen Rechnungen in der Form:

$$U = U_s + (U_a - U_s)\,\frac{\mathfrak{Cof}\,p\,(a - x)}{\mathfrak{Cof}\,p\,a}\,, \tag{11}$$

wobei U_a die Spannung am Anfang der Leitung ($x = 0$), a die gesamte Leitungslänge und $p = \omega l q$ eine reziproke Länge bezeichnet.

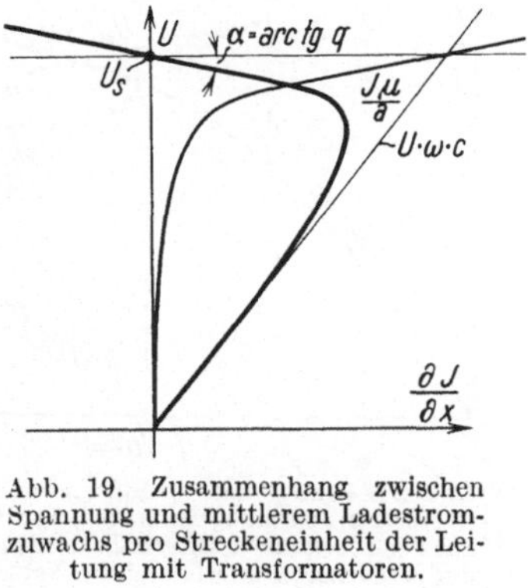

Das wesentlichste Ergebnis dieser Gleichung ist, daß sich die Spannung unter dem Einfluß der Transformatoren mit beliebig wachsender Leitungslänge stets dem Selbstkompensationswert U_s nähert. Ist die Spannung am Anfang $U_a > U_s$, so sinkt also die Spannung mit wachsender Entfernung und umgekehrt. Die Spannung am Ende der Leitung mit $x = a$ wird

$$U_e = U_s + \frac{U_a - U_s}{\mathfrak{Cof}\,p\,a}\,. \tag{12}$$

Abb. 19. Zusammenhang zwischen Spannung und mittlerem Ladestromzuwachs pro Streckeneinheit der Leitung mit Transformatoren.

Den Ladestrom am Anfang der Leitung finden wir mit ($x = 0$) aus

$$J_a = \frac{1}{\omega\, l}\,\frac{\partial U}{\partial x} = (U_s - U_a)\,\frac{p}{\omega\, l}\,\mathfrak{Tg}\,p\,a\,. \tag{13}$$

Diese Gleichung vermittelt uns zugleich die „Netzcharakteristik“.

β) *Die Rückwirkung auf die Generatoren.* Der Einfluß der speisenden Maschine auf die Höhe der sich im ersten Augenblick nach der

Entlastung einstellenden Spannung ist wieder durch ihren Streuwiderstand und die EMK der Maschine E vor dem Schaltvorgang gekennzeichnet. Wir finden aus Gl. (13) daher sofort

$$U_a = \frac{E + U_s \frac{S}{l} p \mathfrak{Tg}\, p a}{1 + \frac{S}{l} p \mathfrak{Tg}\, p a}\,. \tag{14}$$

Man erkennt, daß U_a sich um so mehr wieder der Selbstkompensationsspannung U_s nähert, je größer S wird, d. h. je kleiner die Maschinenleistung ist, von der aus die Leitung gespeist wird. Eine Überschreitung von U_s ist nur möglich für den Fall $E > U_s$, der praktisch im ersten Augenblick nicht zu erwarten ist, da die innere EMK etwa 10 bis 20%, die Selbstkompensationsspannung selten unter 40 bis 50% über der Nennspannung zu liegen pflegt. Praktisch kommt U_a stets in die Nähe von U_s.

Für den nachfolgenden Auferregungsvorgang ist im allgemeinen die Arbeitsweise des selbsttätigen Spannungsreglers entscheidend. Wir betrachten den ungünstigsten Fall, daß kein Regler vorhanden sei. Dann gelangt nach kurzer Zeit der durch den kapazitiven Belastungsstoß vorübergehend verminderte Erregerstrom wieder auf seinen alten Wert, der vor dem Schaltvorgang eingestellt war. Um den daraus folgenden Endwert der Spannung zu finden, tragen wir die Netzcharakteristik mit auf den Erregerstrom umgerechnetem Maßstab des magnetisierenden Leitungsblindstromes in das Leerlaufdiagramm unserer Maschine (Abb. 20) so ein, daß für $U = U_s$ die Netzcharakteristik die zum Beharrungserregerstrom gehörige Ordinate schneidet. Aus dieser entwickelt sich der Zusammenhang zwischen der EMK und dem abgegebenen Blindstrom durch Abzug der gleichfalls linear mit den zusätzlich magnetisierenden Amperewindungen wachsenden Streuspannung (Streucharakteristik). Der Schnittpunkt der EMK-Charakteristik mit der Leerlaufcharakteristik der Maschine liefert uns den Höchstwert der EMK, und daraus finden wir nach Gl. (14) oder graphisch in Abb. 20 auch die neue Anfangsspannung der Leitung ($U_a\,[t = \infty]$).

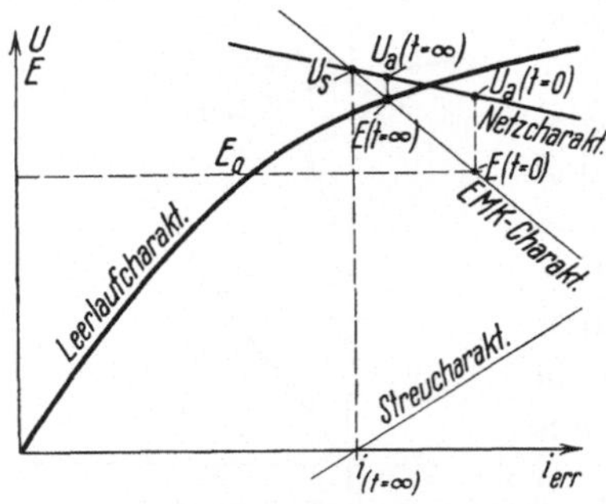

Abb. 20. Ermittlung des Sprung- und Endwertes der Spannung nach dem Lastabwurf aus der Leerlaufcharakteristik der Maschine, der Streucharakteristik und der Netzcharakteristik einer Leitung mit gesättigten Transformatoren.

Man erkennt, daß die nachfolgende Spannungssteigerung, deren zeitlicher Verlauf in Abb. 21 für einen praktischen Fall ermittelt ist, in Wirklichkeit selbst ohne Spannungsregler keine wesentliche Veränderung mehr bringt. Auch die Spannungsänderung **längs** der Leitung die in Abb. 22 aufgetragen ist, bleibt unwesentlich. (Es ist zu beachten, daß der Ordinatenmaßstab in Abb. 21 und 22 mit unterdrücktem Nullpunkt angegeben ist.)

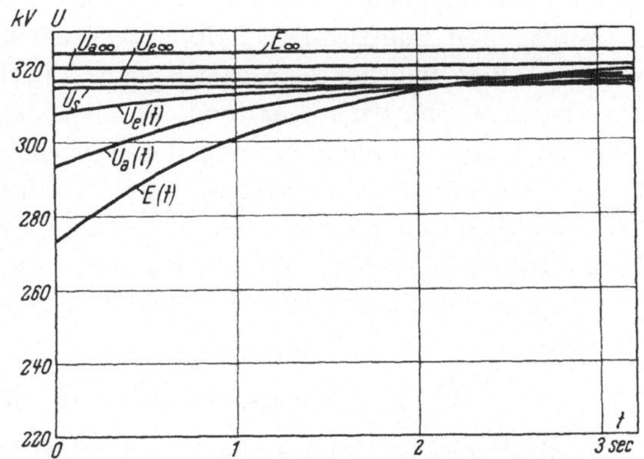

Abb. 21. Zeitlicher Anstieg der EMK und Spannung am Anfang und am Ende einer 220 kV-Leitung mit gesättigten Transformatoren nach dem Lastabwurf.

Diese Betrachtungen beschränkten sich auf die Grundwelle allein. Die Kurvenverzerrungen, die mit der Anwesenheit übersättigten Eisens ohne besondere Schutzmaßnahmen stets auftreten, bilden aber noch einen wesentlichen Gefahrenherd, der wegen der Möglichkeit von Resonanzwirkungen meist schwerer von vornherein zu übersehen ist.

c) Spannungssteigerungsschutz. Unter allen Umständen wird man Vorsorge treffen, daß die Spannung der Leitung so schnell wie möglich wieder gesenkt wird. Das kann bei großen Maschineneinheiten u. U. schon mittels der normalen Spannungsregler verhältnismäßig schnell geschehen. Bei zu geringer Maschinenleistung versagt der Einfluß der Regler aber gänzlich, da die Maschine auch in völlig unerregtem Zustand die Leitungsspannung noch durch Selbsterregung bis nahe an der Selbstkompensationsspannung hält.

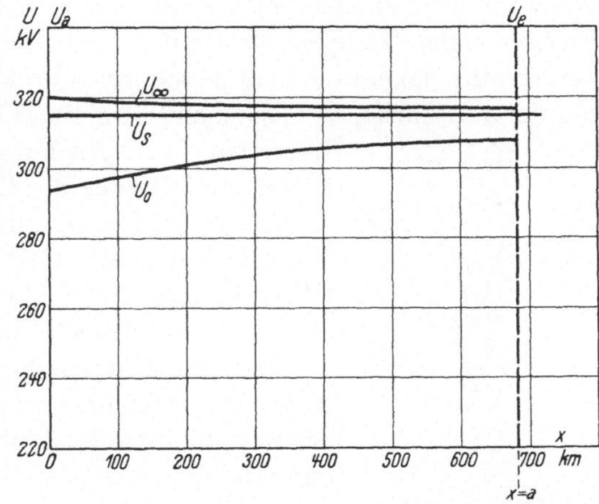

Abb. 22. Spannungsverteilung längs einer 220 kV-Leitung mit gesättigten Transformatoren zu Beginn und beim Endzustand der kapazitiven Auferregung der Generatoren.

Aus diesem Grunde ist eine besondere Schutzanordnung bei Leitungen, die mit Kompensation durch ungesättigte Drosselspulen betrieben werden, unumgänglich. Man sieht zu diesem Zweck eine von der normalen Regelung unabhängige Schnellsteuerung der Drosselspulen vor, deren Betätigung durch ein Spannungssteigerungsrelais eingeleitet wird. Dieses sorgt dafür, daß alle verfügbaren Drosselspulen im Gefahrfalle ohne jede Verzögerung eingeschaltet werden. Ein Einfluß auf die Höhe des ersten Spannungsstoßes ist damit naturgemäß nicht möglich. Will man diesen herabmindern, so besteht noch die Möglichkeit, die Drosselschalter durch Überschlagstrecken zu überbrücken. Diese würden die Drosselspulen innerhalb einer Periode an das Netz bringen. Die beizubehaltende Schnellschaltung sorgt dann für die sofortige Unterdrückung der eingeleiteten Lichtbögen.

Eine vorteilhaftere Lösung wäre aber nach den Ergebnissen der vorstehenden Rechnung die Verwendung von eisengesättigten Schutzdrosselspulen, deren Oberwellen sich selbst bei hohen Übersättigungen mit geeigneten Zusatzmitteln unterdrücken lassen.

C. Kompensation und Stabilität.

1. Mechanisches Modell der Übertragung. Das Stabilitätsproblem langer Übertragungsleitungen ist bereits aus dem Gesichtswinkel der Maschinen und Transformatoren im III. Abschnitt behandelt worden. Wir wollen uns aber den Einfluß der Blindleistungskompensation auf die Stabilitätsgrenzen wenigstens in groben Zügen noch einmal klarmachen, um ein Urteil darüber zu gewinnen, an welchen Stellen die Stabilitätsbedingungen einen entscheidenden Einfluß auf die Wahl der zweckmäßigen Kompensationsmittel und ihrer Regelung ausüben. Wir werden uns dabei in diesem Abschnitt auf relativ grobe Unterscheidungen der verschiedenen möglichen Betriebszustände und der dadurch auftretenden Beanspruchungen der Kompensationsmittel zur Stützung der Übertragungsstabilität beschränken dürfen. Zu diesem Zweck greifen wir auf die besonders anschauliche Darstellung der Übertragungs- und Stabilitätsverhältnisse im mechanischen Modell nach Griscom zurück.

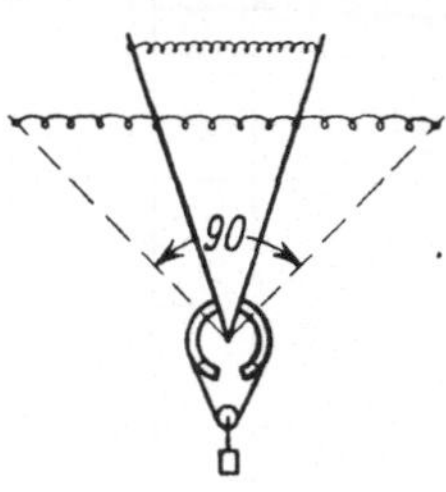

Abb. 23. Mechanisches Modell einer Drosselkopplung nach Griscom.

Diese Modelldarstellung gibt in der Form, wie Abb. 23 sie zeigt, die Verhältnisse wieder, die sich bei der Kopplung zweier Synchronmaschinen über eine reine Induktivität einstellen, wenn die Polradspannungen beider Maschinen oder auch ihre Klemmenspannungen konstant gehalten werden. Sind nur die Polradspannungen als konstant anzusehen, so muß, wie schon im Abschnitt III gezeigt worden ist, die Reaktanz der Maschinen als Teil der koppelnden Drosselspule aufgefaßt werden. Wir wollen hier aber voraussetzen, daß die Spannung an den Leitungsenden (bzw. an den Drosselklemmen in Abb. 23) konstant sei.

Das Modell besteht aus 2 drehbaren Armen, die durch eine Feder miteinander verbunden sind und in entgegengesetzter Richtung mit gleichem Drehmoment durch ein Gewicht auseinandergespreizt werden. Die Feder spiegelt den Einfluß der Kopplungsinduktivität, das Drehmoment die Höhe der Belastung wieder. Der sich einstellende Spreizwinkel gibt die Lage der Spannungsvektoren beiderseits der koppelnden Induktivität an. Man sieht leicht ein, daß nur so lange ein stabiler Gleichgewichtszustand bestehen kann, als das Gewicht die beiden Arme nicht über 90° auseinanderzutreiben versucht, da nur so lange mit wachsender Winkelöffnung das von der Feder ausgeübte Gegendrehmoment eine Rückdrehung der Arme in die Gleichgewichtslage im Falle einer kleinen Gleichgewichtsstörung bewirkt. Denn bei Überschreitung von 90° Winkelöffnung nimmt das Gegendrehmoment der Feder mit wachsendem Winkel ja wieder ab, anstatt zu. In gleicher Weise begrenzt die Induktivität zwischen den festbleibenden Spannungen der gekoppelten Synchronmaschinen die zwischen diesen austauschbare Leistung. Es wurde schon im Abschnitt III darauf hingewiesen, daß die Leistung stets proportional dem von dem Spannungsdreieck eingeschlossenen Flächeninhalt ist. Das gilt ganz entsprechend für die zwischen den Armen und der Spannfeder eingeschlossene Fläche des mechanischen Modells, weil das übertragene Drehmoment durch Federkraft (Grundlinie) mal Hebelarm (Höhe) bestimmt wird.

2. Einfluß des Ladestroms in der Modelldarstellung. Wir wollen nun an diesem Modell, das ja bisher nur unter der Voraussetzung einer rein induktiven Kopplung zwischen den Spannungsfestpunkten seine Berechtigung hat, den Einfluß des bisher vernachlässigten Ladestromes der Leitung zu studieren versuchen. In Abb. 24 ist angedeutet, wie man sich das Modell hierzu erweitert denken müßte. Wir stellen uns vor, daß die Spannfeder von unendlich vielen kleinen Kräften radial nach außen gezogen würde. Die Größe dieser Kräfte sei proportional dem Abstand des Angriffspunktes vom Drehpunkt entsprechend der Gesetzmäßigkeit, daß der Ladestromzuwachs pro Streckeneinheit proportional der Spannung sein muß. Auch mit dieser Erweiterung gilt für das Modell, daß der Inhalt der von den festen Armen und der Spannfeder eingeschlossenen Fläche der übertragenen Leistung (und der Streckenlänge) proportional ist.

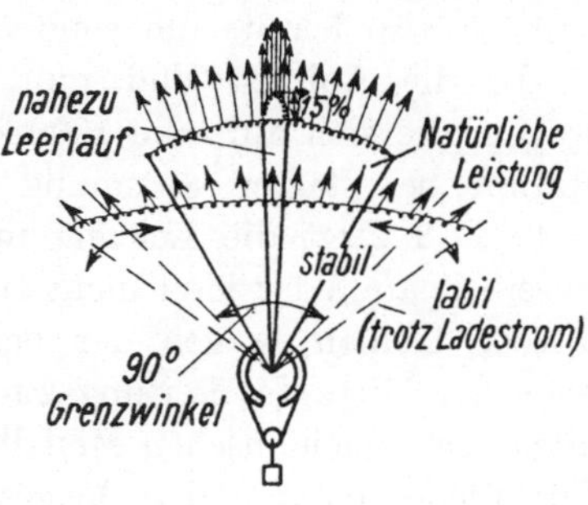

Abb. 24. Darstellung des Kapazitätseinflusses im mechanischen Modell.

Für das entsprechende Spannungsdiagramm folgt die gleiche Gesetzmäßigkeit, verlustlose Übertragung vorausgesetzt, aus der Betrachtung eines beliebigen Elementardreiecks, welches von dem Spannungsvektor U bei einer kleinen Drehung um $d\vartheta$ begrenzt wird. Für dieses muß sein:

$$U\,d\vartheta = J\,\omega\,l\cos\varphi\cdot dx\,. \tag{15}$$

Andererseits folgt aus

$$N = U\,J\cos\varphi = \frac{U^2}{\omega\,l}\frac{d\vartheta}{dx} = \text{konst}\,, \tag{16}$$

daß die Gesamtfläche, die der Spannungsvektor überstreicht, sein muß

$$F = \frac{1}{2}\int\limits_0^{\vartheta} U^2\,d\vartheta = N\,\frac{\omega\,l}{2}\int\limits_0^{a} dx = N\,\frac{\omega\,l}{2}\,a\,. \tag{17}$$

F ist also bei gegebener Induktivität l pro Streckeneinheit der Leistung und der Streckenlänge proportional und unabhängig von der Änderung des Streckenwertes von U. Steigert man durch Zusatzkapazitäten die Spannung längs der Strecke, so verringert sich bei gleichbleibender Leistung in entsprechendem Maße der Spreizwinkel ϑ. Daher kommt es, daß beim Grenzwinkel $\vartheta = \frac{\pi}{2}$ die mit konstanter Streckenspannung bei richtiger Blindstromkompensation übertragene Leistung das $\frac{\pi}{2}$-fache gegenüber dem Leistungsgrenzwert der reinen Drosselkupplung bzw. gegenüber der festkompensierten Leitung beträgt, daß sie also bereits um rund 50% gesteigert ist.

In die Abb. 24 sind nun drei verschiedene Betriebsfälle eingetragen, die sich auf eine 1000 km lange Leitung ohne jede Zwischenstation bei starrer Spannung an den Leitungsenden beziehen. Der erste Fall zeigt die Leitung in Leerlaufnähe. Die Radialkräfte, die unsere Spannfeder jetzt nicht zur vollkommenen Entspannung kommen lassen, treiben, wegen der beiderseitigen Festlegung der Spannung, nach der Mitte der Leitung zu die Spannung in die Höhe. (Ferrantieffekt im mechanischen Modell.) Mit wachsender Belastung wird die Spannfeder mehr und mehr gestreckt und kommt schließlich beim Erreichen der natürlichen Leistung in die Lage eines Kreisbogens, sofern wir von Verlusten der Einfachheit halber hier absehen.

Man könnte nun versucht sein zu glauben, daß unter dem Einfluß der Leitungskapazität, die ja die zwischen den Spannungsvektoren (bzw. zwischen den drehbaren Armen und der Spannfeder im Modell) eingeschlossene Fläche und damit die im ganzen übertragbare Leistung steigert, auch der zulässige Spreizwinkel u. U. ganz wesentlich größer werden müßte. Daß das für die völlig ungesteuerte lange Leitung tatsächlich nicht der Fall ist, sondern daß wir auch hier — ohne Berücksichtigung von Verlusten — über den Winkel von 90^0 wie bei der reinen Drosselkupplung nicht hinauskommen, ging bereits aus der strengen Kreisdiagrammbehandlung der Leitung im Abschnitt II hervor. Der Grund ist, in die Modellvorstellung übersetzt, wieder darin zu sehen, daß es ja nicht auf den Absolutwert der eingeschlossenen Fläche für die Bestimmung der Stabilitätsgrenze ankam, sondern auf die Änderung des Flächeninhalts mit dem Spreizwinkel. Es erübrigt sich, an dieser Stelle auch für das Modell den Nachweis zu wiederholen, daß bei rein kapazitiver Spannungssteigerung nach Überschreitung des 90^0-Winkels die Fläche tatsächlich immer mit wachsendem Winkel kleiner wird, oder, anders ausgedrückt, daß die Spannung in der Mitte zwischen den Festpunkten mit wachsender Belastung bei einer Überschreitung der Gleichgewichtslage prozentual stärker absinkt, als der Strom ansteigt.

3. Künstliche Erweiterung der statischen Stabilitätsgrenze. a) Baumprinzip. Um trotzdem über Kopplungsinduktivitäten bzw. Leitungsstrekken hinweg die Stabilität eines Parallelbetriebes auch da aufrechterhalten zu können, wo man notwendig auf größere Spreizwinkel zwischen den Endspannungen kommt, kann man nach dem Vorschlage des Amerikaners Baum Spannungsstützpunkte über die Koppelstrecke verteilen. Wie eine solche Stabilitätssteigerung im mechanischen Modell aussieht, zeigt Abb. 25. Bliebe die Spannung auch in den Stützpunkten konstant, so würde in dem gezeichneten Falle die statische Stabilitätsgrenze erst bei vollen 360^0 Winkelabweichung zwischen den Endpunkten erreicht werden. Hinter diesem Idealfall bleibt die Wirklichkeit ohne besondere Hilfsmittel aber recht weit zurück, weil die Spannung nicht starr konstant ist, sondern, zum mindesten vorübergehend, mit wachsender induktiver Blindbelastung des Stützspannungserzeugers im allgemeinen etwas absinkt. Je stärker diese Absenkung ist, um so eher werden wir auch hier wieder den Grenzfall erreichen, bei dem das System auseinanderfällt. Im Modell wird dieser Einfluß durch federnde Befestigung der die Kräfte übertragenden Hauptfeder an den Stützarmen eingeführt.

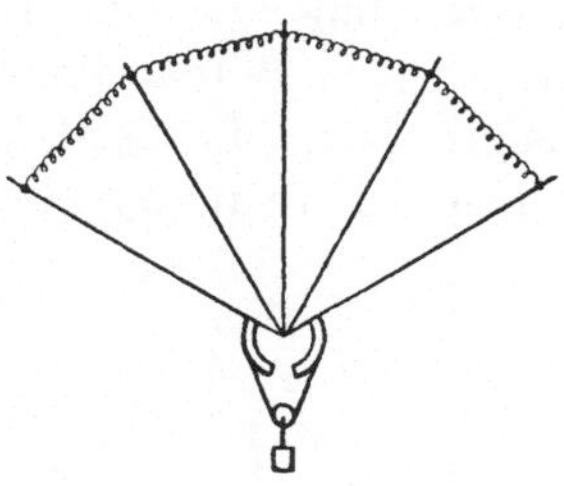

Abb. 25. Kapazitätslose Leitung mit starren Spannungsstützpunkten im mechanischen Modell.

b) Einfluß einer elastischen Stützspannung in der Streckenmitte auf den Grenzwinkel. Die statisch übertragbare Grenzleistung zwischen zwei Maschinen wurde im Abschnitt III bereits auch für den Fall eines in der Mitte angekuppelten Phasenschiebers bestimmt. Dabei ist von den Bedingungen ausgegangen, die unter Berücksichtigung der Schwungmassen die Voraussetzungen für das Zustandekommen ungedämpfter Schwingungen angeben. Wir wollen hier die im Grunde gleiche Frage von einer anderen Seite her beantworten: Ebenso wie jeder beliebige einfache Widerstand eine Grenzleistung besitzt, die über ihn bei gegebener Spannung als Höchstwert übertragbar ist, so muß auch die Koppelstrecke mit verzögerungsfrei „elastischer" Stützspannung eine von Schwingungen prinzipiell unabhängige Grenzleistung haben, die allein aus dem Vektordiagramm folgt, also auch nicht an die Existenz von umlaufenden Maschinen gebunden zu sein braucht. Diese Grenzleistung ist nur für die Leitung im weitesten Sinne, d. h. einschließlich ihrer Kompensierungseinrichtungen, charakteristisch. Sie stimmt, wie wir sehen werden, mit dem aus den Voraussetzungen für reelle Schwingungen bestimmten Wert bei verlustloser Übertragung überein.

Wir wollen auch hier folgenden besonders einfachen Fall betrachten. Wir stellen uns eine verlustlose Leitungsstrecke vor, an deren Enden die Spannung $U_1 = U_3$ konstant gehalten werde. In der Mitte der Strecke sei z. B. ein Phasenschieber angesetzt, der die Spannung U_2 erzeugt. Seine Luftspaltspannung U_{20} wollen wir als konstant annehmen. Die Spannungsänderung in der Leitungsmitte beschränkt sich dann auf den Einfluß des Ständerstreuwiderstandes X_2 des Phasenschiebers. Es ist also

$$\varDelta U_2 = U_{20} - U_2 = J_2 X_2 \,. \qquad (18)$$

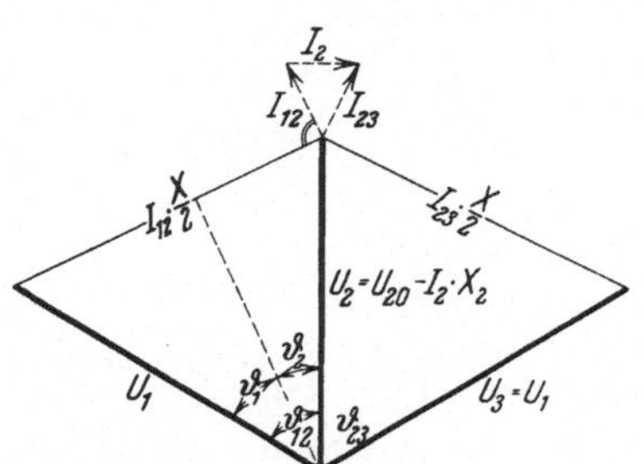

Abb. 26. Spannungsdiagramm einer verlustlosen Koppelstrecke mit elastischer Stützspannung in der Streckenmitte.

Wir lesen nun aus Abb. 26, in der das Vektordiagramm der Spannungen unserer betrachteten Strecke zur Darstellung gebracht ist, den Zusammenhang zwischen der übertragenen Leistung, den Spannungen und dem halben Spreizwinkel $\vartheta_{12} = \vartheta_1 + \vartheta_2$ zunächst unter Vernachlässigung der Leitungskapazität ab. Wegen

$$U_1 \cos \vartheta_1 = U_2 \cos \vartheta_2 \qquad (19)$$

und

$$J_{12} \frac{X}{2} = U_1 \sin \vartheta_1 + U_2 \sin \vartheta_2 \qquad (20)$$

folgt unmittelbar der Zusammenhang zwischen Leistung, Spannungen und Spreizwinkel

$$N = U_1 J_{12} \cos \vartheta_1 = \frac{U_1 U_2}{X/2} \sin \vartheta_{12} \,. \qquad (21)$$

In dieser Gleichung ist U_1 eine Konstante, U_2 ist aber wegen der Induktivität X_2 des Phasenschiebers nach Gl. (18) von J_2 und damit auch von ϑ_{12} abhängig. Wir müssen also jetzt U_2 als Funktion von ϑ_{12} darstellen. Nun entnehmen wir der Abb. 26, daß

$$J_2 = 2 J_{12} \sin \vartheta_2 = \frac{4}{X} (U_1 \sin \vartheta_1 \sin \vartheta_2 + U_2 \sin^2 \vartheta_2) \tag{22}$$

ist. Damit ergibt sich mit Gl. (18)

$$U_2 \left(1 + \frac{4 X_2}{X} \sin^2 \vartheta_2\right) = U_{20} - U_1 \frac{4 X_2}{X} \sin \vartheta_1 \cdot \sin \vartheta_2 \,. \tag{23}$$

Wir ersetzen nun in Gl. (23) die Teilwinkel ϑ_1 und ϑ_2 durch ihre Summe ϑ_{12}, indem wir die mit $\frac{4 X_2}{X} \cos \vartheta_2$ erweiterte Gl. (19) bilden

$$U_2 \frac{4 X_2}{X} \cos^2 \vartheta_2 = U_1 \frac{4 X_2}{X} \cos \vartheta_1 \cdot \cos \vartheta_2 \tag{24}$$

und Gl. (23) und (24) summieren. Das ergibt den gesuchten Zusammenhang zwischen U_2 und ϑ_{12}

$$U_2 \left(1 + \frac{4 X_2}{X}\right) = U_{20} + U_1 \frac{4 X_2}{X} \cos \vartheta_{12} \,. \tag{25}$$

Hieraus folgt schließlich für die übertragene Leistung

$$N = \frac{U_1 U_{20}}{X + 4 X_2} \sin \vartheta_{12} + \frac{U_1^2}{X + 4 X_2} \frac{2 X_2}{X} \sin 2 \vartheta_{12} \,. \tag{26}$$

Die Leistungsgrenze berechnet sich damit aus

$$\frac{dN}{d\vartheta_{12}} = \frac{U_1 U_{20}}{X + 4 X_2} \cos \vartheta_{12} + \frac{U_1^2}{X + 4 X_2} \frac{4 X_2}{X} \cos 2 \vartheta_{12} = 0 \,. \tag{27}$$

Daraus folgt als Bedingung für den jetzt erreichbaren Grenzwinkel ϑ_{12} der uns bereits aus Abschnitt III, Gl. (81) und (82) bekannte Zusammenhang

$$- \frac{\cos 2 \vartheta_{12}}{\cos \vartheta_{12}} = \frac{X}{4 X_2} \cdot \frac{U_{20}}{U_1} \,. \tag{28}$$

Für einen unendlich kleinen Phasenschieber mit $X_2 = \infty$ zeigt diese Beziehung, wie zu erwarten war, den Grenzwinkel der halben Strecke $\vartheta_{12} = 45^0$, für einen unendlich starken Phasenschieber mit $X_2 = 0$ wird $\vartheta_{12} = 90^0$, d. h. die übertragbare Gesamtleistung würde verdoppelt werden.

c) Einfluß der Leitungskapazität auf die Stützspannung.

Wenn wir jetzt die Leitungskapazität dadurch einführen, daß wir sie auf die Endpunkte jeder Teilstrecke zusammengezogen annehmen, so tritt zu unserem Phasenschieber noch ein Parallelkondensator hinzu. Dieser wird einmal den Einfluß haben müssen, daß er die Leerlaufspannung der ganzen so entstehenden Stützspannungsquelle in die Höhe treibt und dadurch die Spannung U_2 und entsprechend die übertragbare

Leistung erhöht. Auf den Grenzwinkel ϑ_{12} hat die Parallelkapazität auch hier trotzdem keinen Einfluß, weil der resultierende „innere Widerstand" des Aggregates in genau dem gleichen Maße ansteigt, wie seine Leerlaufspannung. $\frac{U_{20}}{X_2}$ bleibt also unverändert. Man kann das auch so ausdrücken: $\frac{U_{20}}{X_2}$ ist der bei konstant bleibendem U_{20} zu erwartende Kurzschlußstrom des Phasenschiebers. Dieser kann von beliebig parallelgeschalteten Kondensatoren oder auch Drosselspulen natürlich nicht beeinflußt werden.

d) Zunahme der Grenzleistung bei gegebenem Phasenschieber. Einen Überblick über die aus Gl. (28) folgende Zunahme der übertragbaren Leistung mit der Kurzschlußleistung des Phasenschiebers $\frac{N_2}{\sigma}$, bezogen auf die Grenzleistung ohne Phasenschieber, vermittelt Abb. 27. Darin ist vorausgesetzt, daß die Blindleistungskompensation richtig bemessen ist, so daß die übertragbare Leistung nicht mit dem Sinus des Spreizwinkels, sondern linear zunimmt, also

$$\frac{\Delta N_g}{N_g} = \frac{\vartheta_{12} - \frac{\pi}{4}}{\frac{\pi}{4}} = \frac{4\,\vartheta_{12}}{\pi} - 1\,. \tag{29}$$

Andererseits ist die ohne Phasenschieber übertragbare Grenzleistung entsprechend der Voraussetzung richtiger Blindstromkompensation zu

$$N_g = \frac{\pi}{2}\,\frac{U_1^2}{X} \tag{30}$$

und ferner

$$X_2 = \frac{\sigma\,U_1^2}{N_2} \tag{31}$$

eingesetzt, so daß sich die rechte Seite in Gl. (28) ergibt zu

$$\frac{X}{4\,X_2}\cdot\frac{U_{20}}{U_1} = \frac{N_2}{\sigma}\,\frac{1}{N_g}\,\frac{\pi}{8}\,\frac{U_{20}}{U_1}\,. \tag{32}$$

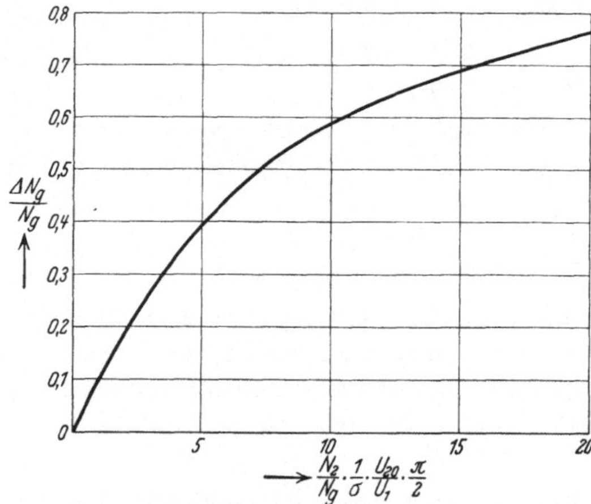

Abb. 27. Zunahme der verlustlos übertragbaren Grenzleistung in Abhängigkeit von der relativen Größe und Streuung eines in der Streckenmitte angesetzten Phasenschiebers bei richtiger Blindstromkompensation.

Setzt man z. B. $U_{20} = U_1$, $N_2 = N_g$, $\sigma = 0{,}2$, so sieht man aus Abb. 27, daß selbst eine Phasenschieberleistung von der Nennleistung der ohne Stützung übertragbaren Grenzleistung bei 20% Gesamtstreuung einschließlich Transformator nicht mehr als 52% Zunahme der statischen Grenzleistung erzielen lassen kann.

Die vorstehende Rechnung zeigt, daß für den zur Stützung verwendeten Blindstromerzeuger lediglich eine Charakteristik von der durch Gl. (18) dargestellten Form in der Umgebung des Betriebspunktes erforderlich ist. Es genügt also, daß seine induktive Blindstromabgabe mit steigendem Absolutwert der Klemmenspannung stärker als proportional anwächst und umgekehrt. Ob man dies durch Maschinen oder andere Apparate erreicht, ist für das Ergebnis gleichgültig.

e) Stabilisierung durch gesättigte Eisendrosselspulen. Dieser Gesichtspunkt lenkt erneut die Aufmerksamkeit auf einen früheren Vorschlag von Rüdenberg, zur Blindleistungskompensation gesättigte Eisendrosseln zu verwenden. Gelingt es, der Oberwellenschwierigkeiten Herr zu werden, so ist die gesättigte Drossel, evtl. mit einer zusätzlichen kapazitiven oder Reglerkompensation des übrigbleibenden Spannungsanstieges im Sättigungsgebiet, gerade vom Standpunkt der Stabilitätsforderungen eine besonders glückliche Lösung. Man wird sich nach dem eben Gesagten z. B. leicht klarmachen, daß eine damit kompensierte Leitung bis dicht an die natürliche Leistung heran mit wesentlich gesteigertem Phasenwinkel zwischen ihren Endspannungsvektoren stabil betriebsfähig sein muß. Durch Zuschalten von Kondensatoren wird es nun auch möglich, die Stabilitätsgrenze zugleich mit der Erhöhung der mit konstanter Spannung übertragbaren Leistung erheblich hinauszuschieben. Abb. 28 zeigt als Beispiel die Einfügung eines solchen Stabilisierungsgebildes in eine lange Leitung.

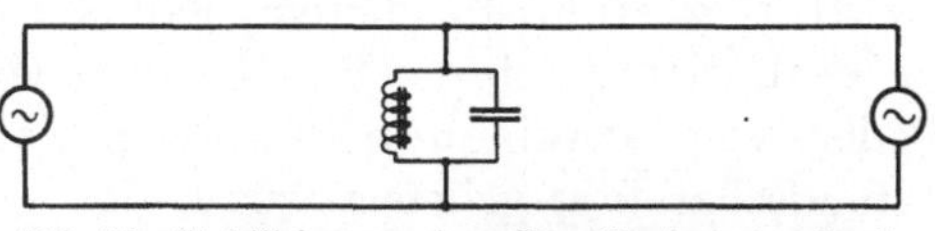

Abb. 28. Stabilisierung einer Fernübertragung durch Kondensator mit gesättigter Eisendrossel.

Daß im Verhalten der Parallelschaltung aus gesättigter Eisendrossel und Kondensator mit dem des Synchronphasenschiebers eine weitgehende — auch anderweitig brauchbare — Analogie besteht, zeigt die in Abb. 29 vergleichsweise entwickelte Charakteristik $J_b = (J_L + J_C)_{(U)}$ die aus der Zusammensetzung der Drosselcharakteristik $J_{L(U)}$ mit der Kondensatorcharakteristik $J_{C(U)}$ folgt. Im Bereich zwischen den Punkten A und B verhält sich ein derartiges statisches Blindstromaggregat offensichtlich genau wie eine Synchronmaschine mit kleiner Streuung und konstanter Luftspaltspannung. Die Charakteristik der entsprechenden Maschine würde etwa nach der gestrichelten Geraden in Abb. 29 verlaufen müssen.

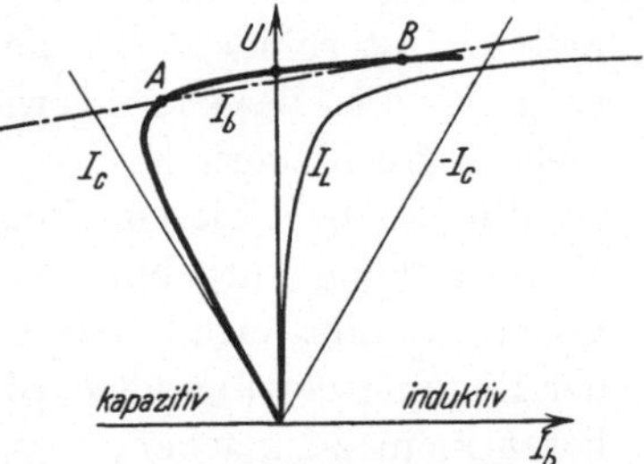

Abb. 29. Blindstromcharakteristik der gesättigten Eisendrossel mit Parallelkondensator.

f) Steigerung der Grenzleistung durch Regler. Wenn wir uns nun vergegenwärtigen, daß im Falle jeder Störung eines labilen Gleichgewichts wegen der Trägheit der rotierenden Massen der Vorgang des Auseinanderfallens eine Zeit beansprucht, die je nach der Größe des Störimpulses bis zu mehreren Sekunden betragen kann, ehe das System unrettbar große Spreizwinkel erreicht, so wird sogleich ersichtlich, daß wir die statische Stabilitätsgrenze der Leitung mit Hilfe der Blindleistungskompensation künstlich — theoretisch beliebig weit — auch steigern können, wenn wir nur durch genügend schnellen Regeleingriff das Absinken der Spannung längs der ganzen Strecke verhüten. Unendlich schnelle Regelung würde im Modell so aussehen, als wäre die Spannfeder an den Stellen der Zwischenstationen zwangsweise auf einem Kreisring geführt, der durch die Endstationen läuft. Die Wirkung einer solchen Maßnahme käme der durch Abb. 25 wiedergegebenen Stützung durch ideale Synchronmaschinen völlig gleich. In diesem Fall wird es wiederum grundsätzlich gleichgültig, ob die Blindleistung von umlaufenden Maschinen oder von statischen Kompensationsmitteln mit Blindwiderstandscharakter geliefert wird.

Betriebsverhältnisse, bei denen die Stabilität ausschließlich auf einem Regulierprozeß begründet ist, kommen auch in anderen Zweigen der Technik vor. Ein sehr alltägliches Beispiel ist das Fahrrad. Ohne Steuerung ist bekanntlich das Fahrrad instabil, es wird praktisch nur durch fortgesetzte kleine Regelbewegungen in der senkrechten Lage gehalten. Unterbindet man diese — z. B. durch Festklemmen der Steuerung —, so ist das Gleichgewicht mit hochliegendem Schwerpunkt nicht mehr aufrechtzuerhalten.

Wir können diesem Beispiel sofort eine weitere einschränkende Voraussetzung entnehmen, die bei einer durch Regler aufrechterhaltenen Stabilität erfüllt sein muß. Da es erforderlich ist, die Amplituden der Regulierschwingungen, die jetzt notwendig auftreten müssen, möglichst klein zu machen, so ist eine stetige Regelung unumgänglich. Eine weitere selbstverständliche Folgerung ist, daß die Regelschwingungsamplituden dabei um so kleiner werden, je schneller die Regulierung vor sich geht. Eine Stützung der statischen Stabilität durch Stufenregelung ist zwar theoretisch möglich, würde aber zur Folge haben, daß eine Regelstufe in dauerndem „Pumpen" gehalten würde.

4. Erhöhung der dynamischen Stabilität durch Stufenregler. Günstiger für die Stufenregelung liegen die Bedingungen bezüglich der Möglichkeit, die dynamische Stabilität der Übertragung zu steigern. Wir wissen, daß wir bei sehr ruhigem Betrieb dicht an die statische Stabilitätsgrenze herangehen dürfen und daß uns nur die Rücksicht auf gelegentliche größere Lastschwankungen und ihrer nachfolgenden

Schwingungen auf einen durch die Bedingungen der dynamischen Stabilität gezogenen Abstand von dieser Grenze zwingt. Für das Herausfangen solcher Laststöße ist aber jede schnelle Regulierung auch bei stufenweiser Wirkung zulässig, da die Beanspruchung der Regeleinrichtungen in diesem Falle auf seltene Betriebsvorgänge beschränkt ist. Wir müssen dabei nur fordern, daß die Regelstufen die zur Rückführung des Systems in die stationäre Gleichgewichtslage geschaltet werden, ihrerseits klein genug sind, um eine fortgesetzte Störung des Gleichgewichtes zu verhüten.

5. Einfluß von Zwischenkraftwerken auf die Stabilität. Ein weiterer Gesichtspunkt, der bei der Bewertung der Kompensationsmittel berücksichtigt werden muß, folgt daraus, daß insbesondere unter den west- und mitteleuropäischen Verhältnissen große Entfernungen ohne häufigste Ankopplungsstellen mit anderen Kraftnetzen gar nicht vorkommen. Da ja der wesentlichste Grund, warum wir überhaupt lange Leitungen bauen, in dem ständigen gegenseitigen Bereitschaftsdienst zur Unterstützung in Störungsfällen, zur Ersparnis an notwendigen Betriebsreserven und zur gegenseitigen Aushilfe bei kleinen Leistungsspitzen zu suchen ist, so dürfen wir auch die Stabilitätsstützung durch die Vielzahl der stets an einer langen Leitung mitangeschlossenen Synchronmaschinen der lokalen Kraftwerke zum mindesten als Sicherheitskoeffizient einführen. Die quantitative Abschätzung solcher Stützungseinflüsse gelingt nach der gleichen Methode, nach der wir den Einfluß einzelner Phasenschieber ermittelten. Wie wir sahen, bestimmte der, im allgemeinen hypothetische, Kurzschlußstrom $J_K = \frac{U_0}{X}$ der angeschlossenen Maschinen ihren Stabilisierungswert. Dieser folgt für angeschlossene Zwischenkraftwerke aus der unter B, 5 bereits angeführten „Steifigkeit" des Anschlußnetzes $\operatorname{tg} \alpha = \frac{1}{X}$, die damit unter Benutzung der durch Gl. (28) und Abb. 27 dargestellten Zusammenhänge auch den gesuchten stabilisierenden Einfluß in groben Zügen übersehen läßt.

D. Vergleich der Kompensationsmittel und ihrer Steuerung.

1. Blindwiderstandskompensation mit Drosseln und Kondensatoren. a) Bauformen und Schaltmöglichkeiten. Wir kennen unter den uns zur Verfügung stehenden Kompensationsmitteln zwei Gruppen: die erste umfaßt Blindwiderstandskompensatoren, d. h. statische Kompensationsmittel wie ungesättigte Drosselspulen und Kondensatoren, die zweite Gruppe die Stützspannungserzeuger. Hierzu gehören alle Maschinen. (Gesättigte Eisendrosseln, die man ihrem Verhalten nach zu den Stützspannungserzeugern rechnen müßte, wollen wir aus den folgenden Betrachtungen der gegenwärtig verfügbaren Hilfsmittel noch ausscheiden.)

Die technisch einfachste und billigste Form der Kompensationsdrosselspule ist die feste nicht regelbare Stufendrossel. Um eine regelfähige Anordnung zu bekommen, ist stets eine Reihe solcher Drosseln erforderlich, die durch einzelne Leistungsschalter in wählbarer Zahl an die Leitung angeschlossen werden können. Umschaltbare Drosseln, Anzapfdrosseln und ähnliche Lösungen, die man wohl bei kleinen Leistungen insbesondere für die Zwecke der Fernmeldetechnik verwendet, kommen bei großen Leistungen nicht in Frage, weil das aktive Material nicht voll ausgenutzt werden kann. Außerdem ist nicht nur die Komplikation der Wicklungsumschaltungen unbequem, sondern man würde auch den großen Vorteil leichter Betriebsreservehaltung, den die Stufendrossel für sich hat, unnötig opfern.

Es liegt nun nahe, sich auch zu überlegen, ob nicht eine stetige Regelung von Drosselspulen in Betracht gezogen werden kann. Wir kennen ja z. B. für kleine Leistungen Regeldrosseln verschiedenster Art, die sowohl mit beweglicher Wicklung, z. B. als Drehregler, oder mit veränderlichem Luftspalt ausführbar sind. Bei großen Leistungen stellen sich der Verwendung solcher Apparate aber Schwierigkeiten in den Weg. Vor allem nähern sie sich im Preis so weit dem der umlaufenden Maschinen, daß sie diesen gegenüber nicht genügend Vorteile mehr bieten. Dazu kommt, daß zur schnellen Blindleistungssteuerung recht erhebliche Verstellkräfte erforderlich sind. Die Arbeit, die zur Deckung des Wechsels im Energieinhalt der Regeldrossel aufzubringen ist, müßte man zweckmäßig durch große mechanische Speicher, wie Federmagazine, hergeben lassen bzw. speichern. Sonst wären allein zur schnellen Änderung des Energieinhaltes recht erhebliche Antriebsleistungen erforderlich. Bei 20000 kVA Blindleistungsregelbereich z. B. ändert sich der Energieinhalt um etwa 3200 mkg. Um diese Änderung innerhalb von ½ Sekunde zu vollziehen, wären 64 kW theoretische Steuerleistung nötig. Anordnungen mit beweglicher Wicklung dürften wegen der notwendigen Beschleunigungsleistungen kaum in Frage kommen. Allenfalls könnten Regeldrosseln mit verstellbarem Luftspalt vielleicht einmal zu brauchbaren Lösungen führen.

Der Stufendrossel entsprechend würde zur Deckung kapazitiver Blindleistungsbedürfnisse die Hinzunahme von statischen Kondensatoren in Frage kommen, die zur Erzielung regelbarer Anordnungen gleichfalls in Stufen ein- und ausgeschaltet werden müssen. Eine ganz besondere Bedeutung wird ihnen zukommen, wenn wir auf die im Abschnitt I gezeigte „Nivellierung“ der Leitungen oder zur Kompensation mit eisengesättigten Drosselspulen übergehen. Wenn auch im gegenwärtigen Zeitpunkt die Kosten für statische Kondensatoren im Verhältnis zu denen der Maschinen bei den in Betracht kommenden Blindleistungen noch relativ hoch sind, so zeigt doch die Preisbewegung der letzten Jahre, daß wir hier vor einer wahrscheinlich noch nicht abgeschlossenen Entwicklung stehen. Dabei sind auch die Ersparnisse an dauernden Leistungsverlusten, die besondere Eignung für Freiluftaufstellung sowie die Ersparnis an Überwachungs- und Unterhaltungskosten so wesentlich, daß die statischen Kondensatoren in manchen Fällen schon heute vorteilhaft erscheinen.

Die stetige Veränderung einer kapazitiven Belastung läßt sich natürlich stets durch Parallelschaltung einer Regeldrossel mit einem festen Kondensator erzielen. Zum gleichen Erfolg führt auch die Belastung eines

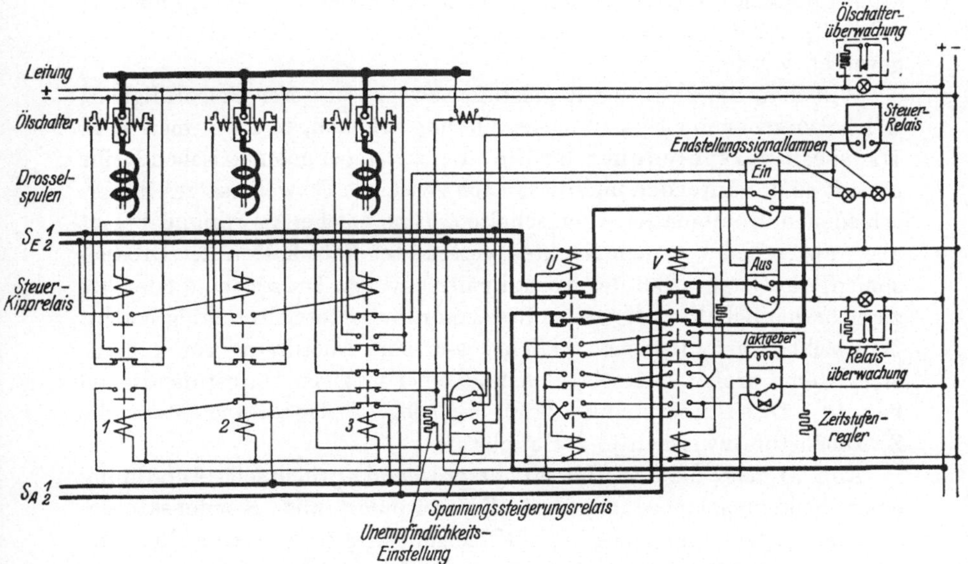

Abb. 30. Prinzipschaltbild einer selbsttätigen Drosselstufensteuerung.

bis auf die Spannung 0 einstellbaren Regeltransformators durch einen festen Kondensator. Praktische Bedeutung kommt solchen Lösungen aber aus den oben angeführten Gründen heute nicht zu.

b) Stufenregelanordnungen. Für die in Stufen geregelte Blindleistungskompensation mit Drosselspulen sind besondere Stufenschnellschalteinrichtungen entwickelt worden. Abb. 30 zeigt das Prinzipschema einer solchen Steuerung, die im einzelnen hier nicht behandelt werden soll. Es genügt vielmehr, auf ihre wesentlichsten Elemente aufmerksam zu machen. Die ganze Steuerung bildet ein für sich abgeschlossenes Organ, welches so ausgebildet ist, daß die einzelnen Leistungsschalter und Drosselspulen jederzeit beliebig aus der Anlage entfernt und wieder eingesetzt werden können. Beeinflußt wird sie von einem Steuerrelais, z. B. dem Kompensationsrelais, von dem später noch die Rede sein wird, oder einem Spannungsregulierrelais (Kontaktvoltmeter), dessen Regelbefehle über Hilfsrelais und einen „Taktgeber" zu einzelnen Steuerschützen laufen. Diese wiederum sind durch Schaltung der Steuerspulen über Abhängigkeitskontakte an eine bestimmte Schaltreihenfolge gebunden, zugleich wird ihnen ein bestimmter zeitlicher Schaltfolgeabstand durch den Taktgeber aufgezwungen. Die Verzögerungszeit, die dieser zwischen je 2 Schaltstufen legt, wird so bemessen, daß dem Steuerrelais auf Grund des nach jedem Schaltvorgang vorliegenden neuen Netzzustandes die Entscheidung vorbehalten wird, ob noch auf die nächste Stufe weitergeschaltet werden darf oder nicht. (Man findet in dieser Schaltung auch das „Spannungssteigerungsrelais", auf dessen Notwendigkeit und Wirkung bereits (B, 6, c) hingewiesen wurde.)

Will man die Zahl der Regelstufen zwecks besserer Feinstufigkeit, d. h. also genauerer Spannungsregulierung erhöhen, so kann man z. B. Drosseln verschiedener Größe, die nach einer geometrischen Reihe gestuft sind, verwenden und diese nach Art eines Gewichtssatzes in verschiedenen Kombinationen einschalten. Eine solche Anordnung bringt aber, abgesehen von dem Nachteil verteuerter Fabrikation der Drosselspulen, die Gefahr, daß der Ausfall einer einzigen Drosselspule oder des zugehörigen Schalters die ganze Regelanordnung betriebsunfähig macht. Man sieht daher in solchen Fällen besser eine Anordnung vor, die aus einer Reihe großer Drosselspulen und einer einzigen Halbstufendrossel besteht. Diese übernimmt dann bei der Fortschaltung stets die Zwischenstufe zwischen je 2 Hauptstufen.

Abb. 31 zeigt die der Abb. 30 entsprechende prinzipielle Anordnung einer Stufenregelanordnung mit Drosselspulen und Kondensatoren.

2. Stützspannungserzeugung mit Maschinen. a) Synchrone Phasenschieber. Auf den ersten Blick scheint die Synchronmaschine, deren Verhalten im Abschnitt III bereits ausführlich beschrieben wurde, das ideale Blindleistungskompensationsmittel zu sein. Insbesondere verdankt die Synchronmaschine ihrer natürlichen Charakteristik, d. h. ihren Eigenschaften, die sie schon ohne Zuhilfenahme von Regulier- oder Kompoundierungsmitteln besitzt, daß man sie sich zuerst zur Konstanthaltung der Spannung längs der Leitungen sowie zur Aufrechterhaltung der Stabilität des Parallelbetriebes zunutze gemacht hat.

Die maßgebenden Vorteile des synchronen Phasenschiebers treten aber erst in dem Augenblick in die Erscheinung, wo man die Eigenschaften ausnutzt, die er durch geeignete Regelung seiner Erregung erhält. Der ungeregelte Synchronphasenschieber wäre sowohl zur Blindleistungskompensation als auch zur Steigerung der statischen

Stabilitätsgrenze ungeeignet, weil man ihn mit unwirtschaftlich hoher Nennleistung auslegen müßte. Man sieht das leicht ein, wenn man sich die Blindstromcharakteristik der leerlaufenden Synchron-

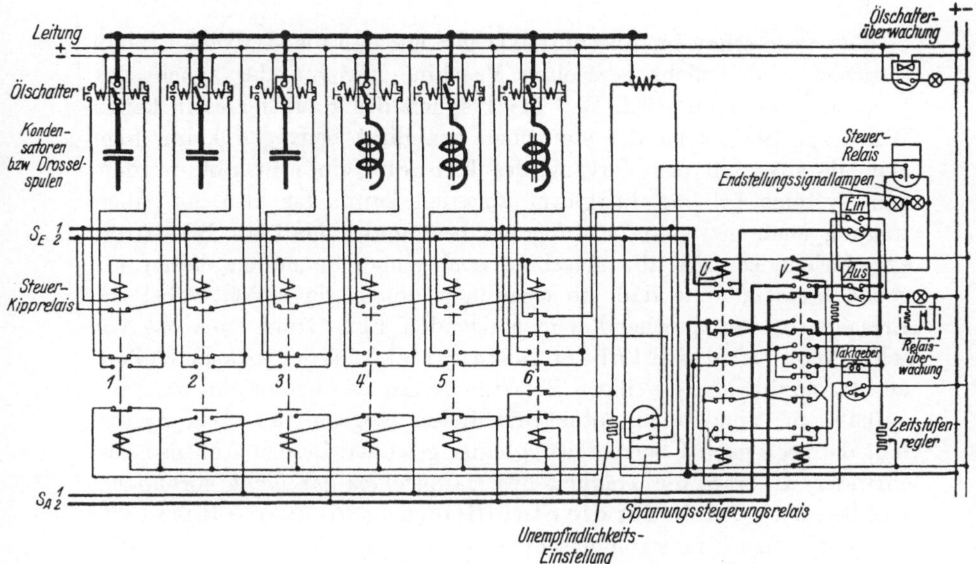

Abb. 31. Kombinierte selbsttätige Steuerung für Drosselspulen und Kondensatoren.

maschine mit Hilfe des Potierschen Dreiecks für konstanten Erregerstrom aufzeichnet. In Abb. 32 ist das durchgeführt. Wenn auch wegen

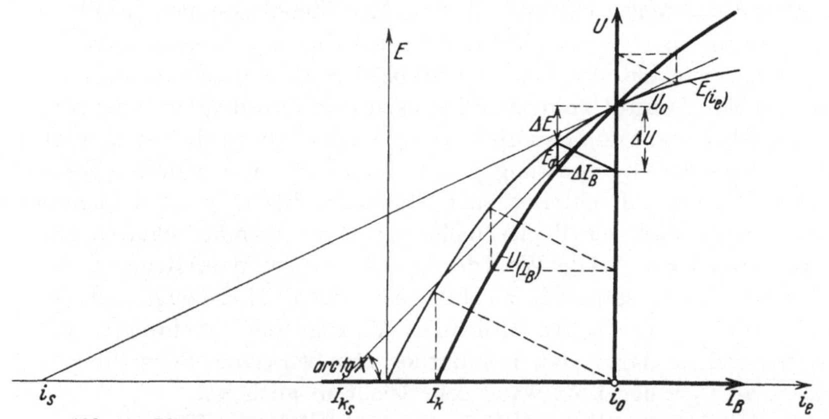

Abb. 32. Blindstromcharakteristik eines nicht regulierten Synchronphasenschiebers.

der hier wiederum günstigen Wirkung der Eisensättigung der Anstieg der Charakteristik steiler verläuft, als der Kurzschlußreaktanz der Maschine entspricht, so sieht man doch schon, daß namentlich nach der

Seite der kapazitiven Blindstromabgabe eine ständige Nachregelung unumgänglich notwendig ist. Zur Spannungshaltung könnte bei stetiger Belastung eine träge Selbstregelung oder Handbedienung schon ausreichen.

Es wurde schon im Abschnitt III gezeigt, daß die statische Stabilitätsgrenze jeder nicht geregelten Maschine nur von der synchronen Reaktanz bestimmt wird. Daß die Trägheit des Hauptfeldes in keiner Weise zur Steigerung der statischen Stabilität beitragen kann, folgt auch daraus, daß der Vorgang des Kippens eines instabil werdenden Systems beliebig langsam ablaufen kann. Ist also zur Übertragung einer gewissen Leistung ein bestimmtes Maß an Blindstrom erforderlich, so wird die Maschine noch einige Sekunden diesen abgeben können, ohne daß die Spannung unzulässig sinkt, wobei der Erregerstrom entsprechend dem steigenden Blindstrom zunächst von selbst folgt. Dabei sinkt aber das Hauptfeld mit der wirksamen Zeitkonstante, die dem jeweiligen Belastungscharakter entspricht, ganz unaufhaltsam, wenn auch unter Umständen langsam, ab. Das System fällt dadurch nach Überschreitung einer gewissen Leistung ebenso auseinander, als wäre die Trägheit des Hauptfeldes gar nicht vorhanden. Das bedeutet, daß die für die Stabilisierung wirksame Reaktanz der synchronen Blindstrommaschine nur wenig größer als die Kurzschlußreaktanz ist, wenn die Maschine nicht oder nur langsam geregelt wird. Da demgemäß der Faktor σ in Gl. (32) bzw. Abb. 27 für die nicht geregelte Maschine nur wenig kleiner als 1 ist, so sieht man, daß der Erfolg für die Steigerung der statischen Stabilitätsgrenze nahezu bedeutungslos bleibt, selbst bei Maschinenleistungen der Phasenschieber, die der übertragbaren Grenzleistung N_g nahekommen.

Wenn man die Maschine zur Stabilisierung richtig ausnutzen will, so wird eine Schnellregelung hiernach zum unbedingten Erfordernis. Der stabilisierende Synchronphasenschieber arbeitet dann aber in der Nähe der Grenzleistung in dem unter C, 3, f geschilderten Bereich durch Regler aufrechterhaltener Stabilität. Das zeigt sich äußerlich schon darin, daß der Regler nicht zur Ruhe kommt, sondern fortwährend spielt. Bei der Wahl der Regelstufen, sowie des Reglersystems, ist das selbstverständlich zu berücksichtigen. Hier zeigt sich aber andererseits einer der wesentlichsten Vorzüge der synchronen Blindstrommaschine darin, daß bekanntlich eine wirksame Schnellregelung mit relativ geringem Aufwand sehr leicht möglich ist.

Zur Steigerung der dynamischen Stabilität der Übertragung bei stoßweisen Belastungsänderungen innerhalb des Bereichs der statischen Stabilisierungsgrenze wirkt sich die Trägheit des Hauptfeldes in jedem Fall nützlich aus. Die Erfahrungen der amerikanischen Praxis haben jedoch auch hier zur Anwendung weiterer Hilfsmittel geführt, die eine

Aufrechterhaltung der Stabilität durch Stützung des Hauptfeldes auch bei schwereren Kurzschlüssen ermöglichen sollen. Wir lassen die Grundlösungen über die im Abschnitt III bereits im einzelnen berichtet wurde, hier noch einmal übersichtlich vorüberziehen:

Da das Hauptfeld einerseits im Kurzschluß einen vielfach höheren Erregerstrom braucht, der im ersten Augenblick zwar von selbst einsetzt, aber bei konstant bleibender Erregerspannung verhältnismäßig schnell abklingt, so hat man sowohl für schnellste Steigerung der Erregerspannung als auch für Verlängerung der Hauptfeldzeitkonstante zu sorgen versucht.

Die Schnellerregung des Feldes der Erregermaschine hat zur Voraussetzung, daß ihre eigene Erregerzeitkonstante recht klein gehalten wird. Das führt auf Verwendung lamellierten Eisens im ganzen Feldkreis der Erregermaschine, Fremderregung ihres Feldes sowie Beschränkung ihres magnetischen Energieinhaltes auf ein Mindestmaß. Infolgedessen verwendet man zum Teil gesonderte schnelläufige Erregerumformer, da mit wachsender Drehzahl das aktive Material geringer wird und damit auch die Zeitkonstante des Erregerfeldes sinkt. Schließlich wählt man die das Feld der Erregermaschine treibende Fremdspannung in so weiten Grenzen regelbar, daß es möglich wird, an die Feldwicklungsklemmen kurzzeitig ein Vielfaches der normalen Erregerspannung zu bringen, wobei gleichzeitig durch Widerstände oder Gegenkompoundwicklungen auf der Hilfserregermaschine ein Ausgleich für den regulären Betrieb geschaffen wird.

Der Wunsch, das Hauptfeld der Blindleistungsmaschine träger zu machen, führt auf die Kompoundierung der Erregermaschine selbst. Die hierzu erforderliche Reihenschlußerregung wird so bemessen, daß der steigende Erregerstrom selbst die Erhöhung der Erregerspannung so weit treibt, daß der Spannungsverlust am Widerstand der Haupterregerwicklung stets nahezu durch die Kompoundkomponente ausgeglichen bleibt.

Ein dritter Weg macht sich zur schnellen Feldänderung der Erregermaschine die Vorgänge im Wechselstromnetz selbst zunutze. Man läßt z. B. über Quecksilberdampfgleichrichter den Kurzschlußstrom oder die Wechselspannung so auf die Erregung wirken, daß jeder Zusammenbruch im Netz eine sofortige Steigerung der wirksamen Erregerspannung hervorruft.

Für die Schnellsteuerung der Kompensationsblindleistung umlaufender Maschinen ist noch ein weiterer Weg von O. Burger vorgeschlagen worden, der in diesem Zusammenhang zu erwähnen ist. Gelingt es in Störungsfällen das Spannungsübersetzungsverhältnis zwischen dem Netz und der synchronen oder asynchronen Blindleistungsmaschine z. B. durch einen Regeltransformator mit Stufenschalter in kürzester Zeit zu wechseln, so kann dem Netz mit der Schaltgeschwindigkeit dieses Stufenschalters eine in beliebigem Maß gesteigerte Blindleistung zur Verfügung gestellt werden, ohne daß die magnetische Trägheit des Maschinenfeldes dazwischen steht (Abb. 33).

b) Asynchrone Phasenschieber. Da, wie wir sahen, der synchrone Phasenschieber in seinem Verhalten zur Kompensierung langer Leitungen künstlich beeinflußt werden muß, so erwächst ihm auch hier ein Rivale in der asynchronen Blindleistungsmaschine. Diese wird in der Literatur häufig ohne Rücksicht auf die möglichen Abwandlungen ihrer „natürlichen" Charakteristik durch Fremderregung, Stoßerregung, Kompoundierung und beschleunigte Regelung behandelt. Dadurch kommt sie in den meisten Betrachtungen über ihre Brauchbarkeit zur Stabilisierung langer Leitungen sowie zur selbsttätigen Blindleistungsregelung schlecht weg. Die Entwicklung der letzten Zeit ist aber auch bei der asynchronen Blindleistungsmaschine so weit fortgeschritten, daß es erforderlich ist, auch ihre großen Vorzüge, insbesondere ihre Trittsicherheit bei Störungen, in die Waagschale zu werfen. Es kommt ja auch hier nur darauf an, daß irgendwie mit sinkender Klemmenspannung ein Anstieg der Blindleistungsabgabe und umgekehrt erzwungen wird. Da die gewöhnliche netzerregte Asynchronmaschine, ebenso wie Kondensatoren, von selbst ein entgegengesetztes Verhalten zeigt, muß ihre Erregung jetzt nur in umgekehrte Abhängigkeit von der Änderung der Netzspannung gebracht werden. Ein Beispiel einer solchen Schaltung nach einem Vorschlag von M. Liwschitz zeigt Abb. 34. Die Erregerspannung setzt sich hier aus der Differenz zweier Spannungen zusammen, die sich wegen der Verwendung einer eisengesättigten Drosselspule verschieden stark mit der Spannung ändern. Dadurch kann man einen Anstieg der Erregerspannung mit sinkender Netzspannung verursachen. Dieser wird noch durch Zusatz einer stromabhängigen Spannungskomponente gesteigert.

Abb. 33. Schnellsteuerung der Blindleistungsabgabe (nach O. Burger).

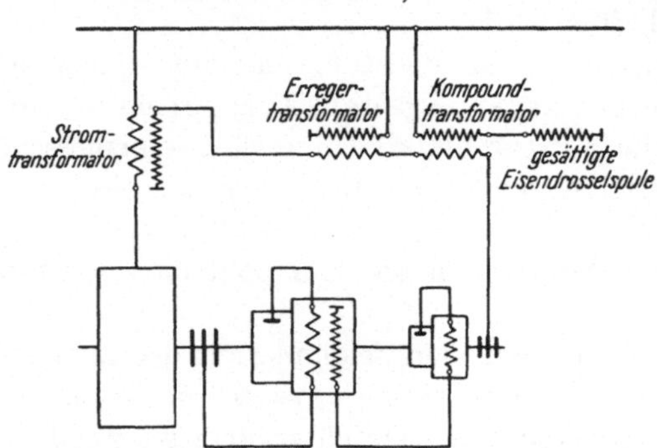

Abb. 34. Prinzipschaltbild eines Asynchronphasenschiebers mit Stoßerregung (nach M. Liwschitz).

3. Vergleich der Kompensationsmittel. Die Tabelle 1 gibt eine Übersicht über die wesentlichsten Eigenschaften der in Frage kommenden

Kompensationsmittel. Es versteht sich von selbst, daß eine einheitliche Wahl niemals möglich ist. Vielmehr werden, wie stets, je nach den örtlichen Verhältnissen, einmal wirtschaftliche, einmal technische Gesichtspunkte den Ausschlag geben.

Tabelle 1. Vergleich zwischen Drosselspulen, Kondensatoren und Maschinen als Kompensationsmittel.

	Drosselspulen und Kondensatoren	Synchrone und asynchrone Blindstrommaschinen
1. Preis der Blindleistung:		
a) induktiv	billig	teuer
b) kapazitiv	teuer	teuer
2. Stabilisierung:		
a) statisch	nicht steigerbar	Steigerbar durch Schnellregelung, Kompoundierung, Fremderregung
b) dynamisch	Schnellschaltung bei Laststößen möglich	Durch hohe Überlastbarkcit und Stoßregelung wesentlich erhöht
3. Dauerverluste	0,3 bis 1%	2 bis 3%
4. Art der Regelung	stufenweise	stetig
5. Verhalten bei Kurzschlüssen:		
a) Einfluß auf Kurzschlußströme im Netz	ohne Einfluß	Kurzschlußströme gesteigert
b) Beanspruchung des Kompensationsmittels selbst	keine	Große Kurzschlußströme synchron: kann außer Tritt fallen
6. Inbetriebsetzung nach Störungen	Einfaches Einschalten beliebiger Leitungsstrekken mit beliebig niedriger Spannung	Absatzweises Hochfahren und jeweiliges Synchronisieren bzw. Parallelschalten

Während die Vorzüge der Drosselspulen also vorwiegend in ihrem geringen Preis, der Möglichkeit einer Aufstellung in Freiluftanlagen, geringen Dauerverlusten, eigener Betriebssicherheit bei Netzkurzschlüssen und ihren Folgen zu finden sind, zeichnen sich die Maschinen neben der bequemen stetigen Regelung dadurch aus, daß sie mit geringem konstruktivem Aufwand und größerer Sicherheit die Stabilität der Übertragung auch bei Störungen ganz wesentlich erhöhen. Besonders die vorübergehende Steigerungsmöglichkeit der abgegebenen Blindleistung, weit über den Nennwert der Maschinenleistung hinaus, stellt für Netze, die unter häufiger Gefährdung ihrer Stabilität durch Kurzschlüsse zu leiden haben, einen Vorteil der Maschine dar, der z. Z. durch kein entsprechendes Verhalten statischer Kompensationsmittel zu ersetzen ist. Dafür bereitet ihre Wiederinbetriebsetzung um so größere Schwierigkeiten, falls die Aufrechterhaltung der Stabilität nicht möglich war und die Übertragung vorübergehend zum Zusammenbruch gekommen ist. In diesem Falle muß, im Gegensatz zur Kompensation mit Drosselspulen, eine lange Leitung erst aufgetrennt und abschnittsweise wieder in Betrieb genommen werden.

Zwischen synchronen und asynchronen Maschinen verteilen sich die Vor- und Nachteile etwa so, daß die Annehmlichkeit der asynchronen Maschine, nicht außer Tritt fallen zu können, durch die Verwendung einer Kommutator-Hintermaschine mit besonderen Kompoundierungseinrichtungen erkauft werden muß, während die Synchronmaschine unseren Bedürfnissen nach Spannungshaltung und Stabilitätserhöhung bereits durch günstige Wirkungen in ihrem Erregerkreis entgegenkommt.

E. Die Spannung als Regelmaß der Kompensierung.

1. Quellen möglicher Schwierigkeiten. Da die Aufgabe der Blindstromkompensation einerseits darin bestand, längs der Leitung überall eine konstante Spannung zu erzwingen und wir andererseits gesehen hatten, daß mit einer starren Aufrechterhaltung der Spannung auch die Stabilitätsbedingungen erfüllt bleiben, so liegt es nahe, in erster Linie an eine spannungsabhängige Blindstromregelung zu denken. Die bisher aus Amerika bekannt gewordenen Lösungen, bei denen stets von rotierenden Phasenschiebern Gebrauch gemacht worden ist, bedienen sich durchweg einer solchen Spannungsregelung. Im vorigen Abschnitt wurde gezeigt, daß die Phasenschieber mit Rücksicht auf das gewünschte Verhalten der Regler in Störungsfällen von der Größe des mitläufigen Spannungsdrehfeldes abhängig gemacht werden müssen. Zweifellos hat dieser Weg nicht nur wegen seiner bequemen technischen Durchführbarkeit, sondern auch weil er unmittelbar auf das gewünschte Ziel lossteuert, etwas so Bestechendes, daß man geneigt sein wird, ihn auch auf Fälle zu übertragen, in denen mit anderen Mitteln, z. B. mit Kompensationsdrosselspulen gearbeitet wird.

Wir wollen uns daher die Frage vorlegen, ob und unter welchen Bedingungen eine solche Spannungsregelung, besonders bei stufenweiser Drosselkompensierung der Leitung zulässig ist. Die Gründe, warum diese Regelmethode für Drosselstufenkompensation u. U. nicht angebracht sein könnte, sind einerseits in der mehr oder weniger schwingungsfreien Form der Regelvorgänge, andererseits in der erreichbaren Regelgenauigkeit zu suchen. Wenn in irgendeiner Station der Leitung z. B. zu viel Blindleistung entzogen wird, so wird die Spannung nicht nur in dieser Station sinken, sondern auch die Nachbarstationen werden von einer solchen Spannungssenkung mitbetroffen, also ihrerseits ebenfalls zu regeln anfangen. Dann tritt möglicherweise erst nach längerem Hin- und Herregulieren wieder ein Ruhezustand auf der Leitung ein und u. U. wird es sogar erforderlich sein, um ein dauerndes selbsterregtes Hin- und Herschwingen der Spannung zu vermeiden, den Reglern eine Unempfindlichkeit zu verleihen, die sich mit unseren technischen Ansprüchen an die Genauigkeit der Spannungsregelung nicht mehr verträgt.

2. Stilisierung der Aufgabe. Wir wollen wegen der Schwierigkeiten, die die Beantwortung dieser Frage zunächst zu bereiten scheint, unsere Aufgabe soweit wie möglich vereinfachen. Hierzu suchen wir uns denjenigen Betriebsfall heraus, in dem die erforderliche Unempfindlichkeit der Spannungsregler am größten werden müßte. Jede von der Zuschaltung einer einzelnen Drosselstufe abhängige Spannungsänderung muß kleiner sein, als die tote Zone des Reglers, weil sonst ein ständiges Überspringen des Unempfindlichkeitsbereiches und damit ein unausgesetztes Hin- und Herregulieren zustande kommen kann. Folglich werden die Bedingungen, unter denen die von einer einzelnen Drosselstufe verursachte Spannungsänderung am größten wird, den Betrachtungen zugrunde gelegt werden müssen. Nun wissen wir, daß die Spannungsänderung, die der Blindstrom einer einzelnen Drosselstufe hervorruft, dann am größten ist, wenn die Verlustspannung längs der Leitung überall in Phase ist mit der Leitungsspannung selbst, und wenn andererseits der Blindstrom der betrachteten Drosselstufe gezwungen ist, einen besonders langen Weg über die Leitung hinweg zurückzulegen. Diese ungünstigsten Voraussetzungen sind bei der leerlaufenden bzw. nur durch Blindleistungen beanspruchten Leitung erfüllt, so daß wir sagen dürfen, daß eine Regelanordnung, die in der Lage ist, die leerlaufende Leitung in ihrem Blindleistungsniveau richtig einzusteuern bzw. zusätzliche Blindbelastungen in einzelnen Stationen durch entsprechende Zu- oder Abschaltung von Drosselspulen richtig auszugleichen, auch bei beliebigen Lastanforderungen in der Regelung nachkommen kann.

Eine zweite Betriebsbedingung, die besonders ungünstig ist und daher zur Grundlage unserer Betrachtungen gemacht werden muß, besteht darin, daß die Leitung nur von einer Seite her unter Spannung gehalten wird, am anderen Leitungsende dagegen noch unbelastet ist. In diesem Falle muß, wie wir gleich sehen werden, der Blindstrom einer am offenen Leitungsende ein- oder ausgeschalteten Drosselspule seinen Weg über die gesamte Leitung hinweg zum speisenden Generator nehmen, verursacht also demgemäß die größtmögliche Spannungsänderung.

3. Die Elemente des Regelvorganges. a) Drosselregelung. Abb. 35 zeigt oben das Schema einer Leitung, die wir zunächst als richtig auskompensiert annehmen wollen. Da bei Blindwiderstandskompensation die kapazitive Ableitung durch die induktive völlig ausgeglichen ist, so ist die resultierende Ableitung längs der Strecke praktisch Null, d. h. es sind die Ableitungswiderstände bei Vernachlässigung aller Verluste überall unendlich anzunehmen mit Ausnahme derjenigen — voraussetzungsgemäß einzigen — Stelle, wo die erzeugende Maschine sitzt. Wir denken uns jetzt in Station D einen Kompensationsfehler, demzufolge ein Blindstrom über die Leitung hinweg fließt, dessen Stärke der Leistung einer fälschlich eingeschalteten Drosselstufe entspricht. Wir können uns diesen Blindstrom von einer fiktiven Spannungsquelle in D, so wie es in Abb. 35 eingetragen ist, verursacht vorstellen, die übrige Leitung aber vollkommen spannungslos annehmen und erhalten dann unmittelbar die Abweichung ΔU vom Sollwert der Spannung U, die der zusätzliche Blindstrom ΔJ erzwingt. Es wird nun wesentlich von dem Zeitpunkt unserer Betrachtung abhängen, welchen Blindwiderstand wir zur Berücksichtigung der von dem überlagerten Blindstrom verursachten Spannungsänderung im Generator selbst am Leitungsende einführen müssen.

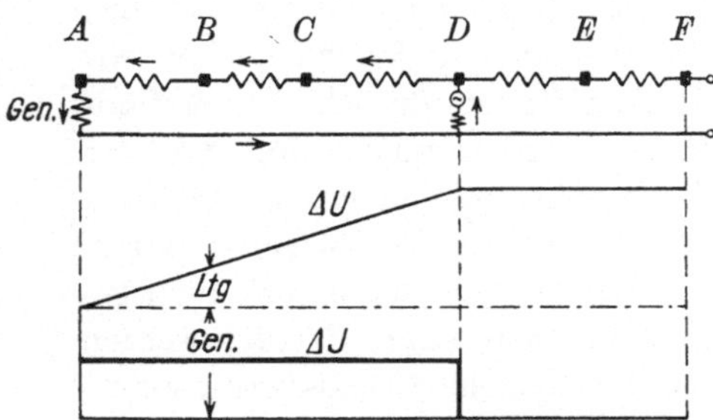

Abb. 35. Einfluß eines Kompensationsfehlers auf die Spannungsverteilung bei Drosselkompensierung.

Im ersten Augenblick wird stets, da die innere EMK der Maschine, dem sprunghaft einlaufenden Drosselstrom folgend, sich nicht gleich ändern kann, eine Spannungsänderung auftreten, die dem Drosselstrom und der Streuinduktivität der Maschine einschließlich ihres Transformators entspricht. Der hiervon rührende Betrag der Spannungsänderung längs der Leitung betrifft alle Stationen in gleicher Weise, er verschwindet aber unter dem Einfluß des Spannungsreglers im Kraftwerk, sofern dieser die Leitungsspannung konstant zu halten versucht, je nach dessen Regelgeschwindigkeit in kurzer Zeit. Ob wir ihn bei der Vorausberechnung der Regelvorgänge berücksichtigen müssen, hängt daher u. a. davon ab, mit welchem zeitlichen Abstand die Regelschritte nacheinander ausgeführt werden sollen bzw. vom Verhältnis der Regelgeschwindigkeiten zwischen der Drosselregelung auf der Strecke und der Spannungsregelung im Kraftwerk. Zu der wieder abklingenden Änderung der Speisespannung kommt die Spannungsänderung längs der Strecke als Folge der Leitungsinduktivität, die um so höher wird, je weiter wir uns vom Generator entfernen, bis wir an den Störungsherd D gelangen. Von hier aus bleibt dieser Wert nach dem freien Leitungsende zu für alle weiteren Stationen EF ebenso groß, wie für die Station D.

Daß eine solche Spannungsverteilung auf Grund einer lokalen Störung unseren Regelabsichten höchst unbequem sein muß, ist schon aus Abb. 35 zu sehen.

b) Maschinenregelung. Wir wollen zum Vergleich den Fall betrachten, daß die Leitung nicht durch Drosselspulen, sondern durch einzelne umlaufende Phasenschieber kompensiert würde. Dabei können wir uns in allen Stationen spannungslose Maschinen denken und wieder nur eine Störspannung in der betrachteten Station D voraussetzen. Die sich dann ergebende Verteilung von Spannung und Blindstrom, die Abb. 36 zeigt, ist wesentlich günstiger, da von einer Blindwiderstandskompensation längs der Strecke nicht mehr die Rede sein kann, so daß der Störblindstrom nicht mehr seinen Weg über die ganze Leitung zu nehmen braucht. Vielmehr dringt nur noch ein kleinerer Teil unter den vorausgesetzten Maschinenleistungen von 100 MVA beim Generator und je 20 MVA bei den Phasenschiebern bis zur speisenden Maschine durch. Demgemäß liegt auch die Spannungsverteilungskurve besser, indem die Station, von welcher die Störung ausgeht, am stärksten von der eintretenden Spannungsänderung betroffen wird.

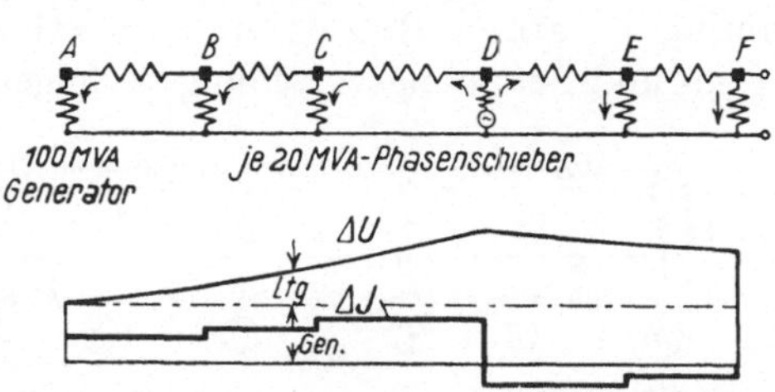

Abb. 36. Einfluß eines Kompensationsfehlers auf die Spannungsverteilung bei Maschinenkompensierung.

Trotzdem wird man sich der Einsicht nicht verschließen können, daß auch hier die Spannung zum Ausgleich der vorausgesetzten Störbelastung kein ideales Regelkriterium darstellt, weil unter allen Umständen auch die nicht beteiligten Stationen in einen Regelvorgang eingreifen werden, der eigentlich auf die Maschine D hätte beschränkt bleiben sollen. Wir können aus dieser Gegenüberstellung aber entnehmen, daß wenn es uns gelingt, Betriebsbedingungen nachzuweisen, unter denen eine Blindwiderstandskompensation mit Spannungsregulierung auch auf langen Leitungen zu einigermaßen befriedigender Arbeitsweise führt, daß wir dann eine solche Regelung voraussichtlich erst recht zur Steuerung von Maschinen zulassen dürfen, ohne auf unangenehme Überraschungen rechnen zu müssen.

4. Zusammenwirken mehrerer Regler. Wir wenden uns deshalb nunmehr wieder der Drosselstufenkompensation zu und setzen voraus, daß wir möglichst schnell regeln wollen. Die in Abb. 35 gezeigte Folge einer hypothetischen Kompensationsstörung wies bereits darauf hin, daß voraussichtlich bei der geringsten Störung an irgendeiner Stelle der Leitung eine ganze Reihe von Reglern zu gleicher Zeit zum Ansprechen kommen muß. Die Unempfindlichkeit, die wir unseren

Reglern erteilen müssen, wird infolgedessen nur durch die Superposition von mehreren gleichzeitig überlagerten Regelvorgängen bestimmt werden können. Wir wollen uns nun vorübergehend die Aufgabe dadurch vereinfachen, daß wir annehmen, der Generator in Station A werde so schnell geregelt, daß hier die Spannung starr konstant bleibt. Wir dürfen uns dann die Leitung in A für die durch Regelvorgänge ausgelösten Zusatzblindströme kurzgeschlossen vorstellen. Dann ergibt sich unter der Voraussetzung, daß wir, vom freien Leitungsende anfangend, den Einfluß je einer Regelstufe in allen Stationen auf die Blindstrom- und Spannungsverteilung verfolgen, eine stufenförmige Zunahme der zusätzlichen Blindbelastung der Leitung und ein nach dem freien Leitungsende hin anwachsender Einfluß dieser Blindbelastung auf die Spannung. Abb. 37 a und b bringen diese Zusammenhänge zur Darstellung.

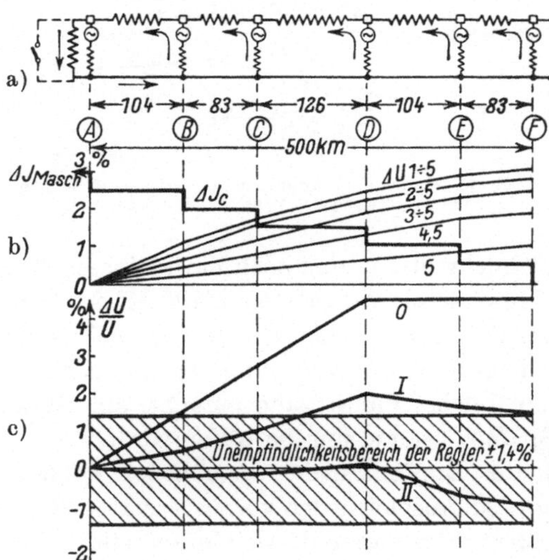

Abb. 37. Zusatzblindstrom, Spannungseinflußlinien und Beispiel eines Regelvorganges bei starrer Spannung am Leitungsende.

Um ein quantitatives Bild von der eintretenden Spannungsverteilung zu gewinnen, wollen wir uns einige praktische Zahlenwerte vergegenwärtigen, die den nachfolgenden Beispielen zugrunde liegen. Der spezifische induktive Blindwiderstand einer 220 kV-Leitung beträgt — ebenso wie für jede andere Betriebsspannung — etwa $\omega l = 0{,}4$ Ohm/km. Die 500 km lange Leitung hat demnach eine Gesamtreaktanz $\omega L = 200$ Ohm. Der Spannungsunterschied, der zwischen Anfang und Ende der auskompensierten Leitung durch Zuschaltung einer Stufendrossel am freien Leitungsende von $N_D = 2500$ kVA* hervorgerufen wird, beträgt bei 220 kV Betriebsspannung

$$\Delta U = \frac{N}{U\sqrt{3}}\,\omega L = \frac{2500}{220\cdot\sqrt{3}}\,200 = 1310 \text{ V/Phase},$$

* Diese Stufenleistung entspricht bei 220 kV der Ladeleistung von rund 20 km Leitungsstrecke. Für einen mittleren Stationsabstand von 120 km würde damit z. B. eine 7stufige Regelung aufzubauen sein, während die 3stufige (Abb. 30) Stufenleistungen von 6000 kVA voraussetzt.

d. h. bezogen auf eine Phasenspannung von $\frac{220}{\sqrt{3}} = 127$ kV rund 1%. Je näher wir aber der speisenden Maschine kommen, um so kleiner wird auch die von einer einzelnen Regelstufe bewirkte Spannungsänderung. Der Zunahme des Regeleinflusses nach dem offenen Leitungsende hin verdanken wir es im Grunde, wenn auch eine Regulierung von Kompensationsdrosseln in Abhängigkeit von der Spannung schließlich auf einen gewünschten Beharrungszustand führt.

Das erkennt man leicht aus dem in Abb. 37 c dargestellten einfachen Beispiel eines Regelvorganges. Es wurde hier angenommen, daß in Station D eine Blindbelastung aufgetreten sei, die plötzlich einen Spannungsfehler längs der Leitung in Form des geknickten Linienzuges O verursacht habe. Die Folge dieses Spannungsfehlers, der in allen Stationen B bis F die Grenzen des vorausgesetzten Unempfindlichkeitsbereiches der Regler überschreitet, ist, daß die Stationen B bis F zunächst alle je eine Stufe zuschalten. Dadurch wird die Spannungskurve in die Lage I gedrängt, die bereits ähnlich der in Abb. 36 angegebenen ΔU-Linie ein Hervortreten der Störstation zeigt. Wir sehen, daß jetzt nur noch die Regler in D, E und F den nächsten Regelschritt mitmachen und suchen uns daher zur Bestimmung des folgenden Zustandes die Spannungseinflußlinien für D bis F aus dem darüber stehenden Linienbild heraus. Man erkennt, daß mit der nächsten Stufe die Spannungsverteilung in Form des Linienzuges II die Gleichgewichtsbedingungen aller Regler befriedigt. Die Störung ist soweit richtig ausreguliert, und zwar unter Beteiligung aller Stationen. Dadurch ist aber die Spannungsverteilung notwendig nicht genau auf den Sollwert zurückgegangen.

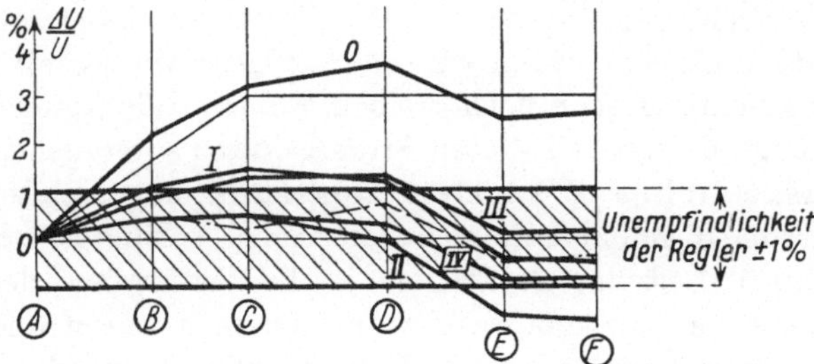

Abb. 38. Ausregeln einer Störblindlast nahe dem Leitungsende.

Wenn wir die Stufen sehr fein machen würden, dementsprechend also auch einen höheren Anspruch an geringe Unempfindlichkeit der Regler stellen könnten, so müßten alle Stationen mit Ausnahme von D ihre bereits vollzogenen Regelschritte wieder zurücknehmen. Jedoch auch unter den vorausgesetzten grobstufigen Regelbedingungen kommen, wie Abb. 38 als Beispiel zeigt, solche vergeblichen Regelschritte bereits vor. Gehen wir hier z. B. von dem strichpunktierten Linienzug innerhalb der Unempfindlichkeitszone aus, denken uns infolge einer Störbelastung in Station C eine Verschiebung dieser Spannungsverteilungskurve in die Lage O und beobachten den Ablauf der Regelvorgänge genau ebenso wie in Abb. 37, so zeigt sich, daß der zweite Regelschritt für die Stationen E und F über das Ziel hinausgeht, der dadurch verursachte dritte Regelschritt treibt wieder in C und D die Spannung in die Höhe, und erst mit dem vierten Schritt findet die Anordnung die gesuchte Ruhelage, wobei im ganzen vier unnötige Schalterbewegungen erforderlich waren.

5. Einfluß der Generatoren und Transformatoren. Wir lassen jetzt die Bedingung fallen, daß der Generator am Anfang der Leitung so schnell geregelt würde, daß die durch die Regelvorgänge verursachte Spannungsänderung infolge der Maschinen- und Transformatorstreuung vernachlässigt werden durfte. Diese Voraussetzung ist insbesondere dann gegeben, wenn wir die Regelgeschwindigkeit der Kompensationseinrichtung sehr hoch treiben wollen. Wir können zur Berücksichtigung der vorgeschalteten Streureaktanz so vorgehen, daß wir uns ein zusätzliches Ersatzleitungsstück eingeschaltet denken, welches für die Regelblindströme genau ebenso behandelt werden darf wie die übrigen Leitungsstrecken, da ja die Ladeströme der Leitung ebenfalls bereits als auskompensiert angenommen waren und wir nur die Abweichungen vom richtigen Kompensationszustand betrachten. Dieses Ersatzleitungsstück erreicht im Verhältnis zu den übrigen Leitungsstrecken eine recht beträchtliche Länge, so daß hierdurch die von jeder Drosselstufe verursachte Spannungsänderung, wie schon Abb. 35 zeigte, erheblich verschärft wird. Dadurch steigt auch die notwendige Unempfindlichkeit der Spannungsregler.

Abb. 39 bringt zunächst noch einmal einen Fall, welcher Ähnlichkeit mit dem in Abb. 38 behandelten besitzt. Die Unempfindlichkeit des Spannungsreglers, die hier zunächst noch ganz willkürlich mit 2% eingeführt ist, scheint unter diesen Voraussetzungen auch auszureichen. Gehen wir nun aber in Abb. 40 von einem etwas anderen Anfangszustand unter sonst genau gleichen Bedingungen aus, so sehen wir einen Zustand eintreten, bei dem die Anordnung nicht mehr zur Ruhe kommt. Da die Lage der Ausgangskurve O sämtliche Regler zum Ansprechen veranlaßt, wird mit dem nächsten Regelschritt der Unempfindlichkeitsbereich in allen Stationen zugleich überschritten, so daß sämtliche Regler den Schritt wieder zurücknehmen und damit zum unausgesetzten Pumpen kommen. Der Unempfindlichkeitsgrad von $\pm$ 2%, der hier vorausgesetzt war, ist also zu gering. Wir müssen folglich noch die Vorschrift für den erforderlichen Mindestunempfindlichkeitsgrad suchen.

6. Bestimmung der Mindestunempfindlichkeit. Da der Einfluß einer einzelnen Regelstufe am größten am freien Leitungsende wird, kann

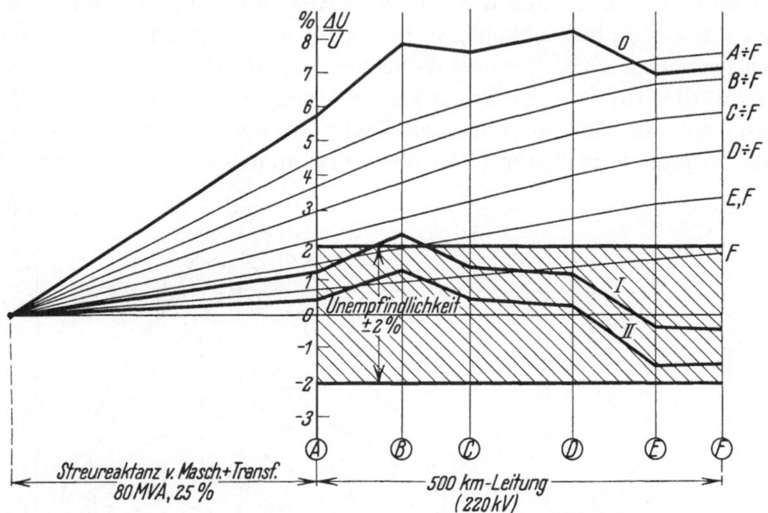

Abb. 39. Regelvorgang unter Berücksichtigung der Maschinen- und Transformatorstreuung.

man sich zunächst den Fall vorstellen, daß nur hier der Unempfindlichkeitsbereich eben vollkommen übersprungen wird, daß dagegen

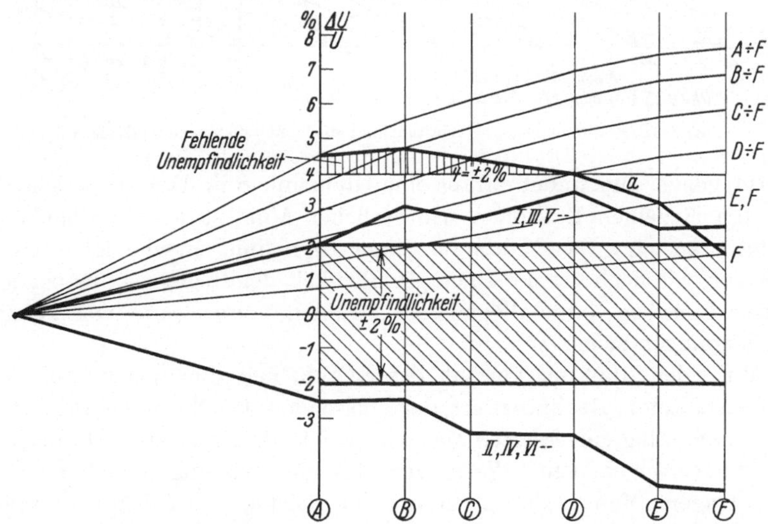

Abb. 40. Pumpen einer Regelstufe bei ungenügender Unempfindlichkeit.

schon die nächste Station in Richtung auf die speisende Maschine sich an den Regelvorgängen nicht mehr beteiligt. Die für diesen Fall erforderliche Mindestunempfindlichkeit ist durch das Ende der Spannungseinflußlinie für die Endstation allein bestimmt. Der nächste denkbare Fall bestände darin, daß die beiden letzten Stationen zusammen noch eben die Unempfindlichkeitsgrenze überspringen, dagegen alle übrigen noch frei davon sind. Voraussetzung für das Eintreten dieses Zustandes ist, daß die Summe der Spannungsänderungslinien der beiden letzten Stationen die Unempfindlichkeitsfläche in der vorletzten Station noch übersteigt. In dieser Weise kann man nun Schritt für Schritt vor-

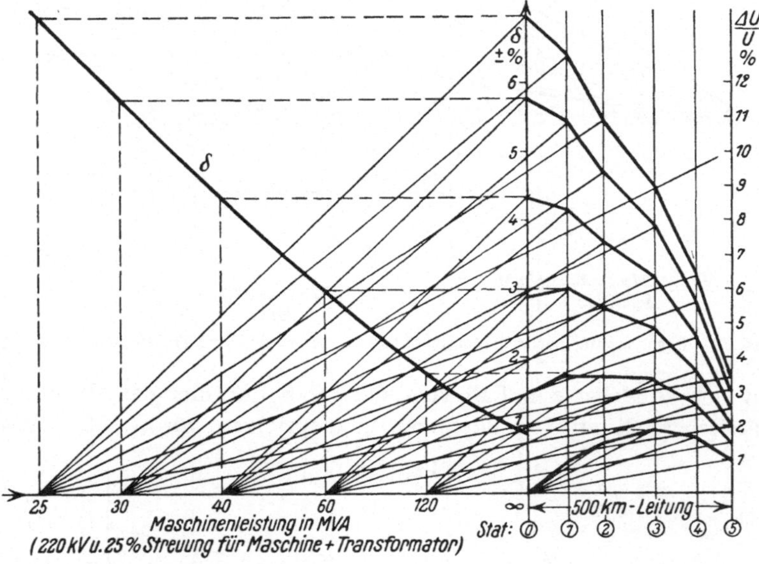

Abb. 41. Bestimmung der Mindestunempfindlichkeit von Spannungsreglern.

wärts gehen und findet daraus eine Grenzlinie *a* in Abb. 40, welche die für die einzelnen Stationen erforderlichen Mindestunempfindlichkeitsbeträge anzeigt. Das Maximum dieser Grenzlinie entscheidet offenbar darüber, wie hoch wir die Unempfindlichkeit der Regler — aus betrieblichen Gründen dann allgemein — wählen müssen, um vor Pendelerscheinungen sicher zu sein.

Wir sehen, daß der Verlauf dieser Grenzlinie abhängig ist von dem vorgeschalteten Reaktanzwert der speisenden Quelle und damit auch von der zufällig eingesetzten Maschinenleistung. Es ist also erforderlich, für die verschiedensten Werte der Maschinenleistung die Grenzlinien aufzutragen. Man findet dann für ein Beispiel einer 500 km langen 200 kV-Leitung die in Abb. 41 wiedergegebenen Zusammenhänge. Dabei wurde vorausgesetzt, daß die gesamte Streuung für Maschinen einschließlich Transformatoren 25% beträgt. Die vorausgesetzte Stufenhöhe ist hier wie in den vorangegangenen Abbildungen 2,5 MVA Drosselleistung.

Die Abbildung zeigt deutlich *die Schwierigkeiten, die der Verwendung spannungsempfindlicher Regler gerade für schnelle Stufenregelung im Wege stehen.* Da wir uns nicht darauf einstellen können, die Unempfindlichkeit der Regler je nach der zufällig vorliegenden Leitungsschaltung und dem Maschineneinsatz zu verändern, so sind wir gezwungen, den ungünstigsten Schaltungsfall und

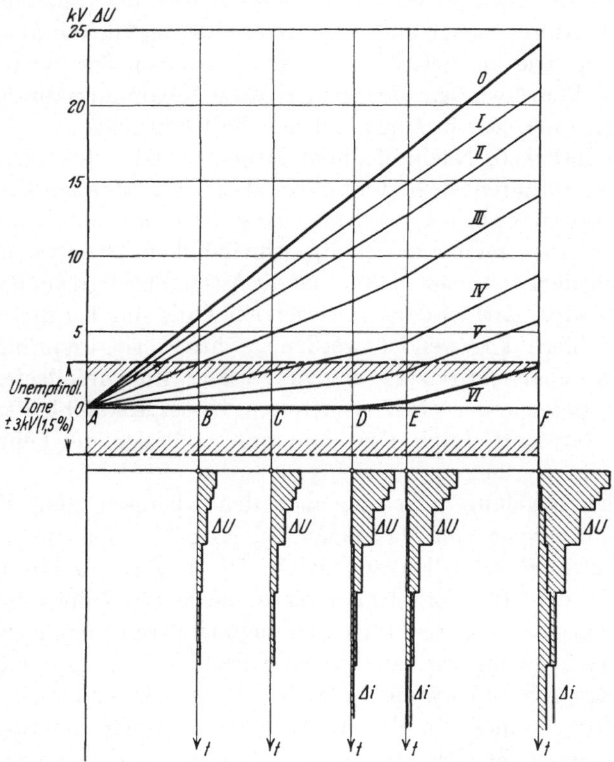

Abb. 42. Regelvorgang bei Stufenregelung mit veränderlicher Schaltgeschwindigkeit entspr. der Spannungsabweichung.

die kleinste Maschinenleistung, mit der wir gelegentlich die Leitung betreiben müssen, der Unempfindlichkeitsbemessung zugrunde zu legen. Man kommt dabei, wie schon das Beispiel zeigt, selbst bei einer verhältnismäßig nicht sehr großen Stufenhöhe von 2500 kVA schon auf sehr unbequeme Reglerunempfindlichkeitswerte. Wir müßten z. B. in diesem Fall bei 40 MVA Maschinenleistung unsere Spannung in den Grenzen $\pm$ 4,3 %, also von etwa 210 bis 230 kV unreguliert lassen. Setzt man gar noch größere Stufenwerte von z. B. 6000 kVA voraus, wie sie heute bereits im praktischen Betrieb sind, so ist an eine befriedigende Lösung auf diesem Wege bei hoher Regelgeschwindigkeit nicht mehr zu denken.

7. Veränderliche Regelgeschwindigkeit. Selbstverständlich lassen sich auch noch für spannungsregulierte Leitungen bei Drosselstufenkompensation Regelverfahren angeben, bei denen man nicht nur auf eine geringere Regelunempfindlichkeit, sondern auch auf Vermeidung vieler unnötiger Schaltschritte kommen kann. Ein Beispiel hierfür ist eine Regulierung, bei der die Schaltgeschwindigkeit um so größer gemacht wird, je höher die Abweichung der Spannung vom Sollwert ist. Abb. 42 zeigt an einer analog durchgeführten graphischen Untersuchung, wie die Schaltfolge in den einzelnen Stationen und das allmähliche Verschwinden der fehlerhaften Spannungsabweichungen längs der Leitung sich in einem solchen Fall vollzieht.

Der wesentlichste Nachteil dieser Regelmethode, die technisch an sich leicht auszuführen ist, besteht darin, daß wir unter allen Umständen zu einer ausgesprochen langsamen Regelung gezwungen werden; denn die höchst erreichbare Schaltgeschwindigkeit, die uns durch den Schaltverzug der Leistungsschalter und die Ansprechzeiten der Relais vorgeschrieben wird, darf in dem vorliegenden Falle nur bei den gröbsten Spannungsfehlern angewendet werden, während sie ursprünglich bis zum letzten Schaltschritt zur Verfügung stand. Zum mindesten müßte immer der Bereich der eben ermittelten Unempfindlichkeitszone für schnellste Regelung durch eine langsam nachfolgende Feinregelung erst verwischt werden.

8. Stetige Regelung. Um nun auch den Übergang zum Verhalten der Spannungsregler von Maschinen bei längs der Leitung in großer Zahl verteilten Regelstellen zu finden, ist in Abb. 43 ein Grenzfall aufgetragen, der die Verhältnisse zwar noch für Blindwiderstandskompensation darstellt, also für einen ungünstigeren Regulierfall, als er bei Maschinenregelung vorliegt, jedoch wurde hier stetige Regelung vorausgesetzt. Abb. 43 würde also z. B. für die Verwendung von Drehreglern gelten können. In diesem Falle können wir die Spannungsänderungslinien nicht mehr stufenweise verschieben, sondern wir müssen uns vorstellen, daß, solange ein Regler zum Ansprechen gebracht wird, mit laufender Zeit eine sich maßstäblich mehr und mehr verzerrende Spannungsänderungslinie in Ordinatenrichtung emporwächst und damit allmählich die Spannungskurve so weit drängt, bis eine Station nach der anderen aus dem Regelbereich herauskommt. Wie wir bei der Stufenregelung schon gefunden hatten, müssen jetzt aber unbedingt vorübergehende Übersteuerungen eintreten, die zu zeitweiligem Pendeln einzelner Regler gegeneinander führen. Das läßt sich auch an Hand der Abb. 43 verfolgen.

Auf die durch Kurve *O* dargestellte Spannungsverteilung hin wächst die Linie *1* zunächst so weit an, bis Station *B* den Unempfindlichkeitsbereich berührt (Kurve *I*). Im weiteren Verlauf steigern nun die Stationen *C* bis *F* ihren Blindstrom, bis auch *F* ausfällt (Kurve *II*). In dieser Weise geht die Regelung sinngemäß weiter bis zur Kurve *V*. An der hier erreichten Grenze versucht der Regler in *F* eine Abnahme seines Blindstromes zu verursachen, d. h. er will wieder zurückregeln. Dadurch wird aber die Spannungskurve *V* am Überschreiten der Unempfindlichkeitszone nach unten gänzlich gehindert, weil die aus *D* und *F* jetzt

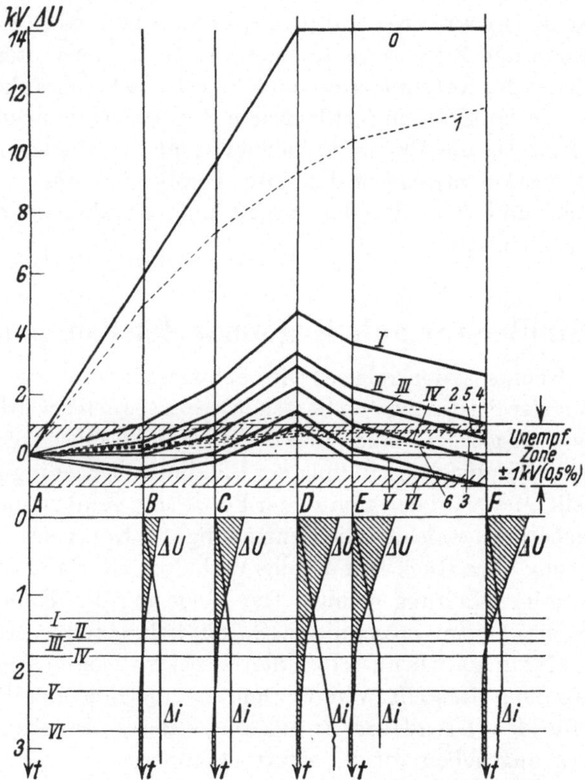

Abb. 43. Regelvorgang bei stetiger Blindwiderstandsregelung nach der Spannung.

resultierende Linie nur noch im negativen Gebiet der Spannungsänderung liegt. Da aber beim Aufhören der Blindstromsenkung in *F* die Spannungseinflußlinie sofort wieder ins positive Gebiet umschlägt, so müssen unvermeidlich Reglerschwingungen in *F* eintreten, mit deren Hilfe die Spannung in *F* gerade an der Grenze der Unempfindlichkeitszone gehalten wird, bis der wachsende Blindstrom der Station *D* die Spannungskurve in die Lage der Kurve *VI* gebracht hat. Die Regler in *D* und *F* werden jetzt noch ein wenig gegeneinander pendeln. Da aber der Regler in *F* seinen Blindstrom nur herabsetzen, derjenige in *D* ihn nur steigern kann, so werden sie sich gegenseitig in die Unempfindlichkeitszone hineinstoßen und schnell zur Ruhe kommen.

Ein fortdauerndes Pendeln kann bei stetiger Regelung nur dann eintreten, wenn die unter dem Einfluß der Reglerträgheit auftretenden Schwingungsamplituden die Unempfindlichkeitszone überschreiten. Daraus folgt aber andererseits auch, daß wir, um die statische Stabilitätsgrenze einer Leitung mittels stetig geregelter Blindwiderstandskompensatoren, also z. B. mittels Kondensatoren und Zusatzregeldrosseln künstlich zu erweitern, die Unempfindlichkeit der Regelrelais auf ein Mindestmaß beschränken müßten. Denn in diesem Falle waren fortdauernde Regelschwingungen u. U. eine Notwendigkeit. Da die Unempfindlichkeitszone des Reglers dabei stets durchquert werden muß, würden ihre Amplituden um so kleiner, je empfindlicher und schneller der Regler auf die kleinste Spannungsschwankung anspricht.

F. Die Blindleistung als Regelmaß der Kompensierung.

1. Das Kompensationsrelais. Die Schwierigkeiten, die bei spannungsabhängiger Steuerung von Stufendrosseln erwartet werden müssen, rühren, wie eben gezeigt, daher, daß die Spannung selbst nur ein mittelbares Kennzeichen für die Erfüllung der Blindleistungsbedingung der Leitung darstellt. Man wird dadurch zu der Forderung geführt, ein Regelmaß herauszusuchen, bei welchem die Beurteilung des Kompensationszustandes der Leitung ohne Rücksicht auf das Verhalten der Nachbarabschnitte sowie der übrigen Leitung gelingt. Die Ableitung der Kompensationsbedingung eines Leitungsabschnittes (S. 185) läßt bereits vermuten, daß die Blindleistungsbilanz selbst den zweckmäßigsten Angriffspunkt für eine Regelung darstellt. Wir werden das an Hand der Bedingungsgleichung für das Blindleistungskompensationsrelais, das von Rüdenberg angegeben wurde, sofort erkennen.

Diese Gleichung erhalten wir aus Gl. (3), indem wir die erforderliche Zusatzblindleistung mit der „begleitenden" Blindleistung zusammenfassen und eine reduzierte Spannung $U_r = \frac{U}{\sqrt{1+\varrho^2}}$ einführen. Damit wird

$$U_r^2 \omega c (a_1 + a_2) - J_1^2 \omega l a_1 - J_2^2 \omega l a_2 - U_r J_s \sin(\varphi_s - \delta) = 0 . \quad (33)$$

Die Relaisgleichung nimmt damit, vom Verlustwinkel δ abgesehen, die Form der Bilanzgleichung für eine verlustlose Leitung an. Wir wollen daher auch im weiteren der Einfachheit halber unter $U_r J_s \sin(\varphi_s + \delta)$ den Ausdruck verstehen, der uns die erforderliche Zusatzblindleistung angibt und $U_r^2 \omega c (a_1 + a_2)$ als die Ladeblindleistung der Leitung ansehen. Praktisch wird die Winkelkorrektur δ im Relais und der Unterschied zwischen U und U_r durch seine Eichung berücksichtigt.

Man sieht nun aus Gl. (33), daß die einzuschaltende Blindleistung direkt proportional einem Summenausdruck ist, dessen Größe sich quadratisch mit der Leitungsspannung selbst und mit dem Leitungsstrom ändert, nicht aber wie bei der Spannungsregelung nach einer kleinen Abweichung zwischen der Spannung und ihrem Sollwert bestimmt wird. Sind in grober Näherung Leitungsstrom und Stationsblindstrom selbst als proportional der Spannung anzunehmen, so läßt sich die Spannung sogar in Gl. (33) völlig herausheben. Der Kompensationsfehler anderer Regelstationen kann sich aber stets nur in einer Änderung der Spannung um wenige Prozent oder in einem zusätzlichen Blindstrom bemerkbar machen, der immer klein gegen den Belastungsstrom bei der natürlichen Leistung ist, so daß er praktisch gar nicht in Erscheinung tritt. Infolgedessen bleibt die aus Gl. (33) bestimmte Kompensationsleistung von etwaigen Kompensationsfehlern anderer Abschnitte nahezu unberührt.

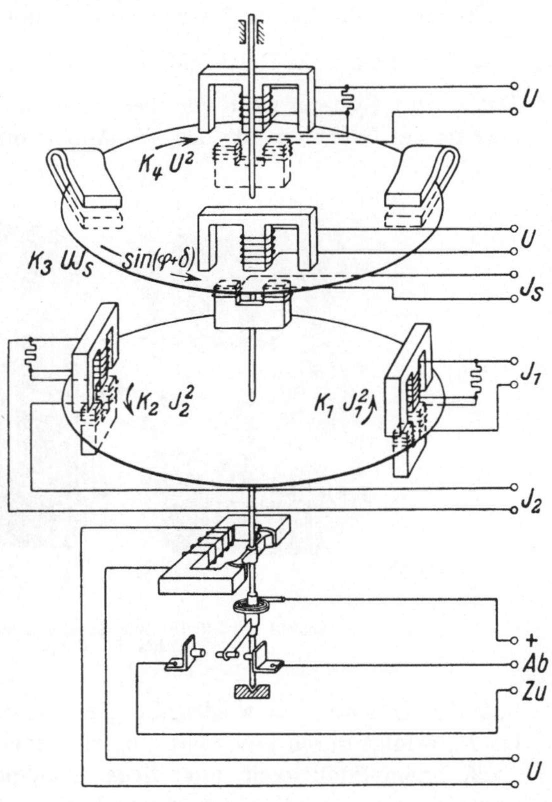

Abb. 44. Blindleistungskompensationsrelais mit elektrischer Unempfindlichkeitseinstellung.

In dem auf der Gl. (33) beruhenden Relais werden die vier Summanden durch die Drehmomente von vier auf dieselbe Relaisachse wirkenden Triebsystemen abgebildet. Abb. 44 zeigt eine schematische Darstellung, Abb. 45 eine Ansicht dieses Relais. Die induktive Blindleistung der beiden angrenzenden Streckenabschnitte wird durch die Triebsysteme, die von den Strömen J_1 und J_2 erregt werden und die Drehmomente $K_1 J_1^2$ und $K_2 J_2^2$ ausüben, eingeführt. Das an der oberen Scheibe im

Vordergrund erkenntliche Triebsystem gibt ein Drehmoment proportional $K_3 U J_s \sin(\varphi + \delta)$ und überwacht damit den in die Station fließenden Blindstrom sowie die „begleitende" Blindleistung. Das Relais besitzt zu diesem Zweck ein Blindleistungssystem, welches aber nicht genau auf 90° Verschiebung zwischen den beiden Triebflüssen bei reiner Blindleistung justiert wird, sondern einen Fehlwinkel δ erhält. Damit wird das Relais auf das Verhältnis $\frac{r}{\omega l}$ der Leitung eingestellt. Das vierte System wird von der Spannung der Leitung erregt. Es erzeugt ein Drehmoment, das U^2 proportional ist und daher den Ein-

Abb. 45. Ansicht des Blindleistungskompensationsrelais, links geöffnet, rechts mit Kappe.

fluß des Ladestromes wiedergibt. Die Einstellung der Konstanten K_1 bis K_4 erfolgt durch besondere Justierwiderstände.

2. Unempfindlichkeit und Regelgenauigkeit. Aus der Form der zugrunde gelegten Kompensationsgleichung folgt, daß der für diese Art der Regelung erforderliche Unempfindlichkeitsgrad nur von der Höhe der eingesetzten Drosselstufenleistung allein abhängig ist. Setzen wir die größtmögliche Stufenleistung unter Berücksichtigung von Gl. (7) voraus, so bleibt als einzige Variable für die Stufenhöhe die Spannung übrig. Man kann den Unempfindlichkeitsgrad des Relais z. B. durch eine einstellbare Gegenfeder beinflussen. Dann muß die Unempfindlichkeit unter Berücksichtigung der höchsten betriebsmäßig auftretenden Spannung gewählt werden. Man kommt dadurch zu der Notwendigkeit, praktisch mindestens 25% über die Größe der bei Normalspannung erforderlichen Unempfindlichkeit hinauszugehen, weil ja die Stufenleistung der Drosseln mit dem Quadrat der Spannung ansteigt. Verwendet man dagegen, wie in Abb. 44 angedeutet, eine elektromagnetische Unempfindlichkeitseinstellung durch Einführung eines kleinen Drehmagneten, der gleichfalls von der Netzspannung erregt wird, so fällt die sonst erforderliche Rücksichtnahme auf Schwankungen der Betriebsspannung fort.

Das Verhalten eines solchen Relais im Betriebe weist, abgesehen von den bereits genannten Eigentümlichkeiten, noch einen anderen wesentlichen Unterschied gegenüber der reinen Spannungsregelung auf. Während wir bei spannungsempfindlichen Steuerorganen notwendig an die Innehaltung eines bestimmten Spannungsniveaus gebunden sind, bzw. bei jedem Niveauwechsel unsere sämtlichen Steuerrelais verstellen müssen, folgt eine Leitung, die mit Kompensationsrelais ausgerüstet ist, selbsttätig der Spannung beliebig wählbarer Spannungsfixpunkte, weil die Kompensationsbedingung unabhängig vom jeweiligen Betriebsspannungswert erfüllt wird. Das Kompensationsrelais versucht also nicht auf einen absoluten Betrag, sondern z. B. bei einseitiger Speisung auf gleiche Höhe mit dem gewählten Festpunkt der Spannung einzustellen.

Die maximale Abweichung zwischen der Spannung des Festpunktes und der eines freien Leitungsendes können wir nun auf Grund der Spannungseinflußlinien in Abb. 35 ermitteln. Wenn sich im (unwahrscheinlichen) ungünstigsten Falle in jeder Station zufällig gleichzeitig der größtmögliche Kompensationsfehler gleicher Richtung einstellt, so entspricht das der Einschaltung einer Kompensationsfehlerleistung von je ½ Drosselstufe in jeder Station. In unserem obigen Beispiel mit Stufendrosseln von 2,5 MVA Leistung würde sich danach auf der einseitig gespeisten 500 km langen Leitung ein größter Spannungsfehler von 1,5% ergeben haben. Bei doppelseitiger Speisung geht dieser von selbst auf 0,4% zurück, ohne daß an der Einstellung der Kompensationsrelais etwas geändert werden muß.

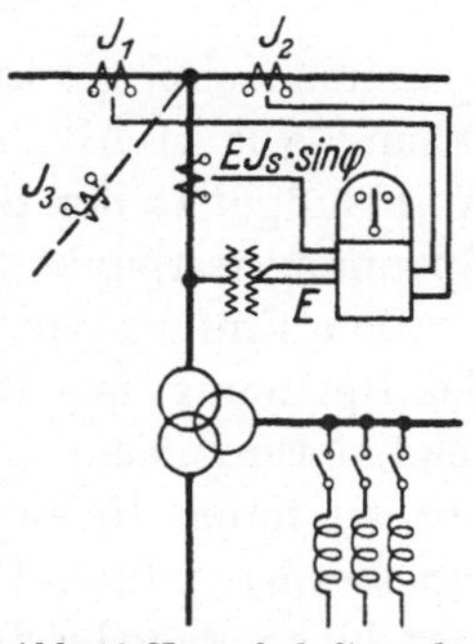

Abb. 46. Normalschaltung des Kompensationsrelais in Zwischenstationen.

3. Schaltungsmöglichkeiten für das Kompensationsrelais. Um die Schaltungsmöglichkeiten und die mit diesen erzielbaren Betriebsbedingungen übersehen zu können, betrachten wir zunächst die in Abb. 46 wiedergegebene Normalschaltung (vgl. Abschnitt I, Abb. 36) für eine Zwischenstation im Zuge einer langen Leitung. Es ist bereits (im Abschnitt I, Abb. 49) darauf hingewiesen worden, daß in sinngemäßer Erweiterung der Kompensationsbedingungsgleichung auch für sternförmig zusammenlaufende Leitungen das Relais durch Hinzunahme weiterer Stromglieder erweitert werden kann.

Oft ist es aber angenehmer, eine durchgehende Leitung als in sich abgeschlossenes Gebilde zu behandeln und auch hochspannungsseitige Stichleitungen als Abnehmerbelastung einzuführen. In diesem Fall führt die in Abb. 47 gezeigte Anschaltung des Relais (das Relais selbst ist in dieser und den nächsten Abbildungen der Einfachheit halber fortgelassen, lediglich die speisenden Wandler sind eingetragen) auf bequeme Weise zum Ziel, indem der Stationsstrom nur durch Differenzbildung aus den Strömen der Leitungswandler nachgebildet wird. Diese Schaltung ist, soweit die Meßgenauigkeit der in Differenzschaltung arbeitenden Stromwandler ausreicht, und die Verkopplung der Wandler untereinander nicht aus anderen Gründen vermieden werden muß, vorteilhaft, weil einer der teuren Stromwandler auf der Hoch-

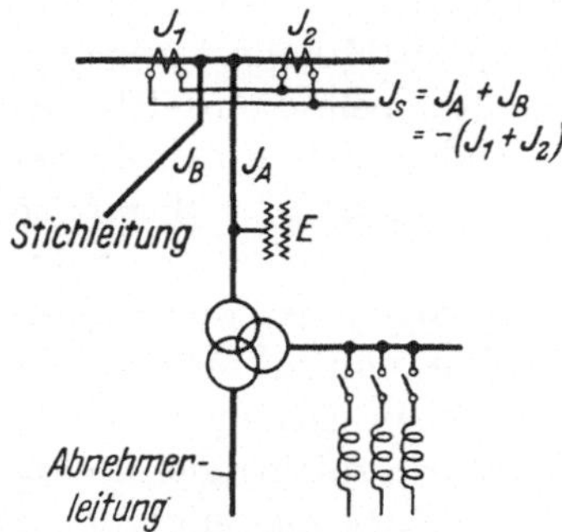

Abb. 47. Ersparnis der Abnehmer und Stichleitungswandler für Kompensationsrelais.

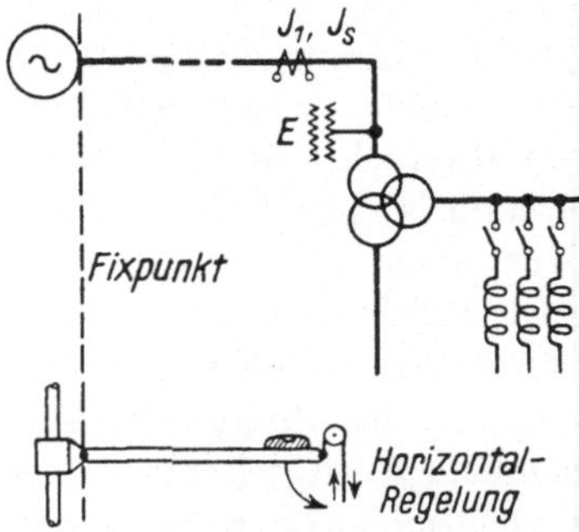

Abb. 48. Speisewandler für Kompensationsrelais einer Endstation bei einseitigem Spannungsfestpunkt. Darunter mechan. Analogon.

spannungsseite gespart werden kann. Eine hinzukommende Stichleitung, wie in Abb. 47, kann dann so geregelt werden, als wäre der Anschlußpunkt der Stichleitung an die Hauptübertragungsleitung ein Spannungsfestpunkt der Stichleitung.

Den Einfluß der Leitungsenden bzw. der wählbaren Festpunkte der Spannung macht man sich zweckmäßig an dem in Abb. 48 gezeigten vereinfachten Beispiel klar. Es zeigt eine einzelne Leitung, die nur an ihrem freien Ende mit einer Kompensationseinrichtung ausgerüstet ist, während am anderen Ende die Spannung z. B. durch eine Maschine vorgeschrieben wird. Da mit der Erfüllung der Kompensationsbedingung am freien Leitungsende Spannungsgleichheit zwischen der Maschine und dem Leitungsende erzwungen wird, so kann man sich diese Art der Regelung modellmäßig, wie in Abb. 48 unten, durch eine mechanische Anordnung ersetzt denken, bei der am Ende eines freibeweglichen Hebelarmes eine Regeleinrichtung vorgesehen ist, die stets für eine Horizontaleinstellung des Hebelarmes sorgt. Wird der Fixpunkt in seiner Höhenlage verstellt, so folgt auch das freie Ende zwanglos dieser Regelung.

Nun wird bei diesem Verfahren die vorausgesetzte Maschine bereits mit Blindstrom belastet. Das vermeidet man möglichst, weil bekanntlich unter kapazitiver Belastung wegen der erforderlichen Feldschwächung die Stabilität der Maschine leidet. Man wird infolgedessen gern bereits am Festpunkt Drosselspulen einschalten, jedoch ohne in diesem Falle dem Festpunkt die Spannungsführung zu entziehen. Dieses Bestreben führt auf die in Abb. 49 angedeutete Schaltung des Kompensationsrelais, bei der nicht mehr der gesamte Blindstrom, der in die Station einfließt zum Ausgleich auf ein gewünschtes Maß gebracht wird, sondern lediglich der von den Drosseln zu übernehmende Blindleistungsbetrag so eingestellt wird, wie es den Kompensationsbedürfnissen der Leitung unabhängig von der sonstigen Belastung der Maschinen entspricht.

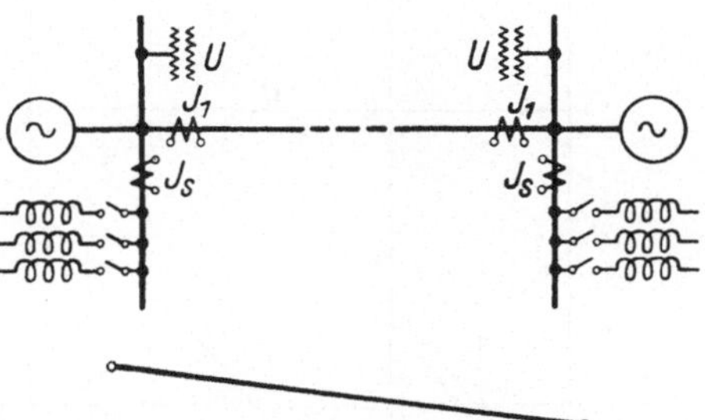

Abb. 49. Speisewandler für die Kompensationsrelais in den Endstationen einer Leitung mit 2 Spannungsfestpunkten. Freier Blindstromaustausch, lineare Spannungsverteilung.

Wenn wir zunächst einmal die linke Station allein betrachten, das andere Ende der Leitung dagegen ohne eigene Spannung als normal kompensiertes Leitungsende ansehen, so wird nur dafür gesorgt, daß die Leitung selbst keinerlei Blindbelastung auf die linksgezeichnete Station ausübt. Koppelt man nun zwei derart geschaltete Endstationen über die Leitung aneinander, so bedeutet das, daß zwischen den beiden Festpunkten ein Blindstromaustausch erfolgen kann, der sich dem Einfluß der Regelapparaturen sämtlicher Stationen entzieht. Dadurch wird sich die Spannung der Leitung linear verteilt auf Werte zwischen den Spannungen der beiden Endstationen einstellen, wie es in Abb. 49 unten schematisch dargestellt ist. Das ganze System bleibt dabei stets „statisch bestimmt“.

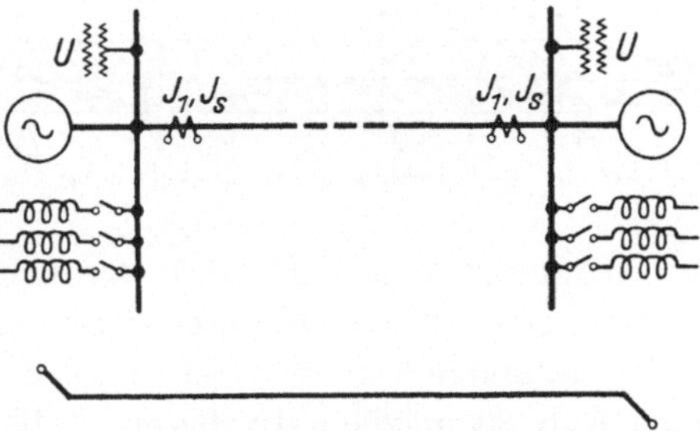

Abb. 50. Speisewandler für Kompensationsrelais bei erzwungener Vorbelastung an den Leitungsenden.

Andererseits kann man aber auch so vorgehen, daß man den Blindleistungsaustausch längs der Leitung gänzlich zu unterdrücken versucht, indem man beide Leitungsenden, so wie in Abb. 48 auf Erfüllung der strengen Kompensationsbedingung schaltet. In diesem Falle (Abb. 50) versuchen die Kompensationsregler ihrerseits den Unterschied zwischen den Maschinenspannungen an beiden Leitungsenden auszugleichen, d. h. sie versuchen auf der einen Seite durch Zuschalten der Drosseln die Spannung zu senken, auf der anderen Seite durch Abschalten der Drosseln zu heben. Da die Maschinenregler solchen Einflüssen entgegenarbeiten, so würde das bedeuten, daß die Endstationsregler der Blindleistungskompensation in entgegengesetzte Endstellungen laufen würden, wenn die Leitung starr an die Speisepunkte angekuppelt ist. Wird

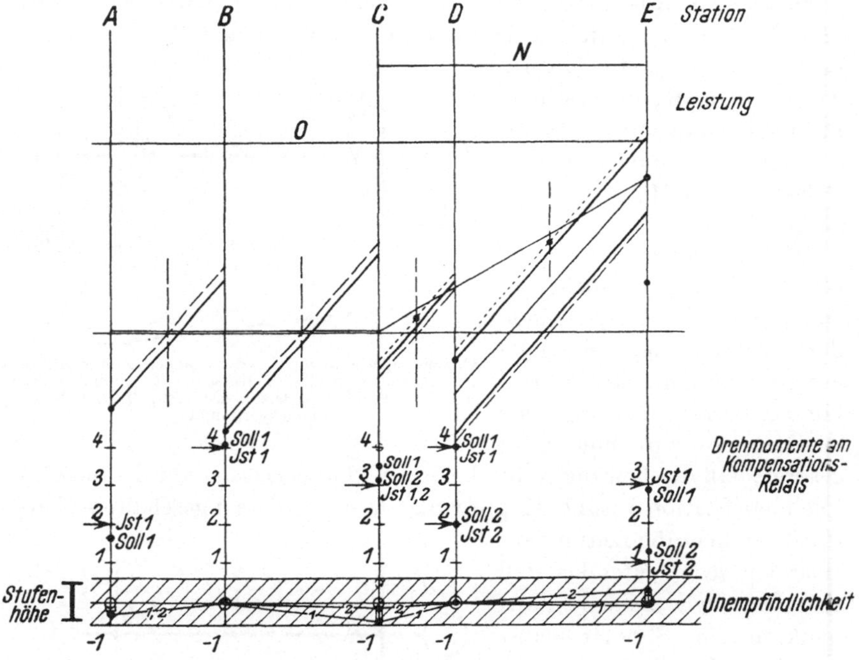

Abb. 51. Regelvorgang beim Ausregeln einer Laständerung durch Kompensationsrelais.

die Spannung aber z. B. nach der Unterspannungsseite der Transformatoren geregelt, so daß deren Streureaktanzen einen Spannungsunterschied aufnehmen können, so ist auch eine Regelung in der Schaltung nach Abb. 50 möglich. In diesem Falle erzwingen die Kompensationseinrichtungen wieder eine konstante Spannung längs der Leitung, die sich als Mittelwert zwischen den von den beiden Kraftwerken gewünschten Beträgen, wie in Abb. 50 unten angedeutet ist, ergeben würde.

4. Beispiel eines Regelvorganges. Abb. 51 zeigt zum Schluß noch eine der Behandlung der Spannungsregler im Kapitel E 1 analoge Darstellung, in welcher Weise das Kompensationsrelais eine zwischen den Stationen C und E auftretende Belastung ausreguliert. Wir schließen uns in der Entwicklung der Regulierdiagramme hier der graphischen

Ermittlung des Blindleistungsbedarfes der Leitung nach Abschnitt B 2 an, indem wir die an den Kompensationsrelais zu erwartenden Drehmomente als Differenz zwischen dem aus der graphischen Ermittlung folgenden Sollwert und dem durch die Zahl der jeweils eingeschalteten Drosselspulen gekennzeichneten Istwert bestimmen. Mit dem Index *1* ist in Abb. 51 der Zustand vor dem Reguliervorgang, mit *2* der Zustand nach dem Reguliervorgang bezeichnet. Das Diagramm bringt eine direkte, schwingungsfreie Verschiebung der Blindleistungslinie zwischen D und E in 2 Schritten zur Darstellung, irgendwelche Besonderheiten beim Regelvorgang selbst sind nicht zu erwarten.

G. Vergleich zwischen Freileitung und Kabel.

Unsere bisherigen Zahlenbeispiele und Betrachtungen beschränkten sich auf die Voraussetzung von Freileitungen und Betriebsspannungen in der Größenordnung von 200 kV. Die zunehmenden Fortschritte der Hochspannungskabeltechnik legen es aber nahe sich zu überlegen, inwieweit sich das über die Kompensierung der Freileitungen und ihre Regelung Gesagte auch auf Kabelleitungen großen Maßstabes übertragen läßt.

Zwei charakteristische Werte sind es, in denen der für die vorliegenden Aufgaben wesentliche quantitative Unterschied zwischen Kabel und Freileitung zutage tritt: Der Wellenwiderstand des Kabels beträgt mit etwa 43 Ohm/Phase rund $^1/_9$ desjenigen der Freileitung, bei der etwa 380 Ohm zu rechnen sind. Andererseits ist der Wert $\frac{r}{\omega l}$ für das Kabel etwa 4 mal so groß als für die 200 kV-Freileitung mit 25 mm Seildurchmesser.

Infolge des kleinen Wellenwiderstandes liegt die natürliche Leistung des Kabels so hoch, daß sie wegen der begrenzten Belastbarkeit des Kupfers nicht annähernd erreicht werden kann. Vielmehr kann man damit rechnen, daß ein 200 kV-Kabel nur bis auf etwa $^1/_6$ der natürlichen Leistung belastet wird. Das bedeutet, daß die induktive Blindleistung der Leitung im Höchstfalle etwa 3% der Ladeleistung ausmacht. Die Berücksichtigung der Veränderung dieser Blindleistung bei der Kompensation erübrigt sich daher praktisch, so daß man ähnlich wie bei der nivellierten Leitung an feste Kompensation, z. B. auch durch geeignet dimensionierte Transformatoren mit Luftspalt im Eisenkreis, denken könnte.

Das große Verhältnis von $\frac{r}{\omega l}$ macht sich in dem Ausdruck der „begleitenden“ Blindleistung sehr unangenehm bemerkbar. Wenn wir nach den gleichen Grundsätzen regeln wollten, wie bei der Freileitung, so müßte soviel Blindstrom über die Leitung übertragen werden, daß wir eine unerträgliche Vermehrung der Kupferverluste zu erwarten hätten. Das zeigt, daß es für die Kabelübertragung ebenso wie für nivellierte Leitungen unbedingt erforderlich wird, die Spannungskorrektur längs der Strecke nicht durch den Blindstrom, sondern z. B. durch eingefügte Regeltransformatoren vorzunehmen. Diese Korrektur ist, wie sich zeigen wird, auch mit Rücksicht auf die Stabilitätsgrenzen zweckmäßig.

Die relativ geringe Induktivität des Kabels verringert natürlich den maximalen Spreizwinkel zwischen den Spannungsvektoren. Man vergleicht die Zusammenhänge für eine gleichwertige Freileitungs- oder Kabelübertragung leicht an Hand der Abb. 52. Da der maximale Spreizwinkel zwischen den Endspannungen der Übertragungsleitung für eine Leitung mit längs der Strecke erzwungen konstanter Spannung $\vartheta = \frac{\omega\, l\, a\, J}{U}$ sein muß, der Wirkungsgrad der Leitung aber angenähert aus

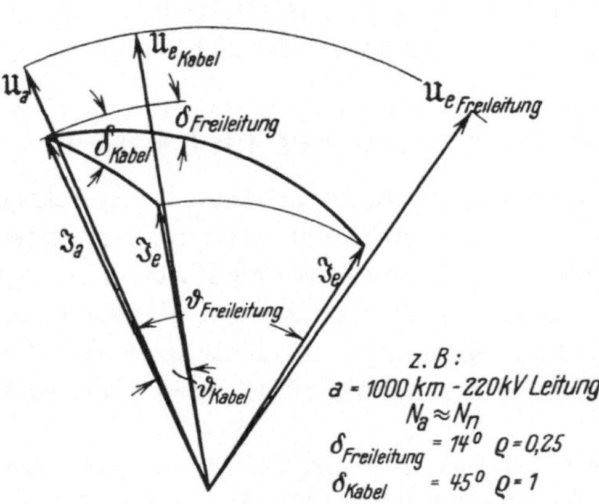

Abb. 52. Spannungs- und Stromdiagramm von Freileitung und Kabel bei gleichem Wirkungsgrad.

$$\eta = 1 - \frac{J\, r\, a}{U} = 1 - \vartheta \frac{r}{\omega l} \tag{34}$$

folgt, so sieht man, daß für das Kabel bei gleichem Wirkungsgrad der Spreizwinkel im umgekehrten Verhältnis mit dem Wachstum des Wertes $\frac{r}{\omega\, l}$ kleiner wird.

Dieser Einfluß würde aber ohne die erwähnte Spannungskorrektur von dem erheblichen Verlustwinkel des Kabels wieder völlig ausgeglichen. Wir betrachten, um das zu übersehen, zunächst wieder die Grenzleistung einer einfachen Drossel mit der Impedanz X, der wir diesmal aber den Verlustwinkel δ zuschreiben. U_1 sei die Sendespannung, U_2 die Empfangsspannung. Damit geht Gl. (21) jetzt über in

$$N_2 = \frac{U_1\, U_2}{X} \sin(\vartheta + \delta) - \frac{U_2^2}{X} \sin\delta\,. \tag{35}$$

Die höchste übertragbare Leistung wird danach mit $\left(\vartheta = \frac{\pi}{2} - \delta\right)$

$$N_{2\,\max} = \frac{U_2}{X}(U_1 - U_2 \sin\delta)\,. \tag{36}$$

Setzen wir darin für Kabel $\sin\delta = 0{,}7$, so sehen wir, daß die effektive Verringerung des Spreizwinkels ϑ bei gleicher Leistung uns gegenüber der Freileitung mit vierfacher Induktivität kaum einen Gewinn bringen würde, wenn wir die auf konstantes Übersetzungsverhältnis bezogene Empfangsspannung gleich der Sendespannung halten wollten. Wir ermitteln noch den günstigsten Wert von U_2, indem wir bilden

$$\frac{d N_2}{d U_2} = \frac{U_1}{X} - \frac{2 U_2}{X} \sin \delta = 0 , \tag{37}$$

folglich

$$U_2 = \frac{U_1}{2 \sin \delta} \tag{38}$$

für $\sin \delta = 0{,}7$ wäre es also am günstigsten $U_2 = 0{,}7\, U_1$ zu wählen. Damit wird maximal übertragbar

$$N_{2\max} = \frac{U_1^2}{4 X \sin \delta} = \frac{U_1^2}{4 R} , \tag{39}$$

wobei R der Verlustwiderstand der ganzen Strecke ist. Dabei ist aber noch nicht berücksichtigt, daß jede Übertragung mit großem Verlustwinkel zu selbsterregten Pendelungen neigt, deren Vermeidung besondere Anforderungen an den Bau der Maschinen stellt.

Man sieht daraus, daß die Überbrückung großer Entfernungen mit Kabeln bei Verwendung hochgespannter Wechselströme auch die Blindstromkompensation noch vor einige neue Aufgaben stellen würde. Die weitere Entwicklung wird aber, abgesehen von der Frage der Wirtschaftlichkeit des Kabels, noch sehr wesentlich von den gleichzeitigen Fortschritten der Gleich- und Wechselrichtertechnik abhängig werden. Diese werden im wesentlichen wohl darüber entscheiden, ob sich womöglich der Gleichstrom das Feld der Kabelübertragungen auf sehr große Entfernungen erobern wird.

V. Regelung der Kraftwerke beim Zusammenschluß.

Von **A. Rachel**, Dresden.

In diesem Abschnitt soll über die Gesamtheit der technischen und wirtschaftlichen Gesichtspunkte berichtet werden, die bei der Regelung der Kraftwerke beim Zusammenschluß auftreten. Die in der Literatur im Laufe der Entwicklung verstreuten Berichte sollen zusammenfassend vorgetragen werden, und zwar vor allem aus dem Gesichtswinkel des praktischen Betriebes heraus. Wir wollen dabei nicht über theoretische oder konstruktive Gesichtspunkte der Regler sprechen, sondern eine zusammenhängende Darstellung der Dinge bringen, die sich im Betrieb als von Bedeutung erwiesen haben.

Den Gesamtstoff dieser Darlegungen unterteilen wir in der Weise, daß wir zunächst über die Spannungs- und Blindleistungsregelung und dann über die Wirkleistungsregelung, und zwar sowohl von der technischen wie von der wirtschaftlichen Seite sprechen. Als Abschluß des Vortrages sollen dann noch die Vorgänge und Gesichtspunkte in bezug auf die Regelung bei Störungen vorgetragen werden.

A. Spannungs- und Blindleistungsregelung.

1. Selbsttätige Spannungsregler. Die Spannungsregelung von Generatoren erfolgt in bekannter Weise mit eigenen Erregermaschinen oder mit Fremderregermaschinen mittels Nebenschlußreglers, oder mit Nebenschlußregler in Verbindung mit Hauptstromregler, oder mit Hauptstromregler allein, wobei die Erregung der Erregermaschine selbst durch eine Hilfserregermaschine oder durch Fremdspannung gespeist werden kann.

Die technische Ausführung dieser Regler ist vielgestaltiger Natur. Für die automatische Spannungsregelung, die heute in weitem Maße angewendet wird, finden fast ausschließlich die sogenannten Schnellregler Verwendung. Zu nennen sind hier beispielsweise als Ausführungsformen

die Bauart der Allgemeinen Elektricitäts-Gesellschaft (AEG) (System Tirrill),

die Bauart der Siemens-Schuckertwerke (SSW),
die Bauart von Fuß,
die Bauart von Brown, Boveri & Cie. (BBC) mit Wälzsektoren und der Thoma-Regler.

Bei den drei zuerst genannten Reglern wird durch ein Spannungsrelais, dem die konstant zu haltende Maschinenspannung bzw. Sammelschienenspannung vom Spannungswandler zugeführt wird, in Zusammenarbeit mit einem an der Erregerspannung angeschlossenen Spannungsrelais ein weiteres, ein Kontaktpaar betätigendes Relais so gesteuert, daß es einen Widerstand im Erregerkreis der Erregermaschine — wozu gewöhnlich gleich der Widerstand des Nebenschlußreglers verwendet wird — in einem bestimmten Taktverhältnis kurzschließt und wieder frei gibt. Hierdurch stellt sich, wenn auch die der Erregermaschine aufgedrückte Erregerspannung entsprechende Schwankungen durchmacht, bei der magnetischen Trägheit dieser Maschine ein bestimmter Erregerstrom am Generator ein, und zwar im ausgeglichenen Zustand der Wert, bei dem die Spannung den gewünschten Wert erreicht.

Ändert sich die Belastung und damit durch den veränderten Spannungsabfall in der Maschine auch die Spannung an ihren Klemmen, so ändert der Regler das Taktverhältnis, und zwar so, daß, wenn die Spannung gefallen ist, der Widerstand länger, und wenn sie gestiegen ist, der Widerstand kürzer kurzgeschlossen ist. Auf diese Weise erhöht bzw. erniedrigt sich der Erregerstrom. Zur Beschleunigung der Regelung ändert sich beim Übergang von einem zum anderen Zustand das Taktverhältnis zunächst wesentlich stärker. Fällt die Spannung, so wird zunächst der Widerstand überwiegend kurzgeschlossen, steigt sie, so wird er überwiegend freigegeben, bis sich dann beim Wiedererreichen des einzuhaltenden Wertes das Taktverhältnis auf den neuen Wert einspielt.

Die Regelung beim BBC-Regler erfolgt in der Weise, daß Widerstände mit sehr vielen feinstufigen Anzapfungen im Erregerkreis der Erregermaschine mehr oder minder kurzgeschlossen werden, und zwar dadurch, daß Wälzkontaktsektoren auf im Kreis angeordneten Kontakten, die zu den Anzapfungen der Widerstände führen, nach der einen oder anderen Seite hin abrollen. Die Bewegung der Wälzkontaktsektoren erfolgt durch ein Drehsystem nach dem Ferraris-Prinzip, das mit einer Haupt- und einer Hilfswicklung ausgerüstet ist und dem die konstant zu haltende Spannung zugeführt wird. Die Gegenkraft für das Drehsystem bildet eine verstellbare Feder. Ist die Spannung konstant, so befindet sich das System in Ruhe. Verändert sich die Spannung, so erfolgt entsprechend der dann erforderlichen neuen Einstellung der Widerstände und damit des Erregerstromes im Erregerkreis eine Verstellung nach der einen oder anderen Seite. Um eine schnelle Regelung zu erzielen, arbeitet auch der BBC-Regler so, daß zunächst wesentlich mehr Widerstand kurzgeschlossen wird, wenn eine Spannungserhöhung erfolgen soll bzw. wesentlich mehr Widerstand eingeschaltet wird, wenn eine Spannungsherabsetzung erfolgen soll, als dem neuen Endzustand entspricht. Nähert sich die Spannung wieder dem ge-

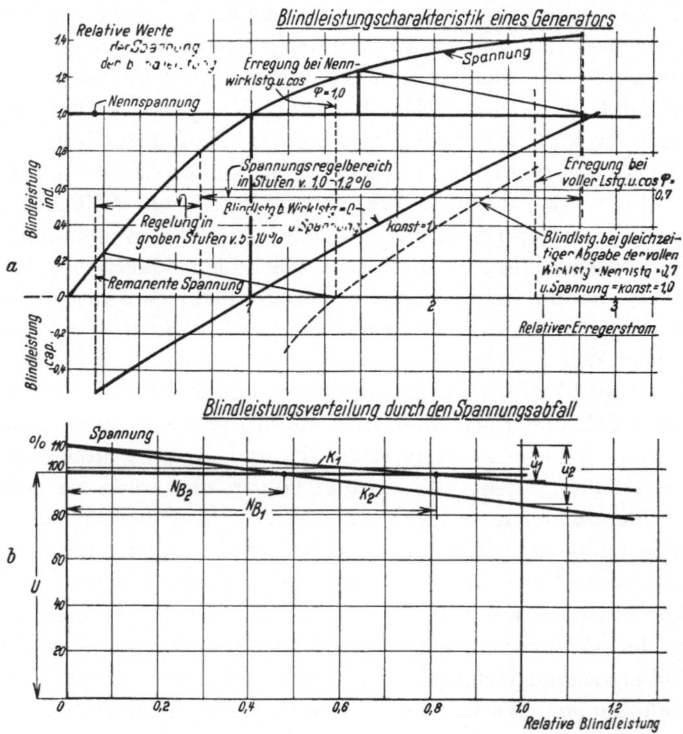

Abb. 1. Leerlauf- und Blindleistungscharakteristik eines Generators.

wünschten Wert, so kehrt der Regler zurück und spielt sich auf die neue Stellung ein.

Beim Thoma-Regler arbeitet das Spannungsrelais, dem die konstant zu haltende Spannung zugeführt wird, auf einen Ölsteuerzylinder, durch den ein Öl-Servomotor mit Drehbewegung beeinflußt wird, der unmittelbar auf den für Handregelung vorgesehenen Nebenschlußregler oder auch Hauptstromregler wirkt. Auch hier ist zur Erreichung einer schnellen Verstellung ein starkes Überregulieren mit entsprechender Rückführung vorgesehen.

Bei allen Reglern kann die konstant zu haltende Spannung durch einen entsprechenden Vorschaltwiderstand auf beliebige Werte innerhalb des Regelbereiches eingestellt werden.

Die Abhängigkeit der Generatorspannung von der Erregung wird durch die Leerlauf- und Blindleistungscharakteristik des Generators dargestellt. In Abb. 1 ist eine solche wiedergegeben.

In der Abszisse ist der relative Erregerstrom, in der Ordinate die relativen Werte der Spannung und der Blindleistung aufgetragen. Die obere Kurve zeigt den Verlauf der Generatorspannung in Abhängigkeit von der Erregung, wobei die Grobstufen zum Anfahren bis 0,9 der Nennspannung und von da der eigentliche Betriebsregelbereich mit Feinstufen bis zur vollen Erregung eingetragen sind.

In der ersten Entwicklungsstufe der Elektrizitätsversorgung, bei welcher man es bekanntlich mit Einzelversorgungssystemen verhältnismäßig kleineren Umfanges zu tun hatte, deren Energiequelle am Schwerpunkt gelegen war, war die Spannungsregelung vom elektrischen Standpunkt aus kein irgendwie besonderes Problem, und die Auslegung des Generators und der Erregermaschine vom Standpunkt des im Betrieb benötigten Spannungsregelbereiches war recht einfach, da im allgemeinen nur auf die einfach zu übersehenden Spannungsabfälle Rücksicht genommen zu werden brauchte.

Die spätere Entwicklung der Elektrizitätsversorgung, insbesondere nach dem Weltkriege, ist durch eine Verlegung der Kraftwerke an den günstigsten Erzeugungsort und demgemäß durch längere und oft ungleich lange Übertragungen, ferner durch eine zunehmende Verkupplung von Elektrizitätswerken und Zusammenfassung zur sogenannten Großversorgung mit ihren vielseitigen Betriebsbedürfnissen gekennzeichnet. Elektrisch gesehen, bedeutete dies vor allem eine Zunahme der Übertragungsspannung und damit, worauf noch später näher zurückzukommen ist, eine Zunahme der Ladeleistung.

Die Auslegung der Generatoren und der Erregermaschinen vom Standpunkt des Spannungsregelbereiches ist daher für ein Großversorgungssystem nicht mehr ganz so einfach.

Die eine Grenze ist die höchstnotwendige Spannung bei voller Belastung und ungünstigstem cos φ, Zahlen, die bei ausgedehnten Versorgungen, besonders wenn sie sich noch in Entwicklung befinden, nicht immer einigermaßen festliegen. Die andere Grenze ist die tiefste Spannung bei geringster Belastung, z. B. Nacht- oder Sonntagsbelastung, und günstigstem cos φ, wobei für diese Grenzziffern ebenfalls das vorstehend Gesagte gilt. Darüber hinaus ist beim Spannungsregelbereich noch auf die Spannungsverhältnisse von solchen Werken, wenigstens der Größenordnung nach Rücksicht zu nehmen, die unter Umständen, z. B. bei Störungen, einmal parallel arbeiten können. Außer dem so ermittelten normalen Betriebsregelbereich vom Leerlauf bis zur höchsten Grenze benötigt man im allgemeinen noch Grobstufen für das Hochfahren von Netzteilen, wie es in Abb. 1 ersichtlich gemacht ist.

2. Verteilung der Blindleistung auf die Maschinen. Für die Regelung ist nun weiter von grundlegender Wichtigkeit die Blindleistungscharakteristik des Generators. Sie ist in Abb. 1a für den betrachteten Generator für gleichbleibende Nennspannung, und zwar einmal für Wirkleistungsleerlauf, das andere Mal für Wirkleistungsvollast eingezeichnet. Man erkennt hieraus, daß zwischen der Spannungshaltung des Generators und der Blindleistungsabgabe über die Erregung hinweg ein zwangläufiger Zusammenhang besteht. Diese Wechselbeziehungen zwischen Spannung und Blindleistung spielen nun einerseits beim Parallellauf von Maschinen eines Kraftwerkes oder ganzer Kraftwerksgruppen und andererseits beim Arbeiten einer Maschinengruppe oder einer Kraftwerksgruppe auf ein Netz eine besondere Rolle.

Um nun einen Einblick in die Blindleistungsverteilung bei zwei parallellaufenden Synchrongeneratoren zu gewinnen, sind in Abb. 1b die Spannungsabfallkennlinien K_1 und K_2 von zwei Maschinen *1* und *2* in Abhängigkeit von der relativen Blindleistung aufgezeichnet.

Haben die beiden Maschinen die gleiche Blindleistungsfähigkeit $N_{B m_1} = N_{B m_2}$, so verteilt sich die Blindleistung bei einer beliebigen Spannung U umgekehrt wie die bleibenden Spannungsänderungen U_1 bzw. U_2, es besteht also die Beziehung:

$$\frac{N_{B_1}}{N_{B_2}} = \frac{U_2}{U_1}, \tag{1}$$

wobei N_{B_1} die von der Maschine *1* und N_{B_2} die von der Maschine *2* übernommene Blindleistung ist.

Haben die Maschinen verschiedene Blindleistungsfähigkeiten, nämlich Maschine *1* $N_{B m_1}$ und Maschine *2* $N_{B m_2}$, so erfährt die obige Gleichung folgende Abwandlung:

$$\frac{N_{B_1}}{N_{B_2}} = \frac{\frac{N_{B m_1}}{U_1}}{\frac{N_{B m_2}}{U_2}}. \tag{2}$$

Im praktischen Betrieb liegen nun aber die Verhältnisse nicht immer so, daß eine anteilig gleiche Verteilung der Blindlast auf die Maschinen gewünscht wird.

Die Gesetzmäßigkeit, wie einer Änderung der Spannung einer von zwei parallellaufenden Maschinen eine Änderung der Blindleistungsverteilung folgt und welche resultierende Blindleistungsverteilung sich schließlich einstellt, wenn am Ende des Regelvorganges wieder auf die gleiche vorher bestehende Maschinensammelschienenspannung geregelt wird, zeigt an einem Beispiel die Abb. 2. Sie stellt die Leerlauf- und Blindleistungscharakteristik zweier gleicher Maschinen dar. Die beiden Maschinen seien wirkleistungsseitig voll belastet, wobei als volle Wirkleistung der Wert angenommen worden ist, der sich bei voller Scheinleistung für $\cos\varphi = 0{,}7$ ergibt. Für den angenommenen Ausgangsbetriebszustand mögen beide Turbinen außer der vollen Wirkleistung eine solche Blindlast abgeben, daß der $\cos\varphi = 0{,}81$ ist. Die Erregung ist hierbei, wie in den Diagrammen angegeben, bei beiden Maschinen auf den Wert 2,26 (Punkt e_0) einzustellen.

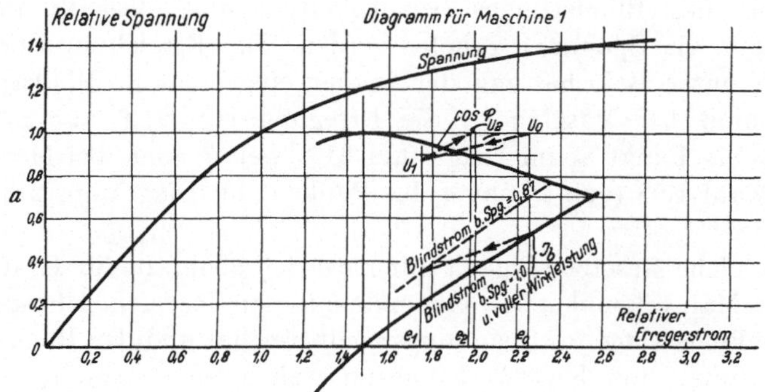

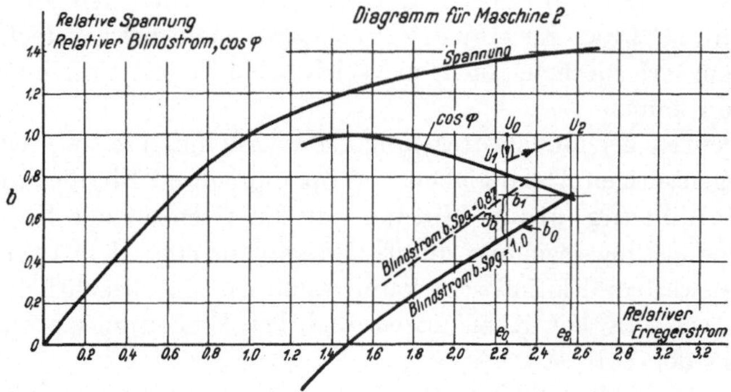

Abb. 2. Diagramm für die Veränderung der Blindlastverteilung zwischen 2 parallelen Maschinen

Soll nun die Blindlastverteilung verändert werden, und zwar z. B. so, daß die Maschine *1* nur eine Blindleistung entsprechend einem $\cos\varphi$ von 0,9 abgibt, so muß bei dieser Maschine der Erregerstrom herabgesetzt werden. Würde die Spannung konstant bleiben, so wäre die Herabsetzung des Erregerstromes nur bis 1,98 (Punkt e_2, im Diagramm 2a) nötig. Da die Spannung jedoch fällt, muß der Erregerstrom weiter herabgesetzt werden. Nach dem Diagramm wird die gewünschte Blindlastverteilung erreicht, wenn bei der Maschine *1* der Erregerstrom 1,75 (Punkt e_1 im Diagramm 2a) beträgt. Die Spannung der beiden Maschinen ist hierbei von U_0 auf U_1, also auf 0,87, gefallen.

Bei der Maschine *2* ist bei konstant gebliebener Erregung von 2,26 (Punkt e_0) die Blindstromabgabe um den Betrag gestiegen, um den sie bei Maschine *1* abgenommen hat, also von 0,525 auf 0,714 (von Punkt b_0 bis Punkt b_1 im Diagramm 2b). Um nun die Spannung wieder auf U_0 heraufzusetzen, muß die Erregung entsprechend erhöht werden. Wird zunächst bei der Maschine *2* die Erregung erhöht, so nimmt sie gleichzeitig noch mehr Blindstrom auf. Um die gewünschte Verteilung des Blindstromes beizubehalten, muß deshalb auch bei Maschine *1* die Spannung erhöht werden. Zur Erreichung der Spannung U_0 unter Beibehaltung der vorher eingestellten Blindstromverteilung muß bei Maschine *2* die Erregung von 2,26 auf 2,57 (von Punkt e_0 bis Punkt e_2 im Diagramm 2b), weiter auch bei Maschine *1* von 1,75 auf 1,98 (von Punkt e_1 bis Punkt e_2 im Diagramm 2a) erhöht werden.

Eine solche Gesetzmäßigkeit gilt natürlich ebenfalls für Kraftwerksgruppen. Man erkennt also, daß man mit den Regeleinrichtungen bei richtiger Bemessung des Spannungsregelbereiches und der Blindleistung der Maschinen und Kraftwerke grundsätzlich sehr wohl in der Lage ist, durch die Kraftwerksregelung bei einwandfreien Spannungsverhältnissen die benötigte Blindleistung auf die einzelnen Maschinen- bzw. Kraftwerksgruppen nach betriebstechnischen und, wenn erforderlich, auch nach wirtschaftlichen Gesichtspunkten aufteilen kann.

3. Grenzen der Blindlastregelung. Man erkennt aber weiterhin aus dieser gegenseitigen Abhängigkeit von Spannung und Blindleistung, daß die Ladeleistung eines Netzes auf die Grenzen der Spannungs- und Blindleistungsregelung durch Maschinen oder Kraftwerke von bemerkenswertem Einfluß sein kann, wenn sie eine beachtliche Größe erreicht, wie das bei Kabelnetzen und bei Freileitungsnetzen hoher Spannung der Fall ist.

Einen Einblick in diese Zusammenhänge soll die Abb. 3 geben. In dieser sind wieder die Leerlauf- und die Blindleistungscharakteristiken dargestellt, und zwar letztere für die konstanten relativen Spannungen 0,9, 1,0 und 1,1. Ferner ist der Grob- oder Anfahrbereich und der Fein- oder Betriebsregelbereich eingetragen. Für die Spannungsregelung im Netz ist maßgebend, daß zur Zeit geringer Belastung auch bei Wirkleistung 0 an der Maschine eine relative Spannung von 0,9 gehalten werden kann. Die hierbei höchstens abgebbare kapazitive Blindleistung beträgt im relativen Wert ausgedrückt 0,45, wobei die Blindleistung in Höhe der Scheinleistung = 1 gesetzt worden ist.

Wie aus dem Schnitt der Blindleistungslinien mit den für die einzelnen Netze schätzungsweise angegebenen Bereiche für die je Maschineneinheit zur Zeit schwacher Last anfallende Blindleistung zu ersehen ist, wird bei Freileitungsnetzen von 10 bis 40 kV der angegebene Grenzwert für die Spannungsregelung im Netz noch nicht erreicht. Es ist also hiernach eine hinreichende Regelung der Spannung für diesen Betriebsfall möglich. In 100-kV-Netzen wird der Grenzwert schon erreicht und gegebenenfalls auch überschritten. Die Spannungsregelung wird hier deshalb schon erschwert. Es wird nicht in allen Fällen der tiefe Spannungswert von 0,9 eingehalten werden können. Es kann sich z. B. eine um 20% höhere Spannung einstellen, zu deren Herabsetzung auf den gewünschten Wert dann besondere

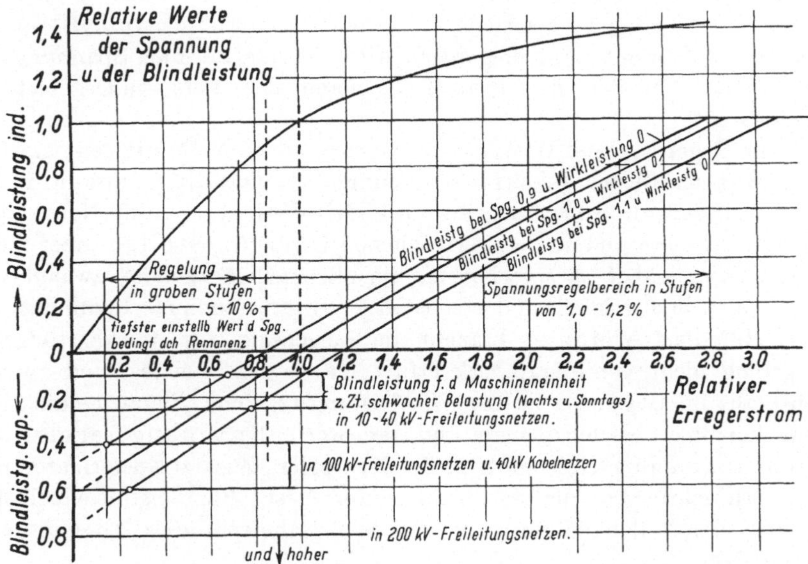

Abb. 3. Grenzen der Spannungsregelung in Abhängigkeit von der Ladeleistung der Übertragung.

Maßnahmen zu ergreifen sind, z. B. Abschaltung nicht unbedingt benötigter Leitungen. Für 220-kV-Freileitungsnetze wird der Grenzwert der zulässigen Blindleistung weit überschritten, weshalb für diese Netze mit Rücksicht auf die Spannungshaltung bei geringer Wirkleistung bzw. Wirkleistung = 0 ganz besondere Maßnahmen erforderlich sind, wie Kompensationsspulen oder besondere Blindleistungsmaschinen.

Zur weiteren Kennzeichnung der Verhältnisse bei 200 kV-Leitungen seien einige interessante Zahlen genannt, die Dr. Maurer vom RWE gelegentlich mitteilte. Bei einer 220 kV-Leitung von 800 km Länge mit 185 mm² Kupferquerschnitt je Phase darf die Spannung an der Erzeugerseite nur 140 kV betragen, wenn sie am Verbrauchsende der Leitung im Leerlauf 220 kV sein soll. Die Blindlast einer solchen Leitung beträgt dabei 64 MVA. Zur Deckung derselben in betriebssicherer Weise würden im Hinblick auf die Selbsterregungsgrenze großer Generatoren bei voreilender Blindleistung etwa 3 Stück 60 MVA-Generatoren nötig sein. Solche Kraftübertragungen kann man also weder von der Generatorenseite noch von der Verbraucherseite befriedigend ausregeln, man muß sie durch zusätzliche induktive Blindlast, die über die Strecke verteilt ist, in sich ausregeln.

In normalen Übertragungen bis 100 kV geht die Spannungs- und Blindleistungsregelung im praktischen Betrieb im allgemeinen so vor sich, daß in den Kraftwerken ein nach den einzelnen Tagesstunden und Tagen verschiedener fester Spannungs- und Blindlastfahrplan mit Hand eingeregelt wird, der eine normale Spannungsmittellage in den einzelnen Teilgebieten des Versorgungsgebietes sicherstellt.

Im Gegensatz zur Wirkleistungsverteilung im Netz, die sehr stark von wirtschaftlichen Bedürfnissen bedingt ist, sind die Grenzen für die zulässigen Spannungen und Blindleistungen im Netz, bei den Abnehmern und an den vertraglichen Übergabestellen, über die später noch näher zu sprechen ist, im allgemeinen ziemlich zwanglos. Die Befriedigung lokaler oder sonst irgendwie bestimmter Spannungs- und Blindlastbedürfnisse braucht im Gegensatz zur Wirkleistungsregelung nicht vom Kraftwerk erfüllt zu werden, weil es, und zwar ebenfalls im Gegensatz zu der Wirkleistungsregelung, hierzu technisch zweckmäßige, betriebssichere und preiswerte Spannungsregeleinrichtungen fürs Netz gibt, z. B. Drehregler, Zusatztransformatoren mit Einrichtungen zur Schaltung unter Last, Blindleistungsquellen u. dgl., deren Behandlung aber aus dem Rahmen dieses Abschnittes herausfällt.

Vom Standpunkt der wirtschaftlichen Betriebsführung der Kraftwerke spielt die Spannungs- und Blindleistungsregelung keine gewichtige Rolle, da z. B. eine Aufteilung der Blindlast auf die einzelnen Energiequellen wirtschaftlich ohne große Bedeutung ist und im Gegensatz zur Wirkleistungserzeugung Unterschiede in der Wirtschaftlichkeit bei den Blindlasterzeugern, nämlich den Generatoren, nicht in fühlbarem Maße vorhanden sind.

Wichtig ist die Blindlastregelung nur auf der Übertragungsseite wegen des Einflusses auf die Übertragungsfähigkeit. Dies kann z. B. zur Anordnung besonderer Blindleistungsquellen im Netz führen. Auf jeden Fall spielt die Ausnutzung der Übertragung im engeren Sinn auf die Regelung der Kraftwerke keine entscheidende Rolle. Sie ist eine Frage der Netzbetriebsführung und der Einrichtung des Netzes, die ja bereits in den früheren Abschnitten behandelt worden ist.

B. Grundlagen der Wirkleistungsregelung.

1. Selbsttätige Wirkleistungsregelung. Die Leistung eines Drehstromgenerators ergibt sich aus der Formel:

$$N = E\,J\cos\varphi\,\sqrt{3} = M_d\,\frac{2\,\pi\,n}{60}, \tag{3}$$

wobei M_d das Drehmoment und n die Drehzahl bedeuten und die übrigen Größen schon bekannt sind.

Der Elektrizitätswerksbetrieb erfordert die Abgabe der Leistung bei gleichbleibender, zum mindesten vorgeschriebener Spannung und gleichbleibender Frequenz.

Für den Zusammenhang zwischen Frequenz f und Drehzahl n eines Generators gilt bekanntlich die Formel:

$$n = \frac{f\,60}{p}, \tag{4}$$

wobei p die Zahl der Polpaare ist.

Die heutige Wirkleistungsregelung kommt nun darauf hinaus, die Leistungsänderung über die Drehzahländerung regelnd zu beherrschen. Für diese Regelung auf der Seite der antreibenden Kraftmaschine benutzt man seit alters her den Fliehkraftregler. Die durch Änderung der Drehzahl hervorgerufene Änderung der Fliehkraft wirkt dabei auf die Organe für die Kraftzufuhr der antreibenden Kraftmaschine.

Eine Maschine mit einer derartigen Wirkleistungsregelung auf der Grundlage der Drehzahlregelung ist nach dem Gesagten in der Lage, sich selbsttätig allen im ungestörten Betrieb anfallenden Leistungen bis zur Größe ihrer eigenen Leistungsfähigkeit innerhalb der sich hierbei einstellenden Frequenzgrenzen anzupassen. Bei Dampfturbinen liegen diese Leistungsgrenzen zwischen Leerlauf und Höchstleistung. Bei Wasserturbinen grundsätzlich ebenfalls, jedoch wird ihre untere Leistungsgrenze wegen ihres dort unverhältnismäßig hohen Wasserverbrauches praktisch nicht ausgenutzt.

Im übrigen ist das Verhalten der Maschinen im Regelbereich sehr von der Art des Antriebes abhängig. Dies erkennt man, wenn man sich die Drehzahländerung bei Entlastung über der Zeit für verschiedene Maschinenarten aufträgt. In Abb. 4 ist dies für drei kennzeichnende Maschinenarten — Dampfturbine, Kaplanturbine mit geringem Gefälle, Francisspiralturbine für größeres Gefälle — geschehen, und zwar sind die aufgetragenen Werte Maschinen aus dem praktischen Betrieb der Aktiengesellschaft Sächsische Werke entnommen.

Man erkennt, wie unterschiedlich im Hinblick auf die bei den einzelnen Anlagearten vorliegenden ganz verschiedenen Massen- und Beschleunigungsverhältnisse des Energietreibmittels die Schlußgeschwindigkeit ausfallen muß und demnach auch die Drehzahländerung bei Entlastung verläuft. Besonders bei Maschinen mit langen Druckrohrleitungen ist man bei der Regelgeschwindigkeit an die technischen und wirtschaftlichen Verhältnisse der Rohrleitung, also Drucksteigerung bzw. Kosten gebunden. Diese Tatsache spielt eine besondere Rolle beim

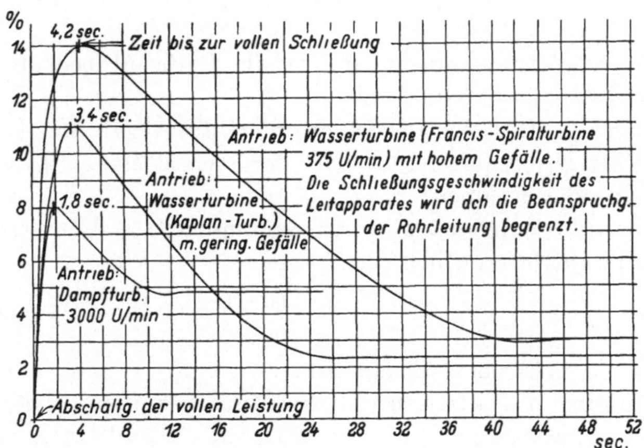

Abb. 4. Drehzahländerung bei Entlastung von Generatoren über der Zeit nach der Entlastung.

Verhalten in Störungsfällen, wo ja stoßweise völlige Entlastungen der Maschinen vorkommen.

2. Verteilung der Wirkleistung auf die Maschinen. Die Frage, die uns nun im Rahmen des vorliegenden Abschnittes bewegt, ist: wie gestaltet sich, technisch und wirtschaftlich gesehen, die Regelung beim Zusammenschluß von Kraftwerken und Netzen?

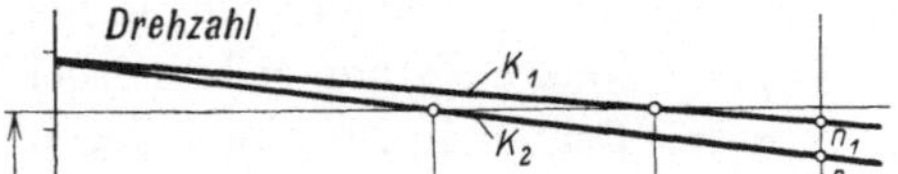

Abb. 5. Reglerkennlinien zweier Maschinen.

Die erste Frage ist dabei, wie liegen die Verhältnisse, wenn zwei oder mehrere Maschinen parallel arbeiten? Wenn dabei jede derselben mit einem Drehzahlregler betrieben wird, so übernimmt jede Maschine bekanntlich bei gleicher Leistungsfähigkeit und gleicher Reglerkennlinie den gleichen Anteil an der Gesamtbelastung, bei zwei Maschinen also z. B. jede die Hälfte. Die Reglerkennlinie stellt daher die Abhängigkeit der Drehzahl von der Belastung dar, die sich unter der Einwirkung des Reglers im stationären Betrieb ergibt.

Wenn die Maschinen dagegen verschiedene Reglerkennlinien haben, also eine verschiedene gleichbleibende Drehzahländerung zwischen Leerlauf und voller Belastung, wie dies in der folgenden Abb. 5 die Kennlinien K_1 und K_2 der Maschinen *1* und *2* zeigen, so stellen sich bei gleicher Leistungsfähigkeit der beiden Maschinen und gleicher Leerlaufsdrehzahl bei einer beliebig eingestellten Drehzahl n zwei Leistungen N_1 und N_2 an diesen ein, die umgekehrt proportional den bleibenden Drehzahländerungen n_1 und n_2 sind.

Es gilt also die Beziehung:

$$\frac{N_1}{N_2} = \frac{n_2}{n_1}. \tag{5}$$

Es ergibt sich somit sinngemäß eine gleichartige Beziehung zwischen Wirkleistung und Drehzahl, wie sie oben für den Zusammenhang zwischen Blindleistung und Spannung von Generatoren gezeigt wurde.

Diese Gleichung erfährt folgende Abwandlung, wenn die Maschinen *1* und *2* nicht gleiche Leistungsfähigkeit, sondern verschiedene, nämlich N_{M_1} und N_{M_2} aufweisen:

$$\frac{N_1}{N_2} = \frac{\frac{N_{M_1}}{n_1}}{\frac{N_{M_2}}{n_2}}. \tag{6}$$

In diesem Falle verhalten sich also die abgegebenen Leistungen wie die Quotienten der Leistungsfähigkeit zur bleibenden Drehzahländerung dieser Maschinen.

Diese Leistungsverteilung kann man im übrigen willkürlich beeinflussen, indem man z. B. durch Änderung der Federkraft am Regler die Leerlaufsdrehzahl und damit die Lage der Kennlinien entsprechend verändert.

Diese Grundgesetze für die Leistungsverteilung auf mehrere auf ein Netz parallelarbeitende Maschinen desselben Kraftwerkes gelten grundsätzlich natürlich auch für das Zusammenarbeiten mehrerer Kraftwerke auf einen gemeinsamen Verbrauch.

Man erkennt somit, daß den rein technischen Anforderungen der Leistungsregelung im ungestörten Betrieb, und zwar sowohl beim Einzellauf einer Maschine, wie beim Parallellauf mehrerer Maschinen oder verschiedener Kraftwerke durch ein solches Reglersystem Genüge geleistet wird.

3. Elektrowirtschaftliche Anforderungen. Außer den technischen Erfordernissen des ungestörten Betriebes hat dieser aber in immer steigendem Maße die Erfüllung gewisser wirtschaftlicher Bedürfnisse verlangt. Aus dem Elektrizitätswerk ist die Elektrizitätsversorgung und schließlich die Elektrizitätswirtschaft geworden. „Wirtschaft“ ist das

Schlagwort der Zeit auch bei der Versorgung der Allgemeinheit mit Licht, Kraft und Wärme, und diese Anforderungen an die Regelung der Kraftwerke aus den wirtschaftlichen Bedürfnissen heraus sind das gewesen, was im letzten Zeitabschnitt den Reglerfragen bei den Elektrizitätswerken das besondere Gepräge gegeben haben.

Solange das mit wirtschaftlich gleichwertigen Maschinen auf einer einzigen Energiequelle erbaute Kraftwerk ein verhältnismäßig kleines Versorgungsgebiet zu speisen hatte, wie das im ersten Entwicklungsabschnitt der Elektrizitätswerke die Regel war, genügte die geschilderte selbsttätige Regelung der Maschinen in ihrer Anpassung an die Belastung auch den wirtschaftlichen Bedürfnissen, die sich eben nur in der Anpassung der Erzeugung an den wechselnden Bedarf des Tages, der einzelnen Wochentage und Jahreszeiten erschöpfte. Diese Anpassung konnte mit Hand z. B. durch rechtzeitiges Ein- und Ausschalten ganzer Maschinensätze erfolgen.

Im Laufe der Entwicklung hatte man es aber nicht nur in zunehmendem Maße mit Maschinen ungleicher Wirtschaftlichkeit im gleichen Kraftwerk zu tun, sondern es traten durch Erschließung neuer Energiequellen im gleichen Versorgungsgebiet auch wirtschaftlich ungleichwertige Energiequellen im Betrieb miteinander in Wettbewerb, z. B. Kraftwerke mit Frischwasserkühlung und solche mit Rückkühlung oder Steinkohlenwerke mit Kohlebezug und Rohbraunkohlenwerke am Tagebau oder Wärmekraftwerke und Wasserkraftwerke.

Im weiteren Verlauf der Entwicklung schlossen sich dann derartige Einzelversorgungsgebiete mit ihren Kraftquellen zu Großversorgungsunternehmungen zusammen, die eine Verwaltungseinheit bildeten.

Daneben entstand aber auch zwischen benachbarten Einzelnetzen ein Gemeinschaftsbetrieb auf Grund von Stromlieferungsverträgen, also Rechtsbeziehungen. Später geschah dann dasselbe, auch zwischen ganzen Landesversorgungen.

So kamen nach und nach Kraftquellen nicht nur von großer technischer, sondern auch von erheblicher wirtschaftlicher Verschiedenheit zum Zusammenarbeiten. Eine Fülle der technisch und wirtschaftlich verschiedenartigsten Betriebsmittel: Einzelmaschinen, Kraftwerke und Netze wurden zusammengeschaltet. Neben der Aufteilung des wechselnden Verbrauchs auf die Betriebsmittel trat nun viel schärfer wie früher die Notwendigkeit der Aufteilung der Gesamtbelastung auf die verschiedenen Betriebsmittel nach vorwiegend wirtschaftlichen Gesichtspunkten in den Vordergrund.

Bedenkt man weiter, daß bei Infragekommen von Wasserkraftwerken außer dem nach Tagesstunden, Wochen und Jahreszeit wechselnden Verbrauch auch noch ein Wechsel der Energiedarbietung vorliegt und ferner, daß in immer steigendem Maße von der Möglichkeit Gebrauch gemacht wurde, zwischen dem wechselnden Verbrauch und der wechselnden Energiedarbietung Energiespeicher, sei es hydraulischer Art, z. B. natürliche Wasserspeicher oder Pumpspeicher, thermischer Art, z. B. Ruthsspeicher, oder elektrischer Art, z. B. Akkumulatoren einzuschalten, so bekommt man einen Begriff von der geradezu verwirrenden Vielheit der Anforderungen, welche die Entwicklung der Elektrizitätsversorgung in den letzten 15 Jahren nach und nach an die Regelung sowohl in betrieblicher, wie auch schließlich in konstruktiver Hinsicht stellte.

Das Ziel der Regelung bei einem Zusammenschluß der verschiedensten Kraftquellen war an sich einfach und klar und lautete: Die Deckung des gesamten Energiebedarfes soll immer so erfolgen, daß die Betriebskosten für die gesamte Energieerzeugung und Übertragung ein Minimum werden.

Die Schwierigkeit zur Erreichung dieses Zieles liegt wesentlich darin, daß die Mittel hierzu von der Art der Energieerzeugung abhängig sind und daher, wie die wenigen nachfolgenden Beispiele zeigen, sehr verschieden sein mußten.

Geht man von der Einzelmaschine aus, so wird man z. B. bei Dampfturbinen des gleichen Kraftwerkes denjenigen, die die beste Wärmeausnutzung besitzen, eine möglichst große Arbeitsmenge zuweisen, die im Dampfverbrauch Nächststehenden anschließend zur Deckung des Bedarfes heranziehen und die ältesten, mit höchstem Dampfverbrauch arbeitenden Maschinen nur zur sogenannten Spitzendeckung benutzen. Genau so wird man Maschinen mit hohen Brennstoffkosten, wie Dieselmotoren, mehr zur Leistungs- als zur Arbeitsdeckung, also nur kurzzeitig zum Betrieb heranziehen.

Dieser Grundsatz auf ganze Wärmekraftwerke umgelegt, heißt also, diejenigen Dampfkraftwerke, die die niedrigsten Gestehungskosten, also Kapitaldienst und Betriebskosten, aufweisen, in erster Linie zur Dauerlast-, also Grundlastdeckung heranzuziehen, Kraftwerke mit höheren Kosten, also z. B. Kraftwerke mit teueren Brennstoffkosten (Steinkohlenwerke, Dieselmotorzentralen) oder ältere Kraftwerke mit schlechterer Wärmeausnutzung mehr für die Deckung der kurzzeitigen Leistungen, also kleineren Arbeitsmengen zu benutzen.

Die nicht speicherfähigen Laufwasserkräfte wird man nach dem Gesichtspunkt restloser Ausnutzung des anfallenden Triebwassers einsetzen, also zur Dauerlastdeckung heranziehen.

Speicherfähige Wasserkräfte wird man je nach der Art ihres Speichers (Tages-, Wochen-, Monats- oder Jahresspeicher) für die Hauptbelastung, Spitzenbelastung oder Jahreszeitbelastung heranziehen. Entsprechend wird man sonstige Speicher, Dampfspeicher, Pumpspeicherwerke und Akkumulatorenanlagen zur Deckung der Hauptbelastung oder Spitzenbelastung je nach ihrem Fassungsvermögen benutzen.

Schließlich sei noch auf die Gegendruckkraftwerke z. B. Heizkraftwerke hingewiesen, deren Erzeugung sich überhaupt nicht nach dem Elektrizitätsverbrauch, sondern nach dem Bedarf an Gegendruckheizdampf richtet.

Zum besseren Verständnis dieser Gesichtspunkte über wirtschaftliche Betriebsführung sei als Beispiel die Belastungskurve eines Groß-

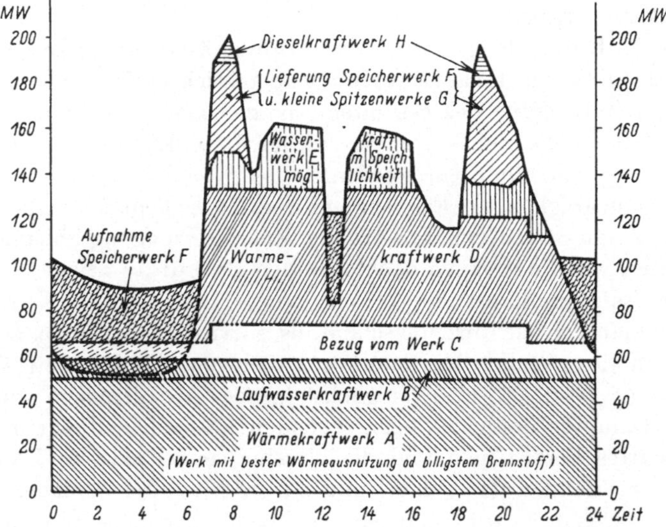

Abb. 6. Tagesbelastung eines Netzes und ihre Aufteilung auf die Kraftwerke.

versorgungsunternehmens und die Aufteilung der Leistung auf die einzelnen Energiequellen an Hand der Abb. 6 gezeigt und erläutert.

Das Wärmekraftwerk *A*, welches die niedrigsten Erzeugungskosten (entweder beste Wärmeausnutzung oder billigsten Brennstoff) hat, deckt die 24stündige Belastung (Grundlast). Das Laufkraftwerk *B* gibt ebenfalls 24stündig seine gesamte anfallende, nicht speicherfähige Leistung als Grundlast ab. Von einem Nachbarwerk *C* wird eine Grundlast, die tags doppelt so groß wie nachts ist, bezogen. Das Wärmekraftwerk *D* liefert in der Hauptbelastungszeit voll, außerhalb derselben verringert und in der Nacht an das Speicherwerk. Das Wasserkraftwerk *E*, welches über entsprechende Speicherfähigkeit verfügen soll, liefert nur in der eigentlichen Hauptbelastungszeit. Die Früh- und Abendspitzen werden durch das Speicherwerk *F* und kleine ältere Dampfkraftwerke *G* als Spitzenwerke gedeckt, wobei der kurzzeitigste Teil dieser Spitzen durch ein Dieselkraftwerk *H* beliefert angenommen ist.

Bedenkt man nach dem Gesagten nun, daß die vorstehenden, schon sehr vielseitigen Gesichtspunkte sich ausschließlich auf die Umlegung des Leistungsbedarfes auf die einzelnen Energiequellen und Betriebsmittel beziehen, daneben aber noch weitgehende, auf Stromlieferungs- oder Strombezugsverträgen beruhende Bedürfnisse nach Aufteilung der verfügbaren Leistung auf bestimmte Abnehmergruppen oder nach Umlegung des Verbrauches auf bestimmte Strombezugsverpflichtungen zu erfüllen sind, so erkennt man wohl ohne weiteres, daß die Regelung der zusammengeschlossenen Kraftwerke nach all diesen wirtschaftlichen Bedürfnissen nicht selbsttätig durch die Drehzahlregler der Maschinen allein erzielt werden kann und daß es verschiedentlich Fälle geben wird, bei denen es auf die Dauer nicht befriedigen kann, diese wirtschaftlichen Bedürfnisse durch Eingriff mit Hand in die Maschinenregler zu erfüllen. Hier mußten zusätzliche Regelungsgrundsätze und zusätzliche Reglereinrichtungen entwickelt werden, die diese Bedürfnisse befriedigen konnten.

C. Regelungsarten beim Zusammenschluß.

Bei den zusätzlichen Regelungsgrundsätzen kann der Betrieb mehrerer, aber wirtschaftlich verschiedener Maschinen eines Kraftwerkes und der Fall mehrerer wirtschaftlich und technisch verschiedener Kraftwerke auf ein Netz zusammen behandelt werden, da sich in beiden Fällen grundsätzlich alle Regelungsmethoden gleichartig anwenden lassen.

Getrennt muß dagegen das Arbeiten von Einzelnetzen über Verbindungsleitungen behandelt werden, für die Rechtsbeziehungen, also Stromlieferungsverträge bestehen und der damit zusammenhängende Fall des Gemeinschaftsbetriebes mehrerer, nicht einer Verwaltungseinheit angehörigen Netze über eine oder mehrere Kupplungsverbindungen in beliebiger geometrischer Vermaschung.

Die nach dem heutigen Stand der Dinge angewendeten Grundsätze für die Regelung von Maschinen oder Kraftwerken beim Zusammenschluß lassen sich etwa wie folgt gliedern:

1. Richtungsbetrieb,
2. Frequenzfahren,
3. Fahrplanfahren,
4. Anteilfahren,
5. Abfallkraftbetrieb.

1. Richtungsbetrieb. Bei der Fülle der Anforderungen und der zu überwindenden Schwierigkeiten könnte es zunächst naheliegend erscheinen, auch bei großen Versorgungen, wie sie heute mehr und mehr die Regel werden, sich in allen in Frage kommenden Fällen bewußt wieder den Zustand zu schaffen, wie ihn die Einzelelektrizitätsversorgung zeigte, bei welcher also eine Maschine oder eine Gruppe von Maschinen mit selbsttätigen Drehzahlreglern einen bestimmten Netzteil getrennt belieferte, dessen Höchstbedarf kleiner und höchstens gleich der Leistungsfähigkeit dieser Maschine oder Maschinengruppe ist. Dies wäre eine offene Betriebsweise oder ein Richtungs- oder

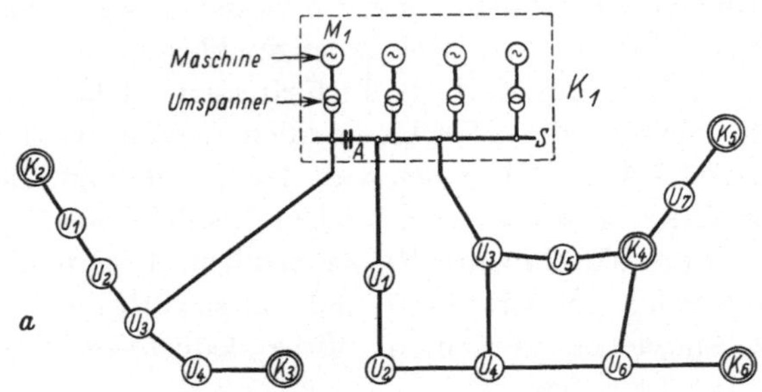

Jst in A getrennt, fährt Maschine 1 Richtungsbetrieb auf U_3

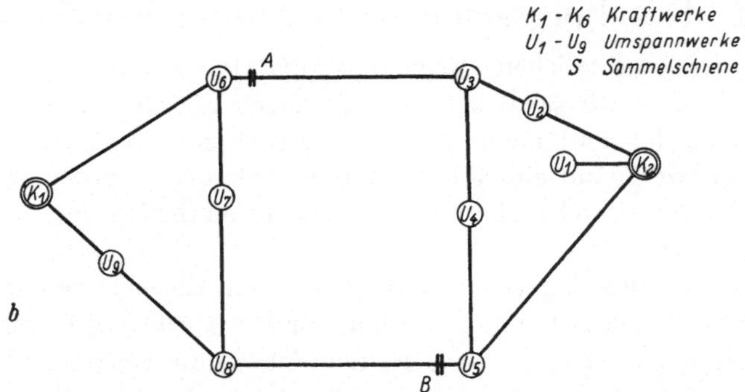

Jst bei A und B getrennt, fahren die Kraftwerke K_1 u K_2 Richtungs- bezw. Gruppenbetrieb

Abb. 7. Schema einer offenen Betriebsweise oder eines Richtungs- bzw. Gruppenbetriebes.

Gruppenbetrieb. Zur Erläuterung einer solchen Betriebsweise sei auf die Abb. 7 hingewiesen, die wohl das Nötige ohne weiteres erkennen läßt.

Bei einer solchen Betriebsweise ist die Drehzahlregelung, wie oben gezeigt, ja tatsächlich in der Lage, die technischen Erfordernisse restlos und die wenigen wirtschaftlichen Erfordernisse, welche sich im allgemeinen in der Anpassung der Zahl der im Betrieb zu haltenden Maschinen an den Verbrauch erschöpfen, durch Einwirkung mit Hand ebenfalls bestens zu erfüllen. Dieser Richtungs- oder Gruppenbetrieb ist tatsächlich in vielen Teilen Deutschlands zu Beginn der Entwicklung der Großversorgungen gefahren worden, aber nicht aus der Überzeugung der wirtschaftlichen Zweckmäßigkeit, sondern mehr aus einer technischen Zwangslage heraus.

Dem seinerzeit vor sich gehenden raschen Zusammenschluß der Kraftwerke und Netze waren nämlich die technischen Einrichtungen nicht alle sofort gewachsen. Dies galt einmal für die Relais, indem die damals noch allgemein angewendeten Überstromzeitrelais, wie bekannt, die mannigfaltigen Anforderungen eines vermaschten Betriebes nicht erfüllen konnten. Das galt ferner für die Beherrschung des Erdschlußstromes, der durch den Zusammenschluß rasch zunahm und zu zusätzlichen Schwierigkeiten durch stehenbleibende Erdschlußlichtbögen führte, und das lag schließlich an der durch den Zusammenschluß zunächst notwendig eintretenden Zunahme der von dem einzelnen Abnehmer mitgemachten Kurzschlußvorgängen.

Nachdem diese technischen Schwierigkeiten heute durch die Selektivrelais, die Erdschlußlöschung und die sonst auf Grund einer planmäßigen Störungsaufklärung erzielten betriebstechnischen Verbesserungen, die sich auf alle möglichen Maßnahmen beziehen, als überwunden gelten können, kann der Richtungsbetrieb als Regelgrundsatz nur noch dort als richtig anerkannt werden, wo wirtschaftliche Nachteile ausdrücklich damit nicht verbunden sind. Dies wird aber nur ausnahmsweise der Fall sein, nämlich insbesondere dann, wenn ein nicht wechselnder, also völlig stetiger Bedarf einer Vollasterzeugung mit bester Wirtschaftlichkeit gegenübersteht. Das kann z. B. der Fall sein, wenn eine vollbelastete Maschine etwa auf Grund eines Stromlieferungsvertrages über eine einzelne, ebenfalls voll ausgenutzte Leitung Strom an eine Übergabestelle oder an einen Verbraucher liefert ohne Verpflichtung zur weiteren Bereitschaft im Störungsfall.

Allgemein kann jedenfalls der Richtungsbetrieb nicht als eine wirtschaftlich irgendwie befriedigende Lösung der Regelfrage gelten, denn man begibt sich im allgemeinen durch dieses Herausschälen einzelner Maschinen oder Maschinengruppen oder Netzteilen aus dem Gesamtbetrieb aller aus dem Verbund- oder vermaschten Betrieb sich ergebenden wirtschaftlichen Vorteile, nämlich volle Ausnutzung aller Betriebsmittel von Maschinen und Netz, und Mindestaufwand an Bereitschaftsmaschinen, sowie Sicherung des Betriebes durch Mehrfachspeisung.

2. Frequenzfahren. Eine allgemein anwendbare und wirtschaftlich befriedigende Lösung der Regelfrage wird also nur bei einem möglichst weitgetriebenen Gemeinschaftsbetrieb vorliegen, für dessen technisch einwandfreie Durchführung, wie gesagt, heute alle Voraussetzungen vorliegen. Bei einem solchen Gemeinschaftsbetrieb muß man nun unterscheiden zwischen der Drehzahlregelung für die Aufrechterhaltung der vertragsmäßigen Frequenz und der Drehzahlregelung für die Leistungsanpassung. Sobald man Maschinen oder ganzen Kraftwerken nicht mehr beide Aufgaben gleichzeitig überträgt, und darauf kommt es ja letzten Endes bei der Aufteilung der Verbrauchskurve auf die verschiedenen Kraftwerke hinaus, denn in einem Gemeinschaftsbetrieb kann immer nur eine Einheit frequenzangebend sein, ist es notwendig, je nach den Verhältnissen eine Maschine oder ein Kraftwerk oder beim Zusammenfahren ganzer Netze ein Netz mit dem Frequenzfahren zu beauftragen.

Ein solches Regelverfahren geht also davon aus, daß, soweit die wirtschaftlichen Voraussetzungen dafür vorliegen, im Falle eines Einzelkraftwerkbetriebes eine Maschine, im Falle des gemeinsamen Betriebes mehrerer Kraftwerke auf ein Netz ein Kraftwerk und im später noch näher zu behandelnden Fall eines Betriebes mehrerer Netze in einem Gemeinschaftsbetrieb ein Netz die Aufrechterhaltung der Frequenz als einzige Regelaufgabe übertragen bekommt, während die anderen Maschinen, Werke oder Netze auf die Lieferung bestimmter Leistungen regeln müssen, die ihnen durch eine Anordnung oder auch durch selbsttätige Einrichtungen vom Lastverteiler zugewiesen werden. Diejenige Maschine oder dasjenige Werk oder Netz, welches Frequenz fährt, muß dann verständlicherweise den Unterschied zwischen dem Gesamtlastbedarf und dem von den übrigen Werken auf Grund der Lastverteileranweisung gelieferten Leistung übernehmen.

Das frequenzfahrende Werk kann dabei grundsätzlich ein Grundlast- oder ein Spitzenlastwerk sein. Das Grundlastwerk wird dabei die Aufgabe des Frequenzfahrens jeweils einer, und zwar möglichst großen Maschinen übertragen, während die übrigen Maschinen der Aufgabe des Werkes als Grundlastquelle entsprechend auf festgelegte Leistung regeln werden. Im allgemeinen wird man jedenfalls das Frequenzfahren einem besonders großen Werk zuweisen, damit nicht bei etwaigen vom Lastverteiler nicht voraussehbaren Änderungen des Gesamtleistungsbedarfes Schwierigkeiten eintreten. Die frequenzfahrende Einheit regelt also auf eine festgelegte Frequenz, sie muß daher mit ihrem Geschwindigkeitsregler alle Lastschwankungen, die Frequenzänderungen auszulösen versuchen, aufnehmen. Diese Aufgabe erfüllt der gewöhnliche Geschwindigkeitsregler ohne besondere Maßnahmen bei entsprechender Nachhilfe durch Hand.

3. Fahrplanfahren. Die Aufteilung der Leistung auf die Werke, die nicht Frequenz fahren, kann nun in drei grundsätzlich verschiedenen Arten geschehen, die oben schon genannt sind, nämlich Fahrplanfahren, Anteilfahren und Abfallkraftbetrieb.

Das sogenannte Fahrplanfahren geht davon aus, daß durch den Lastverteiler auf Grund wirtschaftsstatistischer Ermittlungen ein bestimmter Leistungsverlauf für eine gegebene Zeit, z. B. einen Werktag festgelegt wird. Es kann sich dabei um einen fest gegebenen zeitlichen Verlauf, wie z. B. in Abb. 8a dargestellt, oder um einen aus verschiedenen vorher festgelegten Stücken zusammengesetzten Fahrplan handeln, bei welchem entweder der Einsatzzeitpunkt oder die Einsatzleistung des einzelnen Fahrplanteiles offen gelassen ist und von Fall zu Fall, z. B. durch Betriebstelephon vom Lastverteiler erst angeordnet wird, wie das in Abb. 8b durch Kreise gekennzeichnet ist.

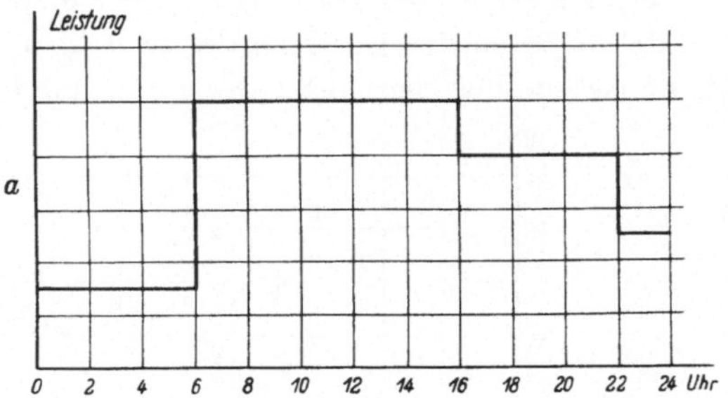

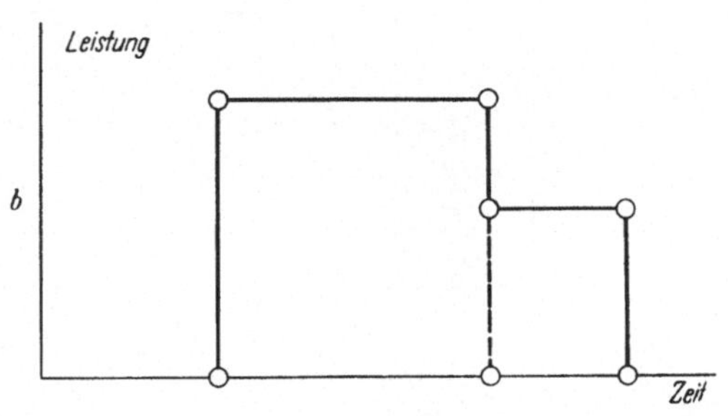

Abb. 8. Fahrplanfahren.

Ein solcher Fahrplan kann selbstverständlich sowohl für eine einzelne Maschine eines Einzelkraftwerkes, als auch für ein ganzes Kraftwerk beim Zusammenarbeiten mit anderen Kraftwerken, als schließlich auch für Lieferung eines Kraftwerkes oder eines Netzes über eine bestimmte Leitung oder in Zusammenarbeit mit mehreren Netzen eines Gemeinschaftsbetriebes festgelegt werden.

Die Einregelung dieses Fahrplanes kann bei einfachen Verhältnissen natürlich mit Hand geschehen, z. B. bei Betrieb einzelner Maschinen nach Fahrplan innerhalb eines Kraftwerkes, sie kann aber auch durch Einfügen einer entsprechenden Kurvenscheibe in das System des Drehzahlverstellmotors automatisiert werden, wie ich später bei den technischen Ausführungsformen noch näher zeigen will, und zwar grundsätzlich sowohl für einzelne Maschinen, wie für ganze Kraftwerke, für mehrere Kraftwerke und für sogenannte Netzübergabestellen. In letzteren Fällen tritt zu der eigentlichen Zusatzeinrichtung am Drehzahlverstellmotor noch die Fernübertragung der in Frage kommenden Gesamtbelastung oder der Belastung der fraglichen Übergabestelle an die fahrplanfahrende Einheit.

4. Anteilfahren. Das Anteilfahren hat mit dem Fahrplanfahren die Festlegung des zeitlichen Verlaufes der Leistung der betreffenden Maschine oder des betreffenden Werkes oder Netzes gemeinsam, unterscheidet sich aber vom Fahrplanfahren dadurch, daß beim Anteilfahren die Höhe der Leistungen für einen bestimmten Zeitpunkt abhängig gemacht wird von der in diesem Zeitpunkt angeforderten und vorher nicht bekannten Gesamtbelastung. Die folgende Abb. 9 läßt das Gesagte näher erkennen. Hierbei ist der Anteil des Kraftwerkes *1* mit ⅓, der des Kraftwerkes *2* mit ⅔ an der Gesamtlast angenommen. Es wird also das Anteilverhältnis festgelegt, mit welchem sich die betreffende Maschine, das betreffende Kraftwerk oder Netz an der Deckung der jeweiligen Gesamtbelastung irgendeiner Betriebseinheit beteiligt. Diese Gesamtbelastung muß dabei entweder

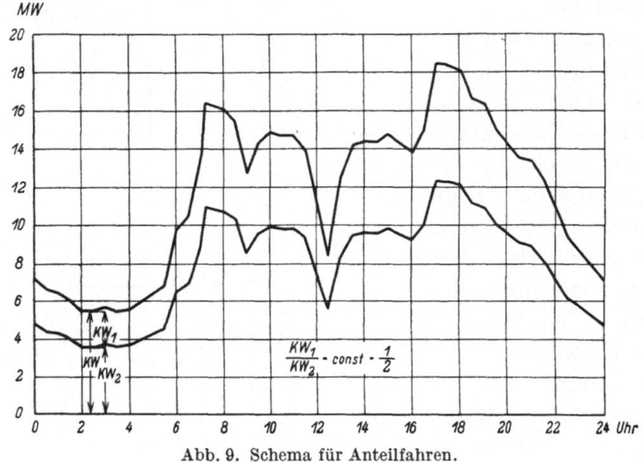

Abb. 9. Schema für Anteilfahren.

dem regelnden Personal bekannt sein oder, wenn diese Aufgabe automatisiert wird, was grundsätzlich möglich ist, dem Mechanismus, welcher auf die Drehzahlregler einwirkt, in irgendeiner Form zugeführt werden, und zwar laufend.

Beim reinen Anteilfahren ist also jeweils nur die Lastaufnahme einer Maschine oder eines Kraftwerkes oder eines Netzes in gewohnter Weise, also auf Frequenzhaltung und Verbrauchsanpassung zu regeln, während die anderen Maschinen, Kraftwerke oder Netze dem Regelvorgang dieser Führermaschine oder diesem Führer- oder Frequenz-Kraftwerk oder -Netz innerhalb der Leistungsfähigkeit der im Betrieb befindlichen Maschinen in dem vorher festgelegten Anteilverhältnis folgen. Nähert sich der Verbrauch der Leistungsfähigkeit der laufenden Betriebsmittel, so sind natürlich in üblicher Weise weitere Betriebsmittel mit Hand einzuschalten und entsprechend in das Anteilfahren einzugliedern.

Eine besondere praktische Bedeutung kann dieses Verfahren bei hintereinanderliegenden Laufwasserkraftwerken haben, bei denen zur

Ausnutzung der Wassermenge bei wechselndem Gefälle eine feste Verteilung der auf die einzelnen Werke anfallenden Leistung vom Standpunkt der Wasserausnutzung besonders vorteilhaft sein kann.

5. Abfallkraftbetrieb. Abfallkraftbetrieb kommt in Frage bei Werken, die wechselnde Energiedarbietung aufweisen oder deren Energiedarbietung von Einflüssen abhängig ist, die nicht mit der Elektrizitätsabgabe unmittelbar zusammenhängen. Über Begriff und Wesen einer Abfallkraft können Zweifel nicht entstehen, wenn man jeweils folgende Überlegungen anstellt. Nimmt man z.B. eine Gegendruckdampfkraftanlage an, bei welcher die Maschinen auf bestimmten Dampfgegendruck oder bestimmte Gegendruckdampfmenge regeln, dann ist zweifellos klar, daß solche Maschinen nicht außerdem noch auf Angabe einer beliebigen, aber jeweils bestimmten elektrischen Leistung regeln können. Die wirtschaftliche und technische Eingliederung solcher Werke in einen Netzbetrieb mit beliebig wechselndem Verbrauch kann also nur nach dem Grundsatz der restlosen Aufnahme der in Abhängigkeit von dem Gegendruckbetrieb anfallenden elektrischen Leistung, nicht aber der Anpassung an den Elektrizitätsbedarf des Netzes erfolgen. Es handelt sich somit nicht um eine im Sinne der Deckung dieses Verbrauches vollwertige Kraft, sondern um eine Abfallkraft.

Auch bei Laufwasserkräften kommen Abfallkräfte vor, doch ist insofern ein Unterschied gegenüber dem eben erwähnten Fall einer Abfalldampfkraft, als durch den Überlauf die Möglichkeit einer geregelten Leistungsanpassung an den Verbrauch innerhalb der Energiewasserdarbietung tatsächlich besteht. Im allgemeinen wird man also bei solchen Kräften dann von Abfallkraft sprechen, wenn die Energiedarbietung, also das Kraftwasser so unregelmäßig und absolut genommen so klein ist, daß es für die selbständige Lastabdeckung eines abgeschlossenen Betriebsteiles ganz oder zeitweise nicht in Frage kommt.

In solchen Fällen wird auch die Regelung dieser Werke nicht nach dem Grundsatz der Abgabe einer bestimmten elektrischen Leistung erfolgen, sondern nur nach dem wirtschaftlichen Gesichtspunkt der vollständigen Ausnutzung des anfallenden Kraftwassers geschehen. Die Regelung der Wasserturbine wird dann in bekannter Weise z. B. durch einen Schwimmregler vom Wasserstand abhängig gemacht werden.

Es handelt sich also in beiden Fällen, dem Gegendruckbetrieb und dem Laufwasserkraftbetrieb um Sonderregelungen schon bekannter Art, die neue zusätzliche Einrichtungen für den elektrischen Teil nicht nur nicht erfordern, sondern bewußt aus den genannten Gründen auf eine elektrische Leistungsregelung verzichten müssen.

Der Abfallkraftbetrieb hat gerade in neuerer Zeit durch die Verkupplung und die damit einhergehende Ausdehnung der Netze und deren wachsende Belastung eine größere Bedeutung erhalten. Bei den Gegendruckanlagen handelt es sich dabei nicht etwa nur um einzelne Heizkraftwerke, z. B. von Großstädten, sondern um die Aufnahme von Überschußarbeitsmengen industrieller Betriebe, die einen erheblichen Gegendruckdampfbedarf haben, wie z. B. Brikettfabriken u. dergl. Bei den Laufwasserkräften handelt es sich dabei vor allem um zahlreiche Flußwasserkraftwerke, deren Ausnutzung als Einzelkraftwerke aus den vorerwähnten Gründen früher überhaupt nicht möglich war, daneben hie und da auch um die Ausnutzung von nichtspeicherfähigen Wassermengen von Industriekraftanlagen während der Stillstandzeit der Industrieanlage, also vor allem nachts.

D. Die Regelung verkuppelter Netze.

1. Einschränkende Bedingungen für den Lastaustausch. Im vorangegangenen haben sich die Betrachtungen im allgemeinen auf Maschinen und Kraftwerke beschränkt, es ist aber bereits darauf hingewiesen worden, daß diese Regelgrundsätze auch auf Netze als Ganzes anwendbar sind.

Es ist nun bei den vorangegangenen Erörterungen stillschweigend angenommen worden, daß alle zusammenarbeitenden Maschinen, Kraftwerke und Netze einer einzigen Verwaltung angehören, es sich also um ein Einzelunternehmen bzw. Einzelnetz handelt. In Wirklichkeit sind aber mit der Zeit zahlreiche Verkupplungen und Vermaschungen verwaltungsfremder Netze erfolgt, sei es in der Form des Einzelstromaustausches, sei es schließlich in der Form eines Gemeinschaftsbetriebes. Hier treten nun zu den eingangs behandelten betrieblichen Anforderungen und den soeben behandelten wirtschaftlichen Anforderungen an die Regelung als neues Glied Anforderungen aus den Rechtsbeziehungen zwischen den einzelnen Verwaltungen, wie sie ihren Niederschlag im Stromlieferungsvertrag und insbesondere dessen Tarif finden.

Diese Vertragsbeziehungen haben nämlich zur Folge, daß man in bezug auf die Regelung nicht mehr ganz frei ist und gewisse, im folgenden kurz auseinanderzusetzende Gesichtspunkte beachten muß.

Stromlieferungsverträge bringen als neues mit sich, daß im allgemeinen unabhängig von dem Belastungsfall und unabhängig von der „natürlichen“, d. h. der vom Verbrauch und den Impedanzen des Netzes abhängigen Wirklastverteilung, bestimmte Leistungen, und zwar festgelegt nach Größe und oft auch nach zeitlichem Verlauf, an einer vorausbestimmten Stelle des Netzes oder auch an mehreren „Übergabestellen“ vereinbart werden.

Bei der Behandlung solcher Fälle vom Standpunkt der Regelung muß man nun „Einfachkupplung“ und „Mehrfachkupplung“ der vertragschließenden Parteien unterscheiden.

Bei Einfachkupplung ist der einfachste Fall der, daß zwei Vertragsparteien über eine Leitung gekuppelt sind. Die Einregelung der im Stromlieferungsvertrag vereinbarten Leistung, der „vertraglichen Leistung an der Übergabestelle“, erfolgt dann in der Form, daß das eine Netz Frequenz fährt, also mit seinem größten Werk, dem Führerwerk die Frequenz auf der vertraglichen Höhe hält, während das andere Netz mit seinem Führerwerk so regelt, daß es innerhalb der durch die Leistungsfähigkeit und Übertragungsfähigkeit der Betriebsmittel und der im Vertrag festgelegten Grenzen beliebig Leistung und Arbeit bezieht oder liefert.

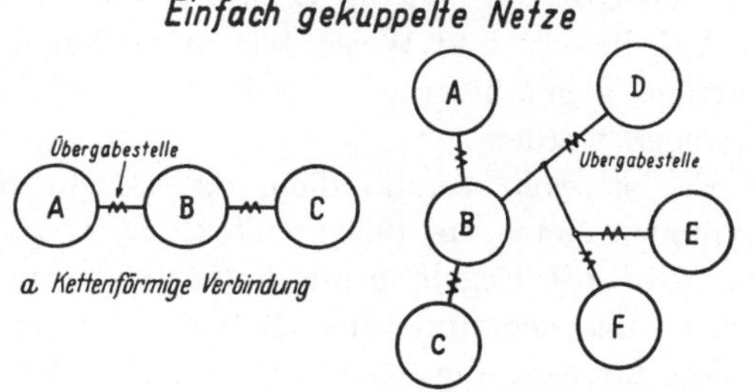

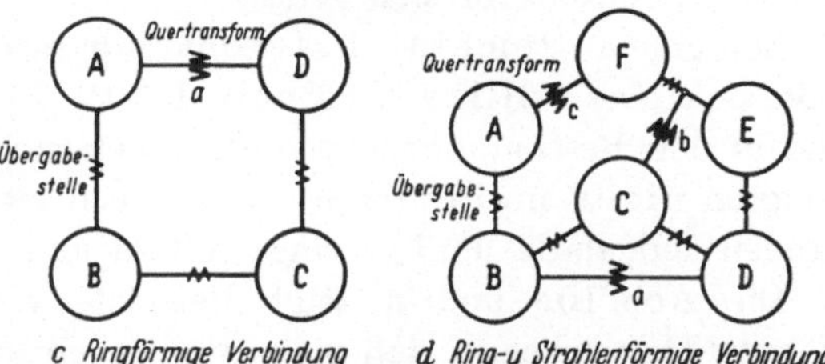

Abb. 10. Einfach und mehrfach gekuppelte Netze.

Häufiger sind heute schon die Fälle, wo durch Stromlieferungsbeziehungen ein Gemeinschaftsbetrieb mehrerer Parteien entsteht, zwischen denen aber jeweils nur eine Kupplung vorhanden ist. Es sei darauf hingewiesen, daß natürlich eine solche Kupplung aus mehreren parallelen Leitungen bestehen kann, und daß es sich bei den Netzen der einzelnen Parteien um beliebig in sich vermaschte Netze handeln kann. Wesentlich für die Regelfrage ist jedenfalls nur, daß von Netz zu Netz immer nur eine Kupplung im Sinne einer vertraglichen Übergabestelle vorhanden ist.

Die Abb. 10a und b zeigt Beispiele derartig einfach gekuppelter Netze mit ihren Übergabestellen. Man erkennt, daß jedes Netz durch nur je eine Übergabestelle von den übrigen Netzen getrennt ist. Er ergeben sich dann bei n Netzen $n - 1$ Übergabestellen. Nur wenn diese Bedingung erfüllt ist, können auch bei einem Gemeinschaftsbetrieb für diese $n - 1$ Übergabestellen innerhalb der durch die Leistungsfähigkeit gegebenen Grenzen beliebige vertragliche Abmachungen über Lieferung oder Bezug von Leistungen und Arbeitsmengen getroffen werden.

Auch in solchen Fällen ist die Kraftwerksregelung durchaus einfach und geht grundsätzlich nach dem eben bereits geschilderten Verfahren vor sich. Von den n Netzen muß nämlich wieder ein Netz, z. B. in Abb. 10b das Netz B Frequenz fahren, während jedes der übrigen Netze, in der Abb. 10b also die Netze A, C, D, E und F, mit seinem Führerwerk so regelt, daß es für eine benachbarte im voraus festgelegte Übergabestelle, wie aus der Abbildung erkenntlich, innerhalb der festgelegten Grenzen beliebig Leistung und Arbeit liefert oder bezieht.

Auf die Art und Weise, wie in solchen Fällen die Stromlieferungsverträge abgefaßt werden, soll in diesem Zusammenhang nicht eingegangen werden.

Es ist wohl verständlich, daß es für die $n - 1$ nicht frequenzfahrenden Netze, im Beispiel A, C, D, E und F, in vielen Fällen nötig sein wird, die Regelung mit Hilfe von Fernmessung vorzunehmen und ferner, daß sich unter den Netzen oder Kraftwerken auch solche befinden können, die Richtungsbetrieb oder Abfallkraftbetrieb fahren oder Fahrplan- oder Anteilfahren; das braucht sich natürlich nicht auszuschließen, wenn es nur innerhalb der durch die Verhältnisse gegebenen Grenzen vor sich geht.

Bei einem Gemeinschaftsbetrieb mit Mehrfachkupplung läßt sich eine völlige Freiheit in der Einreglung der Leistungen und in den Bestimmungen der Stromlieferungsverträge sämtlicher Beteiligten nicht mehr erzielen, da eben mehr Kupplungsstellen vorhanden sind, als die um 1 verringerte Zahl der beteiligten Parteien beträgt.

Die Abb. 10c und d zeigt Beispiele von mehrfach gekuppelten Netzen. Man erkennt, daß man zwar an einzelnen, als Übergabestellen gekennzeichneten Verbindungen beliebige Leistungen innerhalb der Leistungs- und der Übertragungsfähigkeit der Betriebsmittel austauschen kann, daß aber dabei Verbindungen übrigbleiben, an denen sich dann jeweils eine bestimmte, nicht beeinflußbare Austauschleistung zwangläufig einstellt. Diese Stellen sind in Abb. 10c mit a, in Abb. 10d mit a, b und c bezeichnet.

Praktisch lassen sich aber auch diese Verbindungen in gewissen Grenzen planmäßig fahren, wenn die Regelung der Netze so erfolgt, daß ein Netz Frequenz fährt, die $n - 1$ übrigen Netze aber für je eine der benachbarten $n - 1$ Übergabestellen Fahrplan fährt, und wenn diese Fahrpläne von vornherein auf Grund wirtschaftsstatistischer Unterlagen entsprechend errechnet sind. Es stellen sich dann an den oben erwähnten, mit a bis c bezeichneten Stellen angenähert vorher ermittelbare Austauschleistungen ein, die jedoch schwerlich Gegenstand von Stromlieferungsverträgen sein können.

Sollen aber an einer durch die Kraftwerksregelung nach Vorstehendem nicht beherrschbaren Stelle unabhängig von den sonst ausgetauschten Leistungen bestimmte Leistungsverhältnisse eingeregelt werden, so bleibt nichts anderes übrig, als an dieser Stelle eine besondere Wirkleistungsregelung im Netz selbst vorzusehen.

Technisch ausführbar ist dies mit Umformern, die an dieser Stelle also die Netzverbindung herstellen. Solche Maschinen sind selbstverständlich sehr kostspielige und auch im Betrieb teuere Regler. Eine andere technische Möglichkeit ist die Anwendung von Zusatztransformatoren, und zwar gleichzeitig neben solchen, deren Zusatzspannung

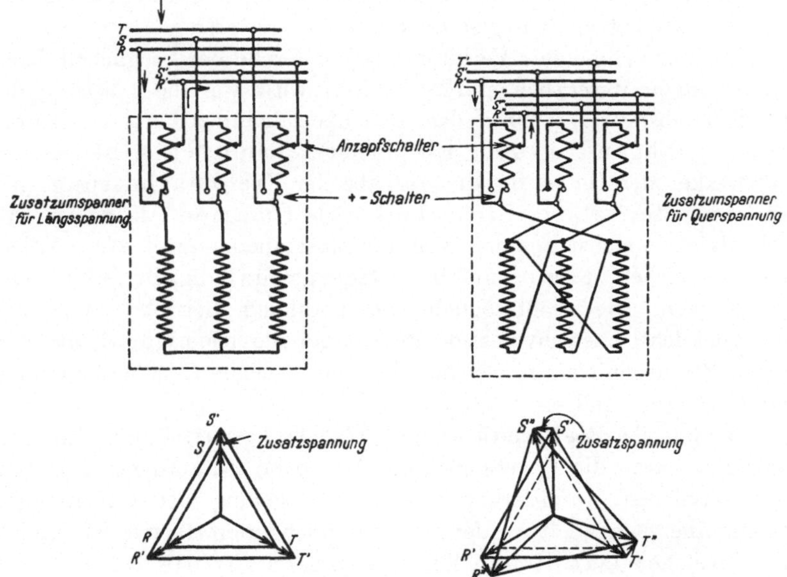

Abb. 11. Schaltung und Vektordiagramm von Zusatztransformatoren.

in gleicher Richtung wie die Netzspannung liegt (gleichphasig mit dieser) noch solche, deren Zusatzspannung senkrecht zur Netzspannung liegt (um 90° phasenverschoben), sogenannte Quertransformatoren, mit denen man die Wirkleistung und gleichzeitig auch die Blindleistung oder Spannung entsprechend einregeln kann.

Die Abb. 11 läßt die Schaltung und das Vektorendiagramm eines solchen Quertransformators im Vergleich zum gewöhnlichen Zusatztransformator erkennen. Man kann übrigens beide Arten vereinigen. doch würde es zu weit führen, dies hier näher auseinanderzusetzen.

Zusammenfassend kann man also sagen, daß man mit der Maschinenregelung auch alle im Netz vorliegenden Aufgaben der Wirkleistungsverteilung lösen kann bei einfachen Kupplungen von n Partnern für $n - 1$ Übergabestellen. Gehen die Bedürfnisse darüber hinaus, so muß sich entweder das Rechtsverhältnis diesen Dingen anpassen, oder man muß über die Kraftwerksregelung hinaus eine besondere Wirkleistungsnetzregulierung an dem betreffenden Punkte vorsehen.

Am Schluß dieser Darlegungen möchte ich noch auf folgendes hinweisen. Das allen Regelungsverfahren von verkuppelten Betrieben Gemeinsame ist immer der Grundsatz, daß eine Maschine, ein Kraftwerk oder ein Netz Frequenz fährt, und es ist schon darauf hingewiesen worden, daß dieses Frequenzbetriebsmittel genügend groß im Verhältnis zur zusammengeschlossenen Betriebsleistung sein muß, um auch nicht vorhersehbaren Belastungsänderungen ohne Störung des Gemeinschaftsbetriebes folgen zu können.

Da mit zunehmender Verkupplung die Größe der möglichen Lastschwankungen wesentlich stärker steigen wird wie die Leistung der Einzelbetriebsmittel, könnte das Bedenken kommen, ob es überhaupt genügend große Einzelbetriebsmittel gibt, sei es Kraftwerke oder Netze, die die Aufgabe der Frequenzhaltung mit der erforderlichen Sicherheit übernehmen können. Es bleibt dann zunächst nur der Weg, die Maschinen, soweit wie möglich, mehr wie bisher in bezug auf ihre Reglergeschwindigkeit aufeinander abzustimmen. Die größtmögliche im normalen Betrieb auftretende augenblickliche Lastschwankung gibt dabei die benötigte Größe derjenigen Betriebsmittel an, welche mit völlig gleichen Regelgeschwindigkeiten arbeiten müßten.

2. Technische Reglereinrichtungen für die Lastverteilung. Im Vorstehenden waren die Regelungsgrundsätze beim Zusammenschluß und die zusätzlichen Anforderungen an die Regelung bei verkuppelten Netzen näher behandelt worden. Die nun noch zu erörternde Frage ist, ob und welche zusätzlichen Einrichtungen für die Regler etwa hierfür zweckmäßig oder nötig sind.

Wenn man bei dieser Erörterung der Stoffeinteilung der vorigen Kapitel folgt, so ist zunächst zu sagen, daß „Richtungsbetrieb" und „Frequenzfahren" keine zusätzlichen Einrichtungen bei den Reglern erfordern, da durch die Geschwindigkeitsregler üblicher Bauart die Erfordernisse dieser Regelungsweise vollständig erfüllt werden können.

Dagegen empfehlen sich für das „Fahrplanfahren" und „Anteilfahren", wenn dies nicht mit Hand, sondern selbsttätig geschehen soll, besondere Einrichtungen, die nachstehend kurz beschrieben seien.

Das Schema einer solchen selbsttätigen Fahrplanregelung, so wie sie Leonpacher seinerzeit veröffentlicht hat, zeigt Abb. 12. Der Kernpunkt der Einrichtung liegt in folgendem: Wenn der Wattmeterzeiger, der den Istwert darstellt, sich nicht in gleicher Lage wie der von der Fahrplankurve gesteuerte Zeiger befindet, der den Sollwert angibt, so beeinflußt er über Kontakte den Drehzahlverstellmotor im Sinne einer Leistungsvermehrung oder -verminderung.

Die praktische Ausführung eines solchen Gedankens kann natürlich auf verschiedene Weise geschehen. Es seien nachstehend die von BBC, SSW und AEG entwickelten Bauarten kurz erläutert.

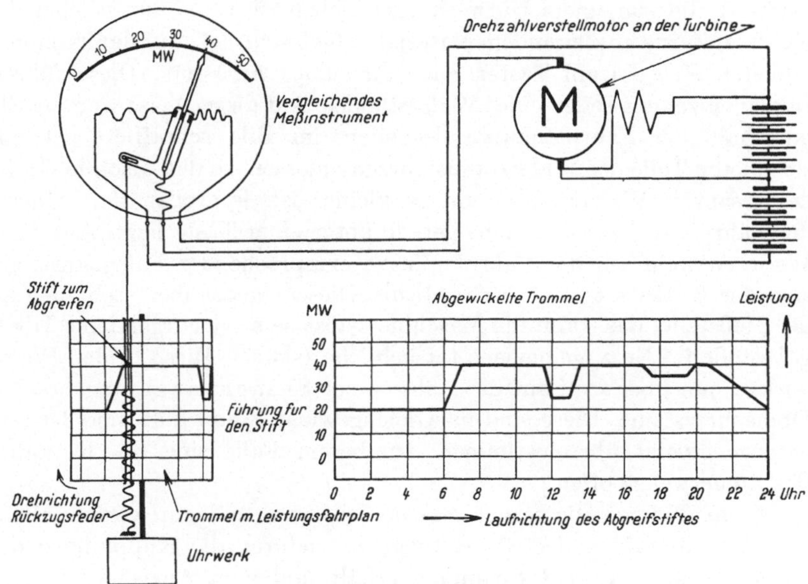

Abb. 12. Schema einer Fahrplanregelung.

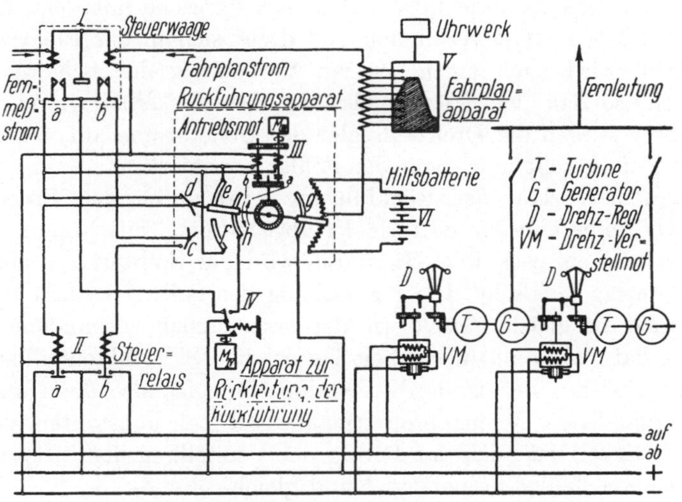

Abb. 13. Ausführung einer Fahrplansteuerung von BBC.

Abb. 13 zeigt die von BBC entwickelte Ausführungsweise. Die Einrichtung besteht, wie die Abbildung zeigt, aus einem Fahrplanapparat, einer Steuerwaage mit dem Steuerrelais, der Rückführeinrichtung und den Kontrollgeräten.

Der Fahrplanapparat besteht aus einer Trommel aus Isoliermaterial, die von einem Uhrwerk angetrieben wird und auf welcher die Fahrplankurve aus leitendem Material aufgebracht ist. Auf der Trommel schleifen eine Anzahl Tasten nach Art eines Anlassers. Diese führen zu den einzelnen Teilen eines Widerstandes. Auf diese Weise werden alle unterhalb der Fahrplankurve liegenden, im Bild schraffiert gekennzeichneten Teile des Widerstands kurzgeschlossen, so daß also die Größe des gesamten Widerstandes um so kleiner ist, je größer die Ordinate der Fahrplankurve ist, welche gerade unter einer Taste liegt. Auf diese Weise entsteht ein der Fahrplankurve entsprechender Fahrplanstrom, also der Sollwert des Fahrplans. Diesem gegenüber steht der an der Meßstelle, das kann die Maschine selbst sein oder irgendeine Übergabestelle im Netz, gemessene tatsächliche Istwert. Diese beiden Werte wirken nun über zwei auf der Achse einer Steuerwaage angebrachte Drehspulsysteme. Diese sind im Gleichgewicht, wenn Soll- und Istwert entgegengesetzt übereinstimmen. In diesem Falle sind die Kontakte der Steuerwaage offen.

Wenn dagegen die ferngemessene Leistung zu klein wird, schließt sich der Kontakt *a* der Steuerwaage *I*, wodurch die Kupplung *a* des Rückführapparates *III* Spannung erhält und zum Anziehen kommt. Der drehbare Arm des Rückführapparates, welcher vorher in der Mittellage stand, wird dadurch über das Zahnradgetriebe mit dem dauernd laufenden Motor M_{III} verbunden und dreht sich in der Pfeilrichtung. Hierdurch wird nach einem kurzen Vorlaufweg der Schalter *c* geschlossen, so daß das Steuerrelais *IIa* Kontakt erhält und anzieht. Hierdurch werden die Drehzahlregler der Generatoren auf vergrößerte Leistung eingestellt und somit der Fehler korrigiert.

Bei dem Vorlauf der Rückführung wird durch den Spannungsteiler *IIIg* eine von der Batterie *VI* abgegriffene Teilspannung in den Sollwertkreis eingeschaltet. Hierdurch wird der Sollwert um einen gewissen Betrag gefälscht. Diese Fälschung des Sollwertes hält so lange an, bis sie die gleiche Größe wie der ursprünglich vorhandene Fehler erreicht hat. Während dieser Zeit laufen die Drehzahlverstellmotoren. Die Einschaltzeit der Drehzahlverstellmotoren ist also dem ursprünglich vorhandenen Fehler proportional, und bei konstanter Verstellgeschwindigkeit ist auch der Betrag der Verstellung dem ursprünglich vorhandenen Fehler proportional und gleich.

Sobald die Steuerwaage wieder ins Gleichgewicht kommt, ist der Verstellvorgang beendet. Die Rückführung bleibt stehen, und zwar bei neueren Ausführungen so lange, bis das Netz auf die Maschinenverstellung reagiert und der Fehler zu verschwinden beginnt. Da der Sollwert noch gefälscht ist, gibt die Steuerwaage nunmehr auf der anderen Seite Kontakt und hierdurch wird die Kupplung *IIIb* zum Anziehen gebracht, so daß die Rückführung zurückläuft und die Fälschung des Sollwertes wieder verschwindet. Das Steuerrelais *IIb* kann während dieser Rücklaufbewegung nicht zum Anziehen kommen, da der Schalter *IIId* noch geöffnet ist. Dieser Schalter schließt sich erst, wenn ein Fehler nach der entgegengesetzten Seite auftritt, also auch ein Reguliervorgang nach der entgegengesetzten Seite notwendig wird.

Um ein dauerndes Stehenbleiben der Sollwertfälschung zu verhindern, ist ein Hilfsapparat *IV* eingefügt, der von dem Motor M_{IV} getrieben wird und in regelmäßigen Zeiten die Spannung von der Steuerwaage wegnimmt und auf die Gleitschiene *IIIh* schaltet. Hierdurch erhält eine Kupplung der Rückführung über die Schiene *e* oder *f* Spannung, so daß eine Rücklaufbewegung nach der Mitte zu eingeleitet wird. Auf diese Weise wird ein dauerndes Weiterarbeiten mit gefälschtem Sollwert verhindert.

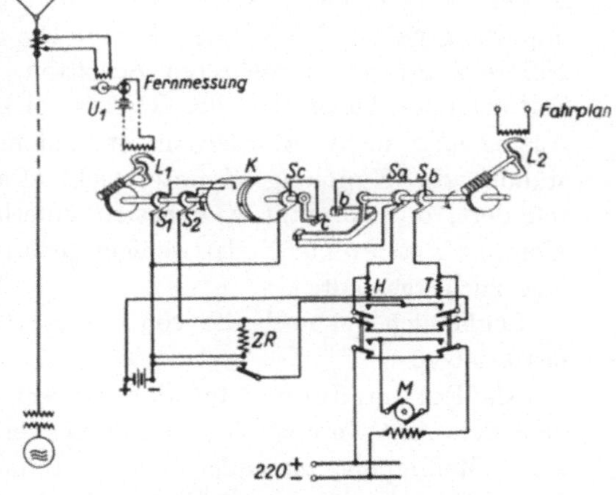

Abb. 14. Fahrplanregler von Siemens.

Abb. 14 gibt die von S & H und SSW in Anpassung an die Impulsfrequenz-Fernmessung entwickelte Bauart wieder.

Als Meßgerät wird der Fernmeßgeber, also ein Zähler, verwendet, der durch den Unterbrecher U_1 die Meßgröße in eine Impulsreihe umsetzt, wobei die Häufigkeit der Impulse in gesetzmäßigem Zusammenhang mit der zu regelnden Größe steht. Diese Impulse werden zum Regler übertragen und hier mittels eines Laufwerkes L_1 wieder in eine Drehbewegung umgeformt. Das Laufwerk arbeitet auf rein magnetischer Grundlage und ist so gebaut, daß jeder ankommende Impuls eine Drehung der Achse um einen bestimmten Winkel zur Folge hat. Die Drehzahl des Fernmeßgebers und des Laufwerkes L_1 sind demnach einander genau proportional.

In genau der gleichen Weise wird der Sollwert der zu regelnden Größe von einem Gleichstromzähler, dessen Drehzahl von Hand oder durch einen automatischen Fahrplan eingestellt wird, auf das Laufwerk L_2 übertragen. Tritt ein Unterschied zwischen den Drehzahlen von L_1 und L_2 auf, so wird Kontakt *a* oder *b* der mit L_2 gekuppelten

Gabel mit dem Kontakt c in Berührung kommen, der über die Kupplung K von L_1 angetrieben wird. Durch die Berührung der Kontakte wird Relais H oder T erregt und dadurch der Drehzahlverstellmotor der Turbine im einen oder anderen Sinne angelassen. Die Relais H und T haben Selbsthaltekontakte, die über einen Kontakt des Zeitrelais ZR geführt sind. Beim Anziehen eines Steuerrelais wird die Kupplung K unterbrochen und dadurch der Kontakt c freigegeben, der durch Federkraft momentan in die Mitte der Gabel zurückgestellt wird. Die Dauer eines jeden Steuerimpulses wird durch das Zeitrelais bestimmt und ist je nach der Größe der Differenz zwischen Soll- und Istwert verschieden. Bei großen Differenzen werden lange Steuerimpulse gegeben, bei kleinen kurze. Die Ausregelung einer größeren Differenz erfolgt in mehreren Schritten. Gleichzeitig verhindert das Zeitrelais das Ansprechen des Reglers bei kleinen Abweichungen, deren Ausregelung nicht erforderlich ist, indem es in bestimmten Zeitabständen die Kupplung K unterbricht. Dadurch wird, wie schon geschildert, der Kontakt c, der sich innerhalb dieses Zeitraumes dem Kontakt a oder b mehr oder weniger genähert hat, wieder in die Mittellage zurückgestellt.

Schließlich sei noch die von der AEG entwickelte Bauart kurz beschrieben.

Als Fernmeßgeber für den Istwert wird dabei ein Instrument nach dem AEG-Impulszeitverfahren verwendet, welches etwa alle 5 sek einen Meßimpuls aussendet, dessen Dauer dem Zeigerausschlag des Istwertinstrumentes proportional ist. Der im Kraftwerk künstlich erzeugte Sollwert wird ebenfalls als Zeitimpuls dargestellt.

Fahrplanapparate, welche diese Aufgabe erfüllen, werden von der AEG in drei verschiedenen Ausführungsarten, nämlich solche für Handverstellung, halbautomatische und vollautomatische verwendet. Ein Sollwertgeber mit Handeinstellung ist in Abb. 15 wiedergegeben. Er besteht im wesentlichen aus einem von Hand einstellbaren Zeiger, welcher über einer Skala bewegt wird, die nach kW geeicht ist. Eine selbsttätig arbeitende Abtastvorrichtung im Innern des Apparates prüft die jeweilige Einstellung des Sollwertzeigers und erzeugt einen Stromimpuls, dessen Dauer proportional der eingestellten Leistung ist.

Einen halbautomatischen Fahrplanapparat zeigt Abb. 16. Er hat genau so wie der von Hand einstellbare Apparat einen Zeiger, welcher über einer nach kW geeichten Skala auf den gewünschten Sollwert eingestellt werden kann. Im übrigen besitzt dieser Apparat noch eine weitere Einstellvorrichtung, welche eine Zeitskala besitzt, die von Hand auf verschiedene Zeiten einstellbar ist. Es ist mit diesem Apparat möglich, Leistungsanstiege und Leistungsabfälle nach Höhe und Steilheit einzustellen und somit auch automatisch einzuregeln. Praktisch können durch wenige Eingriffe mit Hilfe dieses Apparates trapezförmige Fahrpläne gefahren werden, wobei im übrigen jederzeit die Möglichkeit besteht, bei unvorhergesehenen Betriebsvorfällen den ursprünglich beabsichtigten Fahrplan wieder abzuändern.

Abb. 15. Sollwertgeber mit Handeinstellung der AEG.

Abb. 16. Halbautomatischer Fahrplanapparat der AEG.

Schließlich zeigt die Abb. 17 einen *vollautomatischen Fahrplanapparat*. Er besitzt im wesentlichen eine durch Synchronuhr angetriebene Trommel, welche sich in 24 Stunden einmal dreht. Auf diese aus Isoliermaterial hergestellte Trommel kann ein aus dünnem Blech ausgeschnittener Tagesfahrplan aufgespannt werden. Eine Abtastvorrichtung sorgt wieder dafür, daß automatisch Zeitimpulse entstehen, deren Dauer jederzeit proportional dem gültigen Fahrplan ist.

Abb. 17. Vollautomatischer Fahrplanapparat der AEG.

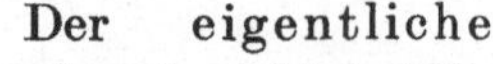

Der *eigentliche Regler* besteht bei der AEG im Grunde nur aus zwei normalen einfachen Relais, ähnlich den bekannten Telephon-Flachankerrelais. Diese Relais haben je einen Arbeits- und Ruhekontakt. Jeweils ist der Arbeitskontakt des einen Relais mit dem Ruhekontakt des anderen Relais in Serie geschaltet (siehe hierzu Abb. 18). Es sind also zwei Stromkreise gebildet. Der eine dient zur „höher"- und der andere zur „tiefer"-Regulierung. Das eine dieser beiden Relais wird als Istwertrelais und das andere als Sollwertrelais bezeichnet. Sobald durch die Fernmessung ein Istwert übertragen wird, wird während der Dauer des Istwert-Zeitimpulses das Istwertrelais zum Ansprechen gebracht. Die Abtastung des Sollwertgebers wird durch einen weiteren Kontakt am Istwertrelais eingeleitet, so daß praktisch die Abtastung des Sollwertes gleichzeitig mit der Abtastung des Istwertes vor sich geht. Mithin spricht auch unmittelbar nach Ansprechen des Istwertrelais auch das Sollwertrelais an. Sollten Ist- und Sollwert nicht genau gleich groß sein, so fällt eins der beiden Relais früher als das andere ab. Für diese Differenzzeit wird dann der eine oder andere der beiden vorerwähnten Stromkreise geschlossen. Diese beiden Stromkreise beeinflussen zwei

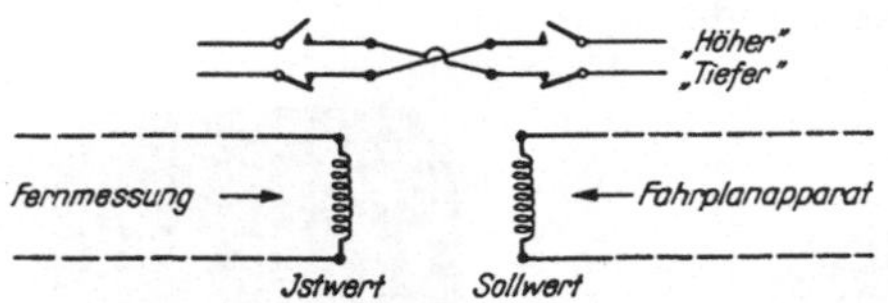

Abb. 18. Relaisschaltung des AEG-Fahrplanreglers.

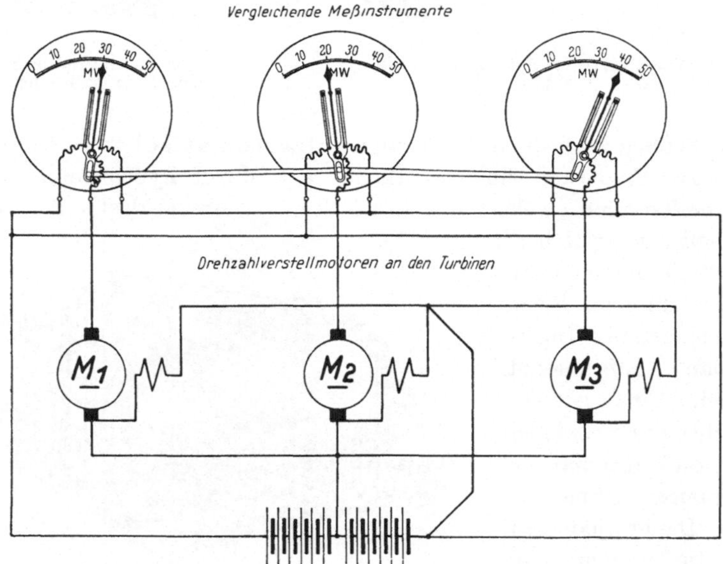

Abb. 19. Schema einer Anteilfahrregelung.

Schützen, welche unmittelbar den Drehzahlverstellmotor der zu regelnden Maschine für die Differenzzeit aufwärts oder abwärts laufen lassen, je nachdem, welcher der beiden Schützen zum Ansprechen kommt.

Zur Vermeidung von Überregelungen wird die Geschwindigkeit des Tourenverstellmotors so festgelegt, daß durch einen Regelimpuls die aufgetretene Leistungsdifferenz nur um ca. 80% ausgeregelt wird.

Zur Vermeidung von Pendelungen findet eine entsprechende zusätzliche Beeinflussung der Regelimpulse statt.

Für eine zusätzliche Regeleinrichtung zum selbsttätigen „Anteilfahren“ zeigt Abb. 19 ein ebenfalls von Leonpacher veröffentlichtes Schema. Der Anteil der einzelnen Maschinen an der jeweiligen Gesamtleistung ist durch Kuppelstangen fest eingestellt gedacht. Im übrigen ist die Wirkungsweise nach der oben beim Schema einer Fahrplanregelung gegebenen Erläuterung wohl ohne weiteres verständlich. Praktische Ausführungen dieser Anteilfahrregelung sind bisher nicht bekannt geworden.

Was nun weiter den Abfallkraftbetrieb anbelangt, so erfordert er besondere Regeleinrichtungen, aber nicht für die uns hier interessierende Regelung der elektrischen Leistung, denn diese wird ja, wie oben näher erläutert, als Abfallkraft ungeregelt abgegeben. Die Gegendruckturbine z. B. hat einen Regler für die Gegendruckdampfregelung oder die Laufwasserturbine einen Schwimmregler zur restlosen Ausnutzung des anfallenden Wassers usw. Diese Reglereinrichtungen, die ja im allgemeinen bekannt sind, zu behandeln, fällt aus dem Rahmen des Abschnittes heraus, der sich ja mit der elektrischen Kraftversorgung befassen soll.

E. Regelung bei Störungen.

1. Verhalten der Regler bei Betriebsstörungen. Wir wollen uns nunmehr noch mit dem Verhalten der Regelung bei Störungen und den Gesichtspunkten, die wirtschaftlich und technisch hierbei auftreten, befassen.

Zunächst einige Worte über die Art der Störungen, die hierbei eine Rolle spielen. Es handelt sich um nicht vorhersehbare Stoßentlastungen oder Stoßüberlastungen, wobei unter Überlastungen im allgemeinen Lasten zu verstehen sind, die über die Gesamtleistungsfähigkeit der betreffenden Betriebsmittel hinausgehen, und ferner, und das sind die schwierigsten Fälle, um 2polige und 3polige Kurzschlüsse. Bei der Betrachtung kann man über die im Kapitel D behandelten Regelgrundsätze und -einrichtungen, die mit der wirtschaftlichen Lastverteilung zusammenhängen, hinweggehen, weil man im allgemeinen keinerlei Grundsätze oder Maßnahmen zu erwägen braucht, die wirtschaftlich günstigste Lastverteilung bei Störungen aufrechtzuerhalten. Bei Störungen wird man vielmehr die Aufrechterhaltung des Betriebes allen rein wirtschaftlichen Gesichtspunkten voransetzen.

Störungen sind immer an einer Überschreitung der für den geordneten Betrieb maßgebenden Grenzen für Spannungs- und Frequenzschwankungen erkennbar. Bei Über- oder Unterschreitung dieser Grenzen werden, soweit es die Umstände im einzelnen Falle überhaupt erfordern, all die Sonderverfahren, die auf die wirtschaftliche Betriebsführung zurückgehen, nämlich: Richtungsbetrieb, Fahrplanfahren, reines Frequenzfahren, Anteilfahren und Abfallkraftbetrieb, vorübergehend entweder selbsttätig oder durch Eingriff der Bedienung kurzerhand außer Kraft gesetzt. Es wird ferner, soweit angängig, so lange Einzelbetrieb gefahren oder durch Ent- oder Belastung innerhalb der zulässigen Grenzen von jedem Werk versucht, die Verhältnisse annähernd auf den Normalzustand zu bringen, bis Spannung und Frequenz des Gemeinschaftsbetriebes durch die notwendigen betrieblichen Maßnahmen wieder hergestellt und damit die vorher vereinbarten, verschiedenen wirtschaftlichsten Betriebsweisen wieder Platz greifen können. Die Störungsfrage berührt hiernach die wirtschaftliche Regelung grundsätzlich nicht, greift dagegen grundlegend in die eigentliche normale Betriebsregelung, also Spannungs- und Frequenz- bzw. Leistungsregelung ein.

Wie ist nun das Verhalten dieser beiden Regelungen bei Störungen der obengenannten Art?

Betrachten wir zunächst den Spannungsregler. Hier spielt der Fall der Stoßentlastung, also der Spannungsüberhöhung praktisch keine Rolle, da die Generatoren in ihrer Spannungsfestigkeit so ausreichend bemessen sind, daß die durch eine Stoßentlastung vorübergehend eintretende zu hohe Spannung praktisch für die Betriebsmittel und den Betrieb bedeutungslos sind.

Anders liegt es bei den Stoßüberlastungen und den Kurzschlüssen. In diesen Fällen tritt ja eine Spannungsabsenkung ein, die der Generatorregler zwar auszuregeln versucht, aber nicht auszuregeln vermag, mit anderen Worten, der Generator kann im allgemeinen Stoßüberlastungen der gekennzeichneten Art und Kurzschlußleistungen mit seiner Betriebsspannung nicht decken. Je nach der Größe der vorliegenden Betriebs- oder Kurzschlußleistung sinkt die Spannung weit unter die betriebsmäßige Höhe, ein Vorfall, der für eine einzeln laufende Maschine zunächst unbedenklich, dagegen schwieriger für die angeschlossenen Verbraucher ist, was näher auszuführen zu weit führen würde.

Für eine Erzeugermaschine, die ja im allgemeinen eine Synchronmaschine ist, wird der Vorfall ebenfalls schwieriger, wenn sie mit anderen Maschinen oder für ein Werk, wenn es mit anderen Werken parallel läuft insofern, als mit absackender Spannung eine wachsende Verschiebung zwischen der Polradspannung und der Klemmspannung eintritt, die eine Abnahme der zwischen den Maschinen vorhandenen synchronisierenden Kraft bedeutet. Die elektrische Verbundenheit der parallel laufenden Maschinen wird also in dem Maße der Spannungsabsenkung loser und kann bei genügend hoher Stoßüberlastung oder bei schwereren Kurzschlüssen bis zur Aufhebung des Synchronismus führen, also zum Außertrittfallen der Maschinen, nach welchem sie regellos durcheinanderlaufen. Bei fernerabliegenden oder leichteren Kurzschlüssen macht sich die Lockerung der Synchronisierung durch Pendelung der parallel laufenden Maschinen bemerkbar. Der Spannungsregler normaler Bauart erhöht zwar die Spannung bis zur äußerst möglichen Grenze, jedoch erfolgt im allgemeinen der Spannungsanstieg viel zu langsam, um gegen Außertrittfallen einen wirksamen Schutz zu bieten. Diesen kann man verbessern, indem man statt der normalen Reglerbauart eine Schnell- oder Stoßerregung, wie später noch erläutert, anwendet.

Nun sei das Verhalten der Leistungs- bzw. Drehzahlregler in Störungsfällen der eingangs gekennzeichneten Art betrachtet. Bei diesen spielt im Gegensatz zum Spannungsregler schon der Fall der Stoßentlastung eine Rolle. Bei Stoßentlastungen, die z. B. durch Auslösung von Hauptleitungen entstehen können, tritt eine plötzliche und starke Drehzahlerhöhung ein und der für den praktischen Betrieb wichtigste Punkt ist nun, daß die höchste hierbei auftretende Drehzahl den nötigen Abstand gegenüber der Grenzdrehzahl der Turbine, sei es Dampfturbine oder Wasserturbine hat. Maschinenuntersuchungen im praktischen Betrieb, die z. B. die A. G. Sächsische Werke (ASW) in den letzten Jahren durchgeführt hat, haben gezeigt, daß der Verlauf der Drehzahländerung und die Schnellschluß-Ventileinstellungen beispielsweise von Dampfturbinen bisher nicht allenthalben diese Bedingung des nötigen Sicherheitsabstandes erfüllen. Abhilfe hiergegen ist aber meist ohne weiteres möglich.

Im allgemeinen kann man sagen, daß ein einwandfreies Arbeiten des Reglers gesichert ist bei genügend kleiner Schlußzeit. Diese Schlußzeit ist eine Funktion der Leistung des Servomotors. In dieser Schlußzeit ist man allerdings bei Wasserturbinen mit längeren Rohrleitungen, wie oben bereits gezeigt, nicht frei, da sie sich hier maßgebend nach der Rohrleitung richten muß, wodurch sie unter Umständen auf ein Mehrfaches der an sich gewünschten vergrößert wird.

Nun zu den Fällen von Stoßüberlastungen und Kurzschlüssen. Bei Stoßüberlastungen der oben bezeichneten Art, bei welchen also die Summe der anfallenden Last die Leistungsfähigkeit der noch im Betrieb befindlichen Maschinen übersteigt, ein Fall, der z. B. bei Ausfall von Generatoren, Kraftwerken oder Leitungen für die restlichen Betriebsmittel eintreten kann, versucht der Leistungsregler zunächst die angeforderte erhöhte Leistung durch vermehrte Energiezufuhr auf der Kraftmaschinenseite zu decken. Da dies aber infolge der Bemessungsgrenzen von Kraftmaschine und Generator nicht oder nur wenige Sekunden geht, so bleibt, wenn die zulässige Belastungszeit erreicht ist, nur die Aberregung bzw. Ausschaltung der Maschinen übrig.

Eine besondere Rolle beim Verhalten des Drehzahlreglers spielen im praktischen Betrieb noch die Fälle von Parallelbetrieb von Werken über lange und normal hoch belastete Übertragungsleitungen, bei welchen also eine verhältnismäßig hohe Winkelverschiebung zwischen den Spannungsvektoren der Werke vorhanden ist. Hier kann bei Stoßbe- oder -entlastungen z. B. infolge von Betriebsmittelausfall bei zu langsamer Nachregelung der Maschinen der Winkelunterschied eine die Stabilität der Übertragung gefährdende oder sogar aufhebende Größe annehmen.

Hier erweist sich die Trägheit des Fliehkraftreglers und der mechanischen Steuerorgane der Kraftmaschinen als nachteilig und den Bedürfnissen des Betriebes nicht gewachsen. Hier also Besserung erzielen zu wollen, würde wohl bedeuten, den üblichen Fliehkraftregler überhaupt zu verlassen.

Bei Kurzschluß werden sich für die einzelnen Maschinen, die in einem Netz parallel arbeiten, sehr verschiedene Änderungen der Belastungen ergeben. Die Drehzahlregler werden entsprechend dieser Änderungen die Energiezufuhr bei den einzelnen Maschinen beeinflussen, und zwar dergestalt, daß die Leistungsaufteilung entsprechend den Drehzahlkennlinien erfolgt. Bleibt bei dem betreffenden Kurzschlußvorgang die synchronisierende Bindung zwischen den Maschinen bestehen, so tritt keinerlei zusätzliche betriebliche Schwierigkeit auf.

Bricht dagegen die Spannung zwischen einzelnen Werken oder Maschinen so weit zusammen, daß die synchronisierende Bindung wegfällt, so tritt ein Auseinanderlaufen der Maschinen ein, und zwar entsprechend der für die betreffende Laständerung in Frage kommenden Drehzahländerung. Je geringer hierbei die Drehzahlunterschiede bei den einzelnen Maschinen werden, um so schneller werden sich die Maschinen nach Aufhören des Kurzschlusses von selbst wieder fangen.

Die bereits mehrfach erwähnten Reglerversuche der ASW haben gezeigt, daß die bleibende Drehzahl bei der bisher üblichen Wahl der Lage der Drehzahlkennlinie so große Drehzahlunterschiede bei Kurzschlußvorgängen ergeben konnte, daß das Sichselbstfangen der Maschinen zu lange dauerte und daher das Handabschalten der Maschinen unvermeidlich wurde.

Eine Verbesserung hierin läßt sich also durch Einstellung geringerer Drehzahländerung in Abhängigkeit von der Leitungsänderung erzielen, womit man allerdings im ungestörten Betrieb etwas größere Leistungsschwankungen in Kauf nehmen muß.

Ob man allerdings mit der Herabsetzung der Drehzahländerung bei den heutigen Fliehkraftreglern so weit zurückgehen kann, daß in allen solchen Kurzschlußfällen immer ein rechtzeitiges Sichselbstfangen der Maschinen eintritt, läßt sich zur Zeit nicht sagen.

Es bleibt daher vom betrieblichen Standpunkt aus erstrebenswert, die Verbesserung des Drehzahlreglers in irgendeiner geeigneten Weise so weit zu treiben, daß in allen betrieblich vorkommenden Fällen ein rechtzeitiges Sichselbstfangen der Maschinen eintritt, oder an Stelle des Drehzahlreglers andere Reglermethoden zu entwickeln, die diese Bedingung erfüllen.

2. Regler- und Parallelbetriebsversuche. Zur Veranschaulichung der Verhältnisse sind in den Abb. 20 bis 23 einige Oszillogramme wieder-

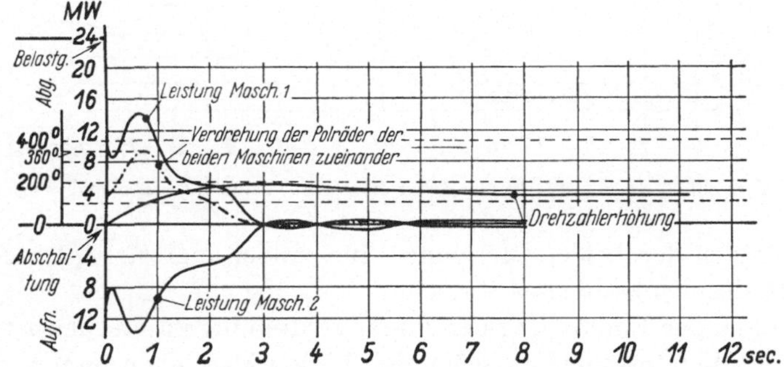

Abb. 20. Verhalten unterschiedlich belasteter Maschinen nach Entlastung.

gegeben, die einer Reihe großangelegter Regler- und Parallelbetriebsversuchen der ASW in ihren Werken Hirschfelde und Böhlen entnommen sind.

Abb. 20 zeigt das Verhalten zweier unterschiedlich belasteter parallel laufender Maschinen bei Entlastung. Vor der Entlastung war die Maschine *1* mit 24 MW belastet, die Maschine *2* lief leer. Nach Abschaltung der Belastung hat die Maschine *1* das Bestreben, ihre Drehzahl zu erhöhen und gibt dadurch Leistung an die Maschine *2* ab, und zwar zunächst etwa 10 MW, schließlich bis zu 14 MW. Nachdem nun auch die Maschine *2* beschleunigt wird, nimmt der Leistungsausgleich zwischen den beiden Maschinen immer mehr ab, bis sich der Endzustand einstellt, bei dem die Maschine *2* als Motor läuft. Bei Maschine *2* sind hierbei lediglich die Leerlaufverluste zu decken, die rd. 0,6 MW betragen.

Auf Abb. 21 wird das Verhalten zweier ungleich vorbelasteter Maschinen bei Entlastung, darauffolgendem Kurzschluß und nach Abschaltung des Kurzschlusses gezeigt. Maschine *1* war vor der Entlastung mit 15 MW belastet, Maschine *2* lief wieder leer. Nach der Abschaltung gibt Maschine *1*, die schneller laufen will, Leistung an die Maschine *2* ab, um auch diese zu beschleunigen. Bei Einschaltung des Kurzschlusses nach 1,8 sec sinkt die Spannung so, daß bei der abgegebenen Leistung die Grenze der Stabilität überschritten wird. Die beiden Maschinen laufen deshalb auseinander, und zwar wird die Oppositionsstellung, wie sich aus der Darstellung der Verdrehung

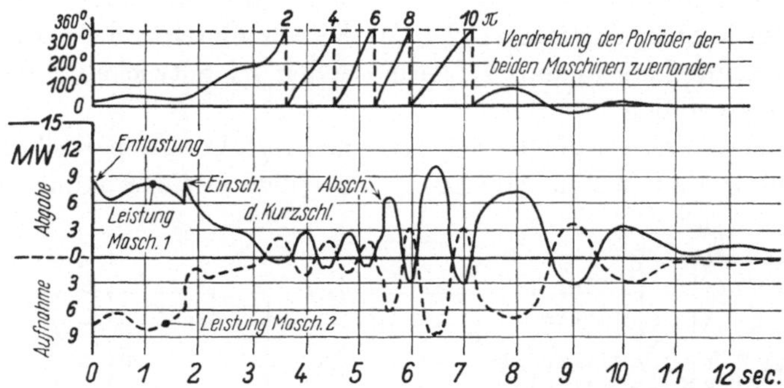

Abb. 21. Kurzschluß bei ungleich vorbelasteten Maschinen, Außertrittfallen und Wiederfangen.

der Polräder der beiden Maschinen zueinander ergibt, rd. 1 sec nach Eintritt des Kurzschlusses erreicht.

Wie aus der Darstellung der Polradverdrehung zu ersehen ist, wird der Drehzahlunterschied zwischen den beiden Maschinen immer größer.

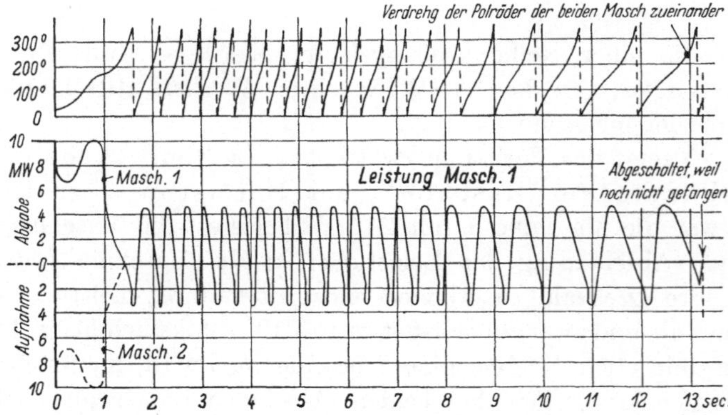

Abb. 22. Außertrittfallen zweier ungleich belasteter Maschinen in einem Werk bei Entlastung.

Nach Abschaltung des Kurzschlusses nimmt der Drehzahlunterschied zwischen den beiden Maschinen wieder ab, da nun die Ausgleichsleistung durch die wiederkehrende Spannung größer wird. Schließlich fangen sich die Maschinen und gehen mit wenigen Pendelungen in normalen Parallellauf über, wobei die Maschine *2* wieder als Motor angetrieben eine geringe Leistung aufnimmt.

Abb. 22 zeigt das Außertrittfallen zweier ungleich belasteter Maschinen in einem Werk bei Entlastung. Die Maschine *1* war mit 10 MW belastet, Maschine *2* lief leer. Nach der Abschaltung gibt wieder Maschine *1* Leistung an Maschine *2* ab, um auch diese wieder zu beschleunigen. Bei der geringen Erregung der Maschine *2* wird hierbei jedoch die Grenze der Stabilität überschritten und die beiden Maschinen laufen, wie die Darstellung der Verdrehung der Polräder der beiden Maschinen zueinander zeigt, auseinander. Wie hieraus weiter zu ersehen ist, wird der Drehzahlunterschied immer größer. Nach der vierten Sekunde nimmt er jedoch langsam wieder ab. Schließlich hätten sich die Maschinen wieder gefangen. Es mußte jedoch

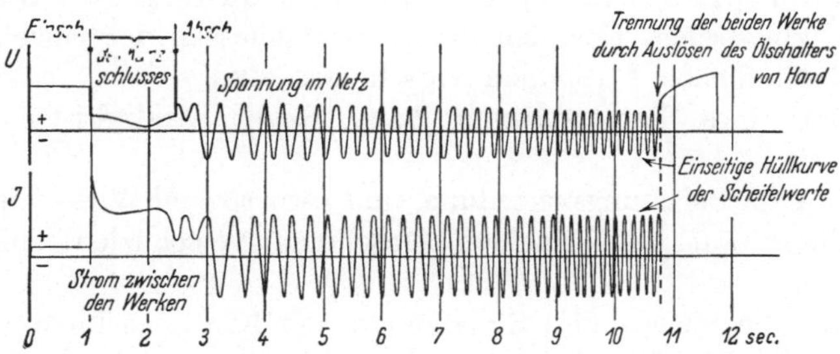

Abb. 23. **Kurzschluß zwischen zwei Werken, Außertrittfallen derselben und Trennung durch Hand, weil kein Wiederfangen eintrat.**

vorher, nämlich nach rd. 13 sec, um nicht die Maschinen durch die Leistungsstöße zu sehr zu beanspruchen, abgeschaltet werden.

Abb. 23 zeigt das Außertrittfallen zweier Werke bei Kurzschluß. In einem Abzweig zwischen den beiden Werken tritt ein Kurzschluß ein. Durch die hierbei eintretende Spannungsabsenkung wird an den Maschinen die Stabilitätsgrenze überschritten und sie beginnen auseinander zu laufen. Die Polradverdrehung zwischen den beiden Werken ist bei Abschaltung des Kurzschlusses schon so groß, daß ein Fangen auch bei Wiederkehr der Spannung nicht eintritt, sondern die beiden Werke in asynchronen Lauf kommen. Durch die sehr unterschiedlichen Belastungsverhältnisse werden die Drehzahlunterschiede immer größer. Nach rd. 11 sec wurde abgeschaltet. Wie das Oszillogramm durch die schneller werdenden Schwebungen zeigt, wäre ein Wiederfangen in den nächsten Sekunden nicht zu erwarten gewesen. Es hätte sicher noch sehr lange gedauert, bis sich die Maschinen schließlich wieder gefangen hätten.

Die besondere Bedeutung solcher Vorgänge erhellt der Umstand, daß ja gerade die heutige weitgehende Verkupplung und Verbundwirtschaft einen weitgetriebenen Parallellauf von Maschinen in den einzelnen Werken und von Werken untereinander über Netzgebilde der verschiedensten Art mit sich gebracht hat. Die Betriebserfahrungen der Werke haben dabei in immer steigendem Maße gezeigt, daß bei Auftreten von Stoßüberlastungen oder Kurzschlüssen trotz ordnungsgemäßer Regler und Relais eine Gefährdung des Betriebes durch Eintritt von Pendelungen von Maschinengruppen oder ganzen Werken oder gar durch Außertrittfallen solcher eintritt.

Diese Betriebserfahrungen werden besonders verständlich, wenn man sich klar macht, welche Einflüsse derartige Pendelungen bzw. derartiges Außertrittfallen begünstigen. Die Regler- und Parallelbetriebsversuche der ASW z. B. haben diese Einflüsse deutlich hervortreten lassen. Man kann sie kurz dahin zusammenfassen, daß die Gefahren von Pendelungen und Außertrittfallen dann groß sind, wenn

a) die kinetischen Energien der Schwungmassen der einzelnen im Betrieb befindlichen Maschinen verschieden sind,

b) wenn ihre Reglersysteme bzw. Reglercharakteristiken verschieden sind,

c) wenn die Belastungsverteilung, und zwar sowohl Wirk- wie Blindlastverteilung auf die einzelnen Maschinen verschieden sind und schließlich

d) wenn die Steuer- und Einlaßorgane der Kraftmaschinen in ihren wesentlichsten Eigenschaften abweichend sind.

3. Verbesserungsmaßnahmen. Übersieht man diese Einflüsse, so erkennt man nach den obigen Darlegungen über die wirtschaftlichste Betriebsführung, daß letztere ja geradezu bewußt darauf ausgehen mußte, Maschinen verschiedenster Größe, verschiedensten Alters und Bauart zusammenzuschalten, Maschinen, die von vornherein jedenfalls nicht die gleiche Charakteristik haben, ferner Maschinen ganz verschiedenen Wesens, wie es Dampfturbine und Wasserturbine mit oder ohne große Rohrleitungen sind, und daß es schließlich eine der Hauptgesichtspunkte der wirtschaftlichsten Lastumlegung ist, die Last nicht auf die Maschinen gleich, sondern je nach ihrer Wirtschaftlichkeit verschieden zu verteilen.

Man erkennt also daraus, daß die für die wirtschaftliche Betriebsführung maßgebenden Gesichtspunkte den Bedingungen eines möglichst stabilen Betriebes unter Umständen erheblich zuwiderlaufen, und man versteht dann auch, weshalb die engere Fachwelt sich in steigendem Maße über das Problem unterhält, ob und mit welchen Mitteln der Regelung man etwa die Stabilitätsbedingungen im Störungsfall verbessern kann bzw. welche Mittel es gibt, instabil gewordene Maschinengruppen oder Werke innerhalb einer betrieblich tragbaren Zeit nach Beendigung des störenden Belastungs- oder Kurzschlußvorganges wieder zum Selbstfangen zu bringen.

Die nächstliegende Frage ist die, ob man nicht die Generatoren selbst so bauen kann, daß sie auch bei Kurzschlüssen, wenn sie nicht in unmittelbarer Nähe des Generators auftreten, die Spannung durch schnelles Nachregeln aufrechtzuerhalten vermögen. Ein solches schnelles Nachregeln wird um so aussichtsreicher sein, je größer die Stabilität und die Ansprechgeschwindigkeit des Generators und der zugehörigen Erregermaschine sind, denn die Stabilität ist ja eben ein Ausdruck für die Spannungsunabhängigkeit von der Belastung. Im Abschnitt III sind die Gesichtspunkte im einzelnen behandelt, durch welche die Stabilität und Ansprechgeschwindigkeit sowohl der Erregermaschine, wie des Generators gesteigert werden können. Letzten Endes würde dieser Weg zu Generatoren führen, die von den heutigen Bauarten, die durch große Ankerrückwirkung und hohe Streureaktanz, also gerade durch große Spannungsänderung und großen Regelbereich des Erregerstromes gekennzeichnet sind, weitgehend abweichen würden. Wir würden also statt der heute üblichen weichen Maschinen wieder harte, wie in früheren Jahren, bekommen, ein Weg, der nur begrenzt zu gehen möglich ist, da man die hiermit eintretende Vergrößerung der Dauerkurzschlußstromstärke nicht in Kauf nehmen kann. Immerhin wäre eine etwas härtere Auslegung der Maschine bis zum 2,5fachen Dauerkurzschlußstrom im Verhältnis zum Normalstrom gegenüber den jetzt üblichen von 1,8 bis 2,2 möglich.

Kann man hiernach am Generator selbst zwar noch helfend verbessern, für die Zukunft aber ohne Nachteile für die Kurzschlußverhältnisse im Netz nichts grundlegend ändern, so sieht dies bei der Erregermaschine anders aus. Zur Erhaltung der Stabilität ist es nötig, die Spannung bei Belastungsstößen aufrechtzuerhalten. Dies wird erreicht, wenn man die Erregung entsprechend schnell steigert. Das wirksamste Mittel hierfür ist die sogenannte Schnell- oder Stoßerregung. So haben auch die erwähnten ASW-Versuche an ihren Maschinen gezeigt, daß das aussichtsreichste Mittel zur Aufrechterhaltung des Parallellaufes in Störungsfällen die Aufdrückung einer hohen Erregerspannung ist, ein Weg, den auch die Amerikaner mit der sogenannten Schnellerregung gegangen sind.

Was uns hier noch mehr interessiert, sind die möglichen Abhilfsmaßnahmen auf der Kraftmaschinen-Reglerseite. Bei Wasserturbinen ist man von vornherein durch die große Anlaufzeit der Rohrleitung eingeengt. Bei Dampfturbinen dagegen ist man freier in der Erreichung kurzer Regulierzeiten. Von Einfluß bei den Konstruktionsgrößen sind bekanntlich der Ungleichförmigkeitsgrad und die Schlußzeit. Für die nächste Zukunft dürfte wohl die wirksamste und aussichtsreichste Maßnahme wenigstens bei Dampfturbinen die Verkleinerung der Schlußzeit, also die Vergrößerung der Schlußkraft des Reglers sein, eine Maßnahme, die bisher wohl noch nicht in dem Umfange ausgenutzt worden ist, wie es die jetzigen Betriebsverhältnisse der Großversorgung erfordern.

Da hiernach, abgesehen von der Schnellerregung die Möglichkeiten zur Verbesserung recht begrenzt sind, ist verschiedentlich versucht worden, die Aufgabe durch zusätzliche Einrichtungen zu lösen. So hat man z. B. bei Wasserturbinenreglern, bei welchen ja mit Rücksicht auf die Trägheitswirkungen der Wassermassen die Regelbedingungen für den Störungsfall besonders schwierig sind, dem Geschwindigkeitsregler einen sogenannten Beschleunigungsregler parallel geschaltet. Weiter hat H. Thoma den Vorschlag gemacht, einen Nullspannungsmagnet, der auf die Eigenschaft des Turbinenreglers im Normalbetrieb nicht einwirkt, vorzusehen, welcher bei starkem Spannungsabfall, also im Störungsfall, die Drehzahleinstellung der Turbinenregler durch Einwirkung auf den Drehzahlverstellmotor auf einen gleichen Wert, etwa die Nenndrehzahl einstellt, da hierdurch das selbsttätige Wiederfangen der durch Pendelungen außer Tritt gefallenen Maschinen nach Aufhören des Kurzschlusses erleichtert wird.

Daß das Fangen um so leichter und schneller vor sich ging, je kleiner die Drehzahlunterschiede waren, zeigte sich auch bei den ASW-Versuchen. Man wird daher bestrebt sein müssen, durch Verbesserung an den Maschinen und Reglern und ihren Zusatzeinrichtungen und durch schnelle Abschaltung von Störungen das Außertrittfallen auf wirklich diejenigen Fälle zu beschränken, die, wie schwere Kurzschlüsse in der Nähe der Maschinen, unbeherrschbar sind. Daß die heutigen Betriebsmittel und Einrichtungen dies noch nicht annähernd tun, zeigen die Betriebserfahrungen und z. B. auch die mehrfach erwähnten Versuche der ASW.

Übersieht man nunmehr das Gesagte hinsichtlich des Verhaltens der heutigen Regler bei Störungen, so ergibt sich, daß auch für die künftige Großversorgung eine brauchbare Weiterentwicklung der Spannungsregelung aussichtsreich erscheint, daß ferner der Drehzahlregler in bezug auf das Sichselbstfangen der Maschinen einer Verbesserung bedarf, daß er sich aber zur Erhaltung der Stabilität bei großen Übertragungen in der jetzigen Form noch nicht eignet.

Da nun gerade die Großkraftübertragung in der Zukunft besonders im Vordergrund steht, so kommt letzteres also darauf hinaus, die reine Drehzahlregelung im Störungsfall überhaupt zu verlassen. Ich glaube, es ist Frensdorff in seinem Weltkraftteilbericht im Rahmen des Rüdenbergschen Berichtes zum Thema „Elektrische Probleme der Energieübertragung auf große Entfernung" gewesen, der erstmalig auf die Vorteile hinwies, die sich wohl bieten würden, wenn man bei der Störungsregelung den Umweg über die Drehzahlregelung verlassen und zur direkten elektrischen Steuerung der Kraftmaschinen übergehen würde, etwa durch Relais oder Organe dieser Art, die auf die Plötzlichkeit der Zustandsänderung reagieren, oder durch Zuhilfenahme vergleichender Fernmessung oder schließlich durch Fehlerrelais, die nach dem Differentialsystem arbeiten.

Hier bietet sich Gelegenheit für neue und wertvolle Forschungsarbeit. Es läßt sich zur Zeit natürlich nicht sagen, ob es überhaupt möglich ist, an Stelle der Drehzahlregelung eine direkte elektrische Regelung zu setzen und welche elektrische Größen hierfür in Frage kommen können.

Man könnte an die Wirkleistung einer Maschine oder eines Kraftwerkes denken oder an deren zeitliche Änderung, selbstverständlich auch an die Generatorspannung. Vielleicht aber wäre es vom Standpunkt des gesteckten Zieles am richtigsten, man würde gleich versuchen, auf den Kernpunkt des Problems zuzugehen und als Kommandoorgane solche Größen auszuwählen, die eine unmittelbare Beziehung zur Stabilität parallel laufender Synchronmaschinen haben, wie etwa den Winkel zwischen Polradspannung und Generatorklemmspannung oder den Verschiebungswinkel der Übertragung oder etwa die Änderung der Wirkleistung in Abhängigkeit von diesen Winkeln.

Wenn man nun zum Schluß die ganze Frage der Regelung der Kraftwerke beim Zusammenschluß nochmals überschaut, so sieht man, daß durch die Entwicklung der Elektrizitätsversorgung zur Groß- und Verbundwirtschaft zu der ursprünglich nur vorhandenen Drehzahl- und Leistungsregelung jeder Maschinen, die ihren normalen Belastungsschwankungen folgt, eine Art wirtschaftliche Regelung, die die Änderung der Belastung nach wirtschaftlichen Gesichtspunkten, also nach Stunden, Tages- und Jahreszeiten vornimmt, und schließlich jetzt noch das Bedürfnis nach einer besonderen Störungsregelung, welche nur in dem kleinen Zeitbereich vom Eintritt des Störungsvorganges bis zu dessen Ende oder bis zum Ende der durch ihn hervorgerufenen Erscheinungen z. B. Pendelungen oder Außertrittfallen arbeitet, gekommen sind.

Das große Gebiet der Fernregelung in Verbindung mit Fernmessung und das Problem einer Störungsregelung, vielleicht mit Ersatz des Drehzahlreglers durch einen elektrischen Leistungsregler, weisen dabei als Arbeits- und Forschungsgebiete in die Zukunft.

VI. Wirtschaftlichkeit der Drehstrom- und Gleichstrom-Übertragung.

Von **H. Piloty**, Berlin.

A. Einführung.

Die früheren Abschnitte behandeln die Technik der Großenergieübertragung mit Drehstrom. Zur allgemeinen Beurteilung von Großenergieübertragungs-Projekten sind noch eine Reihe weiterer Gesichtspunkte zu beachten. Einmal die Behandlung der Wirtschaftlichkeit der Energieübertragung, dann aber auch die Berücksichtigung des Gleichstromes als Übertragungsmittel. Beides soll in diesem Abschnitt geschehen.

Zwischen beiden Fragengruppen besteht nur scheinbar keine Verbindung. Sicher kann eine Untersuchung der Wirtschaftlichkeit von Großenergieübertragungen am Gleichstrom nicht vorübergehen. Die Verwendung des Gleichstromes verspricht eine Reihe prinzipieller Vorteile, die sich im wirtschaftlichen Ergebnis auswirken müssen und welche oft in der Literatur erörtert worden sind. Andererseits hat die Technik der Gleichstromübertragung nach ihrem heutigen Stande sowohl als bei Verwirklichung nicht allzu optimistischer Zukunftshoffnungen entscheidenden, leider meist negativen Einfluß auf ihre Wirtschaftlichkeit.

Bezieht man also die Gleichstromübertragung in die wirtschaftlichen Betrachtungen ein, so läßt es sich nicht umgehen, auch ihre Technik mit zu erörtern, ähnlich wie es für die Drehstromübertragung in den früheren Abschnitten geschehen ist. Hierbei besteht aber ein bemerkenswerter Unterschied. Für den Drehstrom stellt die Großenergieübertragung — dieser Ausdruck soll sich hier und im folgenden stets auf solche Leistungen beziehen, deren Übertragung sich auf Entfernungen von 1000 km und darüber lohnt — eine von der Praxis schon ganz, oder wenn man streng sein will, doch nahezu gelöste Aufgabe dar. Im Gegensatz dazu fehlen beim Gleichstrom alle praktischen Erfahrungen, angefangen von den Maschinen der entsprechenden Größe bis zu den Schutzeinrichtungen und Meßgeräten. Aus diesem Grunde muß sich die Erörterung der Gleichstromtechnik auf die wichtigsten, grundlegenden Fragen, insbesondere diejenigen, welche im Sinne der Wirtschaftlichkeit wesentlich sind, beschränken. Es ist daher auch gerechtfertigt, diese Erörterung mit der allgemeinen Untersuchung der Wirtschaftlichkeit von Großenergieübertragungen zu verbinden.

Bei wirtschaftlichen Überlegungen ist es ebenso leicht, mit allgemeinen Behauptungen zu arbeiten, wie Rechnungen aufzumachen, bei denen der Leser die fertigen Zahlen, die am Schluß herauskommen, glauben kann oder auch nicht. Ich will beides vermeiden und versuchen, bei unseren Wirtschaftlichkeitsbetrachtungen zu allgemeinen und trotzdem durchsichtigen Gesetzmäßigkeiten zu gelangen.

B. Beanspruchung von Leitungen durch Gleichspannung.

1. Die Korona. Bevor wir in die eigentlichen Wirtschaftlichkeitsuntersuchungen eintreten können, müssen wir noch zwei Vorarbeiten leisten. Die erste bezieht sich auf die Ausnutzbarkeit einer gegebenen Leitung mit Gleichspannung. Wie hoch eine Leitung mit Wechselspannung beansprucht werden darf, kann dabei als bekannt vorausgesehen werden. Es handelt sich daher um die Übertragung der mit Wechselspannung gewonnenen Erfahrung auf Gleichspannung. Für eine gegebene Leitung, wobei zunächst nur eine Freileitung in Betracht gezogen ist, hängt die Spannung, mit der man arbeiten kann — bei den hohen Spannungen, die für uns in Betracht kommen —, im wesentlichen von der Korona ab, deren Verhalten bei Drehstrom im Abschnitt I schon behandelt wurde. Infolgedessen müssen wir uns zunächst ein Bild darüber verschaffen, wie es sich mit der Gleichspannungs-Korona im Vergleich zur Drehstrom-Korona verhalten wird. Leider ist dieser Vergleich deshalb nicht ganz leicht durchzuführen, weil zwar über die Drehspannungs-Korona ausgezeichnete experimentelle Ergebnisse vorliegen, über die Gleichstrom-Korona aber so gut wie nichts. Trotzdem kann man, wie Abb. 1 zeigt, einen ungefähren Anhalt gewinnen.

Die Abb. 1 behandelt den Fall eines Leiters, der gegen Erde — angedeutet durch einen umhüllenden Zylinder — unter Spannung steht. Die obere Hälfte bezieht sich auf Wechselstrom, die untere auf Gleichstrom. Links sind Querschnitte der Anordnung, rechts stilisierte Zeitdiagramme dargestellt, welche die Spannung gegen Erde sowie den auf die Längeneinheit der Leitung bezogenen, durch das Dielektrikum fließenden Strom enthalten. Die Mitte enthält schematische, zur Veranschaulichung des Mechanismus der Korona dienende Ersatzschaltungen.

Bei Wechselstrom besteht bekanntlich der genannte Strom im wesentlichen aus dem Ladestrom, über den sich der Koronastrom in

Form der im Zeitdiagramm gezeichneten Buckel überlagert, falls der Scheitelwert der Spannung oberhalb der sogenannten „kritischen Spannung" liegt. Der Querschnitt zeigt die Ionisationszone im Bereich der höchsten Feldstärke in der Umgebung des Leiters; an sie schließt sich der entladungsfreie Bereich an. Man kann sich daher etwa vorstellen, wie es die Ersatzschaltung zeigt, daß eine Entladungsstrecke mit einem Kondensator in Reihe liegt. Da letzterer bei technischem Wechselstrom einen verhältnismäßig niedrigen Widerstand — im Vergleich zum Isolationswiderstand — darstellt, ist leicht zu verstehen, daß der hohe

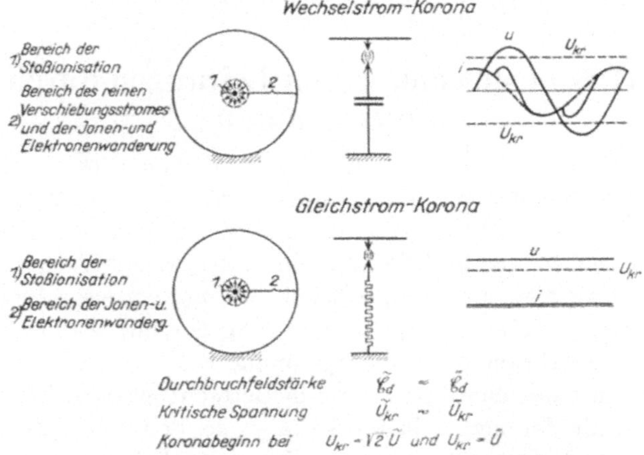

Abb. 1. Korona bei Wechselstrom und Gleichstrom.

Ladestrom in der Entladungsstrecke einen beträchtlichen Verlust verursacht, wie es das Experiment lehrt.

Bei Gleichstrom findet der Entladungsstrom lediglich im Isolationswiderstand der Luft seine Fortsetzung. Dementsprechend hat man sich in Reihe mit der Entladungsstrecke einen hohen Widerstand vorzustellen, welcher den Strom auf einen im Vergleich zum Ladestrom bei Wechselspannung kleinen Betrag abdrosselt.

2. Zulässige Spannung bei Gleich- und Drehstrombetrieb. Im Wechselstrombetrieb pflegt man zu fordern, daß wenigstens bei gutem Wetter die kritische Spannung nicht überschritten wird. Erhebt man dieselbe Forderung auch bei Gleichstrombetrieb, so erkennt man zunächst aus unseren Überlegungen, daß man sicherlich die Gleichspannung mindestens gleich der auf derselben Leitung zulässigen Wechselspannung machen darf, falls man Scheitelwerte vergleicht, d. h. daß man sie $\sqrt{2}$mal größer als die Wechselspannung machen darf, falls man Effektivwerte vergleicht. Darüber hinaus ist eine weitere Erhöhung der Gleichspannung wegen der Kleinheit der bei Überschreitung der kritischen Spannung zu erwartenden Verluste als zulässig zu vermuten. Man wird indessen im Interesse einer vorsichtigen Rechnung gut daran tun, von dieser Möglichkeit bei Wirtschaftlichkeitsbetrachtungen so lange keinen Gebrauch zu machen, als nicht einwandfreie experimentelle Ergebnisse vorliegen. So wollen auch wir nachher verfahren.

Die bisherigen Betrachtungen bezogen sich auf Leiter, die einphasig gegen Erde unter Spannung stehen. Es bleibt noch nachzutragen, welche Spannungen miteinander verglichen werden müssen, wenn man Gleichstrom- und Drehstrombetrieb einander gegenüberstellt. Diesen Vergleich veranschaulicht Abb. 2.

		Gleichstrom		Drehstrom		Verhältnis der zulässigen Spannungen	
		U_p	U_v	U_p	U_v	$\bar{U}_p/\tilde{U}_p$	$\bar{U}_v/\tilde{U}_v$
Freileitung	a Gleiche Korona-Spg. bei Erdschluß der Gleichstrom- und Drehstromleitung	$\frac{1}{2}\sqrt{2}$	$\sqrt{2}$	$\frac{1}{\sqrt{3}}$	1	$\frac{\sqrt{3}\cdot\sqrt{2}}{2}$ 1,22	$\sqrt{2}$ 1,41
	b Gleiche maximale Phasenspannungen	$\sqrt{2}$	$2\sqrt{2}$	1	$\sqrt{3}$	$\sqrt{2}$ 1,41	$\frac{2\sqrt{2}}{\sqrt{3}}$ 1,63
	c Gleiche Korona-Spg. bei Erdschluß der Drehstromleitung und Normalbetrieb der Gleichstromltg.	$\sqrt{2}$	$2\sqrt{2}$	$\frac{1}{\sqrt{3}}$	1	$\sqrt{2}\cdot\sqrt{3}$ 2,45	$2\sqrt{2}$ 2,82
Einleiter-Kabel	Gleiche Sicherheit, Leiter gegen Erde im Normalbetrieb					2 bis 2,5	2,3 bis 2,9

Abb. 2. Vergleich der zulässigen Spannungen bei Gleichstrom- und Drehstrom-Hochspannungsleitungen.

Sie enthält vier Zeilen, von denen die drei obersten sich auf Freileitungen, die unterste auf Kabel beziehen. Bei Freileitungsbetrieb sind drei Vergleichsmöglichkeiten berücksichtigt.

Diejenigen Spannungen, welche mit den Spannungen der Abb. 1 gleichgesetzt werden sollen, sind in den Diagrammen der beiden mittleren Kolonnen besonders markiert und bei Drehstrom gleich eins gemacht. In den drei betrachteten Fällen, die in der ersten Kolonne links näher bezeichnet sind, ergeben sich dann Verhältnisse zwischen Phasenspannungen (Index p) — bei Gleichstrombetrieb die halbe Spannung — und zwischen verketteten Spannungen (Index v), die in der Kolonne rechts ziffernmäßig angegeben und graphisch dargestellt sind. Dabei wird der Vergleich in der Richtung von oben nach unten in der Tabelle für den Gleichstrombetrieb günstiger.

Der mittlere Fall bedeutet, daß die Spannungen des Normalbetriebes gegen Erde miteinander verglichen werden, bzw. gemäß unserer oben aufgestellten Forderung sich wie $\sqrt{2}:1$ (Gleichspannung sei stets zuerst genannt) verhalten. Er fordert also einwandfreies Koronaverhalten für beide Leitungen lediglich im Normalbetrieb.

Demgemäß kann man auch die Forderung aufstellen, daß die Leitung auch im Erdschlußfalle koronafrei arbeiten soll. Die oberste Zeile verlangt dies für Gleichstrom- und Drehstrombetrieb, die unterste einseitig nur für Drehstrombetrieb, letzteres deshalb, weil für die Berechtigung dieser Forderung bei Drehstrombetrieb etwas bessere Gründe sprechen als bei Gleichstrombetrieb. Für den Drehstrombetrieb kann man nämlich die Befürchtung aussprechen, daß die nach dem heutigen Stande der Technik auch bei sehr hohen Spannungen vorauszusetzende Erdschlußkompensation gestört wird, wenn im Erdschluß erhebliche Korona auftritt. Die bisherigen praktischen Erfahrungen mit der Erdschlußkompensation haben jedoch gezeigt, daß diese Besorgnis als übertrieben und die Forderung nach koronafreiem Erdschluß somit selbst für den Drehstrom als zu weitgehend angesehen werden kann. Und wenn schon für den Drehstrom, dann geht sie erst recht für den Gleichstrom aus den besprochenen Gründen zu weit. Es erscheint daher gerecht, die mittlere Lösung anzunehmen. Sie lautet: Bei allen Vergleichsrechnungen soll angenommen werden, daß der Scheitelwert der Phasenspannung bei Gleichstrom und Wechselstrom gleich groß sei, d. h. daß sich die effektiven Phasenspannungen verhalten wie $\sqrt{2}:1 = 1{,}41:1$ und daher die verketteten Spannungen wie $2\sqrt{2}:\sqrt{3} = 1{,}63:1$.

3. Zulässige Spannung bei Kabeln. Über die Kabel nur eine kurze Bemerkung. Es soll, abgesehen von dieser Stelle, von ihnen nicht mehr die Rede sein, und zwar deswegen, weil bei unseren wirtschaftlichen Betrachtungen die Kabel nach dem heutigen Stande der Kabeltechnik von vornherein als aussichtslos — da zu teuer — ausscheiden. Für Großkraftübertragungen, höchste Spannungen und größte Leistung kommen Kabel heute leider, abgesehen von kurzen Teilstrecken, noch nicht in Betracht.

Bei den sehr hohen Spannungen, mit denen wir es zu tun haben, handelt es sich zunächst sicherlich um Einleiterkabel. Bei diesen wird man aus ähnlichen Erwägungen heraus, wie wir sie beim Freileitungsbetrieb angestellt hatten, zunächst als Vergleichsspannungen die Phasenspannungen wählen. Da man aber mit Rücksicht auf die Physik des Kabeldurchschlages, wie experimentell bekannt und theoretisch begründet ist, den Scheitelwert der betriebsmäßigen Feldstärke bei Gleichstrombetrieb bedeutend höher wählen kann als bei Drehstrombetrieb, ergeben sich an Stelle der Zahlen 1,41 und 1,63 entsprechend höhere.

Da praktische Erfahrungen nur spärlich vorliegen, kann man nicht mit festen Zahlen rechnen. Die Verhältniszahl für die Phasenspannungen liegt etwa zwischen 2 und 2,5, die für die verketteten Spannungen demnach zwischen 2,3 und 2,9. Dieser Umstand erleichtert die Kabelanwendung für kurze Teilstrecken.

C. Zusammenhang zwischen Belastung und Wirkungsgrad.

Die zweite der beiden zu erledigenden Vorarbeiten besteht in der Auffindung eines möglichst einfachen allgemeinen Ausdruckes für den Zusammenhang zwischen der Belastung einer Leitung und ihrem Wirkungsgrad, wobei „Belastung" die am Ende nutzbar abgegebene Leistung bedeuten soll. Es ist klar, daß man für die Aufstellung allgemeiner wirtschaftlicher Beziehungen etwas Derartiges braucht, weil die Kosten der nutzbar abgegebenen kWh einerseits von der Ausnutzung der Leitung, andererseits von den Verlusten abhängen.

1. Wirkungsgrad und Belastung bei Gleichstrom. Für Gleichstrombetrieb ist der geforderte Ausdruck sehr einfach zu finden. Bedeutet U' (kV) die Spannung am Anfang, N (MW) die Leistung am Ende der Leitung, R (Ω) den Gesamtwiderstand der Schleife und J (kA) den Strom, so ist der Wirkungsgrad

$$\eta = \frac{N}{N + J^2 R} \tag{1}$$

und mit

$$J = \frac{N}{\eta U'}, \tag{2}$$

$$\eta = \frac{N}{N + R\dfrac{N^2}{\eta^2 U'^2}} = \frac{1}{1 + R\dfrac{N}{\eta^2 U'^2}}. \tag{3}$$

Dies gibt aufgelöst nach

$$N = \frac{U'^2}{R}\eta(1-\eta). \tag{4}$$

Beziehen wir die Leistung auf die Kurzschlußleistung $N_k = \frac{U'^2}{R}$, d. h. diejenige Leistung, welche die am Ende kurzgeschlossene, am Anfang mit U' gespeiste Leitung aufnehmen würde, so erhalten wir schließlich

$$\frac{N}{N_k} = \eta(1-\eta). \tag{5}$$

Die Kurzschlußleistung wollen wir noch in einer Form darstellen, die später die Analogie zwischen Gleichstrom- und Drehstrombetrieb schärfer hervortreten lassen wird. Zu diesem Zweck bezeichnen wir mit $U = \frac{1}{2} U'$ (ohne Index) die Phasenspannung[1] in kV, und mit q den

[1] Des gerechten Vergleichs halber muß stets die höchste auftretende Spannung, d. h. hier die Spannung am Leitungsanfang als gegeben angesehen werden.

Gesamtquerschnitt der Leitung in mm², bei einer gewöhnlichen aus zwei Seilen bestehenden Leitung also den doppelten Querschnitt eines Seiles. Ferner mit ϱ den spez. Widerstand in Ω mm²/km, und mit a die überbrückte Entfernung in km. Damit ist die Kurzschlußleistung in MW

$$N_k = \frac{U'^2}{R} = \frac{(2\,U)^2}{\frac{2\,\varrho\, a}{q/2}} = \frac{U^2 q}{\varrho\, a}. \tag{6}$$

Die Kurzschlußleistung ist also — selbstverständlich — umgekehrt proportional zur Entfernung und direkt proportional zum Gesamtquerschnitt, wobei es offenbar gleichgültig ist, auf wie viele parallele Stränge sich dieser Querschnitt verteilt.

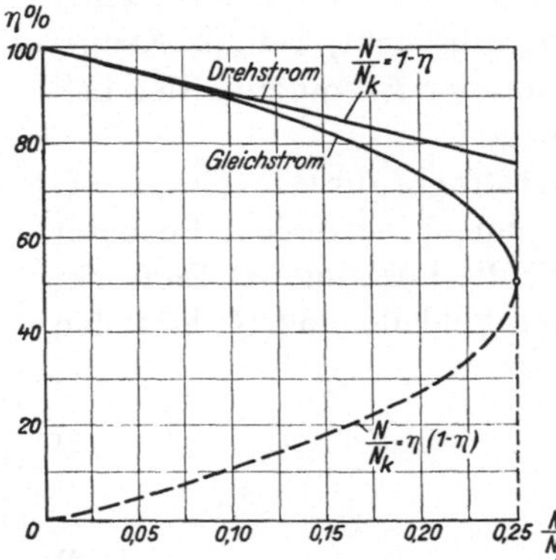

Abb. 3. Wirkungsgrad einer Gleichstrom- und einer auf konstante Spannung erregten Drehstromleitung abhängig von der Belastung.

Die Gln. (5) und (6) stellen die gesuchte Beziehung für Gleichstrombetrieb dar. Erstere ist in Abb. 3 eingetragen. Es ist die altbekannte Beziehung, die u. a. aussagt, daß aus einer Gleichstromquelle das Maximum von Leistung entnommen werden kann, wenn innerer und äußerer Widerstand übereinstimmen, d. h. wenn der Wirkungsgrad $\frac{1}{2}$ ist.

2. Wirkungsgrad und Belastung bei Drehstrom. Für Drehstrombetrieb ist es nicht so einfach, eine entsprechende Beziehung aufzustellen. Vor allem ist diese Aufgabe zunächst unbestimmt, da der Wirkungsgrad einer Drehstromleitung außer von ihrer Belastung mit Wirkleistung auch von derjenigen mit Blindleistung abhängt. Hier kommt es uns aber zustatten, daß bei Großenergieübertragungen im Gegensatz zu Verteilungsleitungen für kleinere Leistungen und Entfernungen die Blindbelastung bei gegebener Wirkbelastung nicht willkürlich gewählt werden darf. Mit Rücksicht auf die Beherrschung der Spannung und auf die Stabilität der Übertragung muß vielmehr — wie die früheren Abschnitte gezeigt haben — die Leitung in nicht allzu großen Abständen (bis etwa 200 km) mit Blindleistung kompensiert oder „erregt“ werden. Man pflegt dabei vorzuschreiben, daß die Spannung an den Erregungspunkten überall gleichen absoluten Betrag haben soll.

Wir gelangen nun zu einfachen, für unsere Wirtschaftlichkeitsbetrachtungen geeigneten Beziehungen, wenn wir uns in Anpassung an die genannten technischen Forderungen die Erregungsblindleistung stetig — aber nicht gleichmäßig — längs der ganzen Leitung so verteilt denken, daß überall der Betrag der Spannung gleich groß ausfällt, so daß sich also die Endpunkte der Spannungsvektoren auf einem Kreis bewegen. Diese Annahme führt dazu, daß bei gegebener Spannung zu jeder Belastung mit Wirkleistung eine ganz bestimmte Blindbelastung sowie eine ganz bestimmte, gesetzmäßig längs der Leitung verteilte Erregungsblindleistung gehört, so daß nunmehr alle Bestimmungsgrößen der Leitung, darunter auch der Wirkungsgrad, soweit sie nicht Konstanten sind, nur noch von einem Parameter, eben der Wirkbelastung abhängen. Gegenüber der in Wirklichkeit konzentrierten Erregung der Leitung begeht man bei Annahme unserer Voraussetzung nur unwesentliche Fehler, wenn die Erregungspunkte nahe genug (100 bis 200 km) beisammen liegen, was praktisch stets zutrifft.

Es ist also nun nötig, die Theorie einer solchen „Konstantspannungs“-Drehstromleitung aufzustellen. Da eine solche Theorie im Rahmen unserer Untersuchungen nur die Rolle einer Hilfsbetrachtung spielt, ist sie in den Anhang verwiesen. Die Bedingungen für das Gleichgewicht der Leistungen und Blindleistungen in einem kurzen Leitungsstück gleichen Absolutbetrages der Spannungen am Anfang und Ende dieses Stückes liefern die Lösung über eine Differentialgleichung für die räumliche Leistungsverteilung. Es ergibt sich die räumliche Leistungs- und Blindleistungsverteilung, die Verteilung der zuzuführenden Erregungsblindleistung sowie die Phasenverschiebung zwischen der Spannung an beliebiger Stelle und derjenigen am Leitungsende. Diese Ergebnisse werden wir noch im einzelnen zu besprechen haben. Hier interessiert zunächst nur die Abhängigkeit des Wirkungsgrades von der Belastung N.

Die Leistung N_x in der Entfernung x vom Leitungsende ergibt sich zu

$$N_x = \frac{N}{1 - \frac{N}{N_k}\frac{x}{a}}\,. \tag{7}$$

Hierin bedeutet N_k die „Kurzschlußleistung“ der insgesamt a km langen Leitung, die jedoch anders definiert ist, als es sonst bei Drehstromleitungen üblich ist. Es bedeutet nämlich

$$N_k = \frac{(U\cos\delta)^2 q}{\varrho\, a}\,. \tag{8}$$

Hierin haben alle Größen dieselbe Bedeutung wie im Fall des Gleichstromes Gl. (6). Insbesondere bedeutet U die Phasenspannung (kV) und q den Gesamtquerschnitt. Neu ist die Größe $\cos\delta$, mit der die Spannung multipliziert erscheint. Sie bedeutet das Verhältnis der Leitungsreaktanz ωl zur Impedanz $\sqrt{r^2 + (\omega l)^2}$; δ ist also der Impedanzwinkel oder „Verlustwinkel“ der Leitung $\left(\operatorname{tg}\delta = \frac{r}{\omega l}\right)$.

Den Wirkungsgrad der ganzen Übertragung erhält man, indem man $x = a$ setzt und den Ausdruck $\frac{N}{N_a}$ bildet. Es ist

$$\eta = \frac{N}{N_a} = 1 - \frac{N}{N_k}. \tag{9}$$

Oder in Analogie zu Gl. (5)

$$\frac{N}{N_k} = 1 - \eta. \tag{9a}$$

Die graphische Darstellung ist eine Gerade, die in Abb. 3 neben der sich auf Gleichstrom beziehenden Parabel eingetragen ist. Der Unterschied erklärt sich daraus, daß beim Drehstrombetrieb dem Spannungsabfall durch Kompensierung oder „Erregung“ entgegengewirkt wird, während dies bei Gleichstrombetrieb nicht möglich ist.

D. Allgemeine Gesetzmäßigkeiten für die Wirtschaftlichkeit.

1. Kostengleichung der Fernübertragung. Wirtschaftliche Untersuchungen von Fernleitungsprojekten beziehen sich stets in erster Linie auf die Ermittlung der Fernleitungskosten, d. h. der durch die Anlagekosten und den Gegenwert der Leitungsverluste verursachten Verteuerung der Einheit der elektrischen Arbeit. Dem wollen auch wir uns anschließen und andere Erwägungen wirtschaftlicher Art ausscheiden.

Im Sinne unseres Programmes, der Gewinnung allgemeiner aber durchsichtiger Gesetzmäßigkeiten, liegt es ferner, wenn wir in die Rechnung lediglich die Leitung allein ohne alles Zubehör wie Transformatorenstationen, Phasenschieber usw. einbeziehen. Man muß sich dann freilich bewußt bleiben, daß die Ergebnisse einer wesentlichen Korrektur bedürfen, wenn man wissen will, was die kWh am Ende der Leitung wirklich kostet. Solche Korrekturbetrachtungen werden auch wir weiter unten anstellen. Aber es wäre unzweckmäßig, sie mit der Untersuchung des Verhaltens der reinen Leitung zu verquicken. Diese liefert Ergebnisse, die einmal das Typische schärfer hervortreten lassen, die ferner einen einwandfreien Vergleich zwischen Gleichstrom- und Drehstrombetrieb ermöglichen und die schließlich mit einiger Sicherheit als stabil, als nur innerhalb enger Grenzen mit den Ausgangswerten veränderlich angesehen werden können. Im Gegensatz dazu erstrecken sich die Ergänzungsbetrachtungen auf Dinge, die zwar das zuerst gewonnene feste Bild wesentlich beeinflussen, sich aber einer allgemeinen Betrachtung schon deshalb entziehen, weil ihre technischen Grundlagen und damit sie selbst nach dem heutigen Stande der Technik noch zu stark schwanken oder auch ohne Anwendung übertriebener Prophetie als verbesserungsfähig erscheinen. Ganz besonders trifft dies, wie wir sehen werden, beim Gleichstrombetrieb zu.

Die ganze Untersuchung der Fernleitungskosten — verursacht durch die nackte Leitung — ruht auf der Kostengleichung. Sie drückt aus, daß die Fernleitungskosten sich aus den Kosten der Erzeugung der Leitungsverluste, und aus Verzinsung und Amortisation der Anlagekosten, umgelegt auf die am Ende gelieferte Arbeitseinheit, zusammensetzen. Man kann daher schreiben:

$$k_f = k_e \frac{1-\eta}{\eta} + \frac{K p a}{N T_0}. \tag{10}$$

Hierin bedeuten

k_f die Fernleitungskosten in M/kWh,

k_e die Erzeugungskosten in M/kWh,

η den mittleren Jahreswirkungsgrad, d. h. das Verhältnis der am Ende abgegebenen zur erzeugten Jahresarbeit,

K die Anlagekosten der Leitung pro Längeneinheit in M/km,

p den jährlichen Verzinsungs- und Tilgungsfaktor, einschließlich aller Nebenleistungen, wie Bauzinsen, Reparaturen, Steuern usw., als echten Bruch,

a die Leitungsentfernung in km,

N die mittlere abgegebene Leistung in kW,

$T_0 = 8760$ h die Stundenzahl des Jahres.

Der erste Summand rechts sagt: für jede kWh, die am Leitungsende nutzbar abgegeben wird, muß $\frac{1}{\eta}$ kWh am Anfang erzeugt werden, also sind $\frac{k_e}{\eta}$ die Erzeugungskosten der nutzbaren kWh, mithin

$$\frac{k_e}{\eta} - k_e = k_e \frac{1-\eta}{\eta}$$

die durch die Verluste verursachte Verteuerung der Arbeitseinheit. Der zweite Summand rechts enthält im Zähler den Kapitaldienst, im Nenner die Nutzarbeit, stellt also den auf die Einheit der Nutzarbeit umgelegten Kapitaldienst dar.

2. Wirtschaftliche Kennlänge und numerische Entfernung. Zwischen der Belastung und dem Wirkungsgrad der Leitung bestehen nun die im vorigen Abschnitt abgeleiteten Beziehungen, nämlich Gl. (5) und (6) für Gleichstrom, Gl. (9a) und (8) für Drehstrombetrieb. In ihnen kommt die — zweckmäßig definierte — Kurzschlußleistung vor. Es liegt nun nahe, in Gl. (10) die Kurzschlußleistung einzuführen, damit man von den genannten Beziehungen Gebrauch machen kann. Wir schreiben also, gleichzeitig die bezogenen Fernleitungskosten $\varkappa$ einführend,

$$\varkappa = \frac{k_f}{k_e} = \frac{1-\eta}{\eta} + \frac{K\,p}{k_e\,a\,N_k\,T_0}\,a^2\,\frac{N_k}{N}. \tag{11}$$

Der erste Faktor des rechten Summanden enthält nunmehr nur noch Größen, die durch das gewählte Mastbild (einschließlich Querschnitt) der Leitung bestimmt sind, da N_k umgekehrt proportional zur Entfernung a ist. Wir können ihn daher zu einer Mastbildkonstanten $\frac{1}{A^2}$ zusammenfassen. Hierbei erhält A ersichtlich die Dimension einer Länge. Es soll daher

$$A = \sqrt{\frac{k_e\,a\,N_k\,T_0}{K\,p}} \tag{12}$$

die „**wirtschaftliche Kennlänge**“ heißen. Beziehen wir noch die Entfernung a auf diese wirtschaftliche Kennlänge und nennen das Ergebnis

$$\alpha = \frac{a}{A} \tag{13}$$

die **numerische Entfernung**, so erhalten wir an Stelle der Gl. (11)

$$\varkappa = \frac{1-\eta}{\eta} + \alpha^2\,\frac{N_k}{N}. \tag{14}$$

Die wirtschaftliche Kennlänge selbst ist, wenn wir für N_k die entsprechenden Definitionen der Gln. (6) und (8) einsetzen und nun die Leistungen in kW ausdrücken:

für Gleichstrombetrieb

$$\bar{A} = \sqrt{\frac{U^2\,q\,k_e\,T_0 \cdot 10^3}{K\,p\,\varrho}}, \tag{15a}$$

für Drehstrombetrieb

$$\tilde{A} = \sqrt{\frac{(\tilde{U}\cos\delta)^2\,q\,k_e\,T_0 \cdot 10^3}{K\,p\,\varrho}}. \tag{15b}$$

In diesen Ausdrücken kommen zunächst einige Größen vor, die ganz oder beinahe den Charakter von Konstanten besitzen: Die Stundenzahl des Jahres T_0, der spez. Widerstand ϱ des Leitermaterials, das Verhältnis $\frac{\omega\,l}{\sqrt{r^2 + (\omega\,l)^2}} = \cos\delta$ bei Drehstrombetrieb, der Kapitaldienstfaktor p und schließlich auch die Energie-Erzeugungskosten k_e. Die übrigen, nämlich die Betriebs- (Phasen-) Spannung U, der Gesamtquerschnitt q und die Anlagekosten K der Längeneinheit hängen vom Mastbild ab, wobei die ersten beiden die Kosten K angenähert mitbestimmen. In welcher Weise, läßt sich ungefähr überblicken. Wären die

Anlagekosten der Längeneinheit einer Leitung proportional zum Quadrat der Spannung und einfach proportional zum Querschnitt der Seile, so wäre die wirtschaftliche Kennlänge überhaupt praktisch unveränderlich. Da aber die Anlagekosten nur schwächer mit Spannung und Querschnitt steigen, als es dieser Regel entspricht, so nimmt die Kennlänge sowohl mit dem Querschnitt als auch mit der Spannung zu.

Diese Bemerkungen gelten sowohl für Gleichstrom- als für Drehstrombetrieb unter sich. Bei ein- und derselben Leitung, die sowohl mit Drehstrom als auch mit Gleichstrom betrieben werden kann (etwa zwei Drehstromkreise — drei Gleichstromkreise), ist die wirtschaftliche Kennlänge bei Gleichstrombetrieb etwas mehr als $\sqrt{2}$ mal größer als bei Drehstrombetrieb, entsprechend dem Verhältnis $\left(\frac{\bar{U}}{\tilde{U}\cos\delta}\right)$ gemäß den Feststellungen des ersten Kapitels.

Zahlenwerte der wirtschaftlichen Kennlänge bei den in Betracht kommenden Betriebsspannungen und Querschnitten sind neben anderen, noch zu besprechenden „Mastbildkonstanten" in der Tabelle 1 unter B eingetragen. Ihre Berechnung beruht auf den unter A in Tabelle 1 eingetragenen Ausgangswerten und muß natürlich entsprechend abgeändert werden, wenn andere Grunddaten zutreffen. Dies gilt insbesondere von den Energie-Erzeugungskosten k_e und dem Kapitaldienstfaktor p. Der Anschaulichkeit halber sind auch im folgenden alle Zahlenbeispiele auf dieser Basis berechnet, womit natürlich nicht gesagt sein soll, daß die angenommenen Grundzahlenwerte stets zutreffen. Die Werte für Gleichstrombetrieb sind mit Absicht u. a. für Mastbilder angegeben, welche auch mit Drehstrom betrieben werden können, damit die prinzipiellen Unterschiede zwischen Gleichstrom und Drehstrom auf eine Vergleichsbasis zurückgeführt werden, die von mehr oder weniger schwankenden Kostenannahmen möglichst unabhängig ist. Damit ist selbstverständlich nicht gesagt, daß die Gleichstromleitungen wirklich mit drei Stromkreisen gebaut werden sollen. Im Gegenteil: Man wird genau wie bei der Drehstromleitung so lange zwei Stromkreise wählen, als diese mit vernünftigen Querschnitten zur Übertragung der gewünschten Leistung ausreichen, da Leitungen desselben Querschnittes mit zwei Stromkreisen natürlich billiger sind als solche mit drei. Mindestens zwei Stromkreise sind für Großenergieübertragungen aber mit Rücksicht auf die Betriebssicherheit stets notwendig.

Außerdem sind auch die Werte für Gleichstromleitungen mit zwei Stromkreisen eingetragen. Ihr Vergleich mit den Werten für Drehstromleitungen ist durchsichtiger, wenn man sie zuerst mit den Werten für Gleichstromleitungen mit drei Stromkreisen und erst diese mit den Drehstromwerten vergleicht.

3. Wirtschaftliche Leistung. Kehren wir nunmehr zu der Kostengleichung in Form der Gl. (14) zurück, aus der die absolute Entfernung verschwunden und durch die numerische ersetzt ist. In ihr kommt das Verhältnis $\frac{N}{N_k}$ vor, welches gemäß Gln. (5) und (9a) den Wirkungsgrad bestimmt.

Tabelle 1.

Charakteristische Größen von Gleichstrom- und Drehstromleitungen.

A. Ausgangswerte.

Feste Werte: Spez. Widerstand . . . . $\varrho = \frac{10^3}{57} \frac{\Omega\,\text{mm}^2}{\text{km}}$,

Stundenzahl des Jahres . . . . $T_0 = 8760$ Std.,

Erzeugungskosten . . . . $k_e = 0{,}02 \frac{\text{M}}{\text{kWh}}$,

Jährlicher Verzinsungs- und Tilgungsfaktor . $p = 0{,}14$.

Vom Mastbild abhängig:

Verbraucherspannung		Gesamt-Leiter-Querschnitt je Mast	Anlagekosten der Leitung je Längeneinheit	cos des Verlustwinkels	Induktivität je Längeneinheit	Kapazität je Längeneinheit
Gleichstrom kV	Drehstrom kV	q mm²	K M/km	$\cos\delta$	l 10^{-3} H/km	c 10^{-9} F/km
620/310	380/220	4 · 400	86400			
		6 · 400	120000	0,993	1,236	9,1*
360/180	220/127	4 · 240	62000			
		4 · 210	57600			
		4 · 185	54000			
		6 · 240	86000	0,983		
		6 · 210	80000	0,978	1,274	8,8*
		6 · 185	75000	0,972		
180/90	110/63,5	4 · 150	25200			
		4 · 120	21600			
		4 · 95	18700			
		6 · 150	35000	0,959	1,297	8,90**
		6 · 120	30000	0,940	1,317	8,76**
		6 · 95	26000	0,912	1,344	8,56**

* Hohlseil. ** Vollseil

Allerdings enthält Gl. (14) in ihrem ersten Summanden den mittleren Jahreswirkungsgrad, während Gln. (5) und (9a) den zur mittleren Leistung gehörigen Momentan-Wirkungsgrad liefern. Wir begehen aber sicher nur einen in einer Wirtschaftlichkeitsrechnung zu verantwortenden Fehler, wenn wir beide als gleich groß annehmen. Wir erhalten so:

(Tabelle 1.) B. Aus den Ausgangswerten abgeleitete Größen.

Verbraucherspannung		Gesamt-Leiter-Querschnitt je Mast	Wirtschaftliche Kennlänge		Wirtschaftliche Kennleistung		Natürliche Leistung	Spezifische Ladeleistung	Spezifische Kompensationsleistung bei wirtschaftlichem Betrieb am Leitungsende bei kurzen Entfernungen ($\alpha \approx 0$)	
									$T = 4000$ h	$T = 6000$ h
Gleichstrom	Drehstrom	q	$\overline{A}$	$\tilde{A}$	$\overline{N}_{00}$	$\tilde{N}_{00}$	N'_n	$\frac{dL}{dx}$	$\frac{dS}{dx}$	
kV	kV	mm²	km	km	MW	MW	MW	MVA/1000 km	MVA/1000 km	
620/310	380/220	4·400	11267		778					
		6·400	11700	8230	1125	792	774	412	1660	504
360/180	220/127	4·240	5982		296					
		4·210	5805		267					
		4·185	5628		243					
		6·240	6250	4340	425	296	252	134	750	263
		6·210	6060	4180	384	266	248		605	194
		6·185	5860	4030	355	244	246		497	147
180/90	110/63,5	4·150	3709		75					
		4·120	3583		62					
		4·95	3427		51					
		6·150	3860	2610	108	73	59	33	217	79
		6·120	3720	2470	90	60	55		159	51
		6·95	3560	2290	74	48	51		106	30

für Gleichstrombetrieb

$$\varkappa = \frac{1-\eta}{\eta} + \frac{\alpha^2}{\eta(1-\eta)}, \tag{16a}$$

für Drehstrombetrieb

$$\varkappa = \frac{1-\eta}{\eta} + \frac{\alpha^2}{1-\eta}. \tag{16b}$$

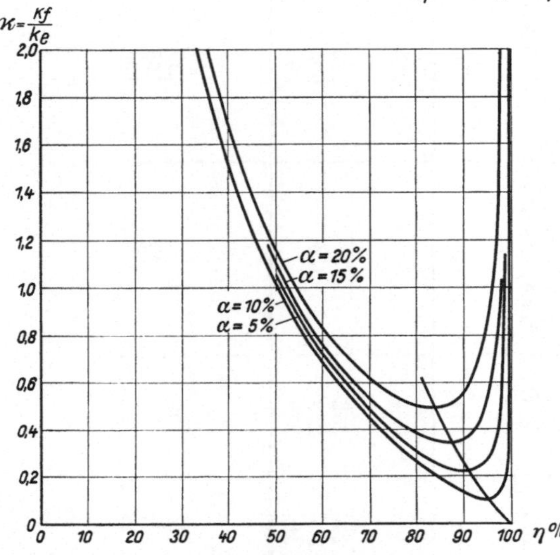

Abb. 4. Bezogene Fernleitungskosten abhängig von numerischer Entfernung und Wirkungsgrad bei Gleichstrom.

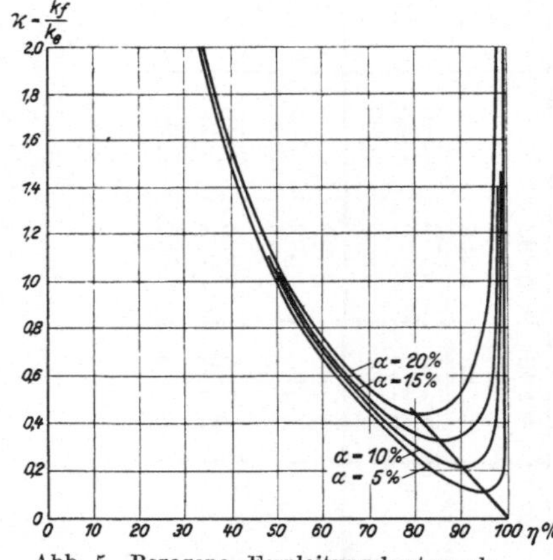

Abb. 5. Bezogene Fernleitungskosten abhängig von numerischer Entfernung und Wirkungsgrad bei Drehstrom.

Diese beiden Ausdrücke für die bezogenen Fernleitungskosten enthalten nur mehr den mittleren Wirkungsgrad und die numerische Entfernung. Sie unterscheiden sich untereinander nicht stark und sind in den Abb. 4 und 5 graphisch dargestellt. Die Kurven zeigen, daß es Werte des Wirkungsgrades gibt, für welche die Fernleitungskosten ein Minimum werden. Man erhält sie durch Differentiation und Null setzen der Gln. (16a) und (16b). Zu diesen Werten des wirtschaftlichen Wirkungsgrades η_0 gehören gemäß Gl. (5) und (9a) auch bestimmte Leistungen, die man wirtschaftliche Leistungen N_0 nennen kann. Man erhält sie zunächst bezogen auf die Kurzschlußleistung N_k und durch Multiplikation mit dieser auch absolut. Die sich ergebenden Formeln sind nebst rohen Näherungswerten für kleine Werte von α in Tabelle 2 zusammengestellt.

Zusammengehörige Werte der kleinsten Fernleitungskosten und des wirtschaftlichen Wirkungsgrades sind bereits (durch Verbindung der Minimalpunkte) in die Abb. 4 und 5 eingetragen. Aus ihnen geht schon folgendes hervor:

Die Fernleitungskosten lassen sich bei einer gegebenen Leitung durch zweckmäßige Belastung der Leitung auf einen Kleinstwert bringen. Der erreichbare Kleinstwert hängt

Tabelle 2. Wirtschaftlicher Betrieb von Fernleitungen.

		Gleichstrom	Drehstrom
Wirtschaftlicher Wirkungsgrad	η_0	$\dfrac{1}{1+\dfrac{\alpha}{\sqrt{1+\alpha^2}}} \approx 1-\alpha$	$\dfrac{1}{1+\alpha} \approx 1-\alpha$
Kleinste bezogene Fernleitungskosten	$\varkappa_0$	$2\,\alpha\,(\sqrt{1+\alpha^2}+\alpha) \approx 2\,\alpha$	$2\,\alpha\left(1+\dfrac{\alpha}{2}\right) \approx 2\,\alpha$
$\dfrac{\text{Wirtschaftl. Leistg.}}{\text{Kurzschluß-Leistg.}}$	$\dfrac{N_0}{N_k}$	$\dfrac{\dfrac{\alpha}{\sqrt{1+\alpha^2}}}{\left(1+\dfrac{\alpha}{\sqrt{1+\alpha^2}}\right)} \approx \alpha$	$\dfrac{\alpha}{1+\alpha} \approx \alpha$
Wirtschaftliche Leistung	N_0	$N_{00}\,\dfrac{\dfrac{1}{\sqrt{1+\alpha^2}}}{\left(1+\dfrac{\alpha}{\sqrt{1+\alpha^2}}\right)}$	$N_{00}\,\dfrac{1}{1+\alpha}$

allein von der „numerischen Entfernung" ab, und zwar steigt er mit ihr bei kleinen Entfernungen proportional, dann etwas rascher. Besonders deutlich sieht man dies aus Abb. 6, in welcher die kleinsten bezogenen Fernleitungskosten abhängig von der absoluten Entfernung für verschiedene Betriebsspannungen eingetragen sind. Der aus Tabelle 1 B ersichtliche geringe Einfluß des Querschnittes ist der Anschaulichkeit halber hier durch Annahme einer mittleren Kennlänge für jede Betriebsspannung entfernt. Läßt man nur bestimmte Fernleitungskosten zu, etwa 25% der Erzeugungskosten, oder wenn man diese zu 2 Pfg./kWh ansetzt: absolut 0,5 Pfg./kWh, so kommt man mit jeder Betriebsspannung nur bis einer gewissen Maximalentfernung, mit den gewählten Zahlen also z. B.

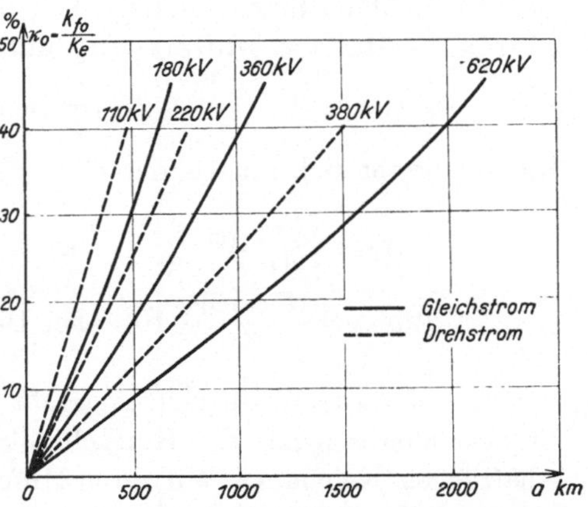

Abb. 6. Kleinste bezogene Fernleitungskosten abhängig von der Entfernung für verschiedene Leitungen.

mit 110 kV Drehstrom bis 250 km, mit 220 kV Drehstrom bis 500 km, mit 380 kV Drehstrom bis knapp 1000 km.

Dabei ist wohlgemerkt vorausgesetzt, daß man die wirtschaftliche Leistung überträgt. Je kürzer aber die Entfernung im Vergleich zu den festgestellten Grenzen, desto größere Abweichungen von der wirtschaftlichen Leistung kann man gestatten, ohne daß die festgesetzten Kosten überschritten werden.

Außerdem zeigen die Kurven, daß der wirtschaftliche Wirkungsgrad stark von der numerischen Entfernung abhängt. Sieht man z. B. mit Rücksicht auf die zulässigen Kosten $\alpha = 20\%$ als die höchstvorkommende numerische Entfernung an, so liegt der niedrigste wirtschaftliche Wirkungsgrad etwa bei 80 bis 85%. Wie die in Tabelle 2 angegebenen Näherungswerte zeigen, sind beim wirtschaftlichen Betrieb die bezogenen Fernleitungskosten ungefähr doppelt so groß als die numerische Entfernung; ihre beiden Bestandteile, nämlich der von den Verlusten und der vom Kapitaldienst herrührende Betrag sind ungefähr gleich groß, wie man sich an Hand von Gl. (16a) und (16b) leicht überzeugen kann.

Nunmehr wollen wir die **wirtschaftliche Leistung** etwas näher betrachten. Die dritte Zeile der Tabelle 2 liefert sie bezogen auf die Kurzschlußleistung. Diese ist ein für unsere folgenden Betrachtungen schlecht geeigneter Bezugswert, da sie verkehrt proportional von der Entfernung abhängt, vgl. Gl. (6) und (8). Wir führen daher als Bezugsleistung eine andere Größe ein, die von der Entfernung unabhängig ist, also eine Mastbildkonstante darstellt. Wir definieren eine neue Größe, die **wirtschaftliche Kennleistung** durch die Beziehung

$$N_{00} = N_k \alpha . \tag{17}$$

Hieraus ergibt sich mittels der Gln. (6), (8) und (13) auch

$$\left.\begin{aligned} N_{00} &= \frac{U^2 q}{A \varrho} 10^3 && \text{bei Gleichstrombetrieb}, \\ N_{00} &= \frac{(U \cos \delta)^2 q}{A \varrho} 10^3 && \text{bei Drehstrombetrieb}. \end{aligned}\right\} \tag{18}$$

Die auf diese Weise neu eingeführte wirtschaftliche Kennleistung ist also identisch mit der Kurzschlußleistung einer Leitung der wirtschaftlichen Kennlänge. Mit ihrer Hilfe kann man die wirtschaftliche Leistung N_0 durch die in der Tabelle 2, vierte Zeile, eingetragenen Ausdrücke darstellen. Wie diese Ausdrücke zeigen, zerfällt nunmehr die wirtschaftliche Leistung in zwei Faktoren, von denen der erste, N_{00}, eine Mastbildkonstante darstellt, während der zweite den Einfluß der numerischen Entfernung enthält. Da der zweite Faktor sowohl für den Gleichstrom- wie für den Drehstromfall für kleine Werte von α gegen 1 konvergiert, ist die wirtschaftliche Kennleistung gleichzeitig die wirtschaftliche Leistung einer kurzen Leitung.

Die Art der Abhängigkeit der wirtschaftlichen Leistung von der Entfernung geht aus Abb. 7 hervor, in welcher das Verhältnis der wirtschaftlichen Leistung N_0 zur wirtschaftlichen Kennleistung N_{00}, also der entfernungsabhängige Faktor der wirtschaftlichen Leistung abhängig von der numerischen Entfernung α eingetragen ist. Er nimmt mit wachsender numerischer Entfernung ab. Sieht man wieder $\alpha = 0{,}2$ als größten, praktisch vorkommenden Wert der numerischen Entfernung an, so ist bei diesem die wirtschaftliche Leistung bei Drehstrombetrieb nur mehr 83%, bei Gleichstrombetrieb 68% der Kennleistung oder des Wertes für kurze Entfernung. Der Grund für dies Verhalten der wirtschaftlichen Leistung liegt darin, daß infolge der Verluste am Anfang der Leitung eine bei großer Entfernung merklich größere Leistung übertragen werden muß als im Endteil.

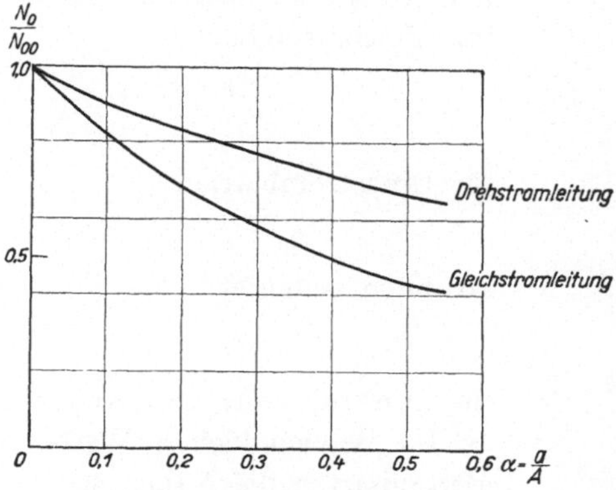

Abb. 7. Abhängigkeit der wirtschaftlichen Leistung von der Entfernung.

Die Zahlenwerte der wirtschaftlichen Kennleistung sind in die Tabelle 1 B eingetragen, errechnet mit den in Tabelle 1 A angegebenen Ausgangswerten. Man sieht, es handelt sich nach heutigen Begriffen um sehr große Leistungen. Zum Vergleich enthält die Tabelle auch noch die „natürlichen Leistungen" bei Drehstrombetrieb, d. h. diejenigen Leistungen, die nach Abschnitt I ohne Aufwendung von Erregungsblindleistung über nicht allzu lange Leitungen mit konstanter Spannung längs der Leitung übertragen werden.

Die Zahlen zeigen, daß man als Faustregel bei Drehstrombetrieb **wirtschaftliche und natürliche Leistung gleich setzen kann.** Das heißt aber nicht etwa, daß man bei einer wirtschaftlich ausgenützten Leitung auf Erregung verzichten kann. Erstens nämlich fordert die Wirtschaftlichkeitsrechnung, daß die **mittlere Jahresleistung** gleich der wirtschaftlichen ist. Die Spitzenleistung ist im Verhältnis $\frac{T_0}{T}$ höher (T = Benutzungsdauer), also etwa bei 6000 Stunden Benutzungsdauer um etwa 50%. Zur Übertragung der wirtschaftlichen **Spitzenleistung** ist daher **starke Übererregung** der Leitung erforderlich. Zweitens aber bezieht sich die Wirtschaftlichkeitsrechnung auf den Zustand am **Leitungsende.** Infolge der Verluste steigt die Leistung gegen den Anfang zu, so daß auch die erforderliche Erregungsblindleistung in dieser Richtung zunimmt.

4. Numerische Belastung. Die wirtschaftliche Kennleistung können wir nun noch benutzen, um in den Kostengleichungen (16a) und (16b) an Stelle des Wirkungsgrades die bezogenen Leistungen einzuführen, wobei die Bezugsleistung, im Gegensatz zur Kurzschlußleistung, von der Entfernung unabhängig ist.

Ersetzt man nämlich auf Grund der Beziehung (17) in Gl. (5) und (9a) N_k durch N_{00}, löst nach η auf und setzt das Ergebnis in die Gl. (16a) und (16b) ein, so erhält man:

für Gleichstrombetrieb

$$\varkappa = \alpha \cdot \left[\frac{\nu}{\frac{1}{2} \pm \sqrt{\frac{1}{4} - \alpha\nu} - \alpha\nu} + \frac{1}{\nu} \right], \tag{19a}$$

für Drehstrombetrieb

$$\varkappa = \alpha \left[\frac{\nu}{1 - \alpha\nu} + \frac{1}{\nu} \right]. \tag{19b}$$

In ihnen bedeutet

$$\nu = \frac{N}{N_{00}}. \tag{20}$$

die „numerische Belastung".

Im Bereich kleiner Werte von ν (genauer von $\alpha\nu$) gilt für beide Betriebsarten die Näherung

$$\varkappa = \alpha \left(\nu + \frac{1}{\nu} \right). \tag{19c}$$

Das sind Hyperbeln mit der Ordinatenachse und der Nullpunktsgeraden $\varkappa = \alpha\nu$ als Asymptoten. Im Gültigkeitsbereich dieser Gleichung sind also die Fernleitungskosten proportional zur Entfernung, was wir als Näherung für die Kleinstwerte der Fernleitungskosten bereits festgestellt hatten.

Die genauen Gleichungen sind in den Abb. 8 und 9 graphisch dargestellt. Sie sind das eigentliche Ergebnis unserer allgemeinen Wirtschaftlichkeitsbetrachtungen. Die bezogenen Fernleitungskosten sind dargestellt abhängig von der numerischen Entfernung α und der numerischen Belastung ν. Die für Gleichstrombetrieb geltenden Kurven der Abb. 8 weisen die Eigentümlichkeit auf, daß sie im Bereich größerer numerischer Belastungen zurücklaufen, so daß im allgemeinen zu jedem Wert der numerischen Belastung zwei Werte der Fernleitungskosten gehören. Dies kommt von der Gestalt der Wirkungsgradkurve der Gleichstromleitung her. Der Berührungspunkt der vertikalen Tangente entspricht dem Wirkungsgrad $\frac{1}{2}$ und der größten überhaupt übertragbaren Leistung (Widerstand der Leitung gleich Nutzwiderstand).

5. Bedeutung der Kenngrößen. Die Bezugswerte dieser beiden numerischen Größen, die wirtschaftliche Kennlänge A und die wirtschaftliche Kennleistung N_{00} spielen in unseren Wirtschaftlichkeitsbetrachtungen eine ähnliche Rolle, wie etwa die Wellenlänge und die natürliche Leistung von Drehstromleitungen bei einer technischen Untersuchung.

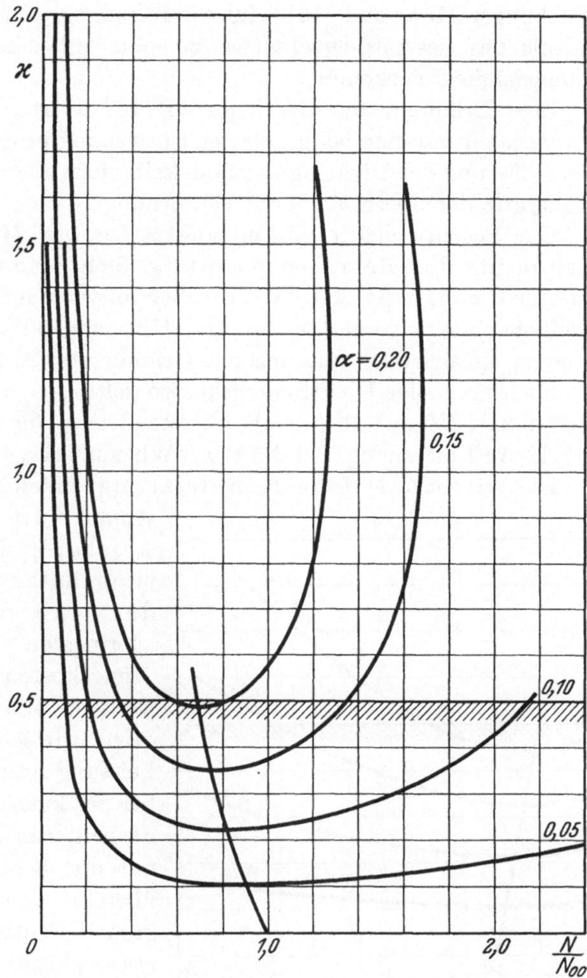

Abb. 8. Bezogene Fernleitungskosten abhängig von der numerischen Belastung und der numerischen Entfernung bei Gleichstrom.

Von der Kennlänge, und zwar von ihr allein hängt es ab, welche Entfernungen bei bestimmten als zulässig angesehenen Fernleitungskosten überhaupt wirtschaftlich überbrückt werden können. Dies hatten wir bereits bei der Besprechung der Abb. 4 und 5 festgestellt. Glücklicherweise ist die wirtschaftliche Kennlänge im Gegensatz zur Wellenlänge keine praktisch unbeeinflußbare Größe. Sie nimmt, wie Tabelle 1 B zeigt, stark mit der Betriebsspannung, schwach mit dem Gesamtquerschnitt (auf einem Mast), nicht dagegen mit einer Erhöhung der Anzahl der parallelen Leitungen (auf getrennten Masten) zu. Das letztere folgt aus dem Umstand, daß in den Bestimmungsgleichungen (15a) und (15b) für die Kennlänge nur das Verhältnis des Gesamtquerschnittes zu den Anlagekosten der Längeneinheit vorkommt.

Eine Erhöhung der Zahl paralleler Leitungen bewirkt daher nur eine bei gegebener Entfernung proportionale Vergrößerung der Übertragungsfähigkeit, nicht aber eine Vergrößerung der überbrückbaren Entfernung.

Um dies zu erzielen, gibt es praktisch nur ein Mittel: Die Erhöhung der Betriebsspannung. Sieht man für Drehstrombetrieb heute 380 kV als oberste verwendbare Betriebsspannung (verkettet) an und läßt man 50% der Erzeugungskosten oder mit unseren Grundwerten 1 Pfg./kWh als höchstzulässige Übertragungskosten gelten, so erhält man etwa 0,23·8230 = 1900 km als oberste Grenze für die überbrückbare Entfernung, bei 0,5 Pfg./kWh nur etwa 1000 km*.

Die wirtschaftliche Kennleistung andererseits bestimmt, mit welcher Leistung die Leitung belastet werden muß, damit die geringsten Fernleitungskosten erzielt werden. Die zugehörige wirtschaftliche Leistung stimmt dabei bei kurzen (numerischen) Entfernungen mit der Kennleistung überein und ist bei großen Entfernungen etwas kleiner als diese. Außerdem liefert die numerische Leistung, d. h. das Verhältnis der absoluten zur Kennleistung bei gegebener Entfernung auch bei Abweichung vom wirtschaftlichsten Wert ein eindeutiges Maß für die eintretenden Fernleitungskosten. Will man bestimmte Kosten nicht

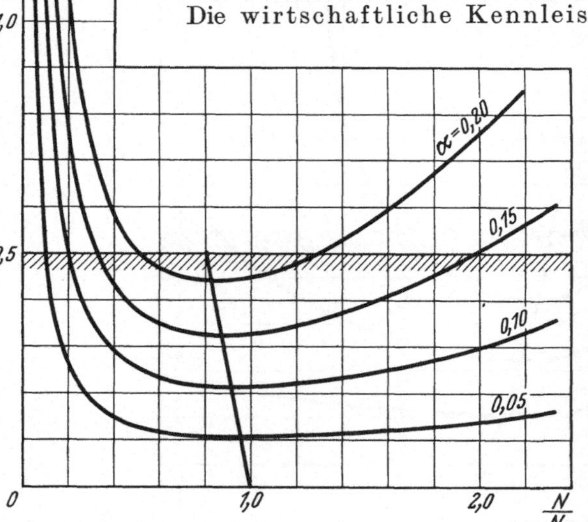

Abb. 9. Bezogene Fernleitungskosten abhängig von der numerischen Belastung und der numerischen Entfernung bei Drehstrom.

* Es sei noch einmal darauf hingewiesen, daß alle Zahlenwerte von unseren Grundwerten, insbesondere den Erzeugungskosten der Energie abhängen, vgl. S. 295.

überschreiten, so kann man von der wirtschaftlichsten Leistung um so stärker abweichen, je kleiner die numerische Entfernung ist. Meist wird man den Wunsch haben, kleinere Leistungen zu übertragen. Demgemäß ist z. B. die kleinste Leistung, die zu Fernleitungskosten von 25% der Erzeugungskosten führt, bei Drehstrombetrieb gemäß Abb. 9

bei einer Entfernung von 5 bzw. 10 bzw. 13% der Kennlänge
ca. 20 „ 50 „ 90% der Kennleistung,
während die wirtschaftlichste Leistung
95 bzw. 92 bzw. 90% der Kennleistung

beträgt. 13% der Kennlänge ist die größte mit den gegebenen Kosten überbrückbare Entfernung.

6. Wirtschaftlichste Leistung. Aus den bisherigen Beziehungen geht noch nicht hervor, welche Leitung am geeignetsten ist, um eine bestimmte Leistung über eine gegebene Entfernung zu transportieren. Auch fehlt noch ein prinzipieller Vergleich zwischen Drehstrom- und Gleichstrombetrieb. Diesem Zweck dienen die Abb. 10, 11 und 12. In ihnen sind für eine gegebene Entfernung von 1000 km und für verschiedene Mastbilder die bezogenen Fernleitungskosten unter Benutzung der jeweiligen Werte der beiden Kenngrößen abhängig von der absoluten Belastung eingetragen. Abb. 10 bezieht sich auf die Drehstrom-, Abb. 11 auf die Gleichstromleitungen. In Abb. 12 sind diejenigen Kurven zusammengezeichnet, die zu Leitungen gehören, die sich sowohl mit Drehstrom als auch mit Gleichstrom betreiben lassen.

Betrachten wir die Drehstromleitungen. Die 100 kV-Leitungen kommen, was wir schon wissen, für eine so große Entfernung nicht in Betracht, selbst dann nicht, wenn wir mit der Übertragung kleiner Leistungen zufrieden wären. Die kleinsten erzielbaren Fernleitungskosten in der Gegend von 100% der Erzeugungskosten sind eben zu hoch.

Die kleinste Leistung, die überhaupt wirtschaftlich über die gegebene Entfernung transportiert werden kann, hängt von den als zulässig anzusehenden Fernleitungskosten ab. Betragen diese etwa 25 bzw. 50% der Erzeugungskosten, so ist die kleinste übertragbare Leistung 600 bis 700 bzw. 200 MW, wobei in beiden Fällen die günstigste Leitung diejenige für 380 kV ist. Der erste Fall bedeutet, wie Tabelle 1 B zeigt, daß im Jahresmittel etwa die natürliche Leistung übertragen werden muß. Er dürfte häufig zutreffen, da größere Fernleitungskosten wie etwa 25% von 2 Pfg/kWh oder 0,5 Pfg/kWh wohl selten zulässig sind. Kleinere Übertragungskosten als 25% lassen sich auch mit 380 kV nicht erreichen.

Ein ähnliches Bild würde man auch für größere Entfernungen als 1000 km erhalten. Nur müßte man dann notgedrungen größere Fernleitungskosten zulassen, oder aber zu höheren Betriebsspannungen als 380 kV übergehen. Jedenfalls aber wird dann der Zwang, die wirtschaftlichste Leistung zu übertragen, verschärft.

Ein Umstand verdient noch Beachtung. Bei gegebener Entfernung und Leistung ist nicht immer diejenige Leitung die günstigste, für welche die gegebene Leistung die wirtschaftlichste darstellt. Dies ist vielmehr

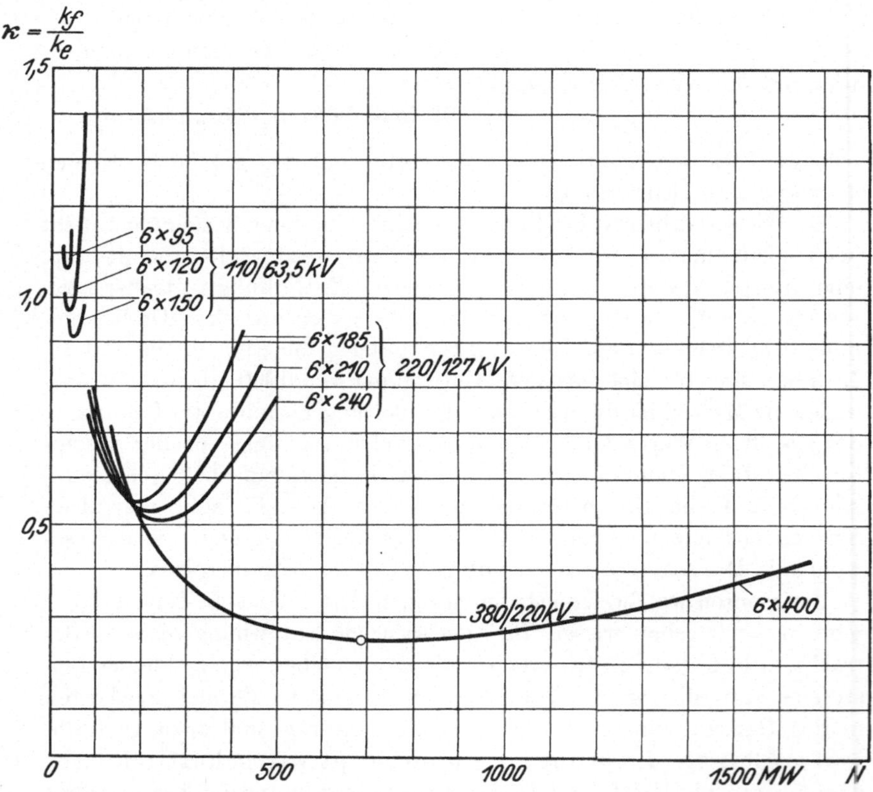

Abb. 10. Bezogene Übertragungskosten abhängig von der Belastung für Drehstromleitungen von 1000 km Länge.

im allgemeinen eine Leitung höherer Betriebsspannung. So überträgt z. B. eine 6 × 240 mm²-Leitung für 220 kV am wirtschaftlichsten 240 MW, nämlich mit 51% Fernleitungskosten. Trotzdem überträgt die 380 kV-Leitung 6 × 400 mm² dieselbe Leistung etwas billiger, nämlich mit 44% Fernleitungskosten.

Ganz ähnliche Ergebnisse liefert die Abb. 11 für Gleichstrombetrieb. Aus ihr geht zunächst noch einmal deutlich hervor, daß die der theoretischen Erkenntnis zuliebe untersuchten Leitungen mit 6 Seilen, also bei Gleichstrombetrieb 3 Stromkreisen, für diesen keine praktische

Bedeutung besitzen. Bei gegebener Entfernung und Belastung ergeben stets Leitungen mit zwei Stromkreisen und höherer Betriebsspannung niedrigere Fernleitungskosten als die günstigste Leitung mit drei Stromkreisen. Eine Ausnahme würde nur eine Leitung mit der höchsten praktisch erreichbaren Spannung machen, bei der die wirtschaftliche Leistung für zwei Stromkreise kleiner ist als die gewünschte Übertragungsleistung — ein Fall, der in Anbetracht der Höhe der wirtschaftlichen Leistung der 620 kV-Leitung (entsprechend der 380 kV-Drehstromleitung) in absehbarer Zeit wohl kaum vorkommen wird.

Eine Erniedrigung des Querschnittes zur Erzielung desselben Effektes wie durch die Herabsetzung der Anzahl von Stromkreisen über die verwendeten Werte hinaus ist (übrigens auch bei den Drehstromleitungen) mit Rücksicht auf den von der Korona geforderten Seildurchmesser und auf die Wandstärke der Hohlseile nicht möglich.

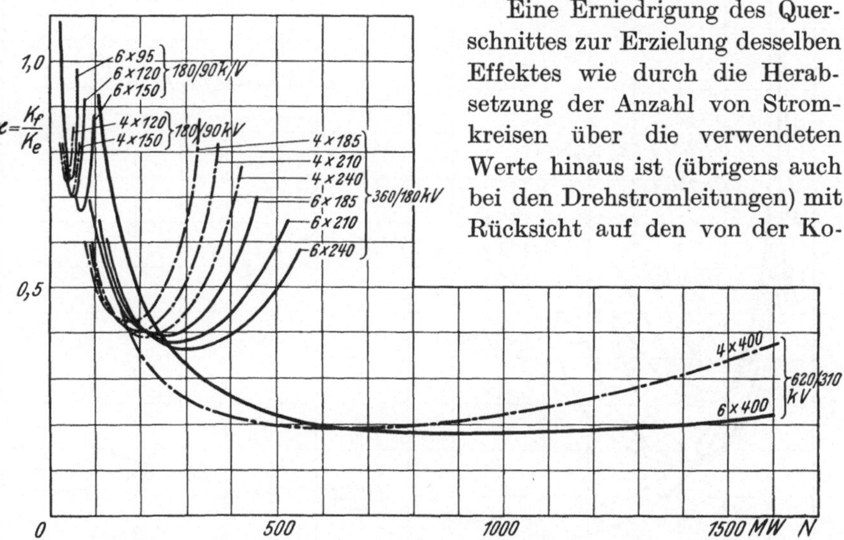

Abb. 11. Bezogene Übertragungskosten abhängig von der Belastung für Gleichstromleitungen von 1000 km Länge.

7. Vergleich der Drehstrom- und Gleichstromleitungsanlage. Zur Durchführung eines Vergleichs der prinzipiellen wirtschaftlichen Unterschiede zwischen Drehstrom- und Gleichstromleitungen betrachten wir zunächst Abb. 12, in welcher die bezogenen Fernleitungskosten für Leitungen mit 6 Seilen für Drehstrom- und Gleichstrombetrieb eingetragen sind. Aus ihr geht derjenige Teil des Unterschiedes hervor, der auf der Verschiedenheit in der Spannungsbeanspruchbarkeit und auf der Verschiedenheit in der Abhängigkeit des Wirkungsgrades von der Belastung beruht — wobei der erstgenannte Einfluß im praktisch bedeutsamen Bereich der Belastung allein zahlenmäßig ins Gewicht fällt. Die Zahlenwerte sind leicht verständlich, wenn man bedenkt, daß die zulässigen Phasenspannungen gegebener Mastbilder (Gleichstrom zu Drehstrom) und damit ungefähr die Kennlängen sich wie $\sqrt{2}:1$ verhalten. Bei gegebener Entfernung verhalten sich daher die numerischen Entfernungen und damit auch die kleinsten Fernleitungskosten umgekehrt proportional, d. h. wie $1:\sqrt{2}$. Im Bereich $N = 200$ bis 500 MW erhält man so Ersparnisse von 5 bis 10% der Erzeugungskosten zugunsten des Gleichstrombetriebes.

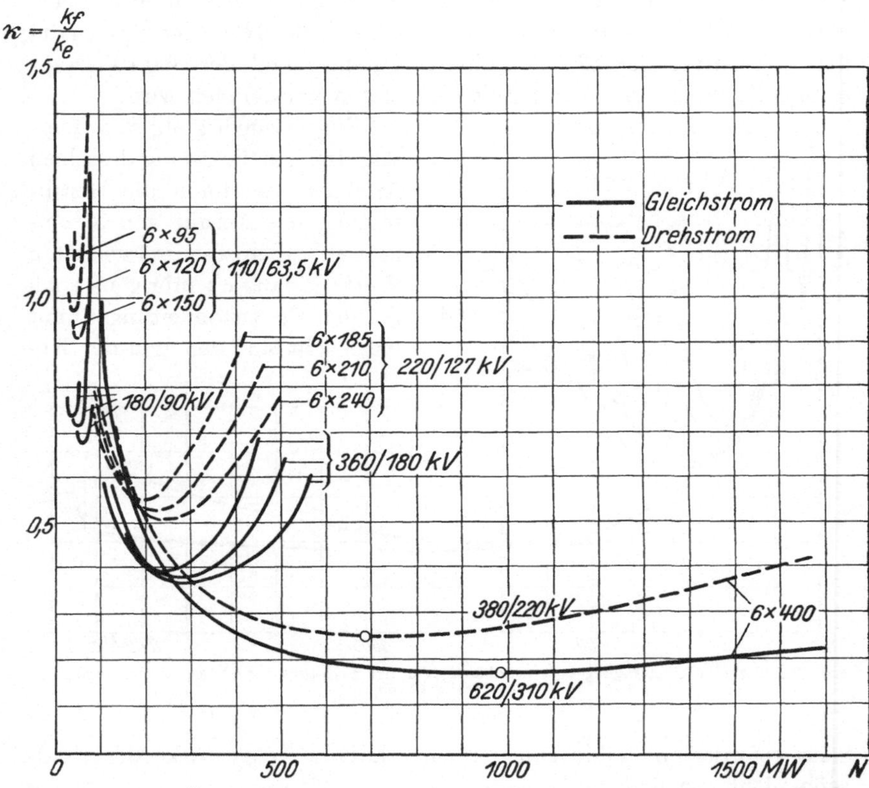

Abb. 12. Bezogene Übertragungskosten abhängig von der Belastung für mit Gleich- und Drehstrom betreibbare Leitungen von 1000 km Länge.

Um den Vergleich zu vervollständigen, muß man noch berücksichtigen, daß gemäß Abb. 11 bei Gleichstrom die vierseiligen Leitungen stets die wirtschaftlicheren sind, wenn man von der Übertragung ganz hoher Leistungen absieht. Solange nämlich noch Leitungen höherer Spannung zur Verfügung stehen, ist bei größerer Nennlast die vierseilige Leitung der höheren Spannung stets wirtschaftlicher als die sechsseilige der alten Betriebsspannung. In Abb. 13 sind unter Fortlassung der ungünstigen Kurvenstücke resultierende Kostenkurven eingetragen, und zwar je eine für Drehstrom und für Gleichstrom; sie setzen sich aus den jeweils zu den günstigsten Leitungen gehörigen Stücken der verschiedenen Kostenkurven zusammen. Ein Vergleich zwischen den beiden resultierenden Kostenkurven zeigt, das man in dem genannten Bereich weitere Ersparnisse zugunsten des Gleichstroms erzielt, so daß die Gesamtdifferenz nunmehr 8 bis 15% der Erzeugungskosten beträgt.

Die letztgenannten Unterschiede in Verbindung mit den im nächsten Abschnitte zu besprechenden Erschwerungen für den Drehstrombetrieb bilden die Erklärung für die Hoffnungen, welche immer wieder auf den Gleichstrombetrieb gesetzt

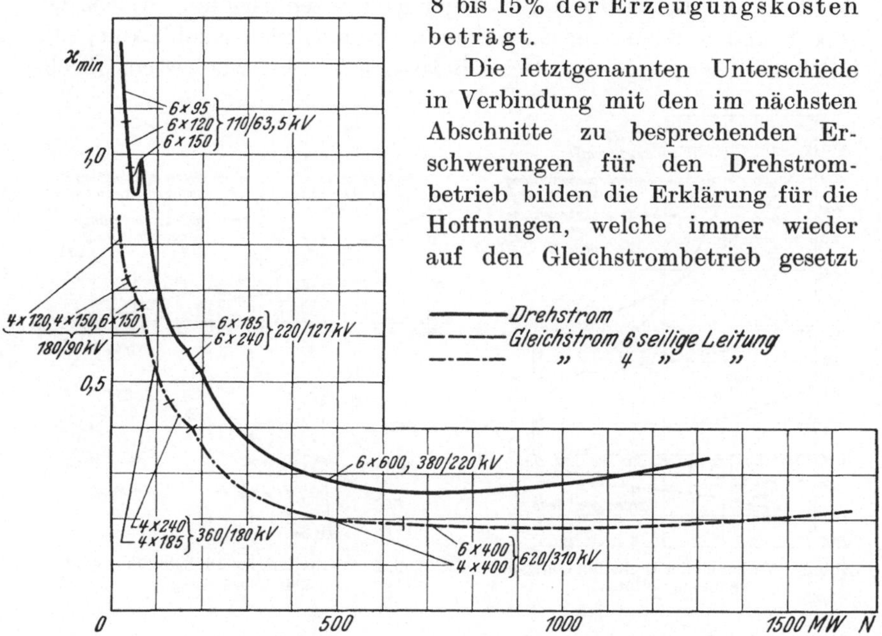

Abb. 13. Kleinste über 1000 km Entfernung mit Drehstrom und Gleichstrom erzielbare Fernleitungskosten abhängig von der Belastung.

werden. Wir werden aber im übernächsten Abschnitt sehen, daß auch der Gleichstrombetrieb wichtigen Einschränkungen unterworfen ist, die seiner Einführung hinderlich sind.

E. Wirtschaftlichkeit von Drehstromleitungen.

1. Räumliche Verteilung der Betriebsgrößen. Die allgemeinen auf Drehstromleitungen bezüglichen wirtschaftlichen Betrachtungen des vorhergehenden Abschnittes bedürfen vor allem in zweierlei Richtung der Ergänzung:

Der Zusammenhang zwischen den Anforderungen der Wirtschaftlichkeit und der Stabilität der Übertragung einerseits, der erforderliche Aufwand an Erregerblindleistung andererseits, ist noch ganz außer Ansatz geblieben.

Um diese Lücke auszufüllen, knüpfen wir an die Ergebnisse der im Anhang durchgeführten Theorie der auf konstante Spannung erregten Leitung an. Für eine bestimmte Leitung, nämlich eine 220 kV-Leitung von 6×210 mm², sind diese Ergebnisse in den Kurven der Abb. 14 und 15 dargestellt. Dabei sind zwei Belastungsfälle untersucht: Einmal die Belastung (am Ende) durch die natürliche Leistung von 248 MW. Zweitens die Belastung durch diejenige Spitzenbelastung, welche bei 6000 Stunden Benutzungsdauer zur wirtschaftlichen Kennleistung als mittlerer Leistung gehört. Diese Belastung ist, wie wir wissen, gleich-

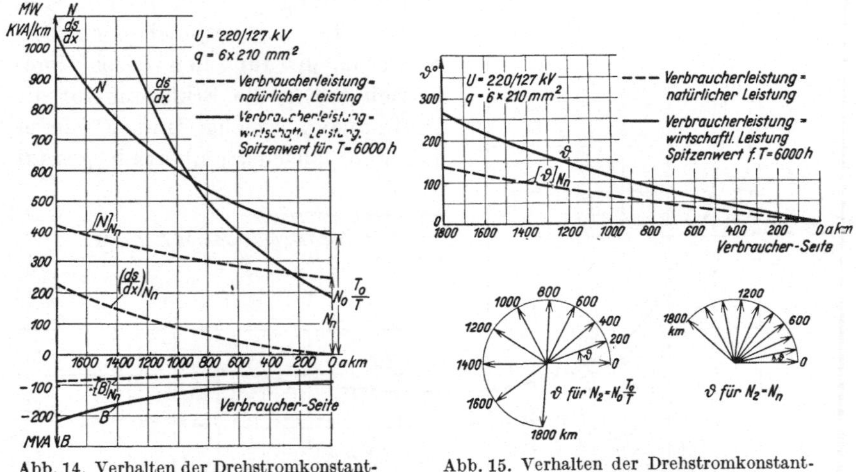

Abb. 14. Verhalten der Drehstromkonstantspannungsleitung.

Abb. 15. Verhalten der Drehstromkonstantspannungsleitung.

zeitig die Spitzenlast des wirtschaftlichen Betriebes bei kurzen Entfernungen und beträgt hier 390 MW.

Abb. 14 enthält für beide Belastungsfälle die räumliche Verteilung der Leistung, der Blindleistung und der spezifischen auf die Längeneinheit bezogenen Erregungsblindleistung. Die letztere Verteilung hat man sich folgendermaßen vorzustellen: Die Leitung sei in gleiche kleine Abschnitte so zerlegt, daß Anfang und Ende mit einem halben Abschnitt beginnen bzw. endigen. An jeder Abschnittsgrenze werde Erregerblindleistung, etwa durch Synchronmaschinen, zugeführt. Die in jeder Abschnittsmitte einschließlich Anfang und Ende fließende Wirk- und Blindleistung ist abhängig von der Entfernung vom Leitungsende als N und B in der Abbildung dargestellt. Die an jeder Abschnittsgrenze zuzuführende Erregerblindleistung ist die zur Entfernung vom Leitungsende gehörige spezifische Erregerleistung $\frac{dS}{dx}$, multipliziert mit der Länge eines Abschnittes. Die gesamte für die Erregung der ganzen Leitung erforderliche Blindleistung S erhält man daher durch Addition dieser Produkte oder, wenn man zur Grenze übergeht, durch Integration der Funktion $\frac{dS}{dx}$, beginnend vom Ende, über die ganze Leitungslänge.

Die Kurven zeigen, wie die Leistung gegen den Anfang hin infolge der Wirkung der Verluste ansteigt und wie auch die kapazitive Blindleistung der Wirkleistung proportional wächst. Beide sind durch die Konstantspannungsbedingung starr aneinander gebunden. Die Erregerblindleistung ist beim ersten Belastungsfall mit natürlicher Leistung am Ende Null, steigt aber dann mit wachsender Leistung gegen den Anfang hin an. Bei der bedeutend höheren Belastung des zweiten Falles steigen alle Leistungen, am meisten die Erregerblindleistung, stärker an.

Es sei noch einmal hervorgehoben, daß der zweite Belastungsfall dem wirtschaftlichsten Betrieb bei einem Belastungsfaktor von $\frac{6000\,\mathrm{h}}{8760\,\mathrm{h}}$ nur bei kurzen Entfernungen (etwa bis 200 bis 300 km) entspricht, bei größeren Entfernungen ist die wirtschaftliche Belastung etwas kleiner. Auch sind die Kurven, um die Beziehungen deutlich hervortreten zu lassen, bis zu viel größeren als bis zu den mit Rücksicht auf die Wirtschaftlichkeit überbrückbaren Entfernungen gezeichnet.

Abb. 15 zeigt den Verlauf der Phasenverschiebung ϑ zwischen den Spannungen am Leitungsende und an einer Stelle längs der Leitung. Man sieht, wie dieser für die Stabilität maßgebende Winkel mit der Entfernung erst proportional, dann stärker ansteigt. Ein Winkel von 30^0 wird bei Belastung mit natürlicher Leistung etwa bei 550 km, bei Belastung mit der oben definierten Spitzenlast schon bei etwa 300 km Entfernung erreicht. Bei größeren Entfernungen müssen daher die Blindstromerzeuger der Erregerleistung gemäß den Ausführungen in den Abschnitten I bis III spannungsstützende Eigenschaften besitzen, also rotierende Maschinen fremderregten Charakters sein.

2. Stabilität und Wirtschaftlichkeit. Für unsere Wirtschaftlichkeitsbetrachtungen wichtigere Ergebnisse erhält man, wenn man nicht die räumliche Verteilung der Leistung, Blindleistung usw. auf einer Leitung unbestimmter Länge bei gegebener Endbelastung untersucht, sondern, wenn man Leitungen verschiedener fester Längen betrachtet, die jeweils mit der zugehörigen wirtschaftlichsten Spitzenleistung belastet werden. Die Spitzenleistung muß man wählen, weil die Leitung auch bei dieser Belastung stabil arbeiten muß und weil die Bemessung der Erzeuger der Erregerblindleistung ebenfalls von ihr abhängt.

Die auf diesen Fall angewendeten Endformeln des Anhangs lauten dann:

für den Wirkungsgrad

$$\eta = 1 - \alpha \nu, \tag{20}$$

für den Stabilitätswinkel

$$\vartheta = \frac{180^0}{\pi} \operatorname{cotg} \delta \cdot \ln \frac{1}{\eta}, \tag{21}$$

für die Gesamterregerleistung

$$S = L\left[\frac{1}{\eta}\left(\frac{N}{N'_n}\right)^2 - 1\right]. \tag{22}$$

Hierin bedeuten:

N die wirtschaftliche Spitzenlast am Ende der Leitung,
N'_n die natürliche Leistung der verlustbehafteten Leitung,
L die Gesamt-Ladeblindleistung der ganzen Leitung,
η der zu N gehörige Wirkungsgrad,
$\operatorname{tg} \delta = \frac{r}{\omega l}$ den Impedanzwinkel der Leitung,
α die numerische Entfernung,
$\nu = \frac{N}{N_{00}}$ der numerische Wert von N.

Tabelle 3. Charakteristische Größen für wirtschaftlich betriebene 220 kV- und 380 kV-Drehstromleitungen verschiedener Länge.

	1	2	3	4	5	6	7	8	9	10
	Entfernung a km	Mittl. Jahresleist. MW	Spitzenleist. ($T =$ 6000 h) MW	Mittl. Jahreswirkungsgrad η_0 %	Wirkungsgrad b. Spitzenlast %	Stabilitätswinkel ϑ^0	Ladeleistung L MVA	Erregungsleistung S MVA	Erregungsleistung, bezogen auf Spitzenleistung %	Übertragungskosten ca. Pfg/kWh
Leitung 220 kV 6·210 mm²	0	265	390	100,0	100,0	0	0	0	0	0
	200	250	370	95,4	93,3	19	27	38	10	0,19
	400	240	350	91,3	87,2	37	54	73	20	0,40
	600	230	335	87,4	81,7	54	81	103	31	0,62
	800	220	320	83,8	76,4	72	107	133	41	0,85
	1000	215	310	80,6	71,9	88	134	162	52	1,10
Leitung 380 kV 6·400 mm²	0	795	1160	100,0	100,0	0	0	0	0	0
	500	750	1090	94,2	91,6	45	210	240	22	0,25
	1000	705	1030	89,1	84,1	88	410	450	44	0,52
	1500	670	980	84,6	77,6	126	620	650	67	0,80
	2000	635	930	80,4	71,5	168	830	830	89	1,10

Nach den Gln. (20) bis (22) ist unter Benutzung der Daten von Tabelle 1 B die Tabelle 3 berechnet. Sie bezieht sich auf das Verhalten von 220 kV- und 380 kV-Leitungen bestimmten Mastbildes, aber verschiedener Länge, die immer mit der wirtschaftlichsten Spitzenlast belastet werden. Ihre Ergebnisse sind jeweils der Stabilitätswinkel ϑ, der Wirkungsgrad η, die Erregerleistung S, letztere auch bezogen auf die Belastung. Zum Vergleich sind auch noch der mittlere Wirkungsgrad sowie (ungefähr) die Übertragungskosten, beruhend auf Erzeugungskosten von 2 Pfg/kWh, eingetragen. Der in Betracht gezogene Entfernungsbereich dürfte den äußerst vorkommenden Werten — mit Rücksicht auf die Fernleitungskosten — entsprechen.

Es ergibt sich folgendes: Will man die kleinstmöglichen Fernleitungskosten erreichen, so muß man die Leitung mit Spitzenleistungen belasten, die bedeutend größer sind als die natürliche Leistung und also Übererregung der Leitung erfordern. Dabei muß längs der Leitung ein Betrag von Blindleistung installiert werden, der mit der Leitungslänge ungefähr proportional ansteigt und bei 220 kV-Leitungen (ohne Reserve) etwa 5%, bei 380 kV-Leitungen etwa 4,5% der Spitzennutzlast je 100 km beträgt. Bei einer 1000 km langen 380 kV-Leitung sind also rund 45% der Spitzennutzlast notwendig. Die auf der Minimalbedingung für die Fernleitungskosten beruhende Belastung führt ferner noch im Bereich wirtschaftlich überbrückbarer Entfernungen — besonders bei 380 kV — zu Winkeln ϑ, die bedeutend größer sind als die ohne Spannungsstützpunkte zulässigen, so daß Zwischenstationen mit Phasenschiebern spannungsstützenden Charakters erforderlich werden.

Je größer ferner die Entfernung (bei 220 kV etwa von 500 km, bei 380 kV von 1000 km ab, entsprechend einer Grenze in den Fernleitungskosten von 0,5 Pfg/kWh), desto drückender wird mit Rücksicht auf die Höhe der Fernleitungskosten der Zwang, die wirtschaftlichste Leistung zu übertragen, und damit ϑ und Erregungsleistung auf die erwähnten Beträge ansteigen zu lassen. Hierin liegt die Ursache, daß das Stabilitätsproblem bei großen Entfernungen so große Bedeutung besitzt. Sie liegt also letzten Endes in den wirtschaftlichen Notwendigkeiten.

3. Kosten der Erregung. Es wäre nun noch notwendig, die bisher allein betrachteten, von der nackten Leitung herrührenden Fernleitungskosten durch Berücksichtigung der Kosten der Erzeugung der hochgespannten Erregungsblindleistung zu berichtigen. Dies hat aber in unserer Betrachtung keinen großen Zweck, da man allgemein schwer feststellen kann, welcher Teil davon auf das Konto der Energieübertragung gesetzt werden muß. Es hängt vielmehr von den besonderen Umständen, insbesondere von dem Vorhandensein größerer Kraftwerke längs der Leitung ab, ob überhaupt und gegebenenfalls wie hohe Kosten durch die Bereitstellung der für den Transport der Spitzenlast erforderlichen Übererregung und auch für die bei Schwachlast nötige Untererregung zu Lasten der Übertragung anfallen.

Es wird daher von Fall zu Fall untersucht werden müssen, welcher Zusatzposten hierfür den Fernleitungskosten zugeschlagen werden muß.

Wie man sich aber leicht überzeugen kann, spielt er bei den hier in Betracht gezogenen Entfernungen keine wesentliche Rolle, da er bei Ausschluß der allerungünstigsten Fälle unterhalb 0,1 Pfg/kWh bleibt.

F. Erzeugung und Verwendung von hochgespanntem Gleichstrom.

Bevor wir uns mit denjenigen wirtschaftlichen Erwägungen befassen, welche noch ergänzend zu denen des vorletzten Kapitels angestellt werden müssen, damit eine einigermaßen zutreffende, auf dem Stande der Technik beruhende, wirtschaftliche Beurteilung des Gleichstrombetriebes gewonnen werden kann, müssen wir einige technische Fragen besprechen, welche die Wirtschaftlichkeit der Gleichstromübertragung sehr stark im ungünstigen Sinne beeinflussen. Alle Schwierigkeiten, deren Erläuterung Gegenstand dieses Abschnittes ist, rühren von dem Umstand her, daß sehr hohe Gleichspannungen heute nur mit Mühe mittels Serienschaltung vieler Einzelaggregate erzeugt werden können.

Am Anfang der Leitung muß die Gleichstromleistung entweder direkt generatorisch erzeugt oder aus Drehstromleistung umgeformt, am Ende der Leitung wieder in Drehstromleistung zurückverwandelt werden. Setzen wir zunächst voraus, daß dies alles mittels rotierender Maschinen — Generatoren und Umformersätze — geschehen soll.

1. Grenzen der Hochspannungsmaschinen. In einer Gleichstrommaschine kann bekanntlich nur eine begrenzte Spannung erzeugt werden. Der Grund hierfür liegt im folgenden:

Mit Rücksicht auf die Zentrifugalkräfte und auf den ruhigen Lauf der Bürsten kann man die Umfangsgeschwindigkeit des Kommutators nicht über ein bestimmtes Maß hinaus steigern, infolgedessen bei gegebener Drehzahl auch nicht den Durchmesser des Kommutators. Andererseits kann man aus konstruktiven Gründen auf dem so festgelegten Umfang des Kommutators auch nur eine bestimmte Lamellenzahl unterbringen. Schließlich ist noch zu bedenken, daß zwischen zwei Lamellen im Mittel nur bestimmte Segmentspannungen zulässig sind, wenn nicht Rundfeuer entstehen soll. Es ergibt sich, daß man mit der Spannung — allein mit Rücksicht auf die Vorgänge am Kommutator — an gewisse Grenzen gebunden ist.

Mathematisch kann man diesen Zusammenhang folgendermaßen ausdrücken: Bedeutet R_k den Kollektorhalbmesser und τ die Lamellenteilung, so ist die Zahl der Kollektorlamellen $= \frac{2\pi R_k}{\tau}$ und die Lamellenzahl zwischen zwei Polen $\frac{2\pi R_k}{2p\tau}$, wenn p die Polpaarzahl ist. Auf diese verteilt sich die volle Spannung U. Ist demnach u die mittlere Lamellenspannung, so ist

$$U = u \frac{2\pi R_k}{2p\tau} \tag{23}$$

oder mit der Kollektorumfangsgeschwindigkeit $v_k = 2\pi R_k \frac{n}{60}$

$$U = \frac{u}{2p} \frac{1}{\tau} v_k \frac{60}{n}. \tag{24}$$

Hierin kann man für große Maschinen folgende Grenzwerte annehmen

$$\left.\begin{aligned} u &\leqq 25 \text{ V}, \\ \tau &\geqq 0{,}5 \text{ cm}, \\ v_k &\leqq 3500 \text{ cm/sec}, \end{aligned}\right\} \tag{25}$$

so daß die höchsterzielbare Spannung nur mehr von der Drehzahl und der Polzahl abhängt.

Auch die Leistung einer solchen Gleichstrommaschine ist nicht beliebig steigerbar. Sehen wir wieder Polpaarzahl und Drehzahl als gegeben an, so ist, wie wir eben sahen, der Kommutatordurchmesser und aus ähnlichen Gründen auch der Ankerdurchmesser festgelegt. Die Lamellenzahl liegt ebenfalls fest und damit die doppelt so große Zahl der Wicklungselemente. Die Wahl der Stromstärke bedeutet nun, daß man auf dem Ankerumfang einen bestimmten Strombelag in A/cm bekommt. Dies ist eine Größe, die aus Gründen der Wärmeabfuhr einen bestimmten Wert nicht überschreiten kann.

Man kann auch dies mathematisch ausdrücken. Wegen der für unsere Betrachtungen geringen Bedeutung sei die Ableitung unterdrückt. Im Ergebnis wird die Leistung durch Strombelag A, Lamellenspannung u, Ankerumfangsgeschwindigkeit V_a und Drehzahl n ausgedrückt:

$$N = 30 A \frac{u v_a}{n} \text{ in W}. \tag{26}$$

Hierin kommen die Grenzwerte

$$\left.\begin{aligned} A &\leqq 400 \text{ bis } 500 \text{ A/cm}, \\ u &\leqq 25 \text{ V}, \\ V_a &\leqq 6000 \text{ cm/sec} \end{aligned}\right\} \tag{27}$$

vor, so daß die Grenzleistung nur mehr von der Drehzahl abhängt.

Die Ergebnisse der Gln. (24) und (26) mit den Grenzwerten der Beziehungen (25) und (27) sind in Abb. 16 graphisch dargestellt. Links ist die Grenzspannung, rechts die Grenzleistung für verschiedene Drehzahlen angegeben. Im Diagramm für die Grenzspannung sind verschiedene Polpaarzahlen, und zwar für 2polige, für 4polige und für

8polige Maschinen angenommen. Dabei ist noch keinerlei Rücksicht darauf genommen, ob eine solche Maschine wirtschaftlich ist, d. h. mit vernünftigem Materialaufwand arbeitet. Achtet man auch hierauf, scheidet sicher die 2polige Maschine aus, wahrscheinlich auch die 4polige. Für die Grenzleistungen sind zwei verschiedene Erfahrungszahlen für das Produkt aus zulässigem Strombelag und aus zulässiger Lamellenspannung eingesetzt worden.

2. Probleme der Primärerzeugung. Es ist zu ersehen, daß die Grenzleistung und vor allen Dingen die Grenzspannung mit steigender Drehzahl stark abnimmt. Das heißt: Generatoren für hohe Spannungen müssen mit langsam laufenden Antriebsmaschinen arbeiten: Mit Wasserturbinen und vornehmlich Wasserturbinen für niedrige Gefälle. Dampfturboantrieb scheidet aus. Nun wollen wir aus diesen Kurven

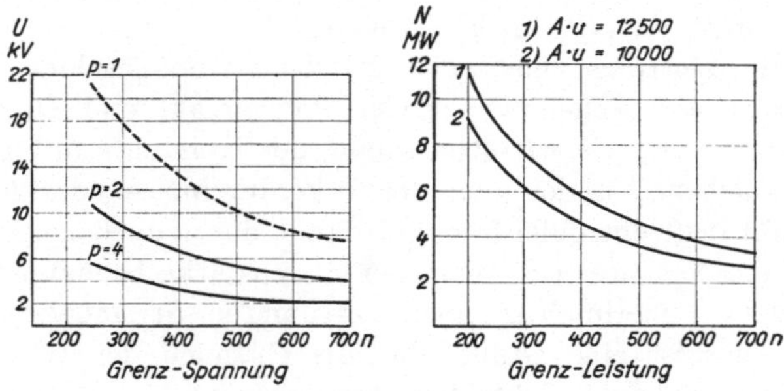

Abb. 16. Grenzen der Gleichstrommaschine.

einige praktische Folgerungen ziehen, und uns das Schema einer Großkraftübertragung unter Berücksichtigung der in einer Maschine erzeugbaren Spannung und Leistung, aber auch unter Zugrundelegung einer wirtschaftlich möglichen Gesamtspannung und -leistung ansehen.

Betrachten wir zunächst das oberste Schema in Abb. 17a. Es soll Energie über eine Entfernung von 1000 km übertragen werden. Die kleinste Spannung, mit der dies wirtschaftlich möglich ist, ist 360 kV (entsprechend 220 kV Drehstrom). Die wirtschaftlichste Leistung für eine 4seilige Leitung ist etwa 170 MW im Jahresmittel oder mit 6000 Benutzungsstunden im Jahr etwa 250 MW in der Spitze. Diese Leistung soll im Beispiel übertragen werden. Die angenommenen Zahlen führen schon nach unseren bisherigen Betrachtungen zu recht hohen Fernleitungskosten (etwa 0,9 Pfg/kWh). Kleinere Spannungen und Leistungen kommen jedenfalls bei dieser Entfernung nicht in Betracht. Es sei nun angenommen, daß wir in einer einzigen Maschine 8 kV erzeugen können, was nur mit niedrigen Drehzahlen, etwa 250 Umdrehungen pro Minute möglich ist. Es sollen ferner auf einer Turbinenwelle 5 solcher Maschinen angeordnet sein, so daß ein Maschinensatz 5 × 8 oder 40 kV erzeugt. Dann brauchen wir, um die ganze Spannung von 360 kV erzeugen zu können, 9 solcher Maschinensätze, wie es durch Numerierung in der Abbildung angedeutet ist. Will man noch eine Reserve haben, so kann man, da alle Maschinen in Serie geschaltet sind, noch einen zehnten Maschinensatz in Reihe schalten. Die Anzahl der Maschinen ist also durch die Forderung der Spannungserzeugung bestimmt. Teilen wir die ganze Leistung von 250 MW auf die 45 Generatoren (ohne Reserve) auf, so treffen auf

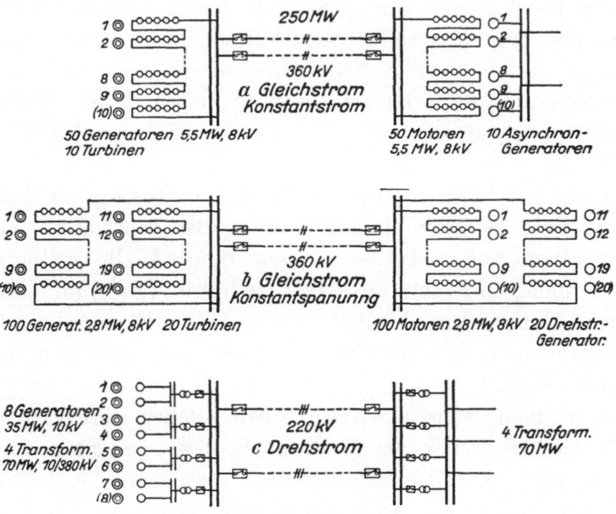

Abb. 17. Kraftübertragungssysteme.

jeden 5,5 MW, eine Leistung, die entsprechend den Ergebnissen von Abb. 16 noch gut in einer Maschine erzeugt werden kann. Eine weitere Unterteilung mit Rücksicht auf die Leistung ist also nicht nötig — die festgestellten Grenzleistungen bedeuten hier keine Beschränkung.

Eine solche Anlage zwingt nun dazu, bei Teilbelastung nicht den Strom herabzusetzen, wie unsere ganze Wirtschaftlichkeitsrechnung voraussetzte, sondern die Spannung, und dafür den Strom konstant zu lassen. Würde man dies nämlich nicht tun, so müßte man bei Teilbelastung — um die Spannung zu halten — alle Maschinensätze, und zwar mit voller Drehzahl, laufen lassen. Dies ist aber mit Rücksicht auf den schlechten Wirkungsgrad der Antriebsmaschinen bei voller Drehzahl und Teillast unzulässig. Bei Regelung auf konstanten Strom — Herabsetzung der Spannung — kann man dagegen nach Maßgabe der benötigten Spannung Maschinen langsamer laufen lassen oder auch kurzschließen und abschalten.

Ein beinahe noch wichtigerer Grund für diese Art der Regelung ist das Bedürfnis nach Reserve. Bei der Regelung auf konstanten

Strom kann man sehr leicht, wie in der Abbildung dargestellt, eine Reserve mit einer zehnten Maschine erzielen, so daß man stets eine der zehn Maschinen abschalten, stillsetzen, reparieren oder sonst etwas mit ihr tun kann.

Zur Erzielung desselben Reservegrades mit demselben geringen Mehraufwand an Leistung müßten wir beim Konstantspannungssystem zehn Systeme parallel schalten, und jedes dieser zehn Systeme müßte ebensoviel Gleichstrommaschinen haben wie das einzige Konstantstromsystem. Wir würden also eine praktisch undurchführbar feine Unterteilung der gesamten Leistung auf die Maschinen vornehmen müssen. Das bedeutet, daß wir beim Konstantspannungssystem entweder auf Reserve ganz verzichten oder sie durch einen sehr hohen Mehraufwand von Maschinenleistung (in Abb. 17b mittleres Schema 100 %) erkaufen müssen.

Das Konstantspannungssystem ist daher so lange unbrauchbar, als es nicht gelingt, die ganze Spannung oder doch wenigstens einen hohen Teilbetrag auf einer Welle unterzubringen, so daß man mehrere Einheiten parallel schalten kann, ohne daß hierzu eine vielfache Unterteilung der Antriebsmaschinenleistung notwendig ist.

Zum Vergleich enthält die Abb. 17c unten noch dieselbe Übertragung für Drehstrombetrieb.

Auf die übrigen technischen Aufgaben solcher Stationen für hochgespannten Gleichstrom kann im Rahmen dieses Aufsatzes nicht näher eingegangen werden. Als bemerkenswert sei nur die Aufgabe hervorgehoben, Maschinensätze mit einer für die volle Spannung gegen Erde (hier 180 kV) isolierten Kupplung anzutreiben. Eine anschauliche Schilderung der eigentümlichen Technik der nach dem Konstantstromprinzip arbeitenden Hochspannungsgleichstromanlagen hat erst kürzlich anläßlich des 50jährigen Jubiläums des Elektrotechnischen Vereins-Berlin der berühmte Pionier der Gleichstromübertragung, Herr Thury, gegeben. Jeder, der sich mit solchen Übertragungen theoretisch oder praktisch befassen will, wird den wertvollsten Gewinn aus diesem, die praktischen Erfahrungen eines Menschenalters enthaltenden Bericht ziehen können. Andererseits muß man aber feststellen, daß der Stand der Technik nicht entfernt mit demjenigen der Wechselstromhochspannungstechnik verglichen werden kann, sowohl was die Durchbildung allen Zubehörs — Schutzeinrichtungen, Meßeinrichtungen usw. — als auch die Höhe der bereits beherrschten Leistungen und Spannungen betrifft.

3. Primäre und sekundäre Umformung. Wir müssen nun noch einige Bemerkungen nachtragen, die für unsere im nächsten Kapitel zu besprechenden wirtschaftlichen Folgerungen aus der Technik der Gleichstromgroßenergieübertragung von Bedeutung sind. Sie beziehen sich auf die Verhältnisse bei der Umformung Drehstrom in Gleichstrom (Primär-Umformung) oder umgekehrt, (Sekundär-Umformung) erstere, falls man diese an Stelle der direkten Erzeugung in Betracht zieht.

Die naheliegendste Art der Umformung ist die mit rotierenden Maschinen. Gegenüber der direkten Erzeugung hat die Primär-Umformung den Vorteil, daß die Aufteilung der Leistung und die Wahl der Drehzahl allein mit Rücksicht auf die Gleichstromseite erfolgen kann. Ferner erhält man auch bei Teilbelastung und voller Drehzahl Wirkungsgrade, die nicht viel schlechter sind als der Vollastwirkungsgrad. Schließlich ist die Leistungsregelung durch Beeinflussung der Drehzahl der Antriebsmotoren leicht durchführbar.

Die Primär-Umformung kann aber auch anders als mit rotierenden Maschinen geschehen. In erster Linie muß man, wenn man die heutige Entwicklung betrachtet, natürlich an Gleichrichter denken. Auch für die Gleichrichter gelten Überlegungen mit ähnlicher Wirkung, wie bei den rotierenden Maschinen. Die Spannung, die ein Gleichrichterkolben erzeugt, ist an eine durch den Dampfdruck der Füllung bedingte Grenze gebunden. Diese Grenze liegt für Quecksilberdampfgleichrichter etwa bei 20 kV. Man muß daher, genau wie bei rotierenden Maschinen, eine größere Menge von Gleichrichtern in Serie schalten, um die hohe Spannung zu gewinnen. Die Leistungen, die sich mit einem Gleichrichter erzielen lassen, liegen auch wie bei den Maschinen in durchaus brauchbarer Größenordnung, so daß die Zahl der vorhandenen und in Serie geschalteten Gleichrichter nur durch die Erfordernisse der Spannungserzeugung bedingt wird.

Neuerdings ist dem gewöhnlichen Gleichrichter mit Quecksilberkathode in dem Thyratron, d. h. einem mit Quecksilberdampf gefüllten Entladungsgefäß mit Glühkathode ein aussichtsreicher Konkurrent entstanden. Sein innerer Spannungsabfall ist bedeutend kleiner als der des Gefäßes mit Quecksilberkathode, so daß bei großen Leistungen das Problem der Wärmeabfuhr erleichtert wird. Es ist im Prinzip möglich, mit diesen Thyratrons dieselben Grenzspannungen und -leistungen zu erreichen, wenn man auch freilich noch weit davon entfernt ist, die Grenzleistungen praktisch verwirklichen zu können.

Schließlich ist noch der zuerst von Hutin le Blanc angegebene unter dem Namen „Highfield-Transverter“ bekannt gewordene Apparat zu erwähnen. Es ist ein mechanischer Gleichrichter mit ruhenden Wicklungen, einem ruhenden Kommutator und sich drehenden Bürsten. Durch geeignete Kunstschaltungen kann man an Transformatoren die erforderlichen Vielphasenspannungen erzeugen. Die Kommutierungsschwierigkeiten scheinen jedoch bei diesem Apparat erheblich zu sein.

Das bedeutendste, schwierigste und bis heute noch nicht praktisch befriedigend gelöste Problem ist die Rückumwandlung des Gleichstromes in Drehstrom — die Sekundär-Umformung — ohne rotierende Maschinen durch sogenannte Wechselrichter. Die fundamentale Schwierigkeit besteht hier darin, daß der Übergang des Stromes von einem Punkt der Mehrphasenschaltung zum nächsten — die Kommutierung — nicht wie beim Gleichrichter von selbst unter dem Einfluß der treibenden Spannungen vor sich geht, sondern durch künstliche Mittel erzwungen werden muß, gleichgültig ob es sich um die Umkehrung eines mechanischen oder Entladungsgleichrichters handelt. Es würde jedoch zu weit führen, hierauf näher einzugehen.

G. Wirtschaftlichkeit von Gleichstromleitungen.

Nun können wir daran gehen, die allgemeinen wirtschaftlichen Betrachtungen, gestützt auf die technischen Erkenntnisse des letzten Abschnittes, zu ergänzen. Von diesen haben wir im wesentlichen folgendes zu beachten:

a) Es können nicht beliebige Spannungen erzeugt werden. Bei direkter Erzeugung des hochgespannten Gleichstromes kann man mit Rücksicht auf die Unterteilung der Antriebsmaschinen etwa 360 kV (entsprechend 220 kV Drehstrom) erzielen. Auch hier bekommt man schon neun Maschinensätze zu fünf Generatoren auf einer Welle.

b) Sekundär-Umformung ist heute nur mit rotierenden Maschinen möglich, Primär-Umformung auch mit Gleichrichtern.

c) Die Rücksicht auf Reserve, bei direkter Erzeugung auch auf den Wirkungsgrad der Antriebsmaschinen, zwingt heute zur Verwendung der Regelung auf konstanten Strom.

1. Wirtschaftliche Folgen der Spannungsgrenze. Der erste dieser technischen Gesichtspunkte hat zur Folge, daß mit direkt erzeugtem Gleichstrom maximal diejenigen Entfernungen überbrückt werden können, die man mit 360 kV beherrschen kann, falls man nicht eine technisch und wirtschaftlich bedenklich feine Unterteilung der Antriebsleistung zulassen will. Aus unseren früher aufgestellten Regeln ergeben sich bei Erzeugungskosten von 2 Pfg/kWh hierfür höchst zulässige numerische Entfernungen von 20,4 bzw. 11,1 %, bei zulässigen Fernleitungskosten von 1 bzw. 0,5 Pfg/kWh. Die zugehörigen absoluten Entfernungen bewegen sich in den Grenzen 1150 bis 1300 km bzw. 620 bis 700 km je nach der Anzahl der Stränge (2 oder 3 je Mast) und dem Querschnitt oder der gewünschten Leistung, die dabei im Minimum etwa 170 MW im Jahresmittel (4×185 mm^2) betragen muß.

2. Wirtschaftliche Folgen der Umformung. Der zweite Gesichtspunkt steht im Zusammenhang mit der Frage der Verteuerung der Energie durch die Umformung. Zur Abschätzung dieses Einflusses muß man feststellen, um wieviel die kWh beim Durchfluß durch eine Anlage verteuert wird, deren Anlagekosten C M/kW betragen und deren Wirkungsgrad im Jahresmittel η ist. Der Einfluß der Verluste bestimmt sich genau wie bei einer Leitung. Über den Einfluß der Anlagekosten gibt uns die folgende Überlegung Aufschluß: Da die Anlage bei T Benutzungsstunden auf $N\frac{T_0}{T}$ kW bemessen werden muß, betragen die Anlagekosten $CN\frac{T_0}{T}$ und mithin der Kapitaldienst $CN\frac{T_0}{T}p$. Die Nutzarbeit beträgt NT_0. Der Einfluß der Anlagekosten ist aber gleich dem Verhältnis Kapitaldienst zu Nutzarbeit und wird daher durch den Ausdruck $\frac{Cp}{T}\cdot$ M/kWh wiedergegeben. Sind also die Eingangskosten k_1 M/kWh, so beträgt die Verteuerung in M/kWh

$$\Delta k = k_1\frac{1-\eta}{\eta} + \frac{Cp}{T}. \tag{28}$$

Wenden wir zunächst diese Beziehung auf die generatorische Erzeugung an, so finden wir im Vergleich zum Drehstrom Differenzen in den Erzeugungskosten, die sich in der Größenordnung von 0,1 Pfg/kWh bewegen, also nicht ausschlaggebend ins Gewicht fallen.

Anders steht es dagegen mit der Umformung, sei es primär aus Drehstrom in Gleichstrom oder sekundär in umgekehrter Richtung. Der Primärumformung steht beim Drehstrom nichts gegenüber. Bei Maschinenumformung wird man die Verlustkosten allein mindestens zu 15% der Erzeugungskosten ($\eta = 0{,}87$), also in unserem Beispiel zu rund 0,3 Pfg/kWh, die umgelegten Anlagekosten bei hoher Benutzungsdauer (6000 h) zu 0,2 Pfg/kWh veranschlagen dürfen. Aus diesem Grunde stellt die Anwendung der Maschinenumformung auf der Generatorseite der Übertragung eine schwere Belastung des Gleichstrombetriebes dar. Dies kann man auch ohne quantitative Rechnung erkennen, wenn man die Wirkungsgrade von Maschinensätzen mit den wirtschaftlichsten Wirkungsgraden der nackten Leitung vergleicht. Selbst dann, wenn die unmittelbare Erzeugung des Gleichstromes unmöglich ist — bei Dampfkraftwerken und Wasserkraftwerken zu hohen Gefälles — ist es fraglich, ob nicht die Umformung und damit die Gleichstromübertragung überhaupt außerhalb des Bereiches jeder wirtschaftlichen Möglichkeit fällt. Man wird daher den Kosten der Umformung von Fall zu Fall genaue Beachtung schenken müssen.

Eine wesentliche Besserung der dargelegten Verhältnisse ist — immer vorausgesetzt, daß die Primärumformung überhaupt notwendig ist — durch Verwendung von Gleichrichtern zu erhoffen. Es scheint aber verfrüht, Betrachtungen wirtschaftlicher Natur über solche noch niemals, auch nicht in kleinerem Maßstabe gebaute Stationen anzustellen.

Ähnliches gilt von der Sekundärumformung. Sie unterscheidet sich von der Primärumformung zunächst dadurch, daß sie nicht vermieden werden kann. Dann aber vor allem durch die Unmöglichkeit, bei dem heutigen Stande der Technik diese Umformung anders als mit Maschinen vorzunehmen. Schließlich bezieht sich hier die prozentuale Verteuerung durch Verluste auf ihre Eingangskosten, d. h. auf die schon durch die Fernleitung erhöhten Kosten. Rechnet man diese z. B. zu 2,7 Pfg/kWh so beträgt die Verteuerung durch die Umformungsverluste 0,4 Pfg/kWh, wozu noch die bereits genannten umgelegten Anlagekosten hinzukommen, so daß die gesamte Sekundärumformung in unserem Zahlenbeispiel 0,6 Pfg/kWh beansprucht.

Dem steht wieder beim Drehstrom nichts oder fast nichts gegenüber, wenn man bedenkt, daß auch beim Gleichstrom die umgeformte Leistung in der Regel noch einmal umgespannt werden muß.

Es sei jedoch betont, daß die eben angestellte Rechnung über die Umformungsverluste nur als ganz rohe Überschlagsbetrachtung gewertet werden darf, da Erfahrungen über so große Umformerstationen vollkommen fehlen. Es ist ohne weiteres möglich, daß ins einzelne gehende Projekte wesentlich andere Ergebnisse liefern.

3. Wirtschaftliche Folgen der Konstantstromregelung. Von großer wirtschaftlicher Bedeutung ist schließlich unter Umständen der dritte und letzte der am Anfang dieses Abschnittes erwähnte Gesichtspunkt — der Zwang zur Konstantstromregelung. Unsere allgemeinen Betrachtungen über die Fernleitungskosten beruhen auf dem in Abb. 3 dargestellten Zusammenhang zwischen Wirkungsgrad und Belastung. Dieser Zusammenhang gilt aber nur, wenn bei abnehmender Last die Spannung und nicht der Strom konstant gehalten wird. Beim Konstantstromsystem sind dagegen die Verluste absolut genommen konstant und daher nimmt der Wirkungsgrad mit abnehmender Last nicht zu wie bisher angenommen. Im Gegenteil, er nimmt ab. Will man die Wirkung dieses Umstandes abschätzen, so muß man davon ausgehen, daß bei Vollast die Wirkungsgrade beider Systeme, des Konstantspannungs- und des Konstantstromsystems, übereinstimmen, dann den mittleren Wirkungsgrad η' des Konstantstromsystems durch denjenigen des Konstantspannungssystems ausdrücken und die Differenz

$$\Delta \varkappa = \frac{1 - \eta'}{\eta'} - \frac{1 - \eta}{\eta} \tag{29}$$

bilden. Sie stellt dann die infolge der Anwendung des Konstantstromsystems auftretende Erhöhung der spezifischen Fernleitungskosten dar.

Zunächst haben wir also den zur mittleren Leistung gehörigen Wirkungsgrad η' des Konstantstromsystems, den wir auch hier mit dem mittleren Jahreswirkungsgrad gleichsetzen, durch den Vollastwirkungsgrad η_m und den Lastfaktor auszudrücken. Es ist

$$\eta' = \frac{N}{N + V}, \tag{30}$$

$$\eta_m = \frac{N \frac{T_0}{T}}{N \frac{T_0}{T} + V}. \tag{31}$$

Aus beiden Gleichungen liefert die Elimination von $\frac{N}{V}$ die gewünschte Beziehung

$$\eta' = \frac{1}{1 + \frac{T_0}{T} \frac{1 - \eta_m}{\eta_m}}, \tag{32}$$

Nach dieser Beziehung ist die Wirkungsgradkurve von Abb. 18 zusammen mit einem Stück derjenigen des Konstantspannungssystems gezeichnet.

Der in Gl. (29) vorkommende erste Ausdruck ist dann

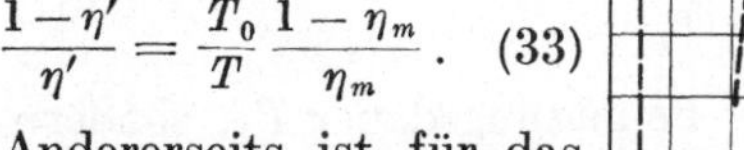

$$\frac{1 - \eta'}{\eta'} = \frac{T_0}{T} \frac{1 - \eta_m}{\eta_m}. \tag{33}$$

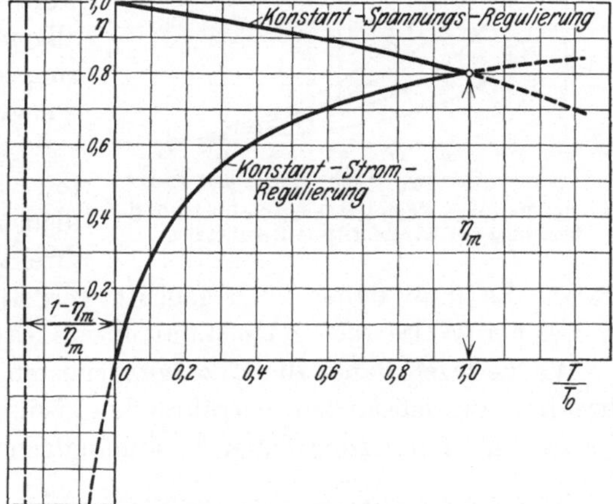

Abb. 18. Wirkungsgrad einer Gleichstromleitung mit Konstant-Spannung- und Konstant-Strom-Regulierung.

Andererseits ist für das Konstantspannungssystem, wenn wir die Gl. (5) der Wirkungsgradkurve benützen und bedenken, daß sich mittlere und Spitzenleistung wie $T : T_0$ verhalten,

$$\eta\,(1 - \eta) = \eta_m\,(1 - \eta_m)\,\frac{T}{T_0}. \tag{34}$$

Aus Gl. (33) und (34) gewinnt man unter Rücksicht auf Gl. (29) die Beziehung:

$$\Delta \varkappa = \frac{1 - \eta}{\eta} \left[\left(\frac{T_0}{T} \right)^2 \left(\frac{\eta}{\eta_m} \right)^2 - 1 \right] \tag{35}$$

oder, wenn man im ersten Glied der eckigen Klammer den verhältnismäßig belanglosen Faktor $\left(\frac{\eta}{\eta_m}\right)^2$ streicht, angenähert:

$$\Delta \varkappa \approx \frac{1-\eta}{\eta}\left[\left(\frac{T_0}{T}\right)^2 - 1\right]. \tag{36}$$

Diese Beziehung drückt in der gewünschten Weise die **Kostenerhöhung des Konstantstromsystems gegenüber demjenigen des Konstantspannungssystems** durch den mittleren, unseren früheren Betrachtungen zugrunde liegenden Wirkungsgrad des Konstantspannungssystems und durch den Belastungsfaktor aus. Sie ist in Abb. 19 graphisch dargestellt.

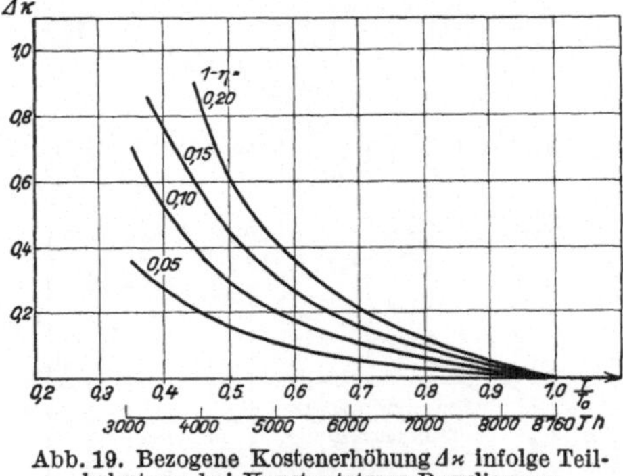

Abb. 19. Bezogene Kostenerhöhung $\Delta \varkappa$ infolge Teilbelastung bei Konstantstrom-Regulierung.

Bei der Ableitung der Gl. (36) war von festen gegebenen Erzeugungskosten k_e ausgegangen worden. Nun hängen diese im allgemeinen von der Benutzungsdauer T_1 der Erzeugungsanlage ab, und zwar um so stärker, je mehr die indirekten Betriebskosten (Kapitaldienst usw.) gegenüber den direkten in den Vordergrund treten. Es muß daher noch geprüft werden, ob und gegebenenfalls in welcher Weise dieser Umstand unsere Ergebnisse verändert.

Wir zerlegen daher die Erzeugungskosten in einen festen, von den direkten Betriebskosten herrührenden Teil k_{e0} und einen von der „primären“ Benutzungsdauer T_1 abhängigen Teil gemäß

$$k_e = k_{e0} + k_{e1}\frac{T_0}{T_1}. \tag{37}$$

Als gegeben ist aber nicht die primäre Benutzungsdauer T_1, sondern die bisher allein verwendete „sekundäre“ T anzusehen. Zwischen beiden besteht die leicht beweisbare Beziehung

$$T_1 : T = \eta_m : \eta. \tag{38}$$

Die Kosten k_v der Arbeitseinheit am Leitungsende (Verbrauchskosten) betragen daher

$$k_v = k_e + k_f = \frac{k_e}{\eta} + k_2, \tag{39}$$

wenn wir hier mit

$$k_2 = \frac{K p a}{N T_0} \tag{40}$$

zur Abkürzung den zweiten Summanden der Gl. (10) (S. 293) bezeichnen.

Elimination von k_e und T_1 aus den Gl. (37) bis (40) liefert

$$k_v = k_{e0} \frac{1}{\eta} + k_{e1} \frac{T_0}{T} \frac{1}{\eta_m} + k_2 . \tag{41}$$

Diese Beziehung gilt für beide Systeme — Konstantspannung und Konstantstrom —, wenn wir für das letztere den mittleren Wirkungsgrad η' an Stelle des für das erstere System geltenden η einsetzen.

Bei einem Vergleich beider Systeme, der die Veränderlichkeit der Benutzungsdauer T in Rechnung stellt, müssen wir nun die Annahme fester Erzeugungskosten fallen lassen und Gl. (36) berichtigen. Der Unterschied Δk zwischen den Verbrauchskosten k_v der beiden Systeme rührt ausschließlich vom ersten Glied der Gl. (41) her, da alle Größen des zweiten und dritten Gliedes beiden Systemen gemeinsam sind. Es ergibt daher Gl. (41)

$$\frac{\Delta k}{k_{e0}} = \frac{1}{\eta'} - \frac{1}{\eta} = \frac{1-\eta'}{\eta'} - \frac{1-\eta}{\eta} . \tag{42}$$

Dieser Ausdruck stimmt aber mit der rechten Seite von Gl. (29) überein. Damit gelten alle aus dieser Gleichung gezogenen Schlüsse, wenn wir nur unter $\Delta \varkappa$ jetzt den Ausdruck $\Delta k / k_{e0}$ verstehen. Die Gl. (35) und (36) liefern also die Verteuerung der Arbeitseinheit durch das Konstantstromsystem (gegenüber dem Konstantspannungssystem) bezogen auf den von den direkten Betriebskosten herrührenden Anteil k_{e0} der Erzeugungskosten k_e. Wie die Abb. 19 zeigt, kann bei langen Leitungen (η niedrig) die genannte Verteuerung auch dann erheblich ins Gewicht fallen, wenn der Anteil k_{e0} der Erzeugungskosten nur gering ist.

Streng genommen verändert auch beim Konstantspannungssystem bei gegebener sekundärer Benutzungsdauer T die Belastung die Erzeugungskosten k_e, wie die Gl. (37) und (38) zeigen. Da aber mittlerer (η) und Spitzenlast- (η_m) Wirkungsgrad hier nur wenig verschieden sind, ist der Einfluß vernachlässigbar gering. Daher war es gerechtfertigt, die Erzeugungskosten als mit T fest gegeben anzusehen — auch bei wechselnder Last — und die Fernleitungskosten auf sie zu beziehen ($\varkappa = k_f : k_e$).

4. Aussichten der Gleichstrom-Übertragung. Die Ergebnisse dieses Kapitels legen die Frage nahe, welche Aussichten sich der Gleichstrom-Fernübertragung — Fernübertragung im Sinne der vorliegenden Aufsatzreihe verstanden — eröffnen. Hierbei muß man davon ausgehen, daß sich, wie schon im einführenden Kapitel bemerkt, die Technik der Gleichstromübertragung gegenüber derjenigen der Drehstromübertragung in starkem Rückstande befindet. Die letztere hat sich von den einfachsten Anfängen stetig bis zur heutigen Höhe entwickeln können, während die erstere nur Vorbilder in den von Thury und seinen Nachfolgern geschaffenen Anlagen besitzt, die bei aller Bewunderungswürdigkeit noch durch eine weite Kluft von einer Großkraft-Fernübertragungsanlage getrennt werden. Man darf diese Feststellung aber nicht als rein negativ ansehen. Bei einem Vergleich zwischen Gleichstrom und Drehstrom, der technische Unterschiede berücksichtigt, muß man dem Gleichstrom gerade deshalb die größeren Entwicklungschancen einräumen und die sich aus dem heutigen Stande der Technik ergebende Differenz mit Vorsicht bewerten. Mit diesem Vorbehalt sollen die nachstehenden, sich aus unseren Betrachtungen ergebenden Schlußfolgerungen bezüglich der Aussichten der Gleichstromübertragung verstanden werden. Zunächst zwei Sätze prinzipieller Natur, die vom Stande der Technik nur wenig berührt werden:

a) Die Unterschiede in den Fernleitungskosten — verursacht durch die nackte Leitung — zwischen Gleichstrom und Drehstrom zugunsten des ersteren sind nicht so groß, wie man gewöhnlich annimmt. Sie machen sich zudem nur bemerkbar, wenn die im Jahresmittel übertragene Leistung mit der „wirtschaftlichen Leistung“ von vergleichbarer Größe ist. Die Gleichspannung ist als das $\frac{2\sqrt{2}}{\sqrt{3}}$ fache der Drehstromspannung vorausgesetzt. (Gleiche Scheitelwerte der Spannungen gegen Erde im Normalbetrieb.) Eine Vergrößerung des Unterschiedes ist, aber wieder nur im Bereich hoher Belastungen, zu erwarten, wenn die noch nicht genügend vorliegende Corona-Erfahrung bei Gleichstrom vergleichsweise höhere Gleichspannungen erlauben sollte.

b) Der hauptsächlichste prinzipielle Vorteil des Gleichstroms ist die Nichtexistenz des Stabilitätsproblems. Dieses kann zwar bei Drehstrom für beliebige Entfernungen als gelöst gelten, macht aber im allgemeinen Phasenschieber-Zwischenstationen mit rotierenden Maschinen notwendig. Wenn diese aus irgendwelchen Gründen nicht errichtet werden können (Überbrückung von Wüsten oder Meeren), ist die Gleichstromübertragung überhaupt allein möglich. Im gegenteiligen Falle aber ist das Stabilitätsproblem für die Wahl zwischen Gleichstrom und Drehstrom bedeutungslos.

Nun folgen Sätze, bei denen der heutige Stand der Gleichstromtechnik von entscheidender Bedeutung ist.

c) Direkte Erzeugung des Gleichstroms ist nur mit Wasserkraft möglich und erfordert schwierige Konstruktionen. Diese sind für die in Betracht kommenden Höchstspannungen noch nicht durchgebildet, dürften aber keine unübersteiglichen Schwierigkeiten bereiten.

d) Primär- und (nicht vermeidbare) Sekundärumformung drohen die unter a) erwähnten Ersparnisse aufzuzehren. Bei der heute allein als technisch gesichert anzusprechenden Maschinenumformung ist dies auch bei direkter Erzeugung des Gleichstroms, also bei Fortfall der

Primärumformung, mit großer Wahrscheinlichkeit der Fall. Volle Sicherheit kann jedoch nur durch genaue technische und wirtschaftliche Einzelprojektierung gewonnen werden.

e) Begründete Aussicht auf einen in der nächsten Zukunft möglichen wirtschaftlicheren Ersatz der Maschinenumformung besteht nur auf der Primärseite mittels Hochspannungsgleichrichtern. Das Problem der Wechselrichtung auf der Sekundärseite ist leider noch praktisch nahezu ungelöst.

f) Der Zwang zur Konstantstromregelung benachteiligt den Gleichstrom weiter, freilich nur dann, wenn die Erzeugungskosten der Energie einen merklichen Anteil direkter Betriebskosten enthalten. Er besteht so lange, als es bei direkter Erzeugung nicht gelingt, die volle Betriebsspannung oder doch einen hohen Teil von ihr auf einer Welle unterzubringen oder heute noch unbekannte billige Umformungsarten für Primär- und Sekundärseite zu entwickeln.

Man sieht, daß auch abgesehen von der Notwendigkeit umfangreicher Entwicklungsarbeit für die Angleichung der Gleichstromtechnik an diejenige des Wechselstroms in Einzelfragen, die Aussichten des Gleichstroms aus grundlegenden Erwägungen heraus als gering anzusehen sind. Freilich bleibt die Hoffnung, daß sich die Sachlage entscheidend ändert, wenn es gelingt, das Problem der Gleich- und Wechselrichtung großer Leistungen bei Höchstspannung betriebssicher und wirtschaftlich zu lösen. Hiervon ist die Technik leider noch weit entfernt.

H. Anhang.

Abriß einer Theorie der Konstantspannungs-Wechselstromleitung.

Gegenstand der Betrachtung ist eine lange Leitung mit Induktivität, Widerstand und Kapazität, die durch unendlich fein verteilte Zuführung von Blindleistung so erregt wird, daß der Absolutbetrag der Spannung längs der Leitung konstant bleibt. Damit die Untersuchung für Leitungen beliebiger Phasenzahl gültig bleibt, soll unter „Spannung“ die Phasenspannung (bei Einphasenstrom die halbe Betriebsspannung), unter „Strom“ derjenige eines Leiters, unter den Leitungskonstanten die bekannten Betriebsgrößen, unter „Leistung“ und „Blindleistung“ diejenige einer Phase (bei Einphasenstrom die halbe Leistung usw.) verstanden sein. Blindleistung wird positiv bei Nacheilung des Stroms gerechnet, wobei für längs der Leitung fließende Blindleistung die Richtung des Energieflusses, für quer abgenommene oder zugeführte die Richtung der Zufuhr als positive gilt. Als Einheiten werden zweckmäßig kV, kA, MVA und MW angesehen.

Eine in der geschilderten Weise betriebene Leitung besitzt wie eine Gleichstromleitung nur einen Freiheitsgrad, da durch einen Parameter, z. B. die Wirkbelastung am Ende der Leitung zusammen mit der Konstant-Spannungsbedingung das Verhalten der Leitung eindeutig festliegt. Die Blindbelastung der Leitung ist also durch die Wirkbelastung mitbestimmt.

Die von der Belastung abhängigen und zu berechnenden Größen sind die Verteilung der Wirkleistung N (Verluste), der Blindleistung B, Erregerblindleistung S und Phasenverschiebung der Spannung längs der Leitung. Was unter diesen Größen zu verstehen ist, zeigt Abb. 20. Die Leitung ist hiernach zunächst in kurze Abschnitte der Länge Δx unterteilt gedacht, wobei sie am Anfang und Ende je mit einem halben Abschnitt beginnt bzw. abschließt. An jeder Abschnitts-

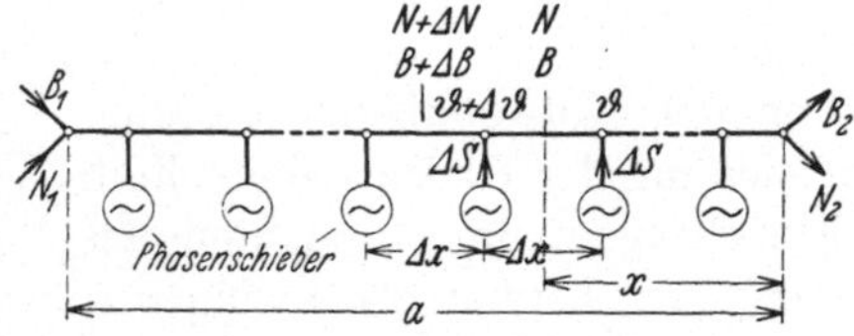

Abb. 20. Schema der auf konstante Spannung erregten Leitung.

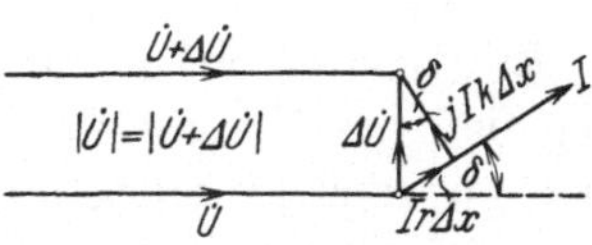

Abb. 21. Vektordiagramm der Spannungen für einen Abschnitt der Leitung nach Abb. 20.

grenze wird eine Blindleistung ΔS zugeführt. Ihr Betrag wird durch die Abschnittslänge Δx dividiert. Das Ergebnis $\frac{\Delta S}{\Delta x}$ heißt die Dichte der zuzuführenden Erregerblindleistung an der Stelle x, wobei die Entfernung x die Entfernung der Abschnittsgrenze vom Leitungsende bedeutet.

In jeder Abschnittsmitte fließt eine bestimmte Wirkleistung N und Blindleistung B. Sie heißen „Wirk- und Blindleistung an der Stelle x", wobei x die Entfernung der Abschnittsmitte vom Ende bedeutet. Die Phasenverschiebung der Spannung wiederum wird für die Abschnittsgrenze berechnet und deren Entfernung vom Ende zugeordnet. Die Rechnung macht dann den Grenzübergang zu unendlich kurzen Abschnitten und liefert N, B, $\frac{dS}{dx}$ und ϑ abhängig von der Belastung N_2 (Index 2 = Ende, Index 1 = Anfang, ohne Index = Stelle x) und der Entfernung x. Aus den obigen Definitionen geht auch hervor, in welcher Weise die Ergebnisse der Rechnung sinngemäß der wirklichen Leitung zugeordnet werden müssen, wenn, wie praktisch stets der Fall, die unendlich fein verteilt erregte Leitung nur als Idealisierung der in Wirklichkeit in gleiche oder auch ungleiche Abschnitte geteilten Leitung betrachtet wird.

Abb. 21 zeigt das Vektordiagramm der Spannungen an einem Abschnitt, der so kurz sein soll, daß der in ihm auftretende Vektor der Spannungsänderung als klein gegen die Spannung selbst betrachtet werden kann. Hierbei ist der Leitungsabschnitt durch seine in Abb. 20 dargestellte Ersatzschaltung ersetzt. Die Leitungskonstanten sind für die Längeneinheit:

$r = g \sin\delta$	der Widerstand in Ω/km,
$k = \omega C = g\cos\delta$	die Reaktanz in Ω/km,
$g = \sqrt{r^2 + k^2}$	die Impedanz in Ω/km,
$\gamma = \omega c$	die Kapazitanz. in S/km.

Der Strom in der verlustbehafteten Drossel der Ersatzschaltung wird indentifiziert mit dem Strom in der Mitte des betrachteten Leitungsabschnitts. Das Vektordiagramm zeigt, daß der Strom der Spannung um den Verlustwinkel δ der Impedanz vorauseilen muß, damit die Konstantspannungsbedingung erfüllt wird. Unter Beachtung unserer Vorzeichenregel haben wir damit schon den Zusammenhang zwischen Wirk- und Blindleistung in

$$B = -N \operatorname{tg}\delta \tag{1}$$

gewonnen. Die Blindleistungsverteilung folgt also mittels dieser einfachen Proportion aus der Wirkleistungsverteilung. Wir brauchen uns daher um die erstere nicht mehr weiter zu kümmern.

Der Strom beträgt, ausgedrückt durch die Leistung,

$$J = \frac{N}{U\cos\delta}. \tag{2}$$

Mithin sind die Verluste von Abschnittsgrenze zu Abschnittsgrenze, oder bis auf vernachlässigbar kleine Größen auch von unserer Abschnittsmitte bis zur nächsten

$$\Delta N = J^2 r \Delta x. \tag{3}$$

Hierin setzen wir für J den Wert aus Gl. (2) ein und führen die willkürliche, aber feste Entfernung a ein. Es ist ferner zweckmäßig, eine Bezugsleistung zu benutzen. Als diese wählen wir den Ausdruck

$$N_k = \frac{(U\cos\delta)^2}{r\,a} \tag{4}$$

In Analogie zur Gleichstromleitung, bei welcher diese Definition, wenn wir $\cos\delta = 1$ setzen, die Kurzschlußleistung liefert, wollen wir die Bezugsleistung der Kürze halber ebenfalls „Kurzschlußleistung“ nennen, obwohl sie bei Wechselstrom keine unmittelbare physikalische Bedeutung besitzt. Mit ihrer Einführung ergibt sich:

$$\frac{\Delta N}{N_k} = \left(\frac{N}{N_k}\right)^2 \frac{\Delta x}{a}. \tag{5a}$$

Die Definition Gl. (4) stimmt mit derjenigen des Hauptteils überein, mit der einzigen Ausnahme, daß hier der Allgemeinheit halber die Leistung nur einer Phase betrachtet wird.

Gl. (5a) geht, wenn wir Δx unendlich klein machen, in die Differentialgleichung

$$\frac{d\left(\frac{N}{N_k}\right)}{d\left(\frac{x}{a}\right)} = \left(\frac{N}{N_k}\right)^2 \tag{5b}$$

über. Sie liefert integriert und angepaßt an die Grenzbedingung $N = N_2$ für $x = 0$:

$$\frac{x}{a} = \frac{N_k}{N_2} - \frac{N_k}{N} \tag{6a}$$

oder

$$N = \frac{N_2}{1 - \frac{x}{a}\,\frac{N_2}{N_k}}. \tag{6b}$$

Die Leistung steigt also bei gegebener Endleistung gegen den Anfang zu nach einem hyperbolischen Gesetz an[1].

Für das Differential $\Delta\vartheta$ des Winkels ϑ liefert das Vektordiagramm von Abb. 21

$$U \Delta\vartheta = J g \Delta x. \tag{7}$$

Setzt man hierin $g = \frac{r}{\sin\delta}$, den Wert von J aus Gl. (2) und führt die Kurzschlußleistung mittels Gl. (4) ein, so folgt

$$\Delta\vartheta = \frac{N}{N_k} \cot\delta \, \frac{\Delta x}{a}. \tag{8}$$

Mit dem gefundenen Wert für die Leistungsverteilung und gleichzeitigem Grenzübergang erhält man die Differentialgleichung

$$\frac{d\vartheta}{d\left(\frac{x}{a}\right)} = \cot\delta \, \frac{\frac{N_2}{N_k}}{1 - \frac{x}{a}\,\frac{N_2}{N_k}}. \tag{9}$$

Diese Gleichung liefert integriert und mit $\vartheta = 0$ für $x = 0$

$$\vartheta = \cot\delta \cdot \ln \frac{1}{1 - \frac{x}{a}\,\frac{N_2}{N_k}}. \tag{10}$$

Damit ist auch das Gesetz der Phasenverschiebung gefunden.

[1] Die Gl. (6b) ist identisch mit der Gl. (124) des Abschnittes I. Bei der Überführung der einen Form der Gleichung in die andere muß man außer der Verschiedenheit der Bezeichnungen auch noch beachten, daß die Gl. (124) des Abschnittes I den Wirkungsgrad in Abhängigkeit von der Primärleistung, die Gl. (6b) in Abhängigkeit von der Sekundärleistung darstellt.

Es besteht noch ein bemerkenswerter Zusammenhang zwischen ϑ und dem Wirkungsgrad. Für die ganze Leitung der Länge a ergibt sich aus Gl. (6b) mit $x = a$, $N = N_1$

$$\eta = \frac{N_2}{N_1} = 1 - \frac{N_2}{N_k} \tag{11}$$

andererseits ebenso aus Gl. (10)

$$\vartheta_1 = \cot\delta \cdot \ln \frac{1}{1 - \frac{N_2}{N_k}}\,. \tag{12}$$

Vergleich von Gl. (11) und (12) ergibt

$$\vartheta_1 = \cot\delta \cdot \ln \frac{1}{\eta}\,. \tag{13}$$

Für hohe Wirkungsgrade ist $\ln \frac{1}{\eta} \approx 1 - \eta$ und wir erhalten die Näherung

$$\vartheta_1 \approx \cot\delta\,(1 - \eta)\,. \tag{13a}$$

Es fehlt nur noch die Ermittlung der Verteilung der Erregerleistung. Die Änderung ΔB der Blindleistung in einem Abschnitt, dem die Erregerleistung ΔS zugeführt wird, ist

$$\Delta B = J^2 k\,\Delta x - U^2 \gamma\,\Delta x - \Delta S\,. \tag{14}$$

Andererseits fordert die Konstantspannungsbedingung die Einhaltung der Gl. (1) oder

$$\Delta B = -\Delta N \operatorname{tg}\delta\,. \tag{15}$$

der Vergleich von Gl. (14) und (15) liefert unter Berücksichtigung von Gl. (3) und $r = k \operatorname{tg}\delta$

$$\Delta S = J^2 \Delta x\, k\,(1 + \operatorname{tg}^2\delta) - U^2\gamma\,\Delta x\,. \tag{16}$$

Ersetzt man J durch den Wert der Gl. (2), so folgt

$$\Delta S = U^2 \gamma\,\Delta x \left[\frac{N^2 k}{(U\cos\delta)^4\,\gamma} - 1\right] \tag{17}$$

oder, wenn man mit

$$N'_n = \frac{(U\cos\delta)^2}{\sqrt{k/\gamma}} = \frac{(U\cos\delta)^2}{\sqrt{l/c}} = N_n \cos^2\delta \tag{18}$$

die natürliche Leistung der auf konstante Spannung erregten, verlustbehafteten Leitung einführt, die sich von dem Wert N_n für die verlustlose Leitung durch den Blindstromfaktor $\cos^2\delta$ unterscheidet und zur Grenze übergeht

$$\frac{dS}{dx} = U^2 \gamma \left[\left(\frac{N}{N'_n}\right)^2 - 1\right]. \tag{19}$$

Damit ist die räumliche Dichte der Erregerleistung abhängig von der konstanten Dichte der Ladeleistung

$$\frac{dL}{dx} = U^2 \gamma = U^2 \omega c = \text{konst} \tag{20}$$

und abhängig von der auf die natürliche Leistung N_n' bezogenen, nach Gl. (6b) ortsveränderlichen Leistung N ermittelt.

Die der ganzen Leitung der Länge a insgesamt zuzuführende Erregerleistung S erhält man aus Gl. (19) nach Ersatz von N durch die Ortsfunktion Gl. (6b) durch Integration nach x von 0 bis a. Die Integration läßt sich leicht ausführen und liefert unter Benutzung der gesamten Ladeleistung

$$L = U^2 a \gamma, \tag{21}$$

$$S = L\left[\frac{N_1 N_2}{N_n'^2} - 1\right]. \tag{22}$$

Maßgebend ist also das Verhältnis der geometrisch mittleren Leistung $\sqrt{N_1 N_2}$ zur natürlichen Leistung N_n'.

Die Ergebnisse der Theorie sind für eine 220 kV-Doppelleitung graphisch in den Abb. 14 u. 15, S. 310 dargestellt.

VII. Überspannungsstörungen der Fernübertragung.

Von A. **Matthias**, Berlin.

A. Einführung.

Wollte man die Störungsmöglichkeiten einer Fernübertragung vollständig beschreiben, so müßte man mit der Festigkeit der Anlage beginnen, und zwar in mechanischer, thermischer und elektrischer Beziehung. Gerade in mechanischer Hinsicht haben weitgespannte Übertragungsleitungen höchster Spannung schwierige Probleme gestellt, die zwar auch allgemein bei Kraftübertragungsleitungen aufgetreten sind, bei den hier verlangten Spitzenleistungen aber eine besondere Rolle spielen. Sie fallen aber aus dem Rahmen des vorliegenden Buches heraus. In thermischer Hinsicht kommt die Kurzschlußerwärmung in Betracht. Hier steigen zwar die Schwierigkeiten mit zunehmender Zusammenfassung der Kraftwerksleistung, andererseits kommen aber durch die Freileitungsübertragung über weite Entfernungen so große Induktivitäten in die Kurzschlußkreise, daß das Problem der Kurzschlußerwärmung hier nicht besonders ins Gewicht fällt.

In elektrischer Beziehung könnte man ein reichhaltiges Programm aufstellen. Insbesondere bilden Störungen des Betriebes durch instabiles Verhalten und durch unzureichende Regelung ein umfangreiches Gebiet. Dies soll aber im Hinblick auf die im Abschnitt III und V behandelten Störungserscheinungen in diesem Zusammenhang nicht weiter angeschnitten werden.

Störungsmöglichkeiten durch Kurzschlüsse und Erdschlüsse und ihre Bekämpfung sind allgemein auf Grund einer früheren Vortragsreihe an anderem Orte ausführlich dargestellt. Soweit Besonderheiten für Übertragungen auf weite Entfernungen hinzukommen, gehen sie aus dem allgemeinen Verhalten langer Leitungen hervor, so daß auch deren gesonderte Behandlung im Hinblick auf die Abschnitte II und III hier übergangen werden kann.

Als besondere Probleme für unsere langen Fernleitungen mit sehr hoher Spannung bleiben die Überspannungsvorgänge und unter ihnen besonders die Gewitterüberspannungen.

B. Natur der Gewittereinflüsse.

1. Direkte und indirekte Blitzschläge. In den letzten Jahren sind in bezug auf die Erforschung der Gewittereinflüsse auf Leitungen erhebliche Fortschritte gemacht worden. Dabei hat der Kathodenstrahloszillograph gute Dienste geleistet.

Von alters her hat man indirekte Blitzeinwirkungen und direkte Einschläge in die Leitung unterschieden. Früher hat man aber den Schutz elektrischer Anlagen gegen direkte Einschläge für mehr oder weniger hoffnungslos gehalten und sich daher hauptsächlich mit Erörterungen über indirekte Blitzeinwirkungen befaßt. In neuerer Zeit dagegen ist ernstlich die Frage aufgeworfen worden, ob überhaupt indirekte Einwirkungen so stark werden können, daß sie für die Praxis der Hochspannungsanlagen eine Bedeutung haben. Die auf praktische Erfahrungen und neuere Untersuchungen gestützte Auffassung, daß das nicht der Fall sei, gewinnt mehr und mehr Boden. Man streitet sich in Fachkreisen höchstens noch um die Spannungsgrenze, für welche diese Auffassung zweifellos richtig ist.

Daß überhaupt noch Meinungsverschiedenheiten bestehen können, ist dadurch erklärlich, daß viele Beobachtungen verschiedene Deutung zulassen. Insbesondere ist es schwer, über Beobachtungen, die in der Praxis gemacht werden, ein eindeutiges Urteil abzugeben, weil selten an der Blitzeinschlagstelle sachverständige Zeugen vorhanden sind. Daher ist man im allgemeinen auf die folgende indirekte Schlußfassung angewiesen: Wenn ein Blitzeinschlag in nächster Nähe der Leitung mit Sicherheit nachgewiesen ist, z. B. durch Inbrandsetzung von Gebäuden, so hätte eine erhebliche indirekte Einwirkung auch Leitungsstörungen hervorrufen müssen. Sind in einer genügenden Anzahl von Fällen solche nicht beobachtet worden, so können indirekte Einwirkungen wohl kaum ernstlich zu befürchten sein.

Tabelle 1 zeigt eine Zusammenstellung über nachgewiesene Blitzeinschläge in der Nähe von Leitungen, die auf Grund einer Rundfrage vor einigen Jahren aufgestellt worden ist. Man findet darin eine große Anzahl von Fällen, welche in diesem Sinne die praktische Bedeutung der indirekten Einwirkungen verneinen lassen. Die wenigen Fälle, in denen eine Leitungsstörung doch noch verzeichnet ist, beweisen noch nicht unbedingt das Auftreten gefährlicher indirekter Einwirkungen, weil in diesen Fällen auch noch die Möglichkeit besteht, daß ein zweiter Blitzstrahl die Leitung direkt getroffen hat.

In den letzten Jahren sind nun mehrfach mit Kathodenstrahloszillographen in Betrieb befindliche Hochspannungsleitungen während der Gewitterperiode fortlaufend überwacht worden. Solche Untersuchungen sind vor allem in Schweden, Amerika und in der Schweiz

Tabelle 1. Zusammenstellung von indirekten Blitzschlägen.

Nr.	Entfernung der Blitzeinschlagstelle von d. Leitung	Leitung	Störung an der Leitung	Nr.	Entfernung der Blitzeinschlagstelle von d. Leitung	Leitung	Störung an der Leitung
1	250 m	Hochspannung	zweifelhaft	9a	32 m	100 kV	nein
				10	$\sim$ 20 „	100 kV	nein
2			nein	10a	$\sim$ 10 „	5 kV	ja
3	13 „	40 kV	nein	11	Masteinschl.	100 kV	nein
3a	13 „	40 kV	nein	12	550 m	100 kV	nein
4	150 „	100 kV	nein	13	30 „	15 kV	nein
4a	$<$ 10 „	220 V	nein	14	95 „	100 kV	nein
5	200 „	60 kV	nein	15	Masteinschl.	220 V	nein
5a	50 „	Sprechstromleit.	nein	16	Kl. Blitzschl. in 2 Schritt Entfernung		nein
6	300 „	60 kV	nein				
6a	100 „	15 kV	nein	17	$\sim$ 400 m	20 kV	nein
7	400 „	60 u. 15 kV	nein	18	80 „	100 kV	nein
7a	220 „	15 kV	ja	19	65 „	100 kV	nein
8	80 ... 90 m	15 kV	ja	20	80 ... 90 m	100 kV	nein
9	11 m	100 kV	nein	21	50 m	100 kV	nein

gemacht worden. Dabei sind häufig Überspannungswanderwellen aufgenommen worden, wie z. B. die in Abb. 1 gezeigten. So wichtig solche Aufnahmen für die Feststellung auftretender Gefährdungen sind, so lassen sie leider meist einen eindeutigen Schluß auf die Art der Einwirkung noch nicht zu, denn die in der Station aufgenommenen Überspannungswellen kommen oft aus so großer Entfernung, daß vom Aufnahmeort aus der Blitzschlag nicht einmal beobachtet werden konnte. Andererseits ist die nachträgliche Aufklärung gewöhnlich recht schwierig.

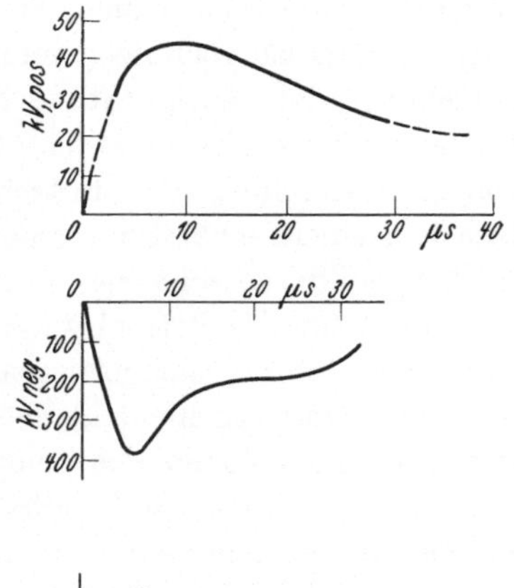

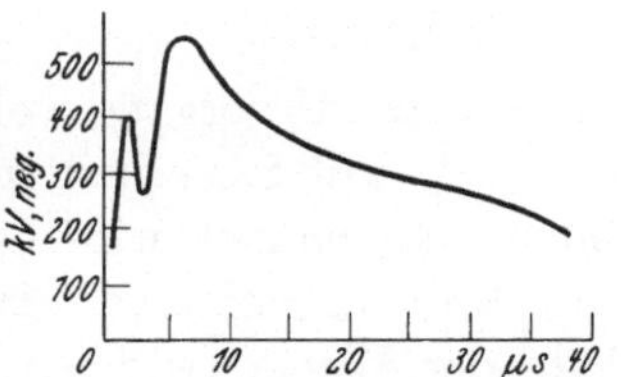

Abb. 1. Gewitterüberspannungen auf Hochspannungsleitungen nach Kathodenstrahloszillogrammen.

Wenn nun aber auch die Meinungen darüber noch geteilt sind, ob überhaupt indirekte Einwirkungen für Höchstspannungsleitungen eine Bedeutung haben, so herrscht in Fachkreisen heute darüber kaum mehr ein Zweifel, daß oberhalb einer gewissen Spannungsgrenze indirekte Einwirkungen nicht mehr zu befürchten sind. Es kann mit gutem Gewissen gesagt werden, daß die Grenze, über die man sich unbedingt einig ist, unterhalb einer Betriebsspannung von 100 kV liegt. Mit dieser Feststellung scheiden die indirekten Einwirkungen jedenfalls aus den für Höchstspannungsanlagen in Betracht kommenden Problemen aus, es braucht daher hier nicht weiter darauf eingegangen zu werden.

2. Notwendigkeit des Blitzschutzes. Diese Feststellung gewinnt für die Bekämpfung der Gewittereinflüsse eine besondere Bedeutung. Es gab eine Zeit, in der man glaubte, gegen direkte Einschläge in die Leitung könne man sich nicht schützen. Man hat demgemäß früher die Schutzmaßnahmen ganz auf indirekte Einwirkungen eingestellt. Dieser Standpunkt ist neuerdings gänzlich verlassen worden, nicht nur für die Leitungen höchster Spannungen. Die Erkenntnis, daß die bisher in der Praxis aufgetretenen Gewitterstörungen, wenn nicht sämtlich, so doch zu einem großen Teil durch direkte Einschläge hervorgerufen sein mußten, und die gesteigerten Anforderungen an die Betriebssicherheit der Anlagen haben zu einer gründlichen Umstellung in dieser Richtung geführt. Man verlangt heute Gewittersicherheit in möglichst weitgehender Hinsicht und hat auch Fortschritte gemacht, die diese Forderung erfüllen.

3. Einige Daten über Blitzschläge. Über den Charakter und die Größenverhältnisse der Blitzschläge sind zwar Beobachtungen aus früheren Zeiten durch neuere Forschungsergebnisse wesentlich ergänzt worden. Man ist aber noch immer erst im Anfang der systematischen Forschung; der heutige Stand derselben läßt leider noch viele für die Praxis wichtige Fragen offen. Soviel steht aber fest, daß die früher übliche Darstellung des Blitzes als ein einfacher Entladungsvorgang zwischen einem einheitlich gegenüber der Erde aufgeladenen leitenden Wolkengebilde so sehr vereinfacht ist, daß sie nicht als ausreichende Grundlage für die Betrachtung dienen kann. Immerhin hat F. Emde schon vor Jahren nachgewiesen, daß selbst bei dieser Auffassung der Entladungsvorgang nicht etwa sehr hochfrequenter Natur sein könne; aus den Dimensionen des Gebildes hat er eine relativ geringe Eigenfrequenz errechnet, und selbst bei der Annahme mäßiger Ersatzwiderstände eine aperiodische Dämpfung. Die neueren Beobachtungen haben das Fehlen hochfrequenter Erscheinungen starker Amplitude im Urvorgang vollauf bestätigt.

Noch nicht mit Sicherheit geklärt ist aber der Zündungsvorgang des Blitzes. Gewöhnlich wird heute in Anlehnung an die Arbeiten von M. Toepler angenommen, daß die Blitzentladung ihren Ausgang innerhalb der Wolke zwischen zwei Ladungsgebieten von getrenntem Vorzeichen nimmt und von da aus zur Erde vorwächst. Diese Auffassung wird aber in Fachkreisen nicht allgemein geteilt. Ein Entladungsbeginn am Wolkenrande und ein Vorwachsen von dort zur Erdoberfläche wird auch in Betracht gezogen. Blitzphotographien auf bewegter Kamera haben gezeigt, daß in der Regel Blitzkanäle von der Wolke aus zur Erdoberfläche vordringen. Ihre Vorwachsgeschwindigkeit schätzt M. Toepler auf 10^7 cm/s. Aber auch das Vorwachsen von Entladungsbahnen von der Erdseite her wird in Betracht gezogen. Zumindest muß damit gerechnet werden, daß im letzten Augenblick vor der Zündung solche Entladungskanäle dem Blitz entgegenwachsen. Die Erfahrungstatsache, daß einpolige Blitzstörungen in Leitungsanlagen bei weitem überwiegen, könnte hierfür sprechen.

Die bereits erwähnten Aufnahmen auf bewegter Platte haben ergeben, daß ein Blitzstrahl oft aus einer Reihe von Einzelstrahlen besteht, die in unregelmäßigen kurzen Abständen folgen. Auch durch Messungen des luftelektrischen Feldes ist die Existenz solcher Teilentladungen erwiesen, ihre Dauer liegt etwa zwischen 0,5 bis 20 Tausendstel Sekunden, ihr zeitlicher Abstand beträgt etwa bis zu ½ sec. Die totale Dauer des gesamten Blitzes ist bis zu 1 sec gemessen worden.

Am wichtigsten für die Praxis ist die Stromstärke des Blitzes. Sichere Messungen geben bis zu etwa 50000 A an, einzelne neuere Meßergebnisse weisen auf 100000 A und mehr, sie werden aber wegen Fehlermöglichkeiten z. T. angezweifelt. Andererseits sind auch Werte von wenigen 1000 A gemessen worden. Wichtiger als der Absolutwert der höchsten vorkommenden Blitzschläge ist für die Einstellung zur Schutzfrage, wie noch gezeigt wird, die relative Häufigkeit der verschiedenen Werte in diesem Bereich. Für die Elektrizitätsmenge, welche ein kräftiger Blitzschlag mit sich führen kann, werden Werte von 10 bis 100 Coulomb angegeben.

C. Wirkung auf die Leitungsanlage.

1. Gemessene Spannungswerte. Aus den bereits erwähnten oszillographischen Aufnahmen können folgende Zahlenangaben entnommen werden: Die erreichten Spannungsamplituden zeigen einige hunderte von kV bis hinauf zu mehr als 1000 kV. Damit ist aber noch nicht die größtmögliche Spannungshöhe gegeben, denn offenbar ist der höchste auftretende Meßwert durch die Überschlagsspannung der Leitungsisolatoren begrenzt. Die Steilheit solcher Wellen ist wechselnd. Werte von etwa 100 kV/μs sind öfters festgestellt worden. Ein besonders steiles derartiges Oszillogramm zeigt etwa 300 kV/μs. Dieser Wert reicht noch nicht an die größte Steilheit, die sich bei Laboratoriumsentladungen aus Stoßanlagen erreichen läßt. Stoßanlagen für 1000 kV erreichen die dreifache Steilheit, solche für geringere Spannungen noch wesentlich mehr.

Die Dauer des Anstiegs bis zum größten Ausschlag ist verschieden, sie beträgt oft nur wenige μsec, kann aber auch auf 10 bis

20 μsec und mehr ansteigen. Die Rückenlänge der Wanderwelle liegt gewöhnlich zwischen 10 und 100 μsec, manchmal höher.

Wie auch der vorgenannte Zündungsvorgang sich vollziehen mag, so ist es doch klar und durch diese Aufnahmen auch erwiesen, daß der Blitzeinschlag in die Leitungsanlage recht steile Wanderwellen auf der Leitung erzeugt, wenn es auch noch fraglich ist, ob an der Einschlagstelle die Steilheit der Laboratoriumsanlagen für künstliche Blitze erreicht oder überschritten wird.

2. Berechnete Stromwerte. Bei dieser Steilheit des Anstiegs muß für die Berechnung einer Beziehung zwischen Strom und Spannung mit dem Wellenwiderstand der getroffenen Leitung gerechnet werden. Da die Leitung sich in der Regel nach beiden Seiten erstreckt, geht der halbe Wellenwiderstand in die Rechnung ein. Man geht wohl nicht fehl in der Annahme, daß der sich so ergebende Betrag von etwa 250 Ohm noch keine so große Rückwirkung auf die Höhe der Stromstärke ausübt, daß man nicht ungefähr so rechnen könnte, als ob die Stromstärke den durch den Vorgang gegebenen Wert behält. Dann ergibt sich zwischen dem getroffenen Leitungsseil und Erde ein Spannungsabfall vom Betrage

$$U = J_b \frac{Z}{2}, \tag{1}$$

wenn J_b der Blitzstrom ist und Z der Wellenwiderstand der Leitung. Daraus ergibt sich derjenige Blitzstrom, bei welchem die Stoßüberschlagsspannung des Isolators erreicht werden kann, und die Elektrizitätsmenge, welche bis zu diesem Überschlag in die Leitungsanlage fließen kann, wenn man den Anstieg zur Vereinfachung geradlinig annimmt.

Für eine 100 kV-Leitung mit einer Stoßüberschlagsspannung von 750 kV genügt hiernach ein Blitzstrom

$$J_b = \frac{2}{Z} \cdot 750 = 3\,\text{kA},$$

um sie zum Überschlag zu bringen. Die Zeit bis zum Überschlag und die zugehörige Elektrizitätsmenge ergibt sich für die verschiedenen Wellensteilheiten aus Tabelle 2, bei deren Aufstellung aber nicht berücksichtigt ist, daß die Überschlagsspannung für die flacheren Anstiege geringer ist. Für eine 200 kV-Leitung erhält man die in Tabelle 3 verzeichneten Werte. Der Überschlag tritt hier bei 6 kA ein.

Die Elektrizitätsmengen, welche sich hieraus ergeben, erreichen noch bei weitem nicht die Größenordnungen, welche für kräftige Blitze angegeben werden, auch die Stromstärke von 6 kA liegt weit unter den bekanntgewordenen Höchstwerten.

Wird diese Stromgrenze überschritten, so ist also selbst an einer 200 kV-Leitung der Überschlag der nächstgelegenen Isolatorenkette

Tabelle 2. Blitzschlag in 100 kV-Leitung.

Stoßüberschlagspannung . . . . 750 kV

wird erreicht bei Blitzstrom . . $J_b = \frac{2}{Z} 750 = 3$ kA

Anstieg (gradlinig)	300	150	100	50	$\frac{\text{kV}}{\mu\text{s}}$
Zeit bis zum Überschlag . . . $t =$	2,5	5	7,5	15	μs
El. Menge bis zum Überschl. $\frac{J_b t}{2} =$	$3{,}75 \cdot 10^{-3}$	$7{,}5 \cdot 10^{-3}$	$1{,}1 \cdot 10^{-2}$	$2{,}2 \cdot 10^{-2}$	C

Tabelle 3. Blitzschlag in 200 kV-Leitung.

Stoßüberschlagspannung . . . . 1500 kV

wird erreicht bei Blitzstrom . $J_b = \frac{2}{Z} 1500 = 6$ kA

Anstieg (gradlinig)	300	150	100	50	$\frac{\text{kV}}{\mu\text{s}}$
Zeit bis zum Überschlag . . . $t =$	5	10	15	30	μs
El. Menge bis zum Überschl. $\frac{J_b t}{2} =$	$1{,}5 \cdot 10^{-2}$	$3 \cdot 10^{-2}$	$4{,}5 \cdot 10^{-2}$	$9 \cdot 10^{-2}$	C

unvermeidlich. Bleibt dagegen die Blitzstromstärke unter dieser Grenze, so braucht nicht mit einem Überschlag gerechnet zu werden. Die Welle erreicht dann einen Höchstwert und baut sich mehr oder weniger schnell wieder ab, entsprechend der Dauer des Blitzes und der in ihm nachströmenden Ladung.

3. Verteilung der Blitzstromstärken. Für die Beurteilung der notwendigen Schutzmaßnahmen wäre es nun von Interesse, die relative Häufigkeit von Blitzen verschiedener Stromstärken zu kennen. Darüber besteht aber leider noch kein genügend umfangreiches Material. Es ist denkbar, daß ein beachtenswerter Teil der Blitzstrahlen, welche Leitungen treffen, unterhalb der errechneten Grenze liegt; besonders, wenn man bedenkt, daß ein einzelner Blitz aus einer ganzen Anzahl von Teilentladungen besteht, die nicht alle die volle Stromstärke haben und die auch räumlich streuen können.

Tatsächlich zeigt auch die oszillographische Kontrolle der Leitungen, daß von den Einwirkungen, die man nach heutiger Auffassung als direkte Einschläge betrachten muß, nicht alle zum Leitungsüberschlag führen. Man erkennt aber auch andererseits aus diesen Betrachtungen, daß es unmöglich sein wird, jeglichen Leitungsüberschlag zu vermeiden, denn die errechneten Stromstärken und Elektrizitätsmengen reichen bei weitem noch nicht an die für kräftige Blitze bekannten Werte heran.

Immerhin kann man sagen, daß sich durch die Erhöhung der Leitungsisolation die Anzahl der Erdschlüsse auf der Strecke herabsetzen läßt.

4. Einfluß des Mastwiderstandes. Ehe aus dieser Tatsache Schlußfolgerungen gezogen werden, soll betrachtet werden, welche weiteren Vorgänge sich nach dem Isolatorenüberschlag abspielen. Ein großer Teil des Blitzstromes fließt nun an der Einschlagstelle zur Erde, aber nicht widerstandslos. Mastübergangswiderstände von der Größenordnung von 10 Ohm und darüber sind leider keine Seltenheit. Der Zusammenbruch der Spannung zwischen Leitung und Erde kann nur auf den Wert des Spannungsabfalls sinken, den der Blitzstrom in diesem Widerstand findet. In der Tabelle 4 sind, um einen Überblick zu geben, aus einigen willkürlich angenommenen Mastwiderständen und Blitzströmen die Spannungsabfälle errechnet. Die Werte werden in Wirklichkeit etwas kleiner, weil auch noch die Stromabfuhr über das Leitungsseil weiter besteht.

Bei schwächer isolierten Leitungen kann der Fall eintreten, daß die hier errechnete Spannung noch oberhalb der Stoßüberschlagsspannung liegt, daß also nach dem Überschlag die Spannung nicht einmal auf den Wert der Stoßüberschlagsspannung begrenzt wird.

Ja, es kann sogar folgender Fall eintreten: Der Blitz trifft garnicht das Leitungsseil, sondern den Leitungsmast. Trotzdem dieser geerdet ist, entsteht am Fußpunkt des Isolators eine so hohe Spannung gegen die Leitung selbst, daß der Blitzschlag vom Mast auf das Leiterseil überspringt und nun Wanderwellen auf der Leitung entstehen, trotzdem der Blitz zunächst gar nicht die Leitung, sondern den Mast getroffen hatte. Es ist gelungen, durch Versuche mit einer großen Stoßanlage für 1000000 V diesen Vorgang nachzuahmen. Wie die letzte Zahlenreihe in Tabelle 4 zeigt, sind solche Fälle auch bei Höchstspannungsleitungen denkbar, wenn auch seltener.

Tabelle 4.
Spannung an der Masterde.

J_b	R	U
5 kA	20 Ω	100 kV
10 „	20 „	200 „
20 „	20 „	400 „
50 „	20 „	1000 „
50 „	50 „	2500 „
100 „	10 „	1000 „

5. Wanderwellen auf der Leitung. Kehren wir zum unmittelbaren Einschlag in die Leitung zurück und betrachten die Wanderwelle, welche beiderseits in die Leitung hineinläuft und nun auch in die Station eindringen kann. Bezüglich ihrer Form und Höhe können wir, wie Abb. 2 darstellt, drei Fälle unterscheiden:

a) An der Einschlagstelle ist es nicht zum Isolatorüberschlag gekommen. Dann wird bei gleicher Isolation aller Maste auch an den

Nachbarmasten kein Überschlag stattfinden; die Welle behält ihre Höhe und Länge bei, soweit sie nicht in ihrem weiteren Verlauf durch Dämpfung abgeschliffen und herabgemindert wird.

b) Es hat ein Isolatorüberschlag stattgefunden, er hat aber wegen des hohen Mastwiderstandes die Spannung kaum begrenzen können. Dann wird es auch an Nachbarmasten zum Überschlag kommen. Wie viele Maste noch weiter betroffen werden, hängt davon ab, wie schnell durch die Stromabfuhr die Spannung weiter gesenkt wird. Bei ungeerdeten Holzmasten in Mittelspannungsnetzen werden erfahrungsgemäß bei heftigen Blitzeinschlägen lange Mastreihen zersplittert.

c) An der Einschlagstelle hat ein Isolatorüberschlag an einem gut geerdeten Eisenmast stattgefunden. Die Spannungsspitze ist dann nur von kurzer Dauer. Der Rücken sinkt schnell auf einen ungefährlichen Betrag herab; ein weiter ansteigender Blitzstrom kann ihn allerdings wieder heben.

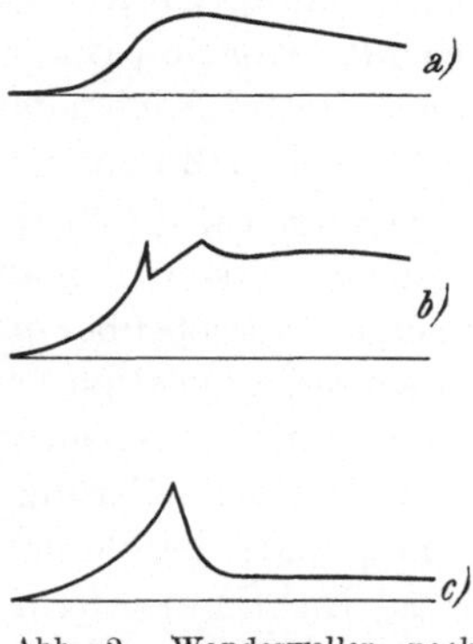

Abb. 2. Wanderwellen nach Blitzeinschlag in Freileitung.

6. Gewitterbeanspruchung der Station. Vernachlässigt man zunächst die Dämpfung auf der Leitungsstrecke, so ergibt sich, daß die Höhe der Stationsbeanspruchung von der Überschlagsspannung auf der Strecke abhängt. Der Überschlag auf der Strecke wirkt gewissermaßen als Sicherheitsmaßnahme für die Station. Je besser man die Leitung isoliert, um so seltener wird zwar nach dem Vorhergehenden bei Leitungen höchster Spannung der Überschlag auf der Strecke sein, um so höher wird aber auch die Welle werden können, welche in die Station hineinläuft. Dadurch werden diejenigen hohen Spannungswellen besonders gefährlich werden können, welche auf der Strecke nicht zum Überschlag geführt haben, wegen ihres langen, erst allmählich abfallenden Rückens.

D. Bekämpfung der Gewitterüberspannungen.

Es stehen grundsätzlich zwei Wege zur Bekämpfung der Gewitterüberspannungen offen:

1. Hohe Leitungsisolation. Wählt man die Leitungsisolation so hoch wie möglich, so bringt ein mehr oder weniger großer Teil der Blitze, nämlich diejenigen, welche nur wenige 1000 A führen, die Isolatoren nicht zum Überschlag. Die nach Dämpfung auf der Strecke in die Station einlaufende Wanderwelle ist verhältnismäßig hoch und ist in ihrer Länge nicht beschränkt. Man braucht dort Schutzapparate, die ansprechen, ehe die Isolatoren und Apparate überschlagen. Sie müssen auch imstande sein, Wanderwellen großer Länge und damit großen Energieinhalts abzuleiten. Bei höheren Blitzstromstärken ist der Überschlag auf der Strecke auch bei diesem Vorgehen unvermeidlich.

2. Mäßige Leitungsisolation. Da man den Überschlag auf der Strecke doch nicht in allen Fällen vermeiden kann, so läßt man ihn bewußt zu, sucht ihn aber möglichst ungefährlich zu machen. Das geschieht bezüglich der Lichtbogenwirkung an den Isolatoren durch Anbringung von Schutzarmaturen, bezüglich der Gefahren der Erdschlüsse durch möglichst gute Erdschlußkompensation. Bedingung ist hierbei, daß man für sehr gute Masterdungen sorgt.

Gelingt es, durch diese Maßnahmen die Überschläge unbedenklich zuzulassen, so wird man die Leitung nur so hoch isolieren, daß sie bei inneren Betriebsüberspannungen nicht überschlägt, denn jede überflüssig hohe Isolation vergrößert auch die Höhe und Länge der Gewitter-Überspannungswellen, welche noch in die Station hineinlaufen können.

3. Stationsisolierung. Man wird für sie in allen Fällen folgende Gesichtspunkte beachten müssen:

a) Die Überschlagsspannung der Stationsisolatoren muß höher liegen als die der Freileitung.

b) Auf gleiche Spannung bezogen, soll die Überschlagsverzögerung der Stationsisolatoren größer sein als die der Leitungsisolatoren.

c) Spannungserhöhungen durch Reflexion innerhalb der Station sollen so weit wie möglich vermieden werden. Soweit das nicht durchführbar ist, muß auch diesen Spannungserhöhungen bei der Abstufung der Stationsisolation gegenüber der Freileitung Rechnung getragen werden.

Wie weit sich die Bedingung a) erfüllen läßt, ist eine mehr wirtschaftliche als technische Frage. Die Erfüllung der Bedingung b) erfordert eingehende experimentelle Untersuchungen an den bisher üblichen Isolatorkonstruktionen und gegebenenfalls grundsätzliche Verbesserungen an diesen. Es ist aber zu erwarten, daß man auf diesem Wege ans Ziel kommt. Die Forderung c) hängt mit der Netzkonfiguration zusammen. Ausläuferstationen sind als Reflexionspunkte in höherem Maße Spannungserhöhungen ausgesetzt als Stationen in vermaschten Netzen.

4. Einfluß der Spannungshöhe. Die Frage, welcher der beiden im vorstehenden gekennzeichneten Wege für die Leitungsisolation der richtige ist, wird in Fachkreisen noch nicht einheitlich beantwortet. Für Betriebsspannungen bis 100 kV ist zu hoffen, daß sich der zweite Weg durchsetzen wird. Ob das auch für höhere Spannungen der Fall sein wird, ist noch nicht ganz sicher. Für den ersten Weg kann in diesem Falle geltend gemacht werden, daß mit steigender Betriebsspannung und damit Stoßüberschlagsspannung die Grenze des Blitzstromes, der zum Überschlag führt, höher hinaufrückt, und daß darum die Überschläge seltener werden. Bei den größeren Schwierigkeiten der Erdschlußlöschung in Anlagen höchster Spannung könnte dieser Gesichtspunkt vielleicht die Entwicklung beeinflussen. Im Zusammenhang damit steht die Frage, ob man für die allerhöchsten Spannungen auch in Deutschland aus anderen Gründen den Übergang zur festen Sternpunktserdung in Aussicht nehmen wird.

E. Verlauf der Wanderwellen.

1. Dämpfung auf der Leitung. Soweit es sich um Überspannungen großer Höhe handelt, ist die Leitung ein vorzüglicher Blitzschutzapparat. Ihre Koronadämpfung wächst oberhalb der Glimmgrenze außerordentlich schnell an, auch ohne daß man besondere Kunstgriffe, wie den vor langer Zeit von Nagel vorgeschlagenen Stacheldraht, anwendet.

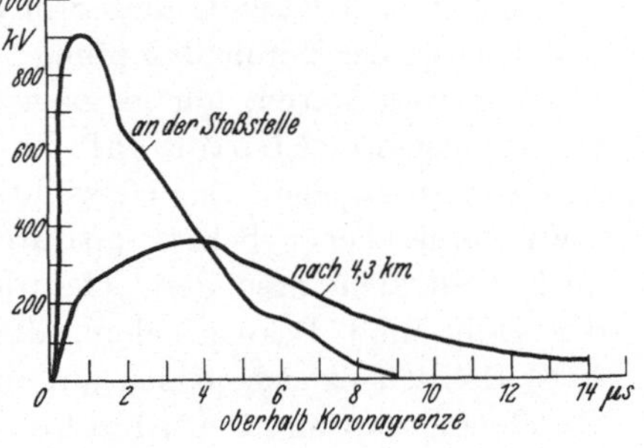

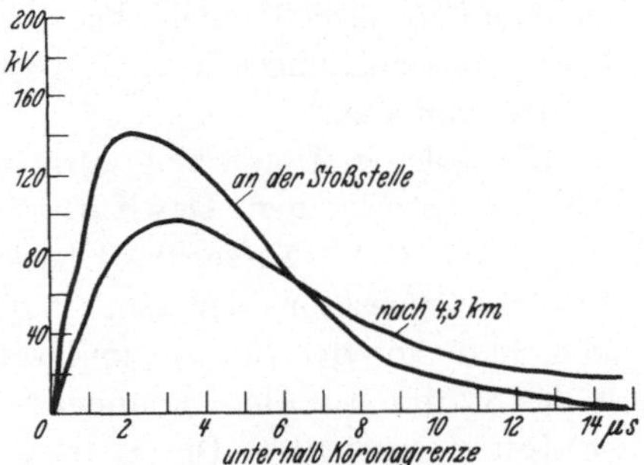

Abb. 3. Dämpfung der Wanderwellen auf Leitungen.

Amerikanische und deutsche Untersuchungen mit Wanderwellen auf praktischen Leitungen haben ergeben, daß die Wellen nach wenigen km Lauflänge bereits ganz erheblich erniedrigt und abgeflacht werden. Abb. 3 zeigt die Ergebnisse diesbezüglicher amerikanischer Messungen. In Übereinstimmung damit stehen Ergebnisse, welche in Deutschland beim künstlichen Anstoßen einer Fernleitung mit einem großen Stoßgenerator erhalten wurden.

Die Amerikaner haben aus ihren Ergebnissen die Formel

$$U = \frac{U_0}{k\,x\,U_0 + 1} \qquad (2)$$

abgeleitet. Darin bedeuten:

U_0 die Spannung am Anfang in kV,
U die Spannung nach x km Laufweg,
k einen Zahlenfaktor.

Aus den deutschen Messungen ergeben sich für k die Werte

$k = 0{,}0006$ bei nebligem Wetter, $k = 0{,}0004$ bei klarem Wetter.

Die amerikanischen Unterlagen ergeben für k etwas weitere Grenzen.

Außer der Herabsetzung der Höhe der Spannung ist auch die Verringerung der Steilheit für die Beurteilung der Schutzfrage wichtig. Sie macht sich naturgemäß besonders oberhalb der Koronagrenze geltend, wie sich in dem oberen Oszillogramm der Abb. 3 deutlich erkennen läßt. Die anfangs sehr steile Stirn der Stoßanlage ist oberhalb der Koronagrenze schon nach 4,3 km auf etwa 50 kV/μs herabgesunken.

2. Eindringen in Stationen. Wie sich Stationen gegenüber derartigen in sie hineinlaufenden Wellen verhalten, ist ebenfalls durch Versuche an praktischen Anlagen mittels künstlicher Blitzeinschläge aus Stoßgeneratoren untersucht worden. Derartige Versuche sind in Deutschland im Frühjahr 1930 in Gemeinschaftsarbeit der Überlandzentrale Pommern mit der Studiengesellschaft für Höchstspannungsanlagen in einem 40 kV-Netz während des Betriebes durchgeführt worden.

Es hat sich gezeigt, daß Stoßwellen, welche über meherere km Lauflänge der Koronadämpfung ausgesetzt wurden, schon nicht mehr steil genug waren, um im Zuge der Sammelschienenanlage der Station nennenswerte Unterschiede der örtlich auftretenden Spannungen zu ergeben. Das ist wichtig für die Wahl der Anschlußpunkte etwa vorgesehener Schutzapparate. Durchgangsstationen sind darum auch nicht mehr besonders gefährdet, vorausgesetzt, daß ihre Isolation der Höhe und Beanspruchungsdauer der einlaufenden Welle standhält. Handelt es sich jedoch um eine Kopfstation oder sind in einer Durchgangsstation alle abgehenden Leitungen abgeschaltet, so kann natürlich auch bei verhältnismäßig flachen Wellen eine Spannungserhöhung bis zum doppelten Wert der einlaufenden Welle eintreten.

Ein solcher Überschlag .aus den vorerwähnten Versuchen ist in Abb. 4a zu erkennen. Das Kathodenoszillogramm ist in einer Freiluftstation des 40 kV-Netzes der Überlandzentrale Pommern aufgenommen. Der Stoßgenerator, der eine Kapazität von 0,053 μF hatte, befand sich 8 km vor der Station und war auf 380 kV Stoßspannung erregt: in der Station war die ankommende Leitung auf die offenen Sammelschienen geschaltet. Die Spannung, die nach der Dämpfung auf der Leitung und anschließender Spannungserhöhung durch Reflexion an der Sammelschienenanlage auftrat, genügte, um dort eine durch behelfsmäßige Umschaltung entstandene schwache Stelle zu überschlagen. Das Oszillogramm zeigt, daß dabei eine verhältnismäßig schwach gedämpfte Entladeschwingung auftrat. Bei Wiederholung des Versuches während des Betriebes mit 40 kV erhielt man in Abb. 4b nahezu dasselbe Oszillogramm.

Abb. 5 zeigt zwei andere Aufnahmen von Überschlägen an einer Einführung der 10 kV-Seite derselben Station. Der Stoß war über die

40 kV-Leitung durch eine Überbrückung auf die 10 kV-Seite geleitet. Aus dem Vergleich der beiden Oszillogramme erkennt man den starken Einfluß der Spannungshöhe auf die Überschlagsverzögerung.

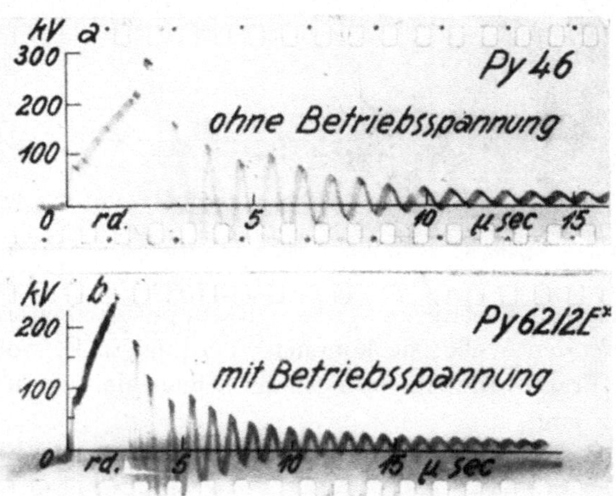

Abb. 4. Überschlag an offenen Sammelschienen in 40 kV-Station.

Am anderen Ende der Leitung sind die Stöße auf eine 20 km entfernte 40 kV-Station gegeben worden, vor welche im Leitungszuge Einführungskabel von ca. 200 m Länge geschaltet waren. Abb. 6 zeigt,

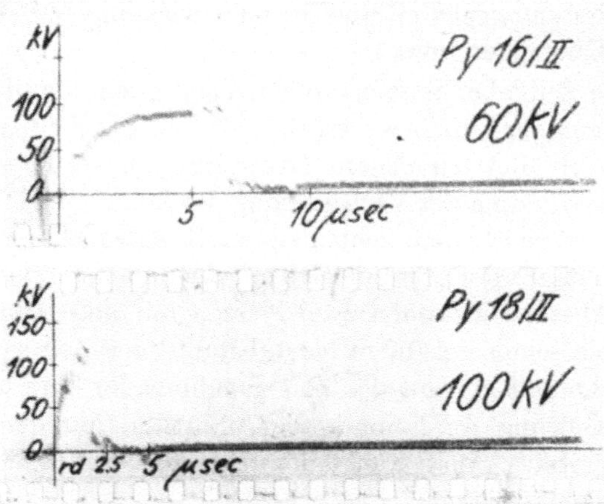

Abb. 5. Überschlag an offener Leitungseinführung in 10 kV-Station. Einfluß der Blitzwellenhöhe.

welche Wanderwelle in dieser Station ankam, wenn wiederum die Leitung mit 380 kV angestoßen wurde und die Sammelschienen der Station offen waren. Trotz Reflexion ist die Welle nur noch auf etwa 120 kV hinaufgekommen, ihre Front ist bedeutend verflacht. In ihr erkennt man deutlich das stufenweise Hochklettern der Spannung. Solche

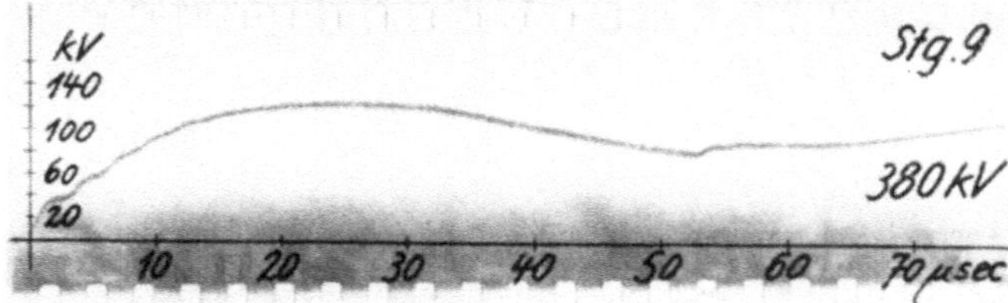

Abb. 6. Spannung an offener 40 kV-Station mit 200 m Vorschaltkabel.

vorgeschalteten Kabelstücke eignen sich sehr gut zur weiteren Abflachung der einlaufenden Welle, sie kommen allerdings z. Z. wohl kaum über 100 kV in Frage. Die Spannungshöhe setzen sie nur herab, wenn sie lang genug sind.

F. Überspannungsschutz.

1. Erdseil und Masterdung. Dem Erdseil wird eine dreifache Aufgabe zugewiesen:

a) Herabsetzung des Gesamt-Erdungswiderstandes durch Parallelschaltung der einzelnen Masterder.

b) Auffangen von direkten Blitzeinschlägen.

c) Herabsetzung der durch Influenzwirkung auf den Leiterseilen möglichen Überspannungen.

Die erste Aufgabe ist von großer Wichtigkeit für die Herabsetzung der Berührungsspannung an den Masten bei Erdschlüssen längerer Dauer. Bei direkten Einschlägen in Leitung oder Mast spielt diese Wirkung der Verbesserung der Erdung bei weitem nicht die Rolle, weil bei dem schnellen Anstieg des Blitzstromes der Einfluß der Nachbarerder erst zur Geltung kommt, nachdem eine Wanderwelle den Abstand zwischen zwei Masten hin und zurück durchlaufen hat, wozu sie schon bei 150 m Mastabstand eine Zeit von 1 μs braucht. Von da ab kommt ein mit der Zeit zunehmender Einfluß benachbarter Erder zur Geltung. Er kommt aber praktisch nur dem Wellenrücken zugute; der erste Aufstieg wird kaum mehr beeinflußt und damit die Gefahr des rückwärtigen Isolatorüberschlages bei Masteinschlag kaum herabgesetzt. Es folgt daraus, daß man trotz Anwendung des Erdseils jeden Mast für sich möglichst gut erden muß, um die in Kapitel C 4 besprochene Absenkung der Blitzspannung zu erreichen.

Die Schutzwirkung durch Auffangen direkter Einschläge ist mit der Erkenntnis der Bedeutung der letzteren stark in den Vordergrund gerückt. Praktische Betriebserfahrungen haben in der Tat bestätigt, daß die Zahl der Blitzstörungen bei Leitungen mit Erdseil wesentlich geringer ist. Um diese Wirkung auszuüben, muß das Erdseil natürlich oberhalb der Leitungsseile liegen. Eine unnötig hohe Lage kann andererseits die Zahl der Blitzeinschläge erhöhen und damit bei schlechter Masterdung die Gefahr des rückwärtigen Überschlags steigern. Darum sollte man auch die allerdings selten verwendeten Auffangstangen nur dann auf die Masten selbst setzen, wenn eine besonders gute Erdung gewährleistet ist.

Eine Erhöhung der Zahl der Erdseile ist, soweit wirtschaftlich tragbar, zweifellos von Vorteil. Es kann auch eine streckenweise Vermehrung in Betracht kommen. Denn die starke Koronadämpfung auf der Strecke schützt die Stationen bereits in hohem Maße bei Blitzschlägen, welche in einigen Kilometern Entfernung von ihnen niedergehen. Demgegenüber ist ein erhöhter Schutz gegen Einschläge in der Nähe der Stationen am Platze. Es ist daher gerechtfertigt, bis zur Entfernung von einigen Kilometern von der Station die Zahl der Erdseile zu erhöhen, z. B. von 1 auf 3.

Die an dritter Stelle genannte Schutzwirkung der Erdseile im Sinne einer Verringerung influenzierter Ladungen kommt hauptsächlich indirekten Einwirkungen zugute, die nach dem eingangs Gesagten für Höchstspannungsleitungen keine Bedeutung haben.

2. Blitzschutzapparate. Unter den Blitzschutzapparaten treten diejenigen, welche zur Bekämpfung der Steilheit der Wanderwellen im Zuge der Leitung eingebaut werden, an Bedeutung zurück. Große Transformatoren werden so gebaut, daß sie in sich eine möglichst gute Sicherheit gegen Beschädigung durch eindringende Wanderwellen bieten.

Von den gegen Erde angeschlossenen Apparaten hat man früher vor allem eine möglichst hohe Energieentziehung erwartet. Heute legt man das Hauptgewicht auf eine möglichst gute Begrenzung der durchlaufenden Spannung auf einen bestimmten Höchstwert. Abb. 7 kennzeichnet durch Kurve *a* diese Idealforderung, der man sich anzupassen strebt.

Mit Apparaten, deren innerer Widerstand konstant ist, läßt sich das nicht erreichen. Kurve *b* in Abb. 7 bezieht sich auf einen Ableiter, der an eine durchlaufende Leitung angeschlossen ist und gibt an, welchen Wert der Ableiterwiderstand für verschieden hohe Überspannungen haben muß, um die durchlaufende Spannung jeweils auf den als Höchstwert zugelassenen doppelten Betriebswert abzusenken. In der Tat ist es gelungen, Ableiter mit spannungsabhängigem Widerstand zu bauen, die sich dieser Forderung stark nähern. Der von ihnen durchgelassene Strom steigt etwa mit der dritten Potenz der angelegten Spannung an. Natürlich können solche Ableiter nur unter Vorschaltung einer Funkenstrecke an die Leitung angeschlossen werden. Um dieser eine möglichst geringe Verzögerung zu geben, und die Einschaltdauer abzukürzen, bildet man sie als Löschfunkenstrecke aus. Abb. 8 zeigt den nach diesem Prinzip gebauten SAW-Ableiter der Allgemeinen Elektrizitäts-Gesellschaft in Schnitt und Ansicht. Seine Stromspannungskennlinie ist in Abb. 9 wiedergegeben.

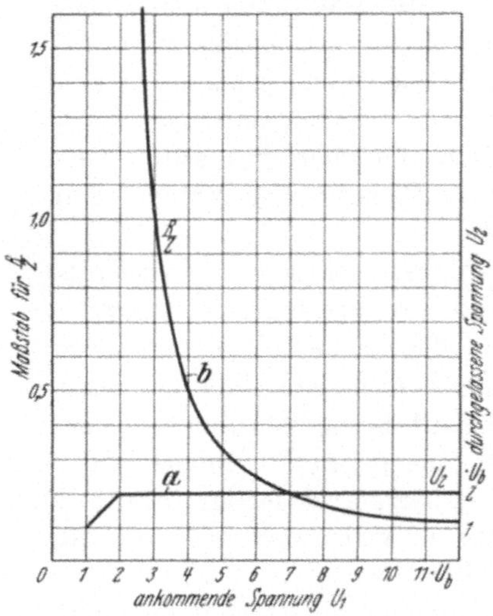

Abb. 7. Idealforderung an Ableiter für durchgehende Leitungen.

Wie sich ein solcher Ableiter bei Spannungsstößen verschiedener Höhe verhält, ist anläßlich der vorerwähnten Versuche in der 40 kV-Freiluftstation mit künstlichen Blitzstößen versucht worden. Abb. 10 zeigt wie für verschieden hohe Spannungen der Stoßanlage die nach 8 km Laufstrecke in der Station ankommende Spannung durch den Ableiter jedesmal auf nahezu dieselbe Spannung herabgedrückt wurde. Die günstige Löschwirkung ist aus Abb. 11 zu erkennen.

Ein anderer Weg der Spannungsbegrenzung bietet sich durch die Ausnutzung der Ventilwirkung von Glimmstrecken.

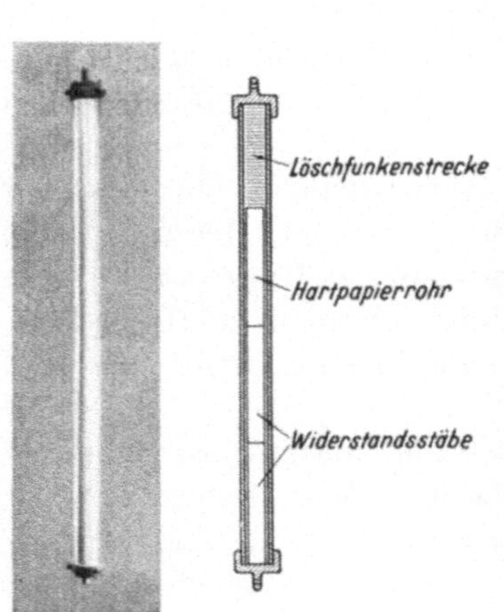

Abb. 8. AEG-Überspannungsleiter für 50 kV Betriebsspannung.

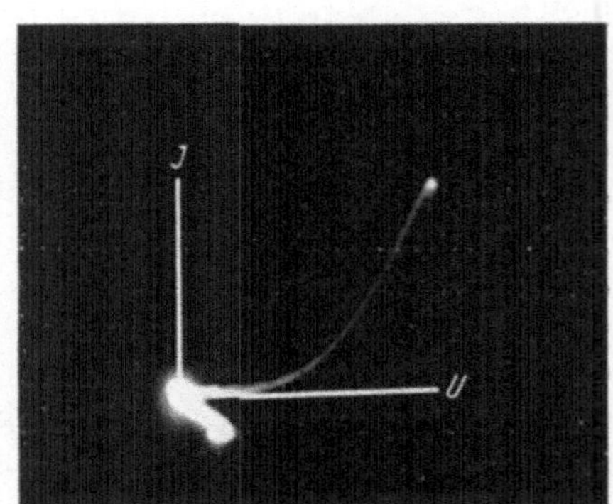

Abb. 9. Stromspannungslinie eines Ableiters mit spannungsabhängigem Widerstand.

Bekanntlich erfordert die Glimmentladung auch bei sehr kleinen Elektrodenabständen von etwa $^1/_{100}$ mm eine Mindestspannung von etwas über 300 V. Es läßt sich also eine Ventilwirkung für diese Spannung pro Glimmstrecke erreichen, vorausgesetzt allerdings, daß man das Umschlagen in einen Lichtbogen verhütet. Dieser hat ausgeprägte Fußpunkte und benötigt nur eine Brennspannung von 30 bis 50 V. Nach Slepian wird der Übergang in den Lichtbogen dadurch vermieden, daß man die Glimmentladung nicht zwischen Metallelektroden, sondern zwischen Widerstandsscheiben sich ausbilden läßt. Die erreichbare konstante Stromdichte liegt etwa bei 45 A/cm^2.

Abb. 12 erläutert den prinzipiellen Aufbau und die Wirkungsweise eines solchen **Kathodenfallableiters**, wie er von den Siemens-

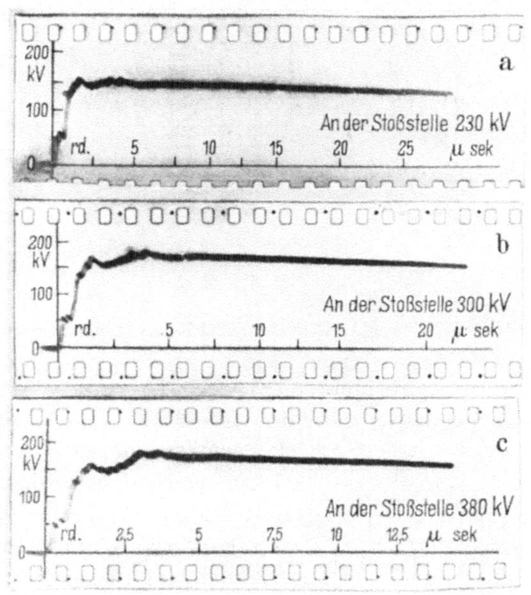

Abb. 10. Verhalten des Ocelit-Ableiters bei Spannungsstößen verschiedener Höhe.

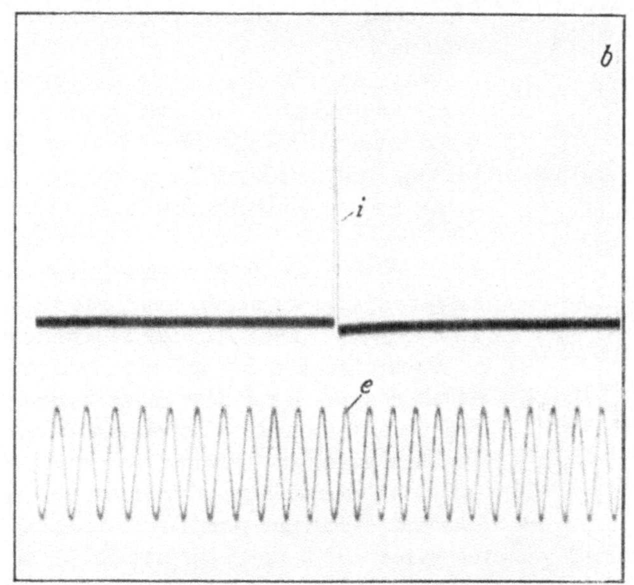

Abb 11. Stromaufnahme des 50 kV-Ocelit-Ableiters mit Löschfunkenstrecke.

Schuckert-Werken gebaut wird. Abb. 13 stellt die Schnittzeichnung seiner praktischen Ausführung für 15kV-Betriebsspannung dar. Wie man erkennt, ist auch diesem Ableiter eine Sicherheitsfunken-

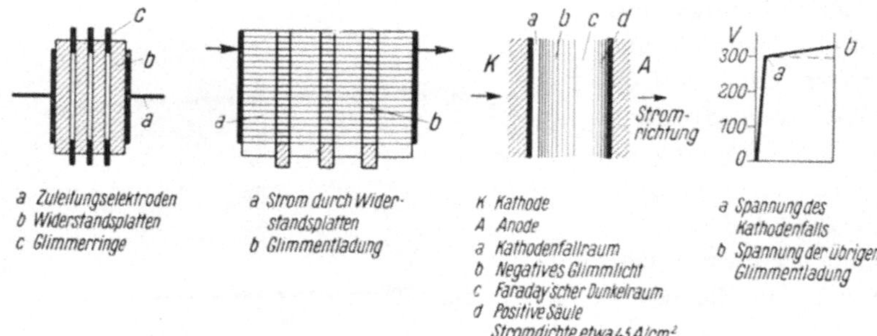

Abb. 12. Kathodenfallableiter. Stromdurchgang und Glimmentladung.

strecke vorgeschaltet. Abb. 14 zeigt einen nach dem gleichen Prinzip gebauten Ableiter für 45 kV. Die Ventilwirkung ist aus Abb. 15 zu ersehen, deren Stromspannungskennlinien mit einem Kathodenstrahloszillographen aufgenommen sind. Wegen der in den Elektroden liegenden Widerstände verläuft die Kurve nicht ganz horizontal.

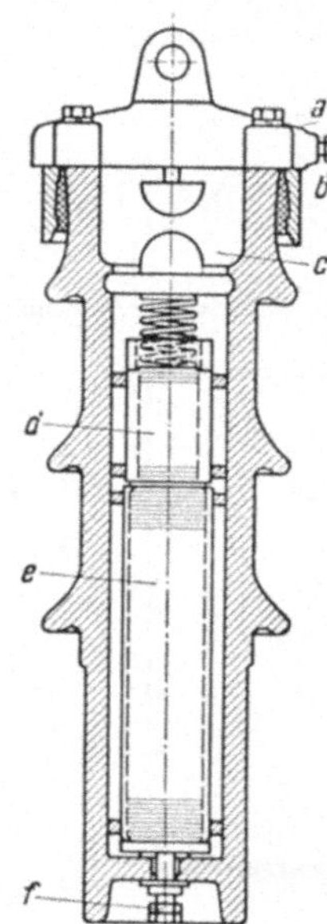

Abb. 13. 15 kV-Kathodenfallableiter. Schnitt.

a Gußkappe, *b* Leitungsanschluß, *c*, *d* Funkenstrecke, *e* Ableitersäule, *f* Erdanschluß.

Auch auf dieses Prinzip sind die vorerwähnten praktischen Netzversuche ausgedehnt worden. Abb. 16 zeigt wie ein solcher Ableiter einen Überschlag an einem Einführungsisolator verhütet hat.

Über den Einbau von Überspannungs-Schutzapparaten ist noch folgendes zu sagen: Wenn man durch die beschriebenen Maßnahmen Vorsorge trifft, daß nicht allzu steile Wellen in die Station einlaufen, ist die Einbaustelle des Ableiters verhältnismäßig gleichgültig. Man kann ihn dann auch an die Sammelschienen anschließen; anderenfalls tut man besser, jede ankommende Leitung mit einem Ableiter auszurüsten.

Große Sorgfalt ist auf die Betriebserdung des Ableiters zu legen. Der Erdwiderstand muß möglichst gering sein, denn er addiert sich mit annähernd festem Betrage zu dem jeweils wirksamen Ableiterwiderstand und kann daher die ventilartige Wirkung illusorisch machen. Weiterhin muß darauf geachtet werden, daß die Erdleitung vom Ableiter zum Erder so kurz wie möglich geführt wird, damit die auf ihr entstehenden Wanderwellenschwingungen den Vorgang der Spannungsabsenkung nicht erschweren.

Der Vollständigkeit wegen sei noch erwähnt, daß man auch vorgeschlagen hat, an Stelle des Überschlags des Streckenisolators die Spannungsbegrenzung durch Überspannungsableiter zu bewirken, welche *in die Isolatoren eingebaut* sind. Derartige Ableiter dürften aber, selbst wenn sie sich als technisch ausreichend erweisen sollten, aus wirtschaftlichen Gründen zur Zeit kaum in Frage kommen.

Da man aber auch kaum durch einen einzigen Ableiter die gesamte Stromstärke eines kräftigen Blitzes zur Erde ableiten kann, könnte man praktisch vielleicht so vorgehen, daß man für *heftige* Blitzschläge doch noch den *Außenüberschlag zuläßt*, jedoch für schwache Blitzschläge durch den eingebauten Ableiter unnötige Überschläge auf der Strecke vermeidet. Der Ableiter könnte dann für eine geringere Leistung gebaut sein, aber auch in dieser Form wird die Wirtschaftlichkeit fraglich bleiben.

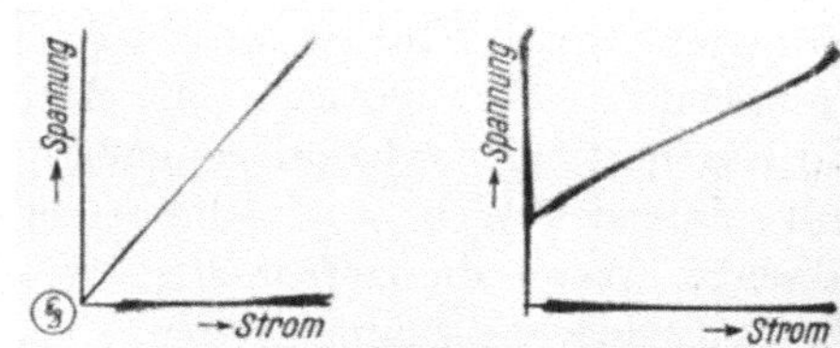

Abb. 15. Stromspannungslinien von Widerstand und Kathodenfallableiter.

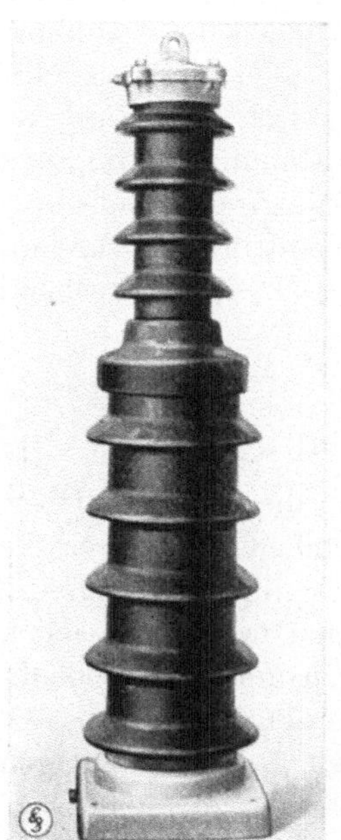

Abb. 14. 45 kV-Kathodenfallableiter von SSW.

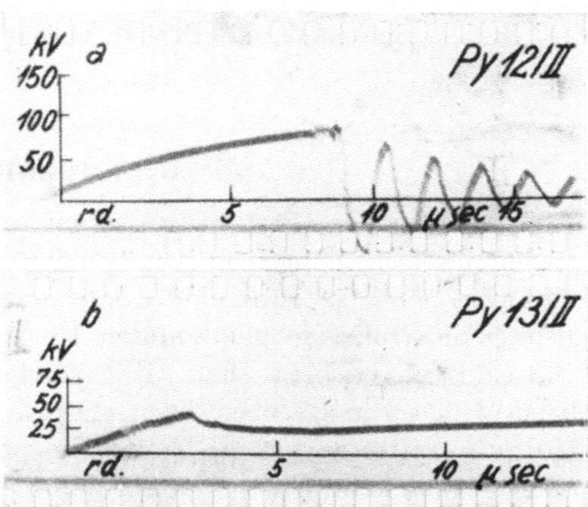

Ab. 16. Verhütung eines Überschlags durch Kathodenfallableiter.

Der im vorstehenden gekennzeichnete Stand der Entwicklung auf dem Gebiet neuerer Überspannungsschutzapparate hat gezeigt, daß im

Prinzip Mittel existieren, um den Kampf gegen die Gewitterüberspannungen auch mit Schutzapparaten erfolgreich aufzunehmen. Für die hier in Frage kommenden höchsten Spannungen sind solche Apparate zur Zeit noch nicht auf dem Markt. Man wird sich also vorläufig darauf einstellen müssen, die Anlagen so zu disponieren und auszurüsten, daß sie in sich eine möglichst große Gewitterfestigkeit haben.

3. Netzkonfiguration und Überspannungsgefahr. Es ist gezeigt worden, daß bei geeigneter Abstufung der Isolation von Freileitung und Station die Gefährdung der Station stark herabgesetzt, wenn nicht gänzlich vermieden werden kann. Unbequem ist dabei die Spannungserhöhung durch Reflexion, welche Kopfstationen und offene Leitungsenden höher beansprucht. Durchgangsstationen verhalten sich im Gegensatz hierzu besonders günstig dadurch, daß die Aufteilung der ankommenden Welle auf mehrere abgehende Leitungen die Spannung absenkt. Wenn die aufgeteilten Wellen in einer weiter abliegenden Station wieder zusammentreffen, sind sie bereits durch die Dämpfung stark herabgedrückt. Vom Standpunkt der Überspannungsbekämpfung sind daher geschlossene Netze besonders betriebssicher. Man sollte sie auch bei Gewitter nicht ängstlich auftrennen, sondern den Überspannungs-Wanderwellen Gelegenheit geben, sich weitgehend aufzuteilen.

G. Schaltüberspannungen.

Gegenüber den Gewitterüberspannungen treten die sonstigen Überspannungserscheinungen in den Hintergrund, nachdem man durch die allgemein übliche Erdschluß-Kompensation oder die Sternpunktserdung die früher so gefürchteten Überspannungen des aussetzenden Erdschlusses beseitigt hat. Rückzündungsüberspannungen bedenklicher Höhe können noch beim Abschalten leerlaufender Leitungen auftreten. Dabei treten in praktischen Drehstromanlagen relativ verwickelte Erscheinungen dadurch auf, daß die zuerst in einer Phasenleitung entstehende Rückzündung die anderen Pole mit sich reißt, und daß im Zusammenhang mit diesen wechselnden Rückzündungserscheinungen Verlagerungen des Sternpunkts der Transformatoren auftreten. Hinzu kommt, daß die Zündungsvorgänge Wanderwellen auf den Leitungen auslösen, welche von den Enden der offenen Leitung zurückgeworfen werden und den zeitlichen Verlauf der Spannung zwischen den Schalterkontakten noch unübersichtlicher machen. So verwickelt auch die resultierenden Spannungsverläufe werden, so ergeben sich doch verhältnismäßig harmlose Überspannungen, solange die beim Abschalten der Leitung an den Sammelschienen verbleibende Kapazität in der Größenordnung der abgeschalteten bleibt. Schaltet man dagegen die letzte Leitung von den Sammelschienen ab, so können die Überspannungen bedenkliche Höhe erreichen.

Da die Rückzündungsüberspannungen mit der Anzahl der aufeinander folgenden Rückzündungen anwachsen, ist es wichtig, deren Zahl durch sicheres und schnelles Öffnen gering zu halten. Die Schalterkonstruktion ist also für die Vermeidung dieser Schwierigkeiten von großem Einfluß. Ein gut gebauter Leistungsschalter läßt nur mäßige Rückzündüberspannungen entstehen. Soweit man sie noch zu fürchten hat, kann man grundsätzlich durch Vorstufenschalter Abhilfe schaffen. In der Regel macht man aber von diesem Hilfsmittel keinen Gebrauch, da man in der Lage ist, durch Betriebsdisposition der Leitungen solche bedenklichen Schaltzustände von vornherein zu vermeiden. Der Anschluß einer Erdschlußspule an den Nullpunkt hat auf diese Erscheinungen keinen wesentlichen Einfluß.

Abkürzungen.

Arch. Elektrot.	= Archiv für Elektrotechnik
Conf. grands réseaux	= Conférence Internationale des Grands Réseaux Electriques à Haute Tension
ETZ	= Elektrotechnische Zeitschrift
E. u. M.	= Elektrotechnik und Maschinenbau
Hescho Mitteilg.	= Mitteilungen der Hermsdorf-Schomburg-Isolatoren G. m. b. H.
Journ. A. I. E. E.	= Journal of the American Institute of Electrical Engineers Von Auszügen in dieser Zeitschrift bestehen oft ausführliche Aufsätze in: Trans. A. I. E. E.
R. G. E.	= Revue Générale de l'Electricité
Schweiz. Bull.	= Bulletin des Schweizerischen Elektrotechnischen Vereins
Soc. Franç. Bull.	= Bulletin de la Société Française des Electriciens
Trans. A. I. E. E.	= Transactions of the American Institute of Electrical Engineers
VDE-Fachberichte	= Fachberichte der Jahresversammlungen des Verbandes Deutscher Elektrotechniker
W. V. Siemens	= Wissenschaftliche Veröffentlichungen aus dem Siemens-Konzern

Literaturverzeichnis.

Lehrbücher und Tafeln.

F. Breisig: Theoretische Telegraphie. Braunschweig, 1. Auflage 1910, 2. Auflage 1924.

K. Breitfeld: Berechnung von Wechselstrom-Fernleitungen. Braunschweig 1912.

A. Fraenkel: Theorie der Wechselströme. Berlin, 1. Auflage 1914, 3. Auflage 1930.

F. W. Peek jr.: Dielectric phenomena in high voltage engineering. New York, 1. Auflage 1915, 3. Auflage 1929.

L. Barbillion: Leçons sur le fonctionnement des groupes électrogènes en régime troublé. Paris 1915.

R. Rüdenberg: Elektrische Schaltvorgänge. Berlin, 1. Auflage 1923, 2. Auflage 1926.

W. O. Schumann: Elektrische Durchbruchsfeldstärke von Gasen. Berlin 1923.

F. Emde: Sinusrelief und Tangensrelief in der Elektrotechnik. Braunschweig 1924.

R. Richter: Elektrische Maschinen. Berlin, 1. Bd. 1924, 2. Bd. 1930.

R. Rüdenberg: Kurzschlußströme beim Betrieb von Großkraftwerken. Berlin 1925.

J. Biermanns: Überströme in Hochspannungsanlagen. Berlin 1926.

W. Nesbit: Electrical characteristics of transmission circuits. Pittsburgh 1926.

O. Burger: Berechnung von Drehstrom-Kraftübertragungen. Berlin, 1. Auflage 1927, 2. Auflage 1931.

L. Binder: Wanderwellenvorgänge auf experimenteller Grundlage. Berlin 1928.

H. Grünholz: Theorie der Wechselstromübertragung. Berlin 1928.

O. G. C. Dahl: Electric circuits, theory and applications. New York 1928.

E. Juillard: Le régulateur automatique pour machines électriques. Lausanne 1928. Übersetzt von F. Ollendorff: Die selbsttätige Regelung elektrischer Maschinen. Berlin 1931.

G. Oberdorfer: Das Rechnen mit symmetrischen Komponenten. Leipzig 1929.

R. Rüdenberg: Relais und Schutzschaltungen in elektrischen Kraftwerken und Netzen. Berlin 1929.

C. Dannatt u. J. W. Dalgleish: Electrical power transmission and interconnection. London 1930.

A. Schwaiger: Hochspannungsleitungen. München 1931.

A. E. Kennelly: Tables of complex hyperpolic and circular functions. Cambridge 1914.

K. Hayashi: Fünfstellige Tafeln der Kreis- und Hyperbelfunktionen, sowie der Funktionen e^x und e^{-x}. Berlin 1928.

F. Emde u. R. Hawelka: Vierstellige Tafeln der Kreis- und Hyperbelfunktionen, sowie ihrer Umkehrfunktionen im Komplexen. Braunschweig 1931.

Zeitschriftenaufsätze

nach Abschnitten geordnet.

Die Literaturnachweise sind den verschiedenen Abschnitten sinngemäß zugeteilt, bei Wiederholung des Stoffes in späteren Abschnitten jedoch nicht nochmals erwähnt.

I. Grundlagen der Wechselstromübertragung.

F. W. Peek jr.: The law of corona and the dielectric strength of air. Proc. A. I. E. E. Bd. 30, 1911, S. 1485.

P. Weidig u. A. Jaensch: Koronaerscheinungen an Leitungen. ETZ 1913, S. 637.

H. B. Dwight: The calculation of constant voltage transmission lines. Electric Journal 1914, S. 487.

B. Soschinski: Zur Berechnung und Spannungsregelung langer Drehstromleitungen. ETZ 1914, S. 971.

E. C. Stone: Some problems in the operation of power plants in parallel. Trans. A. I. E. E. Bd. 38, 1919, S. 1651.

C. P. Steinmetz: Stability of high power generating stations. Journ. A. I. E. E. Bd. 39, 1920, S. 554.

F. G. Baum: Voltage regulation and insulation for large power transmission systems. Journ. A. I. E. E. Bd. 40, 1921, S. 643.

P. Boucherot: L'aspect physique de la propagation des courants alternatifs sur les longues lignes. R. G. E. Bd. 12, 1922, S. 499.

P. Boucherot: La transmission d'énergie sans onde de retour. R. G. E. Bd. 12, 1922, S. 755.

J. Ossanna: Fernübertragungsmöglichkeiten großer Energiemengen. ETZ 1922, S. 1025.

C. L. Fortescue u. C. F. Wagner: Some theoretical considerations of power transmission. Journ. A. I. E. E. Bd. 43, 1924, S. 106.

F. C. Hanker: Power-transmission. Journ. A. I. E. E. Bd. 43, 1924, S. 33.

E. B. Shand: The Limitation of output of power system involving long transmission lines. Journ. A. J. E. E. Bd. 43, 1924, S. 219. Aussprache S. 259 u. 980.

P. H. Thomas: Superpower transmission, economies and limitations of the transmission system of extraordinary length. Journ. A. I. E. E. Bd. 43, 1924, S. 4.

H. J. Ryan u. H. H. Henline: The hysteresis character of corona formation. Journ. A. I. E. E. Bd. 43, 1924, S. 825.

J. S. Carroll, Th. F. Peterson u. G. R. Stray: Power measurements at high voltages. Journ. A. I. E. E. Bd. 43, 1924, S. 941.

J. S. Carroll: Some features and improvements on the high-voltage wattmeter. Journ. A. I. E. E. Bd. 44, 1925, S. 943.

R. Holm: Die Theorie der Korona an Hochspannungsleitungen. W. V. Siemens Bd. 4, H. 1, 1925, S. 14.

V. Bush u. R. D. Booth: Power system transients. Journ. A. I. E. E. Bd. 44, 1925, S. 229. Aussprache S. 766.

R. E. Doherty u. H. H. Dewey: Fundamental considerations of power limits of transmission systems. Journ. A. I. E. E. Bd. 44, 1925, S. 1045.

C. L. Fortescue: Transmission line stability. Journ. A. J. E. E. Bd. 44, 1925, S. 951. Aussprache Bd. 45, 1926, S. 68.

C. D. Gibbs: Stability of long transmission lines. Electrical World Bd. 85, 1925, S. 143.

R. D. Evans u. C. F. Wagner: Studies of transmission stability. Journ. A. I. E. E. Bd. 45, 1926, S. 374.

Roy Wilkins: Practical aspects of system stability. Journ. A. I. E. E. Bd. 45, 1926, S. 142.

R. Schien: Leiterseile für Fernleitungen mit höchsten Spannungen. Dissertation Braunschweig 1927.

G. Kubach: Messungen von Koronaverlusten. Dissertation Darmstadt 1927.

J. T. Lusignan jr.: Economics of corona loss. Electrical World Bd. 92, 1928, S. 405.

H. J. Ryan: Mechanical and electrical properties of conductors for 220 kV-lines. Proc. Nat. El. Light Assoc., New York, Bd. 85, 1928, S. 1029.

Statistisches Reichsamt: Die Elektrizitätswirtschaft im Jahre 1928. Wirtschaft und Statistik Bd. 9, 1929, S. 862.

A. Levasseur: Calcul rapide de l'effet Kelvin par une nouvelle formule, valable en toutes circonstances. R. G. E. Bd. 26, 1929, S. 963.

M. L. Keller: Die Übertragung großer Leistungen. Schweiz. Bull. 1929, S. 477.

R. H. Park u. E. H. Banker: System stability as a design problem. Journ. A. I. E. E. Bd. 48, 1929, S. 41.

R. Rüdenberg: Das Verhalten elektrischer Kraftwerke und Netze beim Zusammenschluß. ETZ 1929, S. 970.

Reichskohlenrat: Statistische Übersicht über die Kohlenwirtschaft im Jahre 1929. Berlin 1930.

W. Petersen: Energie-Übertragung mit sehr hohen Spannungen. E. u. M. 1930, S. 600.

O. v. Miller: Gutachten über die Reichselektrizitäts-Versorgung. Berlin 1930.

O. Oliven: Europas Großkraftlinien. Gesamtbericht zweite Weltkraftkonferenz Berlin 1930. Bd. 19, Allgemeine Hauptvorträge S. 30.

G. Viel: Etude d'un réseau à 400000 volts. R. G. E. Bd. 28, 1930, S. 729.

J. S. Carroll, L. H. Brown u. D. P. Dinapoli: Corona loss measurements on a 220 kV 60 cycle three phase experimental line. Journ. A. I. E. E. Bd. 49, 1930, S. 987.

K. Potthoff: Koronaverluste an Kupfer- und Aluminiumseilen. Elektrizitätswirtschaft 1931, S. 526.

G. A. Kugler: Starkstromleitungen mit Blindstromkompensation. ETZ 1931, S. 799.

II. Theorie der langen Leitungen.

A. Franke: Die elektrischen Vorgänge in Fernsprechleitungen und Apparaten. ETZ 1891, S. 447.

F. Breisig: Über die Anwendung des Vektordiagramms auf den Verlauf von Wechselströmen in langen Leitungen und über die wirtschaftliche Grenze hoher Spannungen. ETZ 1899, S. 383.

F. Breisig: Über die graphische Darstellung des Verlaufes von Wechselströmen längs langer Leitungen. ETZ 1900, S. 87.

A. Blondel u. C. Le Roy: Calcul des lignes de transport d'énergie à courants alternatifs en tenant compte de la perditance réparties. Lumière electrique Bd. 7, 1909, S. 355.

W. Deutsch: Über das Blondel—Le Roy'sche Annäherungsverfahren zur Berechnung von Hochspannungskraftübertragungen. ETZ 1911, S. 56.

C. L. Fortescue: Method of symmetrical coordinates applied to the solution of polyphase networks. Trans. A. I. E. E. Bd. 37, 1918, S. 1027.

A. Blondel: Sur les methodes modernes de calcul et sur le régime de fonctionnement des lignes de transmission d'énergie à haute tension. R. G. E. Bd. 8, 1920, S. 131.

A. Blondel u. Ch. Lavanchy: Exemples de calcul et de discussion de lignes de transport d'énergie à grande distance, application des abaques hyperboliques universels. R. G. E. Bd. 8, 1920, S. 667.

R. S. Brown: Use of the tangent chart for solving transmission line problems. Journ. A. I. E. E. Bd. 40, 1921, S. 854.

R. Evans u. H. Sels: Circuit constants and circle diagrams for transmission sytems. Electric Journal 1921, S. 306; 1922, S. 53.

L. Thielemans: Calculs, diagrammes et régulation des lignes d'énergie à longue distance. R. G. E. Bd. 8, 1920, S. 403; Bd. 9, 1921, S. 53.

H. B. Dwight: Electrical characteristics of transmission lines. Journ. A. I. E. E. Bd. 41, 1922, S. 727.
E. Clarke: A transmission line calculator. Gen. El. Review Bd. 26, 1923, S. 380.
O. Schurig: The solution of electric power transmission problems in the laboratory by miniature circuits. Gen. El. Review Bd. 26, 1923, S. 611.
W. Rung: Eine einfache Methode zur Berechnung langer Hochspannungsleitungen. ETZ 1924, S. 1147.
F. Breisig: Neue Rechenbehelfe für Berechnung von Fernsprechübertragungen. ETZ 1925, S. 1726.
J. Kuusinen: Die Berechnung langer Wechselstromleitungen. ETZ 1925, S. 1800.
E. Clarke: Steady state stability in transmission systems, calculation by means of equivalent circuits or circle diagrams. Journ. A. I. E. E. Bd. 45, 1926, S. 365.
J. Ossanna: Neue Arbeitsdiagramme über die Spannungsänderung in Wechselstromnetzen. E. u. M. 1926, S. 113.
F. E. Terman: The circle diagram of a transmission network. Journ. A. I. E. E. Bd. 45, 1926, S. 1238.
H. Grünholz: Graphische Theorie der Wechselstromübertragung (Fernleitung und Umspannung). VDE-Fachberichte 1927, S. 20.
J. Hak: Bemerkung zur Berechnung längerer Wechselstromleitungen. ETZ 1927, S. 497.
R. Wengler: Sinus- und Tangensrelief in der Elektrotechnik. ETZ 1927, S. 766.
E. Rosseck: Betriebsdiagramme für beliebig lange Wechselstromleitungen. ETZ 1928, S. 1039.
F. M. Denton: The graphic solution of a. c. transmission line problems. Journ. A. I. E. E. Bd. 48, 1929, S. 49.
P. Neumann: Betriebskurven für 220 kV-Drehstromfernleitungen. ETZ 1929, S. 451.
R. Willheim: Längsdiagramme der langen Leitung. E. u. M. 1929, S. 929.
V. Genkin: La méthode dite des constantes généralisées et son application à l'étude de lignes de transmission d'énergie. R. G. E. Bd. 28, 1930, S. 349.
A. K. Kotelnikoff: Diagrammes des puissances dans les lignes de transmission d'énergie à longue distance. R. G. E. Bd. 28, 1930, S. 307.
L. Leng: Die Übertragungsverluste von langen Fernleitungen. ETZ 1930, S. 278.
F. Pinter: Die Gleichungen und das Diagramm der Wechselstromleitung. ETZ 1930, S. 1772.
I. Schwarzkopf: Zur Berechnung langer Hochspannungsleitungen. E. u. M. 1930, S. 725.
V. Genkin: Etude d'une ligne a constantes reparties au moyen d'une ligne courte équivalente. R. G. E. Bd. 30, 1931, S. 176.
V. Genkin: Methode simplifiée de calcul d'une ligne de transmission d'énergie. R. G. E. Bd. 29, 1931, S. 693.
A. v. Timascheff: Näherungsmethoden zur Berechnung von Fernkraftübertragungen. W. V. Siemens Bd. 10, H. 3, 1931, S. 109.

III. Verhalten der Maschinen und Transformatoren.

H. Görges: Über das Verhalten parallel geschalteter Wechselstrommaschinen. ETZ 1900, S. 188.
H. Görges: Über den Parallelbetrieb der Wechselstrommaschinen. ETZ 1903, S. 561.
G. Huldschiner: Über das Pendeln parallelgeschalteter Drehstromgeneratoren. Sammlung elektrot. Vorträge Prof. Voit, Bd. 9, Stuttgart 1906.

R. Rüdenberg: Fremd- und Selbsterregung von magnetisch gesättigten Gleichstromkreisen. W. V. Siemens 1920, Bd. 1, H. 1, S. 179.

J. P. Jollyman: Stored mechanical energy in transmission systems. Journ. A. I. E. E. Bd. 44, 1925, S. 948. Aussprache S. 1351.

R. Rüdenberg: Die Spannungsregelung großer Drehstromgeneratoren nach plötzlicher Entlastung. W. V. Siemens 1925, Bd. 4, H. 2, S. 61.

R. E. Doherty u. C. A. Nickle: Synchronous machines I u. II, An extention of Blondel's two reactance theory. Journ. A. I. E. E. Bd. 45, 1926, S. 974.

A. P. Mackerras: Calculation of single-phase short circuits by the method of symmetrical components. Gen. El. Review 1926, S. 218.

F. Ollendorff u. W. Peters: Schwingungsstabilität parallel arbeitender Synchronmaschinen. W. V. Siemens 1926, Bd. 5, H. 1, S. 7.

W. Peters: Parallelbetrieb von Kraftwerken über lange Koppelleitungen. ETZ 1926, S. 917.

O. E. Shirley: Stability characteristics of alternators. Journ. A. I. E. E. Bd. 45, 1926, S. 813.

H. Hemmeter: Zur Klärung des Streuungsbegriffes. Arch. Elektrot. Bd. 18, 1927, S. 32.

C. A. Powel: High-speed excitation for stability. Electrical World Bd. 89, 1927, S. 1061.

R. E. Doherty u. C. A. Nickle: Synchronous machines III, Torque-angle characteristics under transient conditions. Journ. A. I. E. E. Bd. 46, 1927, S. 1339.

C. F. Wagner u. R. D. Evans: Static stability limits and the intermediate condenser station. Journ. A. I. E. E. Bd. 46, 1927, S. 1423.

J. C. Wood, L. F. Hunt u. S. C. Griscom: Transient due to short circuits. Journ. A. I. E. E. Bd. 46, 1927, S. 985.

R. E. Doherty u. C. A. Nickle: Synchronous machines IV. Journ. A. I. E. E. Bd. 47, 1928, S. 200.

P. L. Alger: The calculation of the armature reactance of synchronous machines. Journ. A. I. E. E. Bd. 47, 1928, S. 265.

J. H. Ashbaugh u. H. C. Nycum: System stability with quick response exitation and voltage regulators. Electric Journal 1928, S. 504.

R. E. Doherty: Exitation systems, their influence on short circuits and maximum power. Journ. A. I. E. E. Bd. 47, 1928, S. 349.

D. M. Jones: Superexitation on synchronous condensers for Conowingo system. Journ. A. I. E. E. Bd. 47, 1928, S. 357.

R. H. Park u. B. L. Robertson: The reactances of synchronous machines. Journ. A. I. E. E. Bd. 47, 1928, S. 345.

P. H. Robinson: Practical considerations affecting quick-response exitation for salient pole machines. Electric Journal 1928, S. 65.

A. Mandl: Der einphasige Kurzschluß des Drehstromgenerators mit Resonanzkreis an der offenen Phase. Arch. Elektrot. Bd. 19, 1928, S. 485.

S. M. Jones u. R. Treat: Power limit tests on Southeastern power and Light Company's system. Journ. A. I. E. E. Bd. 48, 1929, S. 56.

A. Mandl: Dauer- und Stoßkurzschluß des Drehstromgenerators mit ausgesprochenen Polen. VDE-Fachberichte 1929, S. 92.

W. Peters: Einfluß von Schaltvorgängen auf die Stabilität gekuppelter Kraftwerke. VDE-Fachberichte 1929, S. 29.

H. R. Steward: How the positive phase sequence network works. Electric Journal 1929, S. 260.

I. H. Summers u. J. B. McClure: Progress in the study of system stability. Journ. A. I. E. E. Bd. 48, 1929, S. 891.

B. Fleck: Relais für selbsttätige Schaltanlagen. AEG-Mitteilg. 1930, S. 98.

W. V. Lyon u. H. E. Edgerton: Transient torque-angle characteristics of synchronous machines. Journ. A. I. E. E. Bd. 49, 1930, S. 372.

A. Mandl: Messungen an einem Synchronphasenschieber für 30000 kVA. E. u. M. 1930, S. 141.

A. Mandl: Synchrone oder asynchrone Phasenschieber: Petersen, Forschung u. Technik, Berlin 1930, S. 251.

C. A. Nickle u. C. A. Pierce: Stability of synchronous machines. Journ. A. I. E. E. Bd. 49, 1930, S. 134.

C. F. Wagner: Damper windings for hydroelectric generators. Journ. A. I. E. E. Bd. 49, 1930, S. 1001.

R. C. Bergvall: Series resistance to increase stability. Electrical Engineering 1931, S. 730.

L. A. Kilgore: Calculation of synchronous machine constants. Trans. A. I. E. E. Bd. 50, 1931.

A. Mandl: Die Kompoundierung der Haupterregermaschine. Arch. Elektrot. Bd. 25, 1931, S. 153.

A. Mandl: Die Eigenschwingungsdauer von Drehstromgeneratoren mit ausgeprägten Polen. E. u. M. 1931, S. 753.

R. Rüdenberg: Schaltvorgänge beim Betrieb gesättigter Synchronmaschinen. W. V. Siemens 1931, Bd. 10, H. 1, S. 1.

R. Rüdenberg: Die synchronisierende Leistung großer Wechselstrommaschinen. W. V. Siemens 1931, Bd. 10, H. 3, S. 41 (enthält weitere Literaturangaben).

M. Schenkel: Die wichtigsten Gesichtspunkte für den Parallelbetrieb von Drehstromgeneratoren. Siemens-Zeitschr. 1931, S. 253.

C. F. Wagner: Damper windings for water-wheel generators. Trans. A. I. E. E. Bd. 50, 1931, S. 140.

S. H. Wright: Determination of synchronous machine constants by test. Trans. A. I. E. E. Bd. 50, 1931.

IV. Kompensierung und Regelung der Leitung.

L. Dreyfus: Einführung in die Theorie der selbsterregten Schwingungen synchroner Maschinen. E. u. M. 1911, S. 323.

W. Rogowski: Selbsterregte Schwingungen von Synchronmotoren. Arch. Elektrot. Bd. 3, 1915, S. 150.

B. Bauer: Über die Verwendung von Synchronmotoren zur Spannungsregelung am Fernleitungsende. Schweiz. Bull. 1915, H. 5.

R. Rüdenberg: Blindstrom, seine Ursachen und Wirkungen in Wechselstromanlagen. Siemens-Zeitschr. 1922, S. 1.

C. A. Nickle: Oscillographic solution of electromechanical systems. Journ. A. I. E. E. Bd. 44, 1925, S. 1277.

S. B. Griscom: A mechanical analogy to the problem of transmission stability. Electric Journal 1926, S. 230.

C. A. Nickle u. F. L. Lawton: An investigation of transmission systems power limits. Journ. A. I. E. E. Bd. 45, 1926, S. 864.

R. C. Bergvall u. P. H. Robinson: Quantitative mechanical analysis of power system transient disturbances. Journ. A. I. E. E. Bd. 47, 1928, S. 419.

C. A. Nickle u. R. M. Carothers: Automatic voltage regulators application to power transmission systems. Journ. A. I. E. E. Bd. 47, 1928, S. 525.

M. Darrieus: Les modèles mécaniques en électrotechnique. Leur application aux problèmes de stabilité. Soc. Franç. Bull. Bd. 96, 1929, S. 794.

E. Friedländer: Das Verhalten langer Hochspannungsleitungen bei spannungsabhängiger Blindstromkompensation. VDE-Fachberichte 1929, S. 40.

E. Friedländer: Die Verzerrung der Netzspannungskurve durch die Transformatoren. W. V. Siemens Bd. 7, H. 2, S. 1, 1929.

C. L. Fortescue: The economics of power transmission as influenced by recent stability studies and increase in speed of circuit interruption. Gesamtbericht der Zweiten Weltkraftkonferenz Berlin 1930, Bd. 14, S. 91.

E. Friedländer: Selbsttätige Blindstromkompensation auf langen Hochspannungsleitungen. Siemens-Zeitschr. 1930, S. 494.

E. Friedländer u. O. Schmutz: Über Drehfeldscheider zur Aufspaltung unsymmetrischer Drehstromsysteme in die symmetrischen Komponenten. W. V. Siemens Bd. 10, H. 1, S. 24, 1931.

V. Regelung der Kraftwerke beim Zusammenschluß.

H. Thoma: Stabilität der Drehstromkraftübertragung mittels Asynchronmotoren und die zweckmäßige Ausbildung des Überstromschutzes in Kraftübertragungsnetzen. ETZ 1917, S. 17.

G. Brecht: Verteilung der wattlosen Arbeit bei der Parallelschaltung von Kraftwerken. ETZ 1919, S. 125.

J. Biermanns: Technische Probleme der elektrischen Großwirtschaft. ETZ 1921, S. 25.

A. Schmidt: Zur Frage der Verteilung der Blindleistung. ETZ 1921, S. 943.

C. von Dobbeler: Die wirtschaftlichste Verteilung der Wirk- und Blindströme auf mehrere parallel arbeitende Maschinen oder Kraftwerke. ETZ 1924, S. 1297.

H. Thoma: Die neuere Entwicklung der Turbinenregler. Wasserkraft-Jahrbuch 1924, S. 541.

G. Semenza: Quelques condidérations sur le problème des échanges d'énergie entre réseaux. Soc. Franç. Bull. Bd. 4, 1924, S. 43.

J. Kristen: Das cos φ-Problem beim Zusammenschluß mehrerer Kraftwerke. Schweiz. Bull. 1925, S. 535.

A. Roncaldier: Notes sur les échanges d'énergie entre réseaux. Conf. grands réseaux Bd. 1, 1925, S. 209. Auszug R. G. E. Bd. 18, 1925, S. 52.

G. Darrieus: Quelques problèmes relatifs à l'interconnexion de réseaux bouclés d'extension indéfinie. Conf. grands réseaux Bd. 1, 1925, S. 227. Auszug R. G. E. Bd. 18, 1925, S. 52.

H. Thoma: Regel- und Schutzeinrichtungen für Kraftwerke mit Fernleitungsbetrieb. ETZ 1926, S. 864.

F. Cornu: Note sur l'interconnexion des réseaux. R. G. E. Bd. 21, 1927, S. 373.

W. v. Mangoldt: Über die wirtschaftlichste Spannungsregulierung in Höchstspannungsanlagen. VDE-Fachberichte 1928, S. 15.

H. Thoma: Schwebungserscheinungen und Relaisversager in Kraftübertragungsnetzen. ETZ 1928, S. 417.

G. Boll: Automatische Fahrplansteuerung von Kraftwerken. VDE-Fachberichte 1929, S. 7.

B. Jansen: Die Kupplung und Unterteilung großer Netze mit Hilfe von Regeltransformatoren. ETZ 1929, S. 521.

J. Leonpacher: Die Lastverteilung in und zwischen Elektrizitäts-Großversorgungsnetzen. ETZ 1929, S. 887.

M. Rohrlach: Neuer selbsttätiger Leistungsregler für verkoppelte Elektrizitätsversorgungsnetze. Siemens-Zeitschr. 1929, S. 437.

H. Piloty: Wirkung des Zusammenschlusses großer Netze auf ihren Betrieb. ETZ 1929, S. 985.

J. Reznicek: Echanges d'énergie entre les centrales travaillant en parallèle. Conf. grands réseaux 1929, Bd. 1, S. 218.

H. Latzko u. O. Plechl: Die automatische Fernregulierung der Wasserkraftmaschinen im Achensee-Kraftwerk der Tiroler Wasserkraftwerke A.-G. E. u. M. 1929, S. 791.

T. E. Purcell: Load dump tests made on Colfax turbines. Power Bd. 69, 1929, S. 590.

M. Schleicher: Die Lastverteileranlage und die Fernbedienung von Kraftwerken und Unterwerken. ETZ 1929, S. 257.

A. Menge u. Mitarbeiter: Die technische und wirtschaftliche Beherrschung des Energieflusses in einfach und mehrfach gekuppelten Netzen. Gesamtbericht der zweiten Weltkraftkonferenz Berlin 1930, Bd. 14, S. 35.

M. Schleicher u. Mitarbeiter: Selbsttätige und ferngesteuerte Kraft- und Nebenwerke, sowie Einrichtungen und Anordnungen der Nachrichten-Übermittlung, der Fernmessung und der Fernsteuerung im Elektrizitätsversorgungs-Betrieben. Gesamtbericht der zweiten Weltkraftkonferenz Berlin 1930, Bd. 13, S. 166.

J. M. Oliver: The control of generating station loads and regulation of frequency and voltage on an interconnected system. Gesamtbericht der zweiten Weltkraftkonferenz Berlin 1930, Bd. 14, S. 3.

R. Rüdenberg u. Mitarbeiter: Elektrische Probleme der Energieübertragung auf große Entfernung. Gesamtbericht der zweiten Weltkraftkonferenz Berlin 1930, Bd. 14, S. 110.

T. E. Purcell u. A. P. Hayward: Operating characteristics of turbine governors. Journ. A. I. E. E. Bd. 49, 1930, S. 366.

M. J. Fallou: L'état actuel du problème de l'interconnexion des réseaux. Soc. Franç. Bull. 1930, S. 945.

R. C. Buell, R. J. Caughey, E. M. Hunter u. V. M. Marquis: Governor performance during system disturbances. Electrical Engineering Bd. 50, 1931, S. 37.

G. Boll: Selbsttätige Leistungsregelung in elektrischen Netzen. ETZ 1931, S. 305.

H. Piloty: Wesen und Bedeutung der Fernwirkanlagen im Kraftwerksbetrieb. ETZ 1931, S. 1157.

E. Frensdorff: Versuche über Maschinenregelung und Parallelbetrieb in den Großkraftwerken Hirschfelde und Böhlen. I. Überblick über Veranlassung, Zweck und Ergebnisse der Versuche. ETZ 1931, S. 791.

K. Kühn: Desgl. II. Anordnung und Art der Durchführung der Versuche. ETZ 1931, S. 1185.

K. Kühn u. R. Mayer: Desgl. III. Ergebnis der Versuche beim Alleinlauf der Maschinen. ETZ 1931, S. 1349.

W. Peters: Desgl. IV. Ergebnis der Versuche beim Parallellauf der Maschinen und Kraftwerke. ETZ 1931, S. 1509.

H. W. Taylor: Voltage control of large alternators. Journ. of the Inst. of Electr. Eng. London Bd. 68, 1930, S. 317. Auszug: ETZ 1931, S. 82.

National Electric Light Association: Hydraulic turbine governors and frequency control. N.E.L.A.-publication 13, New York 1930 (enthält weitere Literaturangaben).

J. S. Gheorghiu: Le problème général de la répartition des puissances actives et réactives dans la marche en parallèle des usines génératrices. R. G. E. Bd. 29, 1931, S. 577 (enthält weitere Literaturangaben).

E. Friedländer: Regulierung parallelarbeitender Maschinen in frequenzhaltenden Kraftwerken. VDE-Fachberichte 1931, S. 120.

K. Schäff: Aufgaben für die Leistungsregelung beim Parallelbetrieb in großen Netzen. VDE-Fachberichte 1931, S. 125.

W. Stäblein: Fernregelung von Leistungen, insbesondere an den Kuppelstellen großer Netze. VDE-Fachberichte 1931, S. 127.

K. Ott: Frequenz- und Leistungsregelung zusammengeschlossener Großkraftwerke. VDE-Fachberichte 1931, S. 131.

H. Langrehr: Versuche über Leistungs- und Frequenzregelung im Kraftwerk Kiel. VDE-Fachberichte 1931, S. 133.

H. Piloty: Frequenz- und Leistungsregelung in großen gekuppelten Netzen. VDE-Fachberichte 1931, S. 136.

W. Kieser: Über die Regelung von Spitzenlasten und Grundlastmaschinen. Elektrizitätswirtschaft 1931, S. 164.

VI. Wirtschaftlichkeit der Drehstrom- und Gleichstrom-Übertragung.

Gleichstrom-Hochspannungs-Übertragung Moutiers—Lyon. ETZ 1906, S. 1091.

J. S. Highfield: The transmission of electrical energy by direct current series system. Journ. of the Institute El. Eng. London Bd. 38, 7. März 1907 u. Bd. 49, 1912, S. 848.

M. Dolivo-Dobrowolsky: Über die Grenzen der Kraftübertragung durch Wechselströme. ETZ 1919, S. 1, Aussprache S. 84.

R. Tröger: Großkraftübertragung. ETZ 1920, S. 905.

S. R. Bergmann: A continous-current generator for high voltage. Journ. A. I. E. E. Bd. 42, 1923, S. 1041.

A. Scherbius: Gesichtspunkte für den Vergleich von Energieübertragung mit Hochspannungs-Gleichstrom und -Wechselstrom. ETZ 1923, S. 657.

E. Oelschläger: Der Transverter. ETZ 1924, S. 659.

J. S. u. W. E. Highfield: High voltage direct current generation and distribution of electrical energy. Trans. of the first world power conference. London 1924, Bd. 3, S. 1225.

C. Trettin: Über die Grenzen großer Gleichstrommaschinen. Siemens-Zeitschr. 1926, S. 538 u. VDE-Fachberichte 1926, S. 13.

E. Schönholzer: Der leerlaufende Synchronmotor als wirtschaftlicher Spannungsregler von Drehstrom-Fernleitungen. Schweiz. Bull. 1926, S. 105.

E. Schönholzer: Die Bemessung von Wechselstrom-Freileitungen und Kabeln nach dem Grundgesetz größter Wirtschaftlichkeit. Schweiz. Techn. Z. 1927, S. 565.

H. Smolinski: Zur Wirtschaftlichkeit von Hochspannungs-Kabelleitungen. ETZ 1927, S. 1753.

H. Smolinski: Benutzungsstunden und Wirtschaftlichkeit von Kraftübertragungsleitungen. ETZ 1928, S. 81.

G. Markt: Wirtschaftliche Fortleitung elektrischer Energie. E. u. M. 1930, S. 972.

E. Niethammer: Grenzleistungen im Elektromaschinenbau. Gesamtbericht der zweiten Weltkraftkonferenz Berlin 1930, Bd. 12, S. 31.

O. Szilas: Die Wirtschaftlichkeit von Fernleitungen. Gesamtbericht der zweiten Weltkraftkonferenz Berlin 1930, Bd. 14, S. 181.

H. Piloty: Leistungsgrenze und Stabilität von Großkraftübertragungen: Petersen, Forschung und Technik, Berlin 1930, S. 200.

R. Thury: Kraftübertragung auf große Entfernung durch hochgespannten Gleichstrom. ETZ 1930, S. 114.

L. Musil: Die Wirtschaftlichkeit von Höchstspannungsleitungen und ihr Einfluß auf die Lastverteilung in der Großenergieversorgung. E. u. M. 1931, S. 516.

W. zur Megede: Der wirtschaftliche Querschnitt von Fernleitungen. ETZ 1931, S. 1017.

VII. Überspannungsstörungen der Fernübertragung.

F. Emde: Die Schwingungszahl des Blitzes. ETZ 1910, S. 675.
H. Norinder: Undersökningar över det luftelektriska fältet vid äskväder. Upsala 1921. Almqvist & Wiksells Boktryckeri A.-B.
J. Biermanns: Der heutige Stand der Überspannungsfrage. ETZ 1922, S. 305.
J. H. Cox u. J. W. Legg: The klydonograph and its application to surge investigation. Journ. A. I. E. E. Bd. 44, 1925, S. 1094.
E. Marx: Die Überschlagsspannung von Isolatoren bei verschiedenem zeitlichem Verlauf der angelegten Spannung. Hescho Mitteilg. 1925, S. 443.
A. Matthias: Gewitterstörungen und Blitzschutz. ETZ 1925, S. 873.
M. Toepler: Gewitter, Blitze und Wanderwellen auf Leitungsnetzen. Hescho Mitteilg. 1926, Nr. 25, S. 743.
J. Slepian: Theory of the autovalve arrester. Journ. A. I. E. E. Bd. 45, 1926, S. 3.
D. Gabor: Kathodenoscillograph. 1. Forschungsheft der Studiengesellschaft für Höchstspannungsanlagen, Berlin 1927.
E. S. Lee u. C. M. Foust: The measurement of surge voltages. Journ. A. I. E. E. Bd. 46, 1927, S. 149.
A. Matthias: Gewittereinflüsse auf Leitungsanlagen. ETZ 1927, S. 1477.
A. Matthias: Bisherige Ergebnisse der Gewitterforschung der Studiengesellschaft für Höchstspannungsanlagen. Elektrizitätswirtschaft 1927, S. 424.
E. Flegler: Die Wirkungsweise von Überspannungsschutzvorrichtungen nach Untersuchungen mit dem Kathodenoscillographen. Arch. Elektrot. Bd. 19, 1928, S. 527.
W. Rogowski: Sprungwelle, Spule und Kathodenoscillograph. Arch. Elektrot. Bd. 20, 1928, S. 299.
H. Norinder: Some electrophysical conditions determining lightning surges. Journ. of the Franklin Institute, 1928, Bd. 205, S. 747.
K. Draeger: Lichtbogenüberschläge hoher Leistung an Freileitungsisolatoren. VDE-Fachberichte 1928, S. 46; 1929, S. 47.
C. L. Fortescue, A. L. Atherton u. J. H. Cox: Theoretical and field investigations of lightning. Journ. A. I. E. E. Bd. 48, 1929, S. 277.
F. W. Peek jr.: Lightning, progress in lightning research in the field and in the laboratory. Journ. A. I. E. E. Bd. 48, 1929, S. 303.
K. B. McEachron u. V. E. Goodwin: Cathode ray oscillograph study of artificial lightning surges on the Turner falls transmission lines. Journ. A. I. E. E. Bd. 48, 1929, S. 374.
K. Berger: Die ersten Beobachtungen des Verlaufes von durch Gewitter verursachten Spannungen in Mittelspannungsnetzen mittels des Kathodenstrahloscillographen. Schweiz. Bull. 1929, S. 321.
A. Matthias: Der gegenwärtige Stand der Blitzschutzfrage. ETZ 1929, S. 1469.
H. Müller: Zeitlupenaufnahmen von Lichtbögen großer Stromstärke an Isolatoren mit und ohne Schutzarmaturen. VDE-Fachberichte 1929, S. 50.
D. Müller-Hillebrand: Der Kathodenfallableiter als Gewitterschutz. VDE-Fachberichte 1929, S. 51.
F. W. Peek jr.: Lightning. Gen. El. Review Bd. 32, 1929, S. 602.
J. Slepian, R. Tanberg u. C. E. Krause: Theory of a new valve type lightning arrester. Journ. A. I. E. E. Bd. 49, 1930, S. 34.
J. Biermanns: Blitzschutz von Freileitungen: Petersen, Forschung u. Technik, Berlin 1930, S. 234.
C. L. Fortescue: Measuring the effects of actual lightning surges on transmission lines. Electric Journal 1930, S. 161.

Ph. Sporn u. W. L. Lloyd jr.: Lightning investigation on 132 kV system of the Ohio Power Company. Journ. A. I. E. E. Bd. 49, 1930, S. 259.

A. Matthias: Gewitterforschungen und Blitzschutz. Gesamtbericht der zweiten Weltkraftkonferenz Berlin 1930, Bd. 14, S. 518.

S. W. Melsom, A. N. Arman u. W. Bibby: Surge investigations on overhead lines and cable systems. Journ. of the Institute El. Eng. London Bd. 68, 1930, S. 1476.

H. Müller: Das Verhalten der Isolatoren gegen Überspannungen verschiedenen zeitlichen Ablaufes I. Hescho Mitteilg. 1930, S. 1679; II. Hescho Mitteilg. 1931, S. 1807.

W. W. Lewis u. C. M. Foust: Lightning investigation on transmission lines. Journ. A. I. E. E. Bd. 49, 1930, S. 389.

Ph. Sporn: Three standard impulse waves proposed. Electrical World Bd. 96, 1930, S. 18.

G. D. Floyd: Coordination of insulation as a design problem. Journ. A. I. E. E. Bd. 49, 1930, S. 449.

H. Norinder: Surges and over-voltage phenomena on transmission lines, due to lightning. Journ. of the Institute El. Eng. London Bd. 68, 1930, S. 525.

Ph. Sporn: Rationalization of transmission insulation strenght. Journ. A. I. E. E. Bd. 49, 1930, S. 662.

C. L. Fortescue: Rationalization of station insulating structures with respect to insulation of the transmission line. Journ. A. I. E. E. Bd. 49, 1930, S. 674.

J. J. Torok: Surge characteristics of insulators and gaps. Journ. A. I. E. E. Bd. 49, 1930, S. 276.

K. Berger: Untersuchungen in elektrischen Anlagen erläutert an Hand von Untersuchungen mit dem Kathodenoscillographen. Schweiz. Bull. 1930, S. 77.

R. Rüdenberg: Die Kopfgeschwindigkeit elektrischer Funken und Blitze. W. V. Siemens 1930, Bd. 9, H. 1, S. 1.

P. Jacottet: Dämpfung und Verzerrung kurzer Sprungwellen durch Stromverdrängung im Erdreich. W. V. Siemens 1930, Bd. 10, H. 1, S. 42.

K. B. McEachron u. E. J. Wade: Field tests on Thyrite lightning arresters using artificial lightning of 1,5 mill. Volt. Trans. A. I. E. E. Bd. 50, 1931, S. 479.

Ph. Sporn: 1929 lightning experience on the 132 kV transmission lines of the Amer. Gas and El. Co. Trans. A. I. E. E. Bd. 50, 1931, S. 574.

C. L. Fortescue u. R. N. Conwell: Lightning discharges and line protective measures. Trans. A. I. E. E. Bd. 50, 1931, S. 1090.

K. Berger: Les phénomènes de surtension par temps d'orage dans les réseaux aériens. Schweiz. Bull. Bd. 22, 1931, S. 421.

I. Kopeliovitch: A propos de l'essai de choc des isolateurs. Schweiz. Bull. 1931, S. 461.

F. D. Fielder: Surge testing of suspension insulators. Electric Journal 1931, S. 436.

D. Müller-Hillebrand: Die Einwirkung unmittelbarer Blitzentladungen auf Hochspannungsnetze und ihre Bekämpfung. ETZ 1931, S. 722.

D. Müller-Hillebrand: Direkte Blitzentladungen in die Nähe von Höchstspannungsanlagen und ihre Bekämpfung. VDE-Fachberichte 1931, S. 104.

H. Neuhaus: Überspannungsmessungen mit dem Klydonographen in deutschen Hochspannungsnetzen. Arch. Elektrot. Bd. 25, 1931, S. 333.

O. Brune u. J. R. Eaton: Experimental studies in the propagation of lightning surges on transmission lines. Trans. A. I. E. E. Bd. 50, 1931, S. 1132.

Ph. Sporn u. W. L. Lloyd jr.: 1930 lightning investigations on the transmission system of the American Gas and Electric Company. Trans. A. I. E. E. Bd. 50, 1931, S. 1111.

Sachverzeichnis.